西安交通大学 本科"十二五"规划教材

环境有机化学

主编 王云海 陈庆云 赵景联

U0282401

西安交通大学出版社
XI'AN JIAOTONG UNIVERSITY PRESS

内容提要

本书基于环境科学和工程专业的特点,系统地阐明了环境污染及其工程处理中的有机化合物的分类、官能团、基本性质、反应原理及衍生物,探讨了有机污染物在自然环境与人为条件中可能进行的降解、转变、转移与传输过程及其最终归趋。全书广泛参考国内外有关书籍及该领域的最新进展,注重理论基础与应用技术相结合,附有多张图表和丰富的参考文献。

本书适合作为高等院校教材及教学参考书,并可供从事环境保护、环境科学、环境工程、有机化学、环境化学、应用化学以及生命科学的研究人员、工程设计人员阅读和参考。

图书在版编目(CIP)数据

环境有机化学/王云海主编. —西安:西安交通大学
出版社,2015.6(2022.8重印)
ISBN 978-7-5605-7148-5

Ⅰ.①环… Ⅱ.①王… Ⅲ.①环境化学-有机化学 Ⅳ.①X13

中国版本图书馆 CIP 数据核字(2015)第 054950 号

书　　名	环境有机化学
主　　编	王云海　陈庆云　赵景联
责任编辑	田　华
责任校对	李　文

出版发行	西安交通大学出版社
	(西安市兴庆南路 1 号　邮政编码 710048)
网　　址	http://www.xjtupress.com
电　　话	(029)82668357　82667874(市场营销中心)
	(029)82668315(总编办)
传　　真	(029)82668280
印　　刷	西安日报社印务中心

开　　本	787mm×1 092mm　1/16　　印张　29.875　　字数　729 千字
版次印次	2015 年 12 月第 1 版　　2022 年 8 月第 6 次印刷
书　　号	ISBN 978-7-5605-7148-5
定　　价	58.80 元

如发现印装质量问题,请与本社市场营销中心联系。
订购热线:(029)82665248　(029)82667874
投稿热线:(029)82664954　QQ:190293088
读者信箱:190293088@qq.com

前　言

从广义上讲,环境有机化学是主要研究与环境有关的有机分子结构性质、反应途径与机理以及结构鉴定的基础科学。从狭义上讲,环境有机化学是介于有机化学与污染化学之间的一门交叉边缘学科,主要研究有机化学物质和有机污染物质的理化性质、环境过程机制以及影响环境自然系统和工程系统中有机化学物质迁移、转化与归宿的环境因子,特别是用这些因子来定量评价有机化学物质的环境行为。从环境保护角度出发,环境有机化学主要是研究各种处理过程对有机污染物质降解与转化的能力,讨论污染物质净化理论与途径的一门学科。

环境有机化学是一门年轻的科学,迄今为止尚未有严格而公认的定义与概念。近年来,在环境科学的发展中,逐渐由有机化学、环境化学、环境微生物学和环境有机污染化学形成了环境有机化学这一个新生的交叉边缘学科,而且正在形成独立的体系。国外已相继出版了(Environmental Aspects of Organic Chemistry by Donald C. Wigfield. , Canada:Wuerz. 1996)、(Environmental Organic Chemistry by Larson. John Wiley & Sons. 1997)、(Reaction Mechanisms in Environmental Organic Chemistry by Richard A. Larson, Eric J. Weber, Science. 1994)、(Environmental Organic Chemistry by ELM van Rozendaal. 2002)和(Environmental Organic Chemistry, 2nd Edition, by Schwarzenbach, Gschwend, and Imboden, John Wiley & Sons. 2003.)等多个版本的教材,其中 Schwarzenbach 等的著作是一本享誉欧美的环境有机化学方面的权威著作,已由王连生教授等译,化学工业出版社 2004 年出版中译本,为我国环境有机化学教学提供了优秀的教材。但这本巨著教材正如作者所述,是“为了满足各种读者的要求,使这本书对初学者和有更多专业知识的人都适合的目标编写的”,内容复杂而冗长,856页、百余万字数的翻译稿,对我国少学时的基础课而言,不论是对教师教学还是学生学习都不是一件容易的事。目前国内这门课程的教学内容多半还是单纯从有机化学、环境化学或污染化学的角度来安排教学,尽管有的论著中也涉及一些环境有机化学问题,但仍欠全面系统。截止目前,还没有适合我国环境科学和环境工程专业教学计划的教材。

在本书中,我们将有机化学和环境有机污染化学有机地结合,通过绪论、环境有机化合物、环境有机化合物净化反应机理、环境有机化合物物理净化反应、环境有机化合物化学净化反应、环境有机化合物生物净化反应、环境有机化合物净化数值模拟、环境有机化合物监测分析与危险评估等内容的系统阐述,以及对该领域最新成果的介绍与讨论,使读者能够了解有机污染物在自然环境与人为条件下可能进行的降解、转变、转移与传输过程及其最终归趋,旨在满足人们对有机化学和污染化学知识的需求及环境有机化学课程教学之所需。

本书在编写过程中引用了大量相关领域的著作,我们尊重资料作者的工作成果,在书末列出参考文献以告知读者。在此向所引参考文献的作者致以诚挚的谢意!

由于环境有机化学是一门新兴学科,可供参考的图书资料尚比较匮乏。限于编者的水平,书中难免有不完善之处和错误,恳请读者予以批评指正。

编　者

目　录

第1章 绪 论

1.1 环境概述

1.1.1 环境概述

人们对环境的认识是不断发展变化的。20 世纪五、六十年代,人类意识到对自然环境的破坏将产生非常严重的后果;20 世纪八十年代开始,人们逐渐认识到环境的资源功能的重要性,人们开始认识到环境价值的存在;到 20 世纪九十年代,环境资源的价值性研究成为环境科学的研究热点之一,这是现代环境科学形成的一个重要标志。它的意义首先在于,人们承认了环境资源并非是取之不尽、用之不竭的,从而有助于逐步树立珍惜环境资源的意识,也促进了科学技术的发展;其二,逐渐认识到了良好的生态环境是社会经济可持续发展的必要条件,从而增强了环境保护的意识。这些认识都极大地促进了现代环境科学学科的发展。

对于环境科学而言,"环境"的定义是"以人类社会为主体的外部世界的总体"。这里外部世界指的主要是:人类已经认识到的,能直接或间接影响人类生存与社会发展的周围事物。它既包括未经人类改造的自然界的众多要素,如阳光、空气、陆地(山地、平原、沼泽、戈壁等)、水体(河流、湖泊、海洋等)、天然森林和草原、野生生物等;又包括已经经过了人类社会加工改造的自然界,如城市、村落、水库、港口码头、公路、铁路、机场、园林等。它既包括这些物质性的要素,又包括由这些物质性要素所构成的系统及该系统所呈现出来的状态。

第一,环境科学领域的环境具有一定的功能性。首先环境具有为人类的生存提供所需的资源的功能。如岩石圈中地表的土壤层为人类所需的食物生产提供了农作物生长所需的条件,另一方面又为人类提供了大量的矿产资源;生物圈的生物多样性不仅保护着人类生存环境,同时也可以提供人类所需的食物、药材和大量的工业原料;水是人类生存的一种必需资源,洁净的空气也是宝贵的资源,等等。其次,在一定的时空尺度范围内,环境通过自身的调节作用,使系统的输入和输出相等,达到一种动态的环境平衡或生态平衡,使环境仍具有各项完整的功能,所以环境具有一定的调节功能。第三,环境也具有一定的服务功能。实际上,自然资源和自然生态环境的具体体现形式是各类生态系统,它们都是生命的支持系统,如森林、草地、海洋、河流、湖泊等。它们对人类的贡献不仅仅在于可以提供大量的食物、药材、各类生产和生活资料,同时还在为人类提供着许多服务,如调节气候、净化环境、减缓灾害,为人们提供休闲娱乐的场所,等等。第四,环境具有文化的功能,人类的文化、艺术素质等是对自然环境生态美的感受和反应,是环境使人类在群体上和人格上得到发展与升华。而各地域独特的自然环境塑造了各地域民族的特定性格、习俗和民族文化。优美的自然环境又是艺术家们开展艺术创作的源泉,蕴含着科学和艺术的真谛,给人类无穷无尽的文化艺术和科学灵感,这就是环境的整体文化功能最本质的概况。

第二,环境科学领域的环境具有一定的整体性,环境的各要素之间存在着紧密的相互联系、相互制约。局部地区的污染或破坏,总会对其它地区造成影响和危害。其次,环境资源是有限的。环境中的自然资源通常可分为不可再生资源和可再生资源两大类,前者指一些矿产资源等,这类资源随着人类的开采其储量不断减少。生物属可再生资源,如森林生态系统的树木被砍伐后还可以再生,水域生态系统中只要捕获量适度并保证生存环境不被破坏,就可以源源不断地向人类提供鱼类等各种水产品。但由于受各种因素(如生存条件、繁衍速度、人类获取的强度等)的制约,在具体时空范围内,各类资源都不可能是无限的。

第三,环境科学领域的环境具有区域性,这也是自然环境的基本特征。由于纬度的差异,地球接受到的太阳辐射也不同,形成了不同的气候带。即便是同一纬度,因地形地貌的不同,也会出现地带性差异。一般说来,距海平面一定高度内,地形每升高 100 m,气温下降 0.5～0.6 ℃。地带性差异也随着地球经度发生变化,这是由地球内在因素造成的,如受海、陆分布格局和大气环流特点的影响。

第四,环境具有变动性和稳定性。环境的变动性是指环境要素的状态和功能始终是处于不断的发展变化中的。环境的稳定性就是环境系统对一定强度范围内的干扰的自我调节能力,使环境在结构或功能上基本无变化或变化后得以恢复。环境的稳定性和变动性是相辅相成的,变动是绝对的,稳定是相对的。

第五,环境的危害作用具有时滞性特点。自然环境一旦被破坏或被污染,许多影响的后果是潜在的和深远的。

环境科学领域的环境通常是由各个独立的、性质不同而又服从总体演化规律的基本物质组分构成的,这些基本物质组分称为环境要素,亦可称为环境基质。环境要素又分为自然环境要素和社会环境要素,研究较多的是自然环境要素。自然环境要素主要包括水、大气、生物、土壤、岩石和阳光等要素,由它们组成环境的结构单元,环境的结构单元组成环境整体或环境系统。如由大气组成气层,全部气层总称为大气圈;由水组成水体,全部水体总称为水圈;由生物体组成生物群落,全部生物群落称为生物圈;由土壤构成农田、草地和林地等,由岩石构成岩体,全部土壤和岩石构成固体壳层-岩石圈或土壤-岩石圈。

各环境要素的相互配置关系称为环境结构。环境结构表示环境要素是怎样结合成一个整体的。环境的内部结构和相互作用直接制约着环境的物质交换和能量流动。人类赖以生存的环境包括自然环境和社会环境两大部分,各自具有不同的结构和特点。自然环境一方面由空气、水、土壤、阳光和各种矿物质资源等非生物因素所组成,一切生物离开了它就不能生存。另一方面,自然环境除上述的非生物因素以外,还有动物、植物和微生物等生物因素。目前人类活动的自然环境即生物圈,主要限于地壳表层和围绕它的大气层的一部分,一般包括海平面以下约 12 km 到海平面以上约 10 km 的范围。目前环境科学研究主要集中于自然环境中的生物圈这一层。社会环境是指人类长期生产生活活动的结果,人类社会在长期的发展过程中,不断地提高科学技术和物质文化生活水平,并创造了城市、工矿区、村落、道路、农田、牧场、林场、港口、旅游胜地等人工环境因素,形成了人类的社会环境。

地球表面各种环境要素或环境结构及其相互关系的总和称为环境系统。环境系统概念的提出,是把环境作为一个统一的整体看待,避免人为地把环境分割为互不相关、支离破碎的各个组成部分。环境系统的内在本质在于各种环境要素之间的相互关系和相互作用过程。揭示这种本质,对于研究和解决当前许多环境问题有重大的意义。

1.1.2 大气环境

大气环境是指地球表面随着地球一起旋转的大气层这一环境要素以及大气层中的物质交换和能量流动等对人类生产、生活产生影响的因素的总和。在自然地理学上,大气层也叫做大气圈。但大气圈中的空气密度分布并不是均匀的,通常海平面上的空气密度最大,陆地相对较小,而近地层的空气密度则随高度上升而逐渐减小。其次,温度随大气层高度而发生规律性变化是地球大气圈另一个最显著的特征。通常根据大气温度随高度垂直变化的特征,可以将地球表面大气层分为对流层、平流层、中间层、电离层和散逸层。大气的垂直分层如图1-1所示。

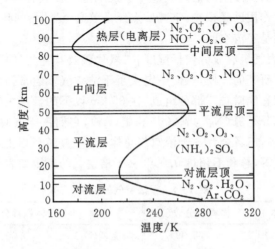

图1-1 大气的垂直分层

1. 对流层

对流层是大气圈的最低层,紧挨着地球表面,对流层厚度随纬度和季节而发生变化,平均为12 km,整个大气圈的质量约有80%~95%来自对流层。在对流层大气温度随大气层高度增加而递减,平均每上升100 m降温0.65℃。在对流层,大气对流运动强烈,云、雾、雨、雪、风等主要天气现象都发生在这一层,同时对流层受地球表面状况和人为活动影响最为显著,大气的温度、湿度等气象要素水平分布差异大,从而形成不同的大气环境和发生各种大气环境污染现象。

在对流层和平流层之间,有一个厚度为数百米到1~2 km的过渡层,称为对流层顶。这一层的主要特征是温度随高度增加降低很慢或是几乎恒温。实际工作中往往根据这种温度变化的起始高度来确定对流层顶的位置。对流层顶对垂直气流有很大的阻挡作用,上升的水汽、尘埃多聚集其下,使得那里的能见度往往变坏。

2. 平流层

从对流层顶到距地面50 km左右这一空气层称为平流层。它的主要特征是大气温度先随高度升高而缓慢升高,从30~35 km起,温度随高度增加而升温迅速;其次,大气多作平流运动,整个大气层运动比较平稳;第三,水汽和尘埃的含量很少,云也很少。从对流层顶向上臭氧量开始增加,至 22～25 km 附近臭氧浓度达极大值,然后减少,到 50 km 处臭氧量就极微了,因此主要的臭氧层均包含在平流层内。

3. 中间层

自距地面 50 km 到距地面 85 km 左右这一大气层称为中间层。在中间层,大气温度随高度升高而迅速降低,中间层顶温度下降至约 -100 ℃ 附近时,再次出现了空气的对流运动。

4. 电离层和散逸层

从中间层顶至距地面 800 km 高度这一大气层称为电离层,此层的大气温度随高度升高而迅速升高,大气处于高度电离状态,能够反射无线电波。距地面高度 800 km 以上的大气层,统称为散逸层,它是大气层向星际空间的过渡地带。此层空气极其稀薄,气温很高,并随高度增加而持续升高,地球引力作用已经很小,空气质点经常散逸至星际空间。电离层和散逸层也称为非均质层,在此以外就是宇宙空间。

人类生存环境里的大气组成成分包括湿度、二氧化碳及其它气体成分往往是随着时空的改变而发生变化的,为了研究的方便,人们便定义了干洁空气。通常情况下,自然状态下的大气由干洁空气、水蒸气和悬浮微粒三部分组成,在 85 km 以下的低层大气中,干洁空气的组成基本上是不变的,主要成分是氮(N_2)、氧(O_2)和氩(Ar),它们占空气总容积的百分数分别为 78.09%,20.95%,0.93%,三者合计占干洁空气总体积的 99.97% 以上,其它还有少量的二氧化碳、氢、氖、氦、氪、臭氧等,总和不超过 0.03%。干洁空气的组成如表 1-1 所示。

表 1-1 干洁空气的组成

气体	体积百分数(%)	气体	体积百分数(%)
氮(N_2)	78.09	臭氧(O_3)	0.000001
氧(O_2)	20.95	氖(Ne)	0.0018
氩(Ar)	0.93	氦(He)	0.0005
二氧化碳(CO_2)	0.03	氪(Kr)	0.0001

在距地面 85 km 以上的大气中,主要成分仍然是氮和氧。但是,由于太阳紫外线的强烈辐照,氮分子和氧分子将产生不同程度的解离。在距地面 100 km 以上,氧分子几乎已经全部解离为氧原子。

大气中的二氧化碳、水汽、微量有害气体和固体杂质的含量通常是变化的。其中,二氧化碳作为一种主要的温室气体,主要来自生物的呼吸作用、有机体的分解、化石燃料的燃烧等。由于地面状况和人类活动影响的不同,近地层大气中二氧化碳的浓度在不同地区变化很大,一般大气中二氧化碳的含量约是 0.03%,而城市大气中二氧化碳含量可能超过 0.06%。

臭氧通常是由氧分子解离为氧原子,氧原子再与另外的氧分子结合而成的一种无色、有鱼腥味的气体。平流层臭氧能大量吸收太阳紫外线,一方面使近地层生物免受其损害,保护着地球生态系统;同时可以使平流层增暖。但在近地面的对流层中,臭氧往往可以作为光化学烟雾发生的标志,即发生光化学烟雾的大气污染事件时,臭氧浓度会异常上升。

水汽主要来自海洋和地面水的蒸发与植物蒸腾。在对流层大气中水汽与凝结核可凝结为水珠和冰晶,从而形成云、雾、雨、雪等多种大气现象。随着地面状况的不同,大气中的水汽含量在 0.01%～4% 之间变化,大气中水汽含量及其变化对生物的生长和发育有重大影响,对水汽输运及水循环也均有重大意义。

大气中除气体成分外,还有很多液体、固体杂质和微粒。液体杂质和微粒是指悬浮于大气中的液滴,过冷水滴和冰晶等液态凝结物。固体杂质和微粒主要来源于火山爆发、尘沙飞扬、物质燃烧的颗粒、宇宙物落入大气和海水溅沫、蒸发等散发的烟粒、尘埃、盐粒和冰晶,还有细菌、微生物、植物的孢子花粉等。大气中的悬浮微粒增加会影响太阳辐射和地表热量的散失,从而对大气的温度和能见度产生影响,部分悬浮微粒也会对人体健康和动植物生长等直接产生影响。

1.1.3 水环境

人类社会的外部世界里的所有水资源构成了水环境。水是人类赖以生存的最基本的物质基础,是人类维持生命和发展经济不可缺少的自然资源,也是世界上最普遍的物质之一。尽管地球上总的水储量非常大,但人类可以利用的部分却非常小。地球上总储水量约有14.1亿立方千米,其中只有2%是淡水,而这部分淡水中有87%是人类难以利用的两极冰盖、高山冰川、深层地下水和永冻地带的冰雪。人类真正能够利用的是江河湖泊以及部分浅层地下水,约占地球总水量的0.26%。因此水资源通常也指人类真正能够利用的淡水资源,即大陆上由大气降水补给的各种地表、地下淡水的储存量和动态水量。地表水包括了河流、湖泊、冰川等,其动态水量为河流径流量,所以地表水资源由地表水体的储存量和河流径流量组成。地下水的动态水量为降水渗入和地表水渗入补给的水量,即由地下水的储存量和地下水的补给量组成。

通常来说,水是一种可再生的自然资源。但地球上的水资源在时空上分布极不均匀,人口增长和经济发展所导致的人均和总用水量的增加,加上人类的不合理利用而导致的淡水资源污染,使世界上许多地区面临着严重的水资源危机。目前,水资源短缺和水环境污染造成的水危机已经严重制约了各国的经济发展,促使人类懂得环境与发展的正确关系,并开始采用保护和利用相协调的水资源开发利用模式——通过废水净化和水体保护,使水资源不受到破坏并能进入良性的再生循环。为了彰显水资源的重要性并推动水资源保护,1993年第47届联合国大会做出决定,自1993年起,每年的3月22日定为"世界水日",用以宣传教育并提高公众对开发和保护水资源的认识,推动对水资源进行综合性统筹规划和管理,加强水资源保护,解决日益严峻的水资源危机问题。

我国的水资源状况也不容乐观。首先,水污染状况严重,江河湖泊普遍遭受污染。2003年报告显示,全国七大江河水系(长江、黄河、珠江、淮河、海滦河、大辽河和松花江)741个监测断面中,41%的监测断面水质劣于Ⅴ类标准,全国75%的湖泊出现不同程度的富营养化,尽管近些年来通过大力投入水体污染治理,使水体环境有所改善,但整体形势仍然严峻。其次,生态用水缺乏,辽河、淮河、黄河等地表水资源利用率已远远超过国际上公认的40%的河流开发利用率上限,海河水资源开发利用率更接近90%,生态功能几近丧失。再次,城市垃圾的无害化处理率不足20%,垃圾的无序填埋、堆放加剧了地下水源受污染的程度。据分析,水资源紧缺已经成为我国突出的重大环境问题,目前全国660座城市中有400多座缺水城市,其中110座严重缺水,日缺水量达16×10^6 m^3。我国由于缺水和水污染给经济发展、城乡建设和人民身体健康带来了极大危害,同时我国的水资源浪费严重,总体水的利用效率低下,单位国内生产总值的耗水量为世界平均水平的5倍;城镇供水管网漏失率达20%左右,每年损失的自来水近100亿立方米;农村灌溉水渠大部分为土渠,防渗性能差,水的利用系数仅为40%(发达国家已达 80％）；不少工业企业耗水量大，但水的重复利用率却不足 50％，这更加剧了我国的水资源危机，也显示出我国加强水资源的保护和利用开发仍具有巨大的发展潜力。

1.1.4　土壤环境

土壤是人类及众多其它生物赖以生存的场所，也是人类生存和发展的最基本的自然资源之一。土壤通常由固态岩石经风化而成，是一个以固相为主的固、液、气不匀质多相体系。土壤固相包括土壤矿物质和土壤有机质。土壤矿物质占土壤固相总重的 90％以上。土壤有机质约占固相总重的 1％～10％，一般可耕作性土壤中有机质含量占土壤固相总重的 5％，且绝大部分在土壤表层。土壤液相是指土壤中的水分及其水溶物。土壤气相指土壤孔隙所存在的多种气体的混合物。典型的土壤约有 35％的体积是充满空气的孔隙，此外，土壤中还有数量众多的植物、微生物和土壤动物等。

土壤的上述结构特征和土壤中含有的大量的无机、有机和无机-有机复合的化学物质及大量的生物和生物活性物质，使土壤具有特殊的吸附性、酸碱性、氧化-还原性和生物活性，影响着土壤环境的物理、化学和生物化学的过程、特征和结果。这些性质使土壤环境单元具有一定的自净能力，使之能够承纳一定的污染物质负荷。土壤环境的自净作用是指在自然因素作用下，通过土壤自身的作用，使污染物在土壤环境中的数量、浓度或毒性、活性降低的过程。按照不同的作用机理通常可将土壤自净作用划分为物理净化作用、物理化学净化作用、化学净化作用和生物净化作用等四个方面。这四种自净作用过程通常是相互交错的，其强度共同构成了土壤环境容量的基础。土壤环境容量是指一定土壤环境单元，在一定范围内遵循环境质量标准，既维持土壤生态系统的正常结构与功能，又不使环境系统污染超过土壤环境所能容纳污染物的最大负荷值。

土壤环境好坏的评价通常以土壤环境背景值为参照，土壤环境背景值即指土壤环境在未受或较少受人类活动（特别是人为污染）影响条件下本身的化学元素组成及其含量。土壤环境背景值是代表土壤环境发展的一个历史阶段的相对数值。土壤环境背景值受人类活动的综合影响，及风化、淋溶和沉积等地球化学作用的影响和生物小循环的影响及母质成因、地质和有机质含量等影响，所以土壤的背景值含量有一个较大的变化幅度，不仅不同类型的土壤之间不同，同一类型土壤之间相差也很大。

1.1.5　生态环境

生态环境就是“由生态关系组成的环境”的简称，是指与人类密切相关的、影响人类生活和生产活动的各种自然（包括人工干预下形成的第二自然）力量（物质和能量）或作用的总和。它不仅包括各种自然要素的组合，还包括人类与自然要素间相互形成的各种生态关系的组合。生态系统是其中的核心，生态系统指由生物群落与无机环境构成的统一整体。生态系统的范围可大可小，相互交错，最大的生态系统是生物圈；最为复杂的生态系统是热带雨林生态系统，人类主要生活在以城市和农田为主的人工生态系统中。生态系统通常由两大部分（即非生物部分和生物部分）组成，这两大部分又由四个基本成分构成，这四个基本成分如下。

①非生物环境（abiotic components）：通常包括气候因子和营养因子。气候因子指光照、热量、降水、温度、空气等和气候有关的因素；营养因子指为生命提供赖以生存的介质和物质代谢原料如无机物质（如 C、H、O、N 及矿物盐分等）和有机物质（如糖、蛋白质、脂类及腐殖质）

等。非生物环境是生物生活的场所,是生物物质和能量的源泉,是生命的支持系统。

②生产者(producers):指生物成分中能直接利用太阳能等能源并将简单无机物转化为复杂有机物的自养生物,如陆生的各种植物,水生的高等植物和藻类,还包括一些光合细菌和化能细菌。生产者是生态系统中将光能转化为化学能的最积极的因素,是地球上一切生物的食物来源,是生态系统的能量基础,在生态系统的能量流动和物质循环中居于重要地位。

③消费者(consumers):是以自养生物或其它生物为食而获得生存能量的异养生物,主要是各类动物。它们不能直接利用太阳能,只能直接或间接地以绿色植物为食,并从中获得能量。消费者在生态系统中起着重要作用。不仅对初级生产者起着加工、再生产的作用,而且许多消费者对其它生物种群数量起着调控作用。消费者根据不同的取食地位,通常又可分为以下三种。

一级消费者:直接依赖生产者为生,包括所有食草动物,如牛、马、兔、池塘中的草鱼以及许多陆生昆虫等。这些食草动物又称为初级消费者。

二级消费者:以一级消费者为食,是捕杀草食动物的食肉动物,如食昆虫的鸟类、青蛙、蜘蛛、蛇和狐狸等,这些食肉动物又可统称为次级消费者。

三级消费者:是猎食食肉动物的捕食者。

但消费者中最常见的还有杂食性消费者,如池塘中的鲤鱼,大型兽类中的熊等。他们的食性很杂,食物成分季节性变化大,在生态系统中,正是杂食性消费者的这种营养特点构成了极其复杂的营养网络关系。

此外,生态系统中还有两类特殊的消费者,一类是腐食消费者,他们是以动植物尸体为食,如白蚁、蚯蚓、兀鹰等;另一类是寄生生物,他们寄生于活着的动植物体表或体内,靠吸收寄主养分为生,如虱子、蛔虫、线虫和寄生菌类等。

④分解者(decomposers):亦称还原者。这类生物也属异养生物,故又称小型消费者,包括细菌、真菌和原生动物。他们在生态系统中的重要作用是把复杂的有机物分解为简单的无机物,归还到环境中供生产者重新使用。

生态系统的组成和相互关系可以总结为如图1-2所示。

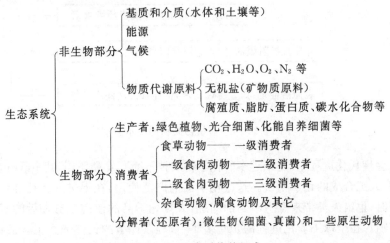

图1-2 生态系统的组成

1.2　环境有机污染概述

1.2.1　有机污染概述

所谓有机污染是指由有机化合物进入环境而带来的环境污染问题。而造成有机污染的有机物通常称为有机污染物。按照《关于持久性有机污染物的斯德哥尔摩公约》界定,可将有机污染物分为持久性有机污染物(persistent organic pollutants,POPs)和其它有机污染物,基本类别如图1-3所示。持久性有机污染物又可根据来源分为目标性工业有机化学品和非目标性有机污染物。前者如有机氯农药(organic chlorinated pesticides,OCPs)、多氯联苯(polychorinated biphenyls,PCBs)、多溴联苯醚(poly brominated diphenyl ethers,PBDEs),其中PBDEs为工业生产的阻燃剂;后者如二噁英(dioxins)和呋喃(furans),主要从塑料燃烧过程中产生。其它有机污染物包括自然有机污染物和新兴有机污染物,前者如萜烯类、黄曲霉毒素、氨基甲酸乙酯、黄樟素等,主要来源于自然界生物新陈代谢以及其它生化过程;后者则是人工合成的各类化学品,如个人护理品、药品等。

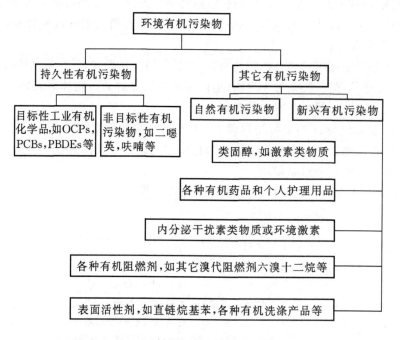

图1-3　环境有机污染物的基本类别

在人类社会现代化进程中,越来越多的化学物质被不断开发和使用,其中既有自然界原有的化学物质,也有人工合成的化学物质。这些化学品的广泛使用,在促进入类社会发展、提高人类生活质量的同时,也给人类带来意想不到的问题:大量化学品的使用及其随后的不当处置,使其成为环境污染物。在全球工业化进程的100多年中,难以计量的天然或人工合成化学物质被释放到地球环境中,严重污染了人类赖以生存的大气、土壤、水体等各种自然环境介质。这些污染物进一步通过呼吸、皮肤接触、食物链等各种途径进入人体,给人类健康带来潜在的不良影响。

虽然土壤和底泥中的有机污染物大多能被细菌分解或发生化学降解(例如化学稳定性很好的多氯联苯,在土壤中也能被特定的微生物降解),但是需要的降解时间周期往往很长。有些有机污染物,特别是高分子聚合物则不易被氧化降解,具有持久的环境危害性。

1.2.2　气体有机污染

气体有机污染物指存在于气相和气溶胶(aerosol)中的有机污染物。某些有机污染物以气体的形式存在于大气中造成污染,有些有机污染物尽管在通常条件下显液态或固态,但与大气中的颗粒物结合存在于大气环境中,也造成了大气环境的污染,因而也属于气体有机污染物的范畴。

气体有机污染物在光照下可与大气中的氧化剂或自由基发生光化学反应,形成所谓光化学烟雾。同时,大气中的有机物经由光化学反应而降解或氧化是气体有机污染物的转化归趋途径之一。大气环境中有机污染物其它主要归宿是随着固体颗粒相的沉降或降水的淋洗而转移到土壤或水体中,其中部分被生物体富集或降解。

1.2.3　水体有机污染

水体有机污染物是存在于水体中的有机类污染物,此类有机物本身可以是气态或液态或固态,它是造成水体污染的重要原因之一。水体有机污染物可导致水体缺氧、富营养化、色、嗅等水体指标的改变,从而破坏水体的生态系统和使用价值。

因为有机污染物在代谢过程中要消耗水中的溶解氧,因此,这类可被生物降解的有机污染物水平,常用 20 ℃时的 5 日生化需氧量(biochemical oxygen demand，BOD_5)来表示。此外,有机物在水体中的浓度还可用化学需氧量(chemical oxygen demand，COD)来表示。特别值得注意的是,这两种指标都不能表示水体中的全部有机物,因为有些有机污染物在水体中不能发生生物降解或化学氧化。所以,宏观的水质参数对于评价水体有机污染物的污染很不准确。

水体有机污染物被水中存在的生物降解是水体有机污染物的主要转化归趋途径之一,其次部分有机污染物可被水生植物或动物吸收利用,进而有机会沿着食物链向上传递,最终危害生态系统的安全性。为了加强水体中有机污染物的去除,部分有机污染物通过人工构筑的水体物理化学及生物净化系统,被人工强化的生物过程和化学药剂转化去除。也有部分水体有机污染物沉积到水体底泥中,最终转移到土壤或岩石圈进行转化。

1.2.4　霉变污染

霉变指食物在微生物的作用下,降低或失去食用价值,甚至产生毒素的变化过程。食物霉变时,各种微生物活动猖獗,产生毒素和致病菌。使食物发生腐败变质的微生物有细菌、酵母和霉菌。通常情况下,细菌比酵母和霉菌占优势。有些细菌会产生色素,发光,使肉、蛋、鱼、禽及其腌制品带有红色、黄色、黄褐色、黑色、荧光、磷光等;有些细菌使食物变粘,使食物的香、味和形发生变化。

黄曲霉素是霉变污染过程中产生的重要毒素之一,可引起急性中毒。花生、花生油、大豆、芝麻、棉籽、玉米、大米感染黄曲霉素的机会最多,其次是小麦、大麦、白薯干、高粱等。在花生酱、啤酒和果酱等食品中,也不同程度地存在有黄曲霉素。一些坚果如杏仁、胡桃、椰干、榛子、棉籽等收获或储藏时,一定温度和湿度下也可能受到黄曲霉菌的污染。

　　黄曲霉素耐热,280 ℃以上才发生裂解。防止食品黄曲霉素污染首先是控制食物储存环境温度不超过 20 ℃,湿度应低于 7%,使得黄曲霉菌难以繁殖。其次,对大米、玉米、花生等应进行去毒处理,通过精碾多淘、深加工、化学熏蒸与吸附、使用添加剂、辅照可除去其中大部分的毒素。

1.2.5　环境腐殖质污染

　　腐殖质是动植物经过长期的物理、化学、生物作用而形成的复杂有机物,水体底泥土壤等都含有腐殖质。腐殖质是大分子聚合物,化学结构复杂,常带有羧基、酚基、酮基等活性基团,其分子量为 $10^2 \sim 10^6$。由于来源不同,腐殖质的组成也不同,腐殖质按其在酸、碱中的溶解性差异可分为:腐殖酸(又称胡敏酸,HA)、富里酸(FA)、腐黑物。

　　天然饮用水中的有机物质,主要为胡敏酸,其浓度范围从地下水的 20 $\mu g/L$ 到地表水的 30 mg/L,含量愈高,水质卫生状况愈差。一般水源中腐殖酸的含量在 10 mg/L 左右,占水中总有机物的 50%~90%,天然饮用水源中腐殖酸的存在给人类及动植物带来了一系列的影响:①腐殖酸是微量金属元素的络合剂。腐殖酸的存在,一方面会使水中金属离子和微量元素含量下降,矿化度降低,从而破坏人体对某些元素如 Ca、Mg、Mn、V、Mo、SO_4^{2-} 等的吸附和平衡;另一方面,可以影响金属离子的毒性和生物有效性。②水体中的腐殖酸类物质是卤化副产品的重要前驱物。腐殖质极易在水厂加氯过程中形成消毒副产品和三卤甲烷(trihalomethanes,THMs)类致癌物质。其中一些酚、醛、芳香酸类化合物可能起重要作用。③腐殖酸是导致大骨节病的主要环境因素之一。大骨节病病区居民饮用水往往是阴暗潮湿的窖水,得不到充足的阳光照射,水中腐殖酸发生光解少,因而含量高。④水体酸化引起腐殖质特性改变,从而对环境造成影响。随着人类生存环境的不断恶化、酸雨的形成,湖泊等自然水体中 pH 下降,可导致鱼类的毒性和浮游植物的初级生产量增加并使一些主要浮游动物物种消失,巨型植物减少。

1.2.6　优先污染物

　　由于化学污染物种类繁多,世界各国都筛选出了一些毒性强、难降解、残留时间长、在环境中分布广的污染物优先进行控制,称为优先污染物(priority pollutants)。美国环保局(USEPA)于 1976 年率先公布了 129 种优先污染物,其中 114 种是有毒有机污染物。我国在进行研究和参考国外经验的基础上也提出来首批 68 种化学污染物(见表 1 - 2)并列为优先污染物,为我国优先污染物控制和监测提供依据。

表 1 - 2　我国水中优先控制污染物黑名单

类　别	优先控制污染物
挥发性卤代烃类	二氯甲烷、四氯化碳、1,2 -二氯乙烷,1,1,1 -三氯乙烷
苯系物	苯、甲苯、乙苯、邻二甲苯、间二甲苯、对二甲苯,计 6 个
氯代苯类	氯苯、邻二氯苯、对二氯苯、六氯苯,计 4 个
多氯联苯	1 个
酚类	苯酚、间甲酚、2,4 -二氯酚、2,4,6 -三氯酚、对一硝基酚,计 6 个

类　别	优先控制污染物
硝基苯类	硝基苯、对硝基甲苯、2,4-二硝基甲苯、三硝基甲苯、2,4-二硝基氯苯,计 6 个
苯胺类	苯胺、二硝基苯胺、对硝基苯胺、2,6-二氯硝基苯胺,计 4 个
多环芳烃类	萘、荧蒽、苯并(b)荧蒽、苯并(k)荧蒽、苯并(a)芘、茚并(1,2,3-c,d)芘、苯并(ghi)芘,计 7 个
酞酸酯类	酞酸二甲酯、酞酸二丁酯、酞酸二辛酯,计 3 个
农药	六六六、滴滴涕、敌敌畏、乐果、对硫磷、甲基对硫磷、除草醚、敌百害,计 8 个
丙烯腈	1 个
亚硝胺类	N-亚硝基二甲胺、N-亚硝基二正丙胺,计 2 个
氰化物	1 个
重金属及其化合物	砷及其化合物、铍及其化合物、镉及其化合物、铬及其化合物、汞及其化合物、镍及其化合物、铊及其化合物、铜及其化合物、铅及其化合物,计 9 个

1.2.7　持久性有机污染物

持久性有机污染物是指通过各种环境介质(大气、水、生物体等)能够长距离迁移并长期存在于环境,具有长期残留性、生物蓄积性、半挥发性和高毒性,且能通过食物链积聚,对人类健康和环境具有严重危害的天然或人工合成的有机污染物质。国际 POPs 公约首批持久性有机污染物分为有机氯杀虫剂、工业化学品和非故意生产的副产物三类。

第一类——杀虫剂:①艾氏剂(aldrin):施于土壤中,用于清除白蚁、蚱蜢、南瓜十二星叶甲和其它昆虫。1949 年开始生产,已被 72 个国家禁止,10 个国家限制。②氯丹(chlordane):控制白蚁和火蚁,作为广谱杀虫剂用于各种作物和居民区草坪中,1945 年开始生产,已被 57 个国家禁止,17 个国家限制。③滴滴涕(DDT):曾用作农药杀虫剂,但目前用于防治蚊蝇传播的疾病,1942 年开始生产,已被 65 个国家禁止,26 个国家限制。④狄氏剂(dieldrin):用来控制白蚁、纺织品害虫,防治热带蚊蝇传播疾病,部分用于农业,1948 年开始生产,已被 67 个国家禁止,9 个国家限制。⑤异狄氏剂(endrin):棉花和谷物等作物叶片杀虫剂,也用于控制啮齿动物,1951 年开始生产,已被 67 个国家禁止,9 个国家限制。⑥七氯:用来杀灭火蚁、白蚁、蚱蜢、作物病虫害以及传播疾病的蚊蝇等带菌媒介,1948 年开始生产,已被 59 个国家禁止,11 个国家限制。⑦六氯代苯(hexachlorobenzene,HCB):首先用于处理种子,是粮食作物的杀真菌剂,已被 59 个国家禁止,9 个国家限制。⑧灭蚁灵(mirex):用于杀灭火蚁、白蚁以及其它蚂蚁,已被 52 个国家禁止,10 个国家限制。⑨毒杀芬(toxaphene):棉花、谷类、水果、坚果和蔬菜杀虫剂,1948 年开始生产,已被 57 个国家禁止,12 个国家限制。

第二类——工业化学品:包括多氯联苯(PCBs)和六氯苯(HCB)。①PCBs:用于电器设备如变压器、电容器、充液高压电缆和荧光照明整流以及油漆和塑料中,是一种热交换介质。②HCB:化工生产的中间体。

第三类——生产中的副产品:二噁英和呋喃,其来源:①不完全燃烧与热解,包括城市垃圾、医院废弃物、木材及废家具的焚烧,汽车尾气,有色金属生产、铸造和炼焦、发电、水泥、石灰、砖、陶瓷、玻璃等工业及释放 PCBs 的事故。②含氯化合物的使用,如氯酚、PCBs、氯代苯醚类农药和菌螨酚。③氯碱工业。④纸浆漂白。⑤食品污染,食物链的生物富集、纸包装材料的迁移和意外事故引起食品污染。国际对 POPs 的控制:禁止和限制生产、使用、进出口、人为源排放,管理好含有 POPs 的废弃物和存货。

2001 年 5 月,中国率先签署了《斯德哥尔摩公约》,这一公约是国际社会为保护人类免受持久性有机污染物危害而采取的共同行动,是继《蒙特利尔议定书》后第二个对发展中国家具有明确强制减排义务的环境公约,落实这一公约对人类社会的可持续发展具有重要意义。

国务院批准了《中国履行斯德哥尔摩公约国家实施计划》(以下简称《国家实施计划》)。为落实《国家实施计划》要求,2009 年 4 月 16 日,环境保护部会同国家发展改革委等 10 个相关管理部门联合发布公告(2009 年 23 号),决定自 2009 年 5 月 17 日起,禁止在中国境内生产、流通、使用和进出口滴滴涕、氯丹、灭蚁灵及六氯苯(滴滴涕用于可接受用途除外),兑现了中国关于 2009 年 5 月停止特定豁免用途、全面淘汰杀虫剂 POPs 的履约承诺。

1.3　环境有机化学概述

1.3.1　有机化合物和有机化学

有机化合物主要由氧元素、氢元素、碳元素组成,含碳的化合物以及脂肪、氨基酸、蛋白质、糖、血红素、叶绿素、酶、激素等有机物是生命产生的物质基础。生物体内的新陈代谢和生物的遗传现象,都涉及有机化合物的转变。此外,许多与人类生活有密切关系的物质,例如石油、天然气、棉花、染料、化纤、天然和合成药物等,均属于有机化合物。

含碳化合物被称为有机化合物是因为以往的化学家们认为含碳物质一定要由生物(有机体)才能制造;然而在 1828 年的时候,德国化学家弗里德里希·维勒(Friedrich Wöhler),在实验室中成功合成尿素(一种生物分子),自此以后有机化学便脱离传统所定义的范围,扩大为含碳物质的化学;不过有机化学这名字跟着这个学科一辈子,没有人尝试将其改名为"碳化学"或是其它较为贴切的说法。虽然被称为"碳化学",仍有少数含碳的化合物因不具有有机化合物的特性,而不归类在有机化合物中,如二氧化碳(CO_2)、一氧化碳(CO)、二硫化碳(CS_2)、碳酸(H_2CO_3)、碳酸盐(CO_3^{2-})、碳酸氢盐(HCO_3^-)、硫氰酸盐($HSCN$ 及其盐类)及氰化物(HCN 及其盐类)等。

有机化学指碳化合物的化学。这些化合物有可能还会包含其它的元素,包括氢、氮、氧和卤素,还有诸如磷、硅、硫等元素。它是一门基础科学,是化学的一个分支,是研究有机化合物的组成、结构、性质及其变化规律的科学。有机化合物之所以引起研究者浓厚的兴趣,是因为碳原子可以形成稳定的长碳链或碳环以及许多种的官能团,这种性质造就了有机化合物的多样性。

1.3.2　有机污染物和有机污染化学

有机污染物是指以碳水化合物、蛋白质、氨基酸以及脂肪等形式存在的天然有机物质及某些其它可生物降解的人工合成有机物质为组成的污染物。有机污染物按来源可分为天然有机污染物和人工合成有机污染物两大类。

天然有机污染物主要是由生物体的代谢活动及其它生物化学过程产生的,如萜烯类、黄曲霉毒素、氨基甲酸乙酯、麦角、细辛脑、草蒿脑、黄樟素等。近年来发现许多种天然有机污染物能使动物发生肿瘤,还发现羊齿植物中有一些未知的物质对动物有致癌性。有些天然有机污染物可以与其它污染物反应生成二次污染物。如黄樟素和黄曲霉毒素 B_1 能与氧化剂反应形成具有更强致癌活性的环氧黄樟素和 $2,3$-环氧黄曲霉毒素 B_1。

人工合成有机污染物是随着现代合成化学工业的兴起产生的。如塑料、合成纤维、合成橡胶、洗涤剂、染料、溶剂、涂料、农药、食品添加剂、药品等人工合成有机物的生产,一方面满足了人类生活的需要,另一方面在生产和使用过程中进入环境并在达到一定浓度时,造成污染,危害人类健康。

有机污染物会影响人体健康和动、植物的正常生长,干扰或破坏生态平衡。不少有机污染物是致畸、致突变、致癌物质。有些有机污染物能在环境中发生化学反应,转化成为害处更大的二次污染物。有些有机污染物在环境和生物体内能积累起来,还能通过食物链富集。因此既要注意高浓度的有机污染物的危害性,还要注意低浓度的有机污染物对人体健康和生态系统的长期影响。

有机污染化学主要研究有机污染物的性质、在不同环境介质中的环境过程行为规律、环境过程机制、生态毒性效应与风险评价,以及影响有机物在自然系统和工程系统中归宿的环境因素。这些性质和因素可以用来估算与预测有机污染物的结构-活性关系、定量评价有机化学品的环境行为、从化学角度和污染物微观分子角度剖析有机污染物的微观分子结构与宏观环境行为和生态毒性之间的内在关系和量变规律、阐述有机污染物的主要环境过程机制与生态毒性效应机理。

1.3.3 环境有机化学的定义及研究内容

环境科学向有机化学提出的基本问题已经从早期的有机化合物的分类、官能团、基本性质、反应原理及合成方法转向有机化合物在环境中的迁移、转化与降解净化反应过程研究。

从广义来讲,环境有机化学主要是探讨与环境有关的有机分子结构性质、有机反应途径机理以及结构鉴定的基础科学。

从狭义来讲,环境有机化学是介于有机化学与污染化学之间的一门交叉边缘学科,主要研究有机化学物质和有机污染物质的理化性质、环境过程机制以及影响环境自然系统和工程系统中有机化学物质迁移、转化与归宿的环境因子,特别是用这些因子来定量评价有机化学物质的环境行为。

从环境保护角度出发,环境有机化学主要是研究各种处理过程对有机污染物质降解与转化的能力,讨论污染物质净化理论与途径。

1.3.4 环境有机化学的研究对象与任务

①有机化合物的分类、官能团、基本性质、反应原理及衍生物;

②有机污染物环境过程与机制(包括物理过程、化学过程以及生物降解等化学与生物过程)和行为模型;

③环境有机化学物质监测分析与危险评估。

环境有机化学是一门年轻的科学,我们希望通过系统地阐明环境污染及其工程处理中的有机化学基础理论、原理和目前这一领域的最新成果的介绍和讨论,使读者对这方面知识有一个全面了解,进而有助于环境污染工程技术的改进和提高,促进环境污染的治理和整个环境科学的发展。

1.3.5　环境有机化学的学习方法

环境有机化学是环境科学与工程专业的一门基础课程,在有限的学习时间内,学生应主要掌握本学科的基本规律,即熟悉有机化合物,特别是有机污染物基本类型的结构、性能、化学反应、环境净化过程机制、交叉学科的热点技术、它们之间相互联系的规律和理论,为后续专业课程学习打下良好基础。

环境有机化学表面上知识点众多,反应繁杂,机理各异,但万变不离其宗,几乎所有的有机化学内容都能归结到化合物结构和性质上。对于初学者来说,如果不了解这点,就容易死记书本上散落的知识点,难以构建有效的知识体系,即所谓的"捡了芝麻,丢了西瓜"。因此,学习环境有机化学时,应对教师指定的教材内容作全面了解,分析比较,明确概念;对各类有机化合物和有机污染物以及其它有关化学物质的学习,要从化学本质和结构特点出发,联系它的性质、功能和环境净化过程机制。

在学习环境有机化学过程中应与先修和并修课程(例如物理化学、环境学、微生物学、生物化学、环境科学、环境工程等)内容相联系,以促进理解、加强记忆。

复习题

1. 何为环境? 有什么特点?
2. 何为大气环境,大气环境有机污染物由什么构成?
3. 试述造成我国水资源危机的原因。
4. 何为土壤环境,结构上有什么特征?
5. 试述构成生态环境的基本因素。
6. 何为有机污染物? 何为持久性有机污染物?
7. 何为光化学烟雾?
8. 试述黄曲霉素产生的原因及其危害。
9. 何为腐殖质? 其对环境有什么影响?
10. 何为优先污染物? 其种类有哪些?
11. 何为有机污染物?
12. 试述有机污染化学研究对象。

第 2 章　环境有机化合物

2.1　环境有机化合物概论

2.1.1　引言

近几十年来人类社会合成了大量的有机化合物,各种人工合成有机化学物质的应用使人类社会取得了空前的进步,给工农业生产和人们的生活带来了很大便利。然而,大量化合物的应用最终导致大量的人工合成的有机化学物质释放到环境中去并给地球生态和环境造成了很大影响。例如,在滴滴涕刚开始使用的时候,尽管它能高效杀灭蚊虫从而非常有效地降低疟疾等疾病的发病率,但人们也发现它可以对湖鳟等鱼类的生长造成影响。而且在一个地区应用的化学物质可以扩散得非常广泛,甚至在很多其它地区的动植物组织中都能够检出,一些研究者就曾在英国的野生动物、荷兰的鱼类、贝类以及鸟类体内发现持久性化学物质——多氯联苯。研究还发现,一些并非用于生物杀灭剂的 PCBs 也会危及某些生物的健康。例如,人们发现生物体内摄取一定水平的 PCBs 会导致毒性效应。

随着科技水平和社会的不断发展,人类对材料、能源和空间的利用将不断扩展,对人工合成有机化合物的使用量也将不断增加,根据这些早期的经验和教训,有机化合物对水体、土壤以及大气的污染仍将是环境保护方面面临的主要问题之一。因为这些有机化学物质主要或完全是由于人类活动而产生并释放到环境中去的,所以可以称之为"人工合成有机化合物"。有些有毒害作用的有机化合物的后续处理和管理过程中经常造成严重的问题或事故,同时由其使用过程而导致的长期环境污染问题也应引起人们的注意。

2.1.2　环境有机化合物的组成及基本概念

虽然天然和人工合成有机化合物种类繁多,但是它们都是由有限的几种元素如碳(C)、氢(H)、氧(O)、氮(N)、硫(S)、磷(P)和卤素原子如氟(F)、氯(Cl)、溴(Br)、碘(I)等组成。由于碳原子可以形成四个稳定的 C—C 键,因此由这些有限的元素种类可以构成无数种稳定的有机分子结构。尽管种类繁多,但是只要了解分子中各元素和化学键性质,就可以理解化合物的分子结构与其性质之间的重要关系,进而明白其在环境中的影响。表 2-1 中列出了合成有机化学物质中一些重要元素的性质。

1. 同分异构现象

化合物的结构就是描述不同原子之间的精确连接方式。同分异构体是一种有相同化学式,有同样的化学键而有不同的原子排列的化合物,也叫结构异构体。

立体异构体属于同分异构体中的一种,是指由分子中原子在空间上排列方式不同所产生的异构体,它可分为顺反异构体、对映异构体和构象异构体三种,也可分为对映异构体和非对映异构体两大类。

尽管化学式一样,但结构异构体之间可能会表现出完全不同的性质和反应性。

表2-1 有机物分子中存在的最重要元素的相对原子质量、电子构型以及共价键的特征数

元素名称	元素		原子质量①	壳层电子数					原子核的净电子数	有机分子中的共价键数
	符号	顺序		K层	L层	M层	N层	O层		
氢	H	1	1.0	1					1+	1
碳	C	6	12.0	2	4				4+	4
氮	N	7	14.0	2	5				5+	3②
氧	O	8	16.0	2	6				6+	2③
氟	F	9	19.0	2	7				7+	1
磷	P	15	31.0	2	8	5			5+	3,5
硫	S	16	32.1	2	8	6			6+	2,4,6③
氯	Cl	17	35.5	2	8	7			7+	1
溴	Br	35	79.9	2	8	18	7		7+	1
碘	I	53	126.9	2	8	18	18	7	7+	1

注:①根据指定的原子质量数 u(核素^{12}C 的一个中性原子处于基态时静止质量的 1/12)以及天然同位素丰度平均的数值计算得到;②带正电荷的原子;③带负电荷的原子。

2. 共价键

共价键是指有机分子中的原子通过与其它原子共用电子而达到外电子层(或价电子层)充满的稳定结构所形成的化学键。每一个共价键由一对共用电子所组成,大多数情况下由成键的两个原子各贡献一个电子。这样我们可以把有机分子结构中的共价键看做是两个带正电的原子核间的一个电子对,通过原子核与电子之间的静电吸引将两个原子结合到一起。

利用这种通过共用电子而达到价电子层充满的简单原理,从表2-1中不难推导出,在中性有机分子中,H、F、Cl、Br、I 等元素能够形成单键(单键原子),O 和 S 元素可以形成双键(双键原子),N 和 P 元素可以形成三键(三键原子),而 C 元素可以形成四个键(四键原子)。

现在应用这些简单的化合价规则,画出分子式为 C₄H₉Cl(氯代丁烷)的化合物所有可能的同分异构体。由图2-1可见,C₄H₉Cl 共具有四种同分异构体。区分共用电子对与非共用电子对比较容易,可以将共用电子对(真实的共价键)用连接两个原子符号的直线来表示,而将非共用价电子表示为一对圆点(见图2-1(a)),这种表示方法可以很清楚地表示原子核和所有必须显示的电子。为了简化,代表与氢原子之间成键的直线以及代表非共用电子对的圆点(未成键)(见图2-1(b))一般不显示。在不引起混淆的情况下,为了进一步简化可以将代表成键的横线省略,如图2-1(c)所示,括弧在这种情况下用来表示原子分支。最后,如图2-1(d)所示,对于由大量碳原子所组成的有机物,可以只用碳骨架来表示其分子。除非标注为其它元素,每一条直线都代表两端为碳原子的化学键,这种表示方法中碳氢键是隐藏的。

为了区分不同的碳-碳键,代表化学键的直线之间一般成 120°角,大致符合真实的键角。

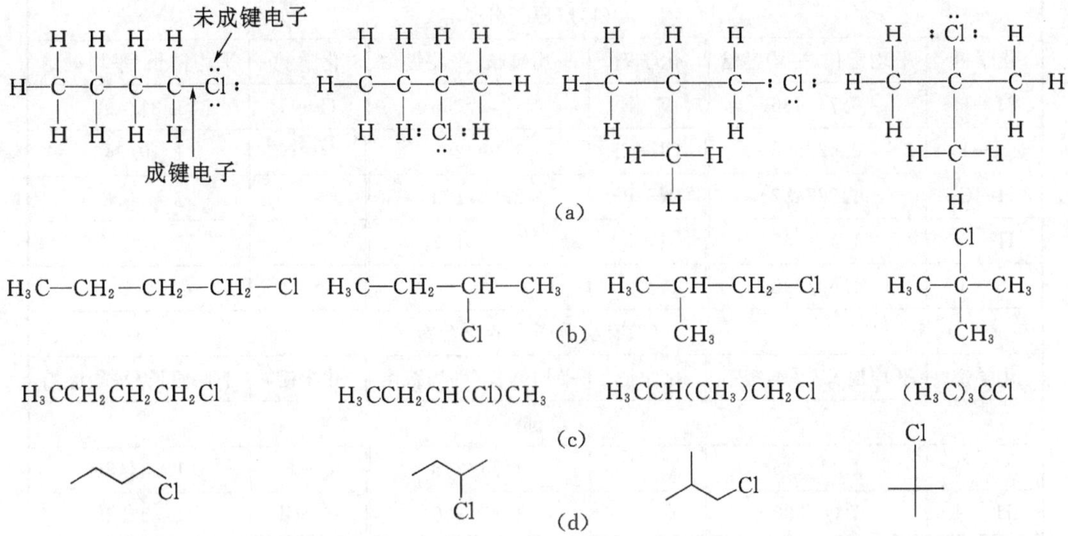

图 2-1　氯代丁烷的四个异构体分子结构的表示方法

除了上述碳碳单键的情况,原子外电子层还可能失去多个电子,从而形成双键或三键,即两个原子共用两对甚至三对电子而使外电子层达到充满状态。图 2-2 列举了几种含有双键或三键的化合物,双键用双线来表示,而三键用三条平行短线来表示。由图 2-2 可见,有些化合物具有环结构,这种环结构主要由碳原子组成,有些环结构还含有杂原子(即非碳和非氢元素)。

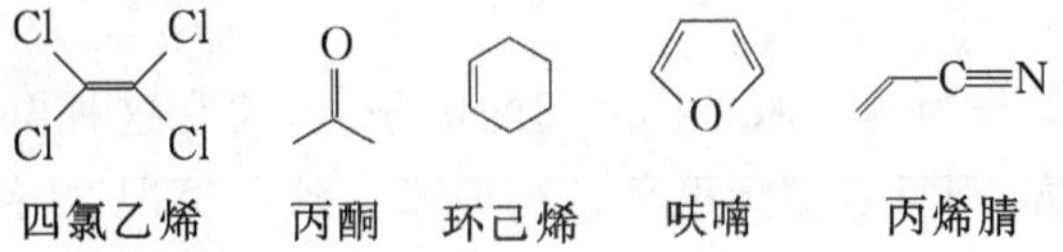

　　四氯乙烯　　丙酮　　环己烯　　呋喃　　丙烯腈

图 2-2　某些具有双键和/或三键的简单分子结构

3. 键能(焓)、键长与电负性原理

共价键中两个成键原子中心的距离称之为键长。表示键能最简便的方法是键离解能。对于双原子分子来说,键离解能定义为常温常压(1.013×10^5 Pa 和 25 ℃)下气相反应的热能变化。在含有多个化学键的分子中,不可能直接测出其中某个化学键的解离焓或生成焓,一般通过间接的热化学手段研究燃烧反应中热能的变化(量热计式测量法)得出。这些反应只能得到各键分别断裂和生成时全部反应的总焓。各键的解离焓(或生成焓)必须从这些数据中推导得出,通常列出的结果为 1.013×10^5 Pa 和 25 ℃下气相反应中某种化学键的平均键强。表 2-2 列出了一些重要的共价键的平均键长和平均键焓。

表 2-2　一些最重要的共价键的平均键长①和平均键焓②

(1)双原子分子					
化学键	平均键长/平均键焓	化学键	平均键长/平均键焓	化学键	平均键长/平均键焓
H—H	0.74/436	F—F	1.42/155	O=O	1.21/498
H—F	0.92/566	Cl—Cl	1.99/243	N≡N	1.10/946
H—Cl	1.27/432	Br—Br	2.28/193		
H—Br	1.41/367	I—I	2.67/152		
H—I	1.60/298				

(2)有机分子中的化合键					
化学键	平均键长/平均键焓	化学键	平均键长/平均键焓	化学键	平均键长/平均键焓
单键③					
H—C	1.11/415	C—C	1.54/348	C—F	1.38/486
H—N	1.00/390	C—N	1.47/306	C—Cl	1.78/339
H—O	0.96/465	C—O	1.41/360	C—Br	1.94/281
H—S	1.33/348	C—S	1.81/275	C—I	2.14/216
双键和三键					
C=C	1.34/612	C=O⑤	120/737	C≡C	1.16/838
C=N	1.28/608	C=O⑥	120/750	C≡N	1.16/888
C=S④	1.56/536	C=O⑦	1.16/804		

注:①平均键长单位为埃(Å),1Å 等于 0.1 nm;②平均键焓单位为 kJ/mol;③成键的两个原子都不含有双键或三键,否则键长要短一些;④二硫化碳中的碳硫双键;⑤醛类双键;⑥酮类双键;⑦二氧化碳中的碳氧双键。

　　化学键通常可以被看作为两个原子核之间的电子云,通常这种电子云会偏向两个原子中对电子吸引力更大的一方,即具有更大电负性的原子。这种情况会导致负电荷在化学键的一端进行积聚,而在另一端发生相应的缺失。在有机分子所包含的元素中,原子的体积越小(成键电子与带正电荷的原子核离得更近),原子内核(原子核与已填充层的内层电子,见表 2-1)的净电荷越多,则越容易吸引额外的电子。因此在元素周期表的同一行(例如从 C 到 F),电负性随着内核电荷的增加而增大,而在同一列中(例如从 F 到 I),电负性随着内核体积的增大而减小。

　　共价键中两个原子电负性的不同导致共价键的正负电荷中心发生分离,形成极性共价键,极性共价键局部阴离子化(局部负电荷的强弱)的程度是决定化合物的环境行为和反应性的关键因素。键的极化作用对于指导化学反应的进程是非常重要的,因为在化学反应中,这些键本身或邻近的其它键将发生断裂。

　　有机分子中,原子在连有吸电子基团或给电子基团后吸引电子的能力与单个的孤立原子吸引电子的能力是不同的。甲基中碳原子的吸电子能力比氢原子还要低得多,这是因为碳原子上连接的每个氢原子都将向碳原子提供一些电子密度,从而降低了碳原子的电负性。所以在具有相似电负性的原子所成的化学键中,极化的方向和程度还取决于两个原子的取代基。

4. 氢键

氢键是元素与氢所形成的共价键发生极化作用的一种特殊结果。当氢原子与电负性较强的元素成键时,成键电子会被拉向电负性强的原子,使氢原子的质子暴露在共价键的一端,而暴露的质子可以吸引另一个富含电子的中心,尤其是具有未成键电子的杂原子,从而形成氢键,如虚线所示。

$$-X^{\delta-}-H^{\delta+}\cdots;Y^{\delta-}- \qquad X,Y=N,O,\cdots$$

例如,X 和 Y 代表氮和氧等,在有机分子中基本都会形成氢键。

如果富电子中心位于同一个分子之内,则形成分子内氢键;如果氢键在两个不同的分子间形成,则称为分子间氢键。相对于共价键来说,氢键的强度比较弱(大约 $15\sim20$ kJ/mol),但是氢键对于分子的空间排列和分子间的相互作用来说却是非常重要的。

从表 2-2 可以看出,第一行元素(C、N、O、F)与氢之间键的长度大约都是 1(即 0.1 nm),原子更大时与氢成键的键长更大,键强更弱。双键和三键比相应的单键更短、更强,但是我们注意到双键和三键的键熵通常分别低于相应单键键熵的 1/2 和 1/3(碳氧键例外)。

5. 有机分子中原子的氧化态

氧化和还原分别指原子或离子失去和得到电子。如果原子不带电荷,则其氧化态为零;失去 Z 个电子即原子氧化到 $+Z$ 的氧化态。同样,得到电子导致氧化态降低,降低的数目等于获得电子的数目。

为了将离子型氧化还原反应中的电子转移与共价键中共用电子的情形联系起来,可以将共价键中的共用电子对赋予成键的两个原子中电负性较大的原子,这样就像简单的无机离子氧化还原反应一样,可以计算每个原子上的电子数。对于有机分子中的任何原子,如果与其同样的原子成键,则其氧化态为 0;如果原子与电负性低于本身的原子成单键,或者原子上具有一个负电荷,则定义其氧化态为 -1;如果原子与电负性大于本身的原子成单键,或者原子上具有一个正电荷,则定义其氧化态为 $+1$。在 C—S、C—I 甚至 C—P 键中,虽然这些杂原子的电负性与碳原子的电负性很相似,但是我们仍认为电荷是分布在杂原子上的。共价成键原子的氧化态通常不用阿拉伯数字,而是采用罗马数字来表示。

6. 有机分子中原子的空间排列

为了描述分子中原子的立体排列,除了键长,我们还需要知道键之间的角度、原子的大小及其在分子内运动的自由度。

(1)键角

电子为了成对允许彼此间靠近,但是又都尽可能远离其它电子对。在对称的情况下,即碳原子与四个完全相同的原子或取代基成键(例如 CH_4,CCl_4,$C(CH_3)_4$),键角为 $109.5°$。碳原子与不同的取代基成键时,如图 2-3 所示,这种非对称性会使键角发生些许改变。对于饱和碳原子来说典型的 C—C—C 键角为 $112°$,环数低于 6 的多元环体系键角会小得多。对于杂原子 N、O、P 和 S,可以把未成键电子对看作取代基,因此会产生弯曲或金字塔式构象。

(2)立体异构

如果电子缔结在单键或 σ 键上,则原子可以绕着键轴发生旋转,这样的旋转不会破坏成键的电子对,因此在室温下,连在两个成键原子上的取代基,相互之间的位置不是固定的。即使单键会发生快速的旋转,仍然会出现立体异构体。立体异构体为原子组成和成键顺序相同,但

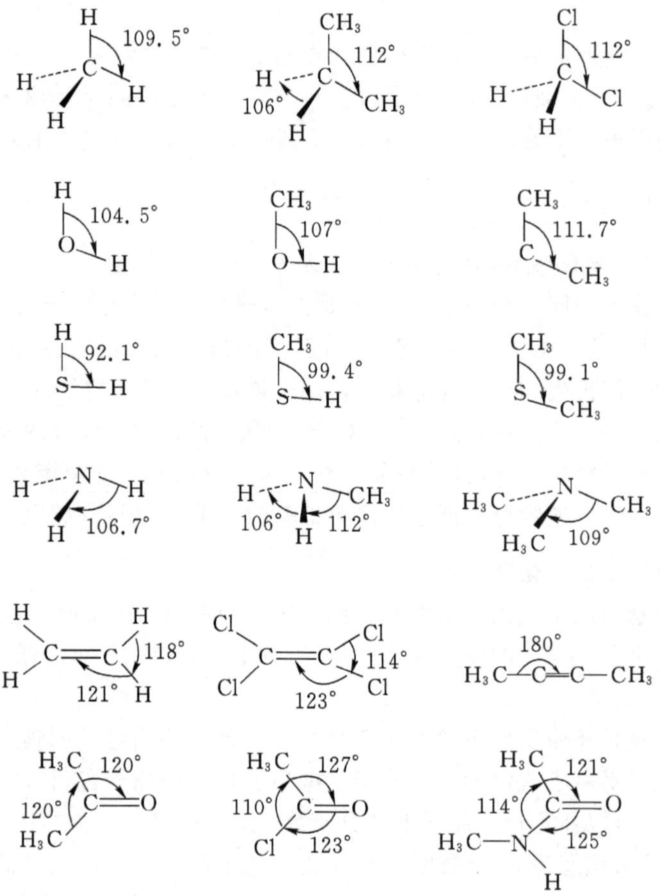

图 2-3　某些简单分子的键角

是具有不同三维分子结构、不能够完全重合的化合物。

立体异构分为两种不同的情况。首先,有的分子在各方面都完全相象,但是它们彼此之间互为镜象,却不能重叠,这种分子叫做手性分子。通常任何与其镜象不能区分的物体(例如人的左手和右手)都是手性物。例如,如果某分子中碳原子与四个不同的取代基成键,如农药 Z-〔(4-氯-邻甲苯基)氧〕丙酸(见图 2-4),则可能存在两个立体异构体,在这种情况下,一般称此碳原子为手性中心。镜象异构体也称为对映异构体或光学异构体。通常在对称的分子环境中,对映异构体表现出完全相同的性质,而在手性环境中,对映异构体会表现出完全不同的性质。最重要的是对映异构体会与其它的手性物以完全不同的速率发生反应,因此某些化合物具有生物活性,而其对映异构体却不具有生物活性。例如,R 型〔(4-氯-邻甲苯基)氧〕丙酸(见图 2-4)是一种活性农药,但是 S 型却不具有生物活性。

第二类立体异构体涵盖了具有相同原子和连接性但是三维结构不能重叠的两个异构体的所有情形,称为非对映异构体。很多因素都可能导致非对映异构现象,其中之一就是存在多个手性部位,例如很多天然产物的分子含有 2~10 个手性中心,蛋白质与多聚糖分子甚至可能含有数百个手性中心。

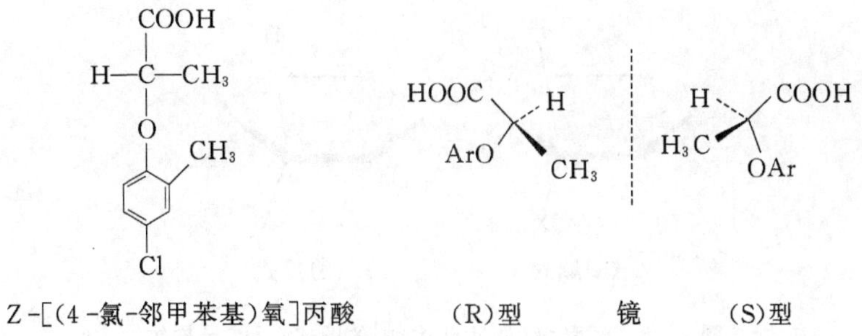

Z-[(4-氯-邻甲苯基)氧]丙酸　　　　　　(R)型　　　镜　　　(S)型

图 2-4　农药 Z-[(4-氯-邻甲苯基)氧]丙酸的两种对映异构体

　　另一种形式的非对映异构体是由于原子或原子团绕化学键(例如双键或环结构等)旋转受到限制而产生的。当研究双键的几何形状时,可以设想两个原子之间只有两种类型的键,其中一个等同于一个 σ 单键,即电子对占据了两个成双键原子间绕轴的区域,第二个键称为 π 键(例如碳-碳键,碳-氧键,碳-氮键,碳-硫键,氮-氧键等),这种情况下,可以设想两个成键的 π 电子以定域于一个平面上、下的"电子云"的形式存在。

　　对于化合物　XHC=CHY,因为原子团不能绕碳-碳键进行旋转,如图 2-5(a)、(b)所示,所以此化合物只具有两个可以区分的异构体(有时称为几何异构体),为了区分这两个异构体,通常采用顺式(cis)和反式(trans)来描述两个取代基(非氢的原子或原子团)的相对位置。如果两个取代基处于双键的一侧,则为顺式异构体,如果两个取代基彼此处在双键的两侧,则为反式异构体。和其它的异构体一样,这样的异构体虽然结构差别很小,但是性质却相差很大。例如,顺式-1,2-二氯乙烯和反式-1,2-二氯乙烯(X=Y=Cl)的沸点分别为 60 ℃和48 ℃。顺、反式异构体在性质上的差异可以在两个取代基发生相互作用(例如分子内氢键)时体现出来,以顺丁烯二酸(马来酸)和反丁烯二酸(富里酸)为例,如图 2-5(c)、(d)所示,在顺式异构体中会发生分子内氢键作用,而在反式异构体中则不会发生。这两个异构体的熔点相差超过150 ℃,而水溶解度相差 100 多倍。

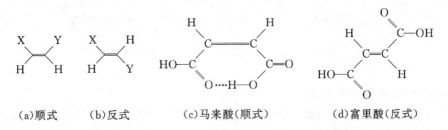

(a)顺式　　(b)反式　　　(c)马来酸(顺式)　　　(d)富里酸(反式)

图 2-5　双键上具有两个取代基的顺式/反式异构体

　　低于 10 个碳原子组成的环体系中,原子也不能进行自由旋转,因此在这样的环体系内也可能存在顺反异构体。顺式异构体中两个取代基位于环的同一侧,而反式异构休中两个取代基分别处于环的两侧,如图 2-6 所示。

　　如果环系统中具有更多的取代基,则会有更多的异构体,例如图 2-7 所示的环境科学家所熟知的 1,2,3,4,5,6-六氯环己烷(Hexachlorohexane, HCH)就是一个典型的例子。HCH 共具有 8 个异构体,其中三个异构体具有重要的环境意义。

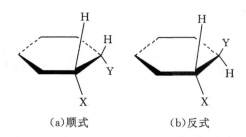

(a)顺式　　　　(b)反式

图 2-6　环系统(如环己烷)中的顺式/反式异构体

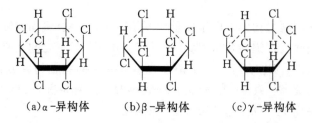

(a)α-异构体　　(b)β-异构体　　(c)γ-异构体

图 2-7　1,2,3,4,5,6-六氯环己烷的三个典型异构体

在很多结构中,原子的相对位置都是在不断变化的。当一个分子中的原子存在两种以上的不同空间排列,并且彼此之间可以快速互换,就像原子绕 σ 键自由旋转那样,则称之为不同的构象,如果不能够自由旋转则称之为不同的构型,后者是可以被分离的异构体。最低能量构象是分子最稳定的形式,优先存在。例如环己烷这样的六元环,存在三个比较稳定的构象,分别是椅式构象、扭曲式构象和船式构象,如图 2-8 所示。根据不同的取代基类型,通常有一个构象是最稳定的。对于环己烷的异构体来说,最稳定的构象是椅式构象。

(a)椅式构象　　　(b)扭曲式构象　　　(c)船式构象

图 2-8　六元环(例如环己烷)的三种可能构象

7. 离域电子、共振与芳香性

前面讨论的构成化学键的电子或电子云均固定在一定的区域,实际上电子可以在涵盖两个以上原子的区域中进行移动。这种特殊情况的化学键通常称为"离域化学键"。从能量的角度来看,这样会减小这些电子在化学键中位置的限制,使其具有能量更低的构象,从而具有更大的稳定性。最重要的离域化情形是具有多个 π 键的分子,因为这种分子中多个 π 键之间可以进行相互作用。我们将这种一系列的多 π 键称为共轭。在共轭体系中,π 键必须彼此相邻才能有效地相互作用,而涉及所有原子的 π 键必须处于一个平面内。

这种电子位置比较自由的现象导致了离域化,而将分子看做是一系列定域结构来表示分子结构的方法,称为共振方法。电子处于不同位置而形成的结构对于整个共振结构的重要性,取决于其相对稳定性。离域化引起的稳定效应在芳香环体系中最为明显,例如苯的分子结构,如图 2-9 所示,苯分子在六元环中含有三个共轭双键。

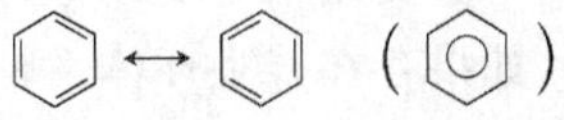

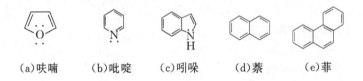

图 2-9　苯的分子结构

在取代苯分子中,由于取代基的类型和位置不同,不同的共振形式会表现出不同的稳定性,因此各种结构形式所占的比例也有所不同。

共振体系通常具有比较大的稳定化能,这种现象不限于含有苯环体系的分子结构,通常在具有 $4n+2$(如 6、10、14 等)个电子的环状 π 键体系都存在这种现象,这种造成环体系异常稳定的性质称为"芳香性",图 2-10 列举了更多有关芳香环体系的例子。某些芳香化合物含有杂原子,这些杂原子会向共轭 π 电子体系贡献一个电子(如吡啶)或两个电子(如呋喃和吲哚)。某些名为多环芳香化合物的物质从严格意义上来讲,其结构并不具有芳香性(例如芘的 π 键体系中具有 16 个电子)。

(a)呋喃　　(b)吡啶　　(c)吲哚　　(d)萘　　(e)菲

图 2-10　其它典型的具有芳香性的有机化合物

2.1.3　环境有机化合物的分类和命名

在对环境中的有机化合物进行分类时,通常并不严格按照结构分类,而是根据其物理化学性质或根据用途及来源进行分类。比如在一些文献中,诸如"挥发性有机物(volatile organic compounds,VOCs)"、"疏水性有机物"、"表面活性剂"、"溶剂"、"增塑剂"、"农药"(包括除草剂、杀虫剂、杀真菌剂等)、"有机染料和色素"、"矿物油"等术语。

如果从分子结构的角度来研究有机化合物,可以将有机化合物看做是由碳原子所组成的骨架构成的,骨架的外部由氢原子所包裹,在骨架上嵌入或连接着杂原子(例如卤素、O、N、P、S 等)或杂原子基团,这些基团称为官能团,因为它们通常都具有反应性或某种功能,这是理解和评价有机化合物的环境行为的关键。根据分子结构分类,必须要根据碳骨架的类型、官能团的类型,或者同时根据两者的特点来进行分类,因此对具有多个官能团的有机化合物进行分类时,通常具有一定的主观性。在环境有机化学中经常使用的是所谓的通用名或俗名,而不是化合物的系统名。

1. 有机化合物的碳骨架:饱和烃、不饱和烃和芳香烃

当我们研究烃类化合物(即只含有 C 和 H 的化合物)或有机分子中的一个碳氢基团(即烃类取代基)时,惟一可能存在的官能团是碳-碳双键或三键,如果此分子中不含有任何双键或三键,那么这个碳骨架就是饱和的,反之是不饱和的。因此在烃类化合物中,"饱和"是指这个碳骨架所包含的最大氢原子数等于所有碳原子都形成四个键、所有氢原子都形成一个键所需

的氢原子数,而饱和碳原子为与其它四个原子单独成键的碳原子。

不具有环结构的碳骨架(例如只有分支或未分支的碳原子链)称为脂肪烃,含有一个或数个环结构的烃类化合物称为脂环烃,如果存在芳香环体系,则称为芳香烃。一个化合物分子内可能同时存在脂肪链、脂环和芳环的结构,通常这三类的先后顺序为芳香烃优先,脂环烃次之,最后是脂肪烃。饱和的脂肪烃称为烷烃或石蜡,作为一个基团则称之为烷基,它是环境有机化合物中存在最广泛的烃类取代基,其通用的分子式为 C_nH_{2n+1}。

$$CH_3- \qquad CH_3CH_2- \qquad CH_3-CH_2-CH_2- \qquad CH_3-CH_2-CH_2-CH_2-$$

$$\text{(a)甲基} \qquad \text{(b)乙基} \qquad \text{(c)丙基} \qquad\qquad \text{(d)丁基}$$

脂肪烃命名中,前缀的 n 代表"正"(normal)的意思,表示正构烷烃链,而 iso 表示在直链烷烃的尾端连有两个甲基,neo 表示在直链烷烃的尾端连有三个甲基。烷基还可以分为伯、仲、叔烷基,如果在连接点上碳原子只与一个其它的碳原子成键,则此烷基称为伯烷基,如果在连接点上碳原子与两个其它的碳原子成键,则此烷基为仲烷基(s-),如果与三个其它的碳原子成键,则称为叔烷基或特烷基(t-),注意这里 R 代表以碳为中心的取代基。伯烷基、仲烷基、叔烷基的结构式如图 2-11 所示。

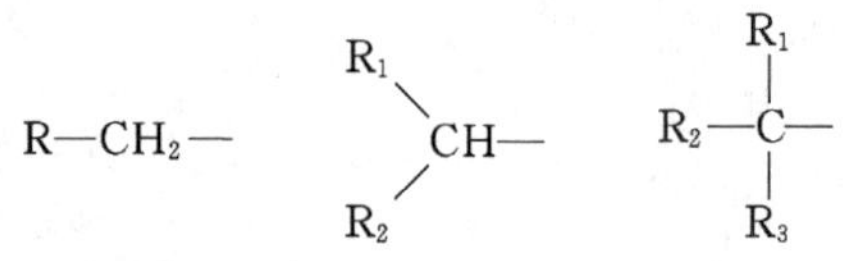

$$\text{(a)伯烷基} \qquad \text{(b)仲烷基} \qquad \text{(c)叔烷基}$$

图 2-11 伯烷基、仲烷基、叔烷基的结构式

对于不饱和烃来说,如果化合物具有一个或数个双键,则称为烯烃或石蜡。在芳香环体系中经常用邻位、间位、对位来表示两个取代基在芳香环体系中的相对位置,如图 2-12 所示。

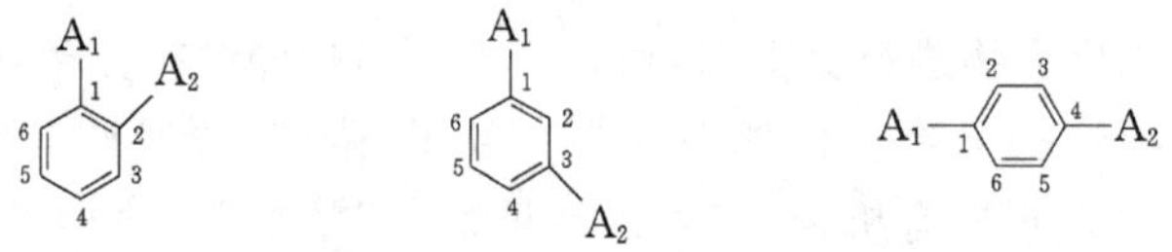

$$\text{(a)邻位或1,2-} \qquad \text{(b)间位或1,3-} \qquad \text{(c)对位或1,4-}$$

图 2-12 芳环体系中取代基的临、间、对位置

烃类化合物在环境中分布极为广泛,天然烃类中小到只有一个碳原子的甲烷,大到含几十个碳原子的 β-胡萝卜素,如图 2-13 所示,包含很多种类。化石燃料中含有其它许多种支链烷烃、烯烃、环烷烃和芳香烃等,这些烃类也可以通过化石燃料的合成加工等方式获得。

全球每年液体石油产品(如汽油、煤油和民用燃料油等)的产量达到约 30 亿吨,这些烃类化合物的生产、运输、加工、储存、使用和处理都会带来很大的环境问题,因为不只有那些大型的突发事件才会造成环境中的石油烃污染。此外,虽然这些烃类的来源有可能相同,但是石油中的各种异常复杂的混合物烃类在环境中表现出的行为却未必相同。有些成分易于挥发,而有些容易吸附到固体表面;有些石油烃非常稳定,而有些石油烃则可以与光相互作用;某些烃类化合物无毒,而有些烃类则以其强致癌性闻名,因此石油烃的研究在环境有机化学中是一个非常重要的领域。

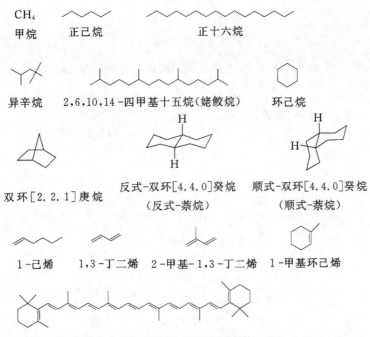

图 2-13　部分脂肪烃、脂环烃与烯烃举例

在环境中存在的各种芳香烃类中,环境科学家们通常对两类化合物很感兴趣:即 BTEX 化合物(BTEX 代表苯(benzene)、甲苯(toluene)、乙基苯(ethylbenzene)和三个二甲苯的异构体(xylene),见图 2-14)和多环芳烃(polyaromatic hydrocarbons, PAHs,见图 2-14)。BTEX 化合物是汽油中的重要组分,并广泛用作溶剂,同时也是土壤和地下水中最常见的污染物,具有很高的毒性,因此引发了很多有关土壤和地下水修复领域的研究。多环芳烃类污染物在环境中的主要来源包括化石燃料(汽油、石油、煤)的燃烧,森林大火,矿物油(事故性的)直接输入,木材防腐剂杂酚类化合物的应用等。人们在烧烤肉类时也会产生多环芳烃。从人类健康的角度,部分多环芳烃(例如苯并[α]芘,见图 2-14)是强致癌物,具有很强的生物积累性,因此多环芳烃属于最重要的一类大气污染物,有关多环芳烃的研究引起了研究者们的极大兴趣。

2. 有机卤化合物

许多与环境有关的有机化合物都含有一个或几个卤素原子,尤其是氯原子,氟原子和溴原子次之。在环境中广泛存在的有机卤化合物所带来的环境问题主要是由人为输入引起的。目前含卤化合物仍在进行大量的工业生产,首先是由于卤素原子具有很强的电负性,尤其是氟和氯可与碳原子形成很强的键,因此用卤素原子取代与碳成键的氢原子可增加分子的惰性,同时增加了分子在环境中的持久性。例如,很多具有酶抑制性质的农业化学物是天然酶底物的氟取代产物。此外,有机化合物中的卤素原子(包括氟原子)与水等氢原子供体形成氢键的能力很弱,当卤素原子与芳香体系中的碳原子成键时尤为明显,有机分子中含有比较大的卤素原子(即氯和溴)能够使化合物疏水性更强,更容易分配到生物体等有机相中。

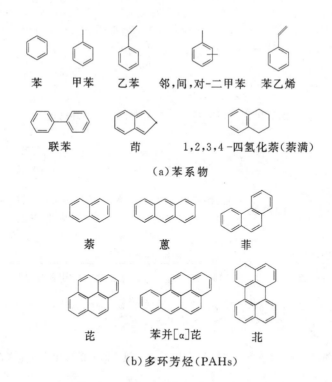

（a）苯系物

（b）多环芳烃（PAHs）

图 2-14 部分芳香烃类化合物举例

目前正在应用并释放到环境中的卤代化合物主要是多卤代烃类化合物，即这些化合物只由碳、氢和卤原子组成。通过选择合适类型和数量的卤素原子，可以设计具有特定理化性质、适合于特定用途的惰性、不可燃的气体、液体和固体物质。突出的例子包括多氯代的、含一个碳和两个碳的化合物，这些物质用量巨大（每年达数十万吨到数百万吨），主要用作气溶胶喷射剂、制冷剂、塑料窗体的发泡剂、麻醉剂以及各种用途的溶剂等，如表 2-3 中的例子。由于这些物质在对流层中具有高挥发性和强持久性，尤其是氟氯烃（FCs，fluorocarbons 和 CFCs，chlorofluorocarbons，也称氟里昂）可以导致同温层中臭氧的耗竭，并且能够造成全球变暖，因此受到广泛的关注。

表 2-3 工业生产的一些重要短链卤代烷烃

化合物名称	分子式	主要用途
二氯二氟甲烷（CFC-12）	CCl_2F_2	气溶胶喷射剂、制冷剂
三氯氟代甲烷（CFC-11）	CCl_3F	塑料窗体的发泡剂
氯代二氟甲烷（HCFC-22）	$CHClF_2$	致冷剂及气溶胶喷射剂
1,1,1,2-四氟乙烷（HCFC-134a）	CF_3CHF	冷冻剂、喷雾剂
1,1-二氯-1-氟乙烷（HCFC-141b）	CCl_2FCH_3	清洗和溶剂
二氯甲烷	CH_2Cl_2	溶剂
三氯乙烷（TRI）	$CHCl=CCl_2$	溶剂
四氯乙烯（PER）	$CCl_2=CCl_2$	溶剂
1,1,1-三氯乙烷	CCl_3CH_3	溶剂

　　氯代溶剂,包括二氯甲烷、三氯乙烯、四氯乙烯以及 1,1,1-三氯乙烷(见表 2-3),目前仍然是最严重的地下水污染物。在含氧条件下这些物质非常持久,并且在地下水中流动性很强,因此能够造成大面积的地下水污染。

　　持久性多氯代烃类化合物当然不限于含一两个碳原子的卤代烃化合物,一些多氯代芳香烃类化合物也有强疏水性和生物累积性。多氯联苯(PCBs)和多氯三联苯(polychlorinated triphenyls,PCTs)中部分具有内分泌干扰性质。图 2-15 是在全球范围内分布的一些传统多氯烃类化合物举例。这些物质通常是以含有很多同类物(异构体及具有相同的来源,即都是联苯骨架被氯原子取代,但是氯原子取代的数目不同)的复杂混合物形式来应用的。迄今为止,PCBs 和 PCTs 的产量超过 100 万吨,这些物质广泛用作蜡、打印用墨、油漆和颜料,以及电容器绝缘液、变压器散热剂、液压机液体、传热液体、润滑油、增塑剂、阻燃剂等。虽然 PCBs 和 PCTs 在很多国家已经禁止或严格限制生产和使用,但是它们在环境中仍然无处不在,在世界各地、大洋的底部乃至北极的冰雪中都可以检出,说明这类物质具有很强的远距离迁移能力。另一类化合物多溴联苯(polybrominated biphenyls,PBBs)广泛用作阻燃剂,其在结构上与 PCBs 很类似,也能够引起类似的环境问题。

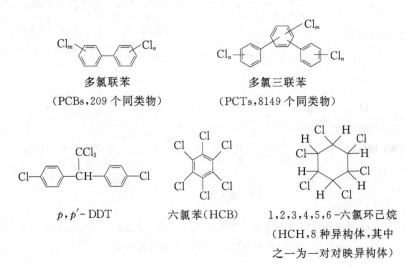

图 2-15　在全球范围内分布的一些典型的多氯代烃类化合物

　　另外,废水和饮用水中用氯进行消毒,以及造纸厂的漂白工艺等都会产生很多已知的和未知的氯代化合物,并进入环境。例如,三卤甲烷化合物(trihalogenated methanes,THMs),其中包括 $CHCl_3$、$CHBrCl_2$、$CHBr_2Cl$ 及 $CHBr_3$ 等。

3. 含氧官能团
　　在天然和人工合成化学品中,氧原子是很多重要官能团的组成部分。氧具有很高的电负性,可以与氢原子、碳原子、氮原子、磷原子和硫原子形成极性共价键,这些官能团对化合物的理化性质和反应性均具有重要的影响。

　　(1)醇和醚官能团

　　最简单的含氧官能团是氧原子分别与碳原子和氢原子形成单键或氧原子与两个碳原子分别形成单键。前者形成羟基或醇官能团(R—OH),后者为醚官能团(R_1—O—R_2),图 2-16

列出了一些人工合成化学品或与环境有关的化学品,这些化学物质中都含有上述官能团。

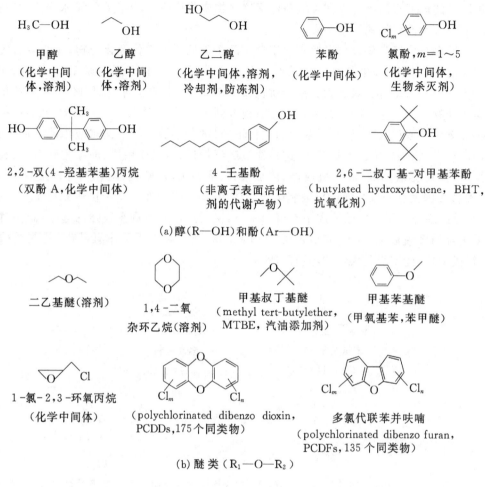

图 2-16   一些具有醇官能团或醚官能团的人工合成化学品或与环境有关的化学物质
(注:括弧中给出了其常用的用途或来源)

醇官能团和醚官能团都对有机化合物的理化性质和分配行为具有很大的影响,因为氧原子能够参与氢键的形成,R—OH 可以同时充当 H -供体和 H -受体,而 R_1—O—R_2 只能作为 H -受体。此外,取决于 R 的性质,R—OH 基团在水溶液中可能会发生解离,即相当于弱酸,特别对于一些芳香族的醇来说,包括具有吸电子取代基的取代苯酚类化合物,如杀虫剂-五氯苯酚,其在 pH 值为 7 的水溶液中主要以五氯酚盐阴离子的形式存在(>99%)。

苯酚类化合物,尤其是被斥电子基团(例如烷基)所取代的苯酚类化合物,在环境中非常容易氧化,会生成一系列的产物,一些酚类化合物尤其容易氧化,形成稳定的自由基,甚至可以用作石油产品、橡胶、塑料、食品包装盒、动物饲料等的抗氧化剂。

图 2-16 中列出的部分化合物中,甲醇和甲基叔丁基醚(methyl tert-butyl ether, MTBE)是全球生产量最高的工业化学物质,年产量达到 1500~2000 万吨。甲醇并没有带来很大的环境问题,但是 MTBE(主要用做汽油中的氧化剂,以改善燃烧过程)却是水生态环境中,尤其是地下水中分布非常广泛的污染物,因为 MTBE 具有显著的水溶解性且很难生物降解。

苯酚类化合物在工业上应用广泛,使用量大。酚类化合物可以通过非生物过程(例如大气中的羟化反应)或生物过程形成。生物过程的一个突出的例子是非离子表面活性剂 4-壬酚基聚氧乙烯醚经过生物降解过程生成 4-壬基酚,如图 2-17 所示。4-壬基酚均具有内分泌干扰活性,这说明在一定的条件下微生物转化过程产生的物质可能比母体化合物具有更大的环境危害性。

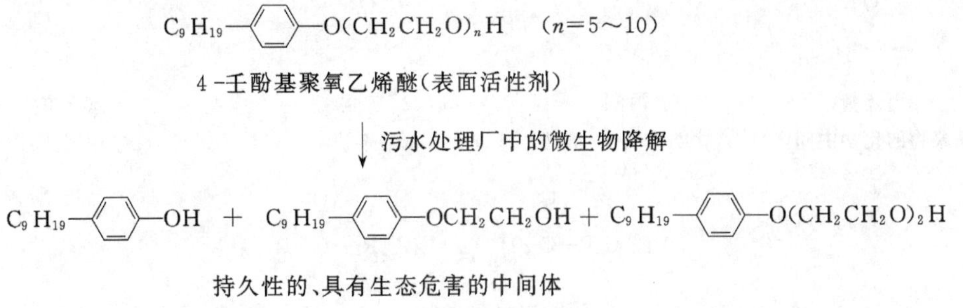

$$C_9H_{19}\text{—}\bigcirc\text{—}O(CH_2CH_2O)_nH \quad (n=5\sim10)$$

4-壬酚基聚氧乙烯醚(表面活性剂)

↓ 污水处理厂中的微生物降解

$$C_9H_{19}\text{—}\bigcirc\text{—}OH \ + \ C_9H_{19}\text{—}\bigcirc\text{—}OCH_2CH_2OH + C_9H_{19}\text{—}\bigcirc\text{—}O(CH_2CH_2O)_2H$$

持久性的、具有生态危害的中间体

图 2-17　4-壬酚基聚氧乙烯醚的生物转化过程

另一类需要特别讨论的污染物是多氯代对苯并二噁英(PCDDs)和多氯代对苯并呋喃(PCDFs),如图 2-16 所示。PCDDs 和 PCDFs 是作为一些燃烧过程及一些氯代化合物形成过程的副产物产生并进入到环境中,部分 PCDDs 和 PCDFs 具有非常强的毒性,例如 2,3,7,8-四氯联苯-p-二噁英,(tetrachloro dibenzo dioxin, TCDD),如图 2-18 所示。PCDDs 和 PCDFs 与 PCBs 和 DDT 很相似,具有很强的疏水性,在环境中具有很强的持久性,这一类物质也在全球范围内都能够检出。多溴代联苯醚(PBDEs),也越来越引起环境界的关注,与多溴联苯(PBBs)类似,也用作阻燃剂。

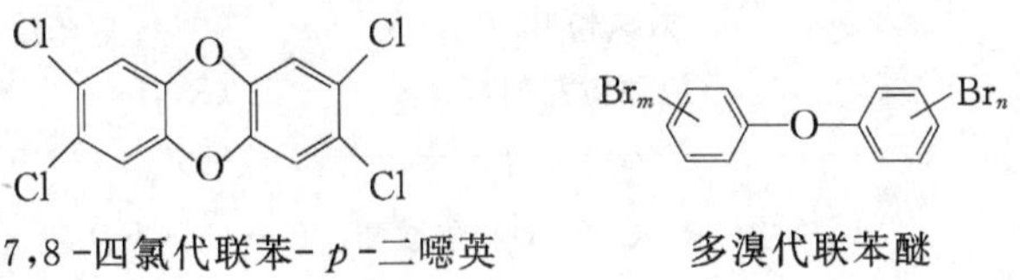

2,3,7,8-四氯代联苯-p-二噁英　　　　　多溴代联苯醚

图 2-18　强毒性的 TCDD 和多溴代联苯醚 PBDEs 的分子结构式

(2)醛酮基团

很多碳-氧官能团中氧原子与碳原子形成双键。如果此基团中只有一个氧原子,并且碳-氧双键上的碳原子与氢原子相连,则形成醛基(R—CHO),如果碳原子与碳原子相连,则形成酮基(R_1—CO—R_2),如图 2-19 所示。像醚中的氧原子一样,醛和酮中的氧原子也是氢受体,因此醛和酮很适合用做各种溶剂,例如甲醛、丙酮、2-丁酮等,如图 2-19 所示。此外,因为这些基团的反应性很强,工业上很多重要的化学中间体都具有醛基或酮基。最后需要说明的是,在水处理过程中会形成很多简单的醛类化合物,如异丁醛,如图 2-19 所示,这些化合物很多都具有恶臭,因此在水处理过程中这些化合物的形成(例如饮用水的消毒副产物)会带来很大的环境问题。

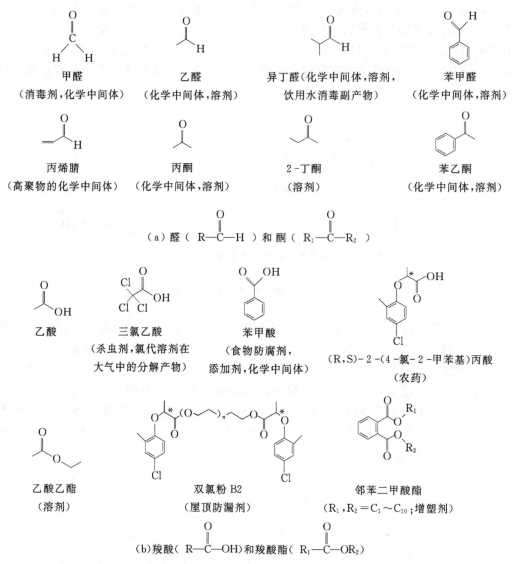

（a）醛（ R—C̈H ）和酮（ R₁—C̈—R₂ ）

（b）羧酸（ R—C̈—OH）和羧酸酯（ R₁—C̈—OR₂）

图 2-19　一些具有碳-氧键官能团的重要工业化学物质和具有很大环境危害性的化学物质

（注：括弧中给出了其常用的用途或来源）

（3）羧基

将醛基氧化，即用羟基代替醛基中的氢原子，可以得到羧酸基团（R—COOH）。羧酸可以在水溶液中发生离解，羧酸的 pKa 值取决于 R 基团，一般处于 0～6 的范围之内。因此具有羧酸基团的化合物在水中主要以离解的形式（即阴离子）存在。此外羧酸基团既是很强的 H-受体，也是很强的 H-供体，因此羧酸基团的存在将显著提高化合物的水溶解度。环境中存在这种化合物主要是由于一些化合物如 Z-［（4-氯-邻甲苯基）氧］丙酸等的直接输入或其它化合物的生物或非生物转化。例如，在雨水中已经检测出高浓度的卤代乙酸（＞1 μg/L），包括一氯乙酸、二氯乙酸、三氯乙酸以及四氟乙酸等，这些羧酸类物质被认为是氯代乙烷、氟代乙烷和氯代乙烯、氟代乙烯在大气中的部分氧化产物。羧酸在环境中还可以通过羧酸衍生物（如羧酸酯类或酰胺类化合物）的水解反应而形成。

（4）羧酸酯基团

如果将羧酸基团中的羟基用 OR 基团代替，则可以得到羧酸酯基团。酯基只能作为 H-受体，因此酯基对化合物水溶解度的影响要比相应的羧酸基团小。其中一类重要的人工合成化学物质为邻苯二甲酸酯，如图 2-19 所示，其为邻苯二甲酸的两个酯化反应产物。在图 2-19 中 R_1 和 R_2 代表烃基，大多数情况下为碳原子数为 1～10 之间的烷基。邻苯二甲酸酯类物质主要用作增塑剂，其在全球的年产量超过 100 万吨。邻苯二甲酸酯在环境中无所不在，它也是在实验室中分析环境样品时最常见的污染物之一。

还有很多含氧化合物（尤其是农药），是碳酸衍生物，包括碳酸酯类化合物（R_1OCOOR_2）。在这一类化合物中的碳氧基团中，碳原子被完全氧化，从而可水解产生 CO_2 和相应的醇。

4. 含氮官能团

在有机分子中的杂原子中，氮原子和硫原子比较特殊，这两种原子也像碳原子一样具有很多不同的氧化态，因此很多含氮基团和含硫基团表现出不同的理化性质和反应活性。表 2-4 列出了一些含有氮、碳和氧原子的重要官能团。一些含氮官能团的重要工业化学物质和/或环境化学物质如图 2-20 所示。

表 2-4　人工合成化学品中存在的一些重要的含氮基团

基团	名称（氧化态）	基团	名称（氧化态）
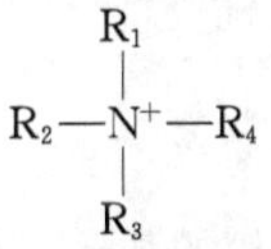 $R_2—\overset{\overset{\displaystyle R_1}{\textstyle\mid}}{\underset{\underset{\displaystyle R_3}{\textstyle\mid}}{N^+}}—R_4$	铵（-3）	$R_1—NH—NH—R_2$	肼（-2）
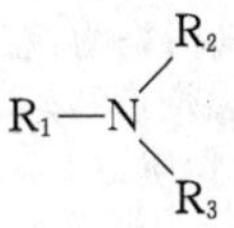 $R_1—\overset{\displaystyle R_2}{\underset{\displaystyle R_3}{N}}$	胺①（-3）	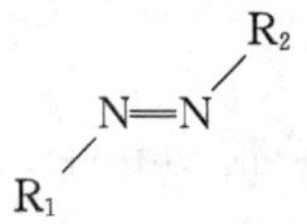 $R_1\overset{\displaystyle R_2}{\underset{\displaystyle}{N=N}}$	偶氮化合物（-1）
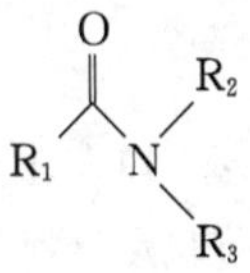 $R_1—\overset{\overset{\displaystyle O}{\textstyle\parallel}}{C}—\overset{\displaystyle R_2}{\underset{\displaystyle R_3}{N}}$	羧酸酰胺①（-3）	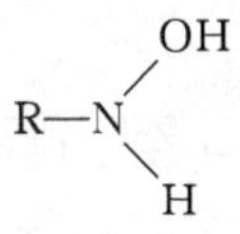 $R—\overset{\displaystyle OH}{\underset{\displaystyle H}{N}}$	羟胺化合物（-1）
$R—C≡N$	腈（-3）	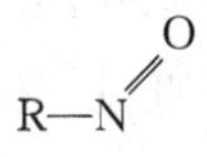 $R—N=O$	亚硝基化合物（+1）
脲（-3）	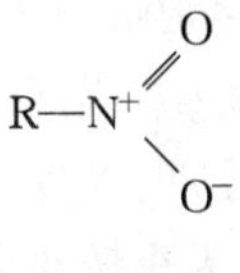	硝基化合物（+3）	
氨基甲酸盐（-3）	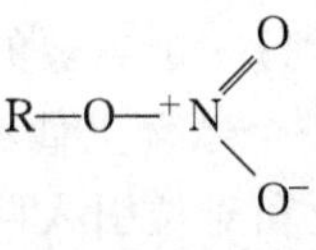	硝酸盐（+5）	

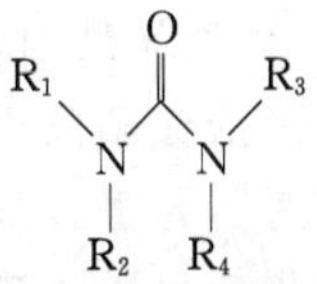

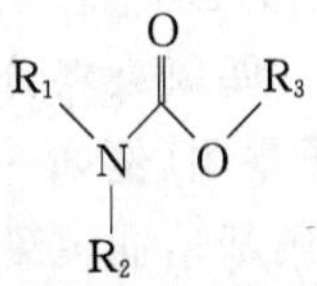

注：①如果 $R_2=R_3=H$，则为伯胺；$R_2=H,R_3≠H$，则为仲胺；$R_2≠H,R_3≠H$，则为叔胺。

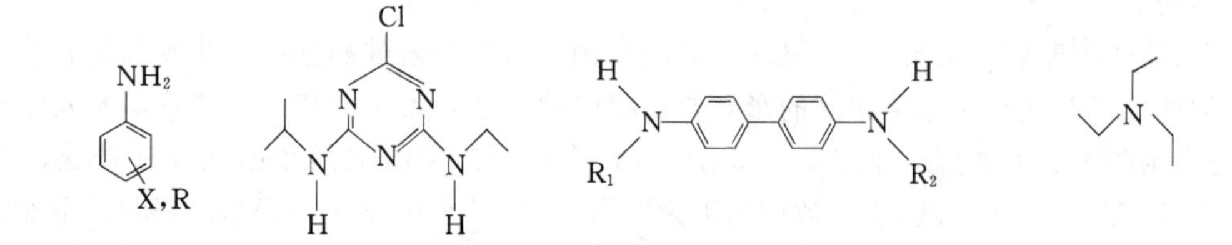

苯胺及取代苯胺（化学中间体）　阿特拉津（三嗪类农药）　N，N′-二烷基/芳基-p-联苯二胺（抗氧化剂）　三乙基胺（溶剂，润湿剂，防腐蚀剂，推进剂）

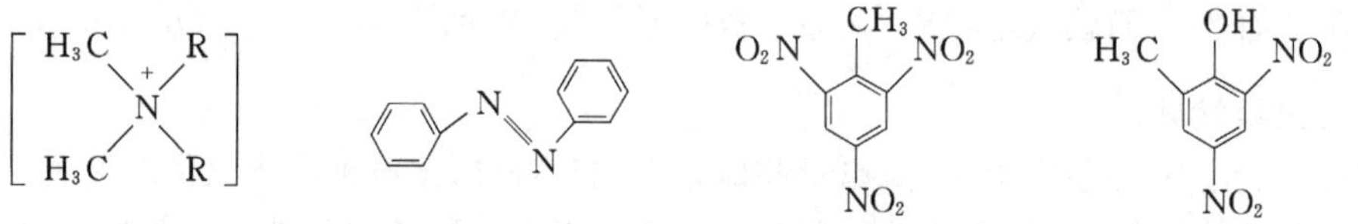

季铵盐（阳离子表面活性剂）　偶氮苯（化学中间体，农药）　2，4，6-三硝基甲苯（TNT炸药）　2，4-二硝基-邻甲苯酚 农药

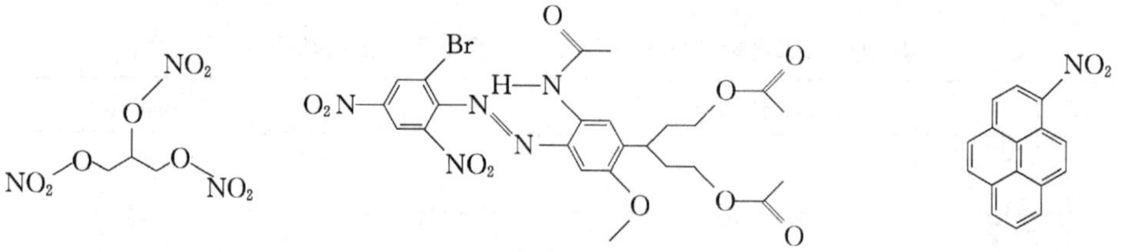

硝化甘油（炸药）　分散性蓝79（纺织染料）　1-硝基芘（大气污染物，燃料燃烧产物）

图 2-20　具有含氮官能团的一些重要工业化学物质和/或环境化学物质
（注：括弧中给出了这些化合物的常用用途和来源）

(1)胺基

胺基是一类很重要的基团，存在于很多天然化学物质（如氨基酸、氨基糖）和人工合成化学物质中。例如芳香胺基化合物，尤其是胺基苯（如苯胺）是很多化学物质（包括染料、药物、农药、抗氧化剂等）的合成中间体。此外，含胺基的苯环存在于其它很多更为复杂的分子中。上面所述的很多酸类衍生物发生水解，以及芳香偶氮化合物和硝基芳烃发生还原性转化后，都会在环境中形成芳香胺基化合物。

胺基会参与氢键的形成，大多数情况下为 H-受体，只有伯胺和仲胺可以作为 H-供体。然而与弱酸性的羟基相反，胺基是弱碱，因此在水溶液中可以获得一个质子，形成铵阳离子。脂肪胺基（例如图 2-20 中的三乙基胺）的碱性比芳香胺基的碱性强，这种效应对于芳香胺基来说非常重要。某些胺类化合物烷基化为季铵化合物，形成稳定的阳离子，可以用做表面活性剂。

胺基与芳环体系连接时有另一个重要的性质：可以作为 π 电子供体。偶氮染料分散性蓝79（见图 2-20），通过在其中一个苯环上偶氮基的对位引进一个强斥电子基团（例如一个双甲胺基），在另一个苯环上的邻位和对位引入两个强吸电子基团（例如两个硝基），偶氮染料分散性蓝 79 在吸收光（蓝色）中可以达到最大跃迁。与一些酚基相似，与苯环相连的胺基在环境中容易氧化。这种氧化反应所形成的产物在某些情况下会带来很大的环境问题。

（2）硝基

很多高产量的合成化学物质中都含有一个或多个硝基,这些硝基与芳香体系(尤其是苯环)相连。很多芳香硝基化合物是各种化学工业的关键中间体,甚至存在于很多最终产物中,如炸药(如 TNT,硝化甘油)、农药(如 2,4-二硝基-邻甲苯酚,见图 2-20)以及染料(如分散性蓝 79,见图 2-20)等。而在大气环境中,芳香烃会发生一系列涉及羟基自由基和氮氧化物的光化学反应,最终形成很多硝基芳烃。此外,在一些燃料燃烧的过程中也会产生硝基芳香烃类化合物。这些硝化过程会导致大量剧毒的化合物进入环境,如 1-硝基芘,如图 2-20 所示。

硝基具有很强的吸电子性质,可以使 π 电子发生离域。因此,硝基(尤其是芳香硝基)对分子的电子分布具有很大的影响,会影响到很多性质,例如与苯环相连的酸性或碱性基团的酸离解常数、芳香化合物与电子供体之间的特定相互作用或者化合物的吸光性质等。另外由于硝基中氮原子的氧化态为 +3,因此硝基可以作为氧化剂接受电子。在炸药中硝基作为一个嵌入的氧化剂,可以使分子发生非常快速的氧化,导致在极短的时间内释放出大量的热量。在具有还原条件的环境中,硝基可以发生还原反应并转化为亚硝基、羟胺及最终的胺基,形成的产物具有与母体硝基化合物相似甚至更大的环境危害。

5. 含硫官能团

在有机分子中硫具有很多不同的氧化态,其可以发生同族元素氧所不能发生的氧化还原反应。硫的电负性比氧要小得多,因此参与形成氢键的能力也弱得多。与氧相比,硫原子与碳原子以及硫原子与氢原子所形成的键要弱一些,导致巯基比羟基的酸性和亲核性更强。硫原子不仅能形成正常的 π 双键(如表 2-5 中的硫代羰基),还可以形成一种由硫原子的 d 轨道所参与的特殊双键(见图 2-21 中 S 和 O 之间的箭头所示)。

表 2-5　人工合成化学物质中的一些重要的含硫基团

基团	名称(氧化态)	基团	名称(氧化态)
R—SH	硫醇(−2)	R_1—S—R_2（S上下各连O）	砜(+2)
R_1—S—R_2	硫醚(−2)	R_1—S—OH（S上下各连O）	磺酸(+4)
R_1、R_2 连 S（硫代羰基）	硫代羰基(−2)	R_1—S—OR_2（S上下各连O）	磺酸酯(+4)
R_1—S—S—R_2	二硫化物(−1)	R_1—S—N（R_2、R_3，S上下各连O）	磺酸酰胺(+4)
R_1、R_2 连 S（S上连O，亚砜）	亚砜(0)	R_1—O—S—OR_2（S上下各连O）	硫酸酯(+6)

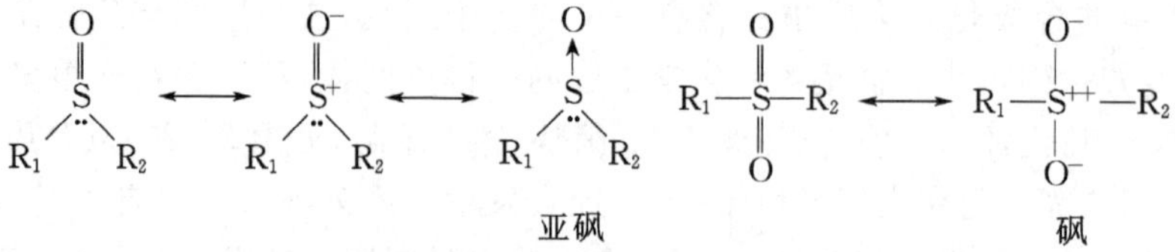

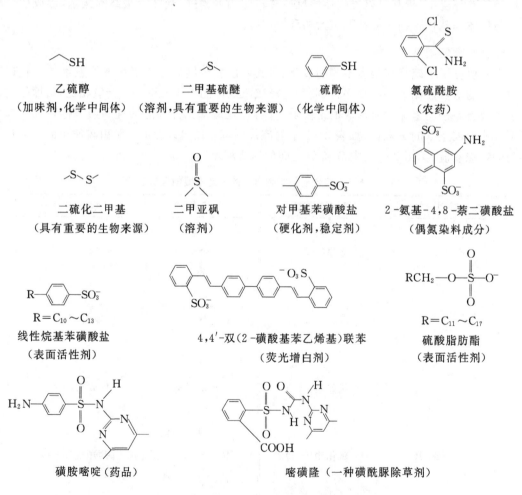

图 2-21 硫原子与氧原子之间的特殊双键

图 2-22 列举了一些工业上和环境中含硫基团的重要化合物，在这些化合物中，含硫 R 基团决定了化合物的性质和反应性。此外，许多农药中都含有硫醚和硫酯。在农药中，有时会用 C═S（例如氯硫酰胺，Chlorthiamide，见图 2-22）与 P═S 基团来分别代替 C═O 和 P═O 基团，尤其是后者。这种做法主要是为了降低化合物的一般毒性。在一些情况下，硫原子在目标生物中通过酶促反应被氧原子所取代，从而增加了化合物在靶位的毒性效应。

乙硫醇
（加味剂，化学中间体）

二甲基硫醚
（溶剂，具有重要的生物来源）

硫酚
（化学中间体）

氯硫酰胺
（农药）

二硫化二甲基
（具有重要的生物来源）

二甲亚砜
（溶剂）

对甲基苯磺酸盐
（硬化剂，稳定剂）

2-氨基-4,8-萘二磺酸盐
（偶氮染料成分）

$R=C_{10}\sim C_{13}$
线性烷基苯磺酸盐
（表面活性剂）

4,4′-双(2-磺酸基苯乙烯基)联苯
（荧光增白剂）

$R=C_{11}\sim C_{17}$
硫酸脂肪酯
（表面活性剂）

磺胺嘧啶（药品）

嘧磺隆（一种磺酰脲除草剂）

图 2-22 工业上和环境中含硫基团的重要化合物举例
（注：括弧中给出了这些化合物的常用用途和来源）

在含有氧化硫原子的官能团中,最重要的是芳香族磺酸基团,尤其是苯磺酸和萘磺酸(见图 2-22)。由于磺酸基团的 pKa 值很低(<1),在水溶液中完全离解,形成相应带负电荷的磺酸盐,因此磺酸基团可以显著增加化合物的亲水性。由于这种原因,在很多重要的商业化学物质中,包括表面活性剂,例如线性烷基苯磺酸盐(linear alkylbenzenesulfonates,LAS)、阴离子偶氮染料、荧光漂白剂、建筑用的化学物质等,都具有芳香磺酸基。此外,很多生物体在代谢转化外源性化学物质过程中,也会通过引入磺酸基来形成具有很高水溶性的代谢产物,从而达到脱毒的目的(如图 2-23 中的例子)。因此在废水中、渗滤液以及天然水体中能够检测出大量具有芳香磺酸基团的化合物。

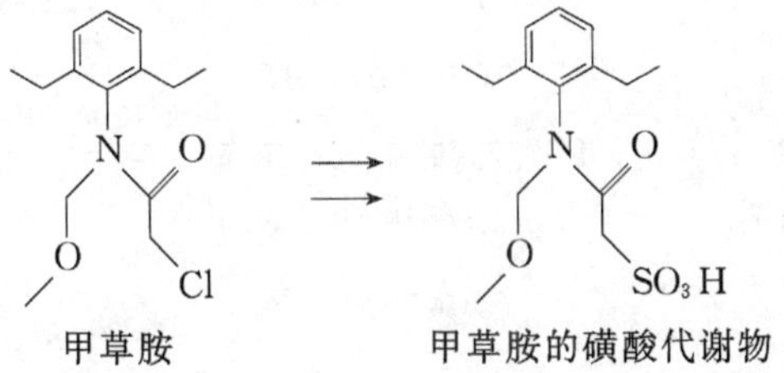

甲草胺　　　　　　　　甲草胺的磺酸代谢物

图 2-23　谷胱甘肽转硫酶酶促反应最终产生磺酸衍生物

在具有磺酸基团的化合物中,LAS 由于生产与应用量大而引起人们的广泛关注。需要指出的是 LAS 以及其它商用表面活性剂等都不是单一物质,而是具有不同碳链长度的混合化合物。这些化合物同时具有亲水性和疏水性,这种特殊性质使其在环境化学物质中显得非常独特。表面活性剂在水溶液中水-气或水-固界面的浓度高于水溶液内部的浓度,导致体系的性质发生改变,降低了水与邻接的非水相之间的界面张力,改变了润湿性质。在水溶液内部,表面活性剂超过一定的浓度后会形成积聚现象,称为胶束现象。因此,表面活性剂能将不溶于水的化合物"溶"于水相中,是所有清洁剂的重要组成部分。表面活性剂还在各种日用品中及工业上广泛用做润湿剂、分散剂、乳化剂等。

像其它的酸类化合物一样,磺酸和硫酸也有很多衍生物,包括酯类衍生物和酰胺类衍生物等,如图 2-22 所示。

6. 含磷官能团

虽然磷也像氮一样具有很多氧化态(从 -3 到 +5),但是在环境化合物中,磷原子主要以氧化的形态存在,即 +3(例如膦酸衍生物)和 +5(例如磷酸衍生物和硫代磷酸衍生物),如图 2-24所示。在这些氧化态中,P 大多数情况下形成三个单键和一个双键,双键通常与硫原子或氧原子之间形成,像元素周期表中另一个第三行元素——硫一样,这些双键也是"特殊"的双键(见图 2-25),并不改变相关原子的空间构象。从图 2-24 中可以看出,膦酸、磷酸和硫代磷酸的衍生物,尤其是酯类和硫酯类化合物用途广泛,包括增塑剂、阻燃剂和农药等。含有数个膦酸基团的膦酸酯(具有一个 P—C),作为螯合剂的用量越来越大。

7. 其它具有复杂结构的化合物

我们再简单介绍一下另外几种结构的环境有机化合物,这些化合物无论是碳原子骨架还是官能团的类型和数量都更加复杂。这些化合物不同的官能团之间会产生复杂的电子和立体相互作用,从而对化合物的性质和反应性产生综合的影响。

这些复杂的环境化合物主要为农药和药物,它们的结构比本书中所涉及的大部分化合物的结构都要复杂一些,如图 2-26 和图 2-27 所示。人类设计和使用农药就是为了使其对一定的靶位具有预期的生物效应,如果这些生物活性物质处于不合适的地方,则无疑会具有很大的环境危害。有关农药类化学物质的环境行为的研究由来已久,药物类化学物质的污染问题,尤其是人和家畜所使用的麻药和激素等的环境污染问题,也已经引起人们的普遍关注,这些化合物已经在废水和地表水中检测出来。

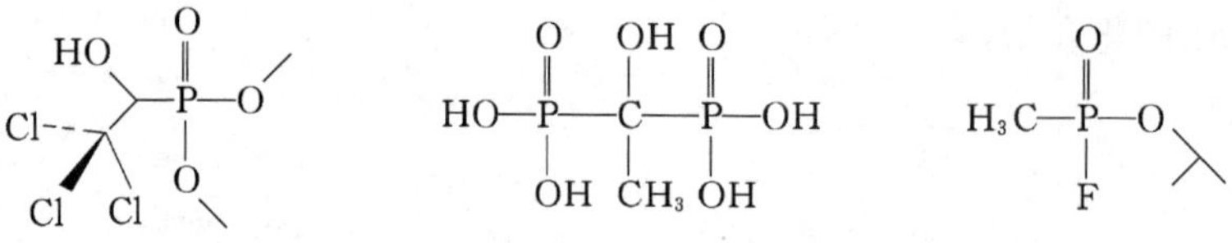

三氯磷酸酯
(敌百虫,杀虫剂)

1-羟乙基-1,1-二磷酸
(配位剂)

沙林
(神经毒气)

(a)磷酸酯

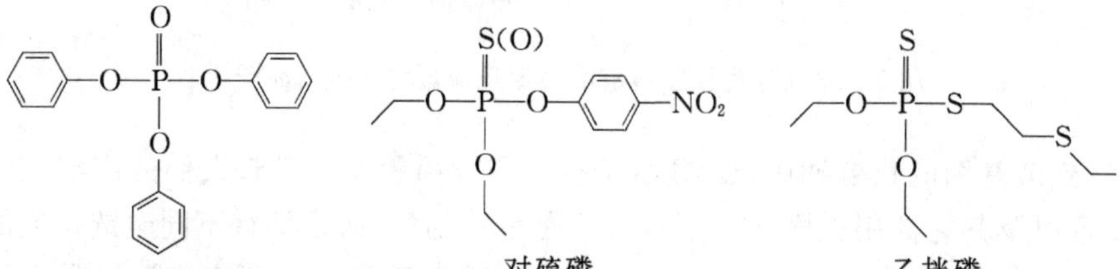

三苯基磷酸酯
(增塑剂,阻火剂)

对硫磷
(杀虫剂,杀螨剂)

乙拌磷
(杀虫剂,杀螨剂)

(b)磷酸酯和硫代磷酸酯

图 2-24 具有含磷基团的一些重要人工合成化学物质举例

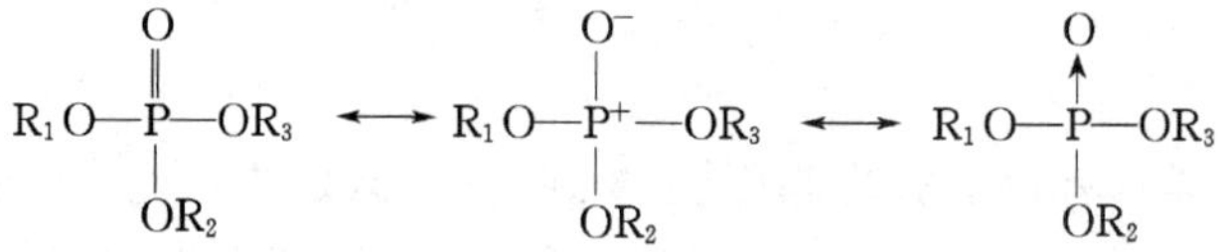

磷酸三酯

图 2-25 磷与氧之间形成的特殊双键示例(O 和 P 之间的箭头所示)

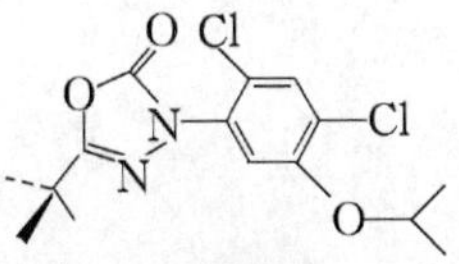

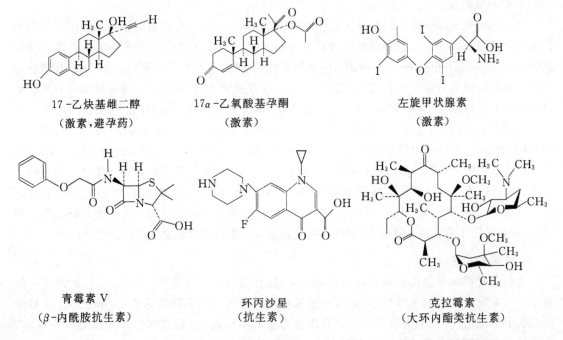

恶草酮
（除草剂）

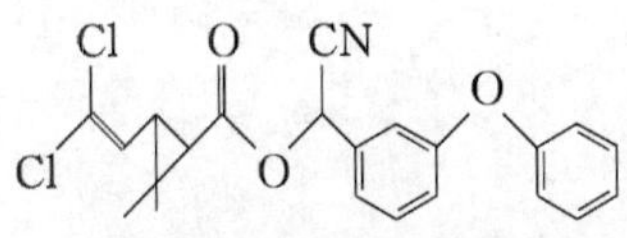

腈二氯苯醚菊酯
（一种拟除虫菊酯类杀虫剂，非对映异构体的混合物）

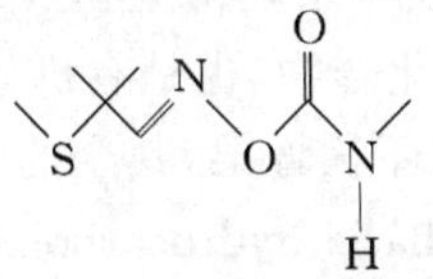

硫醛
（杀虫剂，杀螨剂，杀线虫剂）

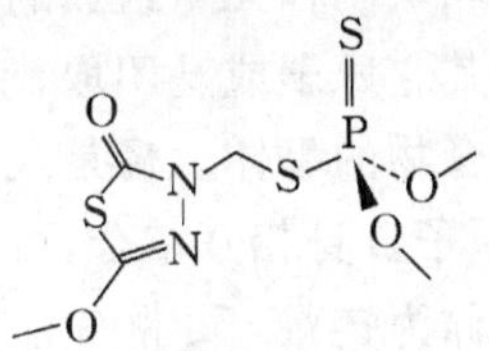

杀扑磷
（杀虫剂，杀螨剂）

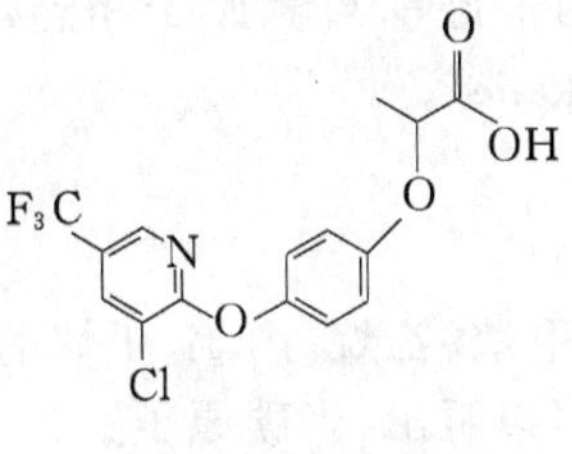

吡氟氯禾灵
（除草剂）

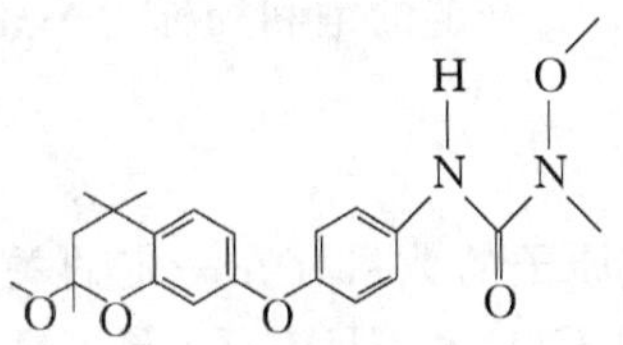

吡喃隆
（除草剂）

图 2-26　具有复杂分子结构的典型农药

17-乙炔基雌二醇
（激素，避孕药）

17α-乙氧酸基孕酮
（激素）

左旋甲状腺素
（激素）

青霉素 V
（β-内酰胺抗生素）

环丙沙星
（抗生素）

克拉霉素
（大环内酯类抗生素）

图 2-27　具有复杂分子结构的典型药品化学物质

2.2 烃

2.2.1 烃的一般概念

有机化合物中仅由碳和氢两种元素组成的化合物称为碳氢化合物（hydrocarbon），简称为烃。烃分子中的氢原子被其它原子或基团取代后，可以生成一系列衍生物（derivative），因此，烃可以看作是其它有机化合物的母体。烃是最简单的有机化合物，也是有机化工的基础原料。

烃分子中，四价的碳原子自身相互结合，可形成链状或环状骨架，其余的价键均与氢原子结合。具有链状骨架的烃称为链烃，又常称为脂肪烃（aliphatic hydrocarbon），脂肪烃又可分为烷烃、烯烃、二烯烃、炔烃等。具有环状骨架的烃称为环烃，环烃又可分为脂环烃（alicyclic hydrocarbon）和芳香烃（aromatic hydrocarbon）两大类。

如果烃分子中的碳和碳都以单键相连接，其余的价键都与氢原子相连，则称为饱和烃（saturated hydrocarbon）。开链的饱和烃称为烷烃（alkane）。

2.2.2 烷烃

烷烃中碳原子和氢原子的数目存在一定的关系，甲烷、乙烷、丙烷、丁烷的分子式分别为 CH_4，CH_3CH_3，$CH_3CH_2CH_3$ 和 $CH_3CH_2CH_2CH_3$。可以看出，当碳原子数为 n（n 为正整数）时，则氢原子数一定为 $2n+2$，因此，可用通式 C_nH_{2n+2} 来表示烷烃的分子组成。

具有同一分子通式而在组成上相差 CH_2 或其整数倍的一系列化合物称为同系列。同系列中各化合物称为同系物（homolog），CH_2 称为同系差。同系物化学性质相似，它们的物理性质也随着同系差的变化而显示出一定的规律性。因此，我们可以从一个化合物大致推测出其它同系物的性质来。

同分异构现象（isomerism）是有机化合物中普遍存在的现象，具有相同分子式的不同化合物称为同分异构体（isomer），这种现象称为同分异构现象。例如，C_4H_{10} 分子式的丁烷有两种结构式，它们的碳架是不相同的，正丁烷无支链而异丁烷有支链，它们是两个不同的化合物，物理性质和化学性质也都不一样。正丁烷的沸点是 $0\ ℃$，异丁烷的沸点是 $-12\ ℃$。同分异构体有相同数目和相同种类的原子，但原子间以不同的方式连接，具有不同的分子结构，是不同的化合物。

根据国际纯粹与应用化学联合会（International Union of Pure and Applied Chemistry，IUPAC）的建议，把分子中原子互相连接的次序和方式称之为构造（constitution）。分子式相同，分子构造不同的化合物称为构造异构体（constitutional isomers）。正丁烷和异丁烷属于同分异构体中的构造异构体。这种构造异构（constitutional isomerism）是由于碳骨架不同引起的，故又称碳架异构（carbon skeleton isomerism）。烷烃的构造异构均属于碳架异构。随着烷烃碳原子数的增加，构造异构体的数目显著增多，异构现象是造成有机化合物数量庞大的原因之一。

1. 烷烃的命名

人们对有机化合物的命名最初是根据其来源、性质和构造而定的。例如，甲烷最初是由池沼里动植物腐烂产生的气体中得到的，故也被称之为沼气。乙醇称之为酒精，甲酸称之为蚁酸都是类似情况，这种命名为俗名。随着有机化合物的不断增加，根据构造来命名要科学得多，认真学会并掌握每一类化合物的命名方法是学习有机化学的一个最重要的基本功。

(1)碳、氢原子种类

在烷烃分子中,根据碳原子所连接的碳原子数目可以将它们分为 4 类。只与一个碳原子相连的碳原子称为伯碳原子(primary carbon),又称为一级碳原子(以 1°表示);与两个碳原子相连的碳原子称为仲碳原子(secondary carbon),也称为二级碳原子(以 2°表示);与三个碳原子相连的碳原子称为叔碳原子(tertiary carbon),也称为三级碳原子(以 3°表示);与四个碳原子相连的碳原子称为季碳原子(quarternary carbon),也称为四级碳原子(以 4°表示)。与伯仲叔相连接的氢原子分别称为伯(1°)、仲(2°)、叔(3°)氢原子。如图 2 - 28 所示。

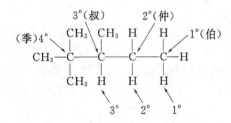

图 2 - 28　碳、氢原子种类

(2)烷基

烷烃分子中去掉一个氢原子后剩下的基团称为烷基(alkyl group),其通式为 C_nH_{2n+1}。通常用 R—表示。烷基的名称由相应的烷烃而来。甲烷和乙烷分子中只有一种氢,相应的烷基只有一种,即甲基(Me—)和乙基(Et—),但从丙烷开始,相应的烷基就不止一种,表 2 - 6 为一些常见烷基的中、英文名称。表中正某基和仲某基是指直链烷基的游离价在伯碳和仲碳原子上的烷基。新某基和异某基表示碳链末端有$(CH_3)_3C$—和$(CH_3)_2CH$—,且游离价在伯碳原子上的烷基。叔某基表示除去叔碳上的氢留下来的烷基。

此外,结构式中常用英文小写字母"n","i","t"置于某基团的左上方或右上方表示该基团是正、异或叔取代基。例如,正丁基、异丁基和叔丁基在结构式中可分别表示为$^nC_4H_9$—,$^iC_4H_9$—和$^tC_4H_9$—或 $C_4H_9{}^n$—,$C_4H_9{}^i$—,$C_4H_9{}^t$—,也可加短线置于前方,如 n - C_4H_9,i - C_4H_9,t - C_4H_9。命名正烷基时"n"常略去不写。

表 2 - 6　一些常见烷基的中、英文名称

烷基结构	中文名称	英文名称	英文缩写
CH_3—	甲基	methyl	Me -
CH_3CH_2—	乙基	ethyl	Et -
$CH_3CH_2CH_2$—	正丙基	n - propyl	n - Pr -
$(CH_3)_2CH$—	异丙基	iso - propyl	i - Pr -
$CH_3CH_2CH_2CH_2$—	正丁基	n - butyl	n - Bu -
$(CH_3)_2CHCH_2$—	异丁基	iso - butyl	i - Bu -
$CH_3CH_2\underset{\mid}{C}HCH_3$	仲丁基	*sec* - butyl	s - Bu -
$(CH_3)_3C$—	叔丁基	*tert* - butyl	t - Bu -
$(CH_3)_3CCH_2$—	新戊基	neo - pentyl	

(3)烷烃的命名

烷烃常用的命名法有普通命名法和系统命名法两种。

①普通命名法。普通命名法适用于简单化合物的命名。它是根据烷烃所含碳原子的数目来命名的。碳原子数在十以内的用天干(甲、乙、丙、丁、戊、己、庚、辛、壬、癸)表示,十个以上的烷烃用中文数字表示,如 $C_{11}H_{24}$ 称为十一烷, $C_{20}H_{42}$ 称为二十烷等。各类化合物的名称相互是有关联的,如丙烷、丙烯、丙炔、丙醇、丙酮、丙醛、丙酸、丙胺等都含有三个碳原子。

"-ane"是烷烃名称的英文词根。前十个英文词头是表示碳原子数目的词根,适用于整个有机化合物体系。

但是,由于同分异构现象的存在,还必须有明确表示链异构的形容词来区别这些异构体,表示链异构的形容词有正、异、新 3 个字。"正"表示直链烷烃,官能团位于直链烃末端的化合物也都用正字;"异"表示末端具有 $(CH_3)_2CH—$ 结构的异构体;"新"表示末端具有 $(CH_3)_3C—$ 结构的异构体,如图 2-29 所示。

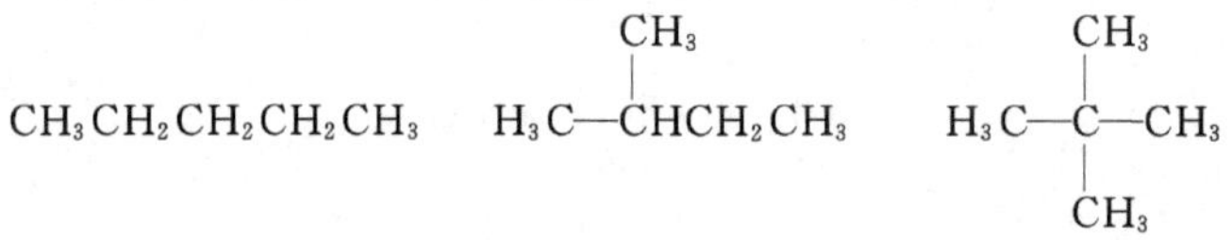

$$CH_3CH_2CH_2CH_2CH_3 \qquad H_3C-\underset{\underset{CH_3}{|}}{C}HCH_2CH_3 \qquad H_3C-\underset{\underset{CH_3}{|}}{\overset{\overset{CH_3}{|}}{C}}-CH_3$$

正戊烷　　　　　　　　　异戊烷　　　　　　　　新戊烷

n-pentane　　　　　　isopentane　　　　　neopentane

图 2-29　正、异、新命名烷烃异构体

显然,这样的命名方法对于比较低级的烷烃是适用的,随着碳原子数目的增加,异构体数目剧增,单靠词首加一个字已不可能方便的区分它们,因此,需要用系统命名法。

②系统命名法。为了确定一套能够正确命名有机化合物的方法,1982 年,在瑞士日内瓦举行的一次国际会议上首次拟定了一个系统的有机化合物命名法,以后又经过 IUPAC 的多次修订充实,其原则已为各国所普遍采纳。我国所采用的最近一次《有机化学命名原则(1980)》,是由中国化学学会有机化学名词小组根据 IUPAC1979 年公布的《有机化学命名法》,再结合汉字的结构特点于 1982 年予以审定和颁布实施的。

烷烃系统命名法的规则应用于直链烷烃和普通命名法一样,但对于支链烷烃,它们的命名较为复杂,其规则如下。

(a)选择最长的碳链为主链,将其作为母体,根据主链上的碳原子数目称为某烷。如

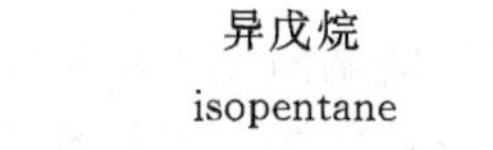

$$CH_3-CH_2-\underset{\underset{CH_3}{|}}{\overset{}{C}}H-CH_3$$

主链为五碳的戊烷而不是四碳的丁烷。

(b)从距支链最近的一端开始编号,依次用阿拉伯数字标出。当主链编号有几种可能时,则顺次逐项比较各系列的不同位次,最先遇到的位次最小者叫做"最低系列",也是应选取的一种编号。例如

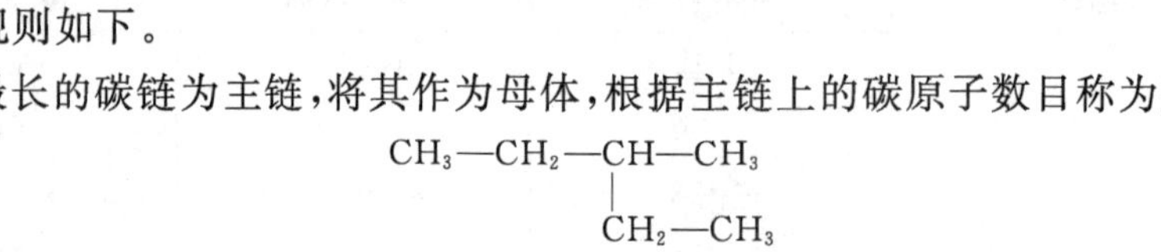

$$\overset{3}{C}H_3-\overset{4}{C}H-\overset{5}{C}H_2-\overset{6}{C}H_2-\overset{7}{C}H_3 \qquad \overset{1}{C}H_3-\overset{2}{C}H-\overset{3}{C}H-\overset{4}{C}H_2-\overset{5}{C}H-\overset{6}{C}H_3$$

$$\underset{2}{C}H_2 \qquad\qquad\qquad CH_3\quad CH_3\qquad\quad CH_3$$

$$\underset{1}{C}H_3$$

(c)把支链作为取代基,将其位次(用阿拉伯数字表示)和名称写在母体名称的前面(阿拉伯数字与汉字之间加一短线"-");有相同取代基时,要合并在一起,用汉字表示其数目,加字首二(di)、三(tri)、四(tetra),在表示取代基位置的阿拉伯数字之间应加逗号。例如

$$CH_3-CH_2-\underset{\underset{CH_3}{|}}{CH}-CH_3 \qquad CH_3-\underset{\underset{CH_3}{|}}{CH}-CH_2-\overset{\overset{CH_3}{|}}{\underset{\underset{CH_3}{|}}{C}}-CH_3$$

3-甲基戊烷　　　　　　　　　2,2,4-三甲基戊烷

(d)如果有几个不同的取代基连在母体上,则小的取代基名称写在前面,大的取代基写在后面,取代基的大小由立体化学中的"次序规则"(sequence rule)而定,即较优者后列出(英语命名法中则根据烷基名称的字母顺序排列大小)。例如

$$H_3C-CH_2-CH_2-\underset{\underset{\underset{H_3C}{|}}{\overset{|}{CH}}}{CH}-\overset{\overset{CH_3\ CH_2-CH_3}{|\ \ \ \ \ \ |}}{C}-\underset{\underset{CH_2-CH_3}{|}}{CH}-CH_3$$

4-甲基-3,3-二乙基-5-异丙基辛烷

(e)有几种等长的碳链可供选择时,选择含有支链数目最多的碳链为主链,并让支链具有最低位次。例如

$$CH_3-CH_2-\underset{\underset{\underset{CH_3}{|}}{\overset{|}{CH-CH_3}}}{CH}-\overset{\overset{CH_3}{|}}{CH}-\underset{\underset{CH_3}{|}}{CH}-CH_3$$

2,3,5-三甲基-4-乙基己烷(不叫2,3-二甲基-4-异丙基辛烷)

(f)支链上的取代基较复杂时,可作为一个化合物来处理,即另外给取代基编号,由带撇的阿拉伯数字指出支链中的碳原子位置,或者由与主链相连的碳原子起开始编号,为避免混乱,支链的全名放在括号中。例如

$$CH_3-CH_2-\underset{\underset{\underset{CH_3}{|}}{\overset{|}{CH_2}}}{CH}-CH_2-\underset{\underset{\underset{\underset{CH_3}{|}}{\overset{|}{CH-CH_3}}}{\overset{|}{CH-CH_3}}}{CH}-CH_2-CH_2-CH_2-CH_3$$

3-乙基-5-1′,2′-二甲基丙基壬烷

或 3-乙基-5-(1,2-二甲基丙基)壬烷

系统命名法的优点是其确切性,从构造式可以写出它的名称,从化合物的名称也可无误地写出构造式。只要遵从规则,无论分子的表现形式如何,其 IUPAC 命名是一样的。但是对于一些结构复杂的化合物也有名称太长、命名过于繁琐的缺点,故有些化合物仍常用习惯名或俗名,如 2,2,4-三甲基戊烷常称为异辛烷。

2. 烷烃的结构

烷烃分子中碳原子以单键和其它碳原子或氢原子相结合。最简单的烷烃是只有一个碳原子的甲烷，其分子式为 CH_4。随着碳原子数的逐渐增加，碳与碳之间也开始有单键结合，而剩余的价键与氢原子结合。

(1)甲烷的结构和碳原子轨道的 sp^3 杂化

X 射线衍射法证明甲烷分子为一正四面体结构，碳原子为 sp^3 杂化，位于正四面体的中心，4 个氢原子分别位于正四面体的 4 个顶点，如图 2 - 30 所示，四根 C—H 键键长均为 0.110 nm，4 个 C—H 键之间的夹角相等，为 109°28′。

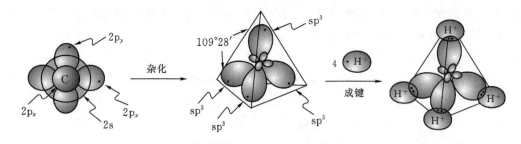

图 2 - 30　由 sp^3 杂化碳原子形成甲烷结构

形成烷烃的碳原子都是 sp^3 杂化的碳原子，形成完全相等的 4 根 σ 键。这种结构可以使各根键彼此尽量远离，以减少成键电子间的相互排斥并使键的形成最有效，体系也最稳定。

(2)其它烷烃的结构

其它烷烃分子中的碳原子也都是以 sp^3 杂化轨道与别的原子形成 σ 键的，因此都具有四面体的结构。例如，乙烷是含两个碳原子的烷烃，分子式为 C_2H_6，构造式为 CH_3CH_3，相当于甲烷中的一个氢原子被 CH_3 所取代。乙烷是最简单的具有 C—C 键的分子，其碳原子也发生 sp^3 杂化，C—C 键也是由两个碳原子各以一个 sp^3 杂化轨道重叠而成的。C—C 键和 C—H 键具有相同的电子作用方式，即电子沿着两原子核之间键轴成对称分布，它们是 σ 键，如图2 - 31 所示。

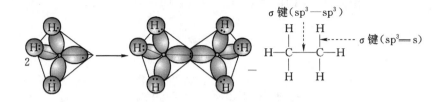

图 2 - 31　由 sp^3 杂化碳原子形成的乙烷

3. 烷烃的物理性质

常温常压下，碳原子数目在 4 个以的烷烃为气体，5 到 16 的直链烷烃为液体，更高级的直链烷烃为固体(见表 2 - 7)。

表 2-7　烷烃的物理常数

化合物	熔点/℃	沸点/℃(0.1 MPa)	相对密度(20℃)
甲烷	−182	−161	0.466(−164℃)
乙烷	−183	−88	0.572(−100℃)
丙烷	−187	−42	0.585(−45℃)
丁烷	−138	0	0.579
戊烷	−129	36	0.626
己烷	−94	68	0.660
庚烷	−90	98	0.684
辛烷	−56	125	0.703
壬烷	−53	150	0.718
癸烷	−29	174	0.730
十一烷	−25	195	0.740
十二烷	−9	216	0.749
异丁烷	−145	−12	0.549
异戊烷	−160	28	0.621
新戊烷	−17	9	0.614

（1）沸点

烷烃的沸点随相对分子质量增加而明显提高,由于碳和氢原子数的增加,分子间色散力变大,吸引力也变大,分子更易聚集,故烷烃的沸点随相对分子质量的增加而明显提高。此外,碳链的分支及对称性对沸点有显著影响,同碳数的各种烷烃异构体中,直链异构体沸点最高,支链烷烃的沸点比直链的低,且支链越多,沸点越低。

（2）相对密度

烷烃的相对密度也随相对分子质量的增加而增加,约到 0.8 时为最大。所有的烷烃都比水轻。实际上,绝大多数有机化合物的相对密度都比水小。相对密度比水大的有机化合物多含有溴或碘之类重原子或有多个氯原子。

（3）溶解度

烷烃有疏水性,即不溶于水而溶于有机溶剂,在非极性溶剂中的溶解度比在极性有机溶剂中的大。对于溶解度有一条"结构相似者相溶"的经验规律。结构相似的化合物,它们分子之间的引力也相近,因此彼此互溶。烷烃是非极性分子,故不溶于极性很大的水,而溶于非极性或弱极性的有机溶剂。

4. 烷烃的化学性质

烷烃在一般情况下与强酸、强碱、强氧化剂和强还原剂如浓硫酸、浓硝酸、苛性碱等都不起反应或反应极慢。因此,烷烃有时称为石蜡(paraffin),意味着亲和力差,反映出这类化合物的反应活性很低。这主要与构成烷烃分子的 C—C 及 C—H、σ 键较牢固及分子的非极性有关,故烷烃常用作惰性溶剂和润滑剂。但是这种稳定性不是绝对的,如它们可以与超强酸 HF/

SbF$_5$ 或 FSO$_3$H 等作用得到各种产物;在高温、光照或催化剂存在下也可以发生卤化、燃烧等反应;在某些酶的作用下,烷烃还可以变成蛋白质。

(1)取代反应

①卤代反应。烷烃与卤素在室温和黑暗中不起反应,但在强光照射下或 250~400 ℃ 的温度下,甲烷与氯发生取代反应生成氯化氢和氯甲烷 CH$_3$Cl,此反应又称氯代反应。反应后,氯原子取代了甲烷中的一个氢原子。

$$CH_4 + Cl_2 \xrightarrow{h\nu} CH_3Cl + HCl$$

氯甲烷本身也可以再发生取代反应,以相同的方式依次生成二氯甲烷 CH$_2$Cl$_2$、三氯甲烷 CHCl$_3$ 和四氯化碳 CCl$_4$。

$$CH_4 + Cl_2 \xrightarrow{h\nu} CH_3Cl + CH_2Cl_2 + CHCl_3 + CCl_4 + HCl$$

工业上使用甲烷与氯的投料比为 10∶1,控制反应温度为 400 ℃,得到的主要是一氯甲烷产物,但甲烷与氯的投料比改为 1∶4 时,则主要生成四氯化碳。各种氯甲烷共存时,分离并不容易,但这种混合物可作溶剂使用。

甲烷与溴的反应同氯相仿,但溴代反应不如氯代反应容易。甲烷与碘并无作用,因为生成的另一个产物 HI 对碘代物有强烈的还原作用,反应是可逆的。甲烷与氟的反应十分剧烈,即使在黑暗中和室温的条件下也会产生爆炸现象,很难控制,故需要在较低压力下,用惰性气体稀释反应物的浓度。

②卤代反应的去向与自由基的稳定性。高级烷烃由于可以生成各种异构体而使反应变得复杂,这些异构体是由于烷烃上不同的氢原子被取代而生成的。乙烷只生成 1 种单卤代物,丙烷、正丁烷和异丁烷能生成 2 种异构体,正戊烷和异戊烷则分别得到 3 种和 4 种异构体。异戊烷单氯代时得到的结果为

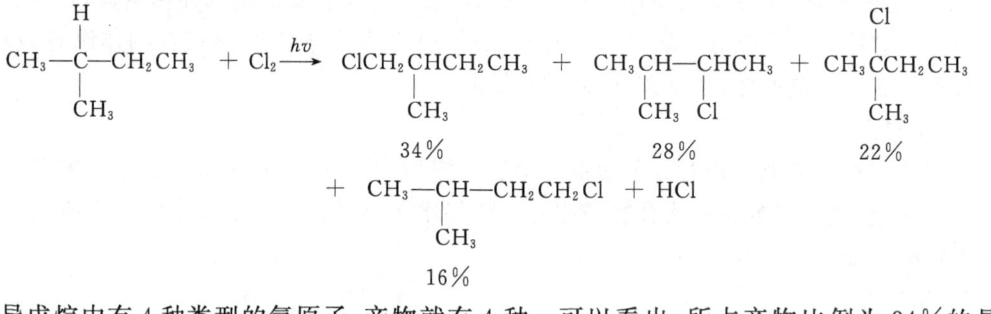

异戊烷中有 4 种类型的氢原子,产物就有 4 种。可以看出,所占产物比例为 34% 的是氯原子夺取了 6 个相同的伯氢原子中的一个而生成的,所占产物比例为 28% 和 22% 的则分别是氯原子夺取了仲氢和叔氢原子生成的。从数量和种类看,异戊烷有 9 个伯氢原子,2 个仲氢原子和 1 个叔氢原子。产物比率告诉我们,这些氢原子的反应活性显然是不一样的,叔氢原子的活性最大,伯氢原子的活性最小。从这些结果也可以推断出,叔碳自由基最容易生成,伯碳自由基最难生成。

从产物比率可知,形成各种烷基自由基所需能量按 CH$_3$· >1°R· >2°R· >3°R· 的次序递减。形成自由基所需能量越低,意味着这个自由基越易生成,其所含有的能量也越低,即越稳定。所以自由基的稳定性次序是:3°R· >2°R· >1°R· >CH$_3$·。这个次序和伯、仲、叔氢原子被夺取的容易程度(即氢原子的活泼性为 3°H>2°H>1°H)是一致的。

（2）氧化反应

有机化学中习惯于把在反应分子中加入氧或脱去氢的反应称为氧化,去氧或加氢的反应称为还原。烷烃燃烧,与氧反应生成二氧化碳和水,同时放出大量的热量,这是完全氧化反应。

$$C_nH_{2n+2} + \left(\frac{3n+1}{2}\right)O_2 \longrightarrow nCO_2 + (n+1)H_2O$$

化合物完全燃烧后放出的热量称为燃烧热(heat of combustion)。碳氢化合物只有在高温下才会燃烧,火焰或火花均会提供这种高温条件,而一旦反应发生放出热量后,此热量就可以足够维持高温继续燃烧。燃烧热是很重要的热化学数据,可以精确测量,直链烷烃每增加一个 CH_2,燃烧热平均增加约 $655\ kJ \cdot mol^{-1}$。具有相同碳数的烷烃异构体中,直链烷烃的燃烧热最大,支链数增加,燃烧热随之下降。燃烧热的大小能反映出这些异构体之间位能或熵的高低。燃烧所放出的热量越小,化合物也越稳定,生成热(heat of formation)也越小。

若控制氧的量,使甲烷的燃烧不彻底,能生成可用于橡胶、塑料的填料和黑色油漆,以及印刷油墨等工业上极为有用的炭黑。

$$CH_4 + O_2 \longrightarrow C + 2H_2O$$

甲烷与氧或水蒸气高温反应还可以生成乙炔及合成气(一氧化碳与氢的混合物)。

$$6CH_4 + O_2 \xrightarrow{1500\ ℃} 2HC\equiv CH + 2CO + 10H_2$$

$$CH_4 + H_2O \xrightarrow[850\ ℃]{Ni} CO + 3H_2$$

工业上控制氧化和催化条件,烷烃经部分氧化可转换为醇、醛、酸等一系列含氧化合物。这是工业上制备含氧有机化合物的一个重要方法。例如

$$CH_4 + O_2 \xrightarrow[600\ ℃]{NO} HCHO + H_2O$$

$$CH_3CH_2CH_2CH_3 + \frac{5}{2}O_2 \xrightarrow{催化剂} 2CH_3COOH + H_2O$$

$$RCH_2-CH_2R' + \frac{5}{2}O_2 \xrightarrow[110\ ℃]{MnO_2} RCOOH + R'COOH + H_2O$$

这些产物是有机化工的基本原料。用氧化烃的方法制备化工产品,原料易得且便宜,但产物的选择性不大,副产物较多,分离精制比较困难。

（3）异构化反应

化合物从一种结构转变成另一种结构的反应称为异构化反应。例如

$$CH_3CH_2CH_2CH_3 \xrightarrow[90\sim95\ ℃,1\sim2\ MPa]{AlCl_3,HCl} CH_3\underset{\underset{CH_3}{|}}{CH}CH_3$$

正构烷烃异构成带支链的烷烃,可以改善油品的辛烷值,提高油品的质量。

（4）裂化反应

烷烃在没有氧气存在的条件下进行的热分解反应叫裂化反应(cracking reaction)。烷烃的裂化反应是一个很复杂的过程。烷烃分子中所含的碳原子数越多,裂化产物也越复杂。反应条件不同,产物也不同。但不外是由烷烃分子中 C—C 键和 C—H 键在裂化反应中均裂形成复杂的混合物,其中既含有较低级的烷烃,也含有烯烃和氢。例如

$$CH_3CH_2CH_2CH_3 \xrightarrow{500\ ℃} \begin{cases} CH_4 + CH_3CH=CH_2 \\ H_2C=CH_2 + CH_3CH_3 \\ H_2 + CH_3CH_2CH=CH_2 \end{cases}$$

由于 C—C 键的键能（347 kJ·mol⁻¹）小于 C—H 键的键能（414 kJ·mol⁻¹），一般 C—C 键比 C—H 键更容易断裂，因此，甲烷的裂化要求更高的温度。

$$CH_4 \xrightarrow{>1200\ ℃} C + 2H_2$$

利用裂化反应可以提高汽油的产量和质量。一般由原油经分馏而得到的汽油只占原油的 10%～20%，且质量不好。炼油工业中利用加热的方法，使原油中含碳原子数较多的烷烃断裂成更需要的汽油组分（C_6～C_9）。通常在 5 MPa、600 ℃温度下进行的裂化反应称为热裂化反应。石油分馏得到的煤油、柴油、重油等馏分均可作为热裂化反应的原料，但以裂化重油为多。热裂化可以大大增加汽油的产量，但并不能提高汽油的质量。

裂化反应也可在催化剂的作用下进行，称为催化裂化（catalytic cracking）。催化裂化要求温度较低，一般在 450～500 ℃，且在常压下即可进行，常用的催化剂是硅酸铝。通过催化裂化既可提高汽油的产量又可改善汽油的质量。这是因为在催化裂化反应中，碳链断裂的同时还伴有异构化、环化、脱氢等反应，生成带有支链的烷烃、烯烃和芳烃等。

为了得到更多的化学工业基本原料乙烯、丙烯、丁二烯等低级烯烃，化学工业上将石油馏分在更高的温度（700 ℃）下进行深度裂化（deeper cracking），这种以得到更多短链烯烃为目的的裂化过程在石油化学工业中称为"裂解"。裂解和裂化从有机化学上来讲是同一种反应，但在石油化学工业上有其特殊的意义，裂解的主要目的是为了获得短链烯烃等化工原料，而不是简单地为提高油品的质量和产量，这是其与裂化的不同之处。

2.2.3 烯烃

烯烃（alkene）是一类含有碳碳双键（ ＼C＝C／ ）的不饱和烃。由于它比同数碳原子的开链烷烃少两个氢原子，因而通式为 C_nH_{2n}，不饱和度（unsaturated number）为 1。不饱和度就是一个分子中环和双键（三键看作两个双键）的总数，因此也称"环加双键数"。

1. 烯烃的命名

简单烯烃的命名与烷烃相同。例如

$$CH_2{=}CH_2 \qquad CH_3{-}CH{=}CH_2 \qquad CH_3{-}\underset{\underset{CH_3}{|}}{C}{=}CH_2$$

乙烯　　　　　　丙烯　　　　　　　异丁烯

也可以把简单的烯烃看作是乙烯的衍生物来命名。例如

$$CH_3{-}CH{=}CH{-}CH_3 \qquad CH_3{-}\underset{\underset{CH_3}{|}}{C}{=}CH_2$$

对称二甲基乙烯　　　　　不对称二甲基乙烯

但是烯烃的异构现象比烷烃复杂。从丁烯开始，除碳链异构体外，碳碳双键位置的不同也可以引起同分异构现象。例如，丁烯的三个同分异构体为

$$\overset{4}{C}H_3{-}\overset{3}{C}H_2{-}\overset{2}{C}H{=}\overset{1}{C}H_2 \qquad CH_3{-}CH{=}CH{-}CH_3 \qquad CH_3{-}\underset{\underset{CH_3}{|}}{C}{=}CH_2$$

1-丁烯　　　　　　2-丁烯　　　　　　2-甲基丙烯（异丁烯）

因而复杂的烯烃最好用系统命名法来命名，具体规则如下。

①选择包含碳碳双键的最长碳链作为主链,并按主链中所含碳原子数把该化合物命名为某烯,主链上的支链作为取代基。

②从主链靠近双键的一端开始,依次把主链的碳原子编号,以使双键碳原子的编号较小,并且由最靠近端点碳的那个双键碳原子所得的编号来命名,其编号写在烯的前面。"1"字常常省略,如戊烯即指 1-戊烯。

③根据主链上碳原子的编号,标出取代基的位次。取代基所在的碳原子的标号写在取代基之前,取代基写在某烯之前。

$$
\underset{\text{2-甲基丙烯(异丁烯)}}{CH_3-\overset{\overset{\displaystyle CH_3}{|}}{C}=CH_2} \qquad \underset{\text{4-甲基-2-戊烯}}{CH_3-\overset{\overset{\displaystyle CH_3}{|}}{CH}CH=CHCH_3} \qquad \underset{\text{2,4-二甲基-3-己烯}}{CH_3\overset{\overset{\displaystyle CH_3}{|}}{CH}CH=\overset{\overset{\displaystyle CH_2CH_3}{|}}{C}-CH_3}
$$

④当分子中含有多个双键时,应选择包含最多双键的最长碳链作为母体,并分别标出各个双键的位次,以中文数字一、二、三、……来表示双键的数目,称为几烯。例如

$$
\underset{\text{2,4-己二烯}}{CH_3CH=CHCH=CHCH_3} \qquad \underset{\text{2-甲基-1,3-丁二烯}}{CH_2=\overset{\overset{\displaystyle CH_3}{|}}{C}-CH=CH_2} \qquad \underset{\text{1,3,5-己三烯}}{CH_2=CH-CH=CH-CH=CH_2}
$$

⑤环烯烃加字头"环"于有相同碳原子数的开链烃之前来命名,例如

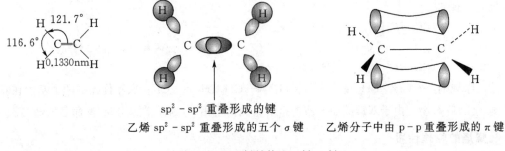

3-甲基环戊烯　　　3-甲基-2-乙基环己烯　　　5-甲基-1,3-环己二烯

⑥碳原子数在 10 以上的烯烃,命名时在烯之前还需加个"碳"字,例如

$$
CH_3(CH_2)_4CH=CH(CH_2)_4CH_3
$$
$$
\text{6-十二碳烯}
$$

2. 乙烯的结构

物理方法证明,乙烯分子的所有碳原子和氢原子都分布在同一平面上,每个碳原子都为 sp^3 杂化,乙烯的结构和其成键形式如图 2-32 所示。

乙烯 sp^2-sp^2 重叠形成的键

乙烯 sp^2-sp^2 重叠形成的五个 σ 键　　　乙烯分子中由 p-p 重叠形成的 π 键

图 2-32　乙烯结构和 σ 键、π 键

烯烃的异构和 Z/E 标记法如下。

由于碳碳双键不能自由旋转,双键两个碳原子连接的四个原子又同处于一个平面,因此当双键的两个碳原子都连接不同的原子或基团时,就有两种可能的异构体存在,例如

$$\underset{H}{\overset{H_3C}{>}}C=C\underset{H}{\overset{CH_3}{<}}$$

$$\underset{H}{\overset{H_3C}{>}}C=C\underset{CH_3}{\overset{H}{<}}$$

顺-2-丁烯　　　　　反-2-丁烯

如上式所示，与环烷烃的顺反异构相似，烯烃双键上也有顺反异构现象（cis-trans isomerism），两个相同基团处于双键同侧的叫做顺式，反之叫做反式。并不是所有烯烃都有顺反异构。只要有一个双键碳原子所连接的两个取代基是相同的，就不会产生顺反异构现象。

不是所有的烯烃都可以用顺/反命名法来命名的。如果双键碳原子上四个基团都不相同时，则无法采用顺/反命名法。例如，下列两个异构体以顺式或反式来命名就不太恰当。

$$\underset{CH_3}{\overset{Cl}{>}}C=C\underset{H}{\overset{CH_2CH_3}{<}}$$

$$\underset{CH_3}{\overset{Br}{>}}C=C\underset{H}{\overset{Cl}{<}}$$

为此，系统命名法又规定了用 Z 和 E 两个字母来标记烯烃的方法，称为 Z/E 命名法。即根据"次序规则"比较同一碳上的两个取代基团的先后次序，如果两个碳原子上各自所连的优先基团处于双键的同侧，称为 Z 型，处于异侧的称为 E 型。【Z 和 E 分别来自德文 zusammen（共同之意）和 entgegen（相反之意）】。例如

$$\underset{CH_3CH_2}{\overset{CH_3}{>}}C=C\underset{CH_2CH_3}{\overset{CH_2CH_2CH_3}{<}}$$

(E)-3-甲基-4-乙基-3-庚烯
顺-3-甲基-4-乙基-3-庚烯

按次序规则：—CH$_2$CH$_3$＞—CH$_3$，—CH$_2$CH$_2$CH$_3$＞—CH$_2$CH$_3$，次序优先的两个基团在双键的异侧，所以是 E 型。按顺/反命名法，两个相同的—CH$_2$CH$_3$ 基团在双键的同侧，所以也可以命名为顺式。例如

$$\underset{ClCH_2}{\overset{CH_3CH_2}{>}}C=C\underset{CH_2CH_3}{\overset{H}{<}}$$

(Z)-3-氯甲基-3-己烯
反-3-氯甲基-3-己烯

按次序规则：—CH$_2$Cl＞—CH$_2$CH$_3$，—CH$_2$CH$_3$＞H，次序优先的两个基团在双键的同侧，所以是 Z 型。按顺/反命名法，两个相同的—CH$_2$CH$_3$ 基团在双键的异侧，所以也可以命名为反式。例如

$$\underset{(CH_3)_2CH}{\overset{CH_2=CH}{>}}C=C\underset{CH_2CH_3}{\overset{CH_3}{<}}$$

(E)-4-甲基-3-异丙基-1,3-己二烯

按次序规则：—CH=CH$_2$ ＞—CH(CH$_3$)$_2$，—CH$_2$CH$_3$＞—CH$_3$，次序优先的两个基团在双键的异侧，所以是 E 型。由于双键碳原子所连接的基团都不相同，因而不能用顺/反命名法命名。

3. 烯烃的物理性质

烯烃的物理性质和烷烃很相似。室温下，乙烯、丙烯、丁烯是气体，戊烯以上到十八碳烯为液体，C$_{19}$ 以上的高级烯烃为固体。烯烃的沸点也随相对分子质量的增加而升高，末端烯烃（即双键位于链端的烯烃，又称 1-烯烃）的沸点比相应的烷烃还略低一点。直链烯烃的沸点比带有支链的同分异构体的沸点高，双键在碳链中间的沸点和熔点也都比 1-烯烃高。烯烃的相对密度都小于 1。烯烃几乎不溶于水，但可溶于非极性溶剂，如戊烷、四氯化碳、苯、乙醚等。表

2-8列出了一些常见烯烃的物理常数。

表 2-8 常见烯烃的物理常数

名称	结构式	沸点/℃	相对密度/20℃
乙烯	$H_2C={=}CH_2$	−103	—
丙烯	$CH_3CH={=}CH_2$	−47	0.519
1-丁烯	$CH_3CH_2CH={=}CH_2$	−6	0.595
1-戊烯	$CH_3(CH_2)_2CH={=}CH_2$	30	0.643
1-癸烯	$CH_3(CH_2)_7CH={=}CH_2$	171	0.743
顺-2-丁烯	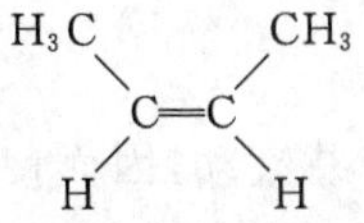	4	0.621
反-2-丁烯	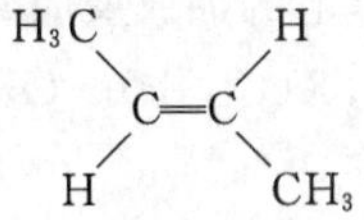	1	0.604
异丁烯	$(CH_3)_2C={=}CH_2$	−7	0.594
顺-2-戊烯	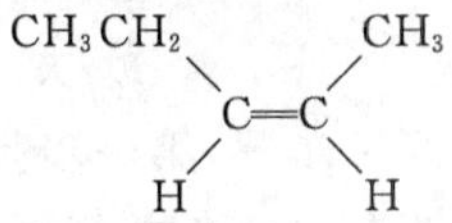	37	0.655
反-2-戊烯	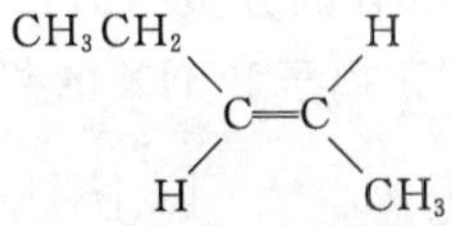	36	0.647
3-甲基-1-丁烯	$(CH_3)_2CHCH={=}CH_2$	25	0.648
2-甲基-2-丁烯	$(CH_3)_2C={=}CHCH_3$	39	0.660
2,3-二甲基-2-丁烯	$(CH_3)_2C={=}C(CH_3)_2$	73	0.705
环戊烯	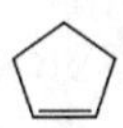	44	0.772
环己烯		8.3	0.810
氯乙烯	$H_2C={=}CHCl$	−14	0.911
2-氯丙烯	$CH_3CCl={=}CH_2$	23	0.918
四氟乙烯	$F_2C={=}CF_2$	−78	1.519
四氯乙烯	$Cl_2C={=}CCl_2$	121	1.623
三氯乙烯	$Cl_2C={=}CHCl$	87	1.464
烯丙醇	$H_2C={=}CHCH_2OH$	97	0.855

由于顺式异构体有偶极矩,分子间还有范德华力作用,故顺式烯烃的沸点比反式烯烃高。但顺式烯烃的对称性较低,在晶格中的排列不如反式烯烃紧密,所以熔点通常是顺式烯烃比反式烯烃低。另外,含相同碳原子数的烯烃中,与烯烃双键碳原子相连的烷基数目越多,烯烃越

稳定,顺反异构体中,反式烯烃比顺式烯烃稳定。

4. 烯烃的化学性质

　　碳碳双键是烯烃的官能团,大部分烯烃的化学反应都发生在双键上。双键打开,两个原子(基团)加在双键碳原子上,一个 π 键转变为两个 σ 键,此类反应称为加成反应。碳碳双键中的 π 键键能比碳碳双键的 σ 键要弱,π 键的断裂只需要较低的能量。烯烃发生加成反应后,一个 π 键断裂,生成两个 σ 键,而两个 σ 键生成放出的能量大于一个 π 键断裂所吸收的能量,因此加成反应往往是一个放热反应,也是烯烃的一个特征反应。另外,α-碳原子(和双键碳直接相连的碳原子)上的氢原子(又称 α-氢原子)容易被其它原子(团)取代,这也是由于双键的存在而引起的,此类反应为取代反应。

　　(1)亲电加成反应

　　碳原子对 π 电子的束缚较小,所以 π 电子容易流动,因而使烯烃具有供电性能,容易受亲电性的分子或离子的攻击而发生反应,故烯烃双键上的加成反应属于亲电加成反应,能与烯烃发生亲电加成反应的试剂主要有:$H—X(Cl,Br,I)$,$X(Cl,Br)—OH$,$H—HSO_4$,$H—OH$,$Cl—Cl$,$Br—Br$。其通式为

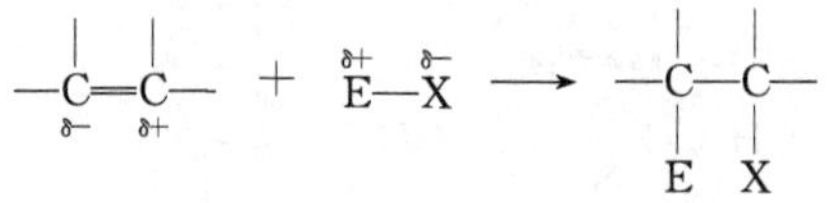

　　烯烃和卤化氢的加成反应历程通常包括两个步骤,第一步是烯烃分子与 HX 相互极化影响,π 电子偏移而极化,使一个双键碳原子上带有部分负电荷,更易于受极化分子 HX 的带正电部分或 H^+ 的攻击,生成带正电的中间体碳正离子和 HX 的共轭碱 X^-

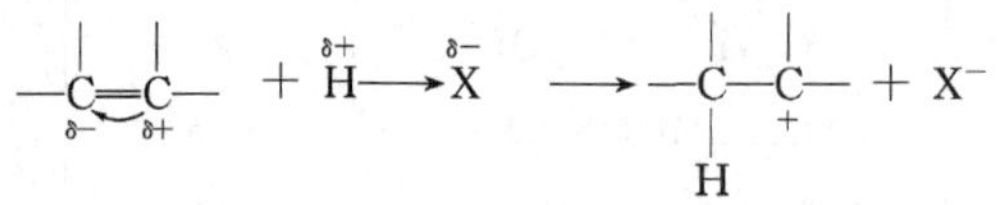

　　第二步是碳正离子迅速与 X^- 结合成卤代烷

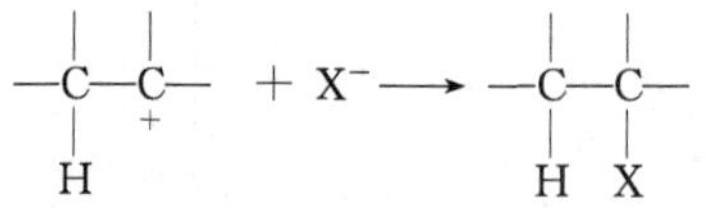

　　第一步反应是由亲电试剂的进攻而发生的,反应速率较慢,是整个反应速度的控制步骤。由上述亲电加成反应原理及碳正离子结构稳定性可以推测 2-甲基丙烯与氯化氢的加成反应的结果

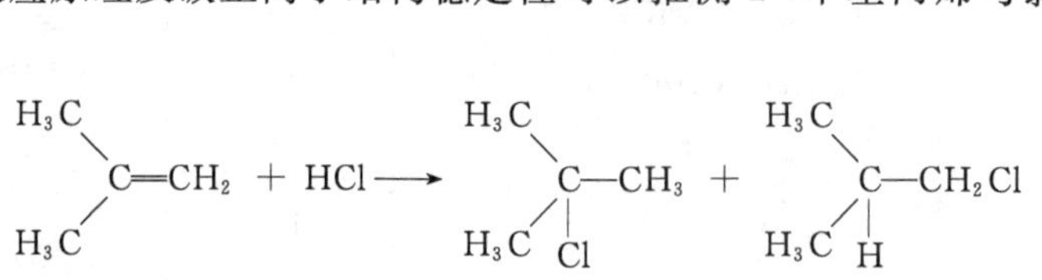

2-甲基丙烯　　　　　　　　(Ⅰ)主产物　　　　　　　　(Ⅱ)

　　在此反应中主要产物为(Ⅰ),即加成时以氢原子加到含氢较多的双键碳原子上,而卤原子加在含氢较少的双键碳原子上的产物为主。这是一个由马尔科夫尼科夫(Markovnikov V M)在 1869 年所提出的经验规则,简称马氏规则。

　　值得注意的是上述烯烃的各种亲电加成反应中生成的活性中间体都是碳正离子,碳正离子在有机反应中常常会有重排现象发生。例如

$$\underset{\substack{|\\CH_3}}{CH_3CHCH=CH_2} + HBr \xrightarrow{CCl_4} \underset{\substack{|\\Br}}{\underset{\substack{|\\CH_3}}{CH_3CCH_2CH_3}} + \underset{\substack{|\\Br}}{\underset{\substack{|\\CH_3}}{CH_3CHCHCH_3}}$$

主要产物

由于碳正离子的重排,仲碳正离子转化成了更稳定的叔碳正离子,结果主要产物与马氏规则不符。

(2)自由基加成反应

在日光或过氧化物(ROOR)存在下,烯烃和 HBr 的加成产物正好和马氏规则相反。

反马氏规则的加成,不是离子型的亲电加成,而是自由基加成。过氧化物可分解为烷氧自由基 RO·,这个自由基又可以和 HBr 作用,引发了溴自由基的生成

链生成:　　　　　RO∶OR ⟶ 2RO·

　　　　　　　　RO· + HBr ⟶ ROH + Br·

溴自由基加到烯烃双键上,形成了烷基自由基。这一烷基自由基又可以从溴化氢分子中夺取氢原子,再生成一个新的溴原子自由基。如此继续循环,这就是链反应的传递阶段

链传递:　　　　$RCH=CH_2 + Br· \longrightarrow R\overset{\cdot}{C}HCH_2Br$

　　　　　　　$R\overset{\cdot}{C}HCH_2Br + HBr \longrightarrow RCH_2CH_2Br + Br·$

反应周而复始,直至两个自由基相互结合使链反应终止为止。

链终止:　　　　Br· + Br· ⟶ Br₂

$$R\overset{\cdot}{C}HCH_2Br + R\overset{\cdot}{C}HCH_2Br \longrightarrow \underset{\substack{|\\RCH—CH_2Br}}{RCH—CH_2Br}$$

$$R\overset{\cdot}{C}HCH_2Br + Br· \longrightarrow \underset{\substack{|\\Br}}{RCH—CH_2Br}$$

光也能使溴化氢解离为自由基,所以也是一个自由基加成反应,它们的第一步都是溴自由基的加成。丙烯与溴自由基反应会有如下两种不同的反应途径

$$CH_3—CH=CH_2 + Br· \begin{array}{l} \overset{(1)}{\longrightarrow} CH_3\overset{\cdot}{C}HCH_2Br \\ \overset{(2)}{\longrightarrow} \underset{\substack{|\\Br}}{CH_3CH\overset{\cdot}{C}H_2} \end{array}$$

由于仲碳自由基的稳定性大于伯碳自由基,所以丙烯和溴自由基加成主要采取(1)途径,得到的仲碳自由基再和 HBr 作用,生成的是反马氏规则的溴代产物。

$$CH_3—\overset{\cdot}{C}H—CH_2Br + HBr \longrightarrow CH_3CH_2CH_2Br + Br·$$

烯烃不能和 HI 发生自由基加成,这是因为 C—I 键较弱,进行上述加成时,必须克服较大的活化能,这就使链的传递比较困难,所以自由基反应不易进行。烯烃和 HCl 也不发生自由基加成是因为 H—Cl 键太强,均裂 H—Cl 键需要较高的能量,进行这一反应也需要克服较大的活化能,这就使链的传递不能进行。所以 HI 和 HCl 都不能和烯烃发生自由基加成。

(3)硼氢化反应

烯烃与乙硼烷(B_2H_6)作用,得到三烷基硼,然后将氢氧化钠水溶液和过氧化氢(H_2O_2)加

到反应混合液中，可以得到醇，这一反应称为硼氢化反应(hydroboration reaction)。美国科学家布朗(Brown C H)首先做了这一开创性工作，他因此荣获1979年诺贝尔化学奖。

硼原子与烯烃的二电子结合，加在取代基较少因而空间位阻小的碳原子上，氢同时加在含氢较少的双键碳上，这是一个一步完成的协同过程。没有碳正离子中间体生成，反应后也没有重排产物生成。

$$R—CH═CH_2+HBH_2 \longrightarrow RCH_2CH_2BH_2 \longrightarrow \longrightarrow (RCH_2CH_2)_3B$$

硼氢化反应的产物可以直接进行氧化反应，氧化剂一般是过氧化氢的氢氧化钠溶液，烷基硼即被氧化和水解为相应的醇。

$$(RCH_2CH_3)_3B \xrightarrow{H_2O_2/OH^-} RCH_2CH_2OH$$

烯烃的硼氢化反应和氧化-水解反应的总结果是双键上加上一分子水，值得注意的是反应的加成产物是反马氏规则的。最终是氢加在含氢较少的双键碳上，—OH加在了含氢较多的双键碳上，因此它是制备醇特别是伯醇的一个好办法。硼氢化反应表现出很好的位置选择性。

(4)与卡宾的反应

卡宾(carbene)是中性的二价碳化合物 $R_2C:$，卡宾中的碳只用了两个成键轨道和两个基团结合，还有两个剩余的空轨道容纳两个未成对电子，因此，这是一个极为活泼仅瞬间存在的活性中间体，比一般的离子或自由基更不稳定。卡宾系列中最简单的是亚甲基卡宾 $H_2C:$，其它的卡宾可看作是取代的亚甲基卡宾，通常所称的卡宾即指亚甲基卡宾 $CH_2:$。

卡宾可由重氮甲烷 CH_2N_2 或乙烯酮光解产生

$$\underset{\text{乙烯酮}}{H_2C═C═O} \xrightarrow{h\nu} H_2C:+CO$$

氯仿在强碱如叔丁醇钾等作用下可以产生二氯卡宾，反应中，H和Cl在同一碳原子上消去，故又称此消除反应为1,1-消除或α-消除反应。

$$HCCl_3 \xrightarrow{\text{t-BuOK}} Cl_2C:$$

在烯烃存在下，缺电子的卡宾产生后立即和烯烃发生加成反应，生成环丙烷，故该反应称为环加成反应。这是卡宾类化合物最重要的一个反应，即对碳碳双键的加成反应。卡宾和烯烃的加成反应是最重要的制备三元环的反应之一。

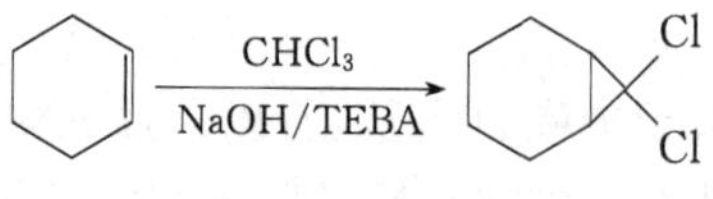

(5)α-H的反应

碳碳双键对α-碳上的α-氢原子有活化作用。α-氢原子容易发生取代反应和氧化反应。

含有α-H的烯烃，在高温条件下，可以被卤素(Cl_2, Br_2)取代，得到α-卤代烯烃。反应经过链式自由基取代过程。

$$CH_2═CHCH_3 + Cl_2 \xrightarrow[\text{室温}]{CCl_4} \underset{\displaystyle Cl}{CH_2}—\underset{\displaystyle Cl}{CH}—CH_3$$

$$CH_2═CHCH_3 + Cl_2 \xrightarrow[\text{气相}]{500\sim600\ ℃} CH_2═CH—CH_2Cl + HCl$$

在高温气相中,卤素容易发生均裂生成卤自由基,然后夺取一个 α-氢原子,形成烯丙基自由基,烯丙基自由基再与一分子卤素作用,得到取代产物并再生出新的卤素自由基,继续反应。

丁烯与氯发生 α-氢取代反应,可以得到一定量的 1-氯-2-丁烯异构体,这说明烯丙基自由基存在很强的共轭效应,发生了烯丙位重排。

$$CH_2{=}CHCH_2CH_3 \xrightarrow{\cdot Cl} CH_2{=}CH\overset{\cdot}{C}HCH_3 \longleftrightarrow \overset{\cdot}{C}H_2CH{=}CHCH_3$$

$$\downarrow Cl_2 \qquad\qquad \downarrow Cl_2$$

$$CH_2{=}CHCHClCH_3 \qquad ClCH_2CH{=}CHCH_3$$

烯烃的 α-氢原子易被氧化,丙烯在一定条件下可分别被氧化为丙烯醛和丙烯酸

$$CH_2{=}CH{-}CH_3 + \frac{3}{2}O_2 \xrightarrow[400\,℃]{MoO_3} CH_2{=}CH{-}COOH + H_2O$$

丙烯在氨存在下的氧化反应,叫做氨氧化反应,由此可以得到丙烯腈

$$CH_2{=}CH{-}CH_3 + \frac{3}{2}O_2 + NH_3 \xrightarrow[470\,℃]{磷钼酸铋} CH_2{=}CH{-}CN + 3H_2O$$

丙烯醛、丙烯酸和丙烯腈的分子中仍具有双键,它们可以作为高分子材料的单体进行聚合反应,得到不同性质和用途的高聚物,所以它们都是重要的有机合成原料。

(6)氧化反应

烯烃可被多种氧化剂氧化,按所用氧化剂和反应条件的不同,主要在双键位置上发生反应,得到各种氧化物。

①空气催化氧化。工业上,在银或氧化银催化剂的存在下,乙烯可被空气催化氧化为它的环氧化物——环氧乙烷。

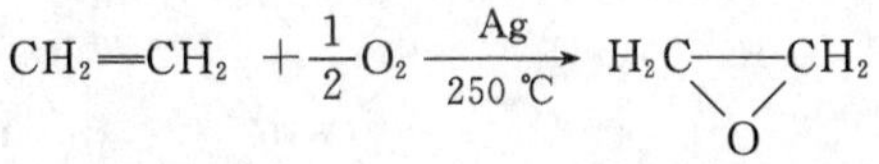

$$CH_2{=}CH_2 + \frac{1}{2}O_2 \xrightarrow[250\,℃]{Ag} H_2C{-}CH_2 \atop \diagdown O \diagup$$

②用稀、冷 $KMnO_4$ 氧化。在碱性或中性条件下,用适量的稀、冷 $KMnO_4$ 溶液氧化,可以看到双键被两个羟基加成的邻位二醇。反应生成的邻位二醇均为顺式产物。紫红色的 $KMnO_4$ 碱性水溶液由紫色变为无色,同时产生 MnO_2 褐色沉淀。烯烃的氧化反应是制备邻二醇最重要的方法,可以根据产物顺反构型的要求选择不同的氧化试剂来实现产物的立体构型要求。例如

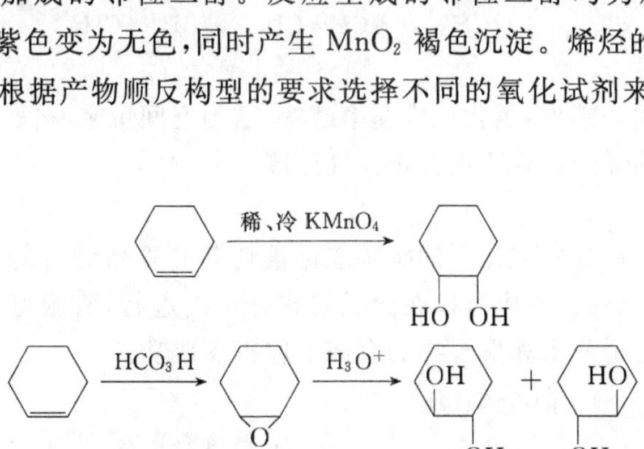

③用酸性高锰酸钾氧化。在酸性高锰酸钾存在下,第一步生成的邻二醇会继续氧化,发生烯烃碳碳双键的断裂,生成羧酸、酮或 CO_2。

$$CH_3CH_2CH{=}CH_2 \xrightarrow[H^+]{KMnO_4} CH_3CH_2COOH + CO_2 + H_2O$$

$$\text{（环己烯-CH}_3\text{）} \xrightarrow[\text{H}^+]{\text{KMnO}_4} \underset{O}{CH_3\overset{\|}{C}CH_2CH_2CH_2CH_2COOH}$$

④用臭氧氧化。烯烃和臭氧（O_3）定量而迅速发生臭氧化反应生成臭氧化物（ozonide），臭氧化物不稳定，易爆炸，不经分离而直接水解，生成醛或酮及过氧化氢

$$\underset{H}{\overset{R}{C}}=\underset{R''}{\overset{R'}{C}} + O_3 \longrightarrow \underset{H}{\overset{R}{C}}=O + O=\underset{R''}{\overset{R'}{C}} + H_2O_2$$

因为臭氧化反应的水解产物之一是过氧化氢（H_2O_2），过氧化氢在溶液中可以将刚生成的醛氧化，为了避免副反应发生，可在反应液中加入锌粉或在催化剂（Pt、Pd、Ni）存在下向溶液通入氢气。

烯烃臭氧化反应后，烯烃上的 H_2C＝基将转化为甲醛 HCHO，RCH＝基将生成醛 RCHO，而 $RR'C$＝基将转化为酮 $RR'C$＝O。因此，根据臭氧化物的水解产物组成，可以推出烯烃的结构。

（7）还原反应（催化加氢）

烯烃加氢生成烷烃，这是制备烷烃的一个方法。氢化反应是放热反应，但反应的活化能比较大，因此仅将烯烃和氢混合，还不能使反应发生，反应需在催化剂如 Pt，Pd，Ni 等作用下才能进行。

$$CH_3CH{=}CHCH_3 + H_2 \xrightarrow{Pt/C} CH_3CH_2CH_2CH_3$$

$$\text{（环己烯）} \xrightarrow{H_2/Ni} \text{（环己烷）}$$

不饱和化合物氢化反应后放出的热称为氢化热，从氢化热 ΔH^θ 大小，可以判断各种同分异构烯烃的能量高低，进一步推知各类烯烃的稳定性。

通过对烯烃氢化热的比较，我们可以得出各类烯烃的稳定性大小顺序如下

$$\underset{R}{\overset{R}{C}}=\underset{R}{\overset{R}{C}} > \underset{R}{\overset{R}{C}}=\underset{H}{\overset{R}{C}} > \underset{H}{\overset{R}{C}}=\underset{R}{\overset{R}{C}} > \underset{H}{\overset{H}{C}}=\underset{H}{\overset{R}{C}} >$$

$$\underset{R}{\overset{R}{C}}=CH_2 > RCH{=}CH_2 > CH_2{=}CH_2$$

烯烃双键上的取代基越少，氢化反应速率越快，这与空间位阻有关。因此可以对有不同取代程度的含多个双键的烯烃化合物进行选择性还原。

（8）复分解反应

烯烃复分解反应指在金属催化下的碳碳双键被切断并重新结合的过程，包括开（关）环复分解、交叉复分解和聚合等。反应可以在分子间或分子内进行，有很好的选择性，副产物一般是乙烯。反应在许多复杂分子和聚合物的合成上取得了成功。

$$\begin{array}{c} RR'C{=}CRR' \\ + \\ R''R'''C{=}CR''R''' \end{array} \xrightarrow{cat} RR'C{=}CR''R'''$$

$$R\diagup\!\!\!\diagdown + R'\diagup\!\!\!\diagdown \xrightarrow{cat} R\diagup\!\!\!\diagdown\!\!\!\diagup R' + H_2C{=}CH_2$$

$$X{-}(CH_2)_n \xrightarrow{cat} \text{（环）}{-}(CH_2)_n + H_2C{=}CH_2$$

2005 年诺贝尔化学奖授予肖万(Chauvin Y)、格拉布(Grubbs R H)和施罗克(Schrock R R)3人,以表彰他们在烯烃复分解反应研究方面所作出的贡献。

(9)聚合反应

由小分子化合物经过相互作用生成高分子化合物的反应叫聚合反应(polymerization),所得到的产物叫高聚物。聚合反应按反应类型可分为两大类:一类为缩合聚合(简称缩聚),属逐步聚合反应;另一类为加成聚合(简称加聚),属链式聚合反应。聚合反应中,参加反应的最小单位——小分子化合物称为单体。烯烃单体通过双键断裂而相互加成形成高分子,叫加聚反应。由加聚反应生成的聚合物叫加聚物。聚乙烯(PE)、聚丙烯(PP)是目前最大宗、最典型的加聚物。

烯烃在聚合过程中,π 键断裂,断裂的 π 键相互连接在一起,生成 σ 键。由于 π 键键能小于 σ 键键能,故总体上是放热反应,一经引发,反应即容易进行。反应的结果是生成相对分子质量达几十万、几百万的高分子化合物。相同的单体,不同的反应条件,所得到的"混合物"的平均相对分子质量不同,"混合物"中各种相对分子质量聚合物的相对数量也不同。因此,所得到的聚合物材料的性能存在差异。

以聚乙烯为例,工业上有低密度聚乙烯(low density polyethylene,LDPE)和高密度聚乙烯(high density polyethylene,HDPE)两大类产品。低密度聚乙烯的平均相对分子质量在 25000~50000 左右,密度为 $0.92\sim0.94\ \mathrm{g\cdot cm^{-3}}$,比较柔软。高密度聚乙烯是密度为 $0.914\sim0.965\ \mathrm{g\cdot cm^{-3}}$ 的聚乙烯,比较坚硬,平均相对分子质量一般在 10000~300000 之间。聚乙烯耐酸、耐碱、耐腐蚀,具有优良的电绝缘性能。低密度聚乙烯主要用于制造薄膜,而高密度聚乙烯主要用于制造中空硬制品。

聚丙烯也是工业上大宗的塑料产品,生产量仅次于聚乙烯。聚丙烯比聚乙烯有更好的耐热性,乙烯和丙烯尚可共同聚合发生共聚反应,生成优质价廉的弹性体乙丙橡胶。

常见烯烃类高聚物有聚氯乙烯(Polyvinylchloride,PVC)、聚丁二烯和聚苯乙烯,它们可分别制成橡胶或塑料制品。

2.2.4 炔烃

分子中含有碳碳三键的烃叫作炔烃(alkynes),开链炔烃的通式是 C_nH_{2n-2}。

1. 炔烃的异构和命名

炔烃的构造异构现象也是由于碳链不同和三键位置不同所引起的,但由于在碳链分支的地方不可能有三键存在,所以炔烃的构造异构体比碳原子数目相同的烯烃少。又由于炔烃是线形结构,因此炔烃不存在顺反异构现象。

一些简单的炔烃可以作为乙炔的衍生物来命名。例如

$CH_2\!\!=\!\!CHC\!\!\equiv\!\!CH$	$CH_3CH_2C\!\!\equiv\!\!CH$	$CH_3C\!\!\equiv\!\!CCH_3$	$H_2C\!\!=\!\!CHCH_2C\!\!\equiv\!\!CH$
乙烯基乙炔	乙基乙炔	二甲基乙炔	烯丙基乙炔

复杂的炔烃,用系统命名法命名,其方法与烯烃相似,即以包含三键在内的最长的碳链为主链,按主链的碳原子数命名为某炔;代表三键位置的阿拉伯数字,以取最小为原则置于名词之前;侧链基团则作为主链上的取代基来命名。

含有双键的炔烃在命名时,一般先命名烯再命名炔,碳链编号以表示双键与三键位置的两个数字之和取最小的为原则。例如,$CH_3CH\!\!=\!\!CHC\!\!\equiv\!\!CH$ 应命名为 3-戊烯-1-炔,而不命名为 2-戊烯-4-炔。如果双键与三键位置的编号有选择,则使双键的编号更小,书写时先烯

后炔。有时也将炔基作为取代基命名。例如

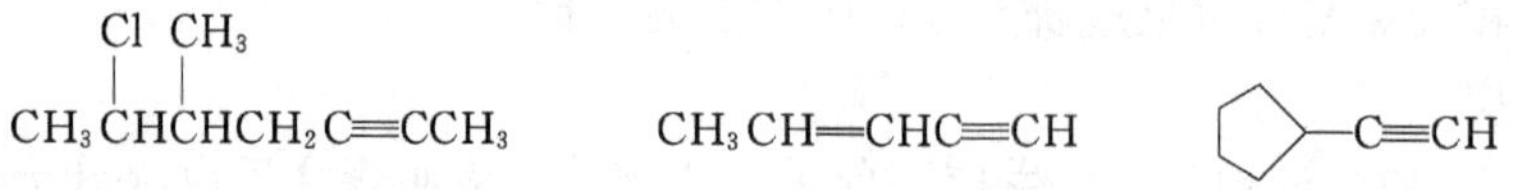

$$CH_3CHCHCH_2C{\equiv}CCH_3 \overset{Cl\ \ CH_3}{} \qquad CH_3CH{=}CHC{\equiv}CH \qquad$$

5-甲基-6-氯-2-庚炔　　　　　3-戊烯-1-炔　　　　乙炔基环戊烷

2. 炔烃的结构

炔烃的结构特征是分子中含有碳碳三键。由 X 射线衍射和电子衍射等物理方法测定,乙炔分子是一个线形分子,四个原子都排布在同一条直线上,分子中各键的键长与键角如图 2-33 所示。

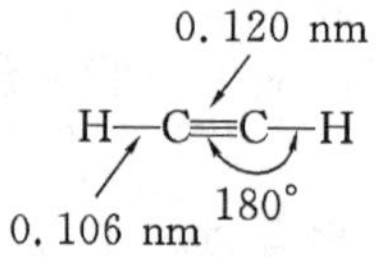

图 2-33　乙炔分子的结构图

在乙炔分子中,两个碳原子各形成了两个对称的 σ 键,它们分别是 $Csp - Csp$ 和 $Csp - Hs$。乙炔的每个碳原子还各有两个相互垂直的 p 轨道,不同碳原子的 p 轨道又是相互平行的。这样,一个碳原子的两个 p 轨道与另一个碳原子相对应的两个 p 轨道,在侧面重叠形成了两个碳碳 π 键,两个 π 键的电子云对称分布于碳碳 σ 键键轴的周围,类似圆筒形状。

由此可见,碳碳三键是由一个 σ 键和两个 π 键组成的。乙炔的碳碳三键的键能最大,但仍比单键键能的三倍数值要低得多。与碳碳双键和单键相比较,碳碳三键键长最短。这除了有两个 π 键形成的原因之外,sp 杂化轨道参与碳碳 σ 键的组成,也是使键长缩短的一个原因。

3. 炔烃的物理性质

简单炔烃的熔点、沸点和密度一般比相同碳原子数的烷烃和烯烃高一些,这是由于炔烃分子较短小、细长,在液态、固态中,分子可以彼此很靠近,分子间的范德华作用力强。其极性比烯烃略高。炔烃不溶于水,但易溶于极性小的有机溶剂,如石油醚(石油中的低沸点馏分)、苯、乙醚、四氯化碳等。一些炔烃的物理常数如表 2-9 所示。

表 2-9　炔烃的物理常数

名称	熔点/℃	沸点/℃	相对密度(d_4^{20})
乙炔	−80.8(压力下)	−84.0(升华)	0.6181(−32 ℃)
丙炔	−101.5	−23.2	0.7062(−50 ℃)
1-丁炔	−125.7	8.1	0.6784(0 ℃)
2-丁炔	−32.3	27.0	0.6910
1-戊炔	−90.0	40.2	0.6901
2-戊炔	−101.0	56.1	0.7107
3-甲基-1-丁炔	−89.7	29.3	0.666
1-己炔	−132.0	71.3	0.7155
1-庚炔	−81.0	99.7	0.7328
1-辛炔	−79.3	125.2	0.747
1-壬炔	−50.0	150.8	0.760
1-癸炔	−36.0	174.0	0.765

4. 炔烃的化学性质

炔烃的化学性质主要表现在官能团——碳碳三键的反应上,主要性质是三键的加成反应和三键碳上氢原子的弱酸性。

(1)三键碳上氢原子的弱酸性

炔烃三键碳上的氢原子具有弱酸性,容易被碱金属原子如钠或锂等取代,生成金属炔化物,简称炔化物。例如,将乙炔通过加热熔融的金属钠时,就可以得到乙炔钠和乙炔二钠。

$$CH\!\!\equiv\!\!CH \xrightarrow{\text{Na}} CH\!\!\equiv\!\!CNa \xrightarrow{\text{Na}} NaC\!\!\equiv\!\!CNa$$
$$\text{乙炔钠} \qquad\qquad \text{乙炔二钠}$$

乙炔的烷基取代物和氨基钠作用时,它的三键碳上的氢原子也可以被钠原子取代。

$$RC\!\!\equiv\!\!CH + NaNH_2 \xrightarrow{\text{液氨}} RC\!\!\equiv\!\!CNa + NH_3$$

金属炔化物是亲核试剂,它能和伯卤代烷发生亲核取代反应,可制备碳链增长的取代乙炔,因此炔化物是个有用的有机合成中间体。

炔化物在鉴别乙炔和末端炔烃中是很重要的,含炔氢化合物与银氨溶液或亚铜氨溶液反应分别生成白色沉淀炔化银和红棕色沉淀炔化亚铜

$$CH\!\!\equiv\!\!CH + 2Ag(NH_3)_2NO_3 \longrightarrow AgC\!\!\equiv\!\!CAg \downarrow + 2NH_4NO_3 + 2NH_3$$
$$\text{乙炔银}$$

$$RC\!\!\equiv\!\!CH + Ag(NH_3)_2NO_3 \longrightarrow RC\!\!\equiv\!\!CAg \downarrow + NH_4NO_3 + NH_3$$

$$CH\!\!\equiv\!\!CH + 2Cu(NH_3)_2Cl \longrightarrow CuC\!\!\equiv\!\!CAg \downarrow + 2NH_4Cl + 2NH_3$$
$$\text{乙炔亚铜}$$

这些反应很容易进行,现象也便于观察,因此常用于端基炔烃的定性检验。由于炔化银干燥后易爆炸,因此反应完毕应加稀硝酸分解。

如前所述,三键碳原子、双键碳原子和烷烃的碳原子由于杂化状态不同,电负性大小也不同。杂化碳原子的电负性越大,与之相连的氢原子越容易离去,同时生成的碳负离子也越稳定。例如,乙炔、乙烯和乙烷的碳负离子的稳定性次序是

$$HC\!\!\equiv\!\!\bar{C} > CH_2\!\!=\!\!\bar{C}H > CH_3\!\!-\!\!\bar{C}H_2$$

由于稳定的碳负离子容易生成,因此乙炔比乙烯和乙烷容易形成碳负离子,即乙炔的酸性比乙烯和乙烷强,但比水的酸性弱,而比氨的酸性强。

(2)加成反应

炔烃可与不同种类的试剂发生不同类型的加成——催化加氢、亲电加成和亲核加成,两个 π 键可逐步加成。

在不同催化剂条件下,炔烃可部分氢化生成相应的烯烃或完全氢化生成烷烃。当使用一般的氢化催化剂如铂、钯、镍等时,在氢气过量的情况,反应往往不容易停止在烯烃阶段而使炔烃完化氢化。

$$CH_3C\!\!\equiv\!\!CCH_3 \xrightarrow{H_2} CH_3CH_2CH_2CH_3$$

如果只希望得到烯烃,就应该使用活泼性较低的催化剂,而且可通过选用不同的催化剂得到所需的不同立体结构的产物。如将天然的硬脂炔酸,在林德拉(Lindlar)催化剂存在下氢化,可得到与天然顺式的油酸完全相同的产物。

$$CH_3(CH_2)_7C\equiv C(CH_2)_7COOH \xrightarrow{H_2,Pd/PdO,CaCO_3} \begin{array}{c} CH_3(CH_2)_7 \qquad (CH_2)_7COOH \\ C=C \\ H \qquad\qquad\quad H \end{array}$$

硬脂炔酸　　　　　　　　　　　　　　　　　　　　油酸（顺式）

　　Lindlar 催化剂是一种将金属钯沉淀于碳酸钙上，然后用醋酸铅处理而得到的加氢催化剂。铅盐可以降低钯催化剂的活性，使生成的烯烃不再加氢，而对炔烃加氢仍然有效，因此加氢反应可停留在烯烃阶段。由于催化加氢是炔烃分子吸附在金属催化剂表面上发生的，因此得到的是顺式加成产物。例如

$$CH_3CH_2C\equiv CCH_2CH_3 \xrightarrow[H_2]{Lindlar\ 催化剂} \begin{array}{c} CH_3CH_2 \qquad CH_2CH_3 \\ C=C \\ H \qquad\qquad H \end{array}$$

（Z）-3-己烯

而液氨溶液中的碱金属则将炔烃还原为较稳定的反式烯烃。例如

$$CH_3CH_2C\equiv CCH_2CH_3 \xrightarrow{Na,NH_3(l)} \begin{array}{c} CH_3CH_2 \qquad H \\ C=C \\ H \qquad\qquad CH_2CH_3 \end{array}$$

（E）-3-己烯

　　乙炔或一取代乙炔可与一些带活泼氢的化合物如 HCN，ROH，RCOOH，RNH$_2$，RSH，RCONH$_2$ 等发生亲核加成反应，生成含双键的产物。例如

$$HC\equiv CH \left\{ \begin{array}{l} \xrightarrow[Zn(OAc)_2/C\quad 170\sim210\ ℃]{CH_3COOH} CH_2=CHOCOCH_3 \\ \xrightarrow[CuCl_2/70\ ℃]{HCN} CH_2=CHCN \\ \xrightarrow[碱,150\sim180\ ℃]{C_2H_5OH} CH_2=CHOC_2H_5 \end{array} \right.$$

　　从反应结果看，亲核加成和亲电加成一样，但两者的反应机理有本质的区别。上述反应通常是在催化剂作用下，带活泼氢的化合物生成相应的负离子（如 CN$^-$，RO$^-$，RCOO$^-$ 等）进攻乙炔，这些负离子能供给电子，因而有亲近正电荷的倾向，或者说它具有亲核的倾向，所以它是一种亲核试剂。由亲核试剂进攻而引起的加成反应叫做亲核加成反应。

　　（3）氧化反应

　　炔烃和臭氧、高锰酸钾等氧化剂反应，往往可以使碳碳三键断裂，生成相应的羧酸或二氧化碳。

$$CH\equiv CH \xrightarrow[H_2O]{KMnO_4} CO_2 + H_2O$$

$$RC\equiv CR' \xrightarrow[100\ ℃]{KMnO_4} RCOOH + R'COOH$$

$$CH_3CH_2CH_2C\equiv CCH_2CH_3 \left\{ \begin{array}{l} \xrightarrow{O_3} \xrightarrow{H_3^+O} \\ \xrightarrow{KMnO_4} \xrightarrow{H^+} \end{array} \right\} CH_3CH_2CH_2COOH + HOOCC_2H_5$$

在比较缓和的氧化条件下，二取代炔烃的氧化可停止在二酮阶段。例如

$$CH_3(CH_2)_7C\equiv C(CH_2)_7COOH \xrightarrow[\substack{H_2O \\ pH=7.5}]{KMnO_4} CH_3(CH_2)_7\overset{\overset{O}{\|}}{C}\overset{\overset{O}{\|}}{C}(CH_2)_7COOH$$

这些反应的产率一般都比较低,因而不适宜作为羧酸或二酮的制备方法,但可以利用炔烃的氧化反应,检验分子中是否存在三键,以及确定三键在炔烃分子中的位置。

(4)聚合反应

乙炔也可发生聚合反应,根据催化剂和反应条件的不同,乙炔可生成链状或环状的聚合物。乙炔的二聚物和氯化氢加成,得到 2-氯-1,3-丁二烯。它是氯丁橡胶(一种合成橡胶)的单体。

$$2HC\equiv CH \xrightarrow[NH_4Cl]{Cu_2Cl_2} CH_2=CHC\equiv CH \xrightarrow{HCl} CH_2=CH-\underset{\underset{Cl}{|}}{C}=CH_2$$

乙烯基乙炔   2-氯-1,3-丁二烯

乙炔在高温下可以发生环形三聚合作用生成苯。

$$3HC\equiv CH \xrightarrow[60\sim 70\ ℃,1.5\ MPa]{500\ ℃\ 或\ (Ph_3)_3PNi(CO)_2} \bigcirc$$

在齐格勒-纳塔(Ziegler K-Natta G)催化剂如 $TiCl_4 - Al(C_2H_5)_3$ 的作用下,乙炔也可以直接聚合成聚乙炔。

$$n\ CH\equiv CH \longrightarrow +CH=CH+_n$$

20 世纪 70 年代白川英树(Shirakawa H)等人首次合成聚乙炔薄膜,后又通过掺杂施主杂质(Li,Na,K 等)或受主杂质(Cl、Br、I、AsF 等),发现高聚物也具有导电性。导电高聚物既具有金属的高导电率,又具有聚合物的可塑性,质量又轻,是一类具有广阔应用前景的新材料。高聚物导电性的发现拓宽了人类对导体材料的认识及应用领域。白川英树、麦克迪尔米德(Mac Diamid A G)和黑格(Heeger A J)三人因发现高聚物的金属导电性而荣获 2000 年诺贝尔化学奖。

2.2.5 二烯烃

1. 二烯烃的分类和命名

二烯烃又称双烯烃(alkadiene),其通式为 C_nH_{2n-2},是炔烃的同分异构体。

按分子中两个双键相对位置的不同,二烯烃又可分为下列三类。

①累积二烯烃(cumulated diene):两个双键连接在同一碳原子上,这类化合物数量少、不稳定。

②共轭二烯烃(conjugated diene):两个双键之间,有一个单键相隔。共轭二烯烃具有特殊的结构和性质,它除了具有烯烃双键的性质外,还具有特殊的稳定性和加成规律,在理论研究和工业应用上都有重要地位。例如

$H_2C=CH-CH=CH_2$
1,3-丁二烯

③隔离二烯烃(isolated diene):两个双键之间,有两个或两个以上的单键相隔,其性质与单烯烃相似。例如

$H_2C=CH-CH_2-CH=CH_2$
1,4-戊二烯

二烯烃的命名与烯烃相似,首先选含双键最多的最长碳链为主链,然后从离双键最近的一端开始编号,双键的位置由小到大排列,写在母体名称之前,中间用一短线隔开;取代基写在前,母体写在后。有顺、反异构体时,两个双键的 Z 或 E 构型则要在整个名称之前逐一标明。例如

CH₂=CCH=CH₂ （ ）
       |
       CH₃

2-甲基-1,3-丁二烯
  （异戊二烯）

(2Z,4E)-3-甲基-2,4-庚二烯

有的复杂天然产物，也含有多个共轭双键，如胡萝卜素、维生素 A 等。

维生素 A

2. 共轭二烯烃的结构

1,3-丁二烯是最简单的共轭二烯烃。由物理方法测得 1,3-丁二烯的分子中，四个碳原子和六个氢原子都处在同一平面上，键角都接近 120°。丁二烯的 C(2)—C(3) 间的键长为 0.146 nm，而乙烷碳碳单键的键长为 0.154 nm，即 C(2)—C(3) 之间的共价键也具有部分双键的性质，乙烯双键的键长是 0.133 nm，而这里 C(1)—C(2)、C(3)—C(4) 的键长却增长为 0.134 nm。这种现象称为键长平均化，是共轭二烯的共性。

在丁二烯分子中，每个碳原子都是 sp² 杂化的，它们以 sp² 杂化轨道与相邻碳原子相互重叠形成碳碳 σ 键，与氢原子的 1s 轨道重叠形成碳氢 σ 键。sp² 杂化碳原子的三个 σ 键指向三角形的三个顶点，三个 σ 键相互之间的夹角都接近 120 ℃。由于每一个碳原子的三个 σ 键都排列在一个平面上，所以就形成了分子中所有的 σ 键都在同一个平面上的结构。此外，每一个碳原子都还有一个未参与杂化的 p 轨道，它们都和丁二烯分子所在的平面相垂直，因此这四个 p 轨道都相互平行，不仅在 C(1)—C(2)，C(3)—C(4) 之间发生了 p 轨道的侧面重叠，而且在 C(2)—C(3) 之间也发生了一定程度的 p 轨道侧面重叠，但比 C(1)—C(2) 或 C(3)—C(4) 之间的重叠要弱一些，因此 C(2)—C(3) 之间的电子云密度要比一般 σ 键增大，键长也比一般烷烃中的单键短，分子中原来的两个碳碳双键的键长也发生了增长。由此可见，丁二烯分子中双键的 π 电子云，并不是像结构式所示那样"定域"在 C(1)—C(2) 和 C(3)—C(4) 之间，而是扩展到整个共轭双键的所有碳原子周围，即发生了键的"离域"，如图 2-34 所示。

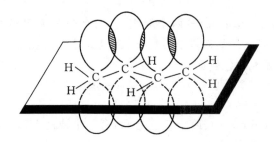

图 2-34　1,3-丁二烯大 π 键的构成示意图

3. 共轭二烯烃的性质

共轭二烯烃的物理性质和烷烃、烯烃相似。碳原子数较少的二烯烃为气体。例如，1,3-丁二烯是沸点为 −4 ℃ 的气体。碳原子数较多的二烯烃为液体，如 2-甲基-1,3-丁二烯是沸点为 34 ℃ 的液体。它们都不溶于水而溶于有机溶剂。

共轭二烯烃具有烯烃的通性,但由于是共轭体系,故又具有共轭二烯烃的特有的性质。

(1)1,2-加成和 1,4-加成

共轭二烯烃和卤素、氢卤酸都容易发生亲电加成反应,但可产生两种加成产物,如下式所示。

$$H_2C{=}CH{-}CH{=}H_2C + Br_2 \longrightarrow \underset{\overset{|}{Br}\ \overset{|}{Br}}{H_2C{-}CH{-}CH{-}CH_2} + \underset{\overset{|}{Br}\qquad\overset{|}{Br}}{CH_2{-}CH{=}CH{-}CH_2}$$

1,2-加成产物   1,4-加成产物

$$H_2C{=}CH{-}CH{=}CH_2 + HBr \longrightarrow \underset{\overset{|}{H}\ \overset{|}{Br}}{H_2C{-}CH{-}CH{=}CH_2} + \underset{\overset{|}{H}\qquad\overset{|}{Br}}{CH_2{-}CH{=}CH{-}CH_2}$$

1,2-加成产物   1,4-加成产物

1,2-加成产物是一分子试剂在同一个双键的两个碳原子上的加成。1,4-加成产物则是一分子试剂加在共轭双键的两端碳原子上即 C(1)和 C(4)上,这种加成结果使共轭双键中原来的两个双键都变成了单键,而原来的 C(2)—C(3)单键则变成了双键。

共轭二烯烃的亲电加成产物中,1,2-加成产物和 1,4-加成产物之比,取决于反应物的结构、产物的稳定性及反应条件(如溶剂、温度、反应时间)等。例如,1,3-丁二烯与 HBr 的加成,在不同温度下进行反应,可得到不同的产物比

$$CH_2{=}CH{-}CH{=}CH_2 + HBr$$

0 ℃:
$$\underset{\overset{|}{Br}}{CH_3{-}CH{-}CH{=}CH_2} + CH_3{-}CH{=}CH{-}CH_2Br$$
1,2-加成(71%)   1,4-加成(29%)

40 ℃:
$$\underset{\overset{|}{Br}}{CH_3{-}CH{-}CH{=}CH_2} + CH_3{-}CH{=}CH{-}CH_2Br$$
1,2-加成(15%)   1,4-加成(85%)

在有机反应中,如果产物的组成分布是由各产物的相对生成速率所决定,如上述低温时的加成反应那样,这个反应就称为受动力学控制的反应。如果产物的组成是由各产物的相对稳定性所决定的(即由各产物的生成反应的平衡常数之比所决定的),如上述高温时的加成反应那样,这个反应就称为受热力学控制的反应。

(2)双烯合成与电环化反应

双烯合成是 1928 年德国化学家狄尔斯(Diels O)和其助手阿尔德(Alder K)在研究 1,3-丁二烯与顺丁烯二酸酐的相互作用时发现的一类反应,即共轭双烯与含烯键或炔键的化合物作用,生成六元环状化合物。该反应又常被称为狄尔斯-阿尔德反应(Diels - Alder reaction)。例如

环己烯

丙烯酸甲酯   3-环己烯基甲酸甲酯

双烯合成中,就反应物的结构而言,最简单的是1,3-丁二烯和乙烯的反应,但这个反应需要高温高压,产率也比较低。在双烯合成中,通常将共轭二烯烃及其衍生物称为双烯体,与之反应的双键化合物常叫做亲双烯体,当亲双烯体的双键碳原子上连有吸电子基团(—CHO,—COR,—COOR,—CN,—NO$_2$ 等)时,反应比较容易进行。

Diels - Alder 反应是立体专一性的反应。反应产物共轭二烯与亲双烯体原来的构型得以保持。例如

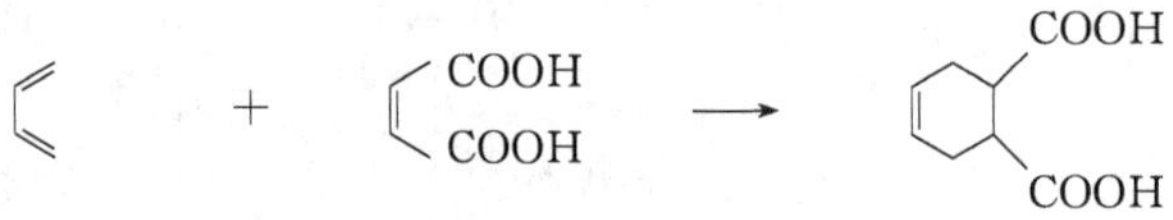

1,3-丁二烯　　　　马来酸二甲酯　　　　顺-4-环己烯-1,2-二甲酸二甲酯

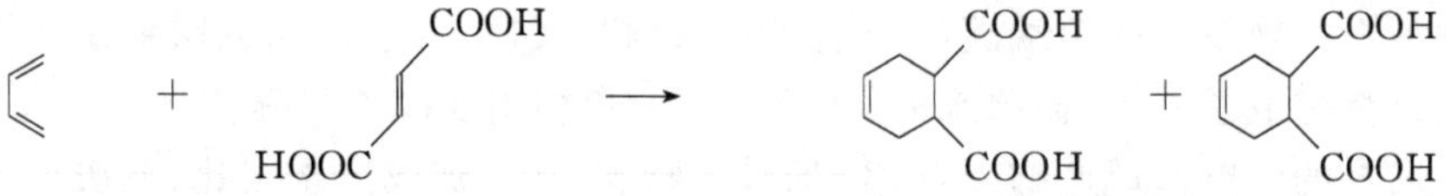

1,3-丁二烯　　　富马酸二甲酯　　　反-4-环己烯-1,2-二甲酸二甲酯

Diels - Alder 反应是可逆反应。加成产物在较高温度下加热又可转变为双烯和亲双烯体。

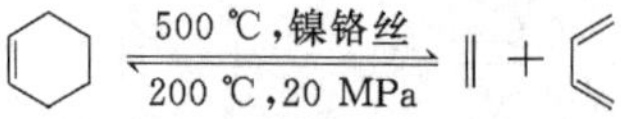

进行 Diels - Alder 反应时,反应物分子彼此靠近,互相作用,形成环状过渡态,然后转化为产物分子。反应是一步完成的,新键的生成和旧键的断裂同时完成,这种类型的反应称为协同反应。

在光或热的条件下,直链共轭多烯烃分子自身可发生分子内的环合反应生成环烯烃,这类反应及其逆反应统称为电环化反应。电环化反应具有高度的立体专一性。例如,反,反-2,4-己二烯在光的作用下,得到顺-3,4-二甲基环丁烯;而在热的作用下,得到的只是反-3,4-二甲基环丁烯。

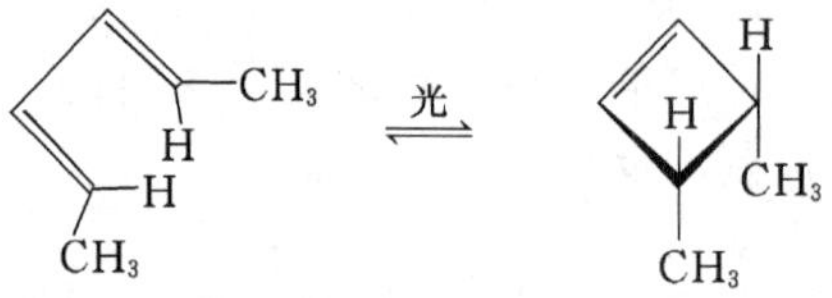

反,反-2,4-己二烯　　　顺-3,4-二甲基环丁烯

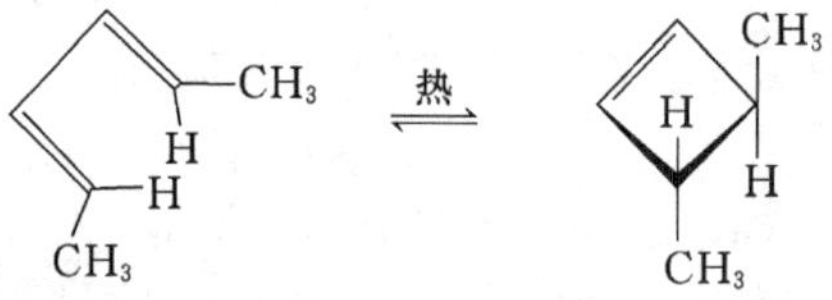

反,反-2,4-己二烯　　　反-3,4-二甲基环丁烯

电环化反应发生时也经过环状过渡态,新键的生成和旧键的断裂同时完成,也是一种协同反应。

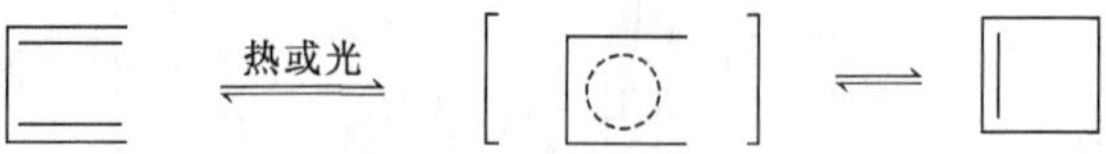

1,3-丁二烯　　　　　过渡态　　　　　环丁烯

（3）二烯烃的聚合——合成橡胶

橡胶是具有高弹性的高分子化合物。橡胶分为天然橡胶和合成橡胶。天然橡胶是由橡胶树得到的白色胶乳，经脱水加工凝结成块状的生橡胶。20 世纪初，天然橡胶的化学成分被测定为顺-1,4-聚异戊二烯，从结构上看是由异戊二烯单体 1,4-加成聚合而成。

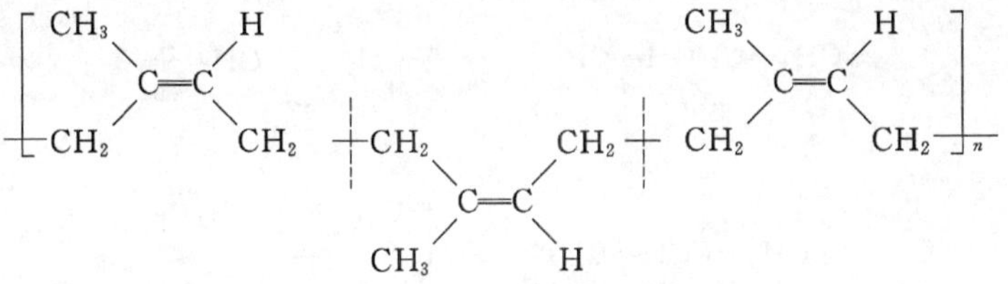

顺-1,4-聚异戊二烯

纯粹的天然橡胶软且发黏，必须经过"硫化"处理后才能进一步加工为橡胶制品。所谓的"硫化"就是将天然橡胶与硫或某些复杂的有机硫化合物一起加热，发生反应，使天然橡胶的线状高分子链被硫原子所连接（交联）。硫桥可以发生在线状高分子链的双键处，也可以发生在双键旁的 α-碳原子上。硫化使线状高分子通过硫桥交联成相对分子质量更大的体型分子，这样就克服了原来天然橡胶黏软的缺点，产物不仅硬度增加，而且仍保持弹性。

进入 20 世纪后，工业的发展使天然橡胶供不应求，化学家们千方百计地寻求方法发展合成橡胶。合成橡胶不仅在数量上弥补了天然橡胶的不足，而且各种合成橡胶往往有它自己的独特优异性能，例如耐磨、耐油、耐寒或不同的透气性等，更能适应工业上对各种橡胶制品的不同要求。

1910 年，1,3-丁二烯在金属钠催化下，成功聚合成聚丁二烯，它是最早发明的合成橡胶，又称为丁钠橡胶。丁钠橡胶于 1932 年实现了大批工业化生产。

$$n\,CH_2{=}CH{-}CH{=}CH_2 \xrightarrow[60\,℃]{Na} {+}CH_2{-}CH{=}CH{-}CH_2{\big]}_n$$

此后，合成橡胶的品种越来越多，产量也已远远超过天然橡胶。用于合成橡胶的重要原料主要有 1,3-丁二烯和异戊二烯。1,3-丁二烯聚合时，可以进行 1,2-加成聚合，也可以进行 1,4-加成聚合，1,4-加成聚合生成顺式或反式聚合物，还可生成 1,2-与 1,4-同时存在的聚合物。

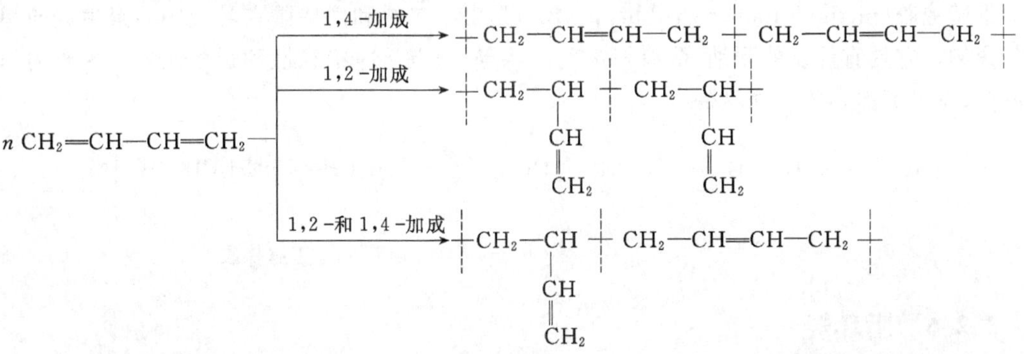

由于最终得到的是以各种加成方式聚合的混合产物，这种丁钠橡胶的性能并不理想。工业上使用 Ziegler-Natta 催化剂如 $TiCl_4 - Al(C_2H_5)_3$，可以使 1,3-丁二烯或 2-甲基-1,3-丁二烯基本上按 1,4-加成方式定向聚合，所得的聚丁二烯称为顺-1,4-聚丁二烯或顺-1,4-聚

异戊二烯。顺-1,4-聚丁二烯简称顺丁橡胶,具有优异的耐低温性、良好的耐磨性和较高的回弹性,广泛应用于制造各种轮胎,也可作为塑料的增韧补强改性剂。顺-1,4-聚异戊二烯简称异戊橡胶,其结构与天然橡胶相同,主要物理机械性能也相似,因此又称合成天然橡胶。异戊橡胶几乎可以运用在一切使用天然橡胶的领域,具有优异的综合性能,主要用于制造轮胎和其它橡胶制品。

$$n\ CH_2{=}CHCH{=}CH_2 \longrightarrow \left[CH_2{\diagdown}{\diagup}CH_2 \right]_n$$
顺丁橡胶

$$n\ CH_2{=}\underset{CH_3}{C}CH{=}CH_2 \longrightarrow \left[CH_2{\diagup}\underset{CH_3}{\diagdown}CH_2 \right]_n$$
顺-1,4-聚异戊二烯

2-氯-1,3-丁二烯聚合得到氯丁橡胶,氯丁橡胶具有良好的耐燃、耐酸碱、耐氧化和耐油性能,用于制造海底电缆的绝缘层、耐油胶管、垫圈、耐热运输带和电缆外皮等。

$$n\ CH_2{=}\underset{Cl}{C}CH{=}CH_2 \longrightarrow \left[CH_2\underset{Cl}{C}{=}CHCH_2 \right]_n$$
氯丁橡胶

共轭二烯烃还可以和其它双键化合物共同聚合(共聚)成高分子聚合物,例如,1,3-丁二烯与苯乙烯共聚可制得丁苯橡胶(styrene butadiene rubber, SBR)。丁苯橡胶是橡胶的第一大品种,目前产量约占合成橡胶总量的50%。丁苯橡胶具有较好的综合性能,在耐磨性、耐老化性等方面优于天然橡胶,其缺点是不耐油和有机溶剂,约80%用于轮胎,还适用于制造运输皮带、胶鞋、雨衣、气垫船等。

$$n\ CH_2{=}CHCH{=}CH_2\ +\ n\ CH_2{=}\underset{Ph}{CH} \xrightarrow{\text{共聚}} \left[CH_2CH{=}CHCH_2CH_2\underset{Ph}{CH} \right]_n$$
丁苯橡胶

丁腈橡胶(nitrile butadiene rubber, NBR)是由丁二烯和丙烯腈在乳液中共聚生成的弹性体共聚物。它具有优良的耐油、耐有机溶剂的特点,缺点是电绝缘性和耐寒性差。主要用作制造汽车、飞机等需要的耐油零件。

$$n\ CH_2{=}CHCH{=}CH_2\ +\ n\ CH_2{=}CHCN \xrightarrow{\text{共聚}} \left[CH_2CH{=}CHCH_2CH_2\underset{CN}{CH} \right]_n$$
丁腈橡胶

2.2.6 脂环烃

如果把直链烷烃化合物两头的两个碳原子连接起来形成环状结构,就形成了环烷烃(cycloalkane)。环烷烃又称为脂环(alicyclic)烃,是相对于开链烷烃而言的。从性质上看,环烷烃与开链烷烃并无本质上的差异,两者有许多相似之处。除了带有苯环等芳香烃的结构外,所有带环状结构的化合物也被看作是脂环烃的衍生物。

环烷烃的通式为 C_nH_{2n}，比同碳数的开链烷烃少两个氢原子。环丙烷是最小的环烷烃，从四个碳原子开始，环烷烃出现了碳骨架异构现象，同为 C_4H_8 的环烷烃有两种不同环结构的异构体，同为 C_5H_{10} 的环烷烃有五种不同环结构的异构体

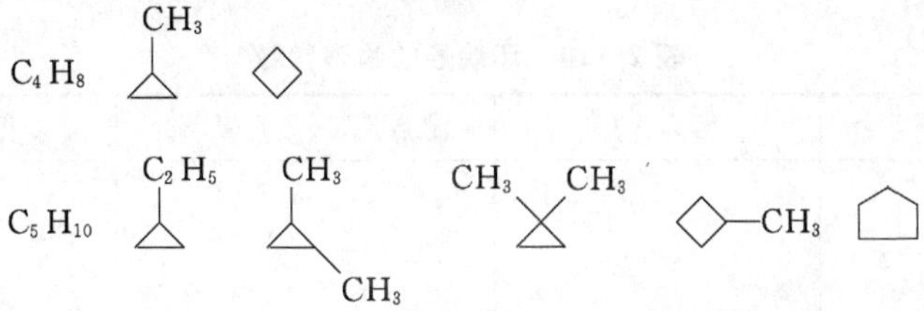

在有两个甲基取代的带三元环的 C_5H_{10} 的结构中，三元环组成了一个刚性的平面，绕环上两个碳原子间的键旋转必定导致开环，故取代在三元环不同碳上的两个甲基存在着与平面同侧还是异侧的立体关系，这种现象称为顺反异构现象（cis-trans isomers）。两个甲基位于三元环同一侧的是顺式异构体，位于三元环平面两侧的是反式异构体。这二者都是稳定的化合物，除非断键后再成键，否则相互间是不能转化的。

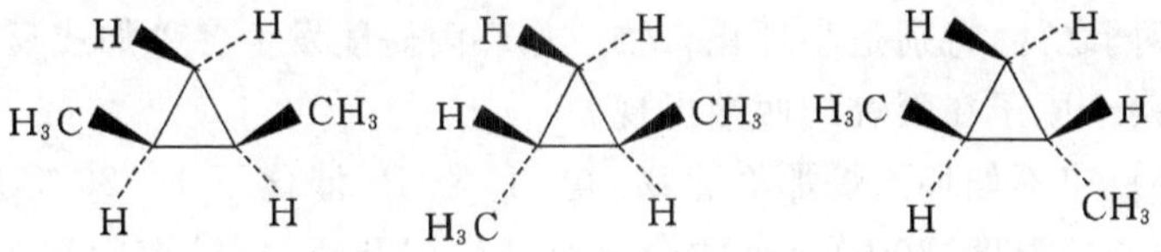

顺-1,2-二甲基环丙烷　　　反-1,2-二甲基环丙烷

取代基在环上的立体构型一般用楔形线和虚线表示，若将纸平面作为环平面处理，此时从环平面的上方向下看，向上伸的取代基团用粗的楔形线相连，粗的一端表示离观察者较近，向下的取代基团用虚线相连。

环烷烃上的顺反异构和开链烷烃的构象异构本质上完全不同，虽然也是构造相同，立体异构也是由于原子的空间取向不同而形成的，但这种立体异构关系不能经由键的旋转而相互转化，除非键断裂后重新组合，这样的异构称为构型异构而非构象异构。

1. 环烷烃的命名

根据环的大小，一般把环烷烃分成小环（三、四元环）、普环（五、六、七元环）、中环（八到十一元环）和大环（十二元以上环）。环烷烃可以在相应的开链烃前面冠以"环"字来命名，环上有支链时，将其当作取代基看待，环上碳原子的编号也是以给取代基最小位次为原则。当取代基不止一个时，用较小的数字表明较小取代基的位次。若取代基比环结构更复杂，环烷基也可作取代基对待。为了方便书写，常用多边形来表示碳环。环的一半用粗实线给出时，表示环平面与纸平面垂直，粗线表示在纸面的前面。

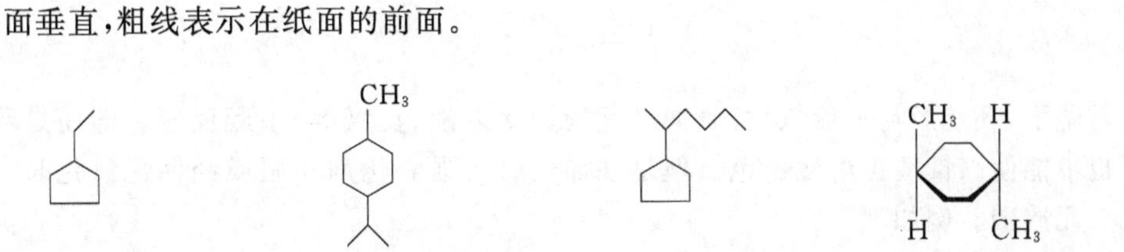

乙基环戊烷　　　1-甲基-4-异丙基环己烷　　　2-环戊基己烷　　　反-1,4-二甲基环己烷

2. 环烷烃的物理性质和化学性质

环烷烃的性质与开链烷烃相差不大，环丙烷和环丁烷是气体，高级环烷烃为固体。因为环烷烃比直链烷烃排列得更紧密，一般而言，它们的沸点和熔点比开链烷烃略高，相对密度也比相应烷烃略大，但仍比水轻(见表 2 - 10)。

表 2 - 10 环烷烃的物理常数

名称	熔点/ ℃	沸点/ ℃(0.1 MPa)	相对密度
环丙烷	−127	−34	0.689
环丁烷	−90	−12	0.689
环戊烷	−93	49	0.746
环己烷	6	80	0.778
环庚烷	8	119	0.810
环辛烷	4	148	0.830

环烷烃的化学性质也与开链烷烃相似，较为稳定，不易被氧化。然而，环结构也决定了它们与开链烷烃有不同之处，特别是小环化合物。如环丙烷能发生各种加成反应，反应后碳碳键断裂，加成试剂的两个原子在丙烷的两端出现。

环丁烷的开环反应不如环丙烷那么容易，与 H_2 在 Pt 催化下于 120 ℃反应生成正丁烷，而环戊烷则需在更高的温度(300 ℃)下才会与氢气作用开环，环己烷则很难与氢加成。小环烃中由于环张力的存在造成内能较高，因而加成开环反应较容易。

环丁烷和卤化氢反应时也发生开环反应，氢和卤素分别得到产物链烃的两头，例如

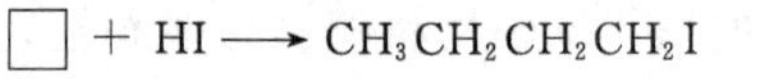

+ HI ⟶ CH3CH2CH2CH2I

但环己烷和环庚烷与卤化氢并无反应。

含有取代基的环丙烷与卤化氢反应得到的产物中卤原子加到有取代基的碳原子上的异构体占多数。例如

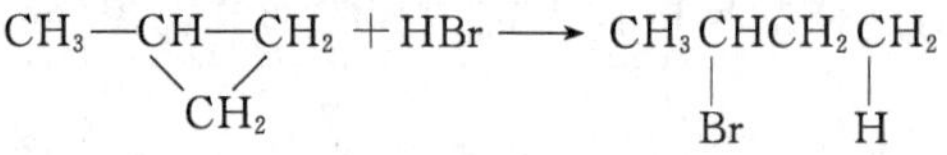

CH3—CH—CH2 + HBr ⟶ CH3CHCH2CH2
CH2
Br
H

小环与卤素发生加成反应，得到二卤代物。但环戊烷或高级的环烷烃与卤素作用发生取代反应。环烷烃发生取代反应时所得异构体产物比开链烷烃少。例如

+ Br2
光
或△
Br
+ Br2
光
或△
Br

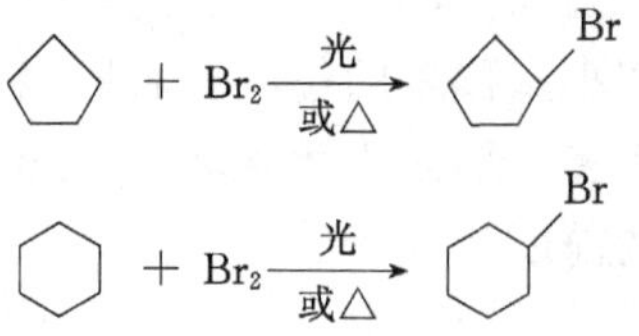

在常温下，环烷烃与一般氧化剂(如高锰酸钾水溶液、臭氧等)不起反应。即使是环丙烷，常温下也不能使高锰酸钾溶液褪色。但是在加热时与强氧化剂作用或经催化氧化时，环会破裂生成二元羧酸。例如

HOOC
COOH
HNO3
△
Co 催化剂
O2
HOOC
COOH

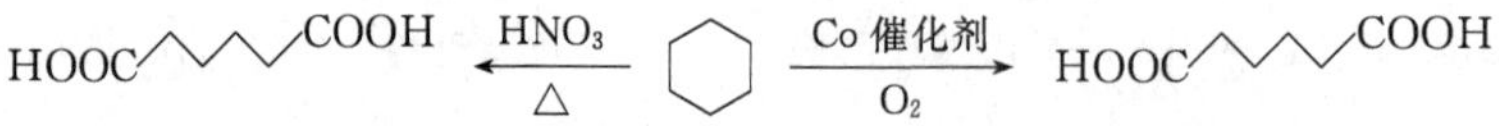

环烷烃脱氢能成为芳香族化合物,把石油中的环烷烃或开链烷烃转为芳香烃的过程称为芳构化,这是获得苯、甲苯等基本有机化工产品的重要手段。

2.2.7　芳香烃

芳烃又称芳香烃(aromatic compounds),通常是指苯(benzene)及其衍生物以及具有类似苯环结构和性质的一类化合物。

最初发现具有苯环结构的化合物带有香味,因而得名为芳香族化合物。然而,后来的研究表明,并非所有含有苯环结构的化合物都具有香味,但由于习惯的原因,人们仍然以芳香族化合物来泛指这类具有独特结构和性质的化合物。

根据是否含有苯环以及所含苯环的数目和联结方式的不同,芳烃可分为以下四类。

单环芳烃:分子中只含有一个苯环,如苯、甲苯等。

多环芳烃:分子中含有两个或两个以上的苯环,例如联苯、萘、蒽等。

非苯芳烃:分子中不含苯环,但含有结构及性质与苯环相似的芳环,并具有芳香族化合物的共同特性。如环戊二烯负离子、环庚三烯正离子等。

杂环芳烃:分子中含有杂原子的具有一定芳香族化合物性质的环状化合物。如呋喃、噻吩、吡咯、吡啶等。

1. 苯的结构

苯的分子式为 C_6H_6。显然,从苯的碳氢比来看,这是一种高度不饱和的结构。根据价键理论,碳为四价,C_6H_6 可能的链状结构中必具有三键和双键。

研究表明,苯并不发生典型的烯烃或炔烃反应,例如苯不与溴发生加成反应,也不与高锰酸钾发生氧化反应。但是,在催化剂作用下,苯像饱和烷烃那样可以发生取代反应。

现代价键理论认为,苯分子中的六个碳原子都是 sp^2 杂化的,每个碳原子都以 sp^2 杂化轨道与相邻碳原子相互交盖重叠形成六个 C—C σ 键,每个碳原子又以 sp^2 杂化轨道与氢原子的 s 轨道相互重叠形成 C—H σ 键。每个碳原子的三个 sp^2 杂化轨道的对称轴都分布在同一平面上,而且两个对称轴之间的夹角为 $120°$。此外,每个碳原子都有一个垂直于六元碳环平面的 p 轨道,它们的对称轴都相互平行。每个 p 轨道都能以侧面与相邻的 p 轨道相互重叠,这样就形成了一个包含六个碳原子在内的闭合共轭体系,如图 2-35 所示。

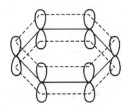

图 2-35　苯中 C 的 p 轨道示意图

根据物理方法测定,苯分子的确是一个平面的正六边形环状结构。苯分子的六个碳原子和六个氢原子分布在同一个平面上。

2. 单环芳烃的构造异构和命名

单环芳香烃中最简单的是苯。单环芳香烃的命名,以苯环为母体,取代原子或原子团作为取代基。一元取代苯的命名,在"苯"字前加上表示原子或基团的前缀。如果苯环上连有不饱和烃基,或是连有较复杂基团时,也可把苯作为取代基来命名。例如

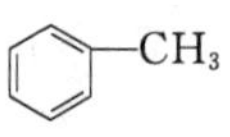

| 甲苯 | 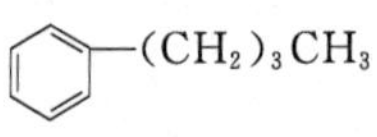 正丁苯 | 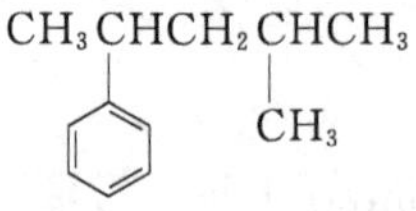 2-甲基-4-苯基戊烷 | 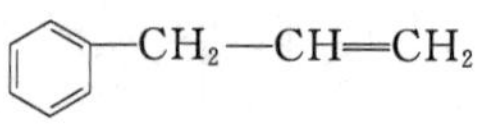 3-苯基丙烯 |

如果苯环上连有不同的取代基,常用 1,2,3,… 表示取代基的位置,按习惯选择母体来命名,环上取代基的列出次序原则与链烃相同,苯的二取代物的位次常用邻(o-)、间(m-)、对(p-)来表示,苯的三元取代物有时用连、偏、均来表示。例如

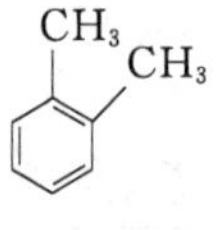

| 1,2-二甲苯 | 1,3-二甲苯 | 1,4-二甲苯 |
| (o-或邻二甲苯) | (m-或间二甲苯) | (p-或对二甲苯) |

| 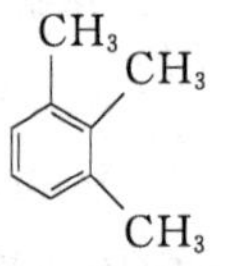 1,2,3-三甲苯 | 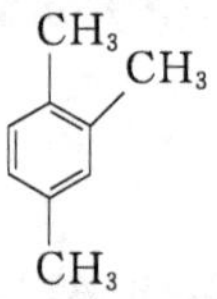 1,2,4-三甲苯 | 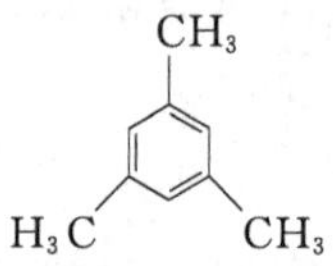 1,3,5-三甲苯 |
| (连三甲苯) | (偏三甲苯) | (均三甲苯) |

| 2,4,6-三硝基甲苯 | 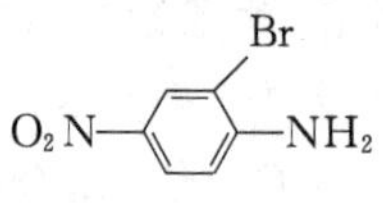 4-硝基-2-溴苯胺 | 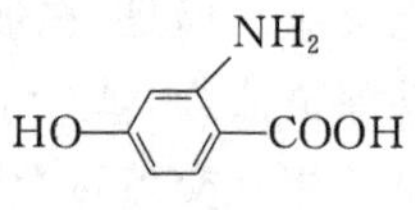 2-氨基-4-羟基苯甲酸 |

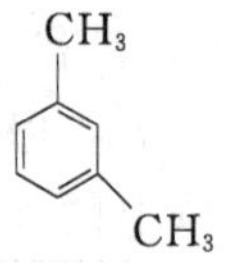

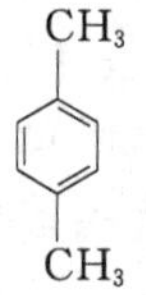

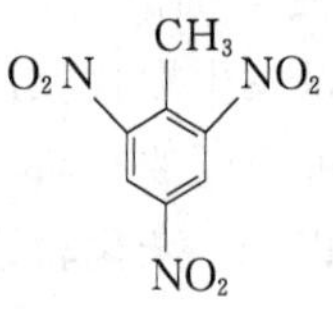

多官能团芳香族化合物中选取哪一个官能团为母体有一个优先次序问题。通常它们以如下次序递减,前面的官能团为母体,后面的官能团为取代基:—SO_3H(磺酸)、—CO_2H(酸)、—CO_2R(酯)、—COX(酰卤)、—$CONH(R)_2$(酰胺)、—CN(腈)、—CHO(醛)、—COR(酮)、—OH(醇)、—OH(酚)、—OR(醚)、—SH(硫醇)、—NH_2(胺)、—$C \equiv C$(炔)、—$C =C$(烯)、—R(烷)、—X(卤素)、—NO_2(硝基)。例如,4-硝基-2-氯苯胺不称 4-氨基-3-氨硝基苯;4-氨基-2-羟基苯甲酸不称 4-羧基-3-羟基苯胺。

以芳环作取代基叫芳基,一价芳基可用"Ar—"表示,最常见的芳基有 C_6H_5—,称为苯基(phenyl),芳基也可用"Ph-"来表示。苄基(benzyl)$C_6H_5CH_2$—也是一个常见的芳基。

3. 单环芳烃的物理性质

单环芳烃一般为无色液体,比水轻,溶于汽油、乙醚和四氯化碳等有机溶剂。苯、甲苯、二甲苯也常用作溶剂。一般单环芳烃沸点随相对分子质量增加而升高,对位异构体的熔点一般比邻位和间位异构体的高,这可能是由于对位异构体分子对称性好、晶格能较大的缘故。芳烃燃烧时产生带黑烟的火焰。苯及其同系物有毒,长期吸入其蒸气,会引起肝损伤,损坏造血器官及神经系统,并导致白血病。表 2-11 列出一些常见单环芳烃的物理性质。

表 2 - 11 一些常见单环芳烃的物理性质

化合物	熔点/℃	沸点/℃	相对密度(d_4^{20})
苯	5.5	80.1	0.879
甲苯	−95	111.6	0.867
邻二甲苯	−25.5	144.4	0.880
间二甲苯	−47.9	139.1	0.864
对二甲苯	13.2	138.4	0.861
乙苯	−95	136.2	0.867
正丙苯	−99.6	159.3	0.862
异丙苯	−96	152.4	0.862
苯乙烯	−33	145.8	0.906

4. 苯的化学性质

芳烃分子是一个封闭的环状共轭体系，π电子离域程度大，体系稳定，因此在一般化学反应中，芳香环不开环。芳环上下被离域的π电子所笼罩，常作为电子给体，容易与亲电试剂发生取代反应。在特定条件下，共轭体系也可以发生加成反应，生成脂环化合物。

芳环上可以带侧链。当苯环带有烷基时，则该芳烃具有烷烃的化学性质；当苯环带有烯基等不饱和烃基时，则芳烃具有不饱和链烃的化学性质。

单环芳烃重要的取代反应有卤化（halogenation）、硝化（nitration）、磺化（sulfonation）、烷基化（alkylation）和酰基化（acylation）等。

在苯的取代反应中，与芳烃反应的都是缺电子或带正电的亲电试剂，因此这些反应都是亲电取代反应。发生在亲电取代反应中，亲电试剂 E^+ 首先进攻苯环，并很快地和苯环的π电子形成π络合物。π络合物仍然还保持着苯环的结构。然后π络合物中亲电试剂 E^+ 进一步与苯环的一个碳原子直接连接形成σ键，因此这个中间体叫做σ络合物。

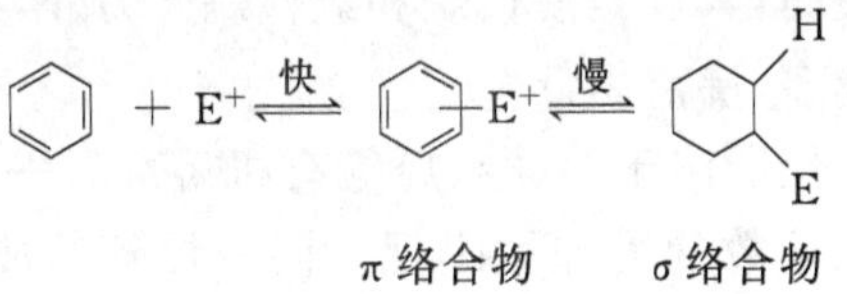

π络合物　　　σ络合物

2.2.8 卤代烃

烃类分子中的一个或多个氢原子被卤原子取代后生成的化合物称为卤代烃，可用通式 RX 表示，R 可是烷基或不饱和烃基，X 通常指 Cl，Br，I。自然界的卤代烃主要存在于海洋生物中，大多数卤代烃是人工合成的产物。卤代烃的应用非常广泛，在有机合成中占有重要地位。

1. 卤代烃的分类和命名

根据分子中卤素的不同，卤代烃可分为氟代烃（RF）、氯代烃（RCl）、溴代烃（RBr）、碘代烃（RI）。由于氟代烃的性质和制备方法比较特殊，通常和其它三种卤代烃分开讨论。

根据分子中卤素的数目，卤代烃可分为一卤代烃、二卤代烃和多卤代烃。

根据分子中与卤原子相连的母体烃的类别，卤代烃又可分为卤代烷烃、卤代烯烃和卤代芳烃。在卤代烃中按与卤素相连的碳原子的不同类型（伯、仲、叔碳）分为伯卤代烃（一级卤代烃)、仲卤代烃(二级卤代烃)、叔卤代烃(三级卤代烃)。

$$RCH_2X \qquad\qquad R_2CHX \qquad\qquad R_3CX$$

　　　　　伯卤代烃　　　　　仲卤代烃　　　　　叔卤代烃

　　简单的卤代烃可用普通命名法命名。一卤代烃可根据与卤原子相连的烃基称为"某基卤",例如

$$CH_3CH_2CH_2CH_2Br \qquad \text{⬡}—CH_2Br \qquad CH_2\!\!=\!\!CHCH_2Cl$$

　　　　正丁基溴　　　　　　　　苯基溴　　　　　　　　烯丙基氯

　　某些卤代烃常使用俗名,例如氯仿($CHCl_3$)、碘仿(CHI_3)等。

　　卤代烃系统命名原则是选择含有卤素原子的最长的碳链作为主链,把卤素和支链都当作取代基,按照主链上所含的碳原子数目叫做"某烷"。主链上碳原子编号从靠近支链一端开始;主链上的支链和卤原子根据次序规则,以"较优"基团排在后面的原则排列,由于卤素优于烷基,所以命名时按烷基、卤素的顺序依次写在烷烃的前面。当有两个或多个相同卤素时,在卤素前冠以二、三。例如

$$\underset{\qquad\quad|\atop\qquad\quad CH_2Br}{CH_3CHCH_2CH_2CH_3} \qquad\qquad Cl—\text{⬡}—CH_2Cl$$

　　　　　2-甲基-1-溴戊烷　　　　　　　1-氯甲基-4-氯环己烷

$$CH_3CH_2CH_2CH_2Cl \qquad \underset{\quad\;\; |\;\; |\atop \quad\;\; Br\; Cl}{CH_3CH_2CHCHCH_2CH_3} \qquad ClCH_2CH_2Cl$$

　　　　1-氯丁烷　　　　　　　3-氯-4-溴己烷　　　　　1,2-二氯乙烷

2. 卤代烃的物理性质

　　在常温常压下,除四个碳以下的氟代烷、两个碳以下的氯代烷及溴甲烷外,大部分卤化物为液体,十五碳以上的卤代烷为固体。

　　卤代烃的沸点不仅随碳原子数的增加而升高,而且随着卤原子数的增多而升高。同一烃基的卤代烷,以碘代烷沸点最高,其次是溴代烷和氯代烷。另外,在卤代烃的同分异构体中,直链异构体的沸点最高,支链越多,沸点越低。

　　所有卤代烃均不溶于水,但能溶于醇、醚、烃等有机溶剂。一卤代烃的相对密度大于含相同碳原子数的烃,且随着碳原子数的增加而降低。同一烃基的卤代烃其相对密度按 Cl,Br,I 次序升高,一氯代烷的相对密度小于1,一溴代烷和一碘代烷的相对密度大于1。

　　纯净的卤代烃是无色的,但碘代烷易分解产生游离的碘,久放后逐渐变成棕红色。大部分卤代烃蒸气有毒,应防止吸入。卤代烃在铜丝上燃烧能产生绿色火焰,这是鉴定卤素的简便方法。

3. 卤代烃的化学性质

　　卤代烃的许多化学性质是由卤素引起的。在卤代烃分子中,由于卤原子电负性较大,C—X 键为极性共价键,卤素带部分负电荷,且随着卤素电负性的增大,C—X 键的极性也增大。此外,C—X 键比 C—C 键、C—H 键具有更大的可极化性,具有更强的反应性能。

　　C—X 键的键能较小,因此,卤代烃的化学性质比较活泼,可以与多种物质反应,生成各类有机化合物,它在有机合成中具有重要意义。

　　(1)亲核取代反应

　　卤代烃分子中,与卤原子成键的碳原子带部分正电荷,是一个缺电子中心,易受负离子或

具有孤对电子的中性分子如 OH—，—RNH₂ 的进攻，使 C—X 键发生异裂，卤素以负离子形式离去，故称为离去基团，这种类型的反应是由亲核试剂引起的，故又叫亲核取代反应，简称 S_N。其通式为

$$Nu^- + R\text{—}X \longrightarrow R\text{—}Nu + X^-$$

亲核取代反应中，亲核试剂的一对电子与碳原子形成新的共价键，而离去基团是能够稳定存在的弱碱性分子或离子。卤代烃可以与很多种亲核试剂如—RNH₂，OH⁻，CN⁻，RO⁻，X⁻反应，常见的亲核取代反应如下。

伯卤代烷与氢氧化钠的水溶液作用得到相应的醇，该反应也称为水解反应。

$$CH_3X + NaOH \xrightarrow{\Delta} ROH + NaX$$

通常情况下，卤代烃的直接水解为可逆反应，而且很慢，为了加快反应速率和使反应进行完全，可将卤代烃和强碱的水溶液共热或用乙醇水溶液来进行水解。

卤代烃与氰化钠在乙醇水溶液中回流，生成腈

$$RX + NaCN \longrightarrow RCN + NaX$$

通过该反应可得到增加一个碳原子的产物，再通过水解等可转变为含羧基（—COOH），酰胺基（—CONH₂）等官能团的化合物。

伯卤代烷与醇钠在相应醇为溶剂的条件下反应可得到相应的醚，该反应称为威廉姆森（Williamson A W）合成法，该反应较适用于伯卤代烃，如用叔卤代烃，则得到的主要是消除产物烯烃，如采用仲卤代烃，取代反应产率较低。该反应可用于制备单醚和混合醚。

$$\underset{\text{卤代烷}}{RX} + \underset{\text{醇钠}}{NaOR'} \longrightarrow \underset{\text{醚}}{ROR'} + NaX$$

氨比水或醇具有更强的亲核性，卤代烃与过量的氨作用可制备伯胺。

$$\underset{\text{卤代烷}}{RX} + \underset{\text{氨}}{NH_3} \longrightarrow \underset{\text{胺}}{RNH_2} + NaX$$

卤代烃与硝酸银-乙醇溶液作用可得到卤化银沉淀和烷基硝酸酯。不同结构的卤代烃的反应活性次序为：叔卤烷＞仲卤烷＞伯卤烷，因此，利用这一反应可鉴别不同结构的卤代烃。

$$\underset{\text{卤代烷}}{RX} + \underset{\text{硝酸银}}{AgNO_3} \longrightarrow \underset{\text{硝酸酯}}{RONO_2} + AgX\downarrow$$

（2）消除反应

卤代烃的消除反应和取代反应同样重要，卤代烃和强碱的乙醇溶液在加热的条件下反应，会在邻近的碳上消去一分子 HX，并形成双键。这种从分子中失去一个简单分子生成不饱和键的反应称为消除反应（elimination reaction，简写作 E）。

从卤代烃中脱去一分子或两分子卤化氢是制备烯烃或炔烃的重要方法。在一卤代烃分子中与卤素直接相连的碳原子称为 α-碳原子，再相连的碳原子依次分别称为 β-，γ-···碳原子。由卤代烃生成烯烃的反应中脱去卤原子和 β-碳上的氢，因此，这种消除又称 β-消除反应。

$$\underset{\boxed{H}\ \boxed{X}}{\overset{\beta\ \ \alpha}{-C-C-}} + CH_3CH_2ONa \xrightarrow{CH_3CH_2OH} \diagdown\!\!=\!\!\diagup + CH_3CH_2OH + NaX$$

卤代烃脱卤化氢的难易与烃基结构有关，叔卤代烃最易脱卤化氢，仲卤代烃次之，伯卤代

烃最难。另外,在仲卤代烃和叔卤代烃脱卤化氢时,会有两种不同的产物。例如,2-溴丁烷与氢氧化钾的乙醇溶液反应,生成的产物含有81%的2-丁烯和19%的1-丁烯;2-甲基-2-溴丁烷在与乙醇钠的乙醇溶液中反应得到71%的2-甲基-2-丁烯和29%的2-甲基-1-丁烯。

$$CH_3CH_2CHCH_3 \ (Br) + KOH \xrightarrow{CH_3CH_2OH} CH_3CH=CHCH_3 \ (81\%) + CH_3CH_2CH=CH_2 \ (19\%)$$

$$CH_3CH_2-\underset{CH_3}{\overset{CH_3}{C}}-Br + CH_3CH_2ONa \xrightarrow{CH_3CH_2OH} CH_3CH=\underset{CH_3}{\overset{CH_3}{C}} \ (71\%) + \underset{CH_3CH_2}{\overset{CH_3}{C}}=CH_2 \ (29\%)$$

1875年俄国化学家查依采夫(Saytzeff A M)指出:在β-消除反应中,从含氢最少的β-碳上脱去氢原子而生成的烯烃的量最多,即在β-消除反应中,主要产物为双键上烃基取代基最多的烯烃(最稳定的烯烃),这一经验规律称为 Saytzeff 规律。

邻二卤代烷除了能发生脱去卤化氢生成炔烃或稳定的共轭二烯烃的反应外,在锌粉或镍粉的存在下,邻二卤代烷还能脱去卤素(dehalogenation)生成烯烃。

$$-\underset{X}{\overset{|}{C}}-\underset{X}{\overset{|}{C}}- + Zn \xrightarrow[\triangle]{乙醇} \overset{|}{C}=\overset{|}{C} + ZnX_2$$

(3)还原反应

卤代烃可以发生还原反应,卤原子被氢原子取代,产物为烃。还原剂有很多种,如氢化铝锂($LiAlH_4$)、硼氢化钠($NaBH_4$)、氢气、钠和液氨、氢碘酸、锌和盐酸等,其中最常用的是氢化铝锂。

(4)与金属反应

卤代烃与 Mg,Li,Na 等金属反应生成的一类金属直接与碳原子相连的化合物叫金属有机化合物。这类化合物的一个共同性质就是具有很强的亲核性,可以与很多有机物发生一些重要的反应,在有机合成领域占有重要的地位。

卤代烃可直接与钠反应生成有机钠化合物(RNa),RNa 容易进一步与 RX 反应生成烷烃,此反应称为伍尔兹(Wurtz)反应。

$$RX + 2Na \longrightarrow NaX + RNa$$
$$烷基钠$$

$$RNa + RX \longrightarrow R-R + NaX$$

这个反应常用来合成碳原子数比原来的卤代烃碳原子数多一倍的对称烷烃,产率很好。

1900年法国化学家格林尼亚(Grignard V)发现卤代烃在无水乙醚或 THF 中与镁屑作用生成烃基卤化镁 RMgX,这一产物常被称为格氏试剂。格氏试剂是一种重要的试剂,在有机合成中具有广泛的应用。Grignard 因发明该试剂而获得1912年度诺贝尔化学奖。

$$RX + Mg \xrightarrow{绝对乙醚} R-Mg-X$$
$$烃基卤化镁$$

卤代烃与镁的反应活性与卤代烃结构及卤素种类有关,一般而言,RI > RBr > RCl > RF,三级>二级>一级。格氏试剂非常活泼,在制备和保存时,要求严格干燥且隔绝空气。

2.2.9　工业废水中的有害烃举例

(1)氯丙烯　$CH_2\!=\!CHCH_2Cl$

氯丙烯为有刺激气味的无色液体,易溶于水;相对分子质量 76.53;熔点 $-136.4\ ℃$;沸点 $45.1\ ℃$。

氯丙烯存在于有机合成企业的生产废水中。由气味确定的氯丙烯的最低浓度为 $14.7\ g/L$。本品有剧毒,被皮肤吸收后通过胃肠道进入体内,刺激粘膜,引起肾脏和肝脏病变。

含本品废水的处理法:焚烧。

根据人体感觉指标规定了水体中氯丙烯的极限容许浓度为 $0.1\ mg/L$。

(2)艾氏剂(氯甲桥萘;英:aldrin)$C_{12}H_8Cl_6$

艾氏剂为带有特殊气味的略有苦味的白色结晶。相对分子质量 364.93;熔点 $104\sim105\ ℃$;在水中的溶解度 $0.1\ mg/L$。本品存在于农药生产废水中。

艾氏剂对人体和其它温血动物的毒害极大,会引起急性中毒、中枢神经紊乱、肝肾病变,并易被皮肤吸附。本品属于致癌物,故在前苏联和其它许多国家禁止使用。

在利用含有本品的水浇灌蔬菜时,本品便蓄积在蔬菜体内。

含本品废水的净化法:利用高锰酸钾进行氧化。

在前苏联,曾根据人体器官感觉指标规定了水体中艾氏剂的极限容许浓度为 $0.002\ mg/L$。美国规定的极限容许浓度为 $0.001\ mg/L$,且禁止使用。

2.3　含氧有机化合物

含氧有机化合物主要是指分子中氧原子和碳原子直接相连的化合物,也可看成是烃分子中的一个或几个氢原子被含氧的官能团所取代的衍生物。这类化合物种类众多,与人类日常生活和自然环境关系非常密切。

2.3.1　醇

醇、酚和醚都是烃的含氧化合物。醇一般可看做是烃分子中的氢原子被羟基(—OH)取代的化合物,羟基是醇的官能团。芳香烃苯环上的氢原子被羟基取代的化合物称为酚,酚的官能团也是羟基。醚是醇或酚的衍生物,可看作是醇或酚羟基上的氢被烃基取代的化合物。

1. 醇的结构

醇分子中的氧原子采用不等性 sp^3 杂化,O—H 键是氧原子以一个 sp^3 杂化轨道与氢原子的 $1s$ 轨道相互重叠成的键,C—O 键是氧原子的另一个 sp^3 杂化轨道与碳原子的一个 sp^3 杂化轨道相互重叠而成。此外,氧原子还有两对孤对电子分别占据其它两个 sp^3 杂化轨道,具有四面体结构。图 2-36 是甲醇的结构示意图。

由于氧的电负性大于碳,醇分子中的 C—O 键是极性键,故醇是极性分子。当同一个碳原子上连有两个—OH,或同时连有—OH 和—X 时,其化合物不稳定,很容易失去一个小分子转化成羰基化合物。

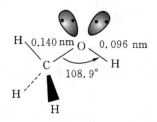

图 2 - 36　甲醇的分子结构示意图

2. 醇的分类

醇可以根据羟基所连的烃基不同来分为脂肪醇、脂环醇和芳香醇;根据羟基所连的烃基的饱和程度,又可把醇分为饱和醇和不饱和醇。例如

$$CH_3CH_2CH_2OH \qquad \bigcirc\!\!-OH \qquad \text{（苯甲醇结构）} \qquad CH_2\!\!=\!\!CH\!\!-\!\!CH_2OH$$

丙醇　　　　　　　环己醇　　　　　苯甲醇(苄醇)　　　　　　烯丙醇

根据羟基所连碳原子的不同类型分为伯醇(RCH_2OH)、仲醇($RR'CHOH$)和叔醇($RR'R''COH$)。根据醇分子中所含羟基数目的不同可分为一元醇和多元醇。

3. 醇的命名

低级的一元醇可按羟基的传统命名法后加醇字来命名,有时也可把其它醇看做是甲醇的烷基衍生物来命名。例如,丁醇的四种构造异构体的习惯命名如下。

$$CH_3CH_2CH_2CH_2OH \qquad CH_3CHCH_2OH \qquad CH_3CH_2CHOH \qquad CH_3\!\!-\!\!C\!\!-\!\!CH_3$$

正丁醇　　　　　　　异丁醇　　　　　仲丁醇　　　　　叔丁醇(三甲基甲醇)

有的醇则采用俗名命名。例如

$$CH_3OH \qquad CH_3CH_2OH \qquad CH_2\!\!-\!\!CH\!\!-\!\!CH_2 \qquad \bigcirc\!\!-CH\!\!=\!\!CH\!\!-\!\!CH_2OH$$

木醇(甲醇)　　酒精(乙醇)　　　　丙三醇(甘油)　　　　3 -苯基烯丙醇(肉桂醇)

4. 醇的物理性质

低级一元饱和醇为无色中性液体,具有特殊的气味和辛辣味,较高级的醇为黏稠的液体,高级醇(C_{12}以上)为无色无嗅的蜡状固体。由于低级醇分子与水分子之间可以形成氢键,如图2 - 37所示,使得低级醇能与水无限混溶;四个碳到十一个碳的醇是油状液体,部分溶于水。随着相对分子质量的增大,烃基部分比重增大,使醇中的羟基与水形成氢键的能力下降,溶解度也下降。

直链饱和一元醇的熔点和密度除甲醇、乙醇、丙醇外,其余醇均随相对分子质量的增加而升高,且相对密度比水小,比烷烃大。醇的沸点比相应的烃的沸点高得多,这是由于醇分子间有氢键,使液态醇汽化时,不仅要破坏醇分子间的范德华力,而且还需额外的能量破坏氢键。多元醇分子中含有两个以上的羟基,可以形成更多的氢键,沸点更高。

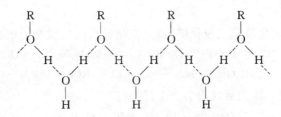

图 2-37　醇和水分子间的氢键

低级醇与无机盐如 $CaCl_2$，$MgCl_2$，$CuSO_4$ 等能形成结晶态的分子化合物，这些结晶叫醇化物。例如，$MgCl_2 \cdot 6CH_3OH$，$CaCl_2 \cdot 4CH_3CH_2OH$。结晶醇化物能溶于水，不溶于有机溶剂。因此，醇类产品不能加这些无机盐干燥。但可以根据这一性质将醇与其它有机物分开或除去醇的杂质，如乙醚中含少量乙醇，可加入 $CaCl_2$ 使醇从乙醚中沉淀出来。

5. 醇的化学性质

醇分子中 C—O 键和 O—H 键都是较强的极性键，它对醇的性质起着决定性的作用。此外由于羟基的影响使 α 位和 β 位上的氢也具有一定的活性。因此醇的化学反应主要发生在以下几个部位：O—H 键断裂，氢原子被取代；C—O 键断裂，羟基被取代；α—H 的氧化和 β—H 的消除反应。

醇可看作是水分子中的一个氢被烃基取代的化合物，醇分子中的氢由于氧的吸电子作用显示一定的活性，可以与活泼金属反应放出氢气，羟基氢被金属所取代。

$$ROH + Na \longrightarrow RONa + H_2 \uparrow$$

$$(CH_3)_2CHOH \xrightarrow{Al} [(CH_3)_2CHO]_3Al + H_2 \uparrow$$

醇与活泼金属的反应速率比水慢，它的酸性比水弱，其共轭碱烷氧基（RO^-）的碱性比 OH^- 强，所以醇盐遇水会分解为醇和金属氢氧化物。例如

$$RCH_2ONa + H_2O \longrightarrow RCH_2OH + NaOH$$

醇钠具有强碱性，可溶于过量的醇中，常被当做碱性试剂或亲核试剂使用。工业上生产乙醇钠时，为了避免使用昂贵的金属钠，就利用上述反应原理，采用乙醇和氢氧化钠反应，并加入苯以形成苯-乙醇-水共沸物带走反应生成的水以促进反应向平衡产物方向移动。

不同的醇和金属反应的活性取决于醇的酸性，酸性越强，反应速率越快。取代烷基越多，醇的酸性越弱，故醇的反应速率是：$CH_3OH>$伯醇$>$仲醇$>$叔醇。

醇可与多种卤化试剂作用，羟基被卤素取代生成卤代烃。醇与氢卤酸反应生成相应的卤代烃。这是制备卤代烃的重要方法之一。

$$ROH + HX \rightleftharpoons RX + H_2O$$

这个反应为可逆反应，通常使一种反应物过量或使一种生成物从平衡混合物中移去，使反应向有利于生成卤代烃的方向进行，以提高产量。氢卤酸的性质和醇的结构都影响这个反应的速率，由于卤素的亲核能力为 $I^->R^->Cl^-$，且 HX 的酸性：$HI>HBr>HCl$，故 HX 的反应活性为：$HI>HBr>HCl$，醇的反应活性为：烯丙醇、苄醇$>$叔醇$>$仲醇$>$伯醇。HI 是强酸，很容易与伯醇反应；HBr 需要加入硫酸增强酸性，浓盐酸需要用无水 $ZnCl_2$ 催化。用无水氯化锌和浓盐酸配成的溶液称为卢卡斯试剂。叔醇容易反应，将 HCl 或 HBr 气体在 0 ℃通过叔醇，反应可在几分钟内完成，此法可用于制备叔醇卤代烃。用伯醇制备伯溴代烃时常用溴化钠

和硫酸代替氢溴酸来反应。

醇与三卤化磷（三碘化磷或三溴化磷）或五氯化磷反应生成相应的卤代烃。

$$3C_2H_5OH + PX_3(X=Br,I) \longrightarrow 3C_2H_5X + H_3PO_3$$

$$C_2H_5OH + PCl_5 \longrightarrow C_2H_5Cl + HCl + POCl_3$$

醇与氯化亚砜反应是得到氯代烷的一个好办法。

$$ROH + SOCl_2 \longrightarrow RCl + SO_2 + HCl$$

该反应条件温和,反应速率快,产率高,副产物是气体,构型不变。若在体系中加入嘧啶,则得到构型转化的氯代物。这是由于中间物氯代亚硫酸酯和反应生成的氯化氢均可与嘧啶作用生成自由的氯离子,它从离去基团的背面进攻碳原子,使碳原子的构型转变。

醇与含氧的无机酸、有机酸及它们的酰卤、酸酐反应都生成酯（esters）。例如

反应中发生 O—H 键断裂,醇作为亲核试剂进攻酸的正电荷部分,而后 O—H 键断裂。

对甲基苯磺酰氯与醇反应生成对甲基苯磺酸酯,磺酸酯中的酸根部分是很好的离去基团,通过磺酸酯可以发生 S_{N2} 反应。例如

按反应条件的不同,醇脱水可以发生分子内或分子间的脱水（dehydration）形成烯烃或醚,如分子内脱水成烯烃。

醇脱水的反应活性为：叔醇＞仲醇＞伯醇。当有多个不同的 β‑H 时，主要产物符合 Saytzeff 规则，即生成双键碳上连有较多取代基的烯烃或共轭烯烃。如果醇失水生成的烯烃有顺、反异构体时，主要得到反式烯烃。

醇分子内脱水反应通过碳正离子中间体进行（E1 机理），因此当醇羟基的碳原子与三级或二级碳原子相连时，酸催化下的醇失水常常会发生重排。

$$CH_3CH_2CH_2CH_2OH \xrightarrow[-H_2O]{H_2SO_4} CH_3CH_2CH_2CH_2^+ \rightleftharpoons CH_3CH_2\overset{+}{C}HCH_3$$

$$CH_3CH_2CH=CH_2$$

醇分子间脱水成醚，反应按 E2 机理进行。

$$CH_3CH_2OH \xrightarrow{H^+} CH_3CH_2OH_2^+ \xrightarrow[-H_2O]{CH_3CH_2\ddot{O}H} CH_3CH_2\overset{+}{O}CH_2CH_3 \xrightarrow{-H^+} CH_3CH_2OCH_2CH_3$$

醇脱水成烯或成醚的反应是一对竞争反应，较低温度有利于成醚，较高温度有利于成烯。叔醇消除倾向大，主要生成烯烃。

在有机反应中，氧化（oxidation）和脱氢（dehydrogenation）从广义上讲都是氧化反应。在伯醇和仲醇分子中与羟基直接相连的碳原子也都连有氢原子，这些氢原子由于受到相邻羟基的影响，比较活泼易于被氧化，生成不同的氧化产物。伯醇先氧化为醛，醛继续氧化成羧酸。仲醇氧化则生成酮。这些产物的碳原子数与原来的醇相同。叔醇由于没有和羟基相连的氢原子，不易被氧化，在剧烈氧化反应条件下（如在硝酸作用下），则碳链断裂，形成含有碳原子数较少的产物。

$$RCH_2OH \xrightarrow[KMnO_4/H_2SO_4]{[O]} RCHO \xrightarrow{[O]} \underset{羧酸}{RCOOH}$$

$$R'\text{—}\overset{R}{\underset{}{C}}HOH \xrightarrow{[O]} R'\text{—}\overset{R}{\underset{}{C}}=O$$

常用的氧化剂有高锰酸钾、二氧化锰、重铬酸钠或重铬酸钾、铬酸、硝酸等以及其它特殊的氧化试剂与脱氢试剂，如异丙醇铝/丙酮、二甲亚砜/二环己基碳二亚胺、铜铬氧化物等。在其酸或碱性溶液中，伯醇被高锰酸钾先氧化成醛，醛很容易被氧化成羧酸；仲醇被氧化成酮，反应有 MnO_2 沉淀析出，因此可用于鉴别醇。

伯醇、仲醇可以在脱氢试剂的作用下，失去氢生成羰基化合物。醇的脱氢一般用于工业生产，常用铜或铜铬氧化物等作为脱氢试剂，在 300 ℃下使醇蒸汽通过催化剂即可生成醛和酮。

6. 环境中重要的醇类化合物

工业上除甲醇外的其它简单饱和一元醇多数是以石油裂解气中的烯烃为原料合成的，有的是用发酵法生成的。

（1）甲醇

甲醇最早用木材干馏制得，故俗称木醇（wood alcohol）。甲醇可用合成气（synthetic gas）即一氧化碳和氢气在催化剂作用下来生成。

$$CO + 2H_2 \xrightarrow[250\,℃,5\sim10\text{ MPa}]{ZnO/Cr_2O_3/CuO} CH_3OH$$

甲醇是无色可燃液体,与有机溶剂互溶。从水中分馏甲醇,纯度可以达到99%,要除去1%的水分可加入适量的镁,再经蒸馏得99.9%以上的无水甲醇。甲醇溶于水,毒性强,误饮后会导致失明或死亡。甲醇是重要的工业原料,可用于制备甲醛、作溶剂和甲基化试剂等,另外还可混入汽油中或单独用作汽车或喷气式飞机的燃料。

(2)乙醇

乙醇为无色液体,具有特殊气味,易燃。目前工业上大量生产采用乙烯为原料,用直接水合和间接水合法生产。此法优点是乙醇产率高,但要用大量的硫酸,存在对设备有强烈腐蚀作用和对废酸的回收利用的问题。乙醇的另一种生产方法是发酵法。发酵法所用原料为含有大量淀粉物质(如甘薯、谷物)或制糖工业的副产品——糖蜜。发酵是一个复杂的通过微生物进行的一种生物化学过程,大致步骤如下

$$(C_6H_{10}O_5)_2 \xrightarrow{\text{糖化酶}} C_{12}H_{22}O_{11} \xrightarrow{\text{麦芽糖酶}} C_6H_{12}O_6 \xrightarrow{\text{酒化酶}} C_2H_5OH + CO_2$$
$$\quad\text{淀粉}\qquad\qquad\quad\text{麦芽糖}\qquad\qquad\text{葡萄糖}$$

发酵液通常含10%~15%的乙醇,分馏最高可得95.6%的乙醇,主要因为乙醇与水形成沸点为78.15 ℃的共沸混合物(95.6%乙醇和4.4%的水),因此不能采用蒸馏法得到无水乙醇。工业上通常加入一定量的苯与之形成共沸物蒸馏,先蒸出苯、乙醇和水的三元共沸物(沸点64.85 ℃,含苯74.1%,乙醇18.5%,水7.4%),然后蒸出苯和乙醇的共沸物(沸点68.25 ℃,含苯67.59%,乙醇32.41%),最后可得到无水乙醇。实验室中要制备无水乙醇,可将95.6%的乙醇先与生石灰(CaO)共热,蒸馏得99.5%的乙醇,再用镁或分子筛处理除去微量的水而得99.95%的乙醇。检验乙醇中是否有水,可加入少量的无水硫酸铜,如呈蓝色(生成五水硫酸铜),则表明有水存在。

乙醇的用途很广,是各种有机合成工业的重要原料,也时常用作溶剂。70%~75%乙醇的杀菌能力最强,用作消毒剂、防腐剂。乙醇也是酒类的原料,为防止将工业廉价的乙醇用于配制酒类,常加入少量有毒、有臭味或有色物质(如甲醇、吡啶或染料),掺有这些物质的酒精,叫做变性酒精(denatured alcohol)。

(3)丙醇

工业上生产丙醇是将乙烯、一氧化碳和氢气在高压及加热下,用钴为催化剂进行反应得到丙醛,此反应称羰基合成,在催化剂作用下丙醛进一步还原为丙醇。这也是在工业上生产醛和醇的极为重要的方法。

$$CH_2{=}CH_2 + CO + H_2 \xrightarrow[\text{15 MPa,100~115 ℃}]{Co} CH_3CH_2CHO \xrightarrow[Pt]{H_2} CH_3CH_2CH_2OH$$
$$\qquad\qquad\qquad\qquad\qquad\qquad\qquad\qquad 72\%$$

若用羰基合成反应生产高级醛和醇,则得到两种异构体。

$$RCH{=}CH_2 + CO + H_2 \xrightarrow[\text{15 MPa,130 ℃}]{Co} \xrightarrow[Pt]{H_2} RCH_2CH_2CH_2OH + \underset{\overset{|}{CH_2OH}}{R{-}CH{-}CH_3}$$
$$\qquad\qquad\qquad\qquad\qquad\qquad\qquad\quad \text{主要产物}\qquad\qquad \text{次要产物}$$

(4)乙二醇

乙二醇是无色具有甜味的黏稠液体,由于分子中有两个羟基,其熔点与沸点比一般碳原子数相同的碳氢化合物高得多,常用作高沸点溶剂。它在乙醚中几乎不溶,但能与水混溶,可降低水的冰点。如乙二醇40%(体积)的水溶液冰点为-25 ℃,乙二醇60%的水溶液冰点为-49 ℃,因此可用于汽车发动机的防冻剂。由于乙二醇的吸水性能好,还可用于染色等。乙

二醇也是合成树脂、纤维和涤纶等的重要原料,如聚对苯二甲酸二乙二醇酯,缩写为 PET,具有刚性好、耐高温、延伸度小等优点。

　　工业上生产乙二醇的方法有环氧乙烷加压水合或酸催化水合。

$$\text{（环氧乙烷）} + H_2O \xrightarrow[\text{或 } 0.5\% H_2SO_4, 50\sim70\ ℃]{2.2\ MPa, 190\sim220\ ℃} \begin{array}{cc} CH_2 & CH_2 \\ | & | \\ OH & OH \end{array}$$

　　在微量 H^+ 或 OH^- 存在下,乙二醇可与环氧乙烷作用生成一缩二乙二醇(二甘醇)和三缩三乙二醇(三甘醇)。如继续与多个环氧乙烷分子反应,则生成更多乙二醇分子缩合而成的高聚体的混合物,称为聚乙二醇(polyethylene glycol, PEG)。

$$\begin{array}{cc} CH_2 & CH_2 \\ | & | \\ OH & OH \end{array} \xrightarrow[H^+ \text{ 或 } OH^-]{} \begin{array}{cc} CH_2CH_2OCH_2CH_2 \\ | \qquad\qquad | \\ OH \qquad\qquad OH \end{array} \xrightarrow[H^+ \text{ 或 } OH^-]{} \begin{array}{cc} CH_2CH_2OCH_2CH_2OCH_2CH_2 \\ | \qquad\qquad\qquad\qquad | \\ OH \qquad\qquad\qquad\qquad OH \end{array}$$

乙二醇(甘醇)　　　　一缩二乙二醇(二甘醇)　　　　二缩三乙二醇(三甘醇)

$$\xrightarrow[H^+ \text{ 或 } OH^-]{n \text{（环氧乙烷）}} \begin{array}{c} CH_2CH_2O \fbox{CH_2CH_2O}_{n+1} CH_2CH_2 \\ | \qquad\qquad\qquad\qquad\qquad\quad | \\ OH \qquad\qquad\qquad\qquad\qquad\quad OH \end{array}$$

聚乙二醇

　　按反应条件的不同,得到的聚乙二醇的平均相对分子质量也不同。聚乙二醇在工业上用途很广,可以用作乳化剂、软化剂以及气体净化剂(脱硫、脱二氧化碳)等。

　　(5)丙三醇

　　丙三醇俗称甘油(glycerol),以酯的形式广泛的存在于自然界中。油脂的主要成分就是丙三醇的高级脂肪酸酯,丙三醇最早就是由油脂水解来制备的。近代工业中以石油热裂气中的丙烯为原料,用氯丙烯法(氯化法)或丙烯氧化法(氧化法)来生产。例如

$$CH_3-CH=CH_2 \xrightarrow[Cl_2]{500\ ℃} \begin{array}{c} CH_2-CH=CH_2 \\ | \\ Cl \end{array} \xrightarrow{HOCl} \begin{array}{c} CH_2-CH-CH_2 \\ | \quad | \quad | \\ Cl \ \ OH \ \ Cl \end{array} + \begin{array}{c} CH_2-CH-CH_2 \\ | \quad | \quad | \\ Cl \ \ Cl \ \ OH \end{array}$$

$$\xrightarrow[60\ ℃]{Ca(OH)_2} \begin{array}{c} CH_2-CH-CH_2Cl \\ \diagdown\ O\ \diagup \end{array} \xrightarrow[150\ ℃]{10\% NaOH} \begin{array}{c} CH_2-CH-CH_2 \\ | \quad | \quad | \\ OH \ \ OH \ \ OH \end{array}$$

$$CH_3-CH=CH_2 \xrightarrow[350\ ℃, 0.2\sim0.6\ MPa]{Cu_2O, O_2} CH_2=CHCHO \xrightarrow[MgO/ZnO, 400\ ℃]{(CH_3)_2CHOH} CH_2=CH-CH_2OH + (CH_3)_2C=O$$

$$CH_2=CH-CH_2OH \xrightarrow[H_2WO_4, 60\sim70\ ℃]{H_2O_2 \text{（或过氧醋酸）}} \begin{array}{c} H_2C-CH-CH_2OH \\ \diagdown\ O\ \diagup \end{array} \xrightarrow[H_2O]{H^+} \begin{array}{c} CH_2-CH-CH_2 \\ | \quad | \quad | \\ OH \ \ OH \ \ OH \end{array}$$

　　甘油是高黏度的无色液体,因分子中三个羟基都可形成氢键,所以它的沸点比乙二醇更高。甘油混溶于水,吸水性强,能吸收空气中的水分,不溶于乙醚、氯仿等有机溶剂。甘油在工业上用途极为广泛,可用来制成三硝酸甘油酯后用于炸药或医药;也可用来合成树脂;在印刷、化妆品等工业上用作润湿剂。

$$\begin{array}{c} CH_2-OH \\ | \\ CH-OH \\ | \\ CH_2-OH \end{array} \xrightarrow{HNO_3} \begin{array}{c} CH_2-ONO_2 \\ | \\ CH-ONO_2 \\ | \\ CH_2-ONO_2 \end{array} \xrightarrow{\triangle} \frac{3}{2}N_2 + 3CO_2 + \frac{1}{2}O_2$$

　　硝酸甘油酯为无色、有毒的油状液体,经加热或撞击立即发生强烈爆炸,顷刻间产生大量的气体,由于大量气体迅速膨胀,而产生极大的爆炸威力。将硝酸甘油吸入硅藻土中,即可避免因碰撞

而爆炸。硝酸甘油酯中溶入 10％的硝化纤维,可形成爆炸力更强的炸药,称为爆炸胶;20％～30％的硝酸甘油酯与 70％～80％的硝化纤维混合物,称为硝酸甘油火药,能做枪弹的弹药。

(6)苯甲醇

苯甲醇俗称苄醇,存在于茉莉等香精油中。工业上可从苄氯在碳酸钾或碳酸钠存在下水解而得。

$$
\underset{\text{苄氯}}{\text{CH}_2\text{Cl}} + \text{H}_2\text{O} \xrightarrow{12\%\text{Na}_2\text{CO}_3} \underset{\text{苯甲醇(苄醇)}}{\text{CH}_2\text{OH}} + \text{HCl}
$$

苯甲醇为无色液体,微溶于水,溶于乙醇、甲醇等有机溶剂,具有芳香味。苯甲醇具有脂肪族醇羟基的一般性质,但因分子中的羟基连接在苯环侧链上,受苯环的影响故性质比一般醇活泼,易发生取代反应。苯甲醇具有微弱的麻醉作用,在医药上用于医药针剂中作添加剂,如青霉素稀释液就含有 2％的苄醇,可减轻注射时的疼痛。此外还用于调配香精,用作尼龙丝、纤维及塑料薄膜的干燥剂,药膏剂的防腐剂及染料、纤维素酯的溶剂。

2.3.2 酚

羟基直接连在芳环上的化合物称为酚(phenol)。

1. 酚的结构分类和命名

酚类按酚羟基的数目多少,可分为一元酚和多元酚。酚命名时一般以苯酚为母体,苯环上其它基团作为取代基。

2. 酚的物理性质

酚因能形成分子间氢键,大多为低熔点固体或高沸点的液体。酚具有杀菌防腐作用。邻硝基苯酚形成分子内的氢键,因此分子间不发生缔合,沸点相对较低。

3. 酚的化学性质

羟基与芳环相连,羟基氧与苯环共轭,两者相互影响,其结果是芳环使羟基酸性增强,酚羟基使其邻对位电子云密度增大,故酚的芳环易于发生亲电取代,且主要发生在羟基的邻对位。酚的衍生物还能发生一些特殊的重要反应。

(1)酸性

酚具有酸性,其 pKa 值约为 10,介于水(15.7)和碳酸(6.4)之间。当在浑浊的苯酚水溶液中加入 5％NaOH 溶液,则溶液澄清,在此澄清溶液中通入 CO_2 后,溶液又变浑浊。利用这一现象可鉴别苯酚,还可用于工业上回收和处理含酚污水。

$$
\text{⟨⟩—OH} \xrightarrow{\text{NaOH}} \text{⟨⟩—ONa} + \text{H}_2\text{O} \xrightarrow{\text{CO}_2} \text{⟨⟩—OH} + \text{NaHCO}_3
$$

酚羟基的氧原子处于 sp^2 杂化状态,氧上有两对孤对电子,一对占据 sp^2 杂化轨道,另一对占据 p 轨道,p 电子云正好能与苯环的大 π 键电子云发生侧面重叠,形成 $p-\pi$ 共轭体系,结果增加了苯环上的电子云密度和羟基上氢的解离能力,苯酚的分子结构如图 2-38 所示。

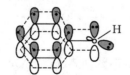

图 2-38 苯酚的分子结构

（2）酯化反应和弗里斯（Fries K）重排

与醇不同，酚需要在酸、碱催化下，与活泼的酰化试剂（酰卤或酸酐）反应形成酯。例如

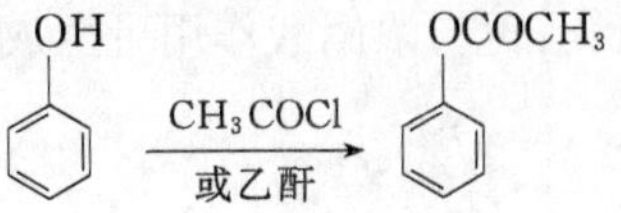

酚酯类化合物与 AlCl₃，ZnCl₂，FeCl₃ 等路易斯酸催化下，发生酰基重排，生成邻对位酚酮的混合物的反应称为弗里斯重排。

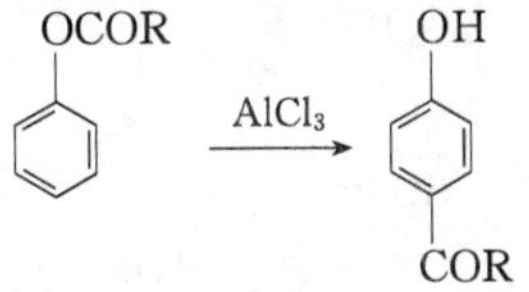

（3）亲电取代反应

由于羟基的给电子共轭效应，使苯环邻对位电子云密度增大，使得酚在邻对位易于发生卤化、硝化、磺化、烷基化等亲电取代反应。

酚很容易卤化。如苯酚与溴水反应，立即生成 2,4,6-三溴苯酚的白色沉淀，邻对位有磺酸基团存在时，也可同时被取代。如溴水过量，则生成黄色的四溴苯酚衍生物沉淀。三溴苯酚在水中溶解度极小，含有 10 $\mu g \cdot g^{-1}$ 苯酚的水溶液和溴水反应也能生成三溴苯酚。这个反应常用于苯酚的定性检验和定量测定。

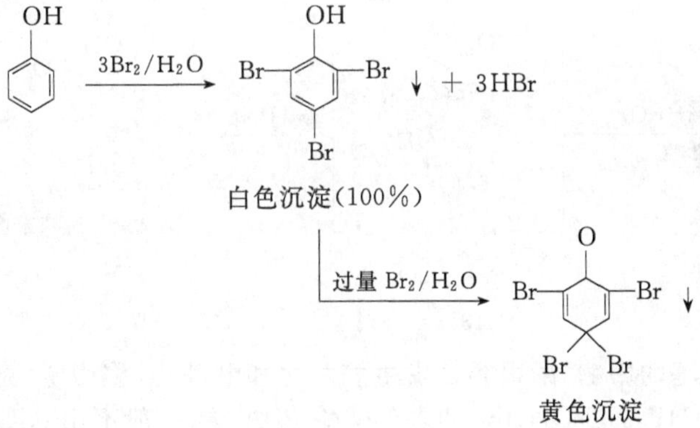

白色沉淀（100%）

黄色沉淀

酚在酸性条件下或在 CS₂，CCl₄ 等非极性溶液中进行氯化或溴化，可得到一卤代产物。

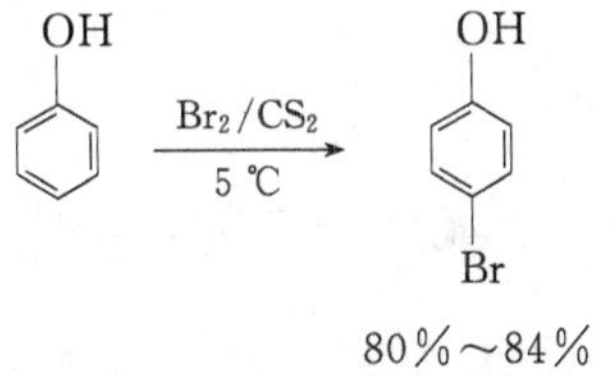

80%～84%

在水溶液中，当 pH=10 时苯酚氯化能得到 2,4,6-三氯苯酚。在三氯化铁催化下，2,4,6-三氯苯酚能进一步氯化成五氯苯酚。五氯苯酚是一种杀菌剂，也是灭钉螺（防止血吸虫病）的药物。

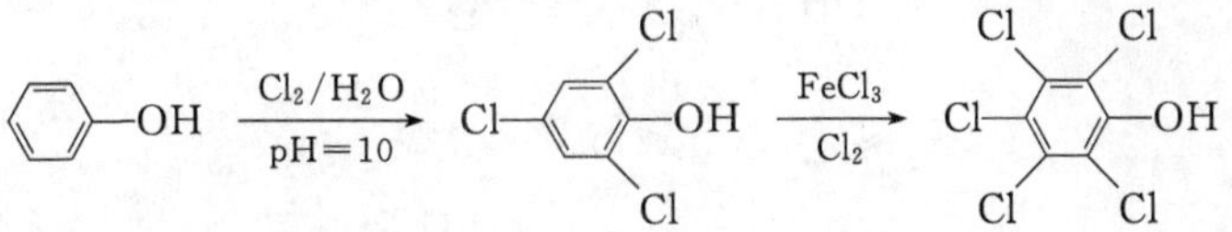

磺化苯酚与浓硫酸作用，在较低温度下（15～25 ℃）反应主要得到邻羟基苯磺酸，在较高

温度(80~100 ℃)下,反应主要产物是对羟基苯磺酸。两者均可进一步磺化,得 4-羟基-1,3-苯二磺酸。反应是可逆的,苯磺酸衍生物在烯酸中加热回流可除去磺酸基,故苯酚分子中引入两个磺酸基后,苯环因钝化,不易被氧化,再与浓硝酸作用可生成2,4,6-三硝基苯酚(苦味酸)。

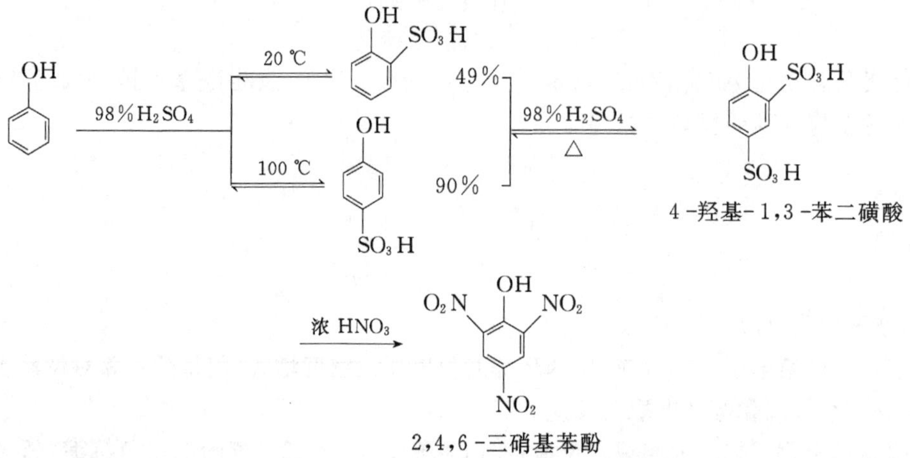

4-羟基-1,3-苯二磺酸

2,4,6-三硝基苯酚

苯酚很活泼,用稀硝酸即可进行硝化,生成邻、对位硝化产物的混合物。如用浓硝酸进行硝化,则生成2,4-二硝基苯酚和2,4,6-三硝基苯酚。但因酚羟基和环易被浓硝酸氧化,产率不高。

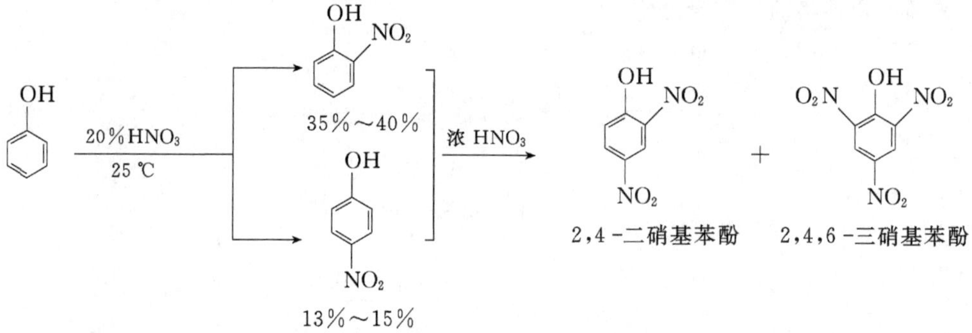

2,4-二硝基苯酚   2,4,6-三硝基苯酚

由于酚羟基的影响,酚很容易发生烷基化和酰基化,称为傅-克(Friedel-Crafts)反应。常用的催化剂有 HF,H_3PO_4,BF_3 和多聚磷酸 PPA 等,一般不用 $AlCl_3$,因酚羟基和 $AlCl_3$ 形成络合物 $PhOAlCl_2$ 而使催化剂失去催化能力,产率降低。酚的烷基化反应一般是用醇或烯烃为烷基化试剂。

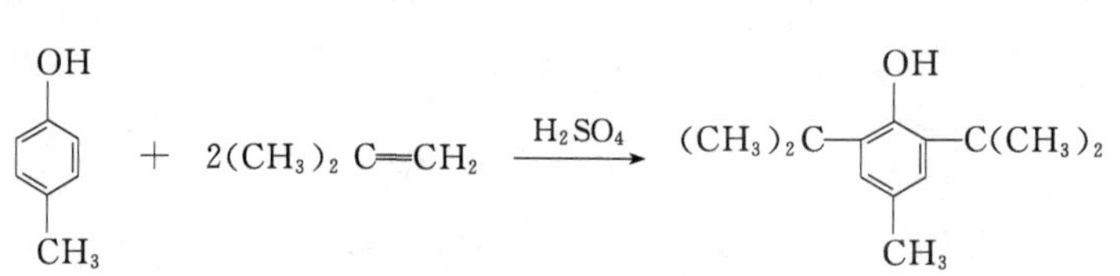

4-甲基-2,6-二叔丁基苯酚
(简称:二六四抗氧剂)

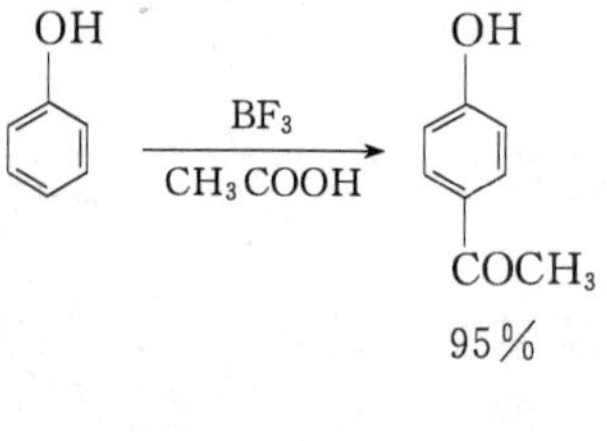

95%

　　酚醛树脂(phenolic resin)是以酚类化合物与醛类化合物缩聚而成的。其中,以苯酚和甲醛缩聚制得的酚醛树脂最为重要,应用最广。根据酚和醛配比、反应条件及催化剂类型的不同,酚醛树脂的性质和用途也各不相同。苯酚在酸或碱催化下均可与甲醛发生缩合,按酚和醛的用量比例不同,可得到不同结构的高分子量的酚醛树脂。

当醛过量时,生成 2,4 -二羟甲基苯酚和 2,6 -二羟甲基苯酚。

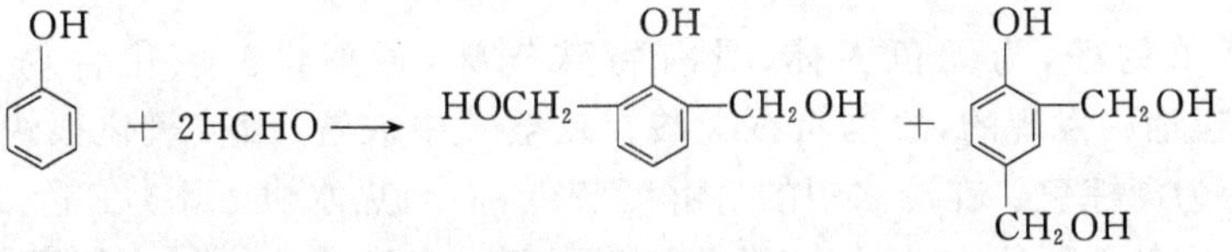

当酚过量时,生成 4,4′-二羟基二苯甲烷和 2,2′-二羟基二苯甲烷。

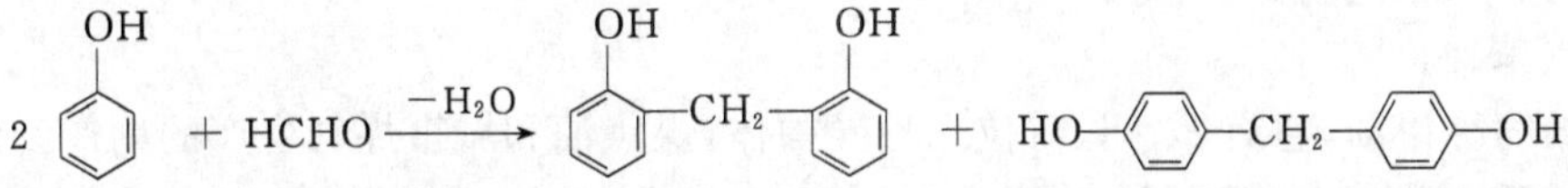

上述中间产物与甲醛、苯酚继续反应并相互缩合,就可得到线型或体型的酚醛树脂。

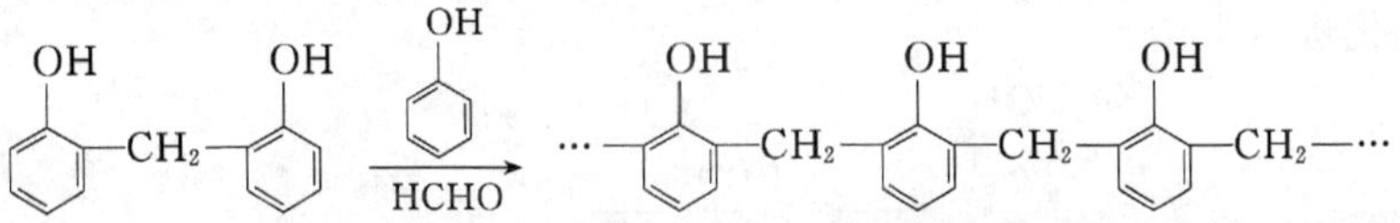

线型酚醛树脂

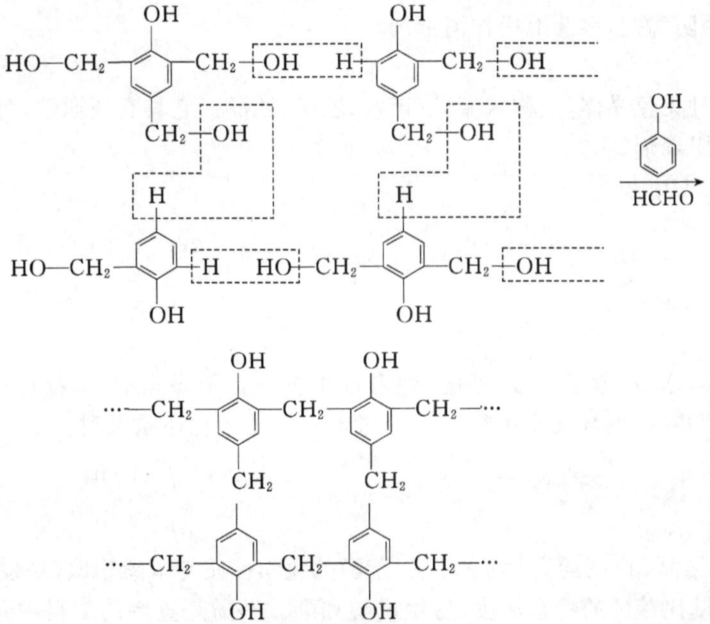

网状体型酚醛树脂

　　酚醛树脂原料价格便宜,生产工艺简单成熟,制造及加工设备投资少,成型容易。树脂既可以混入无机或有机填料制成模塑料,也可湿渍织物制成层压制品,还可作工业用树脂广泛用于摩擦高温的胶黏剂和基本材料,广泛应用于航空、宇航及其它尖端技术领域。

大多数酚或烯醇类化合物能与 $FeCl_3$ 溶液发生显色反应,不同结构的酚呈现不同的颜色。一般认为是生成了配合物,如苯酚与 $FeCl_3$ 溶液反应呈现蓝紫色。

$$6PhOH + FeCl_3 \longrightarrow H_3[Fe(OPh)_4] + 3HCl$$

这种特殊的显色反应可用来检验酚羟基或烯醇的存在。

4. 环境中重要的酚类化合物

(1)苯酚

苯酚是最简单的酚,为无色固体,具有特殊气味,显酸性。该化合物是 1834 年龙格 (Lunge F)在煤焦油中发现的,故也叫石炭酸。在空气中放置,因被氧化很快变成粉红色,经长时间放置会变为深棕色。在冷水中的溶解度较低,而与热水可互溶,在醇、醚中易溶。苯酚有强腐蚀性及一定的杀菌能力,用作防腐剂和消毒剂。在工业上可用于制备酚醛树脂及其它高分子材料、染料、药物、炸药等。

(2)甲(苯)酚

甲苯酚简称甲酚,它有邻、间、对位三种异构体,煤焦油和城市煤气生产的副产物煤焦油酚约含邻甲苯酚 $10\% \sim 13\%$,间甲苯酚 $14\% \sim 18\%$,对甲苯酚 $9\% \sim 12\%$。由于它们的沸点相近,不易分离。工业上应用的往往是三种异构体的混合物,目前邻、间甲苯酚工业上主要采用苯酚甲醇烷基化进行生产。

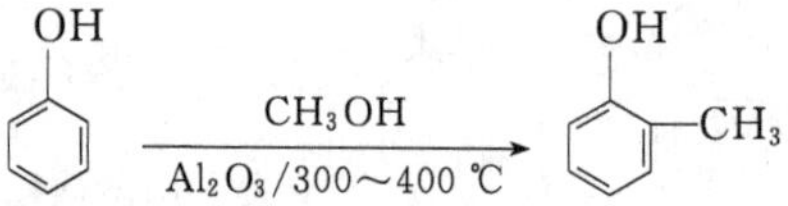

甲酚主要用作合成树脂、农药、医药、香料、抗氧剂等的原料。甲酚的杀菌力比苯酚大,可做木材、铁路枕木的防腐剂,医药上用作消毒剂。

(3)对苯二酚

对苯二酚是一种无色晶体,又称氢醌,溶于水、乙醇、乙醚。它具有还原性,可用作显影剂,也可用作抗氧剂和阻聚剂。

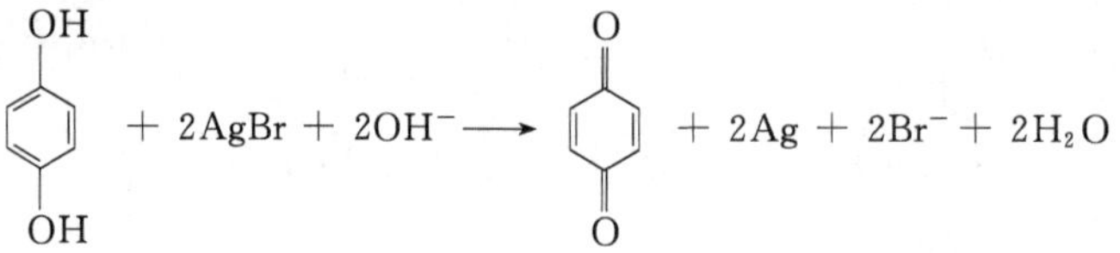

(4)萘酚

萘酚有两种异构体:α-萘酚和 β-萘酚,两者都少量存在于煤焦油中,都可用萘磺酸碱熔法制备,α-萘酚还可由 α-萘酚胺水解得到。α-萘胺可用萘硝化还原得到。

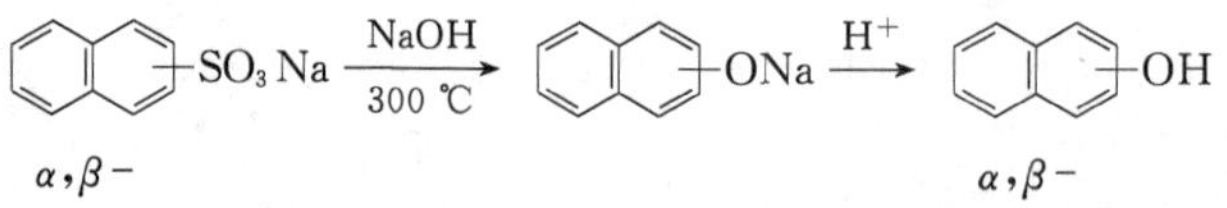

α-萘酚为针状结晶,β-萘酚为片状结晶。萘酚的化学性质与苯酚相似,易发生硝化、磺化等反应。萘酚的羟基比苯酚的羟基活泼,易生成醚和酯。萘酚是重要的染料中间体。β-萘酚还可用作杀虫剂、抗氧剂。

2.3.3　醚

1. 醚的结构、分类和命名

醚(ethers)可看成是水分子中的两个氢被烃基取代的化合物,或两分子醇或酚之间失水的生成物。醚的通式为:R—O—R′,Ar—O—R 或 Ar—O—Ar,醚分子中的氧基—O—也叫醚键。如图 2-39 所示为甲醚的分子结构。

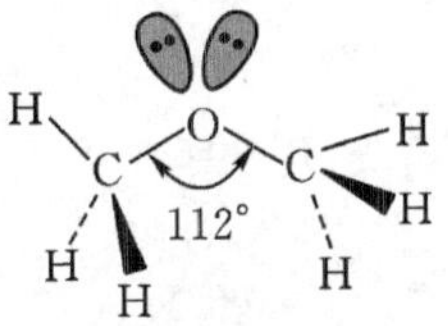

图 2-39　甲醚的分子结构

在醚中的两个烃基相同时称为简单醚,不同时称为混合醚,当氧和碳成环时称为环醚。

对简单的烷基醚命名时可在"醚"字前面写出两个羟基的名称,混合醚按次序规则将两个烃基分别列出后加"醚"字。按系统命名法命名时选较长的烃基为母体,含碳数较少的烷基为取代基。如有不饱和烃基,择选不饱和程度较大的烃基为母体,即烷氧基+母体。例如

CH₃OCH₂CH₂CH₃　　　　CH₃OCH₂CH₂OCH₃

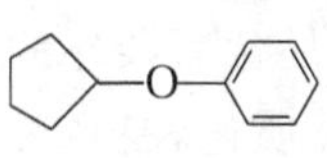

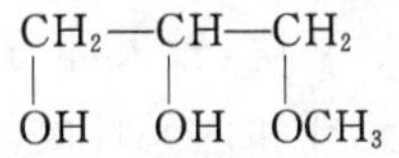

1-甲氧基丙烷　　　　　1,2-二甲氧基乙烷　　　　环戊氧基苯　　　　3-甲氧基-1,2-丙二醇

2. 醚的物理性质

除甲醚、甲乙醚在常温下为气体外,其它大多数醚为液体。醚的沸点比其相同相对分子量的醇低很多。醚分子中氧原子可与水生成氢键,但大多数氢键较弱,水溶性不大,多数醚不溶于水。但四氢呋喃和1,4-二氧六环却能和水完全互溶,常用作溶剂。这是由于四氢呋喃、1,4-二氧六环分子中氧原子裸露在外,容易和水分子中的氢原子形成氢键。乙醚的碳原子数虽和四氢呋喃的相同,但是乙醚中的氧原子"被包围"在乙醚分子之中,难以和水成氢键,所以乙醚只能微溶于水,而多数有机物易溶于乙醚,故常用乙醚从水溶液中提取易溶于乙醚的物质。

乙醚是实验室中常用的溶剂,乙醚极易挥发、易燃,乙醚气体和空气可形成爆炸型混合气体,使用时注意消防安全。

3. 醚的化学性质

醚化学性质相对不活泼,分子中无活泼氢,在常温下不能与活泼金属反应,对酸、碱氧化剂和还原剂都十分稳定,但是在一定条件下,醚也能发生如下反应。

许多烷基醚与空气直接接触或经光照,α 位上的 H 会慢慢被氧化生成不易挥发的过氧化物。醚的过氧化物有极强的爆炸性,在使用和处理醚类溶剂时要注意。

醚中的氧原子提供孤对电子,作为路易斯(Lewis)碱与其它原子或基团(路易斯酸)结合而成的物质称为锌盐(oxonium salt)。醚与无机酸和 Lewis 酸均能形成锌盐。如

$$R_2O \begin{cases} \xrightarrow{HCl} & R_2OH^+Cl^- \\ \xrightarrow{H_2SO_4} & R_2OH^+SO_3H^- \\ \xrightarrow{BF_3} & R_2O^+BF_3^- \xrightarrow{R'F} R_2O^+R'BF_4^- \quad \text{三级锌盐} \\ \xrightarrow{AlCl_3} & R_2O^+AlCl_3^- \\ \\ \xrightarrow{R'MgX} & \begin{matrix} R \quad\quad R \\ \vdots \\ O \\ \vdots \\ R'-Mg-X \\ \vdots \\ O \\ \vdots \\ R \quad\quad R \end{matrix} \end{cases}$$

锌盐是强酸弱碱盐,只在强酸中稳定,在水中分解得醚。锌盐或络合物的形成,使醚的 C—O 键变弱。尤其是三级锌盐极易分解出烷基正离子 R^+,并与亲核试剂反应,因此,是一种很有用的烷基化试剂。

4. 环醚

碳链两端或碳链中间两个碳原子与氧原子形成环状结构的醚,称为环醚。小的环氧化合物称环氧某烷,较大环可看做是含氧杂环的环醚,习惯上按杂环规则命名。

五元环和六元环的环醚性质比较稳定。三元环的环醚,由于环易开裂,与不同试剂发生反应而生成各种不同的产物,在合成上应用广泛。

环氧乙烷为无色、有毒的气体,可与水混溶,与空气形成爆炸混合物。工业上可由乙烯在银催化下用空气氧化得到。环氧乙烷绝大多数(70%)用来生产乙二醇,乙二醇是制造涤纶——聚对苯二甲酸二乙二醇酯的原料。

$$H_2C\!\!-\!\!CH_2 \ + \ H_2O \xrightarrow[\text{或加压}]{H^+} \begin{matrix} CH_2\!\!-\!\!CH_2 \\ | \quad\quad | \\ OH \quad OH \end{matrix}$$
$$\underset{O}{\diagdown\diagup}$$

环氧乙烷在催化剂(如四氯化锡)及少量水存在下,聚合成水溶性的聚乙二醇(或称聚环氧乙烷)。

$$n \ \ H_2C\!\!-\!\!CH_2 \xrightarrow{SnCl_4} \xrightarrow{\text{少量 }H_2O} HO\text{-}[CH_2\!\!-\!\!CH_2O]_n\text{-}H$$
$$\underset{O}{\diagdown\diagup} \qquad\qquad\qquad\qquad \text{聚乙二醇}$$

聚乙二醇可用做聚氨酯的原料,聚氨酯可制人造革、泡沫塑料、医用高分子材料等。环氧乙烷还可用于制备聚乙二醇甲烷基苯醚。聚乙二醇甲烷基苯醚是非离子型的表面活性剂,可用作洗涤剂、乳化剂、分散剂、加溶剂,纺织工业的润湿剂、匀染剂等。

环氧丙烷是无色具有醚味的液体,沸点 34 ℃,溶于水。用丙烯与次氯酸加成再失氯化氢成环,即可得到环氧丙烷。

$$CH_3CH\!\!=\!\!CH_2 \ + \ HOCl \longrightarrow CH_3\!\!-\!\!\underset{OH}{\underset{|}{CH}}\!\!-\!\!\underset{Cl}{\underset{|}{CH_2}} \xrightarrow{Ca(OH)_2} CH_3\!\!-\!\!CH\!\!-\!\!CH_2$$
$$\underset{O}{\diagdown\diagup}$$

环氧丙烷的性质与环氧乙烷类似,但反应性稍低,其主要用于生产 1,2-丙二醇和聚 1,2-丙二醇。

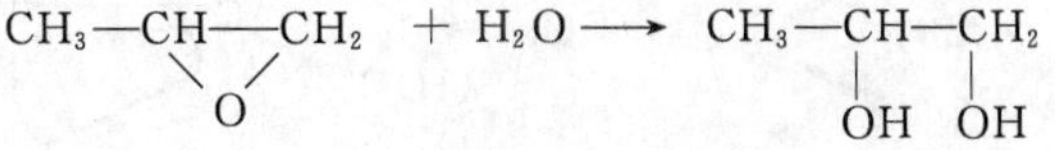

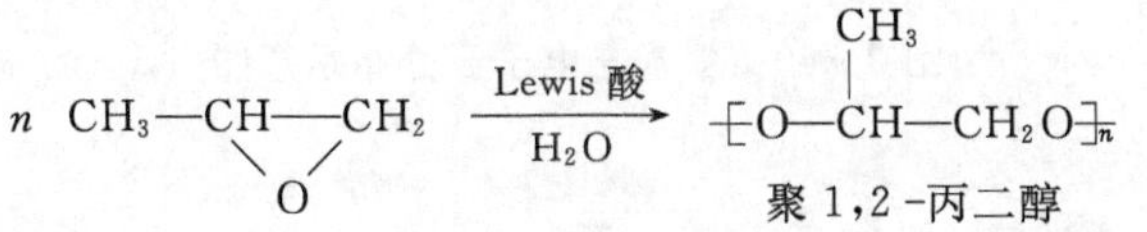

$$CH_3-CH-CH_2 + H_2O \longrightarrow CH_3-CH-CH_2$$

$$n\ CH_3-CH-CH_2 \xrightarrow[H_2O]{Lewis\ 酸} \ \ \ \ 聚\ 1,2-丙二醇$$

聚 1,2-丙二醇与聚乙二醇类似,也可用作聚氨酯的原料,但其硬度较用聚乙二醇的大。

环氧丙烷与丁烯二酸酐反应生成不饱和聚酯,不饱和聚酯可用苯乙烯固化,用于制造塑料(如玻璃钢)、涂料等。

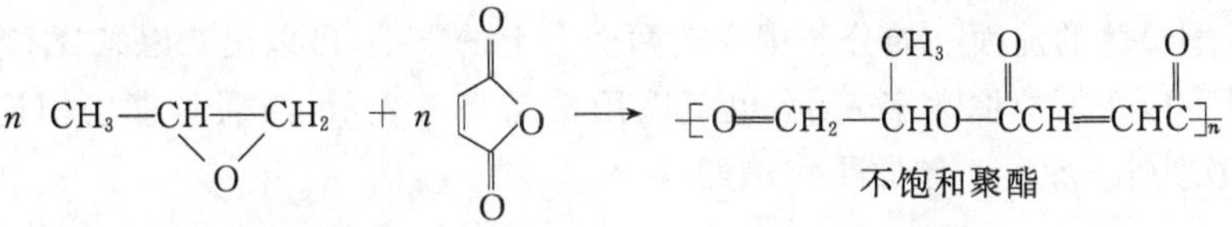

$$n\ CH_3-CH-CH_2 + n \quad \longrightarrow \quad 不饱和聚酯$$

3-氯-1,2-环氧丙烷也称环氧氯丙烷,是无色液体,沸点 116 ℃,可用于制造环氧树脂,环氧树脂可用于黏合剂、塑料与涂料等。

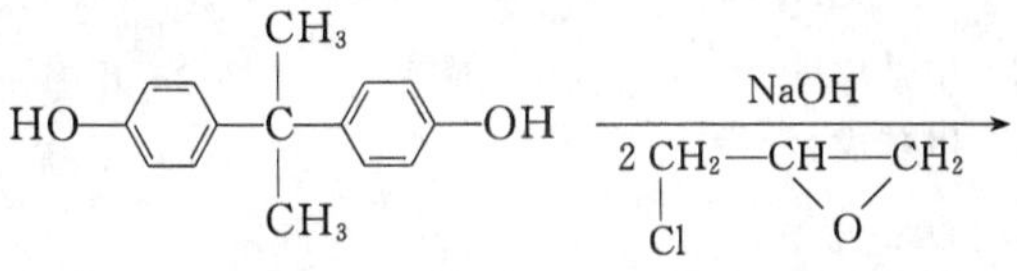

$$双酚\ A \xrightarrow[2\ CH_2-CH-CH_2]{NaOH}$$

双酚 A

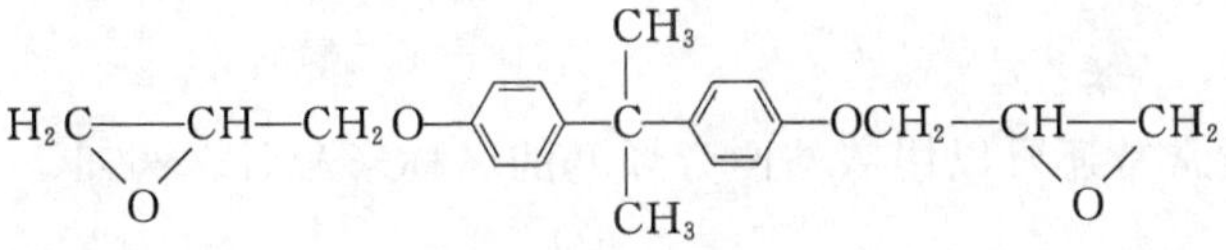

双酚 A 失水甘油醚

1,4-二氧六环又称二噁烷或 1,4-二氧杂环己烷,可由乙二醇或环氧乙烷二聚制备,是无色液体,能与水和多种有机溶剂混溶,由于它是六元环,故较稳定,是一个优良的有机溶剂。

2.3.4 醛和酮

羰基(carbonyl group)是碳原子以双键与氧原子相连的基团,醛酮就是一类含有羰基的化合物。羰基碳上连有两个氢原子的化合物是甲醛;连有一个烃基和一个氢原子的是醛(aldehyde)。醛的通式为 RCHO,醛的羰基也称为醛基。

连有两个烃基的是酮(ketone),酮的通式为 RCOR′,酮的羰基也称酮基。

1. 羰基的特征

碳氧双键与碳碳双键不同之处在于碳氧双键是极性键。这是因为氧的电负性较大,有较强的吸电子的能力,π 电子云偏向氧原子,氧原子周围的电子云密度增加,所以氧原子带有部分负电荷,碳原子周围的电子云密度减少,而带部分正电荷,如图 2-40 所示。由于羰基是一个极性基团,故羰基化合物是一个极性分子,具有一定的偶极矩。

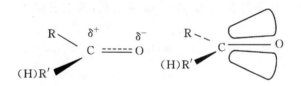

图 2-40　羰基 π 电子云分布示意图

2. 醛酮的命名

醛和酮的系统命名与醇类似。选择一条含有羰基的最长碳链为主链,碳原子的编号从靠近羰基的一端开始,在醛分子中,醛基总是处在链端,所以命名时不再需要标出它的位置。酮的羰基是在碳链的中间,命名时必须标出羰基的位置。主链上有取代基的,则将取代基的位号及名称写在醛酮母体的前面。如分子中含有两个以上的羰基,可以用二醛、二酮等命名。主链的碳原子编号可以用阿拉伯数字表示,也可以用希腊字母表示,与羰基直接相连的碳原子为 α-碳原子,依次为 β-,γ-,…碳原子。例如

$$
\begin{array}{cccc}
& O & & O & & O & & O \\
& \parallel & & \parallel & & \parallel & & \parallel \\
H-C-H & & CH_3CH_2CH_2CHCHO & & CH_3CCH_3 & & CH_3CH_2CCHCH_3 \\
& & & | & & & & | \\
& & & CH_3 & & & & CH_3 \\
\text{甲醛} & & \text{2-甲基戊醛} & & \text{丙酮} & & \text{2-甲基-3-戊酮} \\
& & \text{(α-甲基戊醛)} & & & & \text{(α-甲基-3-戊酮)}
\end{array}
$$

苯甲醛　　　苯乙酮　　　　　　　　3,6-壬二酮

结构较简单的酮常常还可以用羰基两旁烃基的名称来命名。例如

$$CH_3CH_2-\overset{\overset{\displaystyle O}{\parallel}}{C}-CH_3$$

甲基乙基酮(甲乙酮)

3. 醛和酮的物理性质

常温下除了甲醛是气体外,C_{12} 以下的醛、酮为液体,高级的醛、酮是固体。低级的脂肪醛具有较强的刺激气味,中级的醛、酮($C_8 \sim C_{12}$)则具有果香味,常用于香料行业。

由于羰基是极性基团,所以醛、酮的沸点一般比相对分子质量相近的非极性化合物(如烃类)高;但由于羰基分子之间不能形成氢键,所以醛、酮的沸点比相对分子质量相近的醇要低许多。例如,甲醇的沸点为 64.7 ℃,甲醛的沸点为 −21 ℃,乙烷的沸点为 −88.6 ℃。醛、酮沸点上的差距随着分子中碳链的增加而逐渐缩小。因为醛、酮中的羰基能与水分子中的氢形成氢键,所以低级的醛、酮可以溶于水,如甲醛、乙醛、丙酮都能与水混溶。但芳香族的醛、酮微溶或不溶于水。醛、酮都能溶于有机溶剂中。有的醛、酮本身就是一个很好的有机溶剂,如丙酮能溶解很多有机化合物。

4. 醛和酮的化学性质

醛和酮分子中都具有活泼的羰基,这两类化合物具有许多相似的化学性质。但是醛的羰

基上连有一个氢原子,而酮则没有,因而这两类化合物的化学性质也不是完全相同,一般来说,醛比酮要活泼。由于芳香族醛和酮的羰基上连有芳环,它们的化学性质又有其特殊性,芳香族醛和酮的羰基进行亲核加成反应比脂肪族的醛和酮要难。

(1)亲核加成反应

碳氧双键与碳碳双键相似,也由一个 σ 键和一个 π 键组成,能发生一系列的加成反应,但羰基的碳原子带有部分正电荷,所以碳氧双键容易受带有负电荷或带有孤对电子的基团或分子进攻,不像烯烃的碳碳双键那样容易受到缺电子的亲电试剂进攻。烯烃的加成反应一般由亲电试剂进攻发生亲电加成反应;醛、酮则容易在 HCN,NaHSO$_3$,ROH,RMgX 等亲核试剂的进攻下发生加成反应,这种由亲核试剂的进攻发生的加成反应叫亲核加成反应。醛、酮的加成反应与烯烃的加成反应有着本质的不同。

不同结构的醛、酮进行亲核加成反应的难易程度是不同的,由易到难的排列次序如下。

$$HCHO \geqslant CH_3CHO > ArCHO > CH_3COCH_3 > CH_3COR > RCOR > ArCOR > ArCOAr$$

上列的次序与空间效应有关,在加成反应过程中,羰基碳原子由原来 sp^3 杂化的平面结构变成 sp^3 杂化四面体结构,因此当碳原子所连的基团体积较大时,使加成可能产生立体障碍,增加反应的难度。同时也由于烷基是供电子基,与羰基相连,将减少羰基碳原子上的正电荷,不利于亲核加成反应的进行。故通常脂肪族的醛或酮比芳香族的醛或酮容易进行亲核加成反应。受芳香族醛酮芳环上电子效应的影响,对位吸电子基团的存在使羰基碳原子电正性增加,更有利于接受亲核试剂的进攻。

$$O_2N \!-\!\!\!\bigcirc\!\!\!-\!CHO \;>\; \bigcirc\!\!\!-\!CHO \;>\; CH_3\!-\!\!\!\bigcirc\!\!\!-\!CHO$$

醛、脂肪族的甲基酮以及 C$_8$ 以下的环酮都能与氢氰酸发生加成反应,生成 α-羟基腈(又名氰醇)。腈水解生成羧酸,故这是制备 α-羟基酸和 α,β-不饱和羧酸的主要原料,该反应也是在碳链上增加一个碳原子的方法之一。例如

氢氰酸在碱性催化剂存在的情况下,与醛酮的反应进行得很快,收率也很高。例如,在氢氰酸与丙酮的反应中,没有催化剂的存在下,三四个小时内只有一半的原料起反应;若加入一滴氢氧化钾溶液,则反应在 2 min 内即完成;如果加入酸,则反应速率减慢,加入大量的酸,则反应几天也不能进行。以上事实表明,在氢氰酸与羰基的加成反应中,关键的亲核试剂是 CN$^-$。氢氰酸是弱酸,加碱能促进氢氰酸的电离,增加 CN$^-$ 的浓度,有利于反应的进行;加酸则降低 CN$^-$ 的浓度,不利于反应的进行。

氢氰酸是剧毒品,使用不便,所以在与羰基化合物进行加成反应时,通常是将羰基化合物与氰化钠(钾)混合,加入无机酸,使生成的氢氰酸立即与醛酮反应。

这一反应在有机合成上有很大的用途。如丙酮与氢氰酸作用生成丙酮氰醇,然后在酸性条件下与甲醇作用,发生水解、酯化、脱水等反应,生产 α-甲基丙烯酸甲酯。α-甲基丙烯酸甲酯在自由基引发剂作用下聚合成聚 α-甲基丙烯酸甲酯,俗称有机玻璃,它具有良好的光学性质,可用作光学仪器等。

醛、脂肪族的甲基酮以及 C_8 以下的环酮都能与亚硫酸氢钠加成,生成 α-羟基磺酸钠。

$$\underset{(CH_3)H}{\overset{R}{\diagdown}}C=O \ \underset{}{\overset{NaHSO_3}{\rightleftharpoons}} \ \underset{(CH_3)H}{\overset{R\quad OH}{\diagup\diagdown}}\underset{SO_3Na}{C}$$

HSO_3^- 离子的亲核性与 CN^- 离子相近,羰基与 $NaHSO_3$ 的加成反应的机理也和与 HCN 的加成相似,在加成时,羰基与 HSO_3^- 中的硫原子相结合,生成磺酸盐。由于 HSO_3^- 离子的体积较大,因此非甲基酮类很难与 $NaHSO_3$ 加成。

加成反应生成的 α-羟基磺酸钠易溶于水,但不溶于饱和的 $NaHSO_3$ 溶液中。将醛、甲基酮等与过量的饱和的 $NaHSO_3$ 溶液(40％)混合在一起,α-羟基磺酸钠经常会结晶出来。此法可以用来鉴别醛、脂肪族甲基酮和低级的环酮(C_8 以下)。这个反应也是可逆的,在 α-羟基磺酸钠的水溶液里加入酸或碱,可以使 α-羟基磺酸钠不断地分解形成醛或酮。因此,利用 $NaHSO_3$ 与羰基的加成和分解,可以分离或提纯醛、脂肪族甲基酮和 C_8 以下的环酮。

将 α-羟基磺酸钠与 NaCN 反应,则磺酸基可被氰基取代,生成 α-羟基腈。此法的优点是可以避免使用有毒的氢氰酸,而且产率也比较高。

$$\underset{H(CH_3)}{\overset{OH}{R-C-SO_3^-\ NO^+}} \ \overset{NaCN}{\longrightarrow} \ \underset{H(CH_3)}{\overset{OH}{R-C-CN}} \ + \ Na_2SO_3$$

在干燥的氯化氢或硫酸的催化作用下,一分子的醛或酮能与一分子的醇发生加成反应,生成半缩醛或半缩酮。

$$\underset{R'(H)}{\overset{R}{\diagdown}}C=O \ + \ R''OH \ \overset{HCl}{\rightleftharpoons} \ \underset{R'(H)}{\overset{OH}{R-C-OR''}}$$

半缩醛或半缩酮一般是不稳定的,它容易分解成原来的醛或酮,一般很难分离得到,但环状的半缩醛(酮)较稳定,能够分离得到。例如,γ-和 δ-羟基醛(酮)易发生分子内的半缩醛(酮)反应。

$$\underset{OH}{\overset{CHO}{\diagup}} \ \overset{HCl}{\rightleftharpoons} \ \underset{O}{\overset{OH}{\diagdown\diagup}}$$

半缩醛(酮)中的羟基很活泼,在酸的催化下能继续与另一分子醇起反应,生成稳定的缩醛或缩酮,并且能从过量的醇中分离得到。所以醛(酮)在酸性的过量醇中反应,得到的是与两分子醇作用的产物——缩醛(酮)。

$$\underset{R'(H)}{\overset{OH}{R-C-OR''}} \ + \ R''OH \ \overset{HCl}{\rightleftharpoons} \ \underset{R'(H)}{\overset{OR''}{R-C-OR''}}$$

缩醛(酮)可以看做是同碳二元醇的醚,性质与醚有相似之处,不受碱的影响,对氧化剂及还原剂也很稳定。但在酸存在下,缩醛(酮)可以水解成原来的醛(酮)。在有机合成中常利用生成缩醛的反应来保护醛酮的羰基。

$$\underset{R'(H)}{\overset{OR''}{R-C-OR''}} \ + \ H_2O \ \overset{H^+}{\rightleftharpoons} \ \underset{R'(H)}{\overset{R}{\diagdown}}C=O \ + \ 2R''OH$$

醛容易与醇反应生成缩醛,但酮与醇反应比较困难,制备缩酮可以采用其它的方法。例如,丙酮缩二乙醇,不是利用两分子乙醇与丙酮的反应,而是采用原甲酸酯和丙酮的反应来得到的。

$$CH_3 \atop CH_3 \!\!\! \diagdown\!\!\! C\!=\!O \;+\; HC(OC_2H_5)_3 \xrightarrow{H^+} CH_3\!-\!\underset{CH_3}{\overset{OC_2H_5}{\underset{|}{\overset{|}{C}}}}\!-\!OC_2H_5 \;+\; HCOOC_2H_5$$

酮在酸的催化下与乙二醇反应,可以得到环状的缩酮。

$$\text{（环己酮）} + {CH_2OH \atop CH_2OH} \xrightarrow{\text{对甲基苯磺酸}} \text{（环状缩酮）} + H_2O$$

醛或酮与二醇的缩合产物在工业上有着重要的应用。例如,在制造合成纤维尼纶时就用甲醛和聚乙烯醇进行缩合反应,使其提高耐水性。

$$\left[-CH_2CH-CH_2-CH- \atop \quad\ |\qquad\qquad | \atop \quad\ OH\qquad\quad OH \right]_n + n\,HCHO \xrightarrow{H_2SO_4} \text{（缩合产物）} + n\,H_2O$$

醛、酮与氨的反应一般比较困难,很难得到稳定的产物,个别的可以分离得到。例如,甲醛与氨的反应,先生成不稳定的甲醛氨,失水并很快聚合生成俗称乌洛托品的笼状化合物六亚甲基四胺,这是一个无色的晶体,常用作消毒剂、有机合成中的氨化剂以及酚醛树脂的固化剂。

$$HCHO + NH_3 \underset{NH_3}{\overset{3HCHO}{\rightleftharpoons}} \text{（六亚甲基四胺）}$$

这个笼状结构的化合物和金刚烷一样具有相当高的对称性和熔点,用硝酸氧化后可以生成威力巨大的旋风炸药 RDX(环三亚甲基三硝胺)。

$$\text{（六亚甲基四胺）} \xrightarrow{HNO_3} \text{RDX} + 3HCHO + NH_3$$

如果用伯胺替代 NH_3,生成的是取代亚胺,又名希夫碱(Schiff base)

$$RCHO + R'NH_2 \rightleftharpoons RCH\!=\!NR' + H_2O$$

醛、酮与氨衍生物的加成产物大部分是结晶的固体,具有固定的熔点,因此可用来鉴别醛、酮。而这些加成产物经酸性水解成为原来的醛、酮,所以又可利用这一性质达到分离和提纯醛、酮的目的。

醛、酮能与格氏试剂加成,加成产物水解后生成醇。

$$\underset{(R')H}{\overset{(R)H}{\diagdown}}\!\!C\!\!=\!\!O + R\!-\!MgX \xrightarrow{\text{干醚}} R\!-\!\underset{H(R')}{\overset{H(R)}{\underset{|}{\overset{|}{C}}}}\!-\!OMgX \xrightarrow{H_2O} R\!-\!\underset{H(R')}{\overset{H(R)}{\underset{|}{\overset{|}{C}}}}\!-\!OH + Mg\!\!\diagup\!\!^{X}_{OH}$$

醛、酮还可以与有机锂化合物进行加成反应生成醇,反应机理与格氏试剂相似。

醛、酮也可以与炔钠反应,形成炔醇。例如

$$\text{（六元环酮）} \xrightarrow[\text{(2)}H_3^+O]{\text{(1) } CH\equiv C^-Na^+\text{，液 }NH_3\text{，}-33\ ℃} \text{（六元环，}C(OH)(C\equiv CH)\text{）}$$

Wittig 试剂中存在着较强极性的 π 键,可以与醛、酮的羰基发生亲核加成反应生成烯烃,这种反应称为 Wittig 反应。

$$\underset{/}{\overset{\backslash}{C}}=O \ + \ (C_6H_5)_3P=CR_2 \longrightarrow \underset{/}{\overset{\backslash}{C}}=CR_2 \ + \ O=P(C_6H_5)_3$$

Wittig 反应是在醛、酮羰基碳所在处形成碳碳双键的一个重要方法,产物中没有双键位置不同的异构体。反应条件温和,产率也较好,但产物双键的构型较难控制。Wittig 也因该工作而与 Brown H C 共享了 1979 年的诺贝尔化学奖。例如

$$\text{（六元环酮）}O \ + \ (C_6H_5)_3P=CH_2 \xrightarrow{MDSO} \text{（六元环）}=CH_2$$

另一类型的磷叶立德试剂是霍纳(Horner L)提出的:用亚磷酸酯为原料来代替三苯基磷与溴代乙酸酯得到的试剂磷酸酯,后者在强碱作用下形成 Horner 试剂。

$$P(OC_2H_5)_3 + BrCH_2CO_2Et \longrightarrow (C_2H_5O)_2\overset{\overset{\displaystyle OC_2H_5}{|}}{P}CH_2CO_2EtBr^- \xrightarrow{-C_2H_5Br} (C_2H_5)_2\overset{\overset{\displaystyle O}{\|}}{P}CH_2CO_2Et$$

Horner 试剂和醛、酮化合物反应可以生成 α,β -不饱和酸酯。Horner 试剂与羰基化合物反应活性较大,较容易反应,而且反应生成的另一个产物是磷酸酯的盐,溶于水,易去除,分离方便。

(2)羟醛缩合反应

在稀碱的存在下,一分子醛、酮的 α -氢原子加到另一分子醛、酮的羰基氧原子上,其余部分通过 α -碳加到羰基的碳原子上,生成 β -羰基醛、酮,这类反应称为羟醛缩合或醇醛缩合。羟醛缩合又常称为 aldol 反应,表示产物包括 ald(英文 aldehyde 的词首),ol(英文醇 alcohol 的词尾),以乙醛的羟醛缩合反应为例

$$\underset{O}{\overset{O}{\underset{\|}{CH_3-C}}}-H \ + \ CH_2-\overset{\overset{\displaystyle O}{\|}}{C}-H \xrightarrow[5\ ℃]{10\% \ NaOH} CH_3-\underset{\overset{\displaystyle OH}{|}}{CH}-CH_2-\overset{\overset{\displaystyle O}{\|}}{C}-H$$

其反应历程表示如下

$$CH_3CHO \xrightarrow{\text{稀 }HO^-} {}^-CH_2CHO \xrightarrow{CH_3CHO} \underset{\overset{\displaystyle O^-}{|}}{CH_2}CHCH_2CHO \xrightarrow[-HO^-]{H_2O} CH_3\underset{\overset{\displaystyle OH}{|}}{CH}CH_2CHO$$

(3)卤化反应和卤仿反应

由于 α -氢原子具有活泼性,醛、酮分子中的 α -氢原子容易在酸或碱催化下被卤素取代,生成 α -单卤代或多卤代醛、酮。

当用酸作催化剂时,醛、酮的羰基氧原子接受质子变成烯醇是决定反应速率的一步,α -卤代后使形成烯醇的反应速率变慢,因而酸催化的醛、酮卤化反应可以停留在一卤代物的阶段。

$$\text{（苯基）}\overset{\overset{\displaystyle }{\underset{\displaystyle O}{\|}}}{C}-CH_3 \ + \ Br_2 \xrightarrow{H^+} \text{（苯基）}\overset{\overset{\displaystyle }{\underset{\displaystyle O}{\|}}}{C}-CH_2Br \ + \ HBr$$

在碱催化下，一卤代醛或酮可以继续卤化为二卤代、三卤代产物。例如

$$CH_3CHO \xrightarrow[H_2O]{X_2} \underset{X}{CH_2CHO} \xrightarrow{X_2} \underset{X}{\overset{X}{CHCHO}} \xrightarrow{X_2} \underset{X}{\overset{X}{X-CCHO}}$$

当醛、酮的一个 α-氢原子被取代后，由于卤原子是吸电子的，使它所连的 α-碳原子上第二个或第三个 α-氢原子的酸性更强，在碱的作用下更容易被卤素取代，生成同碳的三卤代物，因此，在碱性的条件下，多个 α-氢原子的醛或酮的卤化反应难以停留在一卤代物的阶段，得到的产物是多卤代的醛或酮。因此，若要制备一卤代物的 α-卤代醛或酮，应选择在酸性条件下用等物质的量的卤素反应；若要得到 α-多卤代醛或酮，则应选择在碱性条件下用过量的卤素来反应。

具有 $CH_3\overset{O}{\overset{\|}{C}}-$ 结构的醛、酮(在碱性条件下)与卤素(也可用次卤酸盐溶液)作用，则很快的生成同碳三卤代物。例如

$$CH_3-\overset{O}{\overset{\|}{C}}-CH_3 + 3NaOX \longrightarrow CH_3-\overset{O}{\overset{\|}{C}}-CX_3 + 3NaOH$$

由于同碳三个卤原子的吸电子作用，同碳三卤代物在碱存在的情况下，三卤甲基和羰基碳之间的键容易发生断裂，而得到羧酸盐和三卤甲烷。

$$CH_3\overset{O}{\overset{\|}{C}}-CX_3 + OH^- \rightleftharpoons CH_3-\overset{O^-}{\overset{|}{\underset{OH}{C}}}-CX_3 \rightleftharpoons CH_3COOH + {}^-CX_3 \rightleftharpoons CH_3COO^- + HCX_3$$

上述反应由于有三卤甲烷(俗称卤仿)生成，所以这个反应也叫做卤仿反应。卤仿反应的通式如下

$$(H)R\overset{O}{\overset{\|}{C}}-CH_3 + 3NaOX \longrightarrow HCX_3 + (H)RCOONa + 2NaOH$$

含有 $CH_3\overset{OH}{\overset{|}{CH}}-$ 基团的化合物也能发生卤仿反应。这是因为 $CH_3\overset{OH}{\overset{|}{CH}}-$ 基团首先被卤素的碱溶液氧化成含有 $CH_3\overset{O}{\overset{\|}{C}}-$ 基团的化合物，然后发生卤仿反应。例如

$$CH_3CH_2OH \xrightarrow{NaOX} CH_3CHO \xrightarrow{NaOX} HCOOH + CHX_3 \downarrow$$

卤仿反应可用于制备其它方法难以制备的比原料醛或酮少一个碳原子的羧酸。碘仿是不溶于水的亮黄色固体，具有特殊的气味，很容易判断，所以碘仿反应可用来鉴别含有 $CH_3\overset{O}{\overset{\|}{C}}-$ 基团的乙醛、甲基酮以及含有 $CH_3\overset{OH}{\overset{|}{CH}}-$ 基团的醇。

(4)氧化和还原

醛与酮在氧化反应中有很大的差异。由于醛的羰基碳上连有一个氢原子，因而醛非常容易被氧化，就是弱的氧化剂即可将醛氧化成相同碳原子数的羧酸。而酮的羰基碳上没有氢原

子，所以一般的氧化剂不能使酮氧化，这样使用弱的氧化剂可以将醛和酮区分开来。常用的弱氧化剂是菲林(Fehling)试剂及吐仑(Tollens)试剂。

Tollens 试剂是氢氧化银的氨溶液，它与醛的反应如下式

$$RCHO + 2Ag(NH_3)_2OH \xrightarrow{\triangle} RCOONH_4 + 2Ag\downarrow + H_2O + 3NH_3$$

醛被氧化成羧酸(实际得到的是羧酸铵盐)，Tollens 试剂则被还原为金属银，如果试管是很干净的，则析出的金属银在试管壁上形成银镜，所以这个反应也被称为银镜反应。

Fehling 试剂是以酒石酸钠钾作为络合剂的碱性氢氧化铜溶液，二价铜离子为氧化剂，与醛反应时被还原成砖红色的氧化亚铜沉淀

$$RCHO + 2Cu^{2+} + NaOH + H_2O \xrightarrow{\triangle} RCOONa + Cu_2O\downarrow + 4H^+$$

但 Fehling 试剂不能将芳香醛氧化成相应的酸。

所以上述两个氧化反应可用来鉴别醛、酮以及脂肪醛和芳香醛。这两种试剂还是很好的有化学选择性的氧化剂，它们对碳碳双键或碳碳三键是不作用的。例如

$$CH_3CH_2CH{=}CHCHO \xrightarrow[\triangle]{Ag(NH_3)_2OH} CH_3CH_2CH{=}CHCOOH$$

酮不易被氧化，但遇强的氧化剂($K_2Cr_2O_7$，$KMnO_4$，HNO_3 等)则可被氧化而发生羰基与α-碳原子之间的碳碳键断裂，生成多种低级的羧酸混合物。例如

$$RH_2C\overset{(1)}{\vdots}\overset{O}{\overset{\|}{C}}\overset{(2)}{\vdots}CH_2R' \xrightarrow{[O]} \begin{cases} \xrightarrow{(1)} RCOOH + R'CH_2COOH \\ \xrightarrow{(2)} RCH_2COOH + R'COOH \end{cases}$$

酮的氧化产物复杂，所以一般的酮氧化反应在合成上没有实际意义。但对称的酮，如环己酮的氧化却只生成单一的己二酸。

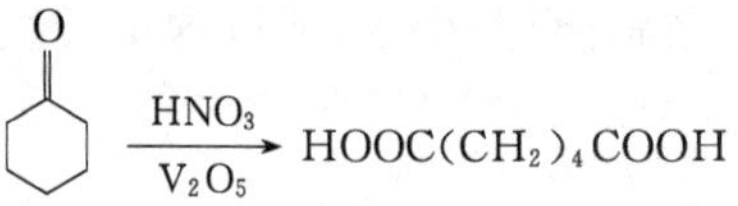

这是制备己二酸的工业方法，己二酸是生产合成纤维尼龙-66 的原料。

醛、酮可以被还原，在不同的条件下，用不同的还原剂，可以得到不同的产物。

在金属催化剂存在下，醛或酮与氢气作用，发生加成反应，分别生成伯醇或仲醇。例如

$$CH_3CH_2CH_2CHO \xrightarrow[Pd]{H_2} CH_3CH_2CH_2CH_2OH$$

$$CH_3CH_2CH_2-\overset{O}{\overset{\|}{C}}-CH_2CH_3 \xrightarrow[Pd]{H_2} CH_3CH_2CH_2\overset{OH}{\overset{|}{C}}HCH_2CH_3$$

醛酮催化加氢产率高，后处理简单，是工业上常用的加氢方法。但是，如果分子中还有其它不饱和基团，如 $>C{=}C<$，$-C{\equiv}C-$，$-NO_2$，$-CN$ 等，则这些不饱和基团同时也会被还原。例如

$$CH_3CH_2CH{=}CHCHO \xrightarrow[Pd]{H_2} CH_3CH_2CH_2CH_2CH_2OH$$

醛和酮可以被金属氢化物硼氢化钠($NaBH_4$)和氢化铝锂($LiAlH_4$)等还原成相应的醇，硼氢化钠在水或醇溶液中是一种缓和的还原剂，具有选择性好的特点，它只对醛、酮分子中的羰

基有还原作用,而不还原分子中其它不饱和基团。例如

$$CH_3CH_2CH=CHCHO \xrightarrow[(2)H^+]{(1)NaBH_4} CH_3CH_2CH=CHCH_2OH$$

氢化铝锂的还原性比硼氢化钠强,不仅能将醛、酮还原成醇,而且还能还原羧酸、酯、酰胺、腈等化合物。不影响分子中 $C=C$, $—C≡C—$,产率也很高。氢化铝锂能与质子溶剂发生反应,因此要在乙醚等非质子溶剂里使用。

醛或酮在锌汞齐加盐酸的条件下还原,羰基被还原成亚甲基,这个反应叫做克莱门森(Clemmensen E)还原,这是将羰基还原成亚甲基的较好的方法之一,在有机合成中常用来合成直链烷基苯。例如

$$\underset{\text{苯}-C-CH_2CH_2CH_2CH_2CH_3}{\overset{O}{\parallel}} \xrightarrow[HCl]{Zn-Hg} 苯-CH_2CH_2CH_2CH_2CH_2CH_3$$

沃尔夫-基西诺-黄鸣龙反应:沃尔夫-基西诺(Wolff L-Kishner N M)还原法是先将醛或酮与无水肼反应生成腙,然后在高压釜里将腙和乙醇钠及无水乙醇加热到 180 ℃,得到还原产物烃。这也是一种将醛或酮还原成烃的方法。但是上述还原法条件比较高,不仅需要高压,还要无水条件、无水肼等。我国科学家黄鸣龙对上述反应做了改进:即先将醛或酮、氢氧化钠、水合肼和一个高沸点的溶剂(如二甘醇、三甘醇)一起加热,生成腙,然后在碱性条件下脱氮,将醛或酮中的羰基还原成亚甲基。例如

$$苯-COCH_2CH_2CH_3 \xrightarrow[(HOCH_2CH_2)_2O,\triangle]{NH_2NH_2 \cdot H_2O,NaOH} 苯-CH_2CH_2CH_2CH_3$$

黄鸣龙的改进使反应不再需要压力,在常压下就能进行,并且使用水合肼,不用高价的纯肼,不再需要无水的条件,就能得到较高的产率。这一改进的还原法称为 Wolf-Kishner-黄鸣龙反应。

Clemmensen 还原法和 Wolf-Kishner-黄鸣龙反应都是将羰基还原成亚甲基的反应。前者是在酸性条件下的还原,后者是在碱性条件下的还原,两种反应相互补充,可以根据醛或酮分子中所含有其它基团对酸、碱性的要求,有选择地使用还原方法。

不含 α-氢原子的醛在浓碱的存在下,能发生歧化反应,即一分子醛被氧化成羧酸(碱溶液中实际为羧酸盐),另外一分子醛被还原为醇,这种反应叫康尼扎罗(Cannizzaro S)反应。例如

$$2HCHO \xrightarrow{\text{浓 NaOH}} HCOONa + CH_3OH$$

$$2 \ 苯-CHO \xrightarrow{\text{浓 NaOH}} 苯-COONa + 苯-CH_2OH$$

在浓碱的存在下两种不同的不含 α-氢原子的醛也能发生 Cannizzaro 反应,称为交叉歧化反应,产物有四种,比较复杂,没有很大的应用价值。但是若其中一种醛是甲醛,则因为甲醛的还原性强,所以歧化反应结果甲醛总是被氧化成甲酸,而另外一分子醛被还原为醇。所以有甲醛参与的交叉歧化反应在有机合成上有较好的应用。例如,有甲醛和乙醛制备季戊四醇的反应中,首先是三分子的甲醛和一分子的乙醛发生交叉羟醛缩合反应,生成的产物再与一分子的甲醛发生交叉的 Cannizzaro 反应

$$3HCHO + CH_3CHO \xrightarrow{Ca(OH)_2} \underset{\underset{CH_2OH}{|}}{\overset{\overset{CH_2OH}{|}}{HOCH_2-C-CHO}}$$

$$HOCH_2-\underset{\underset{CH_2OH}{|}}{\overset{\overset{CH_2OH}{|}}{C}}-CHO \ + \ HCHO \ \xrightarrow{Ca(OH)_2} \ HOCH_2-\underset{\underset{CH_2OH}{|}}{\overset{\overset{CH_2OH}{|}}{C}}-CH_2OH \ + \ HCOO^-$$

这是实验室和工业上制备重要的化工原料季戊四醇的方法。

5. 环境中重要的醛和酮类化合物

（1）甲醛

在常温下，甲醛是带有特殊刺激性气味的气体，无色，沸点为 -21 ℃，易溶于水。常用的甲醛溶液叫"福尔马林"，其中含 $37\%\sim40\%$ 的甲醛和 8% 甲醇，可以作为杀菌剂和防腐剂。甲醛易氧化、易聚合，在室温下，长期放置的甲醛浓溶液（60% 左右）能聚合为三分子的环状聚合物——三聚甲醛。三聚甲醛是白色晶体，熔点 62 ℃，沸点 112 ℃，三聚甲醛在酸性介质中加热可以解聚生成甲醛。

甲醛与水加成生成甲醛的水合物甲二醇。甲二醇分子间脱水还可以生成侧链状聚合物。这就是为什么久置的甲醛水溶液中有白色固体——多聚甲醛存在。多聚甲醛被加热至 $180\sim200$ ℃时，重新分解生成甲醛，所以常以多聚甲醛的形式作为甲醛的储存和运输方法。n 为 $500\sim5000$ 的聚甲醛是性能优异的工程塑料。

$$\overset{\overset{O}{\|}}{HCH} \ + \ H_2O \ \longrightarrow \ HO-CH_2-OH \ \xrightarrow{nHCHO} \ \left[CH_2O\right]_n$$

甲醛主要是由甲醇氧化脱氢得到的。甲醛常用于制造酚醛树脂、脲醛树脂、合成纤维、季戊四醇和乌洛托品等，是重要的有机合成原料。

（2）乙醛

乙醛是有刺激性气味的无色低沸点液体，溶于水、乙醇和乙醚中，易氧化，易聚合。在少量硫酸存在下，乙醛能聚合生成环状三聚乙醛。三聚乙醛是沸点为 124 ℃的液体，在硫存在下加热可以发生解聚，故乙醛也常以三聚体形式保存。

乙醛可以由乙烯在空气中催化氧化来制备。乙醛也是一种重要的有机合成原料。

$$CH_2=CH_2 \ + \ \frac{1}{2}O_2 \ \xrightarrow{PdCl_2-CuCl_2} \ CH_3CHO$$

（3）丙酮

丙酮是带有令人愉快香味的液体，易溶于水，能溶解各种有机物。它是常用的有机溶剂和有机合成原料，应用范围很广，如有机玻璃、环氧树脂等的合成。

丙酮可以通过玉米等的发酵、苯酚的异丙苯法制备、丙烯的氧化得到。

2.3.5　羧酸和酯

羧酸（carboxylic acids）广泛存在于自然界，是重要的有机化工原料。羧基（ $-\overset{\overset{O}{\|}}{C}-OH$ ）是羧酸的官能团。羧酸的种类很多，按烃基的不同，可分为脂肪族羧酸和芳香族羧酸；按烃基是否饱和，可分为饱和脂肪酸和不饱和脂肪酸；按分子中羧基个数，又可分为一元酸、二元酸、多元酸等等。

1. 羧酸的命名及结构

早期分离和提纯得到的有机化合物中有许多是羧酸，所以很多羧酸都有源自其来源的俗名。如由食醋而来的乙酸（称醋酸）及来自植物的苹果酸、酒石酸等，由油脂水解得到的一些酸按其性状命名如硬脂酸、软脂酸等。

羧酸的系统命名法,是选择含羧基的最长碳链为主链,从羧基碳原子开始依次对主链编号,命名时按主链碳数称"某酸",将取代基用阿拉伯数字标明其位次放在"某酸"前。例如

$$CH_3\text{—}\underset{\underset{CH_3}{|}}{\overset{\overset{CH_3}{|}}{CH}}\text{—}CH\text{—}COOH \qquad CH_3\text{—}CH\text{=}CH\text{—}COOH$$

2,3-二甲基丁酸　　　　　　　　　2-丁烯酸(巴豆酸)

取代基也可以用希腊字母 α,β,γ,δ,ε,…,ω 等依次标明位次

$$\underset{\delta}{—C}\text{—}\underset{\gamma}{C}\text{—}\underset{\beta}{C}\text{—}\underset{\alpha}{C}\text{—}\overset{\overset{O}{\|}}{C}\text{—OH}$$

$$CH_3\text{—}\underset{\underset{CH_3}{|}}{CH}\text{—}CH\text{—}COOH \qquad \text{〈苯环〉}CH\text{=}CH\text{—}COOH$$

α,β-二甲基丁酸　　　　　β-苯基丙烯酸(3-苯基丙烯酸)

羧基与环直接相连的芳香族羧酸、脂环族羧酸命名时也可以甲酸为母体。

2. 羧酸的物理性质

低级脂肪族羧酸(如甲酸、乙酸、丙酸)都是有刺激性气味的可溶性液体,丁酸以上的中级脂肪酸是有腐败气味的油状液体,高级脂肪酸和芳香族羧酸多是固体。

羧基中的—OH 也如醇分子中的羟基,易于形成氢键,多数羧酸是以双分子缔合的环状二聚体的形式出现的。双分子缔合体有相当的稳定性,所以羧酸的沸点比相对分子质量相近的醇要高。羧基还可以与水分子形成氢键,使得低级羧酸水溶性很好,四个碳以下的羧酸都可与水混溶。随相对分子量增加,水溶性迅速降低,10 个碳以上的羧酸难溶。芳香羧酸水溶性极微。脂肪族的一元羧酸一般都能溶于乙醇、乙醚、氯仿等有机溶剂。低级脂肪酸中由氢键导致的双分子缔合体使羧酸分子的极性降低,使之也能溶于有机溶剂,如乙酸就能溶于苯。

$$R\text{—}\overset{\overset{O\cdots H\text{—}O}{}}{\underset{\underset{O\text{—}H\cdots O}{}}{C}}\text{—R}$$

3. 羧酸的化学性质

羧酸的化学性质,决定于其结构中的官能团及官能团之间的相互影响。主要发生以下各类反应,如酸性(羟基质子电离)、羟基取代(生成羧酸衍生物)、羰基的加成或还原、脱羧反应、α-H 的取代等。

α-H 取代　　　　　　　　　　羰基反应

$$R\text{—}\overset{\overset{\fbox{H}}{}}{\underset{\underset{H}{}}{C}}\text{—}\overset{\overset{O}{\|}}{C}\text{—O}\fbox{H}$$

脱羧　　　　　　　羟基取代　　　　酸性

（1）羧酸的酸性

羧酸在水中能解离出氢离子，通常能与 NaOH，$NaHCO_3$ 等碱作用生成羧酸盐 $RCO_2^- M^+$

$$RCOOH + NaHCO_3 \longrightarrow RCO\overset{-}{O}\overset{+}{N}a + CO_2 + H_2O$$

$$RCOOH + NaOH \longrightarrow RCO\overset{-}{O}\overset{+}{N}a + H_2O$$

羧酸为弱酸，解离常数 K_a 在 $10^{-4} \sim 10^{-5}$ 之间，在羧酸盐水溶液中用酸（HCl、H_2SO_4）调节溶液的 pH，可使羧酸重新析出。尽管羧酸与无机酸（HCl、H_2SO_4）相比是弱酸，但羧酸比大多数有机化合物的酸性要强。

烷氧基负离子的负电荷集中在氧原子上。而在羧酸根中，氧原子的 p 轨道与羰基 π 键发生 p-π 共轭，负电荷可以分散到羰基氧原子上。此时氧原子上的电子是离域的，O—C—O 三个原子和四个电子组成三中心四电子的共轭体系。可以用共振结构式来表示离域的情况

$$\left[\begin{array}{c} \overset{\displaystyle O}{\underset{\displaystyle \|}{R-C-O^-}} \longleftrightarrow \overset{\displaystyle O^-}{\underset{\displaystyle \|}{R-C=O}} \end{array} \right] = -C\overset{\displaystyle O^{\frac{1}{2}-}}{\underset{\displaystyle O^{\frac{1}{2}-}}{}}$$

羧基负离子的两个共振极限式在结构上和能量上都是等价的，羧基负离子能较稳定的存在，使得羧酸具有相对较大的酸性。

（2）α-H 卤代

羧酸 α-H 原子可以被卤素（氯或溴）取代。在一般情况下并不发生反应，但在少量红磷存在下用羧酸与卤素作用可以顺利地得到 α-卤代酸，例如

$$CH_3COOH \xrightarrow{Br_2,P} \overset{\displaystyle Br}{\underset{\displaystyle |}{CH_2COOH}}$$

以上制备 α-卤代酸的方法称为 Hell-Vollhard-Zelinsky 反应。

α-卤代酸中的卤素在羧基影响下活性相对增大，容易与亲核试剂反应转换为氰基、氨基、羟基等，也可以发生消除反应得到 α,β-不饱和羧酸，因此在合成上有重要作用。

（3）脱羧反应

羧酸通常是很稳定的，但在一定条件下也可分解放出二氧化碳，称为脱羧反应。

$$CH_3COONa \xrightarrow[\triangle]{NaOH(CaO)} CH_4 + CO_2$$

芳香酸比脂肪酸脱羧容易，尤其如 2,4,6-三硝基苯甲酸这样的环上有强吸电子基的芳酸。

α-C 上有强吸电子基，或 β-C 为羰基、烯基、炔基等不饱和碳时，脱羧也容易发生，例如

$$Cl_2HCCOOH \xrightarrow{\triangle} CH_2Cl_2 + CO_2 \uparrow$$

$$\overset{\displaystyle O}{\underset{\displaystyle \|}{CH_3CCH_2COOH}} \xrightarrow{\triangle} \overset{\displaystyle O}{\underset{\displaystyle \|}{CH_3CCH_3}} + CO_2 \uparrow$$

$$CH_3CH\begin{array}{c}COOH\\ \\COOH\end{array}\xrightarrow{\triangle}CH_3CH_2COOH+CO_2\uparrow$$

（4）羧基的还原

羧基的还原通常比较困难，如 $NaBH_4$ 可以还原醛、酮中的羰基而无法还原羧基，羧酸可以用强还原剂如 $LiAlH_4$ 等还原，产物为伯醇。

$$CH_3(CH_2)_2CH=\!\!=\!\!CH(CH_2)_2\overset{O}{\overset{\|}{C}}OH\xrightarrow[(2)H_3^+O]{(1)LiAlH_4,THF}CH_3(CH_2)_2CH=\!\!=\!\!CH(CH_2)_2CH_2OH$$

硼烷也是一个非常有用的还原羰基的还原剂，反应条件温和，选择性好。而且对硝基、酯基等官能团没有影响。

$$O_2N\!-\!\!\!\diamondsuit\!\!\!-\!CH_2\overset{O}{\overset{\|}{C}}OH\xrightarrow[(2)H_3^+O]{(1)BH_2,THF}O_2N\!-\!\!\!\diamondsuit\!\!\!-\!CH_2CH_2OH$$

酯可以用 Na/C_2H_5OH 还原，将酸变成酯再还原，也是一个非常可行的还原羧基的办法。

（5）羧酸衍生物的生成

羧酸中的羟基可以被一些亲核基团取代，生成羧酸衍生物，如酰氯、酸酐、羧酸酯和酰胺。

$$\overset{O}{\overset{\|}{R\!-\!C\!-\!X}}\qquad\overset{O}{\overset{\|}{R\!-\!C\!-\!OCOR'}}\qquad\overset{O}{\overset{\|}{R\!-\!C\!-\!OR'}}\qquad\overset{O}{\overset{\|}{R\!-\!C\!-\!NH_2}}$$

酰卤　　　　　　酸酐　　　　　　羧酸酯　　　　　酰胺

$$\overset{O}{\overset{\|}{R\!-\!C\!-\!OH}}+PCl_5\longrightarrow\overset{O}{\overset{\|}{R\!-\!C\!-\!Cl}}+POCl_3+HCl$$

$$2R\!-\!\overset{O}{\overset{\|}{C}}\!-\!OH\xrightarrow[脱水剂]{-H_2O}\overset{O}{\overset{\|}{R\!-\!C}}\!-\!O\!-\!\overset{O}{\overset{\|}{C}}\!-\!R$$

$$\overset{O}{\overset{\|}{R\!-\!C\!-\!OH}}+R'OH\underset{}{\overset{H^+}{\rightleftharpoons}}\overset{O}{\overset{\|}{R\!-\!C\!-\!OR'}}+H_2O$$

$$\overset{O}{\overset{\|}{R\!-\!C\!-\!OH}}+NH_3\xrightarrow{\triangle}\overset{O}{\overset{\|}{R\!-\!C\!-\!NH_2}}+H_2O$$

羧酸与醇作用生成酯的反应是羧酸最常见也是最重要的反应。酯化（esterification）反应在常温下进行得很慢，少量酸如硫酸、磷酸、盐酸、苯磺酸或强酸性离子交换树脂等可以催化加速反应。反应是可逆的，进行到一定程度时即达到平衡。

从反应式看，酯化反应中化学键断裂的方式可以有以下两种。

$$\overset{O}{\overset{\|}{R\!-\!C\!\vdots\!OH+H}}\,OR'\underset{}{\overset{H^+}{\rightleftharpoons}}\overset{O}{\overset{\|}{R\!-\!C\!-\!OR'}}+H_2O\qquad酰氧键断裂$$

$$\overset{O}{\overset{\|}{R\!-\!C\!-\!O}}\,H+H\,OR'\underset{}{\overset{H}{\rightleftharpoons}}\overset{O}{\overset{\|}{R\!-\!C\!-\!OR'}}+H_2O\qquad烷氧键断裂$$

实验证明，在大多数情况下，反应是按酰氧键断裂的方式进行的，但也有例外。如叔醇反应时,在强酸作用下有可能先断裂烷氧键生成碳正离子,而后与羰基加成。但叔醇在反应过程中会有大量烯烃生成,影响酯的产率,故通常不直接使用,而采用羧酸与烯烃的加成的方法代替。

酚类化合物与羧酸生成酚酯比较困难,通常用酰卤或酸酐代替羧酸。

2.3.6　碳水化合物

1. 糖

糖是自然界分布最广泛,地球上含量最丰富的一类有机分子。从化学结构上看,糖类物质是一类多元醇的醛或酮,包括了多羟基醛、多羟基酮以及它们的缩聚物和衍生物。

该类物质由碳、氢、氧三种元素组成,多数糖类所含碳及氢氧元素的通式为 $C_n(H_2O)_m$,从式中可以看出,其中氢氧元素组成之比为 $2:1$,它们就好像是由碳和水组成的,故过去常将糖类物质称为碳水化合物。现在发现,有些碳、氢、氧元素组成之比符合上述通式的化合物并不具有糖的化学性质,如甲醛(HCHO)、乙酸(CH_3COOH)等;而有些糖类物质的碳、氢、氧元素组成之比也不符合上述通式,如鼠李糖($C_6H_{12}O_5$)、脱氧核糖($C_5H_{10}O_4$)等。

糖可以按照它们所含单体的数目分类。单糖(monosaccharide)是糖结构的单体,自身不能被水解成更简单的糖类物质,所有单糖都可以用 1 个通式($CH_2O)_m$ 表示,其中 m 为 3 或大于 3。寡糖(oligosaccharide)是 2 到大约 10 个单糖残基组成的聚合物。大多数寡糖是由两个单糖残基组成的二糖,而多糖(polysaccharide)中单糖数目大于 20。寡糖和多糖水解后可形成若干个单糖。

糖在生物体中起着重要的作用。首先,糖类物质是一切生物生存的重要能量物质,其次他们是生物体内的结构性物质,此外糖类物质还与机体免疫、细胞识别、信息传递等重要生理功能紧密相关。

2. 单糖的物理性质

旋光性和变旋性:几乎所有的糖类分子都有手性碳原子,都具有使偏振光的偏振面旋转的能力,即具有旋光性。使偏振面向左转的称左旋糖(laevulose),向右转的则称为右旋糖(dextrose)。在溶液中其旋光度可发生变化,最终达到某一旋光度即恒定不变,这种现象称为变旋性(mutarotation),如葡萄糖在水溶液中的变旋现象就是 α 型与 β 型互变,当互变达到平衡时,比旋光度就不再改变,α-D-葡萄糖与 β-D-葡萄糖平衡时其比旋光度为 $+52.5°$。

溶解度:单糖分子中含有多个羟基,易溶于水,尤其在热水中的溶解度极大,单糖不溶于乙醚、丙酮等有机溶剂。

3. 单糖的化学性质

(1)氧化作用

单糖含有醛基或酮基,具有半缩醛(酮)的糖在水溶液中都有开链的醛(酮)基存在,因而具有还原性,能还原许多弱氧化剂(如氧化铜的碱溶液)。菲林定糖法就是利用这一性质对糖进行定性和定量测定的。其基本原理是在加热条件下,直接滴定已标定过的菲林试剂,菲林试剂被还原析出氧化亚铜后,过量的还原糖立即将次甲基蓝还原,使蓝色褪色。根据样品消耗的体积,计算还原糖量。

单糖在酸性条件下也具有还原性,其产物视氧化剂的强弱有所不同。在弱氧化剂(如溴水)作用下,醛基被氧化成羧基,生成相应的糖酸;若在强氧化剂(如硝酸)作用下,醛基和伯碳上的羟基均被氧化成羧基,生成糖二酸。

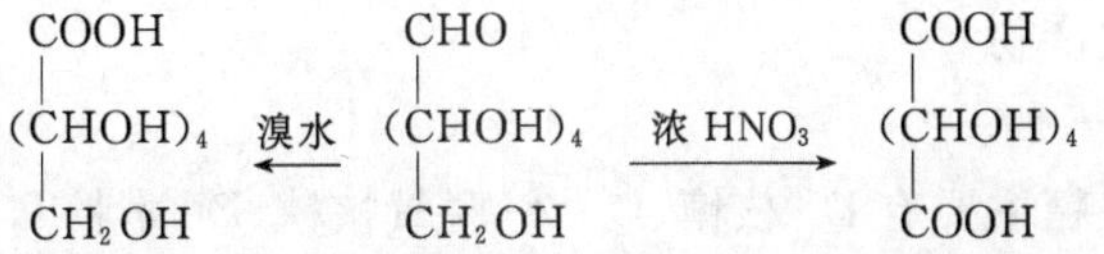

$$
\begin{array}{ccc}
\text{COOH} & \text{CHO} & \text{COOH} \\
(\text{CHOH})_4 & (\text{CHOH})_4 & (\text{CHOH})_4 \\
\text{CH}_2\text{OH} & \text{CH}_2\text{OH} & \text{COOH} \\
\text{葡萄糖酸} & \text{葡萄糖} & \text{葡萄糖二酸}
\end{array}
$$

$\xleftarrow{\text{溴水}}$ 　 $\xrightarrow{\text{浓 HNO}_3}$

（2）还原作用

单糖分子的游离羰基易被还原成醇,如葡萄糖可以被还原成山梨醇;果糖还原后得到山梨醇与甘露醇的混合物,因为果糖被还原时,其 C(2) 上的—H 和—OH 有两种可能的排列方式。

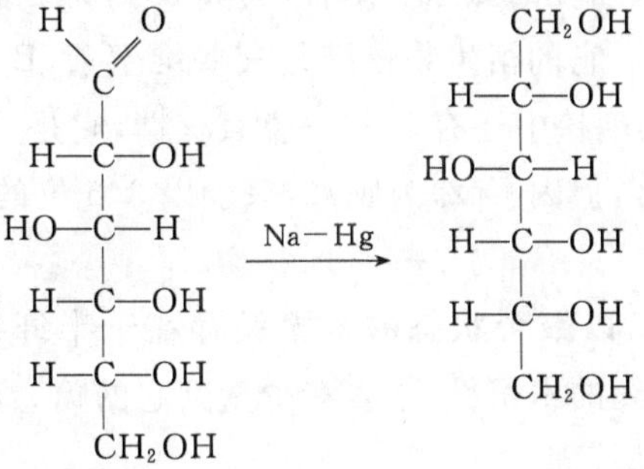

D—葡萄糖　　$\xrightarrow{\text{Na—Hg}}$　　D—山梨醇

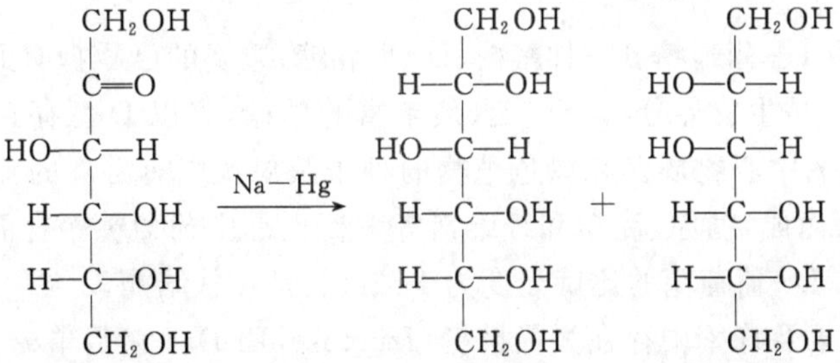

D—果糖　　$\xrightarrow{\text{Na—Hg}}$　　D—山梨醇　+　D—甘露醇

（3）成酯作用

单糖为多元醇,故具有醇的特性。醇的典型性质是能与羧酸缩合成酯。糖的磷酸酯在生物体内有着重要的作用,它是糖代谢的中间产物。在生物体中,除葡萄糖-6-磷酸外,还有葡萄糖-1-磷酸、果糖-6-磷酸、果糖-1,6-二磷酸、甘油醛-3-磷酸及二羟丙酮磷酸等重要磷酸糖酯。

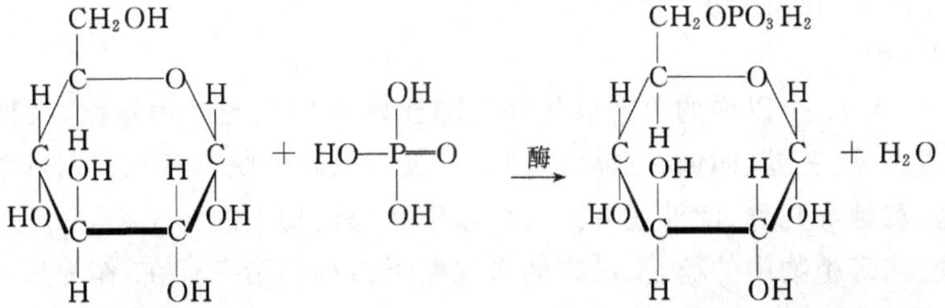

α-D-葡萄糖　　磷酸　　$\xrightarrow{\text{酶}}$　　α-D-葡萄糖-6-磷酸　+ H_2O

4. 环境中重要的单糖类化合物

（1）丙糖和丁糖

重要的丙糖有 D-甘油醛和二羟丙酮,自然界常见的丁糖有 D-赤藓酮糖。它们的磷酸酯都是糖代谢的重要中间产物。

(2)戊糖

自然界存在的戊醛糖主要有 D-核糖、D-2-脱氧核糖、D-木糖和 L-阿拉伯糖,它们大多在自然界以多聚戊糖或糖苷的形式存在。戊酮糖有 D-核酮糖和 D-木酮糖,均是糖代谢的中间产物。

D-核糖(ribose)是所有活细胞的普遍成分之一,它是核糖核酸的重要组成成分。在核苷酸中,核糖以其醛基与嘌呤或嘧啶的氮原子结合,而其 2,3,5 位羟基可与磷酸连接。核糖在衍生物中总以呋喃糖形式出现。它的衍生物核醇是某些维生素(B_2)和辅酶的组成成分。D-核糖的比旋光度是$-23.7°$。细胞核中还有 D-2-脱氧核糖,它是 DNA 的组分之一。它和核糖一样,以醛基与含氮碱基结合,但因 C(2)为脱氧,只能以 3,5 位的羟基与磷酸结合。D-2-脱氧核糖的比旋光度是$-60°$。

木糖在植物中分布很广,以聚合状态的木聚糖存在于半纤维素中。木材中的木聚糖达30%以上。陆生植物很少有纯的木聚糖,常含有少量其它的糖。动物组织中也有木糖的成分,其熔点 143°,比旋光度$+18.8°$。

(3)己糖

重要的己醛糖有 D-葡萄糖、D-甘露糖、D-半乳糖;重要的己酮糖有 D-果糖、D-山梨糖。葡萄糖(glucose,Glc)是生物界分布最广泛、最丰富的单糖,多以 D 型存在。它是人体内最重要的单糖,是糖代谢的中心物质。在绿色植物的种子及果实中有游离的葡萄糖,蔗糖由 D-葡萄糖与 D-果糖结合而成,糖原、淀粉和纤维素等多糖也是由葡萄糖聚合而成的。在许多杂聚糖中也含有葡萄糖。D-葡萄糖的比旋光度为$+52.5°$,呈片状结晶。

植物的蜜腺、水果及蜂蜜中存在大量果糖(fructose,Fru)。它是单糖中最甜的糖类,比旋光度为$-92.4°$,呈针状结晶。游离的果糖为 β-吡喃果糖,结合状态呈 β-呋喃果糖。甘露糖(Man)是植物黏质与半纤维素的组成成分,比旋光度$+14.2°$。半乳糖(Gal)仅以结合状态存在。乳糖、蜜二糖、棉籽糖、琼脂、树胶、黏质和半纤维素等都含有半乳糖。它的 D 型和 L 型都存在于植物中,如琼脂中同时含有 D 型和 L 型半乳糖。D-半乳糖熔点 167 ℃,比旋光度$+80.2°$。山梨糖是酮糖,存在于细菌发酵过的山梨汁中,是合成维生素 C 的中间产物,在制造维生素 C 工艺中占有重要地位,又称清凉茶糖。其还原产物是山梨糖醇,存在于桃李等果实中,熔点 159~160 ℃,比旋光度$-43.4°$。

(4)二糖和三糖

有 2 个以上、约 10 个以内的单糖以葡糖苷键连接而构成的糖为寡糖,又称低聚糖。根据单糖的数目分成二糖、三糖、四糖、五糖、六糖等。其中以游离状态存在而起着独特功能的二糖有乳糖、海藻糖、蔗糖等几种,此外还有广泛分布于高等植物中的棉子糖、水苏糖等寡糖。天然的寡糖大部分在高等植物中的糖苷、动物的血浆糖蛋白和糖脂中存在,作为具有比较复杂构造的生物体成分的构成因子而起作用。同时还参与这些生物体成分的异化酶分解过程。常见的寡糖有以下三种。

蔗糖,是常用的食糖,从甘蔗或甜菜中提取而来。蔗糖在人体的肠道内经蔗糖酶水解,生成葡萄糖和果糖而被吸收。蔗糖属于非还原糖,它是由一分子 α-D-葡萄糖和一分子 β-D-果糖通过两个半缩醛羟基缩去一分子水而成。其结构式如下

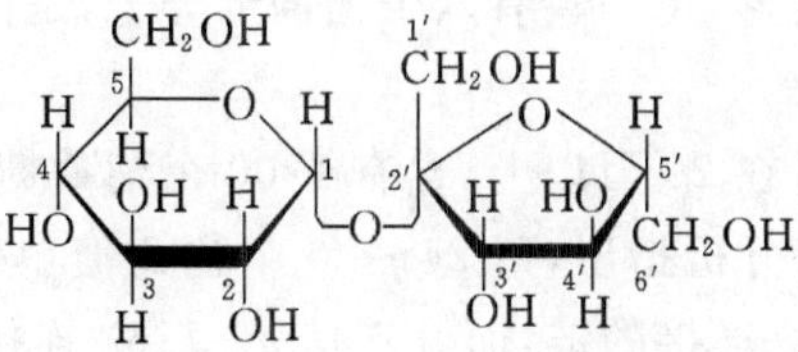

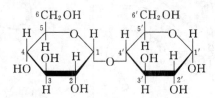

蔗糖[葡萄糖 β(2′→1)果糖苷]

乳糖,存在于哺乳动物的乳汁中,它可被肠液中的乳糖酶水解,生成半乳糖和葡萄糖而被吸收,它是由一分子 β-D-半乳糖的半缩醛羟基与另一分子葡萄糖 C(4)上的醇羟基缩去一分子水通过 β-1,4′-糖苷键缩合而成,属于还原糖。其结构式如下

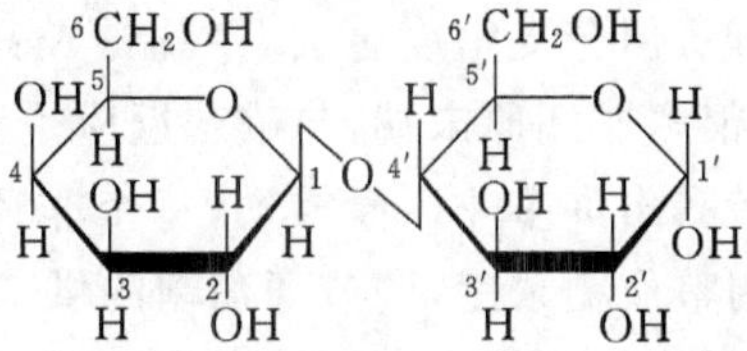

乳糖

麦芽糖,是用大麦芽中的淀粉酶水解淀粉而成,食物中的淀粉经人体的唾液淀粉酶和胰腺淀粉酶催化水解生成麦芽糖,是由两分子 α-葡萄糖通过 α-(1→4′)糖苷键相连而成。由于麦芽糖分子仍然保留着一个半缩醛羟基,因此属于还原糖。其结构式如下

麦芽糖[葡萄糖 α(1→4′)葡萄糖苷]

(5)多糖

多糖是由多个单糖基以糖苷键相连而形成的高聚物,一般由 20 个以上的单糖聚合而成。多糖完全水解时糖苷键断裂而形成寡糖、二糖,最后成为单糖。按多糖的组成成分,可将其分为同聚多糖(homopolysaccharides)和杂聚多糖(heteropolysaccharides)两种。

同聚多糖是由一种单糖组成的多糖。常见的同聚多糖有淀粉、糖原、纤维素和几丁质等。

淀粉(starch)广泛分布于植物界,是植物存储的养料,也是人类获取糖类的主要来源。淀粉主要存在于植物的根茎和种子中。大米中约含 75%~80%,玉米中约含 50%~56%,小麦中约含 60%。此外,马铃薯、红薯、芋头等也富含淀粉。

淀粉为白色、无定形、无臭、无味颗粒物,其颗粒大小和形状因来源不同而异。淀粉溶液遇碘呈蓝色,光吸收在 620~680 nm。天然淀粉有直链淀粉(amylose)和支链淀粉(amylopectin)两类,它们的结构和性质都有区别。通常所说的淀粉是两者的混合物,两者所占比例因品种不同而有所差异。

直链淀粉的相对分子质量从几万到十几万,平均约在 60000 左右,相当于 300~400 个葡萄糖分子缩合而成。由端基分析知道,每个分子中只有一个还原性端基,它是一条不分支的长

链。它的分子通常卷曲成螺旋形,每一转有六个葡萄糖分子,是由 1,4-糖苷键连接的 α-葡萄糖残基(residue)组成的。

支链淀粉的相对分子质量在 20 万以上,含有 1300 个葡萄糖或更多。与碘反应呈紫红色,光吸收在 530～555 nm。端基分析指出,每 24～30 个葡萄糖单位含有一个端基,所以它具有支链结构,每个直链是 α-1,4-连接的链,而分支是 α-1,6-连接的链。由不完全水解产物中可分离出以 α-1,6-糖苷键连接的异麦芽糖,能证明其分支结构。

淀粉在酸或酶作用下可发生水解反应,水解过程生成一系列分子大小不同的中间产物,根据这些中间产物与碘反应的颜色不同,分别称之为紫糊精、红糊精和无色糊精等。

糖原(glycogen)是动物中的主要多糖,是葡萄糖的极容易利用的储藏形式。糖原相对分子质量约 500 万,端基含量占 9%,而支链淀粉为 4%,所以糖原的分支程度比支链淀粉高一倍多。糖原的结构与支链淀粉相似,但分支密度更大,平均链长只有 12～18 个葡萄糖单位。每个糖原分子有一个还原末端和很多非还原末端,与碘水反应呈紫色,光吸收在 430～490 nm。

糖原的分支多,分子表面暴露出许多非还原末端,每个非还原末端既能与葡萄糖结合,也能分解产生葡萄糖,从而迅速调整血糖浓度,调节葡萄糖的供求平衡。所以糖原是储藏葡萄糖的理想形式。糖原主要储藏在肝脏和肌肉中。糖原在细胞的胞液中以颗粒状存在,直径约为 10～40 nm。除动物外,在细菌、酵母、真菌及甜玉米中也有糖原存在。糖原的结构如图 2-41 所示。

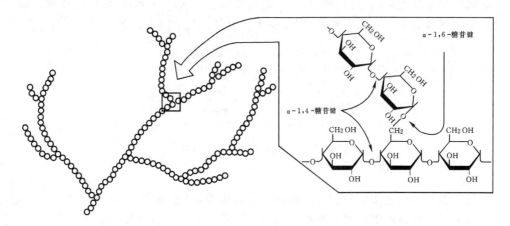

图 2-41　糖原结构示意图

纤维素(cellulose)是自然界中含量最丰富的有机物,它占植物界碳含量的 50% 以上。棉花和亚麻是较纯的纤维素,含量在 90% 以上,木材中的纤维素常和半纤维素结合存在。用煮沸的 1% NaOH 处理木材,然后加氯及亚硫酸钠,即可去掉木质素,留下纤维素。

纤维素由葡萄糖分子以 β-1,4-糖苷键连接而成,无分支。纤维素相对分子质量在 5 万到 40 万之间,每分子约含 300～2500 个葡萄糖残基。纤维素是直链,100～200 条链彼此平行,以氢键结合,所以不溶于水,但溶于铜盐的氨水溶液,可用于制造人造纤维。纤维素分子排列成束状,酷似绳索,纤维就是由许多这种束状结构集合组成的。

纤维素经弱酸水解可得到纤维二糖。在低温、浓硫酸或高温、高压稀硫酸下水解木材废料,可以产生约 20% 的葡萄糖。纤维素的三硝酸酯称为火棉,遇火迅速燃烧。一硝酸酯和二硝酸酯可以溶解,称为火棉胶,用于医药、工业。

2.3.7　工业废水中有害含氧化合物举例

(1)松香酸 $C_{20}H_{30}O_2$

松香酸为黄色无定形粉末,不溶于水;相对分子质量 302.44;熔点 172～175 ℃;沸点 248～250 ℃(1.266 千帕下)。多含于硫酸纤维素、多醚、塑料、油漆、燃料、肥皂、松香酸等的生产废水中。

松香酸可通过人体和温血动物的胃肠道进入体内,产生毒性反应,刺激皮肤和粘膜。

当水中的该酸浓度达到 0.7 mg/L 时,可导致红鳟鱼死亡。

(2)己二酸 $COOH(CH_2)_4COOH$

己二酸为白色结晶体或粉末,相对分子质量 146.14,熔点 125～130 ℃,沸点 212～215 ℃,在水中的溶解度 15 g/L。存在于甜菜制糖工业、树脂和尼龙生产的废水中。

己二酸对人类和其它温血动物的毒害较小,97 g/L 可将水体中的鱼毒死。

(3)丙烯酸　$CH_2{=}CHCOOH$

丙烯酸为无色液体,相对分子质量 72.06,熔点 12.13 ℃,沸点 141 ℃,易溶于水,生物全需氧量 0.83,化学需氧量 1.33。丙烯酸存在于丙烯酸生产废水和甲基丙烯酸与丁基丙烯酸酯、有机玻璃、塑料、聚合材料、合成纤维、油漆、染料、絮凝剂等的生产废水中。

当浓度为 0.57 mg/L 时,可闻到丙烯酸的气味。闻到其它杂味的浓度是:一级 5 mg/L,二级 50 mg/L。

对家鼠和家兔所做的慢性中毒实验中,无毒性反应的剂量为 0.025 mg/kg,或每升水的浓度为 0.5 mg。对各类水生生物的致死浓度范围为 1～100 mg/L。

影响水体卫生状况的极限浓度为 1 mg/L。

按照卫生学和毒理学指标规定了水体中丙烯酸的极限容许浓度为 0.5 mg/L。

(4)丙烯醛　$CH_2{=}CHCHO$

丙烯醛为具有强烈刺激性气味的无色液体,相对分子质量 56.06,熔点 87.7 ℃,沸点 52.5 ℃,20 ℃时在水中的溶解度 40 g/L,遇火花会燃烧。其生物需氧量为 0.43 和 0.52(全反应时),化学需氧量 1.98。

丙烯醛存在于有机合成、石油化学、电化学、塑料、漆布、硬脂酸、干性油、粘合剂、合成树脂、农药等生产企业排出的废水中。

气味:一级 0.2 mg/L,二级 0.3 mg/L。

丙烯醛刺激皮肤和粘膜。对家鼠的 LD_{50} 为 46 mg/kg。对家鼠的慢性毒理学实验中,0.05 mg/kg 的剂量便出现毒性反应,0.0005 mg/kg 剂量则未见毒性反应。

丙烯醛对水生生物有害。0.08 mg/L 浓度使鲑鱼 24 h 后中毒;水中浓度为 3 mg/L 时,可导致蝌蚪死亡。某些鱼类的中毒浓度为 3～5 mg/L。若将浓度为 20 mg/L 的含丙烯醛废水喷淋到植物上,便可使之死亡。

根据公共卫生指标推荐的水体中丙烯醛的极限容许浓度为 0.01 mg/L;供生物处理的废水中的丙烯醛极限容许浓度推荐值为 100 mg/L。

2.4　含氮有机化合物

2.4.1　含氮有机化合物的概念

　　含氮有机化合物主要是指分子中氮原子和碳原子直接相连的化合物,也可看成是烃分子中的一个或几个氢原子被含氮的官能团所取代的衍生物。这类化合物种类众多,与生命活动和人类日常生活关系非常密切。

　　酰胺、含氮杂环化合物、氨基酸、生物碱也是为数众多的含氮有机化合物。这里主要讨论硝基化合物(nitro compound)、胺(amine)、重氮盐(diazo salt)等。表 2－12 列出常见的含氮有机化合物。

表 2－12　常见的含氮有机化合物

化合物类型	官能团名称及结构		化合物举例
硝酸酯	硝酸基	$-ONO_2$	$CH_3-CH_2ONO_2$
亚硝酸酯	亚硝酸基	$-ONO$	CH_3-CH_2ONO
硝基化合物	硝基	$-NO_2$	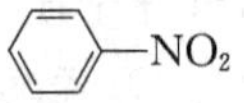 $\langle \rangle-NO_2$
亚硝基化合物	亚硝基	$-NO$	$CH_2-CH_2-CH_2-NO$
腈	氰基	$-CN$	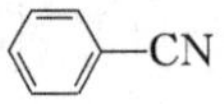 $\langle \rangle-CN$
胺	氨基	$-NHR$	CH_3-NH_2　$CH_3-NH-CH_3$ $(CH_3)_3N$
酰胺	酰氨基	$\overset{O}{\underset{\parallel}{-C}}-NH_2$	$CH_3-\overset{O}{\underset{\parallel}{C}}-NH_2$
季铵化合物	氨基	$-NH_2$	$(CH_3)_3\overset{+}{N}O\overset{-}{H}$
氨基酸	羧基	$-COOH$	NH_2-CH_2-COOH
重氮化合物	重氮基	$-\overset{+}{N}≡N$	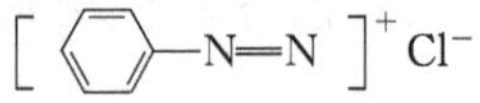 $[\langle \rangle-N≡N]^+Cl^-$
偶氮化合物	偶氮基	$-N=N-$	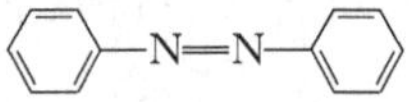 $\langle \rangle-N=N-\langle \rangle$

2.4.2　硝基化合物

　　烃分子中的氢原子被硝基取代后的衍生物,称作硝基化合物。一元硝基化合物的通式是 RNO_2,它与亚硝酸酯互为同分异构体。

$$R-NO_2 \qquad\qquad R-ONO$$
$$\text{硝基化合物} \qquad\qquad \text{亚硝酸酯}$$

　　根据硝基相连接的碳原子不同,可分为伯、仲、叔硝基化合物,或称 1°,2°,3°硝基化合物。据硝基数目,硝基化合物可分为一硝基化合物和多硝基化合物。

与卤代烃相似,命名硝基化合物时以烃基为母体,硝基作为取代基。硝基在官能团次序排列中排在最后,因而硝基总是被当作取代基命名。例如

$$CH_3NO_2$$

硝基甲烷
（伯硝基化合物）

$$H_3C-\underset{\underset{NO_2}{|}}{\overset{\overset{CH_3}{|}}{C}}-CH_3$$

2-甲基-2-硝基丙烷（叔硝基化合物）

N-甲基-N,2,4,6-四硝基苯胺

电子衍射法实验证明,硝基化合物中的硝基具有对称的结构;两个氮氧键的键长都是 0.121 nm,它们是等同的,这反映出硝基结构中存在着四电子三中心的 $p-\pi$ 共轭体系。两个氮氧键发生了平均化。可用共振结构式表示如下

$$R-N\underset{O}{\overset{O}{\underset{}{\Bmatrix}}} \equiv R-\overset{+}{N}\underset{\ddot{O}:^-}{\overset{O}{\underset{}{\Bmatrix}}} \longleftrightarrow R-\overset{+}{N}\underset{O}{\overset{\bar{O}}{\underset{}{\Bmatrix}}}$$

$$1 \qquad\qquad 2 \qquad\qquad 3$$

烷烃与硝酸进行气相高温(400～500 ℃)反应,烷烃中的氢被硝基取代,生成硝基化合物,这种直接生成硝基化合物的反应叫做硝化反应,产物主要是多种一硝基化合物的混合物和因碳链断裂而生成的一些低级的硝基化合物,得到的混合物在工业上不需分离可直接应用。它是油脂、纤维素酯和合成树脂等的良好溶剂,它们均是可燃的。例如

$$CH_3CH_2CH_3 + HNO_3 \xrightarrow{420\ ℃} CH_3CH_2CH_2NO_2 + \underset{NO_2}{CH_3CHCH_3} + CH_3CH_2NO_2 + CH_3NO_2$$

$$\qquad\qquad\qquad\qquad\qquad\qquad\qquad 32\% \qquad\qquad 33\% \qquad\qquad 26\% \qquad\quad 9\%$$

1. 脂肪族硝基化合物

硝基是一个强电负性基团,具有强吸电子的诱导效应,极性较大,所以硝基化合物的沸点较高。脂肪族硝基化合物是无色而有香味的液体,难溶于水,易溶于有机溶剂。硝基化合物大多有毒,无论是吸入还是皮肤接触都容易中毒,使用时应注意安全。

具有 α-氢的硝基化合物存在着硝基式和酸式之间的互变异构现象,酸式可以逐渐异构成硝基式,达到平衡时,就成为主要含有硝基式的硝基化合物。酸式的含量很低,但可以在碱的作用下使平衡偏向酸式一边直到全部转化为酸式的钠盐。

$$CH_3-\overset{+}{N}\underset{O^-}{\overset{O}{\underset{}{\Bmatrix}}} \rightleftharpoons CH_2=\overset{+}{N}\underset{O^-}{\overset{OH}{\underset{}{\Bmatrix}}}$$

硝基式　　　　　　酸式

脂肪族硝基化合物中的 α-氢具有明显的酸性。含有 α-氢的伯或仲硝基化合物能溶解于氢氧化钠溶液而生成钠盐

$$CH_3-\overset{+}{N}\underset{O^-}{\overset{O}{\underset{}{\Bmatrix}}} + NaOH \rightleftharpoons \left[CH_2=\overset{+}{N}\underset{O^-}{\overset{O^-}{\underset{}{\Bmatrix}}}\right]Na^+ + H_2O$$

酸式分子有类似于烯醇式的结构,可以使溴的四氯化碳溶液褪色,与三氯化铁反应显色。

凡具有 α-氢的脂肪族硝基化合物都存在互变异构现象,所以它们都呈现酸性。在碱作用下,具有 α-H 的脂肪族硝基化合物,可以生成稳定的碳负离子并发生亲核加成反应。

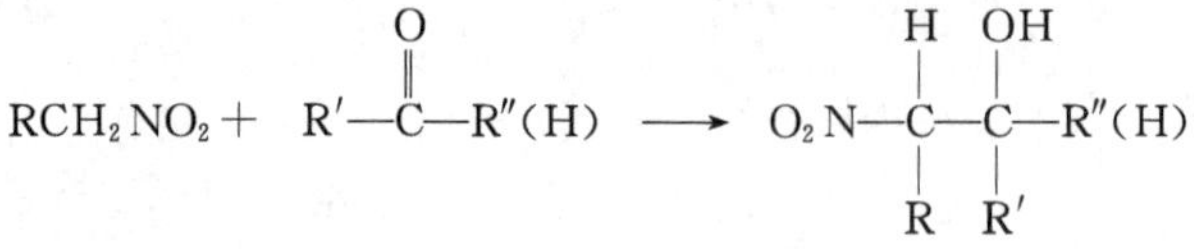

$$RCH_2NO_2 + \quad R'{-}\overset{\overset{\displaystyle O}{\|}}{C}{-}R''(H) \longrightarrow O_2N{-}\overset{\overset{\displaystyle H}{|}}{\underset{\underset{\displaystyle R}{|}}{C}}{-}\overset{\overset{\displaystyle OH}{|}}{\underset{\underset{\displaystyle R'}{|}}{C}}{-}R''(H)$$

2. 芳香族硝基化合物

芳香族硝基化合物可由芳烃直接硝化得到。芳香族硝基化合物是无色或淡黄色的液体或固体。它们的相对密度都大于 1,不溶于水,而溶于有机溶剂。多硝基化合物在受热时易分解发生爆炸。芳香族硝基化合物具有苦杏仁味,有毒性。某些芳香族硝基化合物可作香料使用。芳香族硝基化合物的重要化学性质有以下几个方面。

芳香族硝基化合物最重要的性质是能发生各种各样的还原反应。在催化氢化或较强的化学还原剂的作用下,硝基直接转化为氨基。在适当条件下用温和还原剂还原,则生成各种中间的还原产物。还原条件不同,产物也不同。

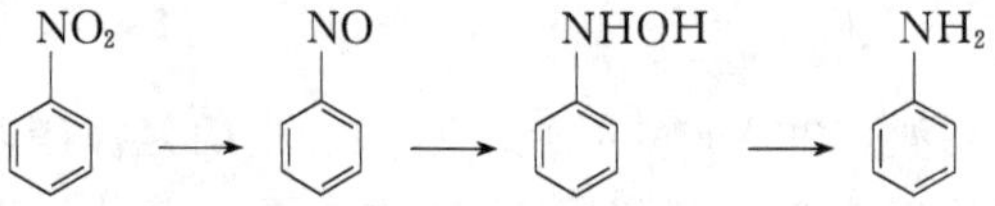

工业上一般采用催化加氢的方法,常用的催化剂有 Cu、Ni 或 Pt 等,可连续化生产,对环境污染少,产品质量和收率都很好。

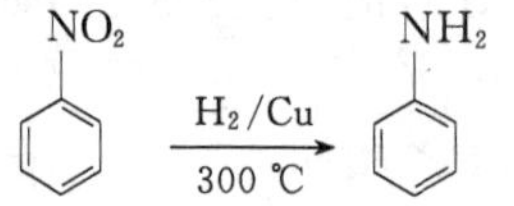

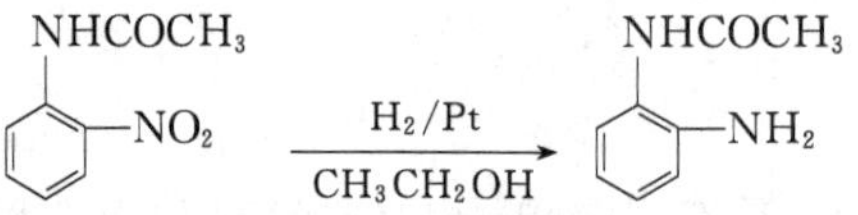

实验室常用化学还原方法在酸性介质中还原。例如在浓盐酸存在下,用 Sn、Fe、SnCl_2 等进行还原。

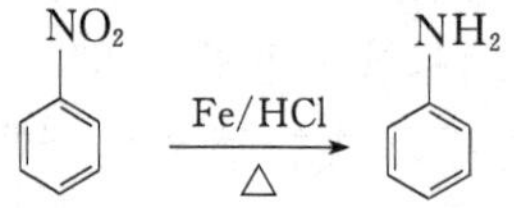

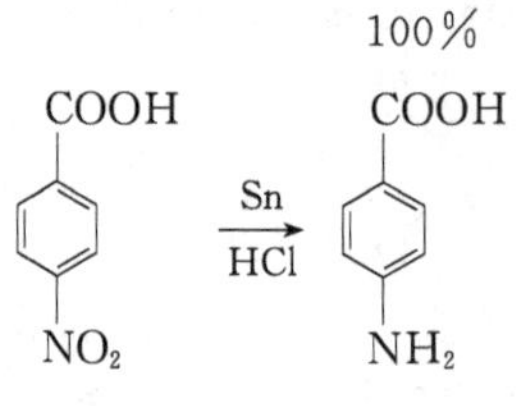

或在中性或弱碱性介质中还原。

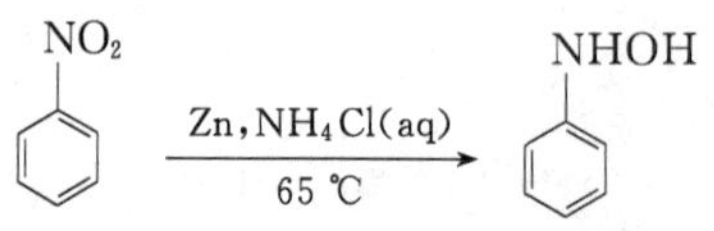

也可在碱金属硫化物、多硫化物等碱性介质中还原,该法可以选择性地将多硝基化合物中的一个硝基还原为胺。例如

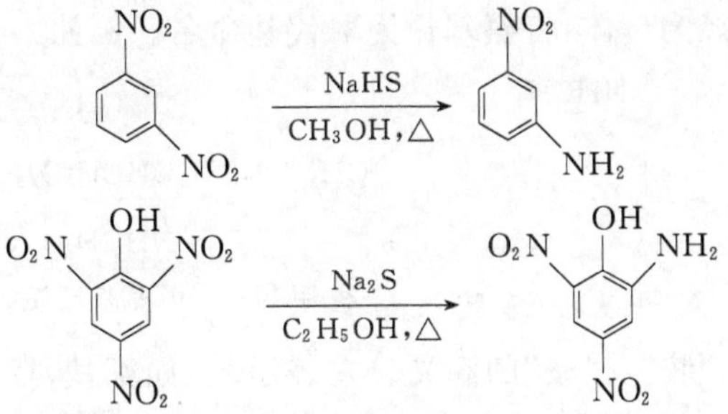

硝基是一个强吸电子基团,它的吸电子作用是通过诱导效应和共轭效应实现的。两种电子效应的方向一致,这使得硝基邻、对位上的电子云密度比间位更加明显地降低。因此,硝基在芳环的亲电取代反应中,起钝化作用,是一个间位定位基,而在芳香族硝基化合物的亲核取代反应中,它的邻、对位成了易受亲核试剂攻击的中心。

2.4.3 胺

1. 胺的结构、分类和命名

胺是一类重要的含氮有机化合物。例如,苯胺是合成药物、染料等的重要原料;胆碱是调节脂肪代谢的物质,它的乙酰衍生物——乙酰胆碱是神经传导的介质。

胺是氨的有机衍生物,与氨相似,胺也含有一个带有孤对电子的氮原子,它使得胺具有碱性和亲核性,胺的大多数化学性质都与这对孤对电子有关。

胺的通式为 RNH_2,R_2NH 或 R_3N,其中 R 代表脂肪烃基或芳香烃基,它们又可分为伯、仲和叔胺。例如

$$CH_3NH_2 \qquad CH_3CH_2NHCH(CH_3)_2 \qquad (CH_3)_3N$$

伯胺 仲胺 叔胺

但要注意,这里的伯、仲、叔的含义与醇中的不同,它们分别是指氮原子上连有一个、两个或是三个烃基,而与连接氨基的碳是伯、仲、叔碳原子没有关系。例如,叔丁醇是叔醇,而叔丁胺却是伯胺。

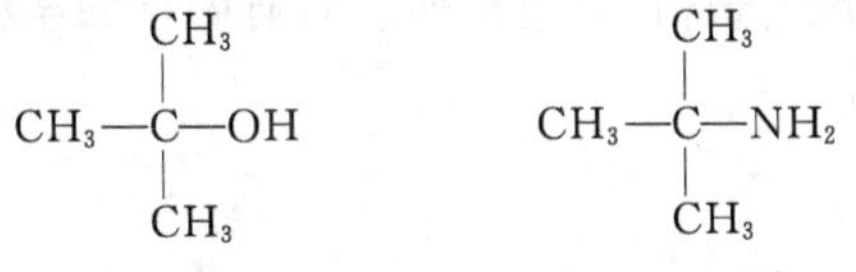

叔丁醇 叔丁胺
叔醇 伯胺

胺也根据氨分子中的氢原子被不同种类的烃基取代而分为脂肪胺和芳香胺。氨基与脂肪烃基相连的是脂肪胺,与芳香环直接相连的叫芳香胺;还可以根据分子中所含氨基数目的不同而分为一元胺、二元胺和多元胺。

简单的胺常以习惯命名法命名,按照分子中烃基的名称及数目叫做某胺;若氮原子上连有两个或三个相同的烃基时,则须表示出烃基的数目。当胺分子中氮原子上所连的烃基不同时,用系统命名法来命名,按次序规则列出的"较优"基团在后。

氮原子上同时连有芳香烃基和脂肪烃基的仲胺和叔胺的命名,则以芳香胺为母体,脂肪烃

基作为芳胺氮原子上的取代基,将名称和数目写在前面,并在基前冠以 N 字,每个 N 只能指示一个取代基的位置,以表示这个脂肪烃基是连在氮原子上,而不是连在芳香环上。烃基比较复杂的胺用系统命名法,以烃为母体,将氨基作为取代基命名。例如

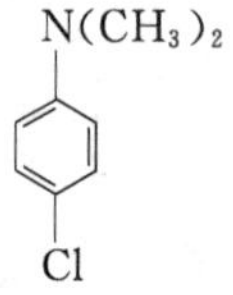

N,N-二甲基-4-氯苯胺 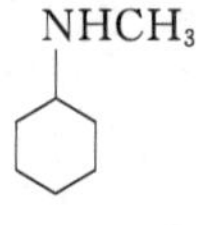　　　　N-甲基环己基胺 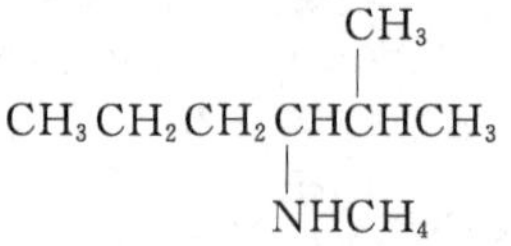　　　2-甲基-3-甲氨基己烷　　　N-乙基乙二胺

在这里,应注意"氨"、"胺"及"铵"的涵义。在表示基(如氨基、亚氨基等)时,用"氨";表示 NH_3 的烃基衍生物时,用"胺";而铵盐或季铵类化合物则用"铵"。季铵化合物的命名与无机铵的命名相似。例如

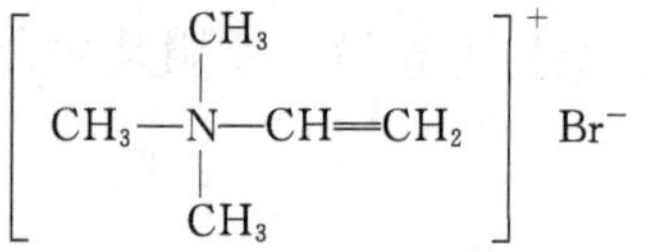

溴化三甲基乙烯基铵 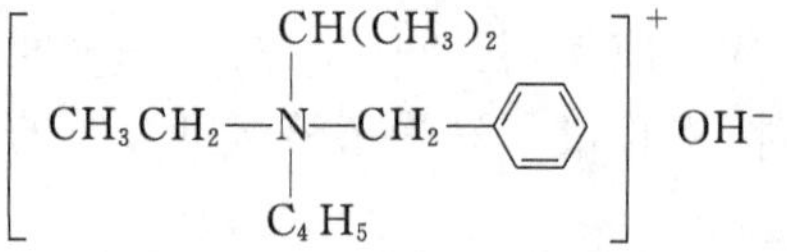　　　　　氢氧化乙基苄基异丙基苯基铵

季铵化合物可看作是铵盐(NH_4X)或氨的水合物($NH_3 \cdot H_2O$)分子中氮原子上的四个氢原子都被烃基取代生成的化合物,它们分别称为季铵盐和季铵碱。

2. 胺的物理性质

胺与氨的性质有相似之处。低级脂肪胺是气体或易挥发液体,具有氨的气味,高级胺为固体。伯、仲、叔胺都能与水分子形成氢键,所以胺易溶于水,其溶解度随相对分子质量的增加而迅速降低,从六个碳原子的胺开始就难溶于水。一般胺能溶于醚、醇、苯等有机溶剂。芳香胺为高沸点的液体或低熔点的固体,具有特殊气味,难溶于水,易溶于有机溶剂,具有一定的毒性,某些胺有致癌作用。胺是极性化合物,除叔胺外,都能形成分子间氢键,胺的沸点比相对分子量相近的烃类高,但比相对分子量相近的醇或羧酸沸点低。叔胺氮原子上无氢原子,分子间不能形成氢键,因此沸点比其同分异构体的伯胺和仲胺低。

3. 胺的化学性质

胺的氮原子上有一对孤对电子,孤对电子使胺具有碱性和亲核性。

(1)胺的碱性和成盐反应

胺能与酸反应生成盐:

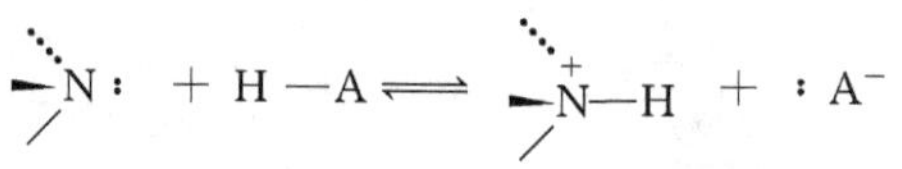

$$\overset{\cdots}{N}: \ + \ H-A \ \Longrightarrow \ \overset{\cdots}{N}-H \ + \ :A^-$$

胺的碱性远远强于醇、醚和水。在水溶液中,脂肪胺一般以仲胺的碱性最强。但是,无论伯、仲或叔胺,其碱性都比氨强。芳香胺的碱性则比氨弱。在水溶液中,胺和 NH_3 的碱性强弱次序为

$$(CH_3)_2NH > CH_3NH_2 > (CH_3)_3N > NH_3 > \text{苯胺}$$

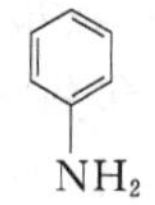

胺的碱性强弱是电子效应、溶剂化效应和位阻效应共同作用的结果。

芳香胺的碱性比脂肪胺弱得多。这是因为苯胺中氮原子的未共用电子对与苯环的 π-电

子产生共轭作用,氮原子上的电子云部分地转向苯环,因此氮原子与质子的结合能力降低,故苯胺的碱性比氨弱得多。

芳香胺氮原子上所连的苯环越多,孤对电子与各个苯环的共轭效应越强,碱性也就越弱。所以,可以看到,在水溶液中,苯胺、二苯胺、三苯胺的碱性强弱顺序依次是:苯胺＞二苯胺＞三苯胺。芳环上的取代基对苯胺的碱性影响非常大,取代基的共电子诱导效应或共轭效应都使碱性增强。

胺有碱性,故能与许多酸作用生成盐。例如

$$\langle\!\!\!\!\!\bigcirc\rangle\!-NH_2 \;+\; HCl \longrightarrow \langle\!\!\!\!\!\bigcirc\rangle\!-NH_2 \cdot HCl(\text{或} \langle\!\!\!\!\!\bigcirc\rangle\!-NH_3^+ Cl^-\;)$$

苯胺盐酸盐(氯化苯铵)

胺盐多为结晶形固体,易溶于水。胺的成盐性质在医学上有实用价值。有些胺类药物在制成盐后,不但水溶性增加,而且比较稳定。例如,局部麻醉剂普鲁卡因,在水中溶解度小且不稳定,常将其制成盐酸盐,以增加其在水溶液中的溶解性。

$$H_2N-\langle\!\!\!\!\!\bigcirc\rangle\!-COOCH_2CH_2N(C_2H_5)_2 \cdot HCl$$

盐酸普鲁卡因

胺是弱碱,它们的盐与强碱(如 NaOH)作用时,能使胺游离出来。利用胺的碱性及胺盐在不同溶剂中的溶解性,可以分离和提纯胺。例如,在含有杂质的胺(液体或固体)中加入无机强酸溶液使其呈强酸性,则胺就转变为胺盐溶解,这样就有可能与不溶的其它有机杂质分离。将胺盐的水溶液分离出来,再加以碱化,使游离胺析出。然后过滤或用水蒸气蒸馏,则得纯净的胺。

$$R\,\overset{+}{N}H_3X^- + NaOH \longrightarrow RNH_2 + NaX + H_2O$$

(2)烷基化和季铵碱的热反应

胺和氨一样可与卤代烃和醇等烷基化试剂反应得到季铵盐

$$\langle\!\!\!\!\!\bigcirc\rangle\!-NR_2 \;+\; RX \longrightarrow \left[\; R_3\overset{+}{N}-\langle\!\!\!\!\!\bigcirc\rangle\;\right]X^-$$

季铵盐在有机相和水相中都有一定的溶解度,它可使某一负离子从一相转移到另一相中促使反应发生。季铵盐只是起到一个"运输"负离子的作用,而其本身在整个反应过程中并没有消耗。季铵盐受热时分解,生成叔胺和卤代烃。

$$[R_4N^+]X^- \overset{\triangle}{\longrightarrow} R_3N + RX$$

季铵盐与氢氧化钠等强碱作用时不能使胺游离出来,而是得到含有季铵碱的平衡混合物。在醇溶液中卤化季铵盐能与氢氧化钾反应得到季铵碱;或用潮湿的氧化银处理生成卤化银沉淀,破坏平衡得到季铵碱。季铵碱的碱性与氢氧化钠或氢氧化钾相当,是强碱。季铵碱有相当强的吸潮性,能吸收空气中的二氧化碳。

$$Ag_2O + H_2O \rightleftharpoons 2AgOH$$
$$R_4N^+X^- + AgOH \longrightarrow R_4N^+OH^- + AgX\downarrow$$

含有 β-氢原子的季铵碱受热分解时,发生 E2 反应,生成烯烃和叔胺。

$$\left[\begin{array}{c} CH_3 \\ | \\ CH_3-N-CH_2CH_2CH_3 \\ | \\ CH_3 \end{array}\right]^+ OH^- \overset{\triangle}{\longrightarrow} CH_2\!=\!CHCH_3 + (CH_3)_3N$$

当季铵碱的一个基团上有两个 β 位的氢时，消除就有两种可能，主要消除的是酸性较强的氢，也就是 β-碳上取代基较少的 β-氢。烯烃的结构与卤代烃或醇发生消除反应时所发生的 Saytzeff 规则正相反。

$$CH_3CH=CHCH_2 \quad + \quad CH_3CH_2CH=CH_2 \quad + \quad (CH_3)_3N$$

$$5\% \qquad\qquad 95\%$$

Hofmann 根据很多实验结果发现这一个规则，称为 Hofmann 规则。在季铵碱的消除反应中，总是较少烷基取代的 β-碳原子上的氢优先被消除。因此，季铵碱的消除反应也常称作 Hofmann 消除反应，生成的烯烃有的被称为 Hofmann 烯，以区别于根据 Saytzeff 规则形成的烯烃的结构。Hofmann 消除反应可用来推测胺的结构。先用过量的碘甲烷与胺反应，使胺转变为季铵盐，即发生彻底甲基化。再用湿的氧化银处理，得到季铵碱，季铵碱受热分解生成叔胺和烯烃。根据烯烃的结构可以推测出原来胺分子的结构。

(3)酰化反应和 Hinsberg O(兴斯堡)反应及应用

伯、仲胺都能与酰氯、酸酐等酰化剂反应，氨基上的氢原子被酰基取代，生成酰胺，这种反应叫做胺的酰化。叔胺因氮上没有氢故不发生酰化反应。

$$R'-\underset{\underset{O}{\parallel}}{C}-Cl \ + \ RNH_2 \longrightarrow R'-\underset{\underset{O}{\parallel}}{C}-NHR \ + \ HCl$$

$$R'-\underset{\underset{O}{\parallel}}{C}-Cl \ + \ \underset{\underset{R}{\mid}}{\overset{\overset{R}{\mid}}{NH}} \longrightarrow R'-\underset{\underset{O}{\parallel}}{C}-NR_2 \ + \ HCl$$

$$R-\underset{\underset{O}{\parallel}}{C}-NHR \xrightarrow[\text{或 } OH^-]{H_3O^+} RCOO^- + RNH_3^+$$

酰胺是晶型很好的固体，所以利用酰化反应可以鉴定伯胺和仲胺。因叔胺不起酰化反应，故用这一性质来区别叔胺，并可以从伯、仲、叔胺的混合物中把叔胺分离出来。此外，酰胺在酸或碱的催化下，可水解游离出来原来的胺。因此在有机合成中可用酰化的办法来保护芳胺的氨基。例如

磺酰氯特别是苯磺酰氯及对甲基苯磺酰氯，常用于伯胺、仲胺的酰化。例如

$$RNH_2(R') \ + \ \text{⟨⟩}-SO_2Cl \xrightarrow{\text{碱}} \text{⟨⟩}-SO_2NHR(R') \ + \ HCl$$

磺酰化反应在碱性条件下进行，伯胺反应产生的磺酰胺的氮上还有一个氢，因受到磺酰基影响，具有弱酸性，可以溶于碱成盐；仲胺形成的磺酰胺，因氮上无氢不溶于碱；叔胺不发生磺酰化反应。这些性质上的不同，可用于三类胺的分离和鉴定，这个反应称为 Hinsberg O 反应

$$RNH_2 + \text{⟨⟩}-SO_2Cl \longrightarrow \text{⟨⟩}-SO_2\overset{H}{\underset{}{N}}R \xrightarrow{NaOH} \text{⟨⟩}-SO_2\overset{-}{N}RNa^+$$

$$R_2NH + \langle\!\!\!\bigcirc\!\!\!\rangle\!\!-\!SO_2Cl \longrightarrow \langle\!\!\!\bigcirc\!\!\!\rangle\!\!-\!SO_2NR_2 \quad (不溶于 NaOH)$$

$$R_3N + \langle\!\!\!\bigcirc\!\!\!\rangle\!\!-\!SO_2Cl \longrightarrow 不发生反应$$

（4）与醛、酮的反应

在弱酸性（pH3～4）条件下伯胺与醛、酮的羰基发生加成，氮上还有氢发生消除反应，失去一分子水生成亚胺，亚胺加氢得到取代胺。例如

$$\underset{RCH_2CH(R')}{\overset{O}{\parallel}} + H_2NR'' \xrightarrow{-H_2O} \underset{RCH_2-CH-(R')}{\overset{NR''}{\parallel}} \xrightarrow{H_2,Ni} \underset{RCH_2CH_2(R')}{\overset{HNR''}{|}}$$

仲胺与醛、酮反应，若醛、酮 α-碳原子上还有氢，则采取另一种脱水方式而生成烯胺，烯胺和烯醇类似，也可以在双键碳上发生亲电取代反应，结果相当于在原醛、酮的 α-碳上发生了亲电取代反应，引入一个烃基和酰基，这一反应在有机合成上非常有用。

$$-C\!=\!C\!-\!\overset{\cdot\cdot}{N}R_2 \longleftrightarrow -\overset{-}{C}\!-\!C\!=\!\overset{+}{N}R_2 \xrightarrow{R'X} \underset{-C-C\!=\!\overset{+}{N}R_2}{\overset{R'}{|}} \xrightarrow{H_2O} \underset{-C-C\!=\!O}{\overset{R'}{|}}$$

$$R'X\!=\!R'I,PhCH_2X（活泼卤代烃）$$

（5）与亚硝酸反应

各类胺与亚硝酸反应可生成不同产物。由于亚硝酸不稳定，常用亚硝酸钠加盐酸（或硫酸）代替亚硝酸来进行反应。脂肪族伯胺与亚硝酸作用先生成极不稳定的脂肪族重氮盐，它立即分解成氮气和一个碳正离子，然后此碳正离子可发生各种反应生成醇、烯烃、卤代烃等混合物，所以这个反应没有合成价值。

$$RNH_2 + HNO_2 \longrightarrow [R^+N_2X^-] \longrightarrow N_2 + R^+ + X^-$$
$$\!\!\downarrow\!\!ROH,RCl,烯烃$$

由于此反应能定量地放出氮气，故可用来分析伯胺及氨基化合物。

芳香族伯胺与脂肪族伯胺不同，在低温和强酸存在下，与亚硝酸作用则生成芳香族重氮盐，这个反应称为重氮化反应。这是一个很重要的有机反应，被广泛应用。

仲胺与亚硝酸作用生成 N-亚硝基胺，例如

$$\underset{H_3C}{\overset{H_3C}{>}}NH + HONO \longrightarrow \underset{H_3C}{\overset{H_3C}{>}}N\!-\!N\!=\!O + H_2O$$

N-亚硝基二甲胺

$$\langle\!\!\!\bigcirc\!\!\!\rangle\!\!-\!\underset{CH_3}{\overset{|}{N}}H + HONO \longrightarrow \langle\!\!\!\bigcirc\!\!\!\rangle\!\!-\!\underset{CH_3}{\overset{|}{N}}\!-\!N\!=\!O + H_2O$$

N-甲基-N-亚硝基苯胺

N-亚硝基胺为黄色中性油状物质，是较强的致癌物质，不溶于水，可从溶液中分离出来，与稀酸共热分解为原来的仲胺，故可利用这一性质鉴别、分离或提纯仲胺。

脂肪族叔胺因氮上没有氢，与亚硝酸作用只能生成不稳定的亚硝酸盐，很易水解，加碱又得到游离的叔胺。芳香族叔胺与亚硝酸作用，发生环化反应，在芳香环上引入亚硝基，生成对

亚硝基取代物,在酸性溶液中呈黄色,若对位上已有取代基,则亚硝基取代在邻位。

由于三种胺与亚硝酸的反应不同,所以可利用与亚硝酸的反应鉴别伯、仲、叔胺。

(6)芳胺的亲电取代反应

氨基是强邻对位定位基,在邻对位上易发生亲电取代反应。苯胺在水溶液中与溴的反应是快速且定量的,得到三溴取代物。例如

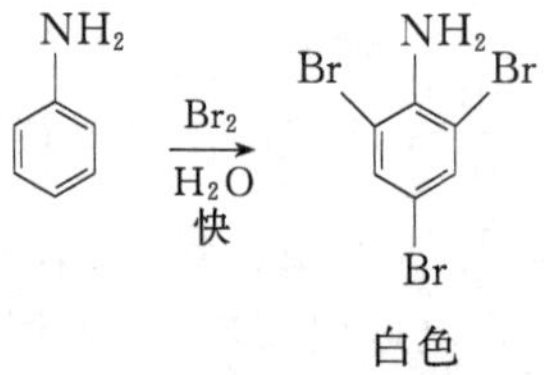

白色

2,4,6-三溴苯胺的碱性很弱,在水溶液中不能与氢溴酸成盐,因而生成白色沉淀,反应完全。此反应可用来鉴定苯胺和进行定量分析。要想得到一取代产物,可先对苯胺进行乙酰化,苯胺酰化后仍保持邻对位定位效应,但活化效应减弱。例如

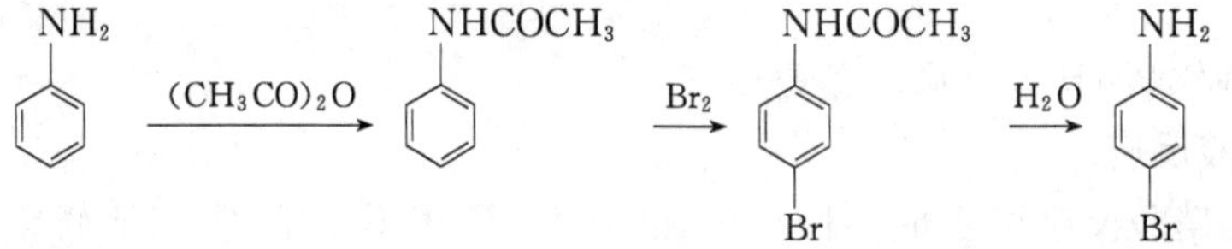

苯胺与硝酸/硫酸混合酸作用生成间硝基苯胺,通常的做法是,先将苯胺溶于浓硫酸中生成苯胺硫酸盐,—NH_3^+是间位定位基,并能稳定苯环,再经硝化时氨基不会被硝酸氧化,主要得到间位取代产物。

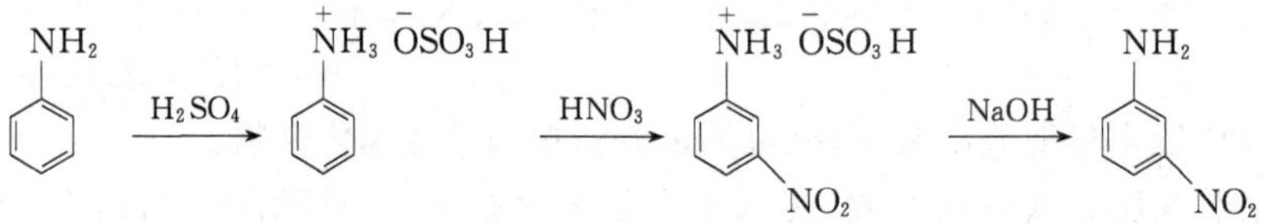

苯胺与浓硫酸混合形成苯胺硫酸盐后在 $180\sim190$ ℃烘焙,发生分子重排,得到对氨基苯磺酸。对氨基苯磺酸是一种内盐。

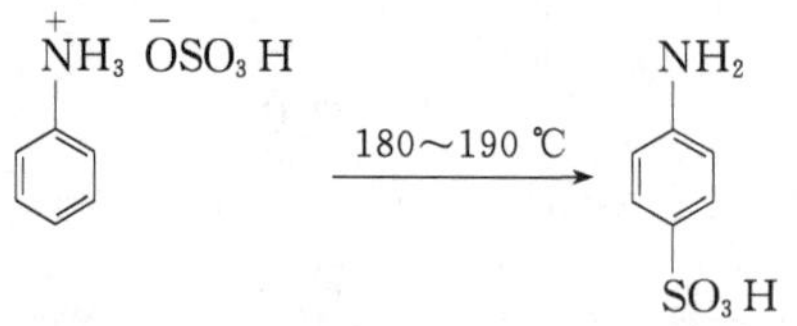

芳胺极易氧化,如苯胺遇漂白粉溶液呈紫色(含有醌型结构的化合物),可用来检验苯胺。芳胺的盐及 N,N-二取代的芳胺较难氧化。

2.4.4 腈

腈(nitrile)的通式是 RCN,低级腈为无色液体,高级腈为固体。乙腈与水混溶,随相对分子质量增加在水中的溶解度迅速降低,丁腈以上难溶于水。纯粹的腈没有毒性,但通常腈中都含有少量异腈,而异腈是很毒的物质。由于腈分子的偶极矩大,腈的沸点比相对分子质量相近的烃、醚、醛、酮和胺都要高得多;又因为腈分子的极性大,乙腈还能溶解许多盐类,因此乙腈是一个很好的溶剂。

腈的命名是根据腈分子中所含碳原子数目称为某腈；或以烃为母体、氰基作为取代基称为氰基某烷。例如，CH_3CH_2CN 称为丙腈或氰基乙烷。

腈可由卤代烷与氰化钠作用制得

$$CH_3CH_2CH_2CH_2Br + NaCN \xrightarrow{\text{乙醇}} CH_3CH_2CH_2CH_2CN + NaBr$$
$$\text{正戊腈}$$

酰胺或羧酸的铵盐与五氧化二磷共热失水生成腈

$$RCONH_2 \xrightarrow[\triangle]{P_2O_5} RCN + H_2O$$

腈在酸或碱催化下水解生成羧酸

$$RCN + HOH \xrightarrow{H^+ \text{或} OH^-} R-\overset{\displaystyle O}{\underset{\displaystyle \|}{C}}-NH_2 \xrightarrow[H^+ \text{或} OH^-]{H_2O} R-\overset{\displaystyle O}{\underset{\displaystyle \|}{C}}-OH + NH_3$$

腈的水解分两步进行，第一步生成酰胺，第二步生成羧酸。一般情况下水解时，不易停留在酰胺阶段，但在浓的硫酸中并限制水量进行水解，则可以使水解停留在酰胺阶段。

异腈(isonitrile)又名胩，命名时以异氰基(—NC)为取代基，称为异氰基某烃或某胩。命名异腈和腈时，它们对碳原子数的计数规则不一样，CH_3CH_2NC 为异氰基乙烷或乙胩；而 CH_3CH_2CN 称为丙腈。异腈的通式为 RNC，它是腈的异构体。

异腈是具有恶臭和剧毒的无色液体，化学性质与腈有显著不同。异腈对碱相当稳定，但容易被稀酸水解，生成伯胺和甲酸

$$RNC + 2H_2O \xrightarrow{H^+} RNH_2 + HCOOH$$

异腈加热时异构化成相应的腈

$$RNC \xrightarrow{250\sim300\ ℃} RCN$$

异腈催化加氢生成仲胺

$$RNC + 2H_2 \xrightarrow{Pt} RNHCH_3$$

2.4.5　重氮和偶氮化合物

分子中含有 —N≡N— 原子团，而且这个原子团的两端都和碳原子相连的化合物叫做偶氮化合物(azo compound)。它们可以用通式 R—N≡N—R 来表示，其中 R 可以是脂肪族烃基或芳香族烃基。例如

$$\underset{\overset{\displaystyle |}{CN}}{(CH_3)_2C}-N=N-\underset{\overset{\displaystyle |}{CN}}{C(CH_3)_2}$$

偶氮二异丁腈　　　　　　　　　　　　偶氮苯

重氮化合物的分子中也含有两个氮原子相连的原子团，但这个原子团只有一端与碳原子相连。例如

$$CH_2N_2 \qquad\qquad PhN_2Cl \qquad\qquad Ph-N=N-NHPh$$
重氮甲烷　　　　　氯化重氮苯　　　　苯重氮氨基苯

脂肪族重氮化合物和偶氮化合物为数不多，没有芳香族的重要。芳香族重氮化合物是合成芳香族化合物的重要试剂。芳香族偶氮化合物广泛用作染料。

芳香族伯胺在低温和强酸存在下,与亚硝酸作用生成芳香族重氮盐。例如

$$\underset{\text{NH}_2}{\bigcirc} + \text{NaNO}_2 + \text{HCl} \xrightarrow{<5\ \text{℃}} \underset{\text{N}_2^+\text{Cl}^-}{\bigcirc} + 2\text{H}_2\text{O}$$

芳香族重氮盐是固体,干燥情况下极不稳定,爆炸性能强,但比脂肪族重氮盐稳定,一般不将它从溶液中分离出来,而是直接进行下一步反应。重氮盐不溶于醚,但能溶于水,水溶液呈中性。

重氮盐结构式可表示为$[\text{ArN}^+\text{N}]\text{X}^-$,重氮正离子的两个氮原子和苯环相连的碳原子是线型结构,两个氮原子的π轨道与苯环的π轨道形成离域的共轭体系,重氮正离子可用下列共振式表示

$$\bigcirc\!\!-\!\!\overset{+}{\text{N}}\!\!=\!\!\text{N}: \longleftrightarrow \bigcirc\!\!-\!\!\overset{\cdot\cdot}{\text{N}}\!\!=\!\!\overset{+}{\text{N}}:$$

由于重氮正离子中氮原子上的正电荷可以离域到芳环上,因此它是一个很弱的亲电试剂。重氮盐的稳定性受苯环上的取代基和酸根的影响,取代基为卤素、硝基、磺酸基等吸电子基团时能增强重氮盐稳定性,硫酸根重氮盐要比盐酸盐稳定。通过重氮盐的反应,可以制备许多芳香族化合物。芳香族重氮盐的反应主要分为放氮(重氮基被取代的)反应和保留氮(偶合,还原)反应两大类。

2.4.6　蛋白质

蛋白质(protein)是生物体的基本组成成分,在人体内约占固体成分的45%,它的分布很广,几乎所有的器官组织都含蛋白质,并且它又与所有的生命活动密切联系。例如,机体新陈代谢过程中的一系列化学反应都几乎依赖于生物催化剂——酶的作用,而酶就是蛋白质;调节物质代谢的激素有许多也是蛋白质或它的衍生物;其它诸如肌肉的收缩、血液的凝固、免疫功能、组织修复,以及生长、繁殖等主要功能无一不与蛋白质相关。近代分子生物学的研究表明,蛋白质在遗传信息的控制、细胞膜的通透性、神经冲动的发生和传导,以及高等动物的记忆等方面都起着重要的作用。

1. 蛋白质的元素组成及分类

各种蛋白质不论其来源如何,元素组成都很近似,所含主要元素有

碳(50%～55%),平均52%　　　　氢(6.9%～7.7%),平均7%

氧(21%～24%),平均23%　　　　氮(15%～17.6%),平均16%

硫(0.3%～2.3%),平均2%

除此之外,不同的蛋白质含有少量的其它元素,我们称之为微量元素。蛋白质中所含的微量元素有:

磷(0.4%～0.9%),平均0.6%,如酪蛋白中含磷;

铁(0.4%～0.9%),动物肝脏含丰富铁元素;

碘,主要存在于甲状腺球蛋白中;

此外还有锌、铜等。

蛋白质元素组成的特点是都含有氮元素,且比较恒定,平均16%。由于体内组织的主要含氮物质是蛋白质,因此,只要测定生物样品中的氮含量,就可以推算出蛋白质大致含量。即

1 克氮代表 6.25 克蛋白质,6.25 也称作蛋白质系数。

2. 蛋白质分子组成及结构

蛋白质是由 20 种左右的氨基酸借肽键连接形成的生物大分子。

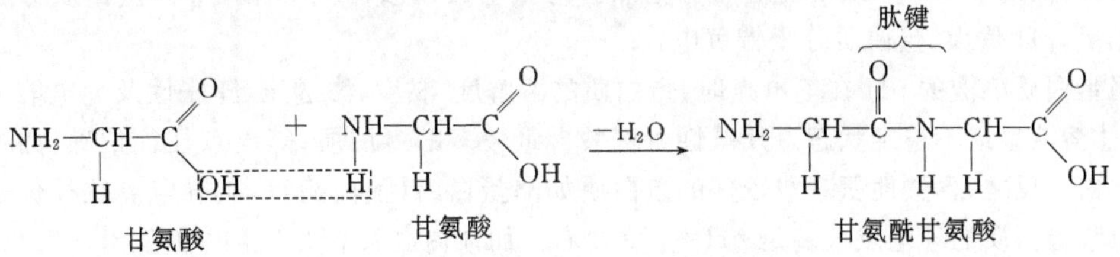

每种蛋白质都有自己的氨基酸组成及排列顺序,同时具有特定的空间结构。这些特性构成了蛋白质独特生理功能的结构基础。从理论上分析,组成蛋白质大分子的氨基酸种类、数目、排列顺序及空间结构的不同所产生的各种蛋白质几乎是无穷无尽的,为生物体行使千差万别的功能需要提供了物质基础。蛋白质分子结构由低层到高层可分为一级结构、二级结构、三级结构和四级结构四个层次,后三者统称为空间结构、高级结构或空间构象。蛋白质的空间结构涵盖了蛋白质分子中的每一原子在三维空间的相对位置,它们是蛋白质特有性质和功能的结构基础。

蛋白质的分类方法众多,根据蛋白质分子的结构可以把蛋白质分为球状蛋白和纤维状蛋白,所有具有生物活性的蛋白质都是近似球状或椭球状的。大多数疏水性侧链埋藏在球蛋白分子的内部,形成疏水核,从而使多肽链形成极其致密的球状结构;大多数亲水链分布在球蛋白分子的表面上,形成亲水的分子外壳,从而使球蛋白分子可溶于水。按功能可将蛋白质分为活性蛋白质和非活性蛋白质两类;按组成可分为简单蛋白质和结合蛋白质,主要的结合蛋白质包括色蛋白、金属蛋白、磷蛋白、核蛋白、脂蛋白和糖蛋白六类。按其溶解度可分为非水溶性的纤维蛋白质和能溶于水、酸、碱或盐溶液的球状蛋白质。按其营养价值可分为含有人体所必需氨基酸的完全蛋白质和缺少人体必需氨基酸的不完全蛋白质。

3. 蛋白质的理化性质

(1)蛋白质的胶体性质

蛋白质是高分子化合物,相对分子质量一般在 10000~1000000。蛋白质分子颗粒的直径一般在 1~100 nm,在水溶液中呈胶体状态,具有丁达尔现象、布朗运动、不能透过半透膜、扩散速率慢、黏度大等特征。

蛋白质分子表面含有氨基、羧基、羟基、巯基、酰胺基等很多亲水基团,能与水分子形成水化层,把蛋白质分子颗粒分隔开来。此外,蛋白质在一定 pH 溶液中都带有相同电荷,因而使颗粒相互排斥。水化层的外围,还可有被带相反电荷的离子所包围而形成的双电层,这些因素都是防止蛋白质颗粒的互相聚沉,促使蛋白质成为稳定胶体溶液的因素。

蛋白质分子不能透过半透膜的特点在生物学上有重要意义。细胞内外不同的部位,对维持细胞内外水和电解质分布的平衡、物质代谢的调节都起着非常重要的作用。另外,利用蛋白质不能透过半透膜的性质,将含有小分子杂质的蛋白质溶液放入半透膜袋内,然后将袋浸于蒸馏水中,小分子物质由袋内移至袋外水中,蛋白质仍留在袋内,这种方法叫透析。透析是纯化蛋白质的方法之一。

（2）蛋白质的两性性质

蛋白质和氨基酸一样,均是两性电解质,在溶液中可呈阳离子、阴离子或两性离子,这取决于溶液的 pH、蛋白质游离基团的性质和数量。当蛋白质在某溶液中,带有等量正电荷和负电荷时,此溶液的 pH 即为该蛋白质的等电点。与氨基酸相似,当 pH 偏小时,蛋白质分子带正电。相反,pH 偏大,蛋白质分子带负电。

当蛋白质溶液的 pH 在等电点时,蛋白质的溶解度、黏度、渗透压、膨胀性及导电能力均最小,胶体溶液呈最不稳定状态。凡碱性氨基酸含量较多的蛋白质,等电点往往偏碱,如组蛋白和精蛋白。反之,含酸性氨基酸较多的蛋白质如酪蛋白、胃蛋白酶等,其等电点往往偏酸。人体内血浆蛋白质的等电点大多是 pH＝5.0 左右。而体内血浆 pH 正常时在 7.35～7.45,故血浆中蛋白质均呈负离子形式存在。由于各种蛋白质的等电点不同,在同一 pH 缓冲溶液中,各蛋白质所带电荷的性质和数量不同。因此,它们在同一 pH 缓冲溶液中,各蛋白质所带电荷的性质和数量不同,在同一电场中移动方向和速率均不相同。利用这一性质来进行蛋白质的分离和分析的方法,称为蛋白质电泳分析法。血清蛋白电泳是临床检验中最常用的测试项目之一。

（3）蛋白质的沉淀

蛋白质从溶液中以固体状态析出的现象称为蛋白质的沉淀。它的作用机制主要是破坏了水化膜或中和蛋白质所带的电荷。沉淀出来的蛋白质,根据实验条件,可以使之变性或不变性。主要沉淀方法有以下几种。

盐析:向蛋白质溶液中加入大量中性盐时,蛋白质便从溶液中沉淀出来,这个过程称为盐析。

重金属盐沉淀:蛋白质可以与重金属离子(如汞、铅、铜、锌等)结合生成不溶性盐而沉淀,此反应的条件是溶液的 pH 应稍大于该蛋白质的等电点,使蛋白质带较多的负电荷,易与金属离子结合。临床上常用蛋清或牛乳解救误服重金属盐的病人,目的是使重金属离子与蛋白质结合而沉淀,阻止重金属离子的吸收。然后,用洗胃或催吐的方法,将重金属离子的蛋白质盐从胃内清除出去,也可用导泻药将毒物从肠管排除。

酸类沉淀:蛋白质可与钨酸、苦味酸、鞣酸、三氯醋酸、磺基水杨酸等发生沉淀。反应条件是溶液的 pH 应小于该蛋白质的等电点,使蛋白质带正电荷,与酸根结合生成不溶盐而沉淀。生化检验中常用钨酸或三氯醋酸作为蛋白质沉淀剂,以制备无蛋白血滤液。

有机溶剂沉淀:乙醇溶液、甲醇、丙醇等有机溶剂可破坏蛋白质的水化层,因此,能发生沉淀反应。如把溶液的 pH 调节到该蛋白质的等电点时,则沉淀更加完全。在室温条件下,有机溶剂沉淀所得蛋白质往往发生变性。若在低温条件下进行沉淀,则变性作用进行缓慢,故可用有机溶剂在低温条件下分离和制备各种血浆蛋白。此法优于盐析,因不需透析去盐,而且有机溶剂很易通过蒸发去除。乙醇溶液作为消毒剂,作用机制即是使细菌内的蛋白质发生变性沉淀,而起到杀菌作用。

（4）蛋白质的变性与凝固

天然蛋白质受理化因素的作用,构象会发生改变,导致蛋白质的理化性质和生物学特性发生变化,这种现象叫变性作用。变性的实质是次级键(氢键、离子键、疏水作用等)的断裂,而形成一级结构的主键(共价键)并不受影响。变性后的蛋白质称为变性蛋白质。

变性蛋白质的亲水性减弱,其溶解度降低。在等电点的 pH 溶液中可发生沉淀,但仍能溶于偏酸或偏碱的溶液。它们的生物活性丧失,如酶的催化功能消失,蛋白质的免疫性能改变等。此外,变性蛋白质溶液的黏度往往增加,也更容易被酶消化。

能使蛋白质变性的物理因素有加热、剧烈振荡、超声波、紫外线和 X 射线的照射,化学因素有强酸、强碱、尿素、去污剂、重金属盐、生物碱试剂、有机溶剂等。如果蛋白质变性仅影响三、四级结构,其变性往往是可逆的。如被盐酸变性的血红蛋白,再用碱处理可恢复其生理功能。胃蛋白酶加热到 $80\sim90$ ℃时失去消化蛋白质的能力,如温度慢慢下降到 37 ℃时,酶的催化能力又可恢复。天然蛋白质变性后,所得的变性蛋白质分子互相凝聚或互相穿插结合在一起的现象称为蛋白质凝固。蛋白质凝固后一般都不能再溶解。

4. 酶的概述

在生物体的活细胞中每分每秒都进行着成千上万的大量生物化学反应,而这些反应却能有条不紊地进行且速率非常快,使细胞能同时进行各种降解代谢及合成代谢,以满足生命活动的需要。生物细胞之所以能在常温常压下以极高的速率和很大的专一性进行化学反应,这是由于生物细胞中存在着生物催化剂——酶。酶是生物体活细胞产生的具有特殊催化能力的蛋白质。它可以分为氧化还原酶类、转移酶类、水解酶类、裂解酶类、异构酶类和合成酶类六大类。

酶作为生物催化剂和一般催化剂相比,既有共性又有特性。一方面,酶与一般催化剂一样,具有用量少而催化效率高、仅能改变化学反应速率而不改变化学反应的平衡点、在反应前后本身不发生变化等特点;另一方面,酶作为生物催化剂具有以下优点:反应一般在常温、常压、近于中性的条件下进行,投资小、能耗少,且操作安全性高;具有极高的催化效率,比化学催化效率高 $10^7\sim10^{12}$ 倍;具有高度专一性,酶对底物(反应物)和反应类型具有高度的选择性,副产物极少,产物易于分离,能使许多用化学催化剂难以进行的反应得以实现,如可用于手性化技术中;酶催化剂本身是可生物降解的蛋白质,是理想的绿色催化剂。

酶不仅在生命活动中有极为重要的作用,而且在工业、农业、医药以及科学研究中也日益发挥着它巨大的贡献。工业上主要利用微生物发酵法生产各种酶制剂,其中应用最多的是淀粉酶制剂和蛋白酶制剂。淀粉酶主要用于纺织业进行棉布退浆,食品工业上使淀粉水解生成葡萄糖。蛋白酶大量用于皮革脱毛、蚕丝脱胶等。酶可作药物用于治病,如多酶片和胃蛋白酶是常用的助消化药。尿激酶可溶解血栓,是心肌梗死的急救药物。胰蛋白酶、糜蛋白酶等用于外科清创、化脓、腹腔浆膜黏连等的治疗。天门冬酰胺酶可使某种类型的白血病缓解。在分析和化验中使用酶发展了许多快速、灵敏、专一的新方法,如在电极外包一层含葡萄糖氧化酶的薄膜,制成酶电极,用于测定血糖浓度,1 min 就可测一个样品。在饲料中添加一定量纤维素酶可使饲料中的纤维素水解生成葡萄糖,提高饲料的营养价值。

2.4.7 工业废水中有害含氮化合物举例

(1)己二酸二腈 $CN(CH_2)_4CN$

己二酸二腈为浅色液体,相对分子质量 108.56,熔点 $0\sim1$ ℃,沸点 295 ℃,15 ℃时在水中的溶解度 50 g/L,生物需氧量 1.75,化学需氧量 1.92。它存在于塑料及合成树脂的生产废水中。一级气味对应于浓度 31 mg/L,二级气味对应于浓度 63 mg/L。

该产品若进入体内,会刺激胃肠。在慢性毒物学试验中,若随饮水进入热血动物胃肠内的己二酸二腈的浓度如为 0.005 mg/kg 或每升水含 0.1 mg,则无不良影响。对鱼类的毒害很小。

水中含有少量己二酸二腈,对生物需氧量无影响。它在废水的生物净化过程中会逐渐分解。当其浓度超过 1 mg/L 时,会破坏废水的生物处理过程。

根据卫生学与毒理学指标规定了己二酸二腈在水体中的极限容许浓度为 0.1 mg/L。

(2)丙烯腈 CH_2=CHCN

丙烯腈为无色燃烧性液体,相对分子质量 53.03,熔点 -83 ℃,沸点 77.3 ℃,在水中的溶解度适中。化学性质稳定,在水中缓慢分解。生物需氧量 0.7,全分解生物需氧量 1.56,化学需氧量 1.81。

塑料、合成橡胶、树脂、染料、合成纤维、农药、化学制药、石油化学等各业的生产废水中,均含有丙烯腈。

丙烯腈改变水的感官性质的极限浓度为 0.01 mg/L。该浓度的平均值为 18.6 mg/L(波动范围为 0.0031～50.4 mg/L),其二级气味对应于浓度 50 mg/L。

丙烯腈为剧毒物,甚至极小的浓度也会引起人的恶心和呕吐。饮用水中含有 0.01 mg/L 浓度的丙烯腈,也会引起毒性反应(应考虑 CN 的毒性)。小鼠静脉注射的 LD_{50} 为 15 mg/kg,大鼠为 93 mg/kg。

在慢性毒理学实验中,对家兔和白鼠的无害计量分别为 1.0 mg/kg 和 0.1 mg/kg。本品属于致癌物。

丙烯腈会对水体的卫生状况产生不良影响。根据有关资料,5 mg/L 的浓度不影响废水的氨化过程和硝化过程;10 mg/L 的浓度对两过程的影响也不大;20 mg/L 的浓度对稀释后的废水的生物需氧量无影响,而 50 mg/L 的浓度则会使生物需氧量降至 20%。国外的学者认为,若要不破坏水体的自净化生物过程,丙烯腈的最大浓度应不超过 5 mg/L。

丙烯腈对废水的生物处理设施有破坏作用,高于 20 mg/L 的浓度时,便会影响废水沉渣的厌氧发酵过程。

废水中丙烯腈的测定,采用硫醇法。用共沸蒸馏法将其从废水中蒸出,然后令其与硫代乙二醇酸反应进行比色法测定,方法的灵敏度为 1 mg/L。废水的处理方法如下:用苛性钠将废水中丙烯腈的浓度由 1000～3000 mg/L 降至 75 mg/L,然后即可进行生物处理;将废水稀释 10～20 倍,用活性炭将丙烯腈从废水中提出;用氢氧化镁进行混凝,用丙烯酰胺进行澄清处理,然后进行生物法净化;再进行共沸蒸馏和臭氧氧化。每一个处理步骤均须根据废水的组成和水量选用最为适用的方法。

饮用水中丙烯腈的最大允许浓度尚未规定,而水体中的最大允许浓度,根据卫生学与毒理学指标则为 2 mg/L。供生物法处理的废水中的丙烯腈的最大允许浓度最好为 150 mg/L。

(3)烯丙基氰 CH_2=CHCH$_2$CN

烯丙基氰为带有葱味的液体,难溶于水,相对分子质量 67.09,熔点 -86.6 ℃,沸点 118～119 ℃。

烯丙基氰存在于有机合成企业的废水中。

本品对人体和温血动物极毒(其作用与氰化物相似)。其对温血动物、水生生物及水体的影响,研究得还不多。

根据卫生学和毒理学指标规定了烯丙基氰在水体中的极限容许浓度为 0.1 mg/L。

2.5　元素有机化合物

我们知道有机化合物就是碳化合物,而元素有机化合物是一类特殊的有机化合物。

在一般有机化合物中除碳之外,常见的元素是氢、氧、氮、硫、氯、溴、碘几种;元素有机化合物则含除这几种常见元素以外的其它元素,这些"其它元素"可统称为"异元素",以区别那些常见的元素。

并不是所有含异元素的有机化合物都属于元素有机化合物。在元素有机化合物中还必须有异元素原子与碳原子直接键合,形成异元素-碳键。我们可以给元素有机化合物下这样一个简单定义:元素有机化合物是含异元素-碳键的有机化合物。

2.5.1　含硫有机化合物

1. 硫醇

醇分子中的氧原子被硫原子取代而形成的化合物叫硫醇。硫醇(R—SH)也可以看成是烃分子中的氢原子被巯基—SH 取代的产物。

硫原子的价电子层和氧原子类似,所以硫原子可以形成与氧相类似的共价键化合物。

在硫醇中,硫采取 sp^3 杂化状态,硫原子的两个孤对电子各占据一个 sp^3 杂化轨道,剩下两个 sp^3 杂化轨道一个与碳形成 σ 键,另一个与氢形成 σ 键,碳硫键和硫氢键键角为 $96°$ 。

硫醇命名与醇相似,只需在"醇"前面加上"硫"字。例如

$$CH_3SH \qquad C_2H_5SH \qquad CH_3{-}\underset{\underset{SH}{|}}{CH}{-}CH_3 \qquad CH_3CH_2CH_2CH_2SH$$

甲硫醇　　　　乙硫醇　　　　　异丙硫醇　　　　　　正丁硫醇

硫与氧同属周期表 Ⅵ 族,它们的电负性不同,因此,硫醇的性质和醇既相似但又有差别。例如,醇易形成氢键,有缔合现象;而硫的电负性比氧小,又由于外层电子距核较远,所以硫醇的巯基之间相互作用弱,难形成氢键,不能缔合,故其沸点比相应醇的沸点低。巯基与水也难形成氢键,所以硫醇在水中的溶解度比相应的醇小。

低级醇有酒气味而低级硫醇具恶臭气味,因此,硫醇是一种臭味剂,可以把它加入有毒气体如煤气中,以检测管道是否漏气。臭虫用做防御武器的分泌液中也含有多种硫醇,散发出恶臭气味,以防天敌接近。

在化学性质上,硫醇与醇也有所区别。

弱酸性:醇不能与氢氧化钠溶液反应,而硫醇能与氢氧化钠(钾)生成硫醇钠(钾),称为硫醇盐,说明硫醇酸性比醇大,但硫醇的酸性比碳酸弱,能溶于碳酸钠溶液。

硫醇酸性比醇强的原因,可能是由于硫原子大于氧原子而比较容易极化,使质子容易离解。在石油炼制中常用氢氧化钠来洗涤以除去所含有的硫醇。硫醇还可与重金属汞、铜、银、铅等形成不溶于水的硫醇盐。例如

$$2C_2H_5SH + HgO \longrightarrow 2(C_2H_5S)_2Hg\downarrow + H_2O$$

二乙硫醇汞(白色)

汞中毒或铅中毒的实质是生物体内酶的巯基与汞或铅盐发生反应,使酶失去活性引起的。临床常用的一种汞中毒的解毒剂也含有巯基,例如 2,3 -二巯基丙醇,它能与汞离子反应,汞离

子因被螯合由尿排出,不能再与酶的巯基反应。

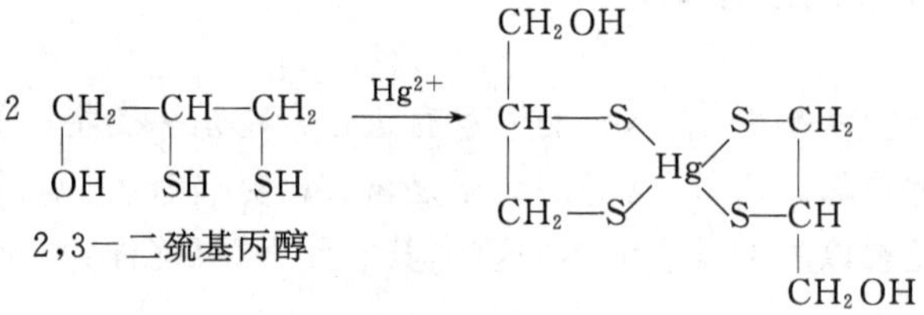

$$2 \ CH_2-CH-CH_2 \xrightarrow{Hg^{2+}} $$

2,3-二巯基丙醇

氧化反应:硫有空的 d 轨道,硫氢键又易断裂,因此硫醇远比醇易被氧化,但与醇不同的是硫醇的氧化反应发生在硫原子上。强氧化剂如过氧化氢、硝酸、高锰酸钾等总是把硫醇氧化成磺酸,中间经过次磺酸、亚磺酸等。弱氧化剂如三氧化二铁、二氧化锰、碘、氧气等可把硫醇氧化成二硫化物。

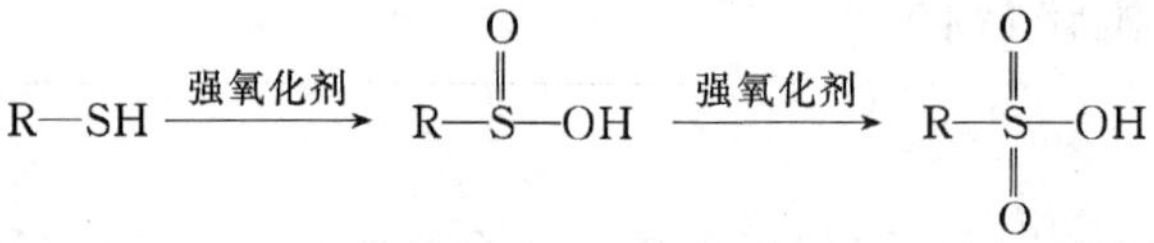

$$R-SH \xrightarrow{强氧化剂} R-\overset{\displaystyle O}{\underset{}{S}}-OH \xrightarrow{强氧化剂} R-\overset{\displaystyle O}{\underset{\displaystyle O}{S}}-OH$$

烷基亚磺酸 烷基磺酸

$$2RSH + \frac{1}{2}O_2 \longrightarrow RSSR + H_2O$$

二硫化物

2. 硫醚

醚分子中的氧原子为硫原子所取代的化合物,叫做硫醚(thioether)。可以用通式 R—S—R′,R—S—Ar,或 Ar—S—Ar′ 来表示。硫醚的命名和醚类似,只需在"醚"字前加"硫"字即可。例如

$$CH_3SCH_3 \qquad CH_3CH_2SCH_2CH_3 \qquad CH_3SCH_2CH_3$$

甲硫醚 乙硫醚 甲乙硫醚

硫醚分子中的硫处于 sp^3 杂化状态,硫原子的两对孤电子各占据一个 sp^3 杂化轨道,另两个 sp^3 杂化轨道分别与碳形成碳硫 σ 键。低级硫醚为无色液体,有臭味,沸点比相应的醚高,不能与水形成氢键,不溶于水。

硫醚的化学性质相当稳定,但硫原子易形成高价化合物,故硫醚可发生氧化反应。硫醚分子中的硫有较强的亲核性,还可以作为亲核试剂与其它化合物反应。

氧化反应:硫醚用适当的氧化剂氧化,可分别生成亚砜(sulfoxide)和砜(sulfone)。

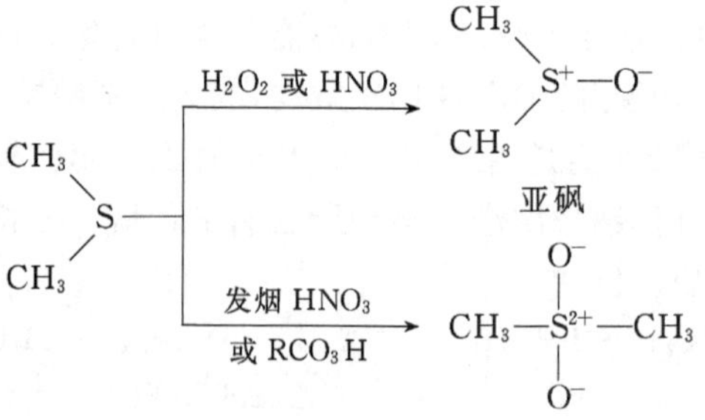

亚砜

砜

　　二甲亚砜为无色具有强极性的液体,沸点 188 ℃,熔点 18.5 ℃,与水混溶,吸潮性很强。二甲亚砜 130 ℃以上可发生热分解,在酸催化下更易分解。它是工业和实验室常用的优良溶剂。此外,环丁砜是吸收 CO_2,H_2S,RSH 等的气体净化剂,苯丙砜是一种治疗麻风病的药物。

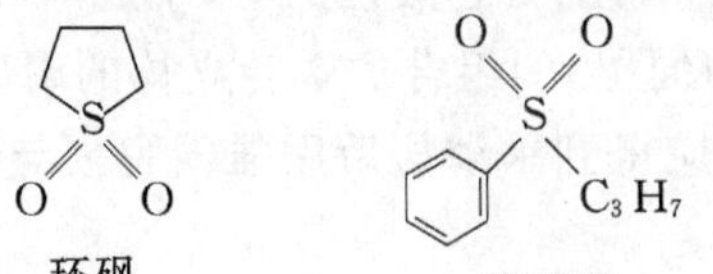

环砜　　　　　　　　　苯丙砜

　　亲核取代反应:硫醚在适当溶剂中与有机卤化物的亲核取代反应可用来制备锍盐 $R_2S^+X^-$。锍盐较稳定,易溶于水,能导电。

　　常用的有机卤化试剂有一级卤代烷、烯丙基卤、α-卤代乙酸乙酯等。溶剂可选用丙酮、苯、乙腈、二氯甲烷及硝基甲烷等,反应一般在室温下进行。例如

$$CH_3SCH_3 + BrCH_2COOC_2H_5 \xrightarrow[25\,℃]{丙酮} (CH_3)_2S^+CH_2COOC_2H_5Br^-$$

2.5.2　含磷有机化合物

　　人们对有机磷化合物(organophoshorous compounds)的系统研究起始于 20 世纪初,有机磷化合物目前已得到广泛应用。其中,有机磷杀虫剂开创了一个新的农药工业,将羰基成功的转变为烯烃使有机磷成为最有用的有机试剂。同时含磷的抗氧剂、稳定剂和用于提取稀土元素的萃取剂及络合剂也被广泛的应用于化学工业,而有机磷化合物在生物体内则是一种极其重要的能源和形成生物高分子 DNA 和 RNA 的重要成分。

1. 有机磷化合物的结构特点、分类和命名

　　磷位于第三周期的第五主族,其外层电子结构为 $3s^23p^3$,与氮不同,磷除了 5 个价电子外还有易于参与成键的 $3d$ 空轨道,因此,磷有多种化合价,其中 3、4、5 价较为常见。另外,磷化物分子中磷原子的未共用电子对还可以与氧形成配位键。

　　磷与碳直接相连的化合物叫做膦化物,磷上几个氢被烃基取代就称为几级膦。例如

$$CH_3PH_2 \qquad (CH_3)_2PH \qquad (CH_3)_3P \qquad (CH_3)_5\overset{+\ -}{P}X$$

一级膦　　　　　二级膦　　　　　三级膦　　　　　四级鏻

伯膦　　　　　　仲膦　　　　　　叔膦　　　　　　季鏻盐

2. 有机磷化合物的性质

　　大多数膦为沸点较低的液体(甲膦－14 ℃,二甲膦 21.5 ℃,三甲膦 41 ℃)。膦类有强烈臭味,毒性很大,难溶于水,易溶于有机溶剂,相对密度均小于 1。膦是一种弱碱,其碱性比胺弱,不能使石蕊变色,但能与强酸生成盐。

　　膦非常容易被氧化,伯膦氧化生成烷基膦酸 $RP(O)(OH)_2$,仲膦生成二烷基次膦酸 $R_2P(O)(OH)$,叔膦酸生成氧化叔膦。

　　膦是一种强亲核试剂,因磷比氮的电负性弱,且体积比氮大,可极化性强,因此膦的亲核性比胺强得多。膦可与多种化合物发生亲核反应,如与卤代烃反应生成季鏻盐,季鏻盐与湿的氧化银作用,可得季鏻碱。

$$(CH_3)_3P + CH_3I \longrightarrow (CH_3)_4P^+I^-$$

$$(CH_3)_4P^+I^- + AgOH \longrightarrow (CH_3)_4P^+OH^- + AgI\downarrow$$

季鏻盐在强碱作用下失去 α-碳上具有酸性的氢,生成磷叶立德(ylide),ylide 一词来自于 yl(有机集团的词尾)和 ide(盐的词尾)的组合。磷叶立德的磷碳键有很强的极性,并具有内盐的性质,它以三苯膦和卤代烃反应得到季鏻盐后用强碱脱去与磷相邻的烃基上的 α-氢原子而得,其结构可用下面共振式表示。

$$\left[(C_6H_5)_3\overset{+}{P}-CH_3 \right]X^- \xrightarrow{C_6H_5Li} \left[(C_6H_5)_3\overset{+}{P}-\overset{-}{C}H_2 \longleftrightarrow (C_6H_5)_3P=CH_2 \right]$$

具有 Y—C 结构的一类化合物(Y 通常是 P,S,N)都称为叶立德(ylide)。例如

$$\overset{-}{C}H_2-\overset{+}{\underset{\underset{C_6H_5}{|}}{\overset{\overset{C_6H_5}{|}}{P}}}-C_6H_5 \qquad \qquad \overset{-}{C}H_2-\overset{+}{N}=N$$

磷叶立德　　　　　　　　硫叶立德　　　　　　　　氮叶立德

叶立德 α-碳上具有负电荷,性质活泼,是一类很强的亲核试剂,能与多种类型的亲电试剂反应,在有机合成中具有广泛应用。叶立德与一般的碳负离子不同,大部分叶立德能稳定存在,但遇水会很快分解,故制备和保存时需防潮。

3. 有毒的有机磷化合物

含磷的有机化合物很多都是有毒甚至是剧毒的,其中很多属于有机磷酸酯类化合物。毒性大的曾被用作军用毒气,毒性小的可作农用杀虫剂、杀菌剂、除草剂等。例如

敌百虫　　　　　　　　　　敌敌畏　　　　　　　　　　乐果

含磷的农药杀虫力强,残留的毒性低,分解后对环境的污染相对较小,但他们对人畜的直接毒性大,易引起人畜中毒。含磷的农药遇碱易水解而失去药效。

2.5.3　含砷有机化合物

1. 砷的烃基衍生物

砷的三卤化物与格氏试剂(或烃基锂)反应,可生成三烃基砷。

$$MX_3 + 3RMgX \longrightarrow R_3X + 3MgX_2 \qquad (M=As,Sb)$$
$$(\text{或 RLi}) \qquad \qquad (\text{或 LiX})$$

要制备含有活性基团的有机砷和有机锑,必须用较温和的金属有机试剂与砷、锑的卤化物作用,例如

$$Ph_2SbCl + (C_2H_5)_3SnCH_2COOC_2H_5 \longrightarrow Ph_2SbCH_2COOC_2H_5 + (C_2H_5)_3SnCl$$

利用与炔烃的加成反应,可在砷、锑化合物中引进不饱和烃基。第一次世界大战末期使用的毒剂 Lewisite 就是用这种方法合成的。

$$HC\equiv CH + AsCl_3 \xrightarrow{AlCl_3} ClCH=CHAsCl_2$$

Lewisite

Lewisite 分子中的两个 As—Cl 键还可以继续与乙炔反应

$$ClCH{=}CHAsCl_2 \xrightarrow{CH{\equiv}CH} \begin{array}{c} ClCH{=}CH \\ \qquad\diagdown \\ \qquad AsCl \\ \qquad\diagup \\ ClCH{=}CH \end{array}$$

$$\xrightarrow{CH{\equiv}CH} \begin{array}{c} ClCH{=}CH \\ ClCH{=}CH{-}As \\ ClCH{=}CH \end{array}$$

(ClCH=CH)₂ AsCl 和 (ClCH=CH)₃ As 也是有毒的物质,三烃基胂也像三烃基膦那样,能够与过渡金属元素配位,它们的配位能力按 $R_3P{>}R_3As{>}R_3Sb$ 的顺序递减。

三烃基胂等都能与卤代烃作用,生成季胂盐或季锑盐,这两种鎓盐在强碱(如 RLi)作用下也都能转变为相应的叶立德 $R_3M{=}CHR'$ (M=As 或 Sb)。

$$R_3M + R'CH_2X \longrightarrow [R_3MCH_2R']^+ X^-$$
$$[R_3MCH_2R']^+ X^- + C_4H_9Li \longrightarrow R_3M{=}CHR' + C_4H_{10} + LiX$$

三烃基胂与氧作用生成氧化三烃基胂 $R_3As{=}O$,三烃基锑的氧化产物则可能是聚合物,例如 Ph_3Sb 氧化后生成 $[Ph_3SbO]_n$。

三烃基胂和三烃基锑也能与卤素(Cl_2,Br_2)发生加成反应,生成三烃基二卤化物 R_3MX_2,用烃基锂处理,可得到五烃基胂烷或锑烷 R_5M(M=As、Sb)。

$$R_3M + X_2 \longrightarrow R_3MX_2$$
$$R_3MX_2 + 2RLi \longrightarrow R_5M$$

2. 胂酸

芳基胂酸和芳基锑酸可由重氮盐或亚锑酸钠反应制得,例如

$$\begin{array}{ccc} \underset{\text{(N}_2\text{Cl)}}{\text{苯环}} & \xrightarrow{\text{+ Na}_3\text{AsO}_3} \underset{\text{(AsO}_3\text{Na}_2)}{\text{苯环}} & \xrightarrow{H^+, H_2O} \underset{\text{(AsO}_3\text{H}_2)}{\text{苯环}} \end{array}$$

$$\begin{array}{ccc} \underset{\text{(N}_2\text{Cl)}}{\text{苯环}} & \xrightarrow{\text{+ Na}_3\text{SbO}_3} \underset{\text{(SbO}_3\text{Na}_2)}{\text{苯环}} & \xrightarrow{H^+, H_2O} \underset{\text{(SbO}_3\text{H}_2)}{\text{苯环}} \end{array}$$

苯胂酸和它的某些衍生物是分析锆的试剂,芳基胂酸和芳基锑酸还可用作医药,例如对脲基苯胂酸是治疗阿米巴痢疾的药物(名叫卡巴胂),对羧甲硫基苯锑酸对日本血吸虫病也有一定的疗效。

对脲基苯胂酸(卡巴胂)　　　对羧甲硫基苯锑酸

由亚砷酸钠与硫酸二甲酯反应生成的二甲基胂酸,可用作合成有机砷杀菌剂的原料,例如可由甲基胂酸合成防治水稻纹枯病的有机砷杀菌剂"田安"。

$$Na_3AsO_3 + (CH_3)_2SO_4 \xrightarrow{80\ ℃} CH_3AsO_3Na_2$$
$$\xrightarrow{H^+, H_2O} CH_3AsO_3H_2$$

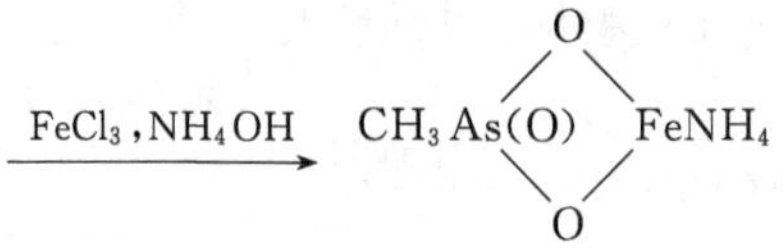

$$\xrightarrow{FeCl_3, NH_4OH} \quad CH_3As(O) \diamond FeNH_4$$

甲基胂酸铁铵（田安）

3. 成链的有机砷化合物

一百多年前 R. W. Bunsen 就由二甲基氯化砷与锌反应，制得双砷化物——卡可基（cacodyl）。

$$2(CH_3)_2AsCl + Zn \longrightarrow (CH_3)_2As-As(CH_3)_2 + ZnCl_2$$
卡可基

卡可基的类似物 $(CH_3)_2SbSb(CH_3)_2$ 和 $(CH_3)_2BiBi(CH_3)_2$ 也已制得。这三种化合物的稳定性可排成如下顺序

$$(CH_3)_2AsAs(CH_3)_2 > (CH_3)_2SbSb(CH_3)_2 > (CH_3)_2BiBi(CH_3)_2$$

即其稳定性随异元素的原子序数增加而降低。

用 RMX_2（M = As, Sb；X = H、卤素、NR_2）制备双砷或双锑化合物时，得到的不是 R—M=M—R ，而是环状多砷或多锑化合物。如

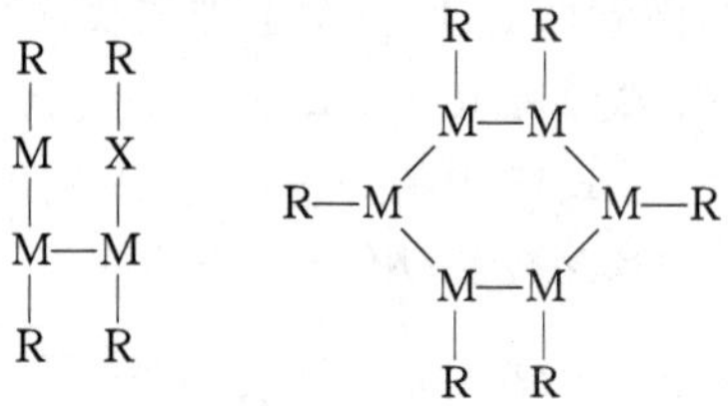

2.5.4 含汞有机化合物

有机汞化合物有 R_2Hg 和 RHgX 两个类型，它们都以单分子形式存在，并具有线型结构。R_2Hg 型的二烃基汞是无色液体或低熔点固体，有一定沸点，可以蒸馏提纯。RHgX 型有机汞化合物一般为晶体，有一定熔点，难溶于水，较易溶于有机溶剂。

在 Zn、Cd、Hg 生成的金属有机化合物中，有机汞化合物的化学活性最低，它对空气和水都很稳定，不与 C=O 、—C≡N 等加成，在中性环境中也不与醇反应，但它仍具有足够活性，能发生多种置换反应，例如

$$Ar_2Hg + HgX_2 \longrightarrow 2ArHgX$$
$$R_2Hg + HCl \longrightarrow RHgCl + RH$$
$$ArHgCl + I_2 \longrightarrow ArI + Hg(I)Cl$$
$$R_2Hg + AsCl_3 \longrightarrow RAsCl_2 + RHgCl$$
$$ROCH_2CH_2HgOCOCH_3 + NaBH_4 \longrightarrow ROCH_2CH_3$$

在 19 世纪后期，有机汞化合物作为有机合成试剂的重要性，仅次于有机锌化合物，后来格氏试剂取代了它们的地位。现在有机汞化合物在有机合成中的应用，主要是在以下两个方面。

①制备元素有机化合物，有机汞化合物可与游离金属或无机卤化物反应，生成多种元素有机化合物，例如

$$(CH_3)_2Hg + 过量 Na \xrightarrow{石油醚} 2CH_3Na + NaHg$$
$$(CH_3)_2Hg + AsCl_3 \longrightarrow CH_3AsCl_2 + CH_3HgCl$$

②作为合成中间体,通过汞化和溶剂汞化反应制得有机汞化合物,然后用其它原子或基团代换汞基。

某些有机汞化合物可用作医药。例如,红汞是大家熟悉的消毒防腐剂,撒利汞在临床上主要用作利尿剂,硫柳汞用于医疗器械的消毒,醋酸苯汞用于节育用品等。在农业上,也有不少农药是有机汞化合物,不过由于毒性大,正被逐步淘汰。

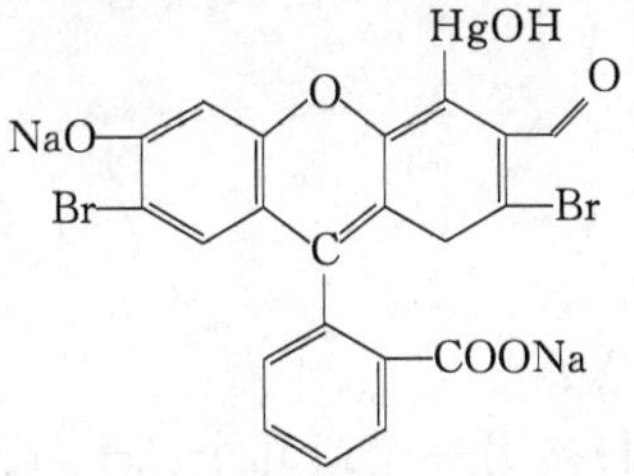

红汞 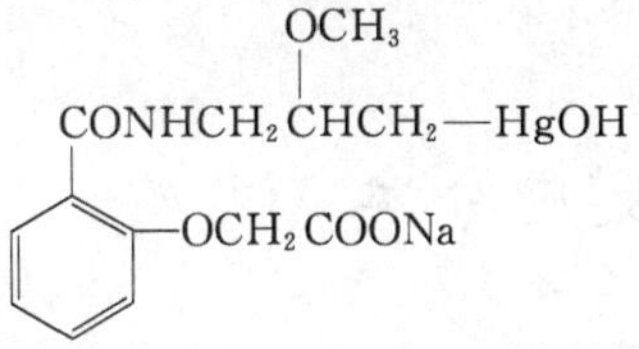　　　　　　　　　撒利汞 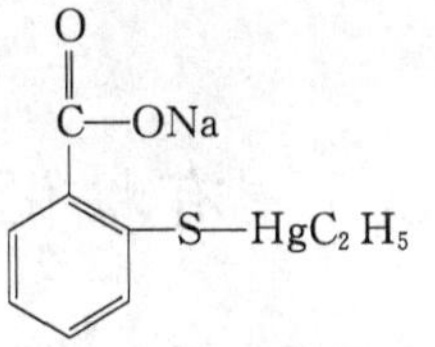　　　　　　　　　硫柳汞

复习题

1.列举几种工业废水中有害的有机化合物。

2.何为同分异构现象?并举例。

3.烷烃的物理性质怎样?

4.何为脂肪烃?如何进行命名?

5.如何判断化合物的芳香性?

6.卤代烃具有什么化学性质?

7.有机物中的含氧官能团有哪些?

8.醛、酮和羧酸衍生物分子中都含有羰基,羧酸衍生物可发生亲核取代反应,但醛、酮只发生亲核加成而不发生亲核取代。为什么?

9.含氮有机物有哪些?胺具有什么物理性质?

10.列举几种有毒元素有机化合物。

第3章 环境有机化合物净化反应机理

3.1 有机化学反应分类

有机反应可以根据原料和产物之间的关系大致分为以下几类。

①取代反应:在反应中分子的一个或几个原子(或原子团)被另一个或几个原子(或原子团)取代。例如,卤代烷的水解等反应。

②消除反应:在反应中从有机分子消除去两个原子或原子团。根据消除两个原子相互位置又分 α-消除、β-消除(最常见)和 γ-消除等。例如,卤代烷在碱性条件下脱卤化氢,生成碳碳双键,就是典型的 β-消除。

③加成反应:在反应中 π 键破裂生成新的 σ 键。例如,乙烯与溴的加成反应。不稳定的小环化合物破坏生成两个新的 σ 键也称加成反应。例如,环氧乙烷与水的反应。

④重排反应:反应中发生碳骨架的重排或官能团的位移。

⑤氧化还原反应:有机物被氧化或还原。

⑥上述几种反应类型的结合。

有机反应根据反应时化学键断裂或形成的方式,可分为异裂(或离子型)反应和均裂(自由基)反应及周环(或分子)反应三种基本类型,这也是有机反应历程的三种基本类型。

根据反应试剂的类型,离子型反应又可分为以下几类。

亲电反应:亲电取代反应、亲电加成反应、亲电重排反应。

亲核反应:亲核取代反应、亲核加成反应、亲核重排反应。

离子型反应一般是发生在极性分子之间。反应过程多数是试剂首先解离成带电荷的正、负离子或造成极化状态,然后进攻反应物而引起反应,如溴水与乙烯的亲电加成反应。少数情况是反应物在极性环境下首先离解成带电荷的离子型的活性中间体,然后与试剂反应。如叔卤代烷水解时发生的 SN1 反应。无机物的离子反应是通过稳定的离子在瞬间完成的。有机物的离子型反应是通过共价键的异裂形成不稳定的活性中间体或在试剂的进攻下造成反应物的极化状态而完成的,反应速度远不如无机物的离子反应。

如果要得知一个有机反应是属于自由基历程还是属于离子型历程,直接了解共价键的裂解方式是很困难的。一般说来,它的裂解方式取决于反应物的结构,试剂的性质和反应条件等因素。由于自由基反应和离子型反应往往是在不同条件下进行的,所表现的反应特点也有着显著的差别。如表3-1所列情况作一对照,就可以看出它们之间的不同。

在不同的反应条件下,即使是同样的反应物也会发生不同类型的反应。例如,甲苯与氯作用时,在高温或日光下进行的侧链取代属于自由基反应;而在三氧化铁的催化作用下则进行环上的亲电取代,属于离子型反应。另外,在某些反应的各个步骤中,有时也会出现不同的反应类型。

表 3 - 1 自由基反应和离子型反应特点

自由基反应	离子型反应
在气相或非极性溶剂中进行,溶剂对反应无显著影响	很少在气相进行,溶剂对反应有显著影响
反应被光、高温或容易分解成自由基的物质所促进	光和自由基对反应都无影响。但被酸或碱所催化
反应可被某些能与自由基作用的物质(如氢醌、二苯胺)所阻止	不受自由基引发剂或抑制剂影响
反应开始时往往有一个诱导期	无诱导期、服从一级或二级动力学
芳环上的取代反应不服从定位规律	芳环上的取代反应服从定位规律

3.2 环境有机化合物净化反应取代基效应

3.2.1 诱导效应

共价键的极性与诱导效应介绍如下。

(1)共价键的极性

共价键虽然由电子对共用所构成,但电子并不一定是平均共用的,也就是说,在成键原子之间电子云的分布并不一定是完全对称的,除非是相同双原子分子(如氢分子 H—H),或是连有相同基团(如 H_3C—CH_3)。由不相同原子或基团所形成的共价键,由于成键原子对电子的作用力不同,电子云并不是平均分布的,而是偏移向共价键的一端,共价键的一端带有部分正电荷,另一端带有部分负电荷,这使共价键具有极性,称为极性共价键(polar covalent bond)。

共价键的极性主要决定于成键原子的相对电负性。电负性指不同元素原子吸引电子的能力,其值为相对量。共价键极性的量度是偶极矩,偶极矩等于电荷与正、负电荷中心距离的乘积

$$\mu = e \times \gamma$$

其单位为 D(Debye)。偶极矩是向量,一般以箭头的方向表示偶极的负端。分子的偶极矩为键偶极矩的向量和。实际上,直接测量分子中个别键的偶极矩是不可能的,我们只能测定整个分子的偶极矩,不过由于一定的共价键的偶极矩在不同的分子中大致相近,因此,可借以计算某些共价键、官能团和分子的偶极矩。

共价键的极性不仅决定于成键原子的电负性,而且受着相邻键和不直接相连原子和基团的明显影响。例如,C—C 键在乙烷中是非极性的,但在氯乙烷中,由于受了相邻 C—Cl 键的影响,C—C 键与在乙烷中不同,也发生了极化。这是因为电负性较大的氯原子引起的 C—Cl 键极化,而影响到 C—C 键的结果。

这种由于成键原子电负性不同所引起的电子云沿键链按一定方向移动的效应,或者说,键的极性通过键链依次诱导传递的效应,称为诱导效应(inductive effect)。在有机化学中,诱导效应的方向是以 C—H 键作为标准,比氢电负性大的原子或基团具有较大的吸电性,叫吸电基或叫亲电基,由其所引起的诱导效应称为吸电诱导效应或叫亲电诱导效应,以 -I 表示。比氢

电负性小的原子或基团则具有供电性,叫供电基或斥电基,由其所引起的诱导效应称为供电诱导效应或斥电诱导效应,以＋I代表。

(2)诱导效应的传递

诱导效应沿键链的传递是以静电诱导的方式进行的,只涉及电子云分布状况的改变和键的极性的改变,一般不引起整个电荷的转移,价态的变化。诱导效应的传递受屏蔽效应的影响是明显的,因此诱导效应的强弱与距离有关,随着距离的增加,由近而远依次减弱,愈远效应愈弱,而且变化非常迅速,一般经过三个原子以后诱导效应就已经很弱,相隔五个原子以上则基本观察不到诱导效应的影响。

诱导效应不仅可以沿 σ 键链传递,同样也可以通过 π 键传递,而且由于 π 键电子云流动性较大,因此不饱和键能更有效地传递这种原子之间的相互影响。

(3)诱导效应的相对强度

诱导效应的强度(inductive effect intensity)主要决定于官能团中心原子电负性的大小,比氢原子相对电负性愈大,则－I效应愈强,比氢原子相对电负性愈小,则＋I效应愈强。一般讲,诱导效应的强度次序可从官能团中心原子在元素周期表中的位置来判断。因为元素的电负性在同周期中随族数的增大而递增,在同族中随周期数增大而递减,所以愈是周期表右上角的元素电负性愈大,－I效应也愈强。

一般来说,中心原子带有正电荷的比不带正电荷的同类官能团的吸电诱导效应要强,而中心原子带有负电荷的比同类不带负电荷的官能团供电的诱导效应要强。如果中心原子相同而不饱和程度不同时,通常随着不饱和程度的增大,吸电诱导效应增强。

(4)烷基诱导效应的方向

烷基是有机化合物中常见的基团。当它取代了氢原子后,究竟是吸电的还是供电的,一直存在相互矛盾的提法。但多年来较广泛地采用烷基的供电性来解释一些有机化学现象。烷基的诱导效应是供电的还是吸电的? 影响情况比较复杂,不能一概而论,要依具体情况而定,要看它与什么原子或基团相连,而且与测定的方法和反应的条件也密切相关。当它与电负性较强的原子或基团相连时,烷基表现为供电性。在溶液中测定乙酸的酸性比丙酸强,但在气相中测定,结论正好相反,丙酸的酸性比乙酸强,在溶液中测定时 $CH_3CH_2COO^-$ 负离子与体积较小的 CH_3COO^- 负离子比较,溶剂化作用受到空间因素的抑制,溶液中测定时丙酸的酸性较弱。

(5)动态诱导效应

前边讲的是静态时的情况,即静态诱导效应,是分子本身所固有的性质,是与键的极性即基态时的永久极性有关的。在化学反应过程中,当进攻试剂接近反应物分子时,因外界电场的影响,也会使共价键上电子云分布发生改变,键的极性发生变化,这称为动态诱导效应。这是由外加因素引起的暂时的极化效应,与价键的极化性或可极化性有关。

动态诱导效应和静态诱导效应在多数情况下是一致的,都属于极性效应,但由于起因不同,有时导致的结果也各异,如碳-卤键的极性次序应为

$$C—F>C—Cl>C—Br>C—I$$

但卤代烷的亲核取代反应活性却恰恰相反,实际其相对活性为

$$R—F<R—Cl<R—Br<R—I$$

原因就是动态诱导效应的影响。因为在同族元素中,随原子序数的增大电负性降低,其电子云受到核的约束也相应减弱,所以极化性增大,反应活性增加。如果中心原子是同周期元

素，则动态诱导效应次序随原子序数的增大而减弱，因为电负性增大使电子云受到核的约束相应加强，所以极化性减弱，反应活性降低。

静态诱导效应是分子固有的性质，它可以是促进，也可以是阻碍反应的进行。而动态诱导效应则是由进攻试剂所引起的，它只能有助于反应的进行，不可能阻碍或延缓反应，否则将不会发生这样的作用，因此，在化学反应过程中动态因素往往起着主导作用。

(6)场效应

分子中原子之间相互影响的电子效应，不是通过键链而是通过空间传递的，称为场效应。场效应和诱导效应通常是难以区分的，因为它们往往同时存在而且作用方向一致，所以也把诱导效应和场效应总称为极性效应。但在某些场合场效应的作用还是很明显的，例如，顺，反丁烯二酸第一酸式电离常数和第二酸式电离常数的明显差异只能用场效应来解释。

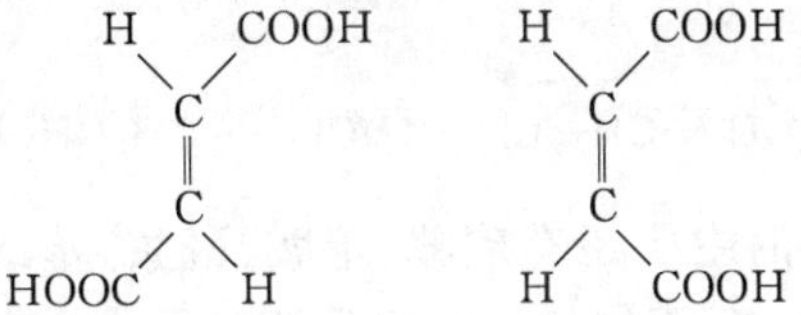

pKa_1 3.03　　1.92

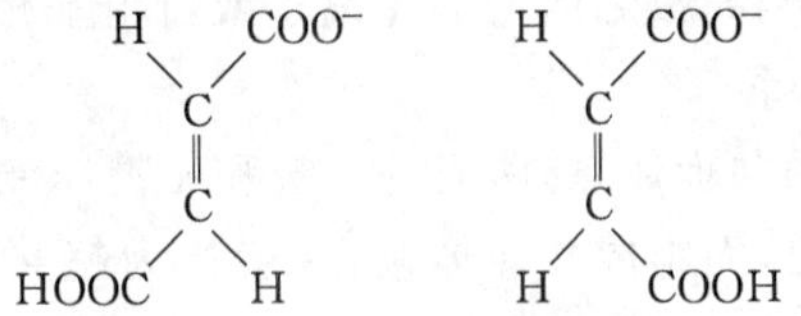

pKa_2 4.54　　6.59

显然是由于羧基吸电的场效应，使顺式丁烯二酸的酸性比反式高，而在第二次电离时，同样由于—COO^- 负离子基供电的场效应，使顺式的酸性低于反式。如果只从键链传递的诱导效应考虑，顺式和反式是没有区别的。

又如邻氯苯基丙炔酸的酸性比氯在间位或对位的低，如果从诱导效应考虑，邻位异构体应比间位、对位的酸性强，从共轭效应考虑也不应比对位异构体的酸性弱，故只能从场效应来考虑，由于氯处于 δ^- 端，所产生的供电性的场效应减弱了邻位氯代物的酸性。

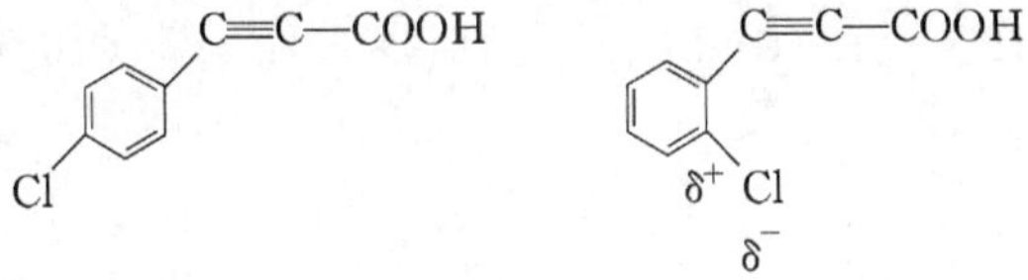

3.2.2　共轭效应

1. 共轭体系

共轭体系(conjugated system)的类型一般常见的有下面几种。

(1)π－π 共轭体系

由单键双键交替排列组成的体系，称为 π－π 共轭体系。不只双键，其它 π 键如叁键也可组成 π－π 共轭体系，例如

$CH_2═CH—C≡CH$　　$CH_2═CH—C≡N$　　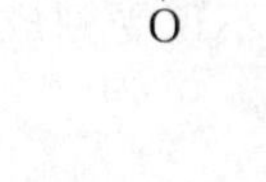

（2）$p-\pi$ 共轭体系

具有处于 p 轨道的未共用电子对的原子与 π 键直接相连的体系，称为 $p-\pi$ 共轭体系。如氯乙烯就属于这一类 $p-\pi$ 共轭体系，当氯原子上的 p 轨道的对称轴与 π 键中的 p 轨道对称轴平行时，电子发生离域。

由于氯原子 p 轨道的占有电子是电子对，这样 $p-\pi$ 共轭体系是三个 p 轨道四个 π 电子，因此氯乙烯是多电子共轭体系，电子云转移的方向是移向双键的，一般表示如下

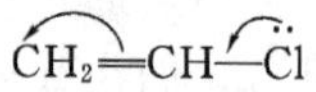

$$CH_2{=}CH{-}\overset{..}{Cl}$$

正是因为 $p-\pi$ 共轭效应的结果，氯乙烯键长有平均化的趋势；与氯乙烷相比偶极矩也出现反常；而且在与不对称亲电试剂的加成反应中也符合马尔柯夫尼克夫（Markovnikov）规则。

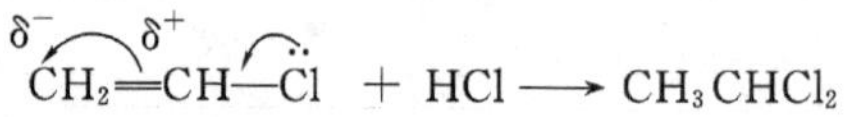

$$\overset{\delta^-}{CH_2}{=}\overset{\delta^+}{CH}{-}\overset{..}{Cl} \ + \ HCl \longrightarrow CH_3CHCl_2$$

属于这类 $p-\pi$ 共轭体系的主要还有羧酸、苯胺、酰胺、苯酚等等。另外还有一些如烯丙型的正离子或自由基也与此类似，不同的是它们是缺电子或含有孤电子的 $p-\pi$ 共轭体系，共轭效应分散了正电荷或孤电子，导致烯丙型的正离子或自由基相对比较稳定。

（3）$\sigma-\pi$ 共轭（超共轭）体系

除了 $\pi-\pi$ 和 $p-\pi$ 典型的共轭体系外，有些 σ 键和 π 键，σ 键和 p 轨道，甚至 σ 键和 σ 键之间也显示一定程度的离域现象，而组成共轭体系，一般称为超共轭体系。例如，烷基对苯环亲电取代反应活性的次序实际为

$$H_3C{-} > CH_3CH_2{-} > (CH_3)_2CH{-} > (CH_3)_3C{-} > H{-}$$

这样的结果与一般供电诱导效应的设想是相矛盾的，必然存在其它影响因素，主要是存在 C—Hσ 键与 π 键的离域，也即超共轭效应。甲苯有三个 C—Hσ 键与苯环 π 体系共轭，乙苯只有两个，异丙苯只有一个，而叔丁基苯则没有 C—Hσ 键与苯环共轭，因此得到如下相对速度的顺序。

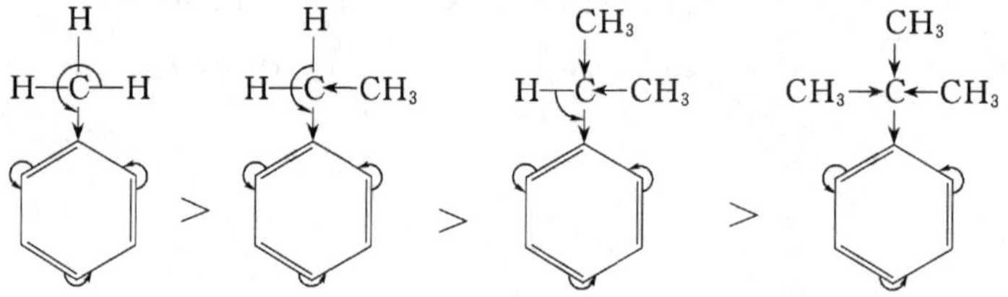

丙烯的不对称加成之所以符合马氏规则，主要也是由于超共轭体系离域的结果。

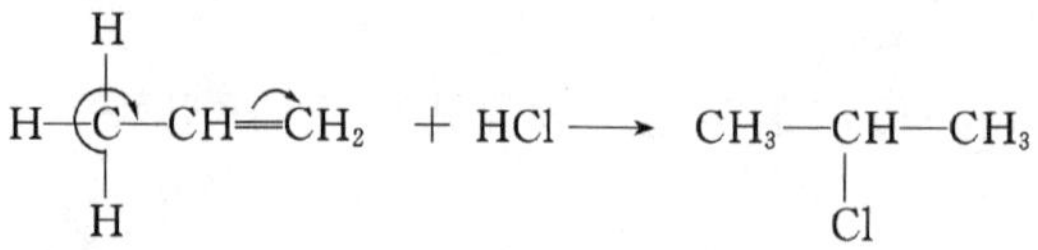

2. 共轭效应

在共轭体系中，电子云不再定域在成键原子之间，而是围绕整个分子形成了整体的分子轨道。每个成键电子不仅受到成键原子的原子核的作用，而且也受分子中其它原子核的作用，这

种现象称为电子的离域(delocalization),这种键称为离域键,因而分子能量降低,体系趋于稳定。由此而产生的额外的稳定能称为离域能(也叫共轭能或共振能)。包含着这样一些离域键的体系通称为共轭体系,在共轭体系中原子之间相互影响的电子效应称为共轭效应(conjugated effect)。1,3-丁二烯在静态时的共轭效应,由于电子离域的结果,单键不再是一般的 C—C 单键,而表现为键长平均化的趋势,即在 C(2) 和 C(3) 之间也有一定程度的 p 轨道交盖。

　　如果共轭链原子的电负性不同时,则共轭效应也表现为极性效应,例如在丙烯醛中,电子云定向移动呈现正负偶极交替的现象。

$$\overset{\delta^+}{H_2C}\!=\!\overset{\delta^-}{CH}\!-\!\overset{\delta^+}{C}\!=\!\overset{\delta^-}{O}$$
$$\underset{H}{|}$$

　　所以共轭效应也是分子中原子之间相互影响的电子效应,但它是只存在于共轭体系中的特殊影响。与诱导效应所不同的是,它起因于电子的离域,而不仅是极性或极化的效应;它不象诱导效应那样可以存在于一切键上,而只存在于共轭体系之中;因此共轭效应的传递方式也不是靠诱导传递而愈远愈弱,是靠电子离域传递的,取代基相对距离的影响是不明显的,而且共轭链愈长通常电子离域愈充分,体系能量愈低愈稳定,键长平均化的趋势也愈大。

　　共轭效应以 C 代表,也分为供电共轭效应(即 +C 效应)和吸电共轭效应(即 -C 效应)。在同一体系中,相同位置上引入不同取代基时,取代基共轭效应的相对强度主要取决于两个因素,即取代基中心原子的电负性的大小及其主量子数的大小。

　　取代基中心原子的电负性愈强,则 -C 效应愈强,而 +C 效应愈弱。因此,-C 效应在同周期元素中随原子序数的增大而增强,带正电荷的元素将具有相对更强的 -C 效应;+C 效应在同周期元素中随原子序数的增大而减弱,带负电荷的元素将具有相对更强的 +C 效应。

　　主量子数相同元素的 p 轨道大小相近,可以更充分地交盖,离域程度也较大。如果取代基中心原子的主量子数与碳原子的主量子数不同时,则轨道交盖程度相对减弱,离域程度也相应减弱,而且主量子数差愈大则影响愈明显。因此,一般讲,+C 效应在同族元素中随中心原子的原子序数的增大而降低。

　　与诱导效应相似,共轭效应也存在静态和动态的区别。静态共轭效应是共轭体系内在的固有的性质,在基态时就存在的;而动态共轭效应则是共轭体系在反应过程中,在外界电场影响下所表现的瞬间的暂时效应。例如 1,3-丁二烯在基态时由于存在共轭效应,体系能量降低,电子云分布发生变化,键长趋于平均化,这是静态共轭效应的体系。而在反应时,例如在卤化氢试剂进攻时,由于外电场的影响,电子云沿共轭链发生转移,出现正负交替分布的状况,这是动态共轭效应。

$$\overset{\delta^+}{H_2C}\!=\!\overset{\delta^-}{CH}\!-\!\overset{\delta^+}{CH}\!=\!\overset{\delta^-}{CH_2} \;+\; H^+ \longrightarrow \; H_2C\!=\!CH\!-\!\overset{+}{CH}\!-\!CH_3$$

　　同时,在反应过程中产生的碳正离子活性中间体,由于发生相当于烯丙基的 p-π 共轭离域而稳定,并产生了 1,2-加成和 1,4-加成两种可能。

$$H_2C\!=\!CH\!-\!CH\!=\!CH_3 \longrightarrow \overset{\delta^+}{H_2C}\!=\!\!=\!\!CH\!=\!\!=\!\!\overset{\delta^-}{CH}\!-\!CH_3 \xrightarrow[\ Br^-\ ]{1,2-加成} H_2C\!=\!CH\!-\!\underset{\underset{Br}{|}}{CH}\!-\!CH_3$$

$$\xrightarrow[\ Br^-\ ]{1,4-加成} H_2\underset{\underset{Br}{|}}{C}\!-\!CH\!=\!CH_2\!-\!CH_3$$

　　静态共轭效应是共轭体系分子基态时固有的性质,可以是促进也可以是阻碍反应的进程,而动态共轭效应只有在反应过程中,有利于反应进行时才能发生,因此,动态共轭效应只会促进反应的进程。与诱导效应类似,动态因素在反应过程中,往往是起主导作用的。

3.2.3　空间效应

　　分子中原子之间的相互影响并不能完全归结为电子效应,有些则是与原子(或基)的大小和形状有关的,这种通过空间因素所体现的原子之间的相互影响通常称为空间效应,或叫立体效应(steric effect)。例如下列两个化合物的酸性经测定为

　　（Ⅰ）　　　　　　　　　　　　（Ⅱ）
　pKa＝7.16　　　　　　　　　pKa＝8.24

　　（Ⅰ）的酸性强于（Ⅱ）,这从诱导效应和超共轭效应两个方面都是无法解释的。两个甲基无论从诱导效应或超共轭效应考虑,在（Ⅰ）中对酚羟基的供电影响都比在（Ⅱ）中要大得多,因为甲基的电子效应是减弱酚羟基的酸性的,因此,（Ⅰ）的酸性应比（Ⅱ）的酸性弱,但实际却正相反。原因是硝基的体积较大,当硝基的邻位有两个甲基时,由于空间拥挤而使硝基上氮-氧双键的 p 轨道不能与苯环上的 p 轨道的对称轴完全平行,即硝基氮-氧双键与苯环的共平面性受到破坏,减弱了硝基、苯环与羟基的共轭离域,致使酸性相应降低,这是甲基空间效应作用的结果,这种现象叫做邻位效应。而在（Ⅰ）中两个甲基离硝基较远,没有明显影响,所以产生上述的结果。

　　另一类空间效应是由于张力而引起的,空间效应也并不都是阻碍反应进行的,有的是促进反应进行的。例如,卤代烷按 SN1 历程进行的水解反应,首先离解为活性中间体碳正离子,然后与羟基反应,反应分两步进行,总的速度是与碳正离子的稳定性有关的,按伯、仲、叔的顺序反应速度递增。为什么碳正离子的稳定性按伯、仲、叔的顺序递增呢? 当然与其电子效应有关,但空间效应也不可忽略。由于反应物卤代烷是四面体结构,中心碳原子为 sp^3 杂化状态,键角接近 109.5°,而活性中间体碳正离子为平面结构,中心碳原子为 sp^2 杂化状态,键角为120°,由 sp^3 变为 sp^2,原子或基团之间的空间张力变小,容易形成,而且原子或基团的体积愈大时,sp^3 杂化状态下张力也愈大,转变为 sp^2 杂化状态时,张力松弛地也愈明显,形成碳正离子愈容易,碳正离子也愈稳定。

$$R_1 \atop R_2 \ \overset{109.5°}{CH}-Br \longrightarrow \ \overset{R_1}{\underset{R_2\ \ R_3}{C^+}} \ {}^{120°} + Br^-$$

这样的空间张力一般称为 B-张力,烷基愈大时对离解速度的影响愈大。

还有一种张力是面对面的空间张力,叫 F-张力。如胺的碱性只从电子效应考虑,预期胺的碱性次序应为

$$R_3N > R_2NH > RNH_2 > NH_3$$

在非水溶剂中,对质子酸确实如此,因为质子体积小,空间因素的影响不大。如果以体积较大的 Lewis 酸测定,则 F-张力的空间效应就非常明显,例如以三烷基硼为 Lewis 酸与胺作用,R 和 sp^2 都足够大时,由于 R$_3$N 与 BR$'_3$ 靠近发生相互排挤,上述胺的碱性次序将完全倒转,这即是 F-张力的影响。

$$\underset{R}{\overset{R}{N}} : \cdots B \underset{R'}{\overset{R'}{\underset{R'}{}}}$$

某些环状化合物还存在分子内所固有的 I-张力,主要表现为角张力,如小环烷烃不稳定,容易开环加成,CH$_2$ 单元燃烧热较高,这是 I-张力作用的结果。但某些小环化合物与类似较大环或链状化合物比较,I-张力还有另一种表现形式,如环丙烷衍生物 1-甲基-1-氯环丙烷离解为碳正离子比相应的开链化合物叔丁基氯要慢,虽然其中心碳原子都是由 sp^3 杂化状态转变为 sp^2 杂化状态,但由于角张力的存在对环丙烷衍生物是极其不利的。

$$CH_3-\underset{CH_3}{\overset{CH_3}{C}}-Cl \longrightarrow \underset{CH_3\ \ CH_3}{\overset{CH_3}{C^+}} + Cl^-$$

$$\underset{Cl}{\overset{CH_3}{\triangleright\!\!\triangleleft}} \longrightarrow \triangleright\!\!{-}CH_3 + Cl^-$$

因为几何形状的限制,环中的键角不能扩大,与原卤代衍生物正常键角 109.5° 比较,碳正离子 120° 的键角要求,更增大了角张力,所以难于生成,速度减小。

通过以上知识不难看出,与电子效应相似,空间效应对化合物的性质,尤其在反应过程中形成的活性中间体的稳定性影响是较大的,对有机反应的进程起着重要的作用。

3.3　有机反应活性中间体

3.3.1　碳正离子

碳正离子(carbocations)是一种带正电荷的三价碳原子的基团,是有机化学反应中常见的活性中间体。很多离子型的反应是通过生成碳正离子活性中间体进行的,同时碳正离子也是研究得最早、最深入的活性中间体,很多研究反应历程的基本概念和方法都起始于碳正离子的研究,因此,有人认为碳正离子的研究是理论有机化学的基础。

1. 碳正离子的生成

碳正离子可以通过不同方法产生,主要有下面三种。

(1)中性化合物异裂,直接离子化

化合物在离解过程中,与碳原子连接的基团带着一对电子离去,发生共价键的异裂,而产生碳正离子,这是生成碳正离子的通常途径。

$$R \overset{\frown}{—} X \longrightarrow R^+ + X:^-$$

在这样的过程中,极性溶剂的溶剂化作用是生成碳正碳离子的重要条件。反应生成难溶解的沉淀也可影响平衡,使反应向右进行,而有利于碳正离子的生成。例如,Ag^+可以起到催化碳正离子生成的作用。

$$R—Br + Ag \longrightarrow AgBr \downarrow + R^+$$

SbF_5 作为 Lewis 酸,又可生成稳定的 SbF_6^-,也有利于碳正离子的生成。

$$R—F + SbF_5 \rightarrow R^+ + SbF_6^-$$

在酸或 Lewis 酸的催化下,醇、醚、酰卤也可以离解为碳正离子,例如

$$R—OH \xrightarrow{H^+} R—\overset{+}{O}H_2 \longrightarrow R^+ + H_2O$$

$$CH_3COF + BF_3 \longrightarrow CH_3\overset{+}{C}O + BF_4^-$$

利用酸性特强的超酸甚至可以从非极性化合物(如烷烃)中,夺取负氢离子,而生成碳正离子。

$$CH_3—\overset{\overset{\displaystyle CH_3}{|}}{\underset{\underset{\displaystyle CH_3}{|}}{C}}—H + SbF_3 \cdot FSO_3H \longrightarrow CH_3—\overset{\overset{\displaystyle CH_3}{|}}{\underset{\underset{\displaystyle CH_3}{|}}{C^+}}SbF_3FSO_3^- + H_2$$

由于碳正离子在超酸溶液中特殊的稳定性,很多碳正离子结构和性质的研究是在超酸中进行的,利用超酸可以制备许多不同碳正离子的稳定溶液。

(2)正离子对中性分子加成,间接离子化

质子或带电荷的基团在不饱和键上的加成也可生成碳正离子。

$$\overset{\diagdown}{\underset{\diagup}{}}C{=}Z + H^+ \longrightarrow —\overset{+}{C}{-}Z{-}H$$

如烯键与卤化氢的加成,第一步生成碳正离子。

$$\overset{\diagdown}{\underset{\diagup}{}}C{=}C\overset{\diagup}{\underset{\diagdown}{}} + HCl \longrightarrow —\overset{+}{\underset{}{C}}—\overset{}{\underset{}{C}}— + Cl^-$$

酸催化的羰基亲核加成,首先质子化形成碳正离子,更有利于亲核试剂进攻。

$$\overset{\diagdown}{\underset{\diagup}{}}C{=}O \xrightarrow{H^+} —\overset{}{\underset{}{C}}—OH$$

芳环上的亲电取代反应,如硝化是由 $^+NO_2$ 正离子进攻,形成 σ 络合物,这是离域化的碳正离子。

(3)由其它正离子生成

碳正离子可以由其它正离子转变得到,例如重氮基正离子就很容易脱氮而生成芳基正离子。

$$\text{C}_6\text{H}_5-\text{NH}_2 \xrightarrow[\text{HCl,0 ℃}]{\text{NaNO}_3} \text{C}_6\text{H}_5-\text{N}_2^+ \xrightarrow{\triangle} \text{C}_6\text{H}_5^+ + \text{N}_2\uparrow$$

也可以通过一些较易获得的正离子而制备更稳定但难于获得的碳正离子,例如用三苯甲基正离子可以夺取环庚三烯的负氢离子而获得正离子。

$$\text{Ph}_3\text{C}^+ + \quad\longrightarrow\quad \text{Ph}_3\text{C}\text{—H} + \quad(\quad\oplus\quad)$$

2. 碳正离子的结构

碳正离子带有正电荷,中心碳原子为三价,价电子层仅有六个电子,其构型有两种可能:一种是中心碳原子处于 sp^3 杂化状态所形成的角锥形构型,一种是 sp^2 的杂化状态所形成的平面构型。不论是 sp^3 还是 sp^2,中心碳原子都是以三个杂化轨道,与三个成键原子或基相连构成三个 σ 键,都余下一个空轨道。不同的是前者的空轨道是 sp^3 杂化轨道,而后者空着的是未杂化的 p 轨道。

sp^2 杂化的平面构型表现了更大的稳定性,这从电子效应和空间效应上理解都是比较合理的。在平面构型中,σ 键的键角为 $120°$,与 $109.5°$ 比较 σ 键电子对之间的 B -张力较小。同时轨道与 sp^3 轨道比前者有较多的 s 成分,σ 键的电子对更靠近碳原子核,也更为稳定。另外,空的 p 轨道伸展于平面两侧,便于溶剂化。

因此,一般碳正离子是 sp^2 杂化状态,是平面构型,中心碳原子以三个 sp^2 杂化轨道与另外三个原子或基团成键,三个 σ 键键轴构成平面,空着的 p 轨道垂直于此平面,正电荷集中在 p 轨道上。只有少数情况例外,如炔基或苯基正离子,正电荷不可能处于 p 轨道。

3. 碳正离子的稳定性

碳正离子的稳定性与电子效应(electronic effect)、空间效应(space effect)及溶剂效应(solvent effect)都直接有关。

(1)电子效应

碳正离子的中心碳原子是缺电子的,显然任何使正离子中心碳原子上电子云密度增加的结构因素都将使正电荷分散,使碳正离子稳定性增高。相反,任何吸电基将使中心碳原子正电荷更集中,而使碳正离子稳定性减小。在简单的烷基正离子中,一般稳定性的顺序如下

$$(\text{CH}_3)_3\text{C}^+ > (\text{CH}_3)_2\overset{+}{\text{CH}} > \text{CH}_3\overset{+}{\text{CH}}_2 > \text{CH}_3^+$$

显然这是由于供电或吸电子诱导效应作用于碳正离子的结果。

烷基正离子稳定性的顺序也可以用超共轭效应解释,C—H 键与 p 轨道的超共轭愈多,由于电子的离域,而使正电荷分散,碳正离子趋于稳定。共轭效应在碳正离子稳定性方面所起的作用也是明显的。凡碳正离子的中心碳原子与双键或苯环共轭时,由于电子离域使正电荷分散,从而稳定性增大。

（2）空间效应

除电子效应外,碳正离子的稳定性还受空间效应的明显制约。碳正离子的中心碳原子是平面构型,是 sp^2 杂化状态,三个 σ 键键角接近 $120°$,而四价碳则为 sp^3 杂化,键角 $109.5°$。在形成碳正离子的过程中,键角由 $109.5°$ 到 $120°$,张力是松弛的、减小的。如果中心碳原子连的基团愈大,则张力也愈大,因而碳正离子也愈容易生成,稳定性也愈大。所以叔>仲>伯碳正离子稳定性的顺序实际上也是空间效应影响的结果。

（3）溶剂效应

溶剂效应对碳正离子的稳定性影响极大,大多数的碳正离子是在溶液中生成和使用的,只有少数反应中间体能被分离或在没有溶剂的条件下存在。溶剂化在碳正离子形成中起着重要作用,例如叔丁基溴在水溶液中离子化只需要 83.72 kJ/mol 的能量,而在气相中离子化则要 837.2 kJ/mol 的能量,相差 10 倍。

3.3.2　碳负离子

碳负离子（carbanions）是碳原子上带有负电荷的活性中间体,也是有机化学反应中一类重要的活性中间体,一般为共价键异裂后中心碳原子上带有负电荷的离子,实际常常是失去质子后所形成的共轭碱。很多有机反应是通过碳负离子活性中间体的生成而完成的。例如

$$R-C\equiv CH \xrightarrow[\text{液 NH}_3]{\text{NaNH}_2} R-C\equiv C^- Na^+ \xrightarrow{CH_3Cl} R-C\equiv C-CH_3$$

$$\underset{O}{CH_3COC_2H_5} \xrightarrow{-OC_2H_5} \underset{O}{{}^-CH_2COC_2H_5} \xrightarrow[\text{②}H_3O^+]{\text{① }CH_3COC_2H_5} \underset{O\quad O}{CH_3COCH_2COC_2H_5}$$

1. 碳负离子的生成

碳负离子的生成通常有以下几种途径。

（1）碳-氢键异裂产生碳负离子

以强碱夺取 C—H 键中的质子,在碳上留下电子对而生成碳负离子。这是产生碳负离子的最普通的方法,实际是夺取质子生成共轭碱的简单酸碱反应。例如

$$CH\equiv CH \underset{\text{液 NH}_3}{\overset{\text{NaNH}_2}{\rightleftharpoons}} CH\equiv C^- Na^+ + NH_3$$

$$Ph_3C-H \underset{\text{液 NH}_3}{\overset{\text{NaNH}_2}{\rightleftharpoons}} Ph_3C^- Na^+ + NH_3$$

反应过程之所以要用强碱和液 NH$_3$ 溶剂,主要是由于这些反应物中氢原子都是直接与碳相连的,通常称为碳质酸,酸性很小,若在水中则立即分解而得不到产物。

在碳质酸中,当氢原子作为质子离解后,碳原子即形成碳负离子。这些化合物中氢原子的活性（即酸性）是与分子的结构有关的,当分子中含有强的吸电基,尤其在中心碳原子上有吸电

基时,氢原子的酸性增强,活性增大。同时,产生的碳负离子,其负电荷如能得到分散或离域也可使碳负离子稳定,而增强氢原子的酸性。

(2)有机金属化合物作为碳负离子的来源

碳原子与电负性较小的原子(一般为金属原子)相连时,通过异裂,也容易生成碳负离子,其离去基团不是质子而是金属离子。例如:格式试剂和有机锂试剂都是碳负离子的重要来源。

(3)负离子与碳–碳双键或叁键加成

负离子与碳–碳双键或叁键加成也是生成碳负离子的主要方法之一。例如,炔烃的亲核加成反应中有碳负离子中间体。

$$HC\!\equiv\!CH \ + \ ^-OCH_3 \longrightarrow \ ^-CH\!=\!CH\!-\!OCH_3 \xrightarrow{\ HOCH_3\ } CH_2\!=\!CH\!-\!OCH_3$$

在烷基锂引发下苯乙烯的聚合反应,也是通过产生碳负离子而完成的。

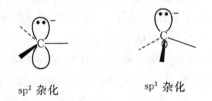

2. 碳负离子的结构

碳负离子带有负电荷,中心碳原子为三价,价电子层充满八个电子,具有一对未共用电子。中心碳原子的构型有两种,一种为 sp^2 杂化的平面构型,另一种为 sp^3 杂化的棱锥构型,如图 3-1 所示。

图 3-1　碳负离子中心碳原子的构型

不同的碳负离子由于中心碳原子连接的基团不一样,其构型也不尽相同,但一般简单的烃基负离子是 sp^3 杂化的棱锥构型,未共用电子对处于 sp^3 杂化轨道。这主要因为 sp^3 杂化轨道与 p 轨道比较,轨道中包含更多的 s 轨道成分,而轨道中 s 成分的增加意味着轨道更靠近原子核,轨道的能量降低。当碳负离子的未共用电子对处于 sp^3 杂化轨道时,与处于 p 轨道比较,未共用电子对更靠近碳原子核,因此,体系能量较低,比较稳定。同时,在碳负离子体系中,未共用电子对与其它三对成键电子之间也存在斥力,当未共用电子对处于 sp^3 杂化轨道时,与其它三对成键电子所处的轨道之间近似 $109.5°$,而处于 p 轨道时,则与三个 sp^2 杂化轨道之间为 $90°$。因此,处于 sp^3 杂化状态的棱锥构型,电子对的排斥作用较小,比较有利。所以与碳正离子不同,一般简单的烃基碳负离子是处于 sp^3 杂化状态的棱锥构型,未共用电子对处于四个 sp^3 杂化轨道中的一个,这是碳负离子通常的合理结构。

但当带负电荷的中心碳原子与 π 键或芳环相连时,由于未共用的电子对能与 π 键发生共轭离域而稳定,这时碳负离子将取 sp^2 杂化的平面构型,以达到轨道最大的交盖,更好地离域,使体系能量最低、最稳定。例如

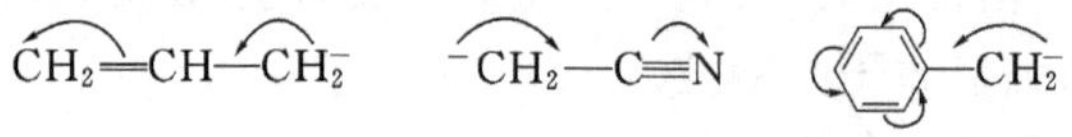

$$CH_2=CH-CH_2^-　\quad　^-CH_2-C\equiv N　\quad　⬡-CH_2^-$$

3. 碳负离子的稳定性

影响碳负离子稳定性的原因无非是结构和溶剂等主要因素,这种影响主要表现在两个方面,一方面表现在碳负离子是否容易生成,与碳原子相连的氢原子是否容易离去,即酸性的强弱;另一方面表现为生成的碳负离子是否稳定。

(1)杂化效应

s 轨道与相应的 p 轨道比较更靠近原子核,处于较低的能级,这种差别也表现在杂化轨道中,在杂化轨道中 s 轨道成分越多,则轨道相应越靠近原子核,能级也越低。因此,在 C—H 键中,一对成键电子处于不同杂化轨道时,s 轨道成分越多,电子靠碳原子核越近,被碳原子核拉得越紧,氢原子质子化的趋势也就越大。例如,在烷、烯、炔中,与不同杂化状态的碳原子相连的氢原子质子化离去的难易程度,即酸性的强弱是不同的,所生成的碳负离子的稳定性也不同。而相应碳负离子稳定性的次序为

$$HC\equiv C^-　>　H_2C=CH^-　>　CH_3-CH_2^-$$

这种由于中心碳原子杂化状态的不同,对碳负离子的稳定性产生的不同影响称为杂化效应(hybridized effect)。因为这种不同的影响是由于杂化轨道中 s 轨道成分的不同所造成的,所以也叫 s-性质效应。

(2)电子效应

当反应物分子中碳原子上连有强的吸电基时,由于吸电基的诱导效应,使碳原子上所连的氢酸性增强,容易质子化离去而形成碳负离子。同样,当生成的碳负离子在中心碳原子上连有强的吸电基时,也可以分散负电荷,而使碳负离子稳定。

相反,当碳原子上连有供电基时,由于供电诱导效应的影响,与碳原子相连的氢原子质子化趋势变小,酸性减弱,生成的碳负离子其负电荷难于分散,稳定性减小。例如

$$CH_3^-　>　R-CH_2^-　>　R_2CH^-　>　R_3C^-$$

当碳负离子中带有负电荷的中心碳原子与 π 键直接相连时,由于未共用电子对与 π 键共轭,电子离域的结果,使碳负离子更稳定。

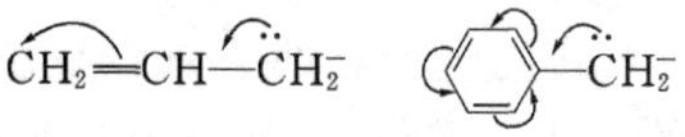

$$CH_2=CH-CH_2^-　\quad　⬡-CH_2^-$$

而且连接的 π 键(或苯环)越多则离域越充分,碳负离子越稳定。碳-氮、碳-氧和氮-氧 π 键与碳负离子的中心碳原子直接相连时,也有同样的影响,而且由于氮和氧与碳比较具有较大的电负性,能更好地分散负电荷,所以更能使碳负离子稳定。

(3)芳香性

环状碳负离子是否具有芳香性(aromaticity),对其稳定性也有明显影响。如环戊二烯的酸性比一般烯烃的酸性要大得多,当然这与环戊二烯中存在超共轭的影响有关,但更重要的是因为环戊二烯负离子具有芳香性所致。环壬四烯负离子和环辛四烯两价负离子与上述情况类似,也具有芳香性,因而也是较稳定的碳负离子。

(4)溶剂效应

在所有涉及的离子反应里,溶剂对参与反应的离子的稳定化作用是非常明显的。在没有

溶剂的情况下,离子反应在气相进行是需要很高的能量的,一般在气相更普遍的是按自由基反应进行。如 HCl 在气相解离为自由基只需要 430.95 kJ/mol 的能量,而解离为离子则能量必须达到 1393.27 kJ/mol,若在极性溶剂(如水)中,HCl 很容易解离为离子,可见溶剂效应对离子的稳定化作用是重要的。

一般说,极性的质子溶剂如水,能够有效地溶剂化正离子和负离子。其中正离子是通过与溶剂分子的未共用电子对偶极作用溶剂化,而负离子则通过氢键作用溶剂化。极性的非质子溶剂如二甲基亚砜(DMSO),它虽然能够溶剂化正离子,但并不能有效地溶剂化负离子,因为没有活泼氢可以形成氢键,这样,负离子在极性非质子溶剂中将更为活泼。所以,如选择不同的溶剂,往往可以直接影响负离子的活泼性。

3.3.3　自由基

自由基也叫游离基(free radical),与碳正离子和碳负离子不同,自由基是共价键均裂的产物,带有未成对的孤电子,也是重要的活性中间体。但自由基中心碳原子为三价,价电子层有七个电子,而且必有一个电子为未成对的孤电子。

自由基可以根据带电荷与否,大体上分为中性自由基和带有电荷的离子自由基。中性自由基存在较广,如 $R_3C \cdot$、$Ph_3C \cdot$、$Cl_3C \cdot$、$R\overset{\cdot}{C}HOH$、$RO \cdot$、$Ph\overset{\cdot}{C}O$ 等等,许多具有未成对孤电子的原子如 $F \cdot$、$Cl \cdot$、$Br \cdot$、$I \cdot$ 和金属 $Na \cdot$ 也是自由基。带有电荷的离子自由基也叫离子基,可以是带负电荷的负离子基,也可以是带正电荷的正离子基。例如,萘可以失去一个电子,转变为萘正离子自由基,也可以获得一个电子而转变成萘负离子自由基。而像氧分子则为双自由基,基态时具有两个未成对电子。

1. 自由基的生成

由分子产生自由基的方法很多,比较重要的有以下三种:热解(thermolysis)、光解(photolysis)和氧化还原反应(oxidation-reduction reaction)。

(1)热解

在加热的情况下,共价键可以发生均裂而产生自由基。

$$R—R \overset{\triangle}{\longrightarrow} R \cdot + R \cdot$$

与产生碳正离子和碳负离子的异裂不同,异裂常常要借助于极性溶剂和极性的环境,而共价键的均裂一般在气相或非极性溶剂(或弱极性溶剂)中进行。因此,均裂的难易主要取决于共价键的强度,即键的离解能。所以,通常键的离解能较小的分子,一般离解时需要的能量较低,不需要很高的温度即可均裂而产生自由基。在自由基反应过程中,具有使用价值的温度范围在 50~150 ℃ 之间。

自由基反应中常以过氧化物或偶氮化合物作为引发剂,主要由于其分子中含较弱的键,容易均裂而产生自由基,同时又是相同元素的同核键,一般不容易异裂而产生正、负离子。常用的典型的引发剂有过氧化苯甲酰(benzoyl peroxide, BPO)及偶氮二异丁腈(2, 2-Azobisisobutyronitrile, AIBN)。

过氧化苯甲酰

$$\underset{\substack{\text{CH}_3 \\ \text{CN}}}{\overset{\text{CH}_3}{\text{C}}}\text{—N}{=}\text{N—}\underset{\substack{\text{CH}_3 \\ \text{CN}}}{\overset{\text{CH}_3}{\text{C}}} \xrightarrow{80\sim100℃} \underset{\substack{\text{CH}_3 \\ \text{CN}}}{\overset{\text{CH}_3}{\text{C}}}\cdot \ + \ \text{N}{\equiv}\text{N} \ + \ \cdot\underset{\substack{\text{CH}_3 \\ \text{CN}}}{\overset{\text{CH}_3}{\text{C}}}$$

偶氮二异丁腈

这些引发剂之所以能在较低的温度下均裂生成自由基,另外还因为离解过程中产生了稳定的化合物 N_2 和 CO_2,其所放出的能量补尝了共价键均裂所需的能量,导致了自由基容易生成。当然生成的自由基的稳定性也起很重要的作用。

(2)光解

在可见光或紫外光波段,对具有吸收辐射能力的分子,利用光可使之分解而产生自由基,但必须在给定的波长范围内,对光具有吸收,这样辐射才能起作用。如烷烃的氯化反应,可以在光照下顺利进行,就是因为氯分子在波长小于 478.5 nm 的光照射下,分子吸收光能,激发分子中未共用电子对中的一个电子跃迁到能量较高的反键轨道,形成激发态,然后进一步自发分解为自由基,由这些氯原子自由基的引发而发生烷烃的氯化反应。

另一个有用的光解反应是丙酮在气相光照的分解反应。丙酮在气相被波长约为 320 nm 的光照射,因为羰基化合物在这个波段有吸收带,吸收光能形成激发态,然后解离为甲基自由基和乙酰基自由基,后者再自动分解为甲基和一氧化碳。

$$\underset{\text{CH}_3}{\overset{\text{CH}_3}{\diagup}}\text{C}{=}\text{O} \xrightarrow{h\nu} \underset{\text{CH}_3}{\overset{\text{CH}_3}{\diagup}}\text{C}{=}\text{O}^* \longrightarrow \text{CH}_3\cdot \ + \ \text{CH}_3\overset{\overset{\text{O}}{\|}}{\text{C}}\cdot$$

$$\downarrow$$

$$\text{CH}_3\cdot \ + \ \text{CO}$$

次氯酸酯容易发生光解反应,生成烷氧自由基和氯原子。叔丁基次氯酸酯就是一个使用很方便的自由基氯化剂。

$$\text{RO—Cl} \xrightarrow{h\nu} \text{RO}\cdot \ + \ \text{Cl}\cdot$$

(3)氧化还原反应

一个电子自旋成对的分子失去或得到一个电子都可产生自由基,这实际就是氧化或还原的过程,因此通过氧化还原反应也可以生成自由基。

某些金属离子,如 Fe^{2+}/Fe^{3+}、Cu^+/Cu^{2+}、Ti^{2+}/Ti^{3+} 等是常用的产生自由基的氧化还原剂,例如 Cu^+ 离子可以大大加速酰基过氧化物的分解,产生酰氧基自由基。

$$\text{Ar}\overset{\overset{\text{O}}{\|}}{\text{C}}\text{—O—O—}\overset{\overset{\text{O}}{\|}}{\text{C}}\text{Ar} \ + \ \text{Cu}^+ \longrightarrow \text{Ar}\overset{\overset{\text{O}}{\|}}{\text{C}}\text{—O}\cdot \ + \ \text{Ar}\overset{\overset{\text{O}}{\|}}{\text{C}}\text{—O}^- \ + \ \text{Cu}^{2+}$$

这是产生酰氧基自由基的有用方法,因为在热解生成酰氧基自由基的过程中,酰氧基自由基容易进一步分解,而转变为烃基自由基。

Ti^{2+} 也是一种很强的单电子还原剂,可用以还原过氧化氢生成羟基自由基。

$$Ti^{2+} + H_2O_2 \longrightarrow Ti^{3+} + OH^- + \cdot OH$$

反应中生成的羟基自由基是有效的氧化剂,不但可以用于生成其它自由基,也可以应用于有机合成。例如

$$HO \cdot + H-CH_2-\overset{\underset{\displaystyle CH_3}{|}}{\underset{\underset{\displaystyle CH_3}{|}}{C}}-OH \longrightarrow H_2O + \cdot CH_2-\overset{\underset{\displaystyle CH_3}{|}}{\underset{\underset{\displaystyle CH_3}{|}}{C}}-OH$$

$$2 \cdot CH_2-\overset{\underset{\displaystyle CH_3}{|}}{\underset{\underset{\displaystyle CH_3}{|}}{C}}-OH \longrightarrow HO-\overset{\underset{\displaystyle CH_3}{|}}{\underset{\underset{\displaystyle CH_3}{|}}{C}}-CH_2-CH_2-\overset{\underset{\displaystyle CH_3}{|}}{\underset{\underset{\displaystyle CH_3}{|}}{C}}-OH$$

Co^{3+} 是一个很强的单电子氧化剂,它可从芳烃的侧链上夺取一个氢原子,而生成自由基。

$$Co^{3+} + H-CH_2-Ph \longrightarrow Co^{2+} + H^+ + \cdot CH_2-Ph$$

2. 自由基的结构

与碳正离子及碳负离子相似,自由基的中心碳原子的构型,可能是 sp^2 杂化的平面构型或 sp^3 杂化的棱锥构型,或介于其间。目前认为简单的甲基自由基是平面构型,或近似于平面的浅棱锥型。中心碳原子为 sp^2 杂化,或接近于 sp^2 杂化,未成对孤电子处于 p 轨道,三个 sp^2 杂化轨道则与氢原子的 s 轨道交盖形成三个 σ 键,其对称轴处于同一平面。

经电子自旋共振谱及其它物理方法证明,甲基自由基为 sp^2 杂化的平面构型,叔烷基自由基接近 sp^3,而桥头碳自由基则为 sp^3 杂化的棱锥构型。实际上,烷基自由基还是优先倾向形成平面构型,但构型之间能垒并不大,所以不同烷基自由基的构型必须具体分析。

另外,处于共轭体系的自由基,由于电子离域的要求,中心碳原子为 sp^2 杂化,为平面结构,未成对的孤电子在 p 轨道中,如烯丙基自由基和苄基自由基等。

三苯甲基自由基,由于苯环邻位氢原子的相互影响,与三苯甲基正离子相似,有一定的扭弯,是螺旋桨形构型,而不是同处于一个平面,如图 3 - 2 所示。

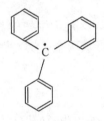

图 3 - 2　三苯甲基自由基构型

3. 自由基的稳定性

自由基的稳定性主要取决于共价键均裂的相对难易程度和所生成自由基的结构因素。一般来说,共价键均裂所需的离解能越高,生成的自由基能量越高,则自由基越不稳定。相应烷基自由基稳定性的次序为

$$(CH_3)_3C \cdot > (CH_3)_2CH \cdot > CH_3CH_2 \cdot > CH_3 \cdot$$

这主要是由于超共轭效应和诱导效应作用的结果,分散了自由基的孤电子性,使之稳定性增高。如上简单烷基自由基稳定性的相对次序是可以通过实验得到证明的。例如,叔碳的烷氧基自由基在进一步分解时,主要生成一个比较稳定的自由基,以此可以比较自由基的稳定性。乙基自由基比甲基自由基更稳定。

$$\overset{CH_3}{\underset{CH_3CH_2}{\diagup}}C{=}O \ + \ CH_3 \cdot \ \xleftarrow{\times} \ \overset{CH_3}{\underset{CH_3CH_2}{\diagdown}}\underset{CH_3CH_2}{\overset{|}{C}}{-}O^* \ \longrightarrow \ \overset{CH_3}{\underset{CH_3}{\diagup}}C{=}O \ + \ CH_3CH_2 \cdot$$

同样,用不同烷基自由基提取甲苯侧链的氢,则反应相对速度的次序为:伯＞仲＞叔。这反映着自由基的活泼性,因此其相应稳定性次序为:叔＞仲＞伯。

$$R \cdot \ + \ H{-}CH_2Ph \ \longrightarrow \ RH \ + \ \cdot CH_2Ph$$

自由基的中心碳原子如与 π 键共轭,同样可以分散孤电子,而使自由基稳定,如前所述烯丙基自由基或苯甲基自由基都由于孤电子分散,而相应稳定。

$$H_2C{=}CH{-}CH_2 \cdot \qquad \qquad CH_3 \cdot$$

三苯甲基自由基的孤电子可以分散到三个苯环上,更稳定。芳基自由基和烯基、炔基自由基,由于未成对孤电子不可能与 π 键共轭,所以不稳定,是很活泼的自由基,比甲基自由基还不稳定。

空间效应也可以影响自由基的稳定性,例如,2,4,6-三叔丁基苯氧基自由基很稳定,主要归结于空间效应的影响。

$$(CH_3)_3C \underset{C(CH_3)_3}{\overset{C(CH_3)_3}{\diagdown}} {-}O \cdot$$

3.3.4 碳烯与氮烯

碳烯也叫卡宾(carbene),是亚甲基及其衍生物的总称。其中心碳原子为中性两价碳原子,包含六个价电子,四个价电子参与形成两个 σ 键,其余两个价电子是游离的。最简单的碳烯为:CH_2,也称为亚甲基。

1. 碳烯的生成

碳烯的生成主要通过两个途径,一是在光或热的作用下通过某些化合物的自身分解反应;二是在试剂的作用下,某些化合物经 α-消除反应而得到碳烯。

(1)分解反应

重氮化合物通过热或光分解,失去氮分子而生成相应的碳烯,例如重氮甲烷的热或光分解

$$H_2C{=}N_2 \ \xrightarrow{\triangle \text{或} h\nu} \ :CH_2 + N_2$$

这是实验室产生:CH_2 的常用方法,也是制备碳烯的一般方法。但烷基重氮化合物不稳定,而且容易爆炸。为了制备烷基取代的碳烯,可以不用易爆炸的重氮烷作反应物,而是由醛或酮生成的腙通过氧化、再分解得到。

$$\underset{R}{\overset{R}{\diagup}}C{=}O \ \xrightarrow{H_2NNH_2} \ \underset{R}{\overset{R}{\diagup}}C{=}NNH_2 \ \xrightarrow{HgO} \ \underset{R}{\overset{R}{\diagup}}C{=}N{=}N \ \xrightarrow{\triangle \text{或} h\nu} \ \underset{R}{\overset{R}{\diagup}}C{:} \ + \ N_2$$

烯酮在光或热的作用下分解也可制备相应的碳烯,例如

$$CH_2{=}C{=}O \ \xrightarrow{h\nu \text{ 或 } 700\,℃} \ :CH_2 + CO$$

（2）α-消除反应

α-消除反应是制备二卤碳烯的基本方法。甲基碳烯和苯基碳烯可由乙基氯和苄基氯来制备，但必须以烷基锂作为强碱来反应，反应是 α-消除反应。

$$PhCH_2Cl + LiBu \longrightarrow PhCH: + BuH + LiCl$$

$$CH_3CH_2Cl + LiBu \longrightarrow CH_3CH: + BuH + LiCl$$

2. 碳烯的结构

碳烯的中心碳原子只有六个价电子，是两价化合物，只与两个其它的原子或基团相连接。四个价电子为成键电子，占用碳原子的两个原子轨道，构成两个 σ 键，还余下两个未成键的价电子。正常状态下，中心碳原子还剩余两个原子轨道，可以容纳未成键的电子，在这种情况下剩余价电子的排布方式有两种可能。一种可能是两个未成键电子同处于一个轨道，其自旋方向相反，而另一个轨道是空的，处于这样状态的碳烯称为单重态碳烯；另一种可能是两个未成键电子分别处于两个轨道，电子的自旋方向相同，处于这种状态的碳烯称为三重态碳烯。根据电子排布半充满的洪特规则，三重态时，电子间排斥作用较小，能量较低。

单重态碳烯的中心碳原子近似于 sp^2 杂化状态，三个杂化轨道中，两个杂化轨道与其它原子或基团成键，另外一杂化轨道则为一对未成键电子占据，余下一个未参与杂化的 p 轨道是空的。

单重态的这种排布方式，使 σ 键与 σ 键之间，σ 键与未成键电子对所处轨道之间，互呈近似 120° 的键角，两对成键电子和一对未成键电子之间，相互的排斥力最小。这样的排布方式是单重态碳烯最合理的存在形式。从其结构特征不难看出单重态碳烯既显示具有未共用电子对的碳负离子特征，同时又表现出具有空 p 轨道的碳正离子的特性。

而三重态碳烯的中心原子则近似于 sp 杂化状态，两个 sp 杂化轨道分别与其它原子或基团成键，余下两个未参与杂化的 p 轨道彼此垂直，而且各容纳一个未成键的价电子。三重态碳烯以这样的排布方式为最合理，电子之间排斥作用最小。因此，三重态是线型结构，键角接近 180°。由于三重态碳烯中每个 p 轨道只有一个电子，具有孤电子的性质，近似于双自由基。

实际上，上述那样考虑单重态和三重态的结构是过于简单化了，根据计算和测定的结果，单重态碳烯的 H—C—H 键角为 103°；而三重态碳烯的 H—C—H 键角则为 136°，并非直线型结构，而是弯曲的。

3. 碳烯的反应

碳烯是非常活泼的活性中间体，容易发生反应，由于是缺少电子的活性中间体，一般在反应中是以亲电性为特征的。其反应活性的次序大致为

$$:CH_2 > \ :CR_2 > \ :CAr_2 > \ :CX_2$$

碳烯的典型反应主要有两类：π 键的加成反应和 σ 键的插入反应。

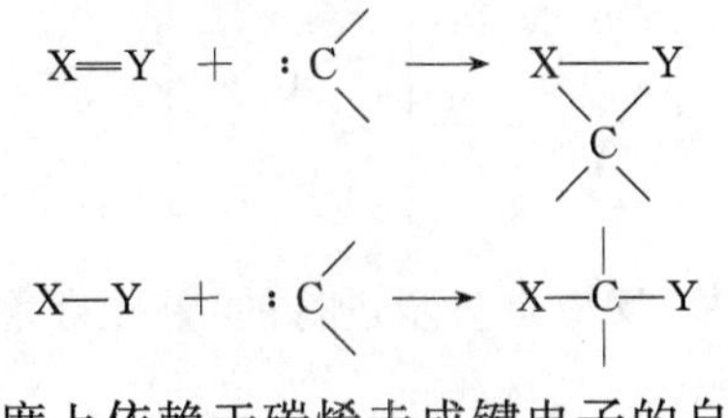

但反应历程和结果很大程度上依赖于碳烯未成键电子的自旋状态是单重态还是三重态。

(1)加成反应

碳烯与碳-碳双键加成生成环丙烷衍生物,这是碳烯最典型的反应之一。

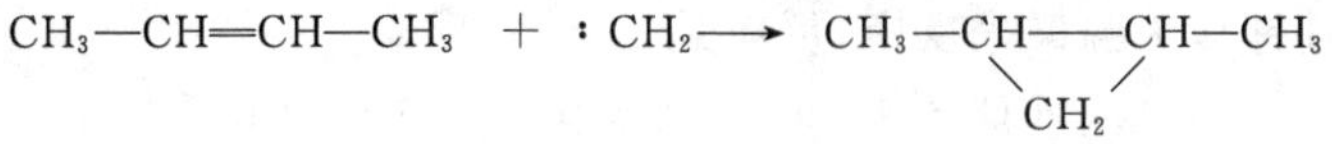

$$CH_3-CH=CH-CH_3 \ + \ :CH_2 \longrightarrow \ CH_3-CH\underset{CH_2}{\overset{}{\vert\quad\vert}}CH-CH_3$$

碳烯也可以与炔烃、环烯烃,甚至与苯环上的 π 键进行加成反应。例如

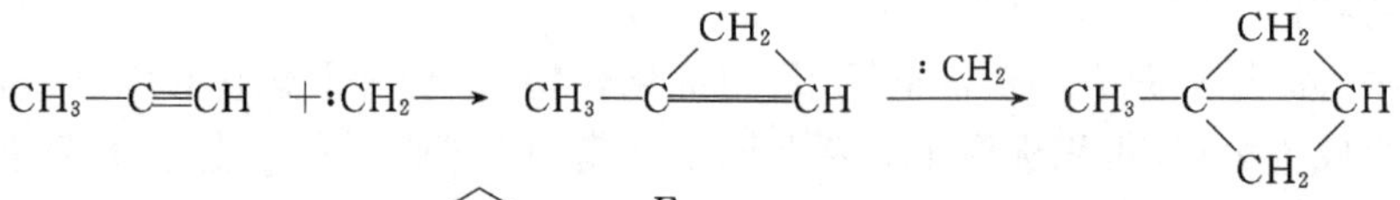

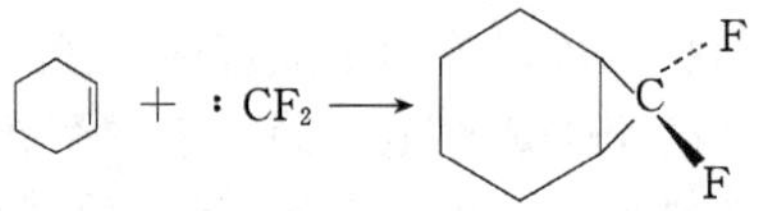

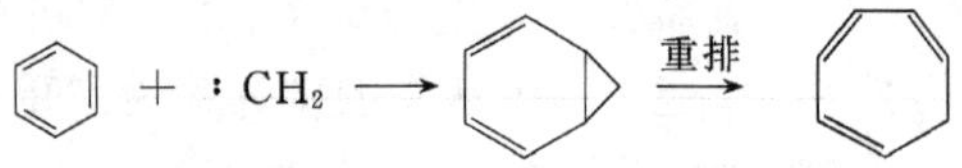

在苯环上,由于离域的影响,与 π 键加成比较困难,并不是所有碳烯都能与苯环加成,必须是足够活泼的碳烯,如 $:CH_2$,$:CHCl$ 可与苯环加成,而 $:CCl_2$ 一般不能与苯或甲苯在环上进行加成,只有当环上有强的供电基,电子云密度较高时才有可能,这就是瑞穆-悌曼(Reimer-Tiemann)反应,如下式所示。

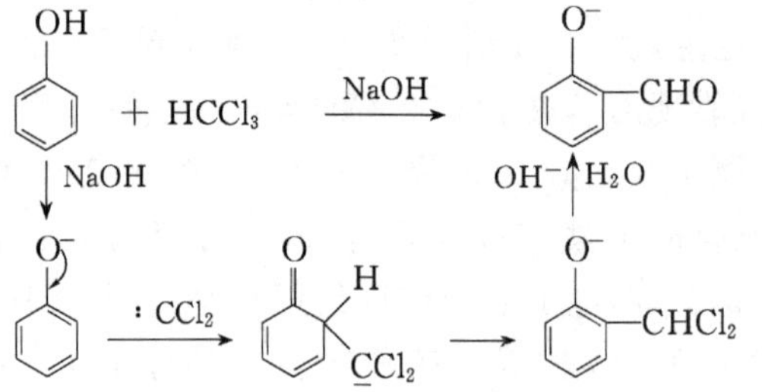

(2)插入反应

碳烯可以在 C—Hσ 键上进行插入反应,碳烯插到 C—H 键之间。这也是碳烯的主要反应之一,而且一般来说,在不同的 C—H 键上都可插入,因而在合成上意义不是很大。

$$R-H \ + \ :CH_2 \longrightarrow \ R-CH_2-H$$

不论单重态碳烯还是三重态碳烯,其插入反应得到的产物是相同的,但由于电子自旋状态的不同,存在着两种不同的反应历程。单重态碳烯的插入反应是按一步完成的协同反应历程进行。

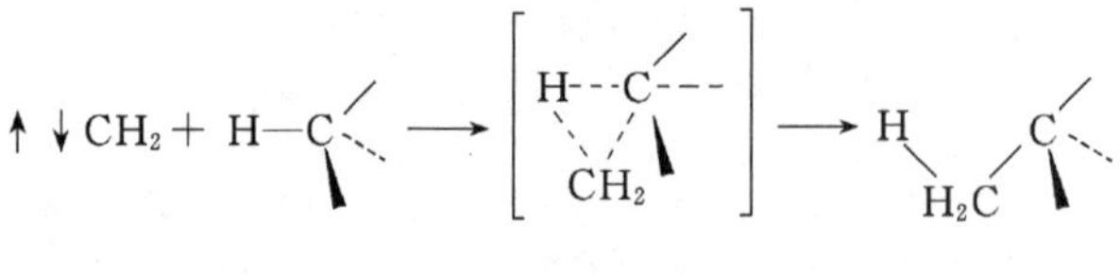

而三重态碳烯作为双自由基,反应是分步进行的,首先夺取氢原子,而后通过自由基偶联两步完成。

$$R—H + :CH_2 \longrightarrow R\cdot + \cdot CH_3 \longrightarrow R—CH_3$$

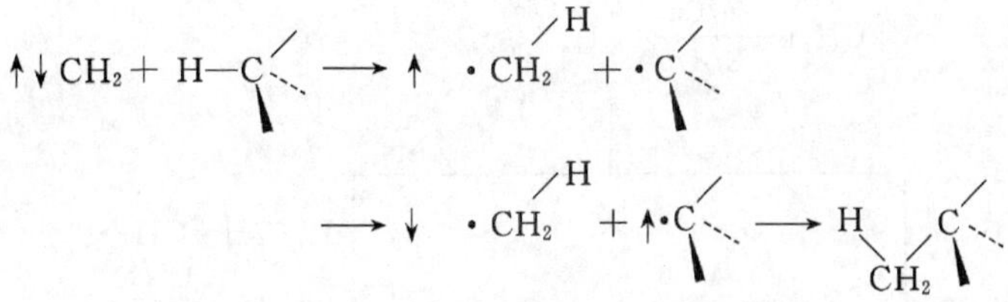

除了 C—Hσ 键可以进行插入反应之外,碳烯还可以在 C—Br、C—Cl 和 C—Oσ 键上进行插入反应,但 C—C 键不能。

(3)重排反应

碳烯可以发生分子内的重排反应,通过氢、芳基和烷基的迁移,生成更为稳定的化合物,这也是碳烯常见的反应。例如,异丁基碳烯可以通过氢的 1,2 -迁移和 1,3 -迁移而重排为异丁烯和甲基环丙烷。

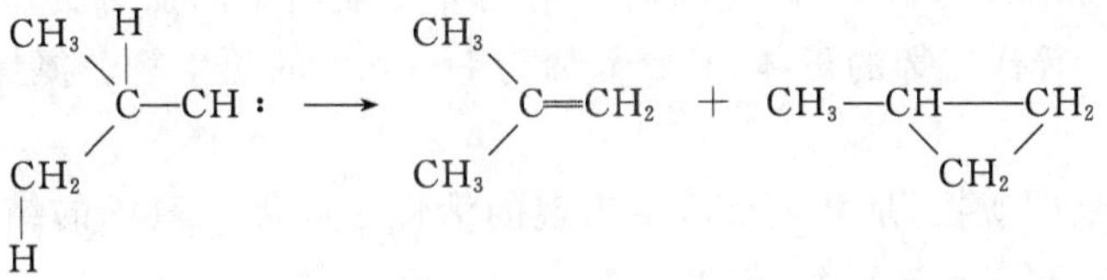

1,2 -迁移 66%　　　　1,3 -迁移 33%

这样的反应也可以看作分子内碳烯在 C—Hσ 键的插入反应,可以在 α - C—H 键上插入,也可以在 β - C—H 键上插入。

碳烯的重排反应中,在合成上具有实际应用价值的是沃尔夫重排反应。重排反应的机理一般认为是生成了酰基碳烯,而后重排为乙烯酮衍生物,因此是碳烯重排反应。

(4)碳烯络合物

上述碳烯的反应一般是通过产生游离碳烯的途径进行的。有些则是通过生成一类碳烯与其它分子的络合物,通常为金属络合物而进行的,并不存在游离的两价碳烯。这些络合物严格地讲并非活性中间体,但与碳烯相似,可以产生相同的反应结果,一般称为碳烯化物或叫类碳烯。例如

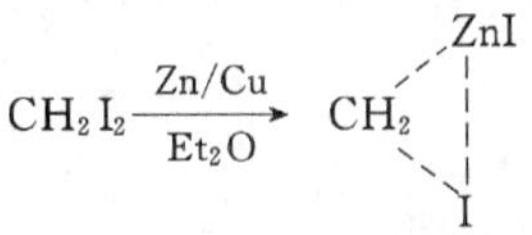

碳烯络合物

利用碳烯络合物,可以像碳烯一样与 π 键加成,得到与碳烯和 π 键加成同样的产物,而且具有高度的选择性,碳烯化物不可能与 C—Hσ 键发生插入反应,因而副反应较少,在有机合成上具有重要意义。例如,把二碘甲烷和锌铜合金在乙醚的悬浮液中,加入含有 C═C 双键的化合物,其结果与碳烯反应相似,与 C═C 双键加成,而生成高产率的环丙烷衍生物。此反应通常称为西蒙-史密斯(Simmon-Smith)反应。

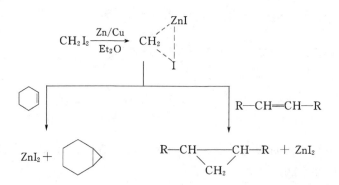

碳烯络合物的结构一般认为是由单重态亚甲基以空的 p 轨道与碘原子结合,而以 sp^2 电子对与 Zn 结合的。反应历程一般认为是一步完成的协同反应,因而具有明显的立体选择性。

(5)氮烯

氮烯也叫乃春(nitrene),是一价氮的活性中间体。最简单的氮烯为 H—N:,也叫亚氮,可以把亚氮 H—N:看作氮烯的母体,其它氮烯为 H—N:的衍生物。氮烯即 H—N:及其衍生物的总称。

氮烯是碳烯的氮类似物,是某些反应中出现的活性中间体。氮烯的结构和反应与碳烯相似。氮烯也有单重态和三重态两种结构

$$R—\overset{\cdot\cdot}{N}:\uparrow\downarrow \qquad\qquad R—\overset{\cdot\cdot}{\underset{\cdot}{N}}\cdot\uparrow$$

单重态　　　　　　　　　　　三重态

氮烯非常活泼,对它的研究还不是很充分。一般来说,芳基氮烯和酰基氮烯比较稳定。氮烯主要的反应也是与烯烃的加成反应和 σ 键的插入反应。例如,与烯烃的加成反应,产物为氮杂环丙烷衍生物。

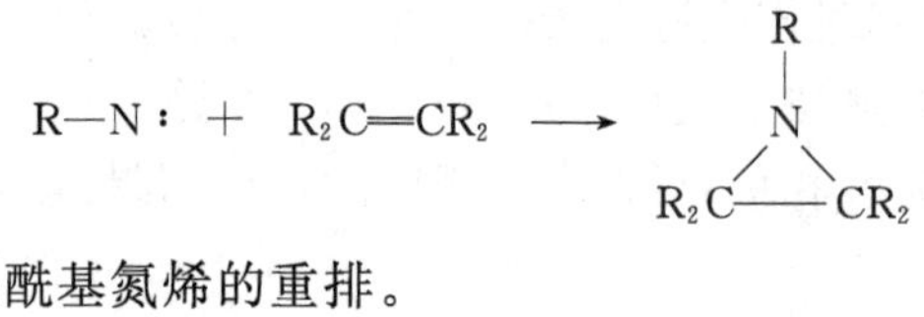

$$R—N: + R_2C\!=\!CR_2 \longrightarrow \begin{array}{c} R \\ | \\ N \\ R_2C\diagdown\!\!\diagup CR_2 \end{array}$$

霍夫曼重排反应即是酰基氮烯的重排。

3.4　取代反应

取代反应(substitution reaction)是指有机化合物分子中任何一个原子或基团被试剂中同类型的其它原子或基团所取代的反应,用通式表示为

C—L(反应基质)+A(进攻试剂)→C—A(取代产物)+L(离去基团)

依据促使反应的反应物是亲电子试剂还是亲核试剂,取代反应可以分为亲核取代(简称 SN,S 为英文"Substitution",N 为"Nucleophilic")和亲电取代。

3.4.1　脂肪族亲核取代反应

在亲核取代反应中,进攻试剂(亲核试剂)携带一对电子接近底物,利用这对电子形成新的化学键,离去基团(离核体)带着一对电子离去。发生在烷基碳上的亲核取代反应叫做亲核试

剂的烷基化反应。类似地,发生在羰基碳上的亲核取代反应可称为亲核试剂的酰基化反应。亲核取代反应有多种可能的机理,取决于反应底物、亲核试剂、离去基团以及反应条件。无论是何种机理,进攻试剂总是携带着电子对,所以各种机理彼此之间相似之处更多一些。人们最先研究的是饱和碳原子上反应的机理,目前最常见的是 SN1 和 SN2 机理。

1. SN1 机理

最理想的 SN1(单分子亲核取代)机理由两步组成(见图 3-3),第一步是底物缓慢的离子化过程,原化合物的解离生成碳正离子和离去基团,然后亲核试剂与碳正离子结合。由于速控步为第一步,只涉及一种分子,故称 SN1 反应。

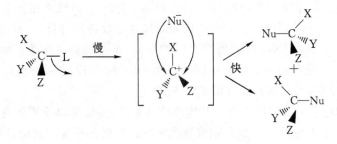

图 3-3　SN1(单分子亲核取代)机理示意图

离子化过程通常是在溶剂的协助下进行的,因为断键所需的能量大部分被 R^+ 和 X 的溶剂化所补偿。如果溶剂分子的作用只是在离去基团的正面协助其离开,并没有在背面的进攻,这样的机理称为极限 SN1。

事实上,SN1 反应在初期一般都表现为动力学一级,绝大多数 SN1 反应的动力学研究结果都属于这一范畴。在 SN1 溶剂解反应的稍后阶段,伴随着产物的增大,反应速率会下降。如果生成的产物能降低速率,那么至少能在某些情况下,外加产物也能够以同样的机制降低反应速率。这种因加入产物而对反应速率产生的抑制称为同离子效应或质量定律效应。

另一个使动力学过程变得复杂的因素是盐效应。增加溶液的离子强度通常会增大 SN1 反应的速率。但是若反应的电荷是 Ⅱ 型的,即反应试剂都是电中性的,而被取代基团带负电(大部分溶剂解反应均属此类),随着反应的进行,体系的离子强度不断增大,也就使得反应的速率增大。

2. SN2 机理

SN2 指的是双分子亲核取代,这是一种从背面进攻的机理:亲核试剂沿着与离去基团成 180°的方向接近底物。该过程是一步反应,没有中间体,C—Y 键形成的同时 C—X 键断裂。

$$\ominus Y + \quad C-X \longrightarrow Y\cdots C\cdots X \longrightarrow Y-C \quad + X^\oplus$$

断开 C—X 键所需的能量由形成 C—Y 键所形成的能量提供。活化自由能曲线顶端时各原子的空间位置见上式结构 1。当然,这只是一个过渡态,反应并不会在此处停止。由于碳原子不可能同时拥有超过 8 个最外层电子,所以在 Y 基团进入分子的同时 X 基团必须离去。当反应到达过渡态时,中心碳原子的杂化态由原先的 sp^3,变成 sp^2,并出现一个与杂化轨道平面近似垂直的 p 轨道。这个 p 轨道的一个波瓣与亲核试剂轨道重叠,而另一个波瓣与离去基团轨道重叠。可以假设一个从正面进攻的过渡态,那么亲核试剂和离去基团的轨道就不得不与上述 p 轨道的同一个波瓣重叠,背面进攻能在整个反应过程中实现轨道最大重叠。在过渡态中,三个不参与反应的基团与中心碳原子近似共平面,如果进攻基团和离去的基团相同,那么三个不参与反应的基团及中心碳原子就完全共面。

SN2 机理预测当取代发生在手性碳上时,手性碳的构型将会翻转,而这一现象已经被多次观察到,这种构型的翻转被称为 Walden 翻转。

3. 混合 SN1 和 SN2 机理

一些给定了底物和条件的反应,会表现出 SN2 反应的全部特征;而一些其它的反应,则将会按 SN1 机理进行,但是还有些情况却不这么容易界定。它们似乎在两者之间,处于两种机理的"边界"地带。至少有两种广义的理论试图对这些现象进行解释,一种理论认为,这种中间的行为是由一种既非"纯"SN1 又非"纯"SN2 的"中间"类型的机理所致。而第二种理论认为,这种边界的行为不过是在同一个反应中同时发生 SN1 和 SN2 这两类机理;也就是说一些分子遵循 SN1 机理反应,另一些分子遵循 SN2 机理反应。

Sneen 等人构建了一种中间机理。其构架非常宽泛,不仅可以应用于这种中间行为,还适用于在饱和碳原子上发生的所有其它亲核取代反应。根据 Sneen 的理论,所有的 SN1 和 SN2 反应都能用一个基本的机理(离子对机理)来概括:底物分子首先离子化成一个中间体离子对,然后再转化成产物。

$$RX \underset{}{\overset{k_1}{\rightleftharpoons}} R^{\oplus} X^{\ominus} \overset{k_2}{\rightleftharpoons} 产物$$

SN1 和 SN2 机理的区别在于 SN1 机理中离子对的形成是决速步骤,而 SN2 机理中离子对的破坏是决速步骤。当离子对形成的速率和分解的速率在同一数量级时,此时出现中间行为。

4. 邻基参与机理

有时候某些底物会有如下性质:①反应速率大于预计值;②手性碳的构型保持,没有发生构型翻转或者外消旋化。在这些情况下,通常会有一个带有未共用电子对的基团位于离去基团的 β 位(有时也距离较远)。这种情况下的机理被称为邻基参与机理,主要由两步 SN2 取代构成,每一步都导致构型翻转,所以净结果是构型保持。在该机理的第一步,邻位基团扮演亲核试剂的角色,在离去基团离去时,邻位基团本身仍然键合在分子上;在第二步,外来的亲核试剂从背面进攻,取代了邻基的位置。

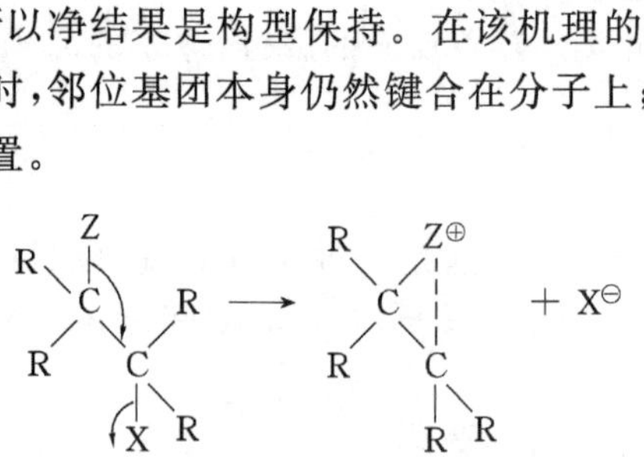

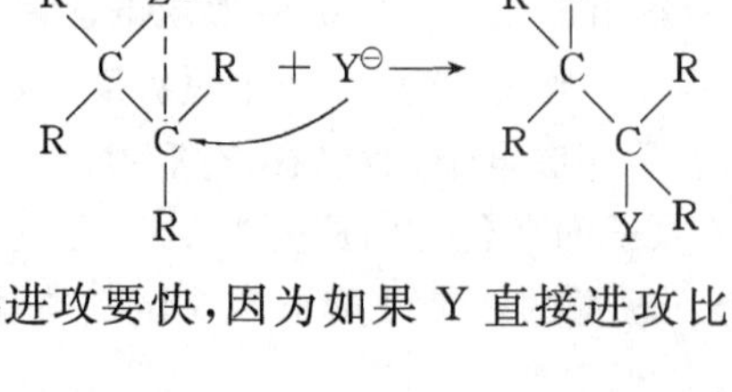

这样的反应肯定要比 Y 直接进攻要快,因为如果 Y 直接进攻比较快的话,该反应就会直

接发生。邻位基团 Z 在这里起到了邻位促进作用。以邻基参与机理发生的反应的速率方程是一级反应；也就是说，Y 并不参与决速步骤。Z 进攻比 Y 进攻要快的原因是 Z 更方便发生反应，Y 若要发生反应，必须要与底物碰撞，而 Z 的位置得天独厚，可以直接反应。

重要的邻位基团有：COO⁻（而不是 COOH）、COOR、COAr、OCOR、OR、OH、O⁻、NH₂、NHR、NR₂、NHCOR、SH、SR、S⁻、I、Br 和 Cl。卤素中，邻基参与效应的强度如下，I>Br>Cl。氯是非常弱的邻位基团，只有在溶剂不参与的情况下才能够显现出邻基参与的性质。

5. SNi 机理

在一些反应中，不可能有邻基参与效应的亲核取代反应结果却保持了构型。在 SNi（内部亲核取代反应）机理中离去基团的一部分能进攻底物，使其与离去基团的其它部分分离开。第一步与 SN1 机理的第一步相同，分子断裂成紧密离子对。但是在第二步，离去基团的一部分从前面进攻，这是必须的，因为它不可能到达分子的背面，这样导致了构型的保持。

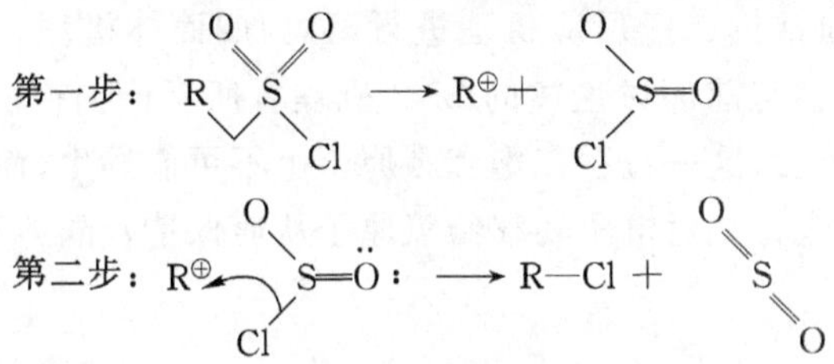

上例是目前发现的通过该机理进行的最重要的反应，因为醇与氯化亚砜反应生成卤代烷的反应通常以此方式进行，此反应的第一步为：ROH＋SOCl₂→ROSOCl（该烷基亚硫酰氯可以被分离出来）。

这一机理的证据如下：在醇与氯化亚砜的混合物中加入吡啶将得到构型翻转的转卤代烷。构型翻转的原因是因为在其它反应发生前，吡啶先与 ROSOCl 反应生成 ROSONC₂H₅。此过程中，解离下来的 Cl⁻，从背面进攻。醇与氯化亚砜的反应是二级的，这与该机理的预测相同，但是单纯 ROSOCl 的热分解过程是一级反应。

6. 烯丙位碳上的亲核取代：烯丙位重排

烯丙位类底物的亲核取代反应相当快，但是我们将其单独分在一个部分中讨论，是因为这些反应经常伴随着一种重排，称作烯丙位重排。烯丙位类底物在 SN1 条件下发生反应，通常能得到两种产物：正常的产物和重排的产物。

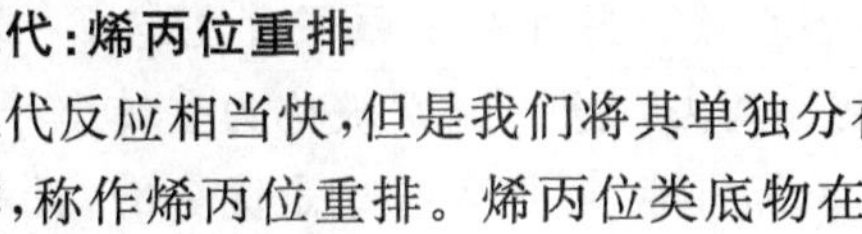

生成这两种产物的原因是烯丙基类型的碳正离子能发生共振，所以 C(1)和 C(3)位都带部分正电荷，均能被 Y 进攻。这种机理被称为 SNi′机理。

$$R—CH=CH—\overset{\oplus}{C}H_2 \longleftrightarrow R—\overset{\oplus}{C}H—CH=CH_2$$

与其它的 SN1 反应一样，有充分的证据表明 SNi′机理也涉及离子对。如果亲核试剂进攻的中间体是一个完全自由的碳正离子，那么，其与卤离子反应时将得到等量的醇的混合物，这是因为每种碳正离子的含量都是相同的。

在烯丙基碳上的亲核取代反应也能通过 SN2 机理进行，此时通常不发生烯丙位的重排。

然而,在 SN2 条件下烯丙位重排也能通过如下机理发生:亲核试剂进攻 γ 位而非通常的 α 位。

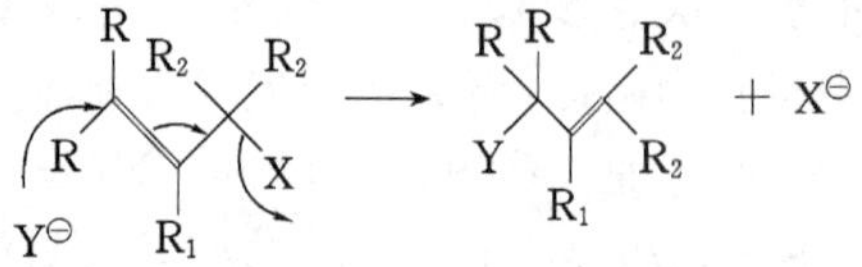

这是一种烯丙位重排的二级反应;它通常发生在 SN2 反应条件下,但是又有空间位阻阻碍了反应按正常的 SN2 机理进行,因此在 C=C—CH₂X 类底物上很少发现 SN2′ 机理的例子,C=C—CR₂X 类化合物一旦发生双分子反应,几乎就只发生 SN2′ 重排。

7. 三角形脂肪碳上的亲核取代:四面体机理

到目前为止,所有讨论的机理都发生在饱和碳原子上。发生在三角形(sp² 杂化)碳上的亲核取代反应也很重要,尤其是碳原子与氧、硫或氮形成双键的时候。一个羰基(或者相应的含硫、氮的类似化合物)上的亲核取代反应通常按二级反应机理进行,称为四面体机理。虽然这一机理在动力学上表现出是二级的,但是它与前面讨论过的 SN2 机理有所不同:首先 Y 进攻得到同时带有 X 和 Y 的中间体,而后 X 离去,这一过程在饱和碳原子上不可能发生,而在不饱和碳原子上却是可行的,因为中心碳原子能将一对电子转移给氧原子从而保持八隅体结构。

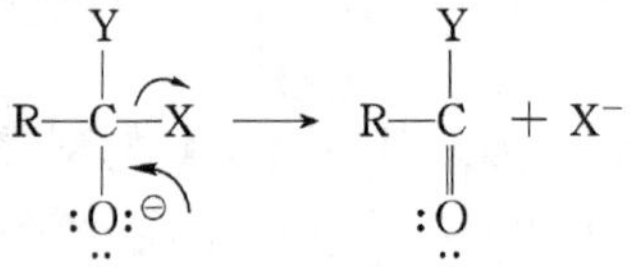

第二步反应的方向性也被研究过。一旦形成了四面体中间体,它既能失去 Y(得到产物),又能失去 X(返回起始化合物)。影响上述选择的一个因素是中间体的构象,尤其是孤对电子的位置。根据这一观点,只有中心碳上另外两个原子存在与 C—X 或 C—Y 键反式共平面的轨道时,离去基团 X 或 Y 才能够离去。这一因素被称为立体电子控制。当然,对脂肪族中间体而言,自由旋转使大量的构象都可能,但是有一些是优势的,且断键的反应可能比旋转过程快。因此立体电子控制在某些情况下也能成为一个影响因素,这一概念得到大量证据的支持,也可以用术语"空间电子效应"表示,即指任何因轨道位置的要求而影响到反应进程的情况。

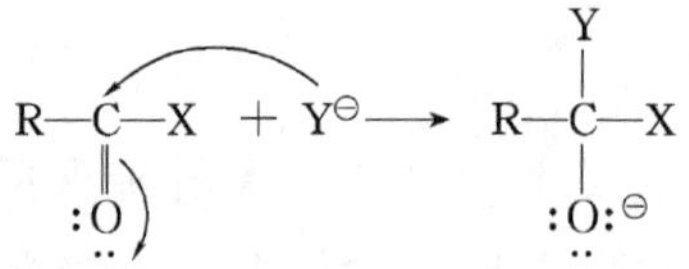

3.4.2　芳环上的取代反应

脂肪碳链上发生的大多数取代反应为亲核取代;而在芳香体系中情况相反,因为在芳香环中的高电子密度使其具有 Lewis 碱或者 Bronst-Lowry 碱的活性,具有 Lewis 碱还是 Bronst-Lowry 碱的活性是由电正性部分决定的。在亲电取代反应中进攻试剂是正离子,或者是偶极或诱导偶极的带正电荷的一端,离去基团离去时必然不带其电子对。在亲核取代反应中,主要离去基团是最易携带未共享电子对的那些基团,如 Br、H₂O、OTs⁻ 等,即最弱的碱;而在亲电取代反应中,最重要的离去基团是那些不需要电子对填充外电子层而能稳定存在的基团,即最弱的 Lewis 酸。

（1）机理

亲电芳香取代与亲核取代反应不同。对于底物而言，亲电芳香取代反应大多只以一种机理进行，即芳基正离子机理：第一步为亲电试剂进攻，产生带正电荷的中间体（芳基正离子）；第二步是离去基团离去，因而该机理类似于上述的四面体机理但是所带电荷相反。

（2）芳基正离子机理

在芳基正离子机理中，进攻试剂产生的方法各异，但在所有情况中，在芳环上发生的反应基本一致。因而，研究这个机理的注意力集中在进攻实体本身以及它是怎样产生的。亲电试剂可以是正离子或有正电性偶极子的分子。如果亲电试剂是正离子，它进攻芳环，从芳基六隅体上夺去一对电子对，产生碳正离子，该碳正离子是一共振杂化体，这类离子被称为 Wheland 中间体、σ 络合物或芳基正离子。

第二步几乎总是比第一步快，所以第一步是决速步骤，反应是二级反应（除非进攻离子形成得更慢，在这种情况下反应速率式中不包含芳香化合物）。如果失去的是 X^+，则没有净反应发生，但是如果失去的是 H^+，则发生芳香取代反应，这时需要用碱（通常是亲电试剂的平衡离子，有时溶剂也可担当此任）除去它。如果进攻的试剂不是离子而是偶极子，那么产物必然带有负电荷，除非在反应过程中偶极子的一部分携带电子对断键离去。例如

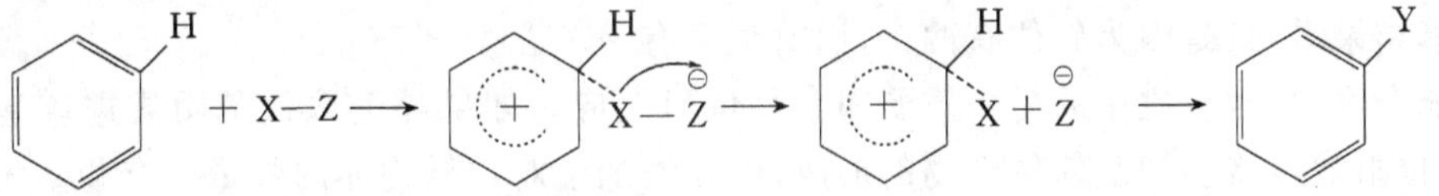

（3）单取代苯环的定位效应

当亲电取代反应发生在单取代苯上时，苯环上的已有基团决定新取代基团的进入位置和反应的快慢。可增快反应速率的那些基团叫活化基团，减慢反应速率的那些基团叫钝化基团。有些基团主要是间位定位的，这些基团全是钝化基团。邻对位定位基，有些是钝化基团，但大多数是活化基团。

我们可以推断具有给电子场效应（$+I$）的 Z 基团，可以稳定所有三种离子。而吸电子基团却增加了环上正电荷，使环不稳定。利用场效应我们还可以进一步推测，场效应随距离加大而减小，因而与 Z 基团直接相连的碳受场效应影响最强。对于这三种芳基正离子，只有邻、对位取代时在此位置有正电荷。间位离子的极限式中没有一个在此位有正电荷，因而杂化体在此位也没有正电荷。因此，$+I$ 基团可稳定三种离子，但主要稳定邻对位离子。因此，$+I$ 基团不仅活化苯环，而且具有邻对位定位性质。另一方面，$-I$ 基团，由于降低了芳环的电子密度，使三种离子均不稳定，但主要影响的是邻对位，因此 $-I$ 基团不仅钝化苯环，而且具有间位定位性质。

基于这些讨论，我们可以划分出以下三类基团。

①与环相连的原子上含有未共用电子对的基团，属于这类的有 O、NR_2、NHR、NH_2、OH、OR、NHCOR、OCOR、SR 以及四种卤原子。卤原子钝化芳环的取代反应（反应速率比苯环慢），对于这个现象更普遍的解释是卤素有 $-I$ 效应。SH 基应该也属于这一类，但是硫酚被亲电试剂进攻时，通常是硫原子被进攻，而不是芳环，这些底物的芳环不易发生取代反应。其它含有未共用电子对的基团，其邻、对位离子比间位离子以及未取代的离子都稳定。对于此类中

的大多数基团,其间位离子也比较稳定,因此 NH$_3$、OH 等基团也同时活化间位,只不过不如对邻、对位的活化那样显著。

②与环相连的原子上没有未共用电子对且其有-I 效应的基团,属于这类的基团按照钝化能力减小的近似顺序可列出为:NR$_3^+$、NO$_2$、CN、SO$_3$H、CHO、COR、COOH、COOR、CONH$_2$、CCl 和 NH$_3^+$。所有直接与环相连的原子上带有一个正电荷(SR$_2^+$、PR$_3^+$等)的基团和许多在离环较远的原子上带有正电荷的基团,也属于这一类,因为这些基团通常具有强的-I 效应。利用场效应理论可以预言,这些基团应当是间位定位基,且钝化苯环(除了 NH$_3^+$)。

③与环相连的原子上没有共用电子对且又是邻对位定位的基团,属于这类的基团是烷基、芳基和 COO$^-$ 基团,它们都活化苯环。芳基是-I 基团,它们是邻对位定位的活化基团。场效应可以容易地解释像 COO$^-$ 那样带负电荷基团的效应(带负电荷的基团当然是给电子基团),此处基团和环之间没有共振作用。烷基的作用可用同样方式解释,此外,即使没有未共用电子对,却有超共轭效应。与场效应一样,这种效应也导致邻、对位定位和活化作用。对于既有场效应又有超共轭效应的烷基(Z=R),邻、对位芳基正离子更稳定。

(4)邻/对位产物比率

当苯环上有邻对位定位基时,通常难以预言有多少产物是邻位异构体,又有多少是对位异构体。这些比例很大程度上由反应条件决定。尽管如此,化学家还是能大致作出预测,据纯统计学计算结果看,这是因为邻位有两个,而对位只有一个。

影响产物邻/对位比率的另一重要因素是位阻效应。如果环上取代基团或进攻基团的体积很大,位阻效应将会抑制邻位产物的形成,因此增加了对位异构体的数量。有些基团因体积过大而导致几乎全部是对位产物。

当邻对位定位基团带有未共用电子对时(这是邻对位定位基团最常见的情况),则还会有一种导致邻位产物减少而对位产物增多的效应。

(5)多取代苯环的定位效应

在这些情况下常常有可能准确预测产物主要是哪种异构体。许多情况下环上已有基团的作用是相互增强的,例如,1,3-二甲基取代发生在 4 位(因为 4 位处于一个甲基的邻位,另一个甲基的对位),但不在 5 位(5 位均处于两个甲基的间位)。同样地对氯苯甲酸的新引入基团,则进入氯的邻位和羧基的间位。基团定位作用彼此相反的时候则比较难预言。当两个基团定位能力基本相同但所定位的位置却互相矛盾时,可以预料所有四种产物,但难以预言产物的比例。在这些情况下经常得到比例大约相等的混合物。然而,即使环上的定位基团的作用效果彼此相反,也有以下一些规律可循。

①如果一个强活化基团与较弱的活化基团或与钝化的基团竞争时,前者起主导作用。因此邻甲基酚取代反应主要发生在羟基的邻、对位而不是甲基的邻、对位。因此,我们可以按照如下顺序排列基团:NH$_2$、OH、NR$_2$、O$^-$＞OR、OCOR、NHCOR＞RAr＞卤原子＞间位定位基。

②所有其它条件都相同时,引入的第三个基团很难进入位于间位关系的两个基团之间的位置。这是位阻效应的结果,并且随着环上基团体积的增大和进攻基团体积的增大而显得更加困难。

③当间位定位基团与邻对位定位基团互处于间位时,新进入基团主要是进入间位定位基团的邻位而不是其对位。例如,下式中(a)的氯代反应的主要产物为(b),虽然(c)违背了前面

所提到的规则,但是仍然有少量(c)生成,而(d)却一点都没有生成,这个事实强调了此效应的重要性,这个效应被称作邻位效应。

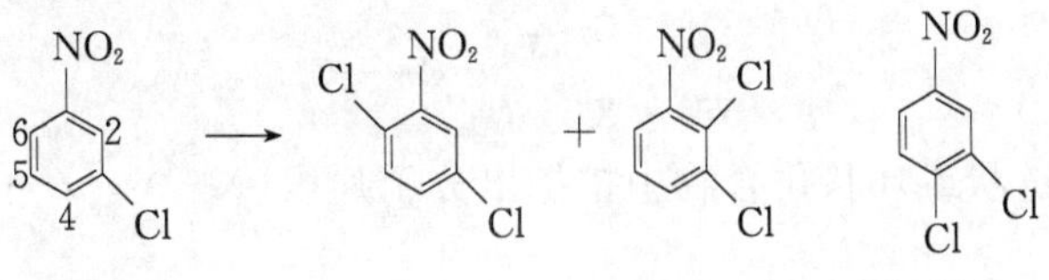

在稠环体系中环上的各个位置是不等价的,因为即使在未取代的稠环上也常有所得到的芳基正离子定位效应。

杂环化合物环上各个位置也不等价,对于机理和反应速率数据已知的情况中,其定位规律原理是类似的:呋喃、噻吩和吡咯主要发生 2 位取代,而且所有取代反应都比苯更快。其中吡咯尤其活泼,其反应性近似于苯胺或酚盐负离子。对于吡啶,被进攻的不是游离碱,而是它的共轭酸即吡啶鎓离子。其中 3 位最活泼,但在这种情况下反应性比苯小多了,而与硝基苯的反应性类似。可是,通过在相应的 N-氧化吡啶上进行反应,可以把某些基团间接引入到吡啶环的 4 位。

对于稠杂环体系,根据上面的原理我们也常能预测,但也有许多例外。例如,吲哚的取代反应主要发生在吡咯环上(在 3 位上),反应比苯快;而喹啉一般在苯环的 5 位和 8 位上反应,反应比苯慢,但比吡咯快。

在更迭烃中,给定位置的亲电取代、与亲核取代和自由基取代的反应性是相似的,因为三类中间体中都有相同类型的共振。进攻后可以最佳地离域正电荷的那个位置,也能够最佳地离域负电荷或未配对电子。

当分子中的一个环因与芳环稠合产生的张力导致该环失去平面性,那么该分子更易发生芳环亲电取代反应。这个现象被解释为 sp^2 杂化碳键的缩短导致该位置张力的增加,该效应称作 Mills-Nixon 效应。

3.5　消去反应

消去反应(elimination reaction)又称消除反应或是脱去反应。是指一有机化合物分子和其它物质反应,失去部分原子或官能基(称为离去基)。反应后的分子会产生多键,为不饱和有机化合物。

消去反应分为下面几种形式。

β-消去反应指从相邻两原子上失去两个基团形成新的双键(或叁键),其中一个原子称为 α 位原子,另一个原子称为 β 位原子。

$$—A—B— \longrightarrow —A—B—$$
$$\quad | \quad | $$
$$\quad W \quad X$$

α-消去反应指从同一原子上失去两个基团形成一卡宾(或氮烯)。

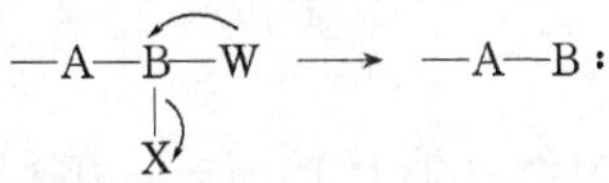

$$—A—B—W \longrightarrow —A—B:$$
$$\qquad | $$
$$\qquad X$$

γ-消去反应生成三元环化合物。

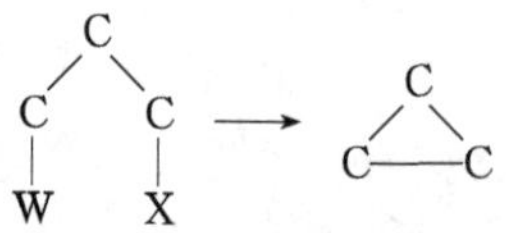

挤出反应是指从链状或环状化合物中排挤出分子片段(X—Y—Z→X—Z＋Y),是另一类消去反应。

3.5.1　β-消去反应

β-消去反应主要在溶液中进行,一个基团带着其电子对离去,此基团称作离去基团或者离核体,而另一基团离去时则不带电子对,此基团最常见的是氢。对大多数β-消去反应来说,消去所生成的新键是 C=C 或者 C≡C,所以我们对机理阐述大部分局限于这些实例。我们首先讨论在溶液中反应的机理(E2,E1)和 E1cB。

1. E2 的机理

对于 E2 机理(双分子消去机理)来说,两基团同时离去,其中质子在碱的作用下脱去。

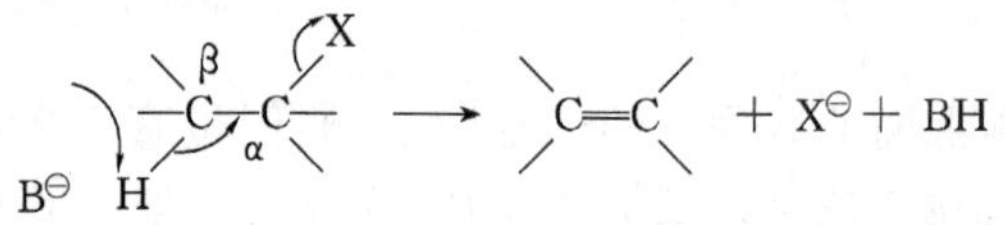

反应一步完成,在动力学上表现为二级反应特征:反应速率对底物和碱都是一级的。E2消去反应是 SN2 反应的类似反应,通常与之竞争。从底物的角度来说,两种反应的机理区别在于,带有未共用电子对的反应物是进攻碳原子(起亲核试剂作用)还是氢原子(起碱的作用)。在 SN2 反应中,离去基团可以是带正电荷的离子或者中性分子,碱可以是带负电荷的离子或者中性分子。

2. E1 的机理

E1 的机理为两步过程,其中决速步为底物离子化形成碳正离子,该碳正离子随后迅速被碱夺去质子,碱通常是作为溶剂。

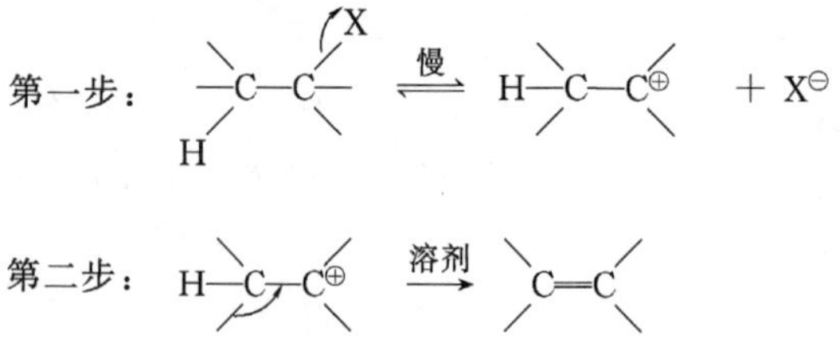

这一机理中通常不需要外加的碱。正如 E2 机理相似于 SN2,且与 SN2 竞争一样,E1 机理也与 SN1 有关。实际上,E1 的第一步和 SN1 的第一步完全相同。第二步不同之处在于,E1 机理中溶剂从碳正离子的 β 碳上夺取一个质子,而 SN1 的相应步骤中却是溶剂攻击带正电荷的碳。在纯粹的 E1 反应中(也就是说没有离子对),产物应是完全没有立体专一性的,因为碳正离子在失去质子前,能自由地成为其最稳定的构象。

3. E1cB 机理

在 E1 消去机理中,X 首先离去,然后是 H 的离去。在 E2 机理中,两个基团同时离去。也会有第三种可能:H 先离去,然后是 X。这是一个两步的反应历程,被称为 E1cB 机理,或碳负离子机理,因为中间体是碳负离子。

第一步:　$\underset{H}{\overset{|}{-C}}\overset{|}{-C}-X \ \underset{碱}{\rightleftharpoons} \ \overset{\ominus}{\underset{|}{-C}}\overset{|}{-C}-X$

　　　　　　　　　　　　　　　　11

第二步:　$\overset{\ominus}{\underset{|}{-C}}\overset{|}{-C}-X \longrightarrow \ \overset{|}{C}=\overset{|}{C}$

这一机理被称为 E1cB 是因为离去基团从底物的共轭碱上离开(主要有三种情况:①碳负离子转变为原料的速度快于生成产物的速度:第一步是可逆的;第二步很慢。②第一步是慢步骤,形成产物要比碳负离子反应生成起始物来得快。这种情况下,第一步是不可逆的。③第一步很迅速,且碳负离子慢慢形成产物。这种情况只有产生的是非常稳定的碳负离子时才发生。这里,同样第一步是不可逆的。这些情况分别称为:(1)(E1cB)$_R$,(2)(E1cB)$_I$(或 E1cB$_{irr}$),(3)(E1)$_{阴离子}$。它们的特征列于表 3-2 中。

$$B: + \ \underset{\beta}{(D)H}-\overset{|}{C}-\overset{|}{\underset{\alpha}{C}}-X \longrightarrow BH + \ \overset{|}{C}=\overset{|}{C} \ + X^-$$

表 3-2　碱诱导的 β-消去反应的动力学预测

机理	动力学级数	β-H 交换是否比消去快	一般的或特殊的碱催化	k_H/k_D	在 C_β 上的吸电子效应	在 C_α 上的给电子效应	效应离去基团的同位素效应或元素效应
(E1)$_{阴离子}$	1	是	一般	1.0	速率降低	速率增加	实质上的
(E1cB)$_R$	2	是	特殊	1.0	速率稍有增加	速率稍有增加	实质上的
(E1cB)$_I$	2	否	一般	2~8	速率增加	几乎无影响	小到可以忽略
E2	2	否	一般	2~8	速率增加	速率稍有增加	一小

4. E1-E2-E1cB 系列

上面所讨论的三种机理相似点多于不同点。在每种机理中,都有一个带着电子对离开的离去基团和不带电子对离开的另一个基团(通常是氢),唯一的不同是反应步骤的顺序。目前人们公认,从一个极端(在这种情况下离去基团在质子之前先完全离去,即纯 E1),到另一个极端(在这种情况下质子先离去,过一段时间离去基团再离去,即纯 E1cB),存在一个机理渐变的过程。纯粹的 E2 居于中间某处,此时两个基团同时离去。可是,大多数 E2 反应不在正中间,而是偏向这边或是偏向那边。例如,离核试剂可能刚好在质子之前离去,可以把这种情况说成是带有部分 E1 特性的 E2 反应。

决定某一给定反应在 E1-E2-E1cB 系列上的位置的一种方法,是研究同位素效应,同位素效应能够说明过渡态时键的性质。研究一个给定反应在机理系列中位置的另一种方法是 β-芳基取代。另外的方法是测氢活化体积。活化体积对 E2 机理为负,对 E1cB 机理为正。活化体积的测量可提供判断反应在系列上位置的连续尺度。

5. 双键的定位(消去方向)

只在一个碳上有 β-氢时,底物生成哪种产物才是确定的。然而,在许多其它情况下可能有两种或三种烯产物。其中最简单的例子是仲丁基化合物,可以生成 1-丁烯或 2-丁烯。我们可以利用一些规则进行预测。

①不论什么机理,双键不能在桥头碳上形成,除非该环足够大。如下式(b)只产生(c),而不产生(a)(事实上(a)也尚未被发现),(d)不发生消去反应。

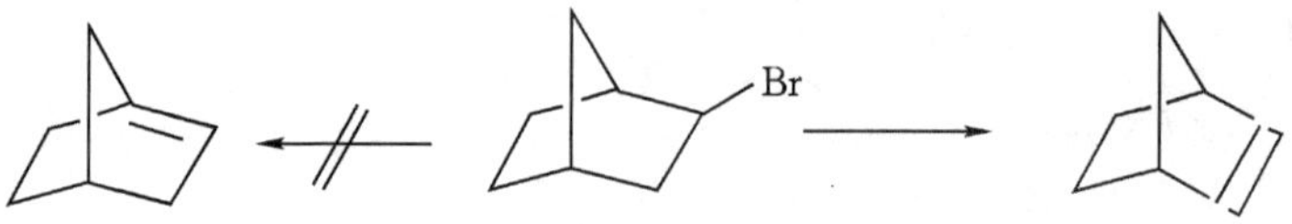

②不论什么机理,假若分子中已有双键($C{=}C$ 或 $C{=}O$)或芳环,且可能与新的双键发生共轭,那么共轭的产物通常是主要的。

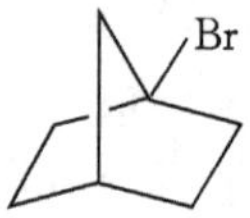

③按 E1 机理,离去基团断裂之后才作出选择,决定新双键在哪个方向形成。所以,产物几乎完全由两(或三)个可能的烯烃的相对稳定性决定。在这些情况下,Zaitsev 规则起作用。这个规则认为,双键主要在最多取代的碳上形成,大多数事实符合这个规则。

④反式 E2 机理要求有一反式 β-质子。假如只在一个方向上有这种质子,则就在这个方向形成双键。由于无环体系可以自由转动(除了空间阻碍很大的以外),所以这一影响因素只存在于环系中。如果环系中可能在两或三个碳上有反式 β-氢时,则有两种消去的可能,这取决于底物的结构和离去基团的性质。某些产物遵循 Zaitsev 规则,主要形成最多取代的烯烃,但另有些产物遵循 Hofmann 规则,双键主要在最少取代的碳上形成。尽管有许多例外,但可以得出如下普遍的结论:在大多数情况下,无论底物是什么结构,含有不带电荷的离核体(离去基团离去时以阴离子形式)的化合物反应遵循 Zaitsev 规则,这与 E1 消去一样;但是,从含带电荷离核体(例如 NR_3^+、SR_2^+ 离去基团以中性分子形式离去)的化合物上消去时,如果底物是非环的化合物,则遵循 Hofmann 规则,但若离去基连在六元环上,则遵循 Zaitsev 规则。

⑤关于顺式 E2 消去的定位,研究结果表明,Hofmann 消去比 Zaitsev 消去有利得多。

⑥在 E1cB 机理中,很少有定位的问题,因为这种机理一般只是在 β 位上有吸电基团时才能发生,而且双键也在此 β 位上产生。

3.5.2 热消去反应

许多类型的化合物在没有其它试剂存在下经加热也会发生消去反应。这类反应常在气相中进行。该反应机理显然与前面所讨论的不同,因为那些反应在反应步骤中都有一步需要碱(溶剂可以充当碱),而在热消去中不需要碱或溶剂。

1. 机理

已知热消去反应有两种机理,其中一种经过四、五或六元的环状过渡态。各环状过渡态举例如下。

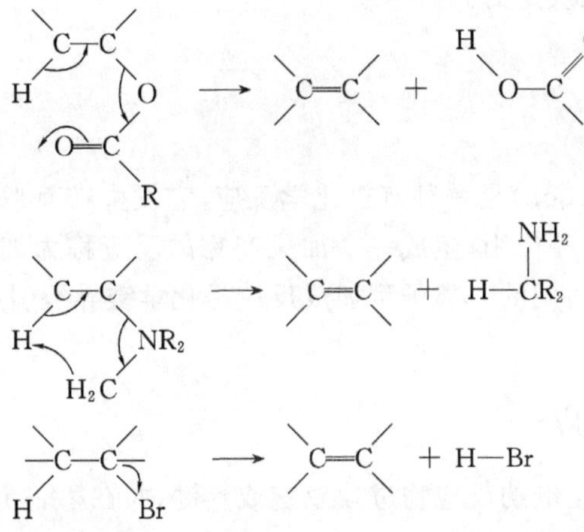

在这种机理中，两个基团几乎同时断裂，并相互成键，这种机理被 Ingold 命名为 Ei 机理，而对于四、五元环的过渡态来说，构成环的四、五个原子必须共平面。而六元环过渡态并不要求共平面，因为离去的原子成交叉式时，外侧的原子可有空间。与 E2 机理中的情况一样，并不要求 C—H 键和 C—X 键在过渡态中同时断裂。事实上，这里也存在一个机理系列，从 C—X 键比 C—H 键优先断裂的机理到这两根键实际上同时断裂的机理。

热消去反应机理的第二种类型完全不同，反应涉及自由基，由热解均裂引发，其中几步反应可表示如下。

引发：$R_2CHCH_2X \longrightarrow R_2CH_2CH_2 \cdot + X \cdot$

增长：$R_2CHCH_2X + X \cdot \longrightarrow R_2\overset{+}{C}CH_2X + HX$

　　　　$R_2\overset{+}{C}CH_2X \longrightarrow CR_2{=\!=}CH_2 + X \cdot$

终止（歧化）：$2R_2CCH_2X \longrightarrow CH_2{=\!=}CH_2 + R_2CHCH_2X$

多卤化物和伯单卤化物热解时，大多数是自由基机理。某些羧酸酯热解时也被认为是自由基机理。由于对这些机理知道得还比较少，所以此处不进一步讨论。

2. 热消去的定位（消去方向）

正如在 E1－E2－E1cB 系列中一样，Bredt 规则也适用于热消去。假若体系中存在双键，如果空间上允许的话，则将优先形成共轭体系。除了这些考虑外，对 Ei 消去还可作下面的一些说明。

①在不考虑下面所说的情况下，消去的方向遵从统计规律，由有效的 β-氢数目来确定（因此遵循 Hofmann 规则）。

②反应需要顺式 β-氢。因为在环系中，如果只在一侧有顺式氢，则在此方向形成双键。然而，当出现六元环过渡态时，则未必意味着离去基团必须互相成顺式，因为六元环过渡态不要求完全共平面。假若离去基团处于直立键，则氢原子显然处于平伏键（因此与离去基团成顺式），因为两个基团都处于直立键的那种过渡态不会实现。但若离去基团是平伏的，则它能与位于直立的 β-氢（顺式）或平伏的 β-氢（反式）形成过渡态。

③在某些情况下，尤其是环状化合物，可形成比较稳定的烯烃，遵守 Zaitsev 规则。

④也存在立体效应，在一些情况中，消去的方向是由在过渡态时需要将立体干扰缩小到最

小或在基态减少立体干扰来决定的。

3.6 加成反应

加成反应(addition reaction)是一种有机化学反应,它发生在有双键或叁键(不饱和键)的物质中。两个或多个分子互相作用,生成一个加成产物的反应称为加成反应。加成反应可以是离子型的、自由基型的和协同的。离子型加成反应是化学键异裂引起的,分为亲电加成和亲核加成。

3.6.1 亲电加成反应

在这种机理中,一个带正电的反应物进攻双键或叁键,并在第一步反应中通过将一对 π 原子转变为一对 σ 原子,从而成键。

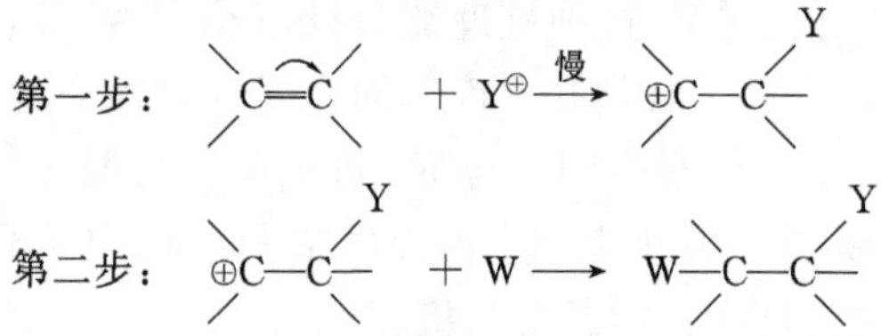

正如亲电取代反应一样,上式中 Y 不必是一个正离子。它可以是偶极或诱导偶极的带正电的一端,它的负电部分可在第一步反应中或稍后失去。第二步反应是前一步产物与一个带有电子对或者通常是带有负电荷的物种结合。这一步反应与 SN1 反应的第二步反应很相似。

在对双键加成反应机理的研究中,最有用的信息应该是反应的立体化学性质。双键的两个碳原子以及四个和它们直接相连的原子都在同一平面内;这样,反应就有三种可能:Y 和 W 可能都从此平面的同一侧进攻,这是一个立体专一性的顺式加成;如果它们从不同的两侧进攻,则是一个立体专一性的反式加成;还有另一种可能就是反应不具有立体专一性。

反式加成的另一种可能性,至少在某些情况下,是由于 W 和 Y 同时从相反的方向进攻。

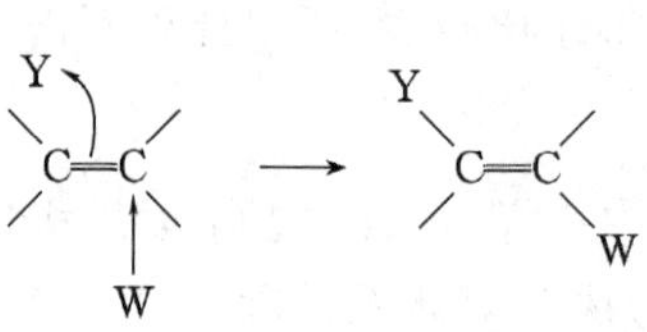

这种反应机制被称为 Ad_E3 机制(三分子加成)。它的不足之处是三个原子在过渡态时必须聚集在一起。然而,它正好是 E2 消除反应的逆过程。

当亲电试剂是质子的时候,就不可能形成一个环状的中间体,因此反应机制是前面提到过的简单的 $A-S_E2$ 反应机理。

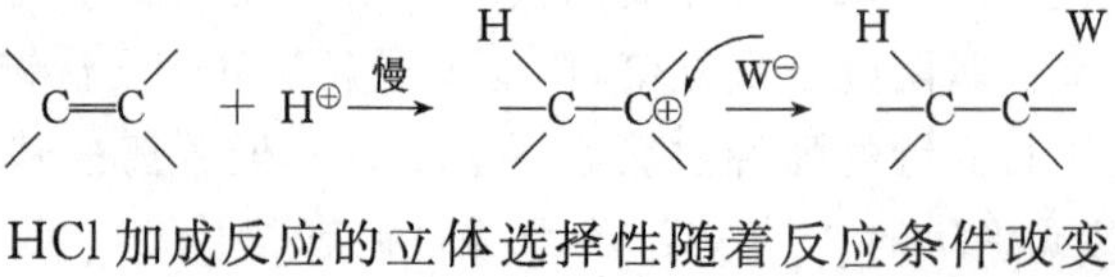

事实上,现已发现 HCl 加成反应的立体选择性随着反应条件改变而改变。HCl 与 1,2-二甲基环己烯加成反应中,如果是在 $-98\ ℃$ 的 CH_2Cl_2 中,主要是顺式加成;而在 $0\ ℃$ 的乙醚中,则总是反式加成。

HX 对叁键的加成具有相同的反应机制,但其中的中间体是乙烯基型的正离子。

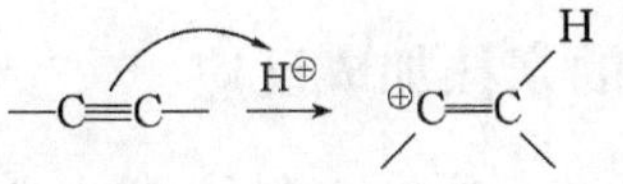

3.6.2　亲核加成反应

在亲核加成反应的第一步,亲核试剂带着一对电子进攻双键或叁键的一个碳原子,产生了一个碳负离子。第二步反应中这个碳负离子与带正电反应物加合。

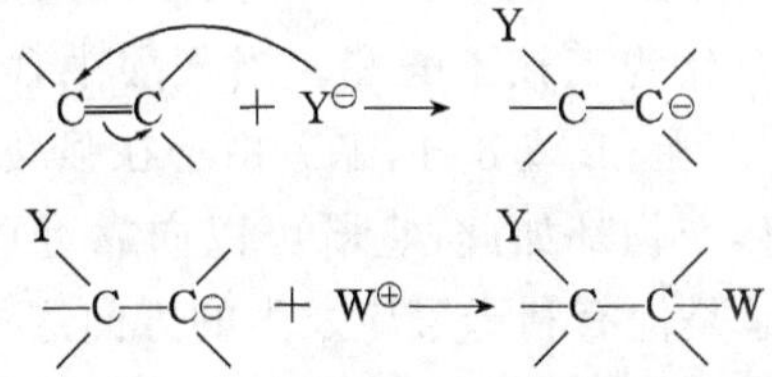

在这种机制中,当烯烃含有一个好的离去基团(与亲核取代反应中的定义一样),其副反应是取代反应(这是对含乙烯基底物的亲核取代反应)。在 HY 对具有 —C=C—Z 形式的底物进行加成的特殊情况下,其中 Z=CHO,COR(包括苯醌),COOR,CONH$_2$,CN,NO$_2$,SOR,SO$_2$R 等,通常发生的是亲核加成反应,此时 Y$^-$ 和远离 Z 基团的碳成键,例如

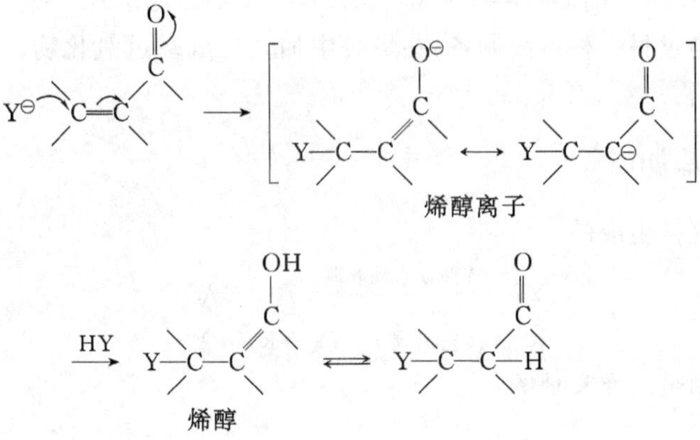

烯醇离子

烯醇

由于氧原子比碳原子带更多的负电荷,烯醇负离子质子化过程主要发生在氧原子上。这个反应生成了可互变异构的烯醇。所以,虽然反应的最终结果是对 C=C 键的加成,但反应机制是对 C=C—C=O(或类似结构)的 1,4 -亲核加成。当 Z=CN 或 C=O 时,Y 有可能进攻 Z 基团上的这个碳,因此反应可能是两种反应机理的竞争。当第二种机理发生时,我们称之为 1,2 -加成。对这些底物的 1,4 -加成也被称作是共轭加成。Y$^-$ 离子几乎不进攻 3 位,因为进攻产生的碳负离子产物没有稳定的共振式。

发生这种类型反应的一种重要底物是丙烯腈,对此底物的 1,4 -加成反应被称为氰乙基化过程,因为反应的结果是 Y 被氰乙基化了。

$$HC=CH—CN + HY \longrightarrow Y—CH_2—CH_2—CN$$

无论何种底物,我们将其它具有此种反应机制的反应称为 Michael 型加成反应。具有 C=C—C=Z 结构的分子能够发生 1,2 -,1,4 -或 1,6 -加成。Michael 型反应是可逆的,具

有 YCH_2CH_2Z 类型的化合物在加热时通常能分解为 HY 和 $CH_2{=}CHZ$ ，不管是否存在碱。

3.6.3 羧酸及其衍生物的亲核加成反应

在酸催化下（质子酸或 Lewis 酸），羧酸与烯烃加成生成酯，如下式所示

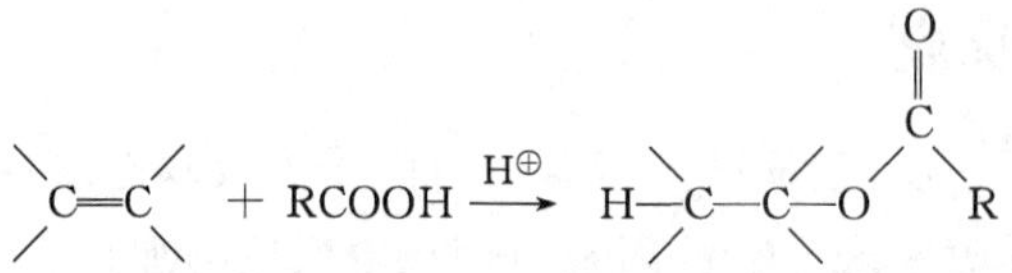

$$\text{C=C} + RCOOH \xrightarrow{H^{\oplus}} H-C-C-O-C(=O)-R$$

由于遵守 Markovnikov 规则，所以很难通过羧酸与 $R_2C{=}CHR$ 类型的烯烃加成。而在 V_2O_5 与三氟乙酸混合物的作用下，烯烃可以被转化为三氟乙酸酯。当羧酸中含有双键时，在强酸的催化下，会发生分子内加成反应，生成 γ-内酯和/或 δ-内酯。由于在强酸的存在下，双键可以发生迁移，所以无论原来双键的位置如何，产物都如此，它既可以向靠近羧基的方向迁移，也可以向远离羧基的方向迁移，双键的迁移总是向有利于反应发生的方向进行。羧酸酯也可以通过酰氧汞化脱汞反应制备。羧酸加到烯烃生成酯的反应需要钯络合物的催化。乙酸铊也可以促进相应的环化反应。

羧酸与叁键化合物反应，生成烯醇酯或者缩羰酯，催化剂通常是汞盐，乙烯基汞是反应中间体。这个反应也可以发生在分子内，生成不饱和内酯。羧酸与烯酮反应生成酸酐，在工业上乙酸酐就是以这种方法制备的。

$$CH_2{=}C{=}O + MeCO_2H \longrightarrow (MeC{=}O)_2O$$

羧酸酯也可以通过另一种方法制备：在烯烃中加入二酰基过氧化物。这些反应是利用铜催化的，为自由基历程。

3.6.4 自由基加成

自由基通常是这样生成的

$$YW \xrightarrow{\text{光照或自动解离}} Y\cdot + W\cdot$$

或

$$R\cdot(\text{其它来源}) + YW \rightarrow RW + Y\cdot$$

自由基的增加则是这样实现的

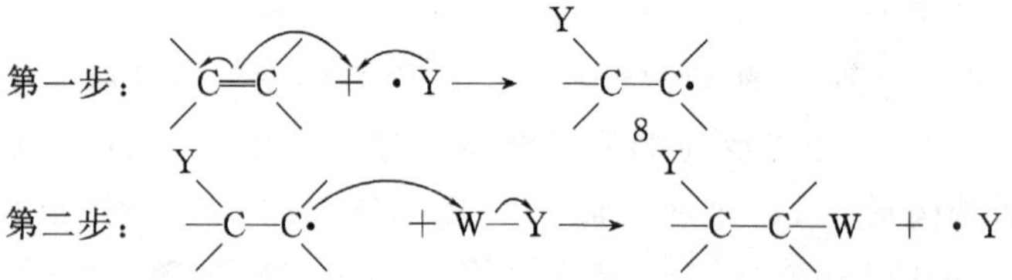

第一步：$\text{C=C} + \cdot Y \longrightarrow -C-C\cdot \text{ (Y)}$

第二步：$-C-C\cdot + W-Y \longrightarrow -C-C-W + \cdot Y$

第二步是一个夺取的过程（原子迁移），所以 W 几乎都是一价的，无论 W 是氢还是卤素。如果下式中，(a)加成到另一个烯烃分子上，则会形成一个二聚物。这个二聚物还可以加到另一个分子上，因此会形成或长或短的碳链。这就是自由基聚合的反应机理。以此种方式形成的短链聚合分子（称为调聚物）通常是自由基加成反应中令人头疼的副产物。

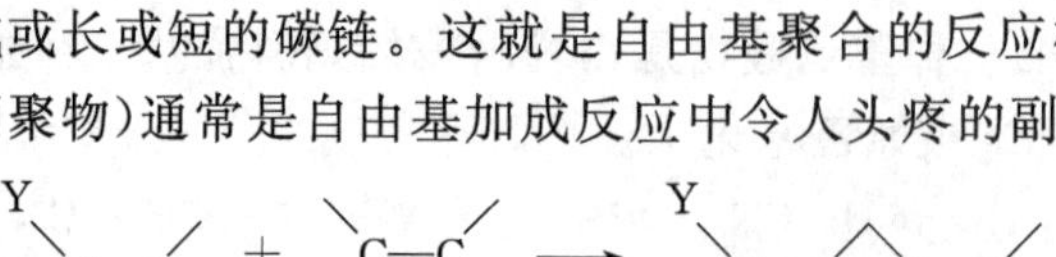

$$-C-C\cdot \text{ (Y)} + \text{C=C} \longrightarrow -C-C-C-C\cdot \text{ (Y)}$$

(a)

这种自由基加成机制意味着加成反应是无立体专一性的。然而,这些反应可能有立体选择性,与亲核加成过程一样。但并非所有的自由基加成都有立体选择性。例如,HBr 对 1-溴环己烯的加成仅生成顺-1,2-二溴环己烷,并不生成反式的异构体(反式加成);对丙炔的加成(-78~-60 ℃)仅生成顺-1-溴丙烯(反式加成)。但是,具有立体专一性的例子却不多。含有官能团的烯烃的自由基环化反应,经过一个反式的环闭合过程,在此反应中可观察到立体选择性。最重要的一个例子可能就是 HBr 在-80 ℃自由基条件下对 2-溴,2-丁烯的加成。在此条件下,顺式异构体生成的产物有 92%的内消旋异构体,而反式异构体则主要生成外消旋异构体(dl 对)。这种立体选择性在室温下便消失了。在室温下,两种烯烃生成相同的产物混合物(大约 78%的外消旋异构体和 22%的内消旋异构体),因此此时该反应依然具有立体选择性,但不再具有立体专一性。这种在低温下的立体选择性很可能是由于反应中间体自由基,通过形成一种桥状溴自由基而变得稳定。

3.6.5　环状加成

在许多加成反应中,第一步的进攻并非针对双键中的某一个原子,而是同时对两个碳原子进攻。其中的一些反应是四中心反应,它们遵循以下模式

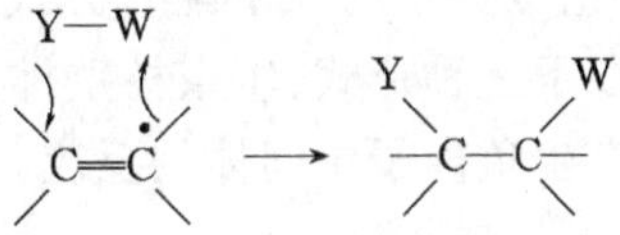

在其它的反应中,还有五原子或六原子过渡态。在这种情况下,对双键或叁键的加成一定是顺式的。此类型最重要的反应是 Diels-Alder 反应。

当一个具有两个共轭双键的底物发生亲电加成反应时,通常可以得到一个 1,2-加成产物。但在大多数情况下,会有 1,4-加成的产物,而且反应产率较高。

若此双烯是非对称的,则会有两种 1,2-加成产物。出现两种加成产物的原因是 Y^+ 进攻后生成的碳正离子会是共振杂化体,使 2 位和 4 位均有部分正电荷。

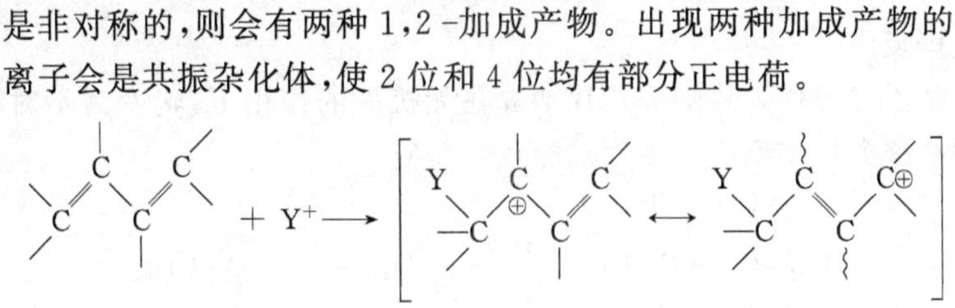

W^- 可以进攻任何一个位置。Y^+ 总是先进攻共轭体系的末端,因为对一个中间位碳的进攻会生成一个共振不稳定的正离子。

在像 Br^+ 这样能够形成环状中间体的亲电试剂加成的例子中,W^- 的直接进攻会生成 1,2-加成产物,而若采取 SN2′类型的机理进攻 4 位则会生成 1,4-加成产物。在大多数的例子中,得到的 1,4-加成产物比 1,2-加成产物更多。这应该是热力学控制产物的结果,因为其违背了动力学规则。

对共轭体系的加成也能由其它三种机理中的一种来实现。在每种情况下,都存在 1,2-和 1,4-加成的竞争。在亲核试剂或自由基进攻的反应中,中间体是共振杂化的,其性质与亲核进攻中的中间体相似。二烯烃能通过一个环状的机理发生 1,4-加成。

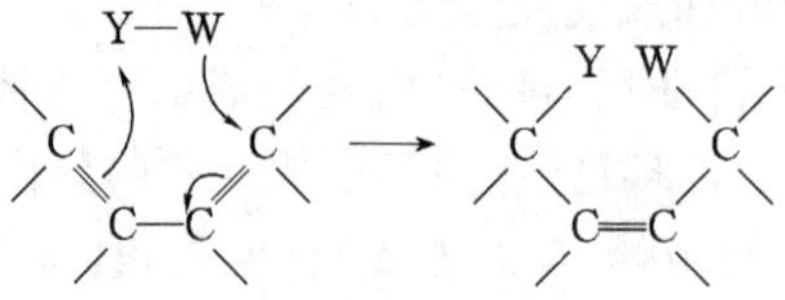

其它的共轭体系,包括三烯、烯炔、二炔等,研究得较少,但它们的反应性都类似。对烯炔的 1,4 -加成是合成累积二烯的一种重要方法。

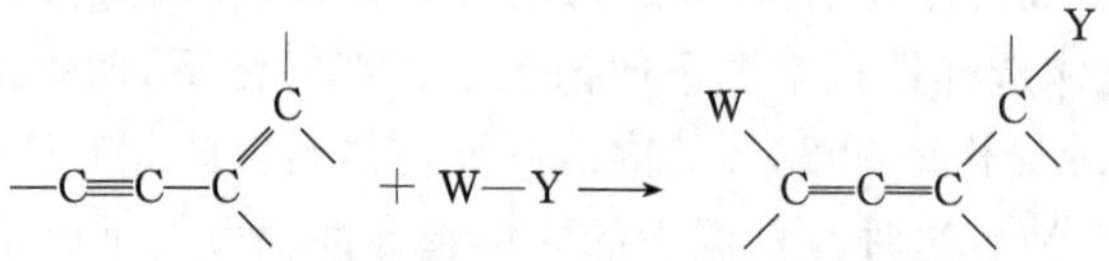

此外,对共轭体系的自由基加成是链增长反应的一个重要组成部分。

3.7 分子重排反应

分子重排反应(molecular rearrangement reaction)亦称"重排反应"。化学键的断裂和形成发生在同一个有机分子中,引起组成分子的原子配置方式发生改变,从而形成组成相同、结构不同的新分子的反应。主要有以下三种形式:①亲核重排,是包含产生缺电子的正离子中间体的反应;②亲电子重排,是包含产生负离子中间体的反应;③自由基重排。

3.7.1 亲核重排

亲核重排最多的是 1,2 -迁移重排,在反应中,迁移原子或基团带着一对电子迁移到相邻的缺电子的原子上,依迁移终点原子的不同,又分为 C→C,C→N 和 C→O 重排。下面重点讨论六种典型的亲核重排反应。

1. 片呐醇重排反应

通常把四甲基乙二醇称为片呐醇。片呐醇在无机酸的作用下,转变为不对称的甲基叔丁基酮,俗称片呐酮,这类重排反应称为片呐醇重排反应。

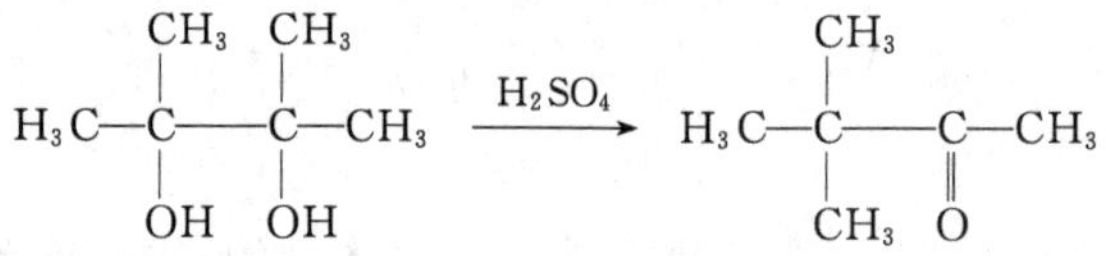

反应历程认为首先是片呐醇的一个羟基质子化,失去一分子水,形成具有缺电子中心的碳正离子,同时发生甲基的迁移,缺电子中心转移到连有羟基的碳原子上,然后失去质子完成重排反应。

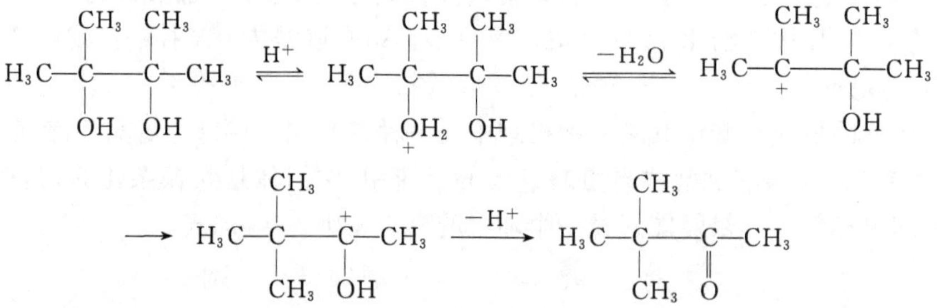

甲基之所以能够迁移,是由于氧原子上的未共用电子对有较大的稳定作用,比叔碳离子更稳定。同时,连有羟基的碳正离子容易从羟基上脱去质子而稳定,这也促进了重排反应的进行。

在片呐醇重排反应中,迁移基团不仅限于甲基,其它烷基、芳基、氢等都可以。当 R 不同时,判断重排反应方向和预测重排产物时要考虑以下因素。

①哪个羟基首先被质子化,这可以从脱去水后生成的碳正离子稳定性来判断,脱水后能生成更稳定碳正离子的碳上的羟基首先被质子化。

②当碳正离子形成后,相邻碳上的两个烃基哪一个发生迁移,决定于迁移过程中过渡态的稳定性及迁移基团的空间位阻。迁移基团迁移的难易程度通常是芳基＞烷基＞氢。如果两个都是芳基,当空间位阻不大时主要决定于两者的亲核性。例如

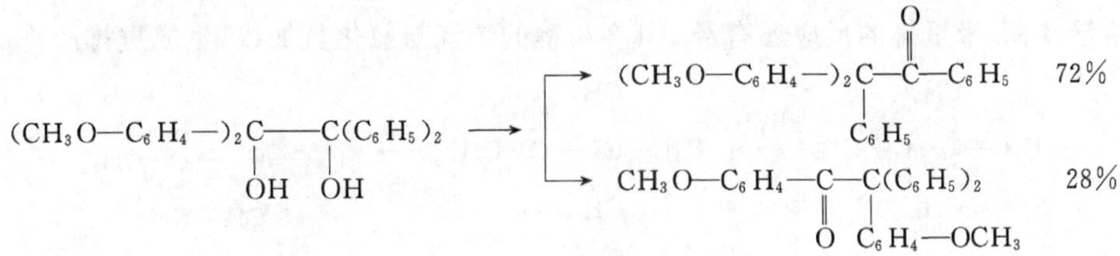

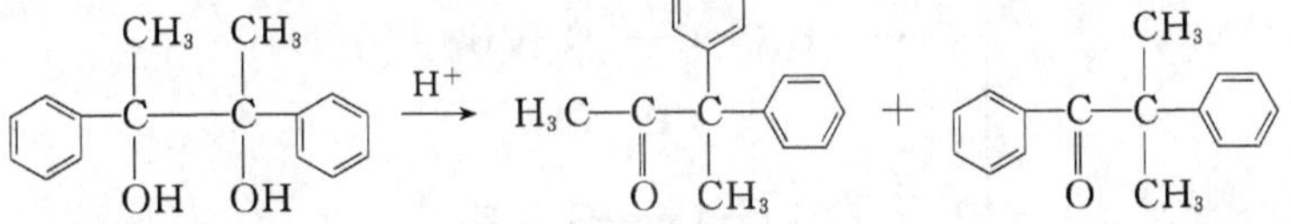

③反应的立体化学要求:重排的立体化学研究说明,在重排过程中转移基团和离去的基团彼此处于反式。

除邻二醇外,卤代醇、氨基醇和环氧化物也可发生类似的重排反应,卤代醇中卤原子是在 HgO 存在下离去而生成碳正离子,氨基醇中的氨基经与亚硝酸作用后,N_2 作为离去基团而生成碳正离子,环氧化物在 H^+ 作用下可成碳正离子。

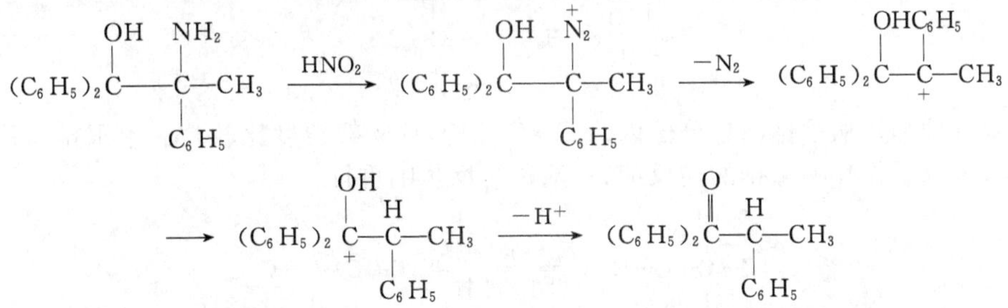

2. 瓦格纳尔-米尔外英(Wagner-Meerwein)重排

前面讨论的 E1 消除反应和 SN1 取代反应,常常伴随有重排产物。这就是瓦格纳尔-米尔外英重排,简称瓦-米重排。瓦-米重排是碳正离子的重排反应,主要决定于碳正离子的稳定性,当有氢或烃基的 1,2-迁移能形成更稳定的碳正离子时,就有可能发生瓦-米重排。

瓦-米重排是最早在研究双环萜烯反应中发现的,典型的例子如莰烯氯化氢加成物转变成异冰片基氯化物。

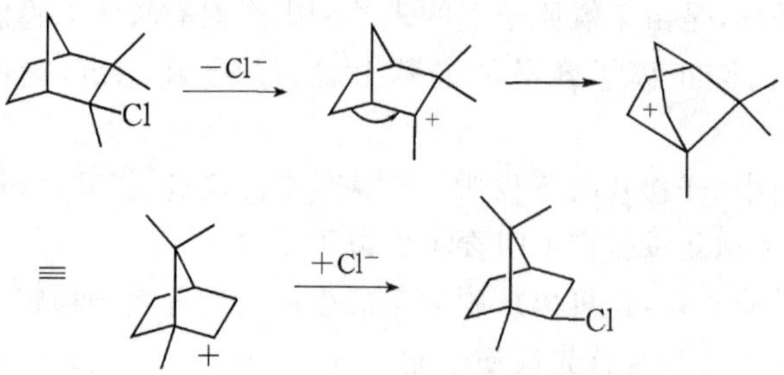

迁移基团的活性次序大致如下

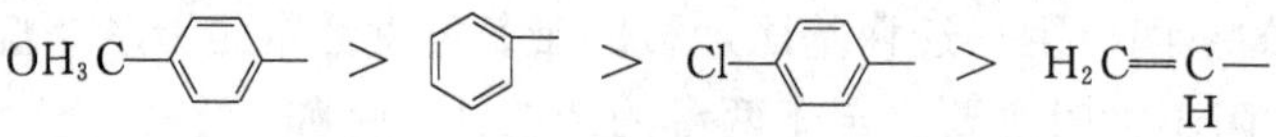

$$OH_3C-\bigcirc- > \bigcirc- > Cl-\bigcirc- > H_2C=\underset{H}{\overset{}{C}}-$$

$$> CR_3- > HCR_2- > H_3C- > H-$$

其余涉及瓦-米重排的反应还有经 Ad_E2 历程的烯烃与氯化氢加成,生成重排产物

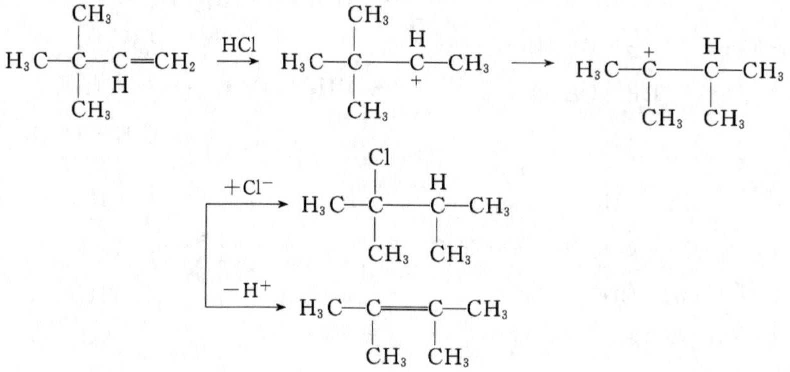

脂肪族伯胺与亚硝酸作用脱氮重排

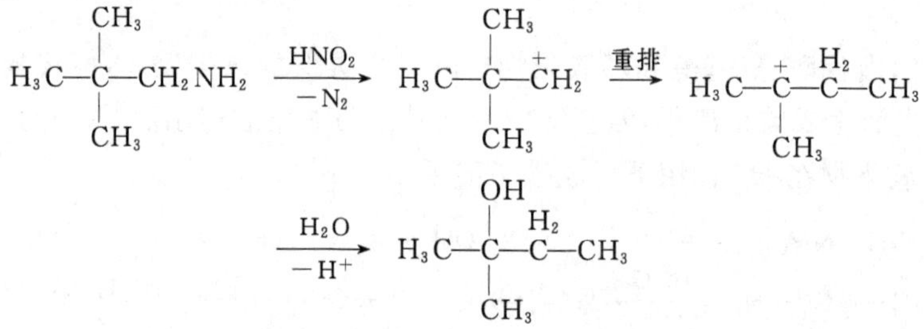

瓦-米重排和片呐重排都是分子内的 C→C 重排,从碳架角度比较,瓦-米重排与片呐重排恰恰相反,可以看作片呐重排的逆反应,一般称为反片呐重排。

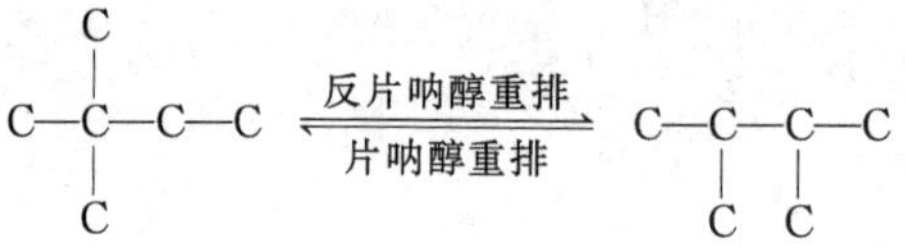

3. 沃尔夫(Wolff)重排

重氮甲烷具有亲核性,和酰氯反应生成 α-重氮酮。

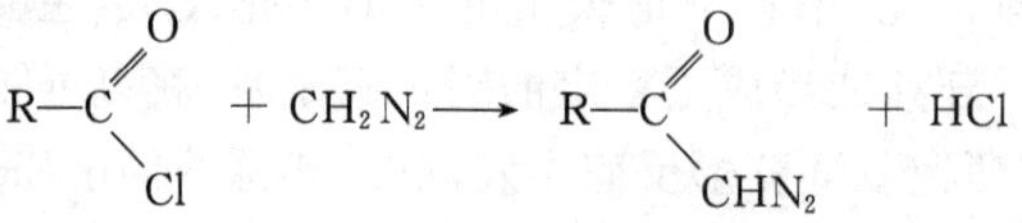

$$R-\overset{O}{\underset{Cl}{C}} + CH_2N_2 \longrightarrow R-\overset{O}{C} \quad + HCl$$
$$CHN_2$$
$$\alpha\text{-重氮酮}$$

α-重氮酮在氧化银存在下加热,发生重排反应转变为烯酮,该重排反应称为沃尔夫重排。重排过程是 α-重氮酮首先脱去 N_2,生成酰基碳烯,接着烃基迁移到酰基碳烯缺电中心的碳上,形成烯酮。

$$R-\underset{\underset{O}{\|}}{C}-CH=\overset{+}{N}=\overset{-}{N}: \quad \xrightarrow[\Delta]{Ag_2O} \quad \left[R-\underset{\underset{O}{\|}}{C}-\overset{\frown}{C}H \right] \quad \longrightarrow \quad O=C=\underset{H}{\overset{R}{C}}$$

α-重氮酮　　　　　　　　酰基碳烯　　　　　　烯酮

烯酮极为活泼,水解生成酸,醇解生成酯。

$$R-\underset{H}{C}=C=O \ + \ H_2O \longrightarrow RCH_2COOH$$

$$R-\underset{H}{C}=C=O \ + \ R'OH \longrightarrow RCH_2COOR'$$

沃尔夫重排是制备比原料羧酸在 α-位增加一个碳原子的羧酸或其衍生物的好方法。

4. 贝克曼(Beckmann)重排

醛或酮的肟在酸性试剂(浓 H_2SO_4、PCl_5 等)作用下,重排为取代酰胺,这一重排反应称为贝克曼重排反应。其反应历程可表示如下

$$R-\underset{}{C}-R' \xrightarrow{H^+} R-\underset{}{C}-R' \longrightarrow R'-\overset{+}{C}=N-R$$

$$\xrightarrow{H_2O} R'-\underset{\overset{+}{O}H_2}{C}=N-R \xrightarrow{-H^+} R'-\underset{OH}{C}=N-R \rightleftharpoons R'-\underset{\underset{O}{\|}}{C}-\underset{}{\overset{H}{N}}-R$$

贝克曼重排是经由生成一个氮正离子中间体,相邻碳上的烃基(或 H)迁移到氮原子上,接着生成一个碳正离子,直到最后生成酰胺完成全过程。立体化学实验结果证明,重排时总是与氮上羟基处于反式的烃基向氮上迁移,烃基迁移时 C—C 键的断裂与 C—N 键的生成是协同进行的。

贝克曼重排反应不仅在理论上有价值,例如用来证明醛酮的结构,醛或酮肟重排成酰胺后,经水解可得到胺和羧酸;而且在有机合成上也有重要的实际意义,可以合成取代的酰胺、ω-氨基酸。已内酰胺是合成纤维尼龙-6 的原料,它是由环已酮肟经贝克曼重排生产的。

$$\text{环己酮} \xrightarrow{H_2NOH} \text{环己酮肟} \xrightarrow{H^+} \text{己内酰胺}$$

5. 霍夫曼(Hofmann)重排

酰胺与溴或氯在碱性溶液中作用,生成伯胺的反应,称为霍夫曼降解反应。由于降解反应是通过重排而完成的,所以又称霍夫曼重排反应。反应历程表示如下

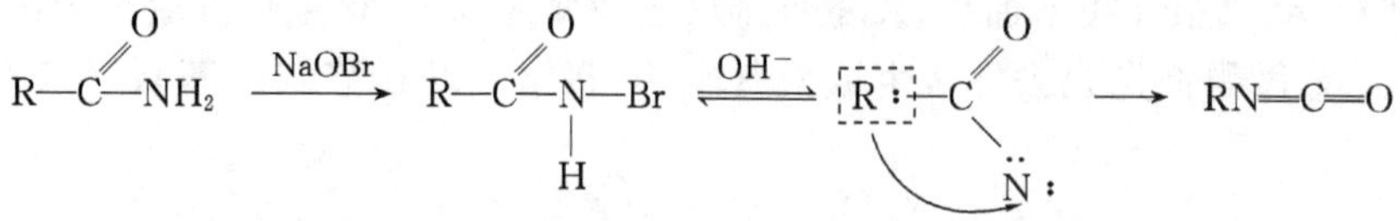

$$R-\overset{\underset{\displaystyle O}{\|}}{C}-NH_2 \xrightarrow{NaOBr} R-\overset{\underset{\displaystyle O}{\|}}{C}-\underset{\underset{\displaystyle H}{|}}{N}-Br \rightleftharpoons \boxed{R} \overset{\underset{\displaystyle O}{\|}}{:}\overset{..}{C} \longrightarrow RN=C=O$$

反应的第一步是酰胺氮原子的碱催化溴化作用,然后在碱的作用下,消去溴化氢生成酰基氮烯的中间产物,其氮原子最外层只有六个电子,很不稳定,重排成异氰酸酯($RN=C=O$)。酰基氮烯的重排是烷基带一对电子向缺电子氮原子上迁移。异氰酸酯在碱性溶液中很容易水解成胺。

$$RN=C=O + H_2O \xrightarrow{NaOH} RNH_2 + CO_2$$

霍夫曼重排是用酰胺制备比它少一个碳原子的伯胺的方法。

若使用含有手性碳原子的 α-苯基丙酰胺进行霍夫曼重排反应,发现在重排产物中旋光性能保留下来,说明迁移基团迁移时没有脱离分子,迁移基团的构型保持不变。

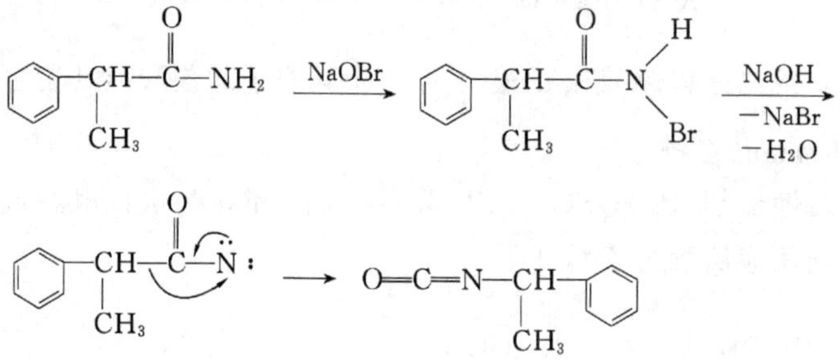

6. 拜耶尔-维利格(Baeyer-Villiger)重排

酮在过氧酸的作用下,氧原子插到羰基和迁移基团之间生成相应酯的重排反应,称为拜耶尔-维利格重排反应。过氧化三氟乙酸是应用最广、反应性能最强的过氧酸试剂,其它的过氧酸如过氧化苯甲酸、过氧乙酸也有应用。反应是通过烃苯向氧正离子上迁移而完成的。

$$CH_3-\overset{\underset{\displaystyle O}{\|}}{C}-C_6H_5 + CF_3CO_3H \xrightarrow{CH_2Cl_2} CH_3-\overset{\underset{\displaystyle O}{\|}}{C}-O-C_6H_5$$

反应历程首先是过氧酸在质子化的羰基上加成,然后迁移基团迁移到过氧基的氧上,同时分解出酸。

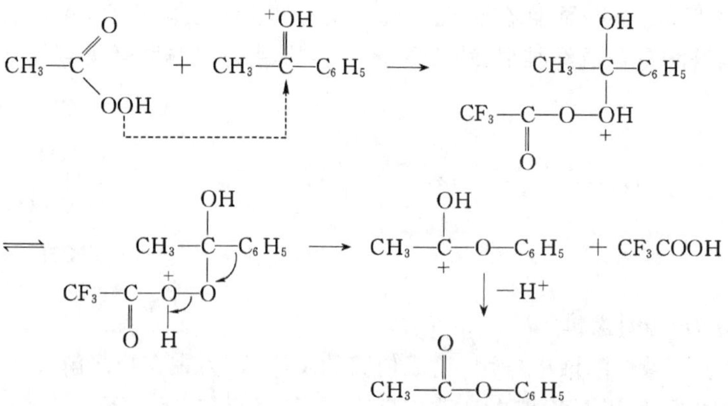

不对称的酮的重排中,基团的亲核性越大,迁移的趋势也越大。不同基团向氧原子迁移活性为:叔烷基>仲烷基,苯基>伯烷基>甲基。

如果迁移基团为手性,重排后构型保持不变,这说明迁移基团的迁移和离去基团的脱离是协同的,而且属于分子内的重排反应。醛在过氧酸的作用下,发生氢的迁移,重排生成酸。环酮则重排成内酯。

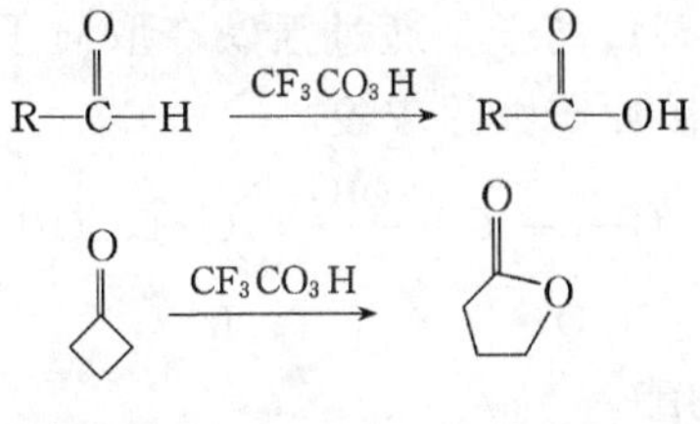

异丙苯在液相于 $100 \sim 120\ ℃$ 通入空气,经过催化氧化生成过氧化氢异丙苯,后者与稀硫酸作用,分解成苯酚和丙酮。

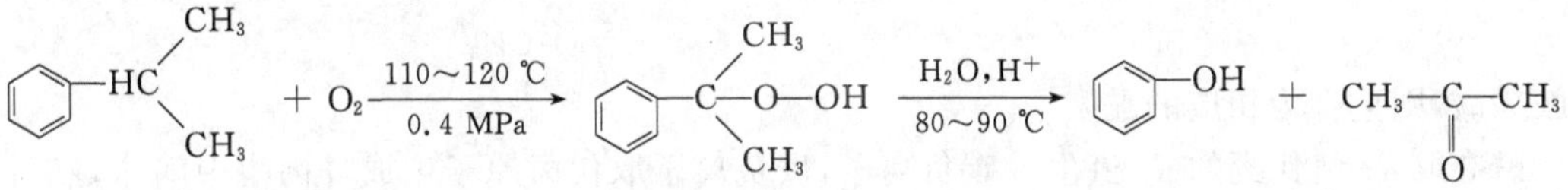

异丙苯　　　过氧化氢异丙苯

这是目前生产苯酚最主要和最好的方法,丙酮也是重要的化工原料。

在上面的反应中,过氧化氢异丙苯发生类似拜耶尔-维利格重排的重排反应,苯迁移到氧上,酸性水解成苯酚和丙酮。

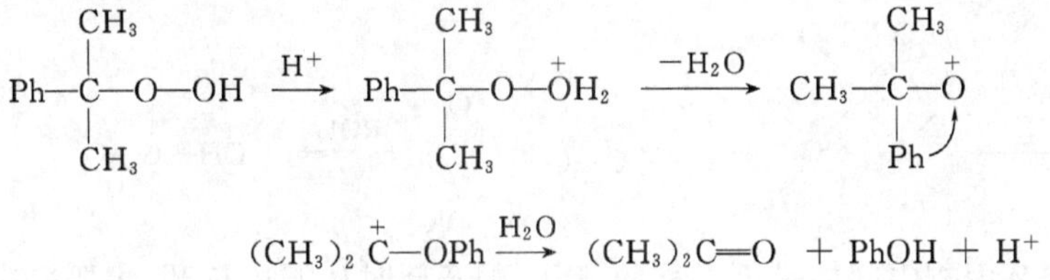

$$(CH_3)_2\overset{+}{C}-OPh \xrightarrow{H_2O} (CH_3)_2C=O + PhOH + H^+$$

3.7.2 亲电重排

迁移基团不带其成键电子对迁移到富电子中心,这样的重排反应,称为亲电重排。

亲电重排与亲核重排相比要少见得多,但一般原理基本是一致的,亲电重排首先要形成碳负离子。例如,Ph_3CCH_2Cl 用金属钠处理,主要得到重排产物 Ph_2CHCH_2Ph。

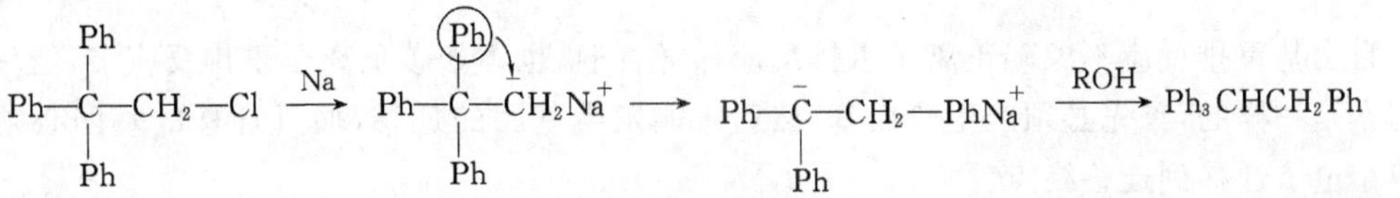

其过渡状态为

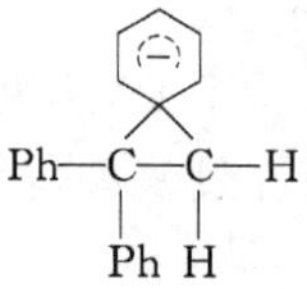

$$
\begin{array}{c}
\text{Ph—C—C—H} \\
\text{| |} \\
\text{Ph H}
\end{array}
$$

在亲电重排反应中,大多数碳负离子是通过强碱夺取质子而得到的。例如,α-卤代酮在碱的作用下加热,重排生成相同碳原子数的羧酸。

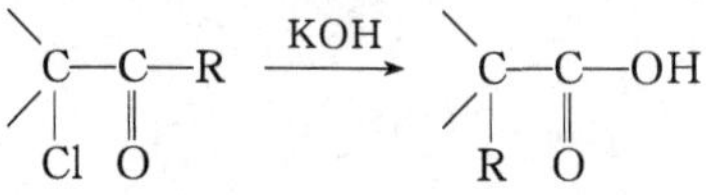

$$
\begin{array}{c}
\text{| } \\
\text{—C—C—R} \\
\text{| ||} \\
\text{Cl O}
\end{array}
\xrightarrow{\text{KOH}}
\begin{array}{c}
\text{| } \\
\text{—C—C—OH} \\
\text{| ||} \\
\text{R O}
\end{array}
$$

如果碱为 RO⁻,则重排为相应的酯。

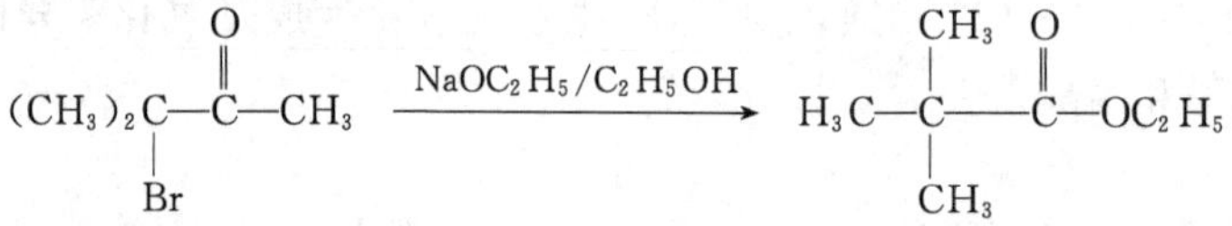

$$
(CH_3)_2\text{C—C—CH}_3 \xrightarrow{NaOC_2H_5/C_2H_5OH} H_3C\text{—C—C—OC}_2H_5
$$

以胺为碱,则重排为相应的酰胺。

碱夺取 α-卤代酮的 α-氢生成碳负离子,碳负离子取代卤原子生成环丙酮中间体,然后碱再进攻羰基,开环而完成重排反应。

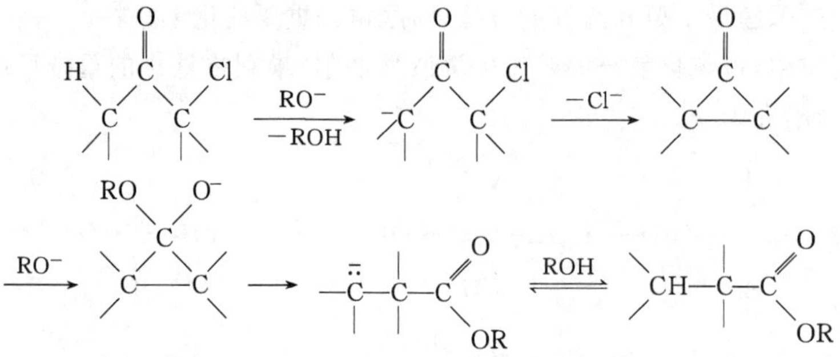

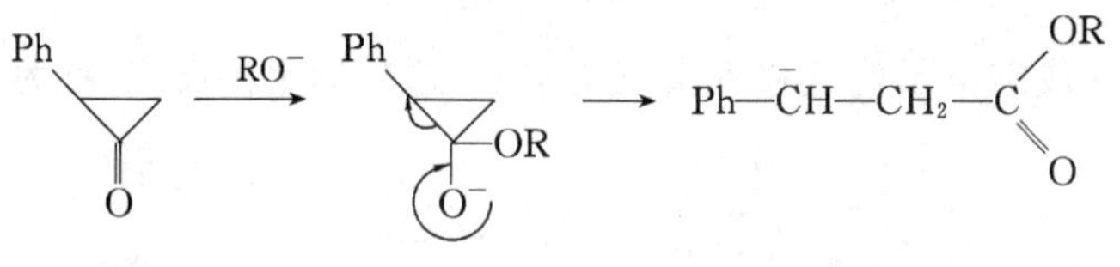

上述重排反应称为法伏尔斯基(Favorskii)重排。

3.7.3　自由基重排

自由基重排反应不象碳正离子重排反应那样普遍,也不如碳负离子重排反应多,但一般原理基本是一样的,首先必须产生自由基,然后才能发生基团的迁移,而且迁移的基团必须是带着单个电子迁移到迁移终点。

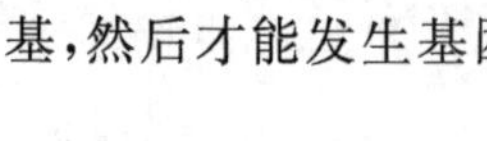

$$
\begin{array}{c}
Z \\
| \\
A\text{—B} \cdot
\end{array}
\longrightarrow
\begin{array}{c}
Z \\
| \\
\cdot A\text{—B}
\end{array}
$$

新生成的自由基进一步反应而形成稳定产物。例如,3-甲基-3-苯基丁醛在二叔丁基过氧化物的作用下,发生重排反应,生成大约一半重排产物,另一半是正常的产物。

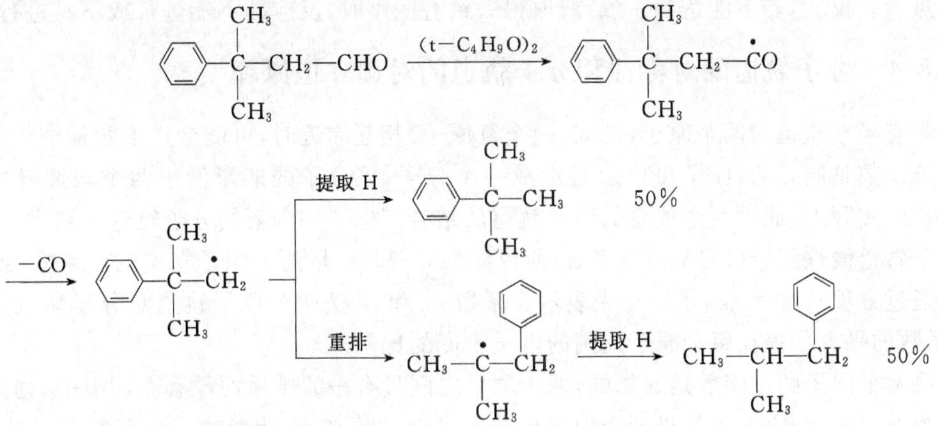

说明自由基重排的限度比亲核重排要小。另外,自由基重排主要是芳基的迁移,一般不发生 H 和烷基的迁移,如 3,3-二甲基戊醛在同样的条件下,并不发生重排反应。

一般认为在自由基重排过程中,形成桥连的离域的过渡态,苯环能够分散孤电子,使过渡态得以稳定,所以迁移基团往往是苯基,通常烷基是不发生迁移的。

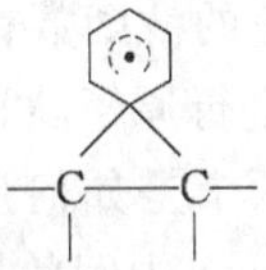

在自由基重排中,也发现有卤原子的迁移。例如,3,3,3-三氯丙烯在有过氧化物存在下与溴反应,生成 53% 的重排产物($BrCCl_2CHClCH_2Br$)

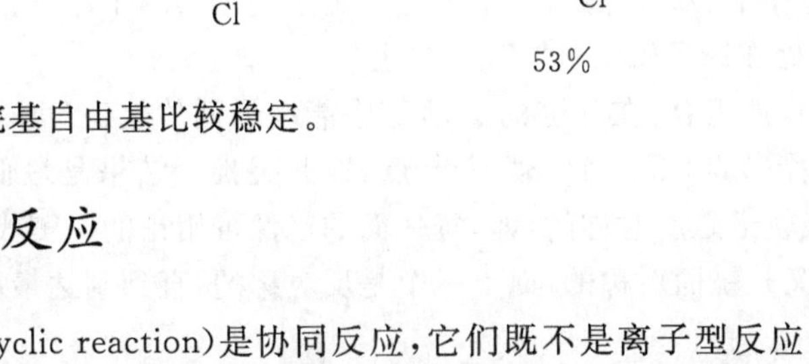

这主要是由于二氯烷基自由基比较稳定。

3.8　周环反应

周环反应(pericyclic reaction)是协同反应,它们既不是离子型反应,也不是自由基反应,所以不受酸、碱以及自由基引发剂的影响,但却具有受光或热制约的特点,而且反应有明显的立体化学属性,反应产物的异构具有高度的立体化学专一性,即在一定的条件下反应,一种构型的反应物只得到某一特定构型的化合物。

为什么会有这些特点呢? 可以用分子轨道对称守恒理论来予以说明。分子轨道对称守恒理论认为:反应的成键过程是分子轨道重新组合过程,反应中分子轨道的对称性必须是守恒的。也就是说,反应物的分子轨道对称性和反应产物的分子轨道对称性必须取得一致,这样反应容易进行。反之,若不能达到一致,或取得一致有困难时,反应即不能进行或不易进行。

3.8.1　分子轨道的对称性和分子轨道的对称守恒原理

当带有半空轨道的两个原子(例如,两个氢原子)相互靠近时,可能会产生两种结果。如果电子的波函数是同相的,原子可以成键形成一个分子,该分子的能量低于两个未成键原子的"零能级"。实际上,通过两个独立的原子轨道的结合产生了一个新的分子轨道。算术上,可以通过原子轨道线性组合(LCAO)来完成,所以如果 φ_1 和 φ_2 是两个原子轨道的波函数 Ψ,可以近似地通过方程式 $\Psi = c_1\varphi_1 + c_2\varphi_2$ 来表示。系数 c_1 和 c_2 是两个原子轨道对分子轨道贡献的比例,系数的平方代表在每个原子周围的电子密度的比例。

如果两个原子的波函数是反相的,两个原子之间只有净的排斥而没有净的吸引,则分子的波函数为 $\Psi = c_1\varphi_1 - c_2\varphi_2$。如果两个原子保持在成键的距离,也能形成一个新的分子轨道,但这个轨道是反键轨道,它的能量高于"零点能",高出的程度与成键轨道低出的能量相等。在成键轨道中两个原子核(假如两个原子是相同的)之间的中点的电子密度最高。与此不同,在反键轨道中的那一点的电子密度最低。表示反键轨道的波函数在那一点有一个节点。

由两个 p 轨道肩并肩形成的成键轨道叫做 π 轨道,而反键轨道叫做 π^* 轨道。π 轨道的波函数在新轨道的中心有最大值,而 π^* 轨道的波函数在轨道的中心有一个节点。

假设我们把 3 个 p 轨道通过肩并肩进行原子轨道的组合。3 个原子轨道将产生三个新的分子轨道。很容易明白这 3 个轨道中的两个是如何形成的。如果 3 个轨道都是同相的,则形成一个新的能量很低的分子轨道(Ψ_1)。如果中间的轨道与两边的两个轨道都是反相的,则形成一个具有两个节点的——即每个轨道都抵制与之相邻的另一个轨道——能量很高的分子轨道(Ψ_3)。

但是第三个轨道是如何形成的呢? 就像我们可以组合原子轨道一样,也存在限制。当 p 轨道肩并肩排列时,这个队列有一个垂直的对称面(一个镜面)的对称元素。所以,通过组合原子轨道形成的分子轨道也必须有一个镜面作为对称元素。也就是说,中心的原子轨道必须和边上的两个轨道有相同的关系。但是,中心轨道与两边轨道同相和反相的分子轨道已经都有了。唯一的另一种可能是完全忽略中心原子轨道,即,使中心原子轨道的波函数在那一点降为零,所以这个新的轨道在中心原子点有一个节点。由于剩下的两个原子彼此离得很远,第三个分子轨道(Ψ_2)实质上处在原子轨道的"零能级"上。

无论有多少原子轨道组合,在开链的 p 轨道中能级最低的轨道(Ψ_1)没有节点,第二能级最低的轨道(Ψ_2)有一个节点,下一个有两个节点,以此类推。结果是最低能级轨道是镜面对称的,下一个最低能级轨道是反对称的,即,每一面的镜像可用正的一瓣代替副的一瓣,反之亦然。第三个最低轨道又是镜面对称的,而下一个是反对称的,直到到达最高的能级轨道。

3.8.2　电环化反应

共轭多烯烃关环形成环烯烃,或者环烯烃形成多烯烃的反应叫作电环化反应(electrocyclic reaction)。这类反应的结果是简单地通过电子"追逐彼此的尾巴"后绕成了一个环。这也是在概念上最简单的有机反应之一。

电环化反应属于范围更宽的周环反应中的一类。所有的周环反应都是通过参与反应的电子都形成了连续环的反应过渡态而进行的。

1. 奇数个原子的电环化反应

理论预测如下。

Woodward-Hoffmann 规则可以适用于具有奇数个原子（可以是正离子、负离子或自由基）的环的电环化开环和关环。

首先，让我们看一下三原子链对旋关环反应的 p 轨道相关图。形成的三元环有一个新的 σ 键，当然还有一个非键(n)轨道，如图 3 - 4 所示。

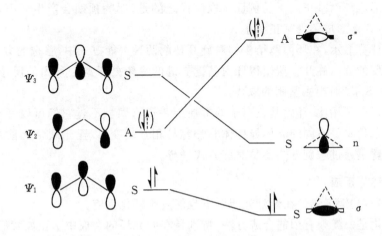

图 3 - 4　三原子链对旋关环反应

这个反应是否允许取决于体系中电子的数目。如果起始原料是一个只有两个电子的正离子，反应是允许的，因为 Ψ_1 和 σ 轨道有相同的对称性。但是，链是一个负离子，相关图显示会形成一个有两个电子处在高能量轨道上的激发态。因而这个负离子的对旋关环是禁阻的。如果起始原料是一个带三个电子的自由基，相关图再次显示形成的产物处于激发态。但是只有一个电子位于高能量轨道。所以，尽管这个自由基的环合是禁阻的，但这个反应的能垒应该比负离子反应的能垒低。

相反地，使用与两重旋转对称轴相关的对称性，相关图显示对负离子顺旋是允许的，正离子是禁阻的。

当然用前线轨道方法可以得到同样的结论，尽管不能如此容易地估计自由基环合和负离子环合的相对能垒。由于 Huckel 规则只适用于偶数电子体系，我们无法直接把自由基的电环化反应分类为芳香性过渡态过程或反芳香性过渡态过程。不过，如果假定自由基遵循与负离子同样的规则，芳香性过渡态方法也能适用。

2. 正离子和负离子的反应

最简单的、可能的电环化反应是烯丙基正离子环合形成环烯丙基正离子，或者是环烯丙基正离子开环形成烯丙基正离子，如图 3 - 5 所示。因为这些反应是两电子过程，因此它们将通过对旋方式进行。

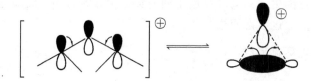

图 3-5 烯丙基正离子和环烯丙基正离子的转换

由于环张力的结果和环丙基正离子的空轨道有明显的 s 轨道特性的事实,环丙基正离子非常不稳定。因而,尚无烯丙基正离子环合形成环丙基正离子的已知例子。事实上,几乎没有在任何反应中形成环丙基正离子的例证。取而代之的是,那些预期会产生环丙基正离子的反应,会同时发生开环形成烯丙基正离子。

分子轨道计算显示,在环丙基衍生物对旋开环的两种可能方式中,首选的方式是取代基向着离去基团相反的方向旋开。这使得环丙基键成键的一瓣处于离去基团的反位,在此它们可以参与"类似于 SN2"对离去基团的取代。

与环丙基正离子相比,环丙基负离子的寿命似乎很有限。不过它们可以开环形成烯丙基负离子。烯丙基负离子不同的立体异构体非常容易相互转变,以至于通常无法从反应产物确定开环反应究竟是通过顺旋方式还是对旋方式进行。

3. 光化学环化反应

除了加热外,共轭多烯烃在紫外光照射下也能发生环化反应。

光化学环化是一类很有用的合成方法,特别是在四元环的合成中。正如我们所看到的,由于有张力的环丁烯的环通常比丁二烯不稳定得多,环丁烯一般无法通过丁二烯的热关环来制备。不过,当共轭烯烃用普通波长(约 220 nm)的紫外光照射时,多烯烃吸收的光比环丁烯多得多。因而多烯烃在光照下转变为环丁烯的速度通常大于环丁烯重新开环的速度,至少直到大部分的多烯烃反应完。因此通过丁二烯的光化学环合可以形成有效产率的环丁烯。不过如果用远紫外光(低于 200 nm)照射环丁烯时,那时非共轭的双键吸收光,它们可以大部分重新转变为丁二烯。

非立体专一性的开环反应:环丁烯衍生物经远紫外光(波长在 200 nm 以下)照射,生成立体异构体的混合物。如下方程式所示,"禁阻的"顺旋开环产物实际上是主要的异构体。用不同的波长得到的立体异构体的比例略有不同。

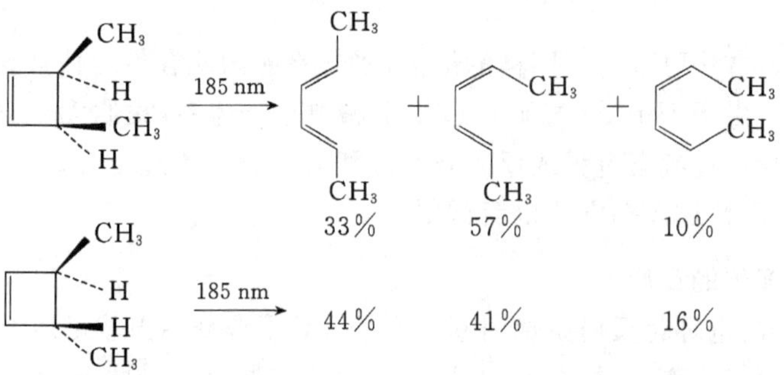

有几种可能的理由可说明为什么在使用如此高能量的光照时,光化学开环反应与轨道对称性守恒规则不相符。理论计算表明根据所用的光的波长不同,至少涉及两种不同的机理。在最低的波长下,反应似乎是经过双键直接激发到第二(更高的能量)π^* 状态而进行的,这个第二激发态的对称性与最低能量激发态相反,所以反应是对称性允许的。在稍微长一点的波长下,光化学的能量可能转变成快速的键转动和振动。因而,环丁烯环转变为高能量的基态,而不是电子激发态。这个"热"分子随后进行热力学允许的顺旋开环反应。

3.8.3　环加成反应

环加成反应(cycloaddition reaction)是指,至少有两个新键同时形成,从而使两个或两个以上的开链分子或分子中部分形成环的反应。环加成反应的逆反应为反环加成反应或开环反应。环加成反应和开环反应,通过参与反应的电子形成连续的环的过渡态进行,是周环反应中常见的一类。

环加成反应和开环反应可根据在反应中反应分子变化区域的电子数目分类。分类图解可用下面的示意反应(a)到(d)说明,图 3-6 中不仅标出了每种情况的电子的数目而且标出了电子的类型。

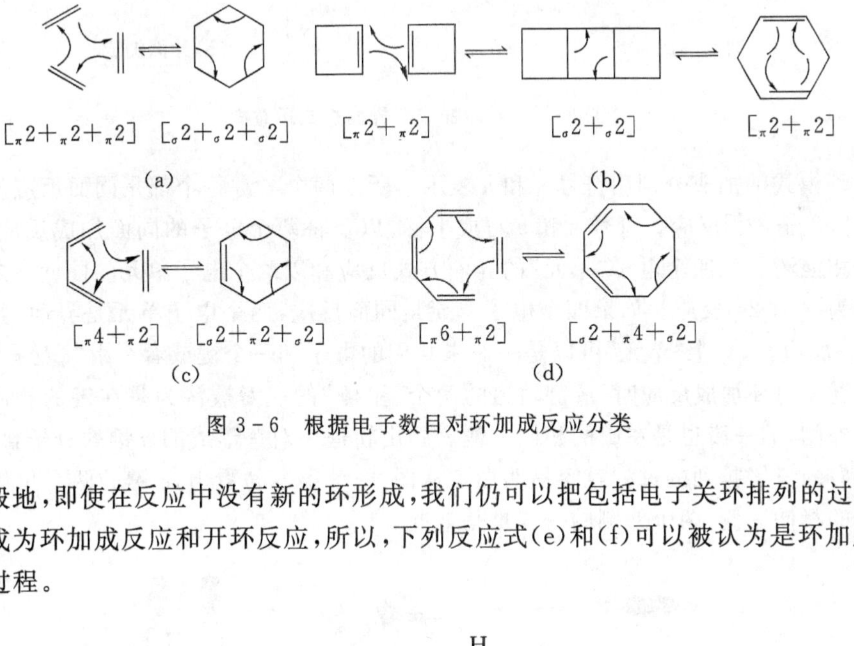

$[_\pi 2 + _\pi 2 + _\pi 2]$　$[_\sigma 2 + _\sigma 2 + _\sigma 2]$　　$[_\pi 2 + _\pi 2]$　　　　$[_\sigma 2 + _\sigma 2]$　　　　$[_\pi 2 + _\pi 2]$

(a)　　　　　　　　　　　　　　　　(b)

$[_\pi 4 + _\pi 2]$　$[_\sigma 2 + _\pi 2 + _\sigma 2]$　　$[_\pi 6 + _\pi 2]$　　$[_\sigma 2 + _\pi 4 + _\sigma 2]$

(c)　　　　　　　　　　(d)

图 3-6　根据电子数目对环加成反应分类

更一般地,即使在反应中没有新的环形成,我们仍可以把包括电子关环排列的过渡态的所有反应看成为环加成反应和开环反应,所以,下列反应式(e)和(f)可以被认为是环加成反应或开环反应过程。

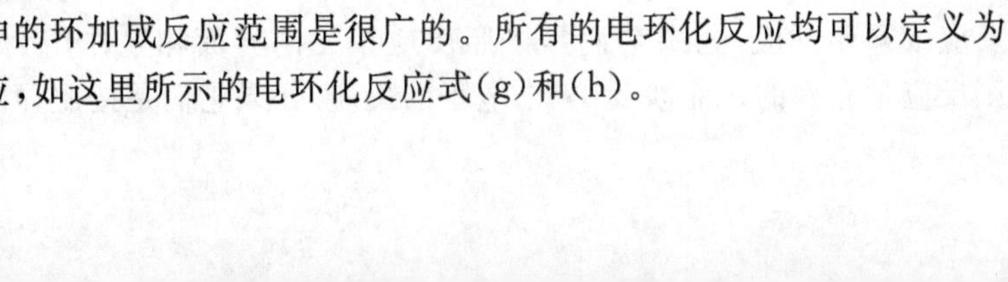

(e)　　　　　　　　　　　　　(f)

$[_\sigma 2 + _\pi 2 + _\sigma 2]$　　$[_\pi 4 + _\sigma 2]$　　　$[_\sigma 2 + _\pi 2 + _\sigma 2]$　　$[_\sigma 2 + _\pi 2 + _\sigma 2]$

这个延伸的环加成反应范围是很广的。所有的电环化反应均可以定义为协同的环加成反应和开环反应,如这里所示的电环化反应式(g)和(h)。

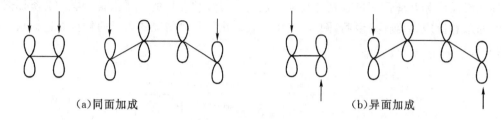

(g) ⬡ ⇌ ▭   (h) ⬡ ⇌ ⬡

$[_\pi 2 + _\pi 2]$ $[_\sigma 2 + _\pi 2]$ $[_\pi 2 + _\pi 2 + _\pi 2]$ $[_\sigma 2 + _\pi 2 + _\pi 2]$

尽管把所有的电环化反应看成是环加成反应在概念上是有用的,但环加成反应一词通常在更严格的意义上被使用,它仅表示分开的分子之间或在单一分子中隔离的 π 单元之间的成环反应。

1. 同面加成和异面加成

π 键的两个原子或一组共轭 π 键的两个端碳原子,有两种可能的成键方式。可以从 π 键体系的相同一侧或者相反一侧的一瓣形成两个新键。Woodward 和 Hoffmann 把在 π 体系相同一侧上一瓣的加成指定为同面加成,称在 π 体系相反一侧上一瓣的加成为异面加成,示意图如图 3-7 所示。

(a)同面加成   (b)异面加成

图 3-7   同面加成和异面加成示意图

这两种模式的加成分别用符号 s 和 a 表示。所以两个 π 键每个都是同面反应的环加成反应归类为$[_\pi 2_s + _\pi 2_s]$反应。符号 s 和 a 写成下标,以免将两个电子的同面加成反应和 2s 轨道上的电子相混淆。以四个电子"单元"的异面方式反应和以两个电子单元的同面方式反应的环加成归类为$[4_a + 2_s]$反应。如果四个电子单元是同面反应,两个电子单元是异面,则反应归类为$[4_s + 2_a]$反应。(一个"单元"可以是一对未共用的电子和一个键或者一组共轭 π 键)

当 σ 键参与环加成反应时,成键轨道的两个"里侧"的一瓣被认为是在键的相同一侧。同样,两个"外侧"的一瓣也是在键的相同一侧。画出轨道头对头形成的 σ 键的分子轨道,旋转成轨道肩并肩的 π 键排列的过程就容易明白。从图 3-8 很容易看出,σ 键的两个里侧的一瓣竖在 π 排列的相同一侧,两个外侧的一瓣也是如此。

图 3-8   头对头 σ 键的轨道旋转成肩并肩的 π 键轨道的过程

2. 环加成反应和开环反应的选择性规则

Woodward - Hoffmann 规则。

控制环加成反应和开环反应的立体选择性的 Woodward - Hoffmann 规则包括 $4n+2$ 个电子的热环加成反应或开环反应,如果它们是按照反应单元的异面相互作用为偶数次(包括零)的方式进行,则反应是允许的。而涉及 $4n$ 个电子的反应,如果它们是按照异面相互作用为奇数次的方式进行,则反应是允许的。

根据这一规则,[4$_s$＋2$_s$]和[4$_a$＋2$_a$]两个反应是允许的,因为这两类反应都包括 6 个电子和偶数个(分别为零和两次)异面相互作用。[2$_s$＋2$_s$]和[4$_a$＋2$_s$]的热反应是禁阻的,但[2$_a$＋2$_s$]和[4$_a$＋4$_s$]反应是允许的。

值得强调的是,这些规则简单地陈述了通过考虑轨道对称性来看哪类反应是允许的,哪类反应是禁阻的。它们并非意味着所有允许的反应真的能发生。正如我们将看到的,特别是包括键的异面相互作用的反应,通常在空间要求上会非常高,因而是很困难的。

3. 双自由基反应

对[π2$_s$＋π2$_a$]反应,如下方程式所示,因为 π 键同面反应的结果是这个键周围的几何构型保持,π 键异面反应的结果是这个键周围的几何构型倒置,所以,环加成反应的机理原则上很容易由反应的立体化学原理来确定。

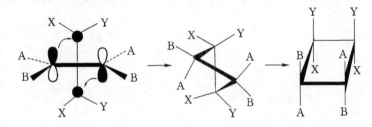

在研究烯烃形成环丁烯的环加成反应中的一个难题是:这是一个十分不易进行的反应,很难得到较高的产率。理论上允许的[2$_a$＋2$_s$]反应在过渡态中,轨道的重叠极差,正如上方方程式所示,反应最初产生一个严重扭曲的环丁烷。所以,[2$_a$＋2$_s$]反应即使真的存在,也是很难观测到的。

虽然烯烃形成环丁烷的环加成反应很难观测到,但是环丁烷在高温形成烯烃的开环反应是已经被广泛研究的普通反应。已经发现这类反应的活化焓和熵与假定一个碳碳键首先断裂形成双自由基所预期的结果是相符的(如方程式(3-1)),而不是所预期的两个键协同地断裂。

$$CH_3\dot{C}H—CH_2—CH_2—\dot{C}HCH_3 \rightarrow 2\,CH_3CH=CH_2 \qquad (3-1)$$

但是,确实存在少数类型的烯烃,很容易加成到别的烯烃形成环丁烷的衍生物。一类是由张力极大的或扭曲的、因而是高反应活性的双键组成的分子。这种分子的一个例子就是苯炔。苯炔与顺式或反式环辛烯加成得到立体异构体的混合物,虽然在每一个反应中,主要产物是保持环辛烯几何构型的产物(方程式(3-2))。

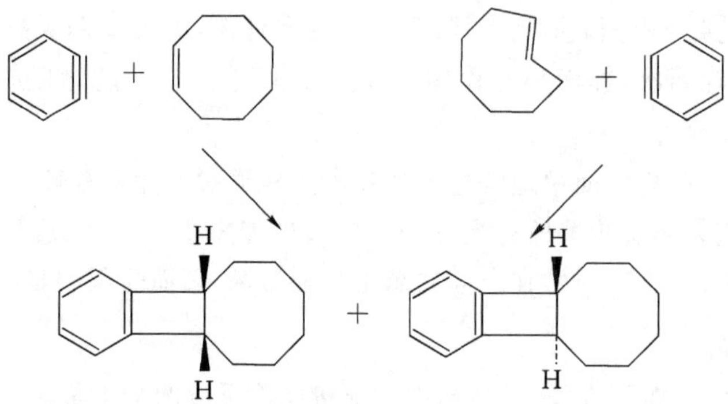

$$(3-2)$$

虽然上述立体异构体混合物很可能来自同时发生的异面加成和(主要的)同面加成,双自由基机理(方程式(3-3))似乎更加合理,因为对于大多数反应分子来说,双自由基的关环比围绕单键旋转更快。

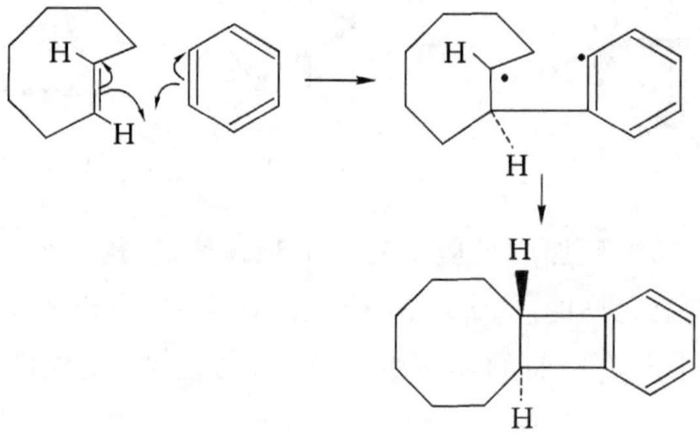

$$(3-3)$$

类似的还有,有张力的环辛二烯的二聚产生立体异构体的混合物(方程式(3-4)),说明这个反应也是通过双自由基中间体进行的。

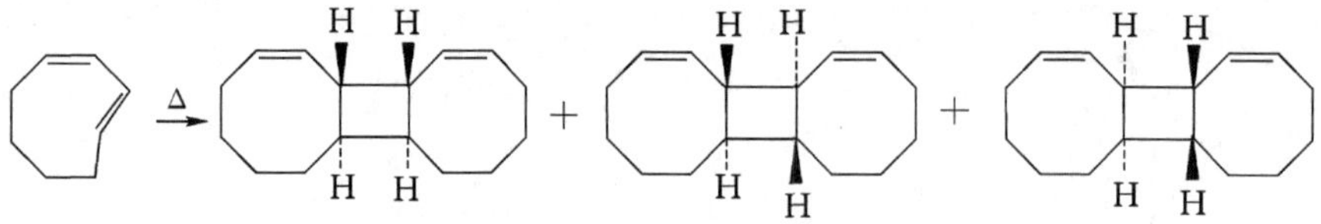

$$(3-4)$$

四氟乙烯和别的在一个乙烯碳上至少有两个氟原子的多氟烯烃,虽然它们不是环张力大或结构扭曲的分子,它们也可以与别的烯烃形成四元环。

四氟乙烯不论是与顺式的 1,2-二氘代乙烯,还是反式的 1,2-二氘代乙烯(如方程式(3-5))反应,都生成 50∶50 的立体异构体的混合物。这说明这些反应是经过双自由基中间体而不是通过同时发生同面加成和异面加成进行的。同面加成和异面加成以完全相同的速率同时发生几乎是不可能的。相反,双自由基中间体绕单键旋转从而产生 1∶1 的立体异构体的混合物,在这个反应中应该是非常快的。

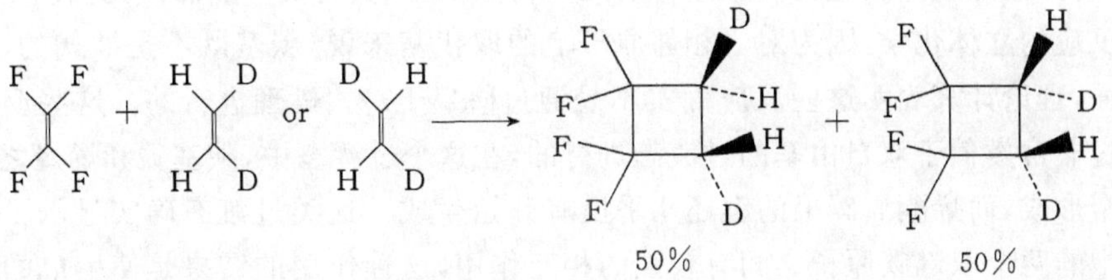

$$\text{(3 - 5)}$$

通过双自由基机理发生的环加成反应是非常少见的,因为,对大多数烯烃而言,中间体双自由基的形成要吸收大约 40 kcal/mol 的热量(打破两个 π 键和形成一个 σ 键之间的能量差值)。因此,至少两个反应双键中有一个必须是非常弱,以减少形成双自由基所需要的热量。多氟烯烃的 π 键计算值约为 17 kcal/mol,比无张力双键弱。这是部分地由于氟原子的未共用电子和 π 键电子之间强力排斥的结果。此外,当多氟烯烃的 π 键断裂时形成的自由基碎片的共振稳定性作用,也使键能降低,自由基更稳定。

4. 与烯酮的环加成反应

烯酮——双键和羰基处于同一个碳原子上的分子,与双键加成形成环丁酮。烯酮与烯烃的分子内加成生成一些有趣的分子,如酮(如方程式(3 - 6))。

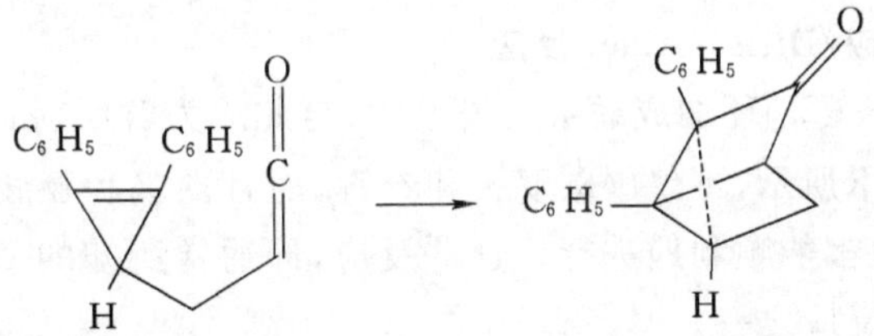

$$\text{(3 - 6)}$$

烯酮与烯烃的环加成反应通常是立体专一性的,产物中烯烃的几何构型保持不变,如方程式(3 - 7)和方程式(3 - 8)所示。所以,Woodward 和 Hoffmann 认为反应可能是通过协同的 $[\pi2_a + \pi2_s]$ 机理进行的,烯酮的羰基与烯烃的 π 键之间的吸引作用可能使这种机理更加容易发生。

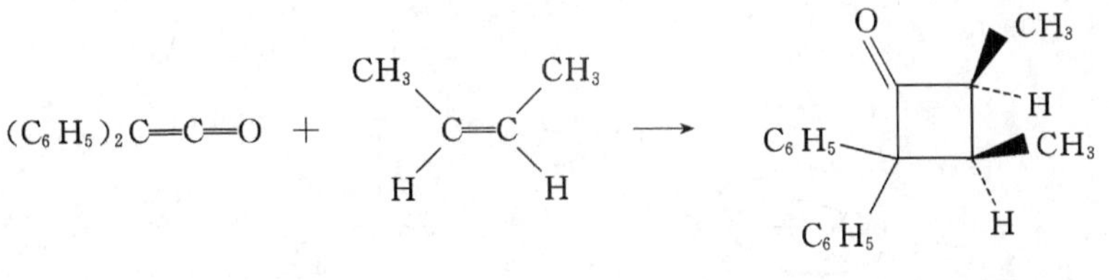

$$\text{(3 - 7)}$$

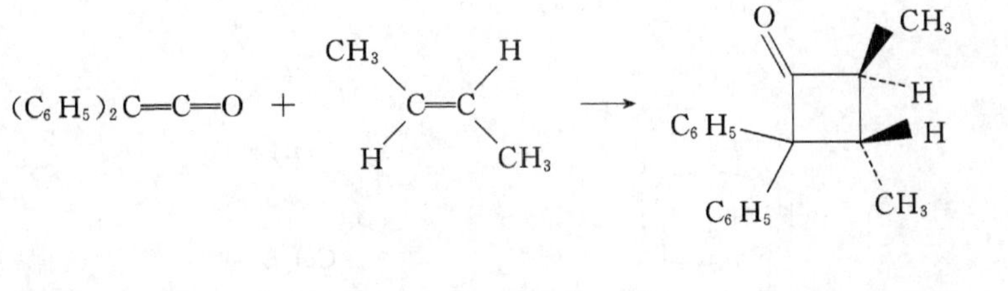

$$\text{(3 - 8)}$$

但是,对异面加成即反应中一个组分的几何构型倒置,实验的一般测试无法确切地建立烯酮环加成反应的立体化学,因为对于相邻原子上的取代基来说,羰基既不是顺式的,也不是反式的。然而,理论计算表明这些反应确实不是通过$[\pi 2_a + \pi 2_s]$机理进行的。这些反应更多地认为是通过非常类似于双自由基的过渡态进行的,在这个过渡态中,羰基碳和烯烃之间的键几乎已经完全形成,而烯烃 α 碳上的键还几乎没有开始生成。这类过渡态确实显示了羰基碳原子和烯烃中的两个双键碳原子之间有较强的相互作用,这种作用的结果是使生成的环丁酮保持与起始烯烃的构型相同。

烯酮与双键反应得到的产物结构通常来自于所形成的最稳定的双自由基中间体,如方程式(3-9)所示。

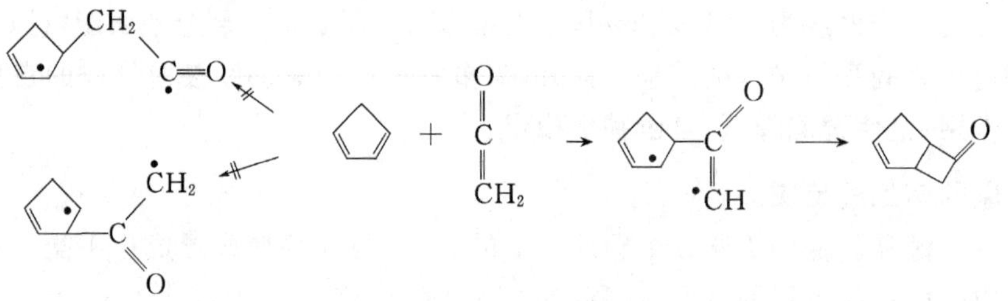

$$(3-9)$$

5. [4+2]环加成反应/Diels - Alder 反应

烯烃进行热的$[\pi 2_s + \pi 2_s]$环加成通常是失败的,与此成为鲜明对比的是,热的$[\pi 4_s + \pi 4_s]$环加成很容易发生。如下所示,不仅碳碳双键和叁键,而且羰基和亚胺,甚至双键的任何末端都不是碳原子时,反应也都能顺利地进行。这些反应,即通常所知的 Diels - Alder 反应,是合成有机化学中最有用的反应之一。

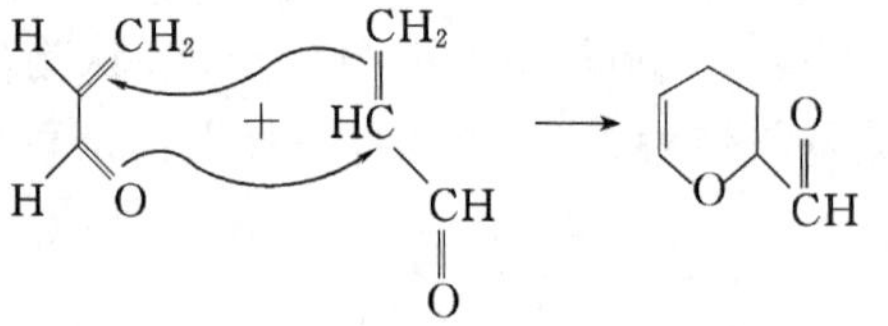

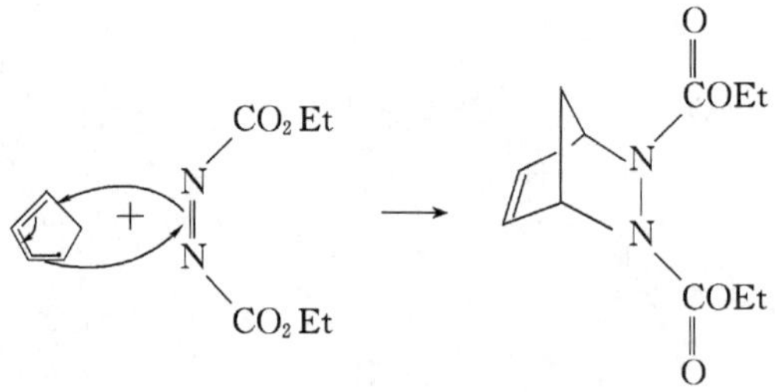

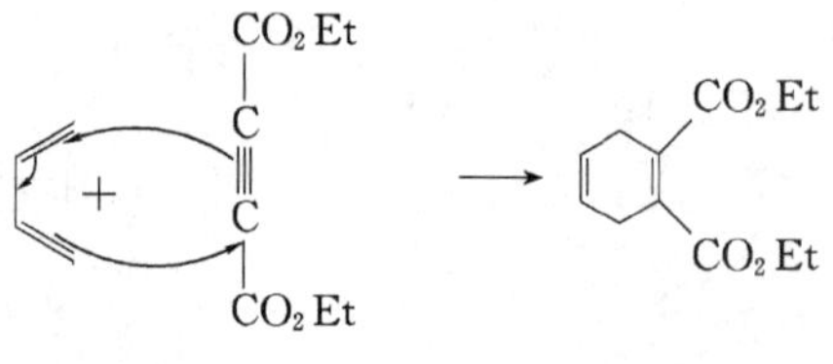

　　甚至一些芳环,如蒽和呋喃(但一般的苯或萘不是)也很容易进行 Diels - Alder 反应。但是,开环过程(逆 Diels - Alder 反应)在一定的温度下当双烯形成芳环的一部分时,特别容易发生。如方程式(3-10)和方程式(3-11)所示。

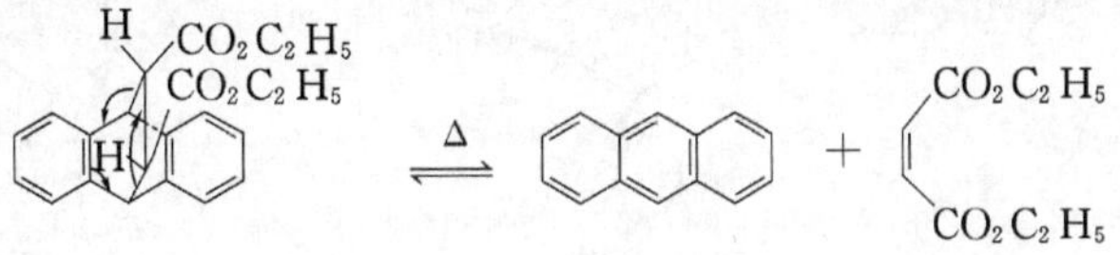

$$
\text{(3-10)}
$$

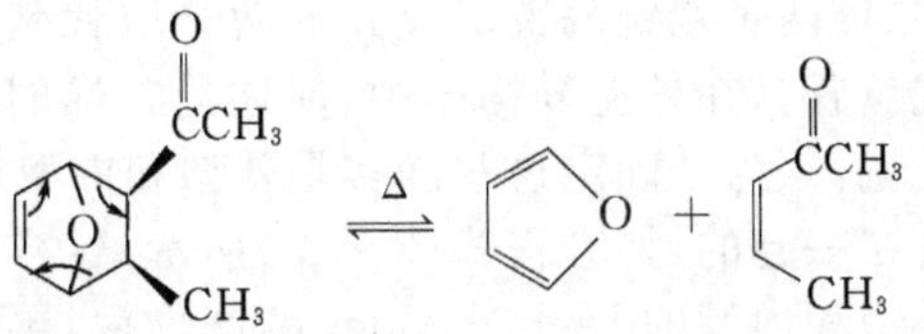

$$
\text{(3-11)}
$$

　　通过对数千个 Diels - Alder 反应进行研究,发现几乎在每一个例子中,反应都是完全立体专一性的,共轭双烯和称为亲双烯体的两个电子组分的构型都保持不变。

　　[2+2]环加成和[4+2]环加成之间有所区别的一个有趣的例子是,[2+2]环加成是典型的不经过协同机理进行的,在丁二烯与多氟烯烃的反应中被发现确实是按照协同机理进行的[4+2]环加成反应。这些反应除了形成主要的四元环产物,也可以生成六元环(Diels - Alder 产物)(方程式(3-12))。与环丁烷的形成是非立体专一性的不同,Diels - Alder 反应几乎都是按立体专一性进行的。

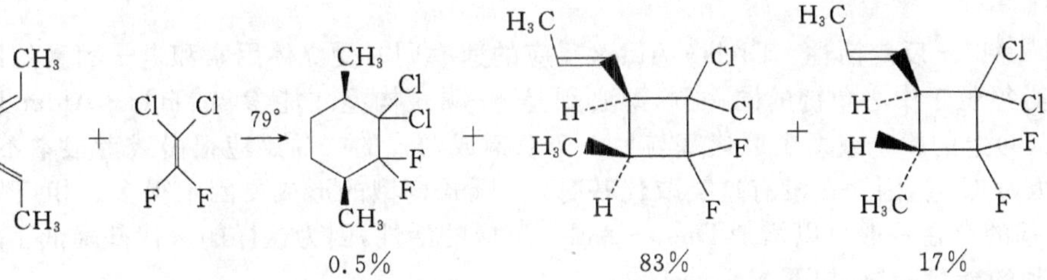

$$
\text{(3-12)}
$$

　　①Alder"内型规则"。许多环二烯的 Diels - Alder 反应能生成两个立体异构产物(见方程式(3-13))。在一个产物(内型异构体,endo)中,亲二烯体上的羰基或别的不饱和取代基和新形成的环己烯中的双键是顺式的。在另一个产物中(外型异构体,exo),亲二烯体上的不饱和取代基和双键是反式的。

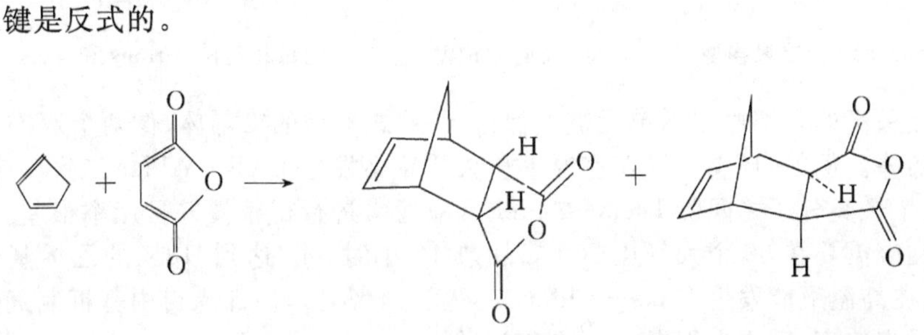

$$
\text{(3-13)}
$$

endo 产物　　　　　　　　exo 产物

　　如方程式(3-14)所示,在非环状二烯的 Diels - Alder 反应中同样可以形成内型和外型异构体。

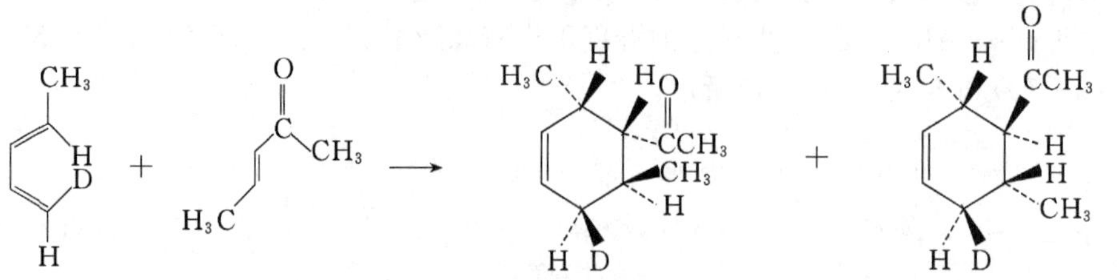

$$\text{(3-14)}$$

endo　　　　　　　　　　　exo

　　内型异构体中,与连接二烯两个双键的键成反式的两个取代基("外侧的"取代基)与亲二烯体的主要取代基处于反式位置。在外型异构体中,前述的二烯的"外侧的"取代基与亲二烯体的主要取代基处于顺式位置。(为了确定这些确实是外型和内型加成的结果,假定二烯体中两个"里侧的"取代基是稠合在一起的,如方程式(3-15)所示,这样二烯就是想像的环的一部分。在从"环状"结构画出外型和内型的 Diels-Alder 的产物后,再想像中分开"稠合"部分就得到产物的结构。)

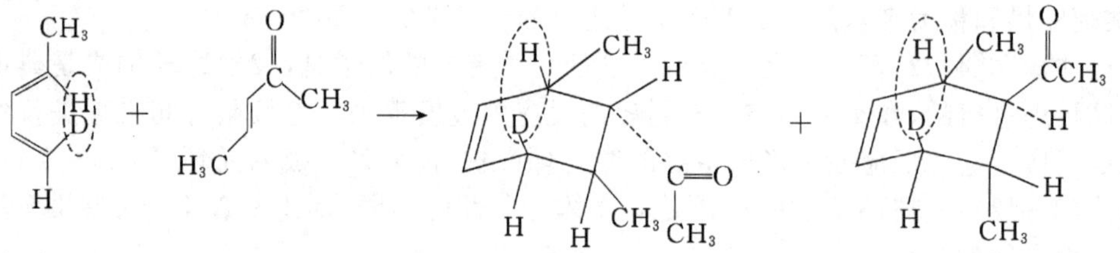

$$\text{(3-15)}$$

endo　　　　　　　　　　　exo

　　②Diels-Alder 反应活性。Diels-Alder 反应的速率同时受立体因素和电子因素的影响。二烯的双键必须位于中心单键的同一侧,即必须是 s-顺式构型才能参与 Diels-Alder 反应。在 C(1)和 C(4)上的一个或两个取代基与另一个双键成顺式的二烯反应很慢或者根本不能发生 Diels-Alder 反应,因为在没有这类取代基时,s-顺式构型的形成要困难得多。相反,二烯 C(2)上取代基的存在一般可以增加 Diels-Alder 反应的活性,因为这样的取代基降低了对 s-反式构型有利的能量差异,如下式所示。

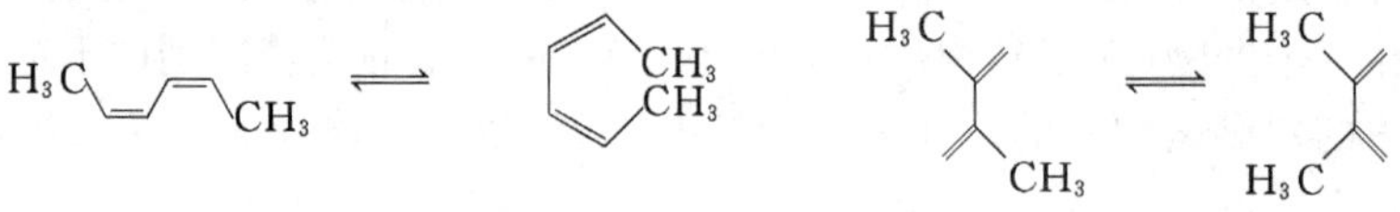

s-trans(低能量构型)　　s-cis(高能量构型)　　　　能量相近的 s-trans 和 s-cis

　　反应活性最高的是那些二烯单元被迫保持 s-顺式构型的二烯体,像两个双键包含在环状结构中的二烯体。例如,环戊二烯在室温下长久放置会发生 Diels-Alder 二聚反应。

　　但是,两个烃类分子之间的 Diels-Alder 反应通常进行得很慢并且产率很差。例如,丁二烯与乙烯的反应需要在 90 个大气压 200 ℃加热 17 小时,才"达到"18％的乙烯基环己烯。同样地,丁二烯在高温下能发生 Diels-Alder 二聚反应,但是即使加入自由基抑制剂降低二烯的自由基聚合反应速率,反应也很慢,而且产率很低。

　　通常为了使 Diels-Alder 反应以高产率和合理的速度进行,亲二烯体上必须用如羰基或羧基等强吸电子基团取代。这是因为一个反应单元是好的电子给体,另一个反应单元是好的电子受体时反应最容易进行。

　　如果亲二烯体带有供电子取代基和二烯带有吸电子取代基,Diels - Alder 反应同样也可以很快地进行。(这些称为逆电子要求的反应。)但是,带供电子基团的二烯与带吸电子基团的亲二烯体的合成通常比相反的情况更容易进行,所以大多数 Diels - Alder 反应是这一种类型的取代基模式。

　　强 Lewis 酸的催化作用使许多 Diels - Alder 反应的速度大大提高。Lewis 酸和其中的一个反应物(通常是亲二烯体,如方程式(3 - 16)所示)形成的络合物降低了它的 LUMO 的能量,因而减少了反应的活化能。Lewis 酸的催化作用同样常常能提高 Diels - Alder 反应的内型-外型比例以及它们的区域选择性,即产物中一些位置异构体比另一些位置异构体有利的趋势大小。

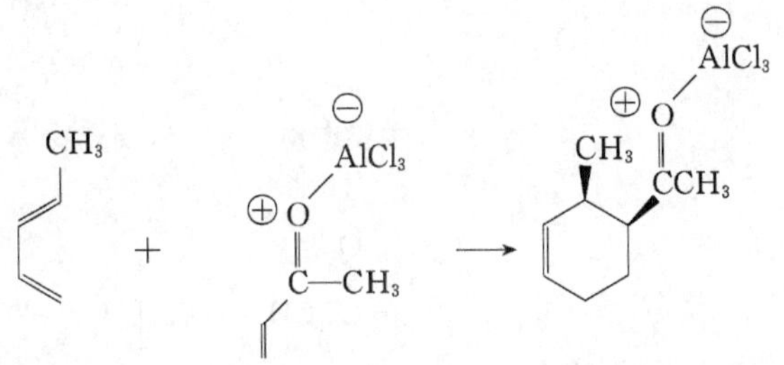

$$(3 - 16)$$

　　③区域选择性。最近的理论研究显示 Diels - Alder 反应的区域化学产物中位置异构体的类型和比例,通常可以在计算前线轨道的基础上预测。通常的原则是生成的主要异构体是由在两个反应物的前线轨道中有最大系数的原子连接产生的。

　　一个更老的方法,它在大多数情况下和基于波函数系数的方法是等同的,对理解 Diels - Alder 反应的区域化学是很有用的。这个方法基于的规则是,Diels - Alder 反应的主要产物是来自于和在反应中可能产生的最稳定的双自由基中间体类似的过渡态。

　　为了明白这个规则,我们以 1,3 -戊二烯和丙烯醛的反应为例。丙烯醛和二烯体系一端的反应可以形成四种可能的双自由基:A,B,C,或 D(方程式(3 - 17))。在这四个结构中,由于在 A 和 B 中由丙烯醛形成的自由基片断没有共振稳定性,A 和 B 显然不如 C 和 D 稳定。双自由基 C 比 D 还不稳定,因为在 C 中由戊二烯形成的自由基片断可以写成一个二级自由基共振式和一个一级自由基共振式的杂化,而在 D 中由戊二烯形成的自由基片断可以写成两个二级自由基共振式的杂化。

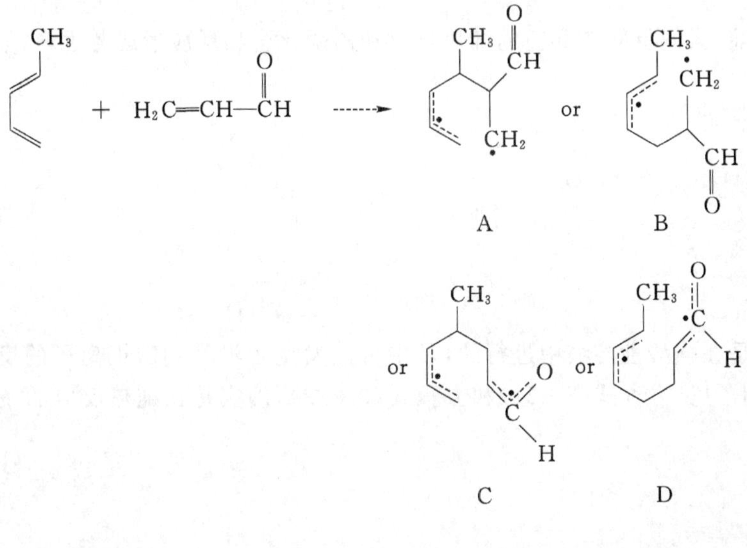

$$(3 - 17)$$

　　由双自由基 D 形成的 Diels - Alder 产物确实是 1,3 -戊二烯和丙烯醛反应生成的主要产物(见方程式(3 -18))。同样可以以"类似双自由基的过渡态规则"为基础,推测大多数 Diels -Alder 反应的主要区域异构体,即使在空间上这些异构体通常不可能如方程式(3 -18)和方程式(3 -19)所示形成产物。

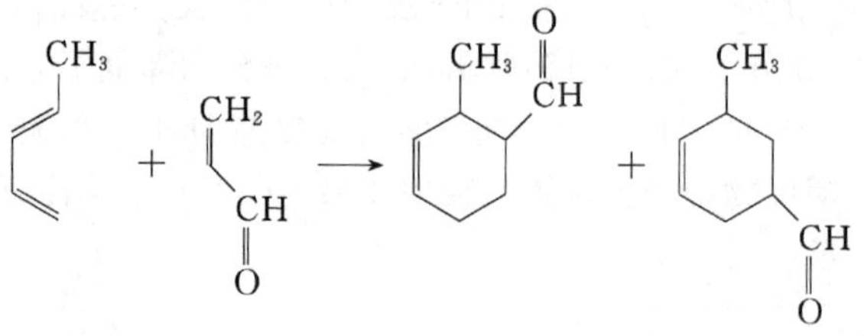

主要产物　　　　　次要产物

$$(3 - 18)$$

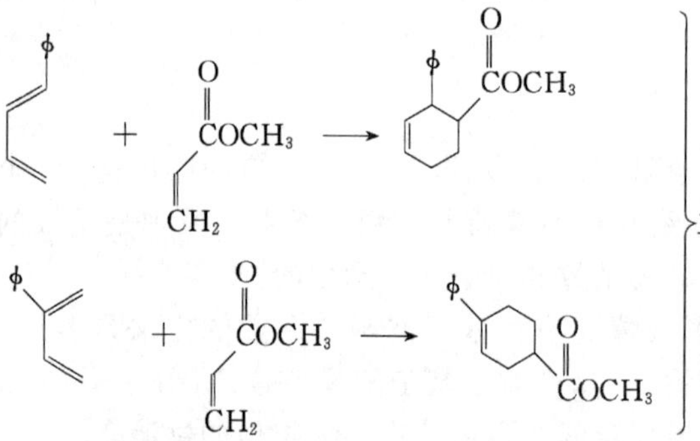

主要位置异构体　　$(3 - 19)$

　　需要说明的是,类似双自由基过渡态模型的使用并不意味着 Diels - Alder 反应是经过自由基中间体进行的。这个模型只是承认即使在一些键同时形成或打破的协同反应中,在过渡态中有些键的形成也可能不如另一些键形成得完全。所以能使双自由基稳定的因素,对 Diels -Alder 反应的过渡态是有利的。通过周环机理进行,但过渡态中一些键比另一些键形成得更完全的反应称为"协同的而非同步的"。

6. 烯炔的环加成

　　大约一个多世纪前,人们就知道共轭的烯炔可以和乙炔化合物反应形成芳香环,如方程式(3 - 20)所示。

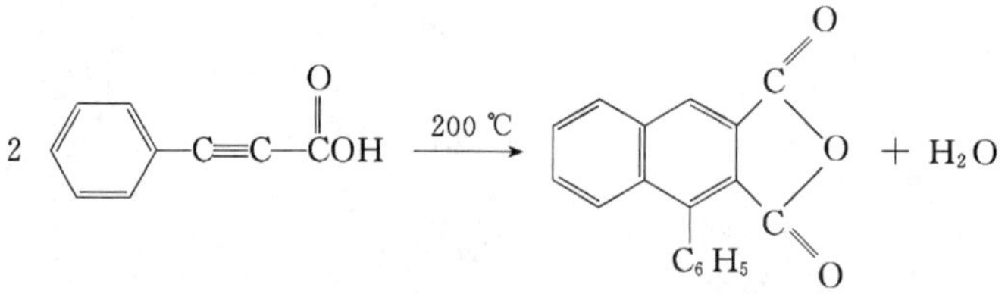

$$(3 - 20)$$

　　早期的研究通常是在强酸性溶液中进行的,其中可能发生了涉及到碳正离子的反应。然而,现在知道有一些例子(见方程式(3 - 21)和方程式(3 - 22))确实是在纯热反应的条件下进行的。

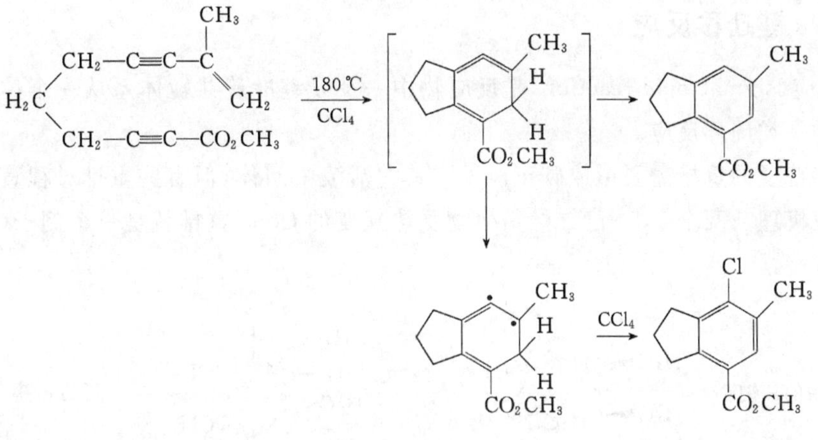

$$(3-21)$$

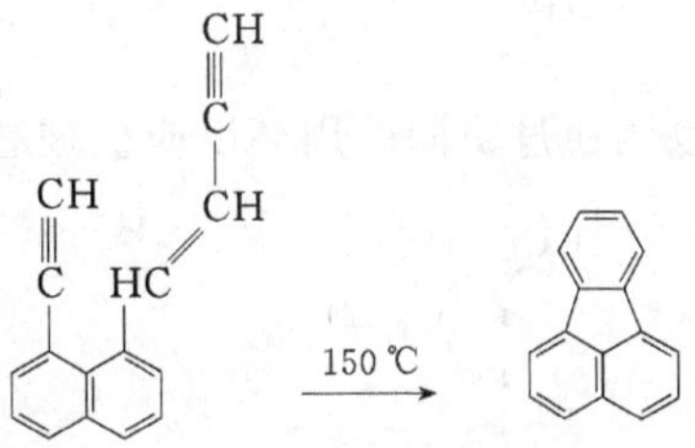

$$(3-22)$$

这些反应已经被归类为"脱氢 Diels - Alder 反应"，有人认为其中最初的步骤可能是协同的环加成反应。然而由烯炔和乙炔化合物反应形成的芳香环缺乏立体化学的标记来检验反应是否是通过协同机理进行的。

Alder"烯反应"中烯烃与强亲二烯体的反应，可以通过氢原子迁移得到加成产物（方程式（3-23）和方程式（3-24））。不过所需温度比亲二烯体与共轭二烯的反应要高得多。

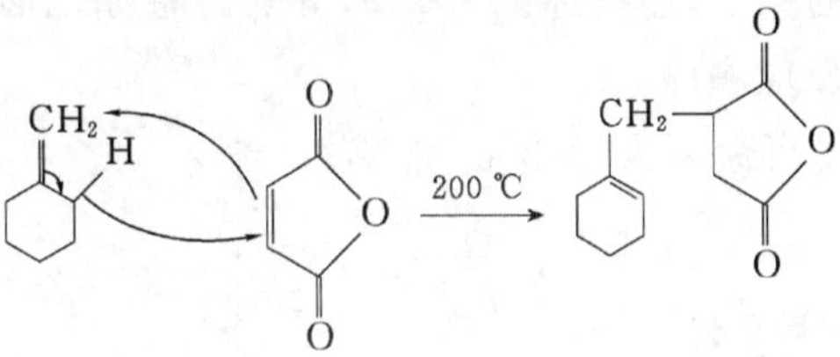

$$(3-23)$$

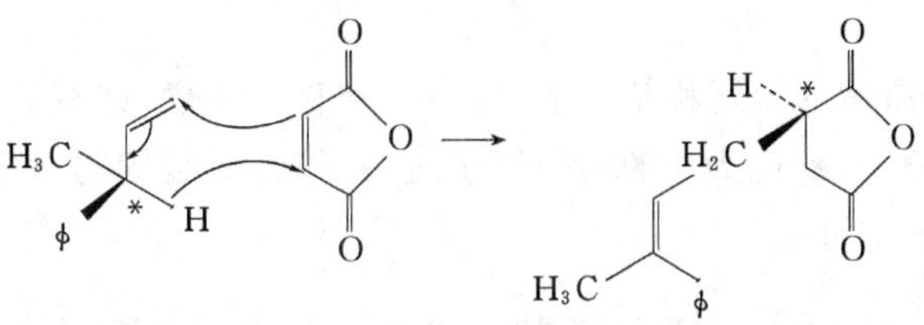

$$(3-24)$$

Diels - Alder 反应在讲德语国家中叫做"双烯反应"或"双烯合成"，依此类推，这个反应称为"Alder 烯反应"或简称"烯反应"。

烯反应总是导致烯烃双键发生位移，这证实反应是通过协同的[π2$_s$＋π2$_s$＋π2$_s$]机理进行的，因为经由自由基机理的话将产生混合产物。从手性烯烃出发反应经自由基机理同样也会产生非手性产物。不过如方程式（3-24）所示，从这样的反应可以得到手性产物。

3.8.4　σ键迁移反应

σ迁移反应(sigmatropic reaction)是反应物中一个σ键沿着共轭体系从一个位置转移到另一个位置的一类周环反应。

尽管很多普通的重排需要形成碳正离子或其它活泼中间体,但有些重排过程直接通过协同的周环反应机理。两个1,5-己二烯衍生物受热互变的Cope重排就是一个例子(见方程式(3-25))。

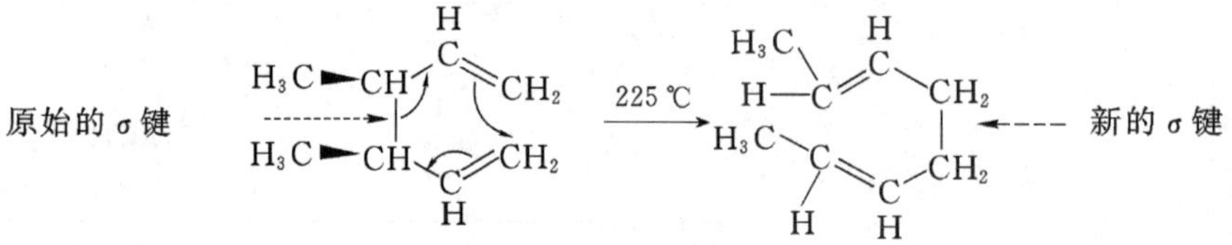

$$\text{原始的σ键} \qquad \xrightarrow{225\,℃} \qquad \text{新的σ键} \qquad (3-25)$$

共轭二烯中氢原子的迁移也能通过协同的周环反应机理进行,如方程式(3-26)所示。

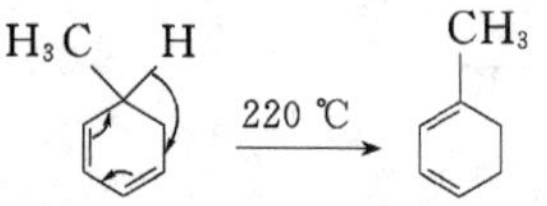

$$(3-26)$$

由于这些反应均涉及到一个σ键(及多个π键)位置的改变,Woodward和Hoffman用术语"σ-迁移"来描述它们。在σ-迁移中,烯丙位的σ键迁移到相邻π键的远端或一组共轭π键的末端。(在Cope重排中,"双烯丙基键"迁移到两个π键的末端。)

Woodward和Hoffman将不同类型的σ-迁移归类为不同"顺序"的重排。为了确定一个具体的σ迁移的顺序,将形成断裂的σ键的两个原子均标记为1。然后,在断裂键上的原子到重排产物中形成新的σ键的原子,连续标记为2、3,等等。将标记形成新键的原子的序号以逗号隔开放在方括号内表示反应顺序。

根据该规则,Cope重排可命名为[3,3]σ-迁移。

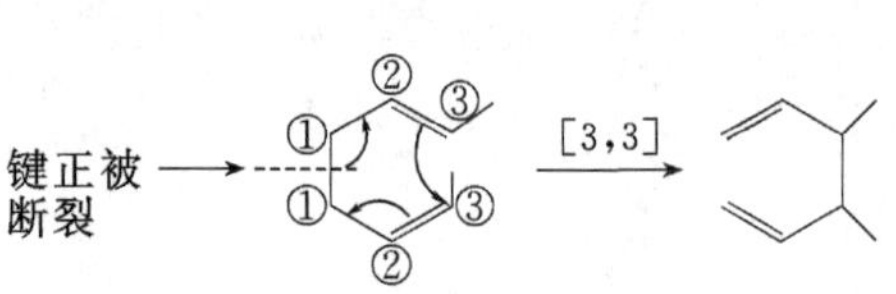

方程式(3-27)中所示的氢迁移是一个[1,5]σ-迁移。注意,这不是因为氢原子从C(1)迁移到(5),而是因为氢原子(标记为1的两个原子之一)作为断裂键的一个组成部分,也将会成为新的σ键的一个组成部分。

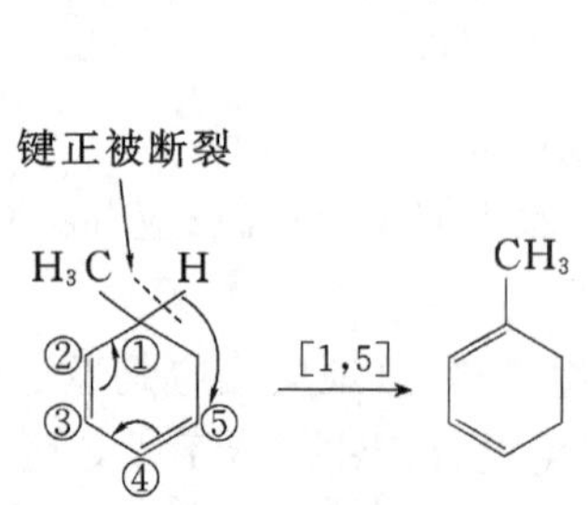

$$(3-27)$$

在确定σ迁移的顺序时,必须考虑且只能考虑所有参与反应的原子(即构成形成键和断裂键的部分的原子)。因而,方程式(3-27)所示的环己二烯的重排不能称为[1,3]-迁移,而应称为[1,5]-迁移,因为连接原子(1)和原子(5)的 CH$_2$ 基团没有参加反应。

长期以来,一直认为 Claisen 重排和 Cope 重排速度受酸和碱催化剂影响不大。可是,现在已知道加入路易斯酸(如三氯化硼),可将烯丙基苯基醚 Claisen 重排必需的温度从 200 ℃ 降低到室温以下(见方程式(3-28))。

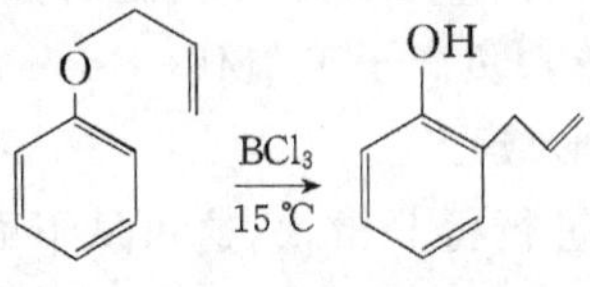

$$\text{(3-28)}$$

环己二烯酮的 Cope 重排在 0.01M 盐酸催化下在室温下就能很快发生,如方程式(3-29)所示。环己二烯酮苄基的[1,5]-迁移(见方程式(3-30))在没有催化剂存在下需在高于 150 ℃ 时才能进行,而在乙酸的硫酸溶液催化下,在室温下就能进行。

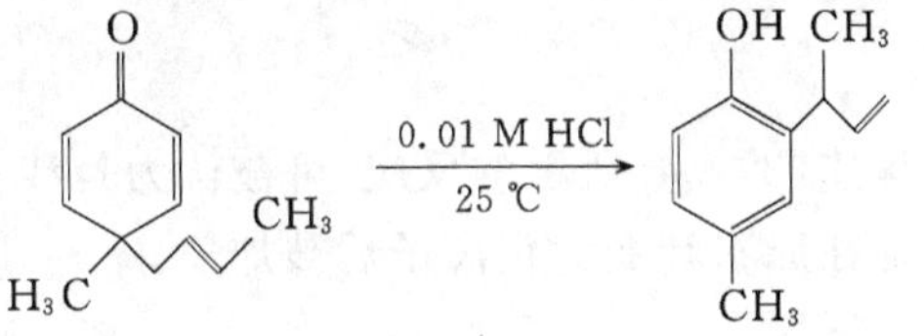

$$\text{(3-29)}$$

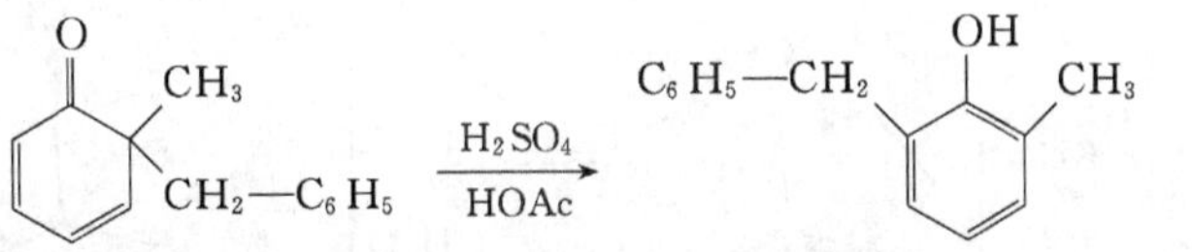

$$\text{(3-30)}$$

一些 σ-迁移甚至在没有催化剂存在下就能被正电荷加速。例如,甲磺酸酯(a)生成产物(c),可能是通过中间体(b)的"氮杂-Cope"重排进行。而该重排在室温下就非常快,以致不能检测到中间体(b)的形成。

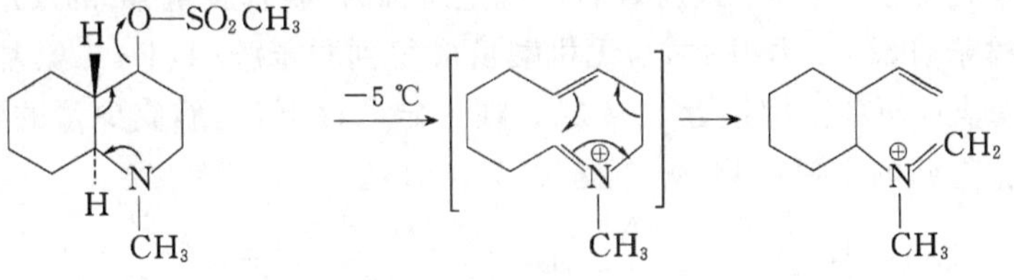

$$\text{(a)} \qquad \text{(b)} \qquad \text{(c)}$$

σ-迁移速度除了被正电荷催化外,还能被负电荷催化。3-羟基-1,5-己二烯的钾盐的"氧代-Cope 重排"速度是其母体醇的 10^{12} 倍,反应见方程式(3-31)。另一例子如式(3-32)所示,反应所需温度可降低 250 ℃。

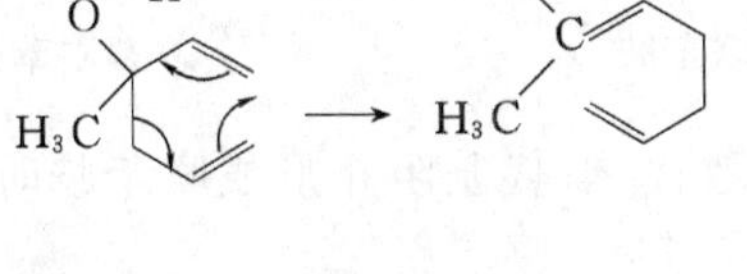

$$\text{(3-31)}$$

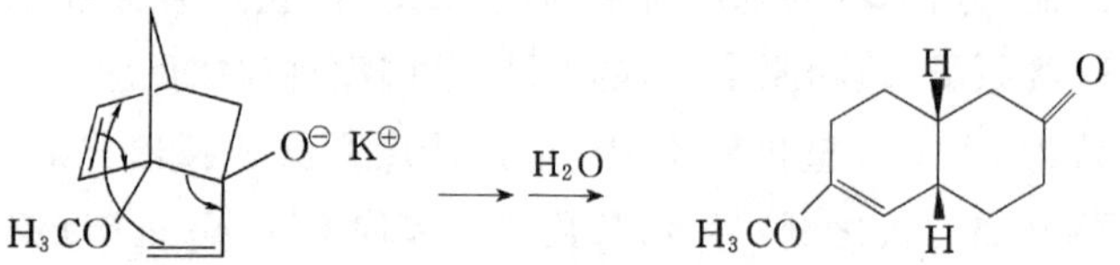

（3－32）

　　醇形成其负离子后将会大大降低邻位双烯丙基键的强度。二级同位素效应研究结果表明，与中性分子的 Cope 重排相比较，"负离子型氧代-Cope 重排"过渡态在较大程度上发生键的断裂，而在较小程度上发生键的形成。

　　在负电性化合物中[5,5]-迁移进行得非常快，这可从下面负离子的重排在室温下一小时内就能完成的事实得到证实，如方程式(3-33)所示。

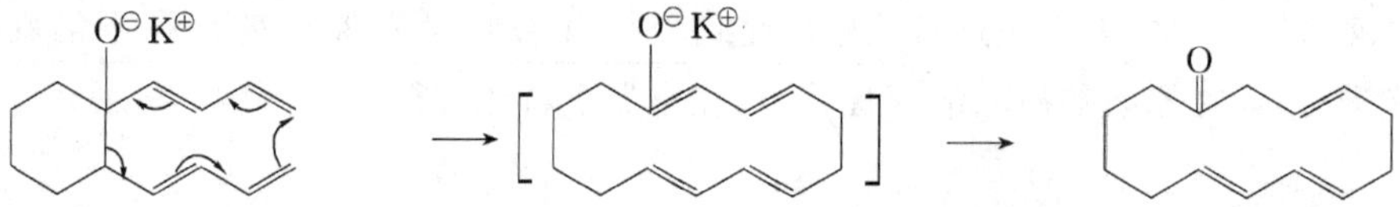

（3－33）

　　其它类型的重排，如方程式(3-34)所示的反应，可被认为是涉及两个 σ-键的[1,5]-迁移或被看作是逆烯反应，同样地在原料转变为负离子后被加速。

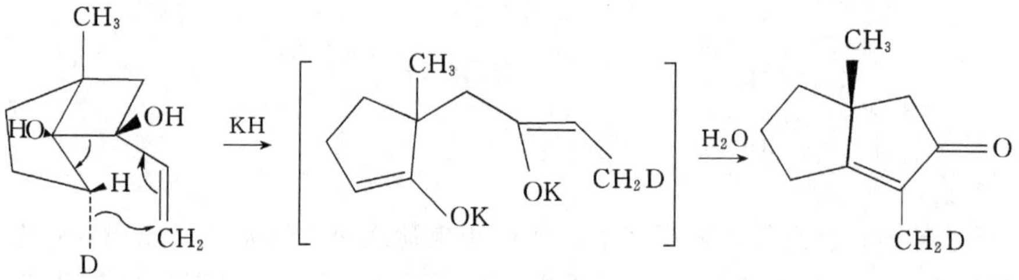

（3－34）

　　Claisen 重排和 Cope 重排能被酸催化的事实是近来才发现的。而一些类型的 σ 迁移最早就已报道仅在酸催化下发生，其中最为著名的就是总称为"联苯胺重排"的反应。

　　重排产物肼撑苯(1,2-二苯肼)与无机酸反应得到联苯胺(4,4'-二氨基联苯)和间联苯胺(2,4'-二氨基联苯)，两者比例接近 70∶30。在一定条件下，也形成少量的邻联苯胺。邻联苯胺是肼撑萘重排得到的主要产物(见方程式(3-35))。

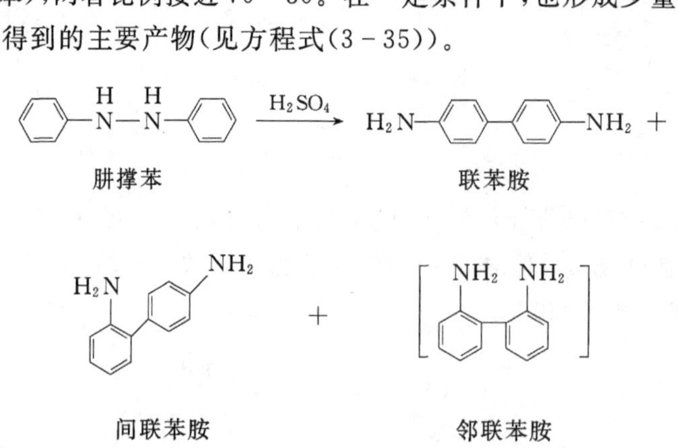

肼撑苯   联苯胺

（3－35）

间联苯胺   邻联苯胺

当肼撑苯至少一个对位被取代，取代基阻止形成联苯胺时，可能会形成二苯基胺衍生物

("邻位和对位半联胺"),如方程式(3－36)所示。

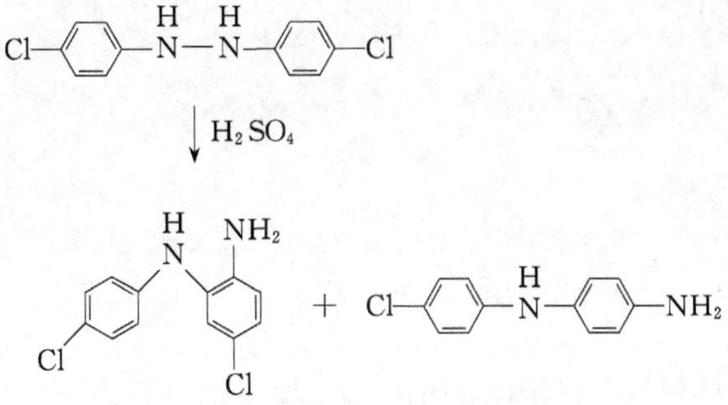

（3－36）

邻半联胺　　　　　　对半联胺

复习题

1. 几种重要的有机反应中间体有哪些？

2. 吡咯和吡啶分子的极性方向相反，为什么？

3. 为什么邻叔丁基苯甲酸的酸性比对叔丁基苯甲酸的酸性强？

4. 环丙甲基正离子比苄基正离子还稳定，为什么？

5. 丁二烯和溴在不同溶剂中进行加成反应时，1,4－加成产物的百分数随溶剂极性增大而升高，为什么？

6. SN1 反应中，一个中性化合物离解为两个带电荷的离子，若溶剂极性提高，反应速率将怎样变化？

7. 消除反应方向遵循的规律主要有哪些？

8. 写出下列反应的历程。

(1)

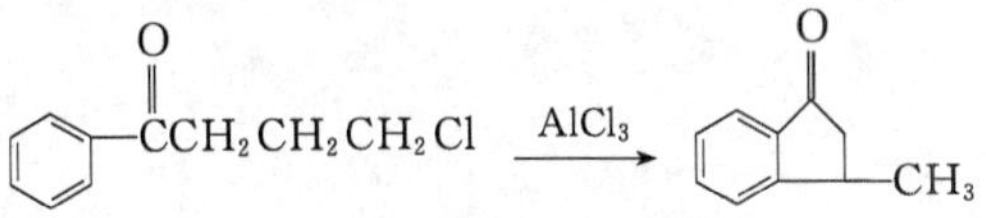

(2)

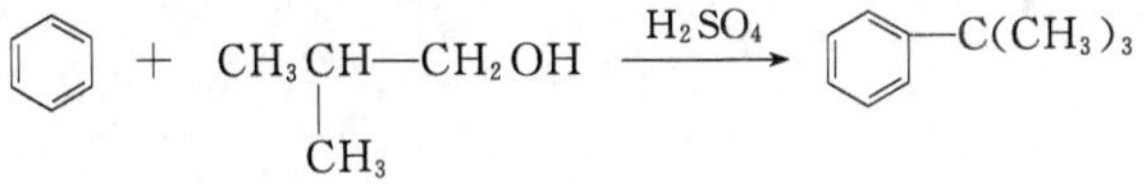

(3)

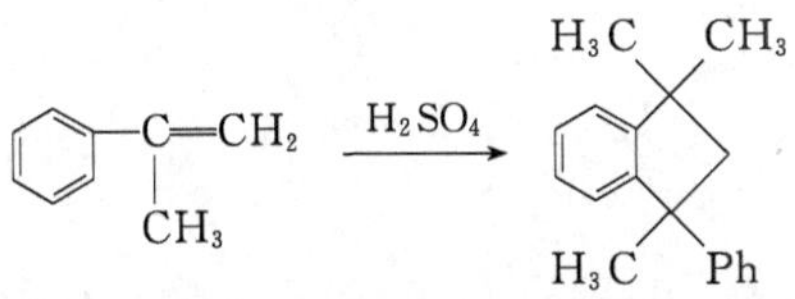

(4)

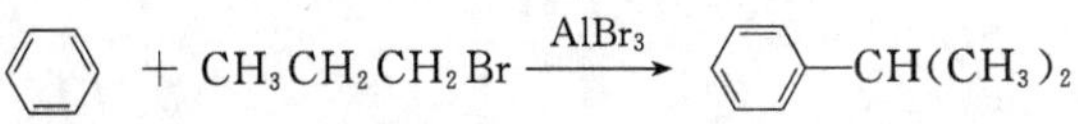

9. 试写出下列反应机理。

(1)

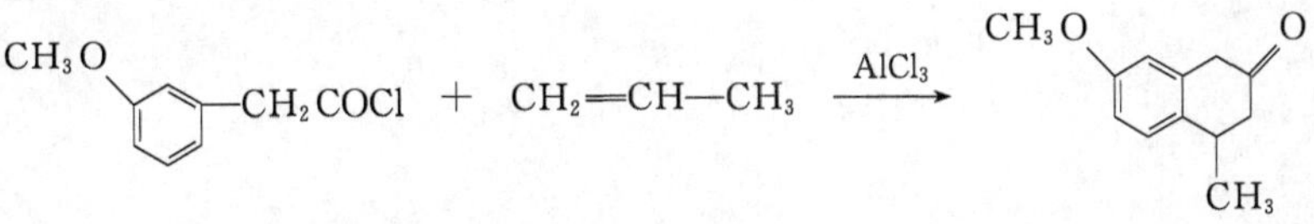

(2)

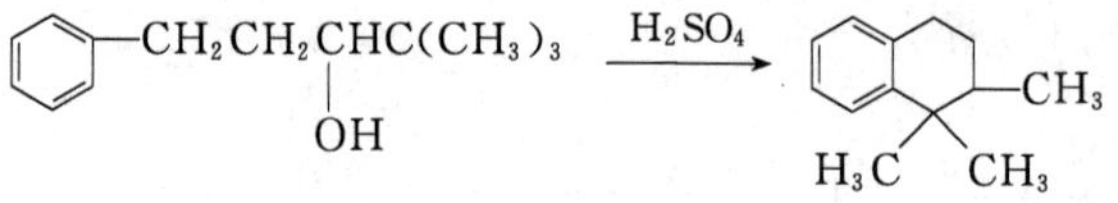

$$\text{C}_6\text{H}_5-\text{CH}_2\text{CH}_2\text{CHC(CH}_3)_3 \xrightarrow{\text{H}_2\text{SO}_4}$$

(3)

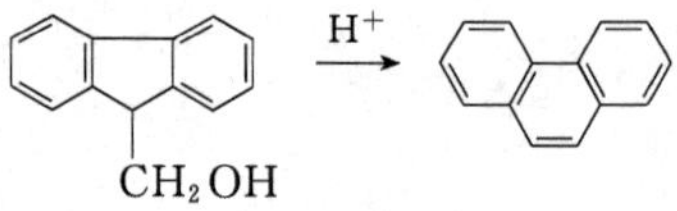

$$\xrightarrow{\text{H}^+}$$

(4)

$$\xrightarrow{\text{H}_3\text{O}^+}$$

(5)

$$-\text{CH}_2\text{COCl} + \text{CH}_2=\text{CH}_2 \xrightarrow{\text{AlCl}_3}$$

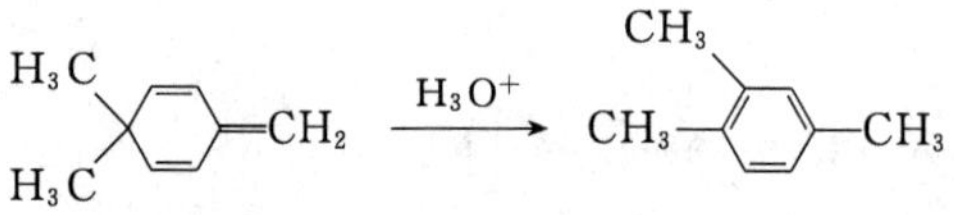

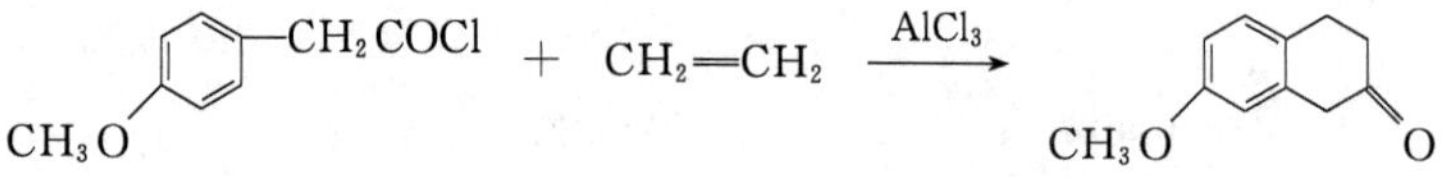

第4章 环境有机化合物物理净化反应

4.1 环境有机化学分子相互作用和热力学

4.1.1 有机化合物在不同相之间的分配及分子间相互作用

有机化合物在两相间的分配与化学反应中化学键的断裂和形成相类似,但这种相间的转换能比共价键要弱。若化合物从一相转移到另一相,其过程就是化合物从一相中解析出来并在另一相中被吸收的过程,所以称为吸收交换式,解析和吸收均发生在两相之间的界面。

不带电分子之间的引力来源于分子中缺电子区域吸引邻近分子相应的富电子部分引起的,分子间相互作用可以分为以下几种。

①在所有分子间都存在的"非特殊"作用,这种作用与其分子结构无关,通常称为范德华作用,其组成如图4-1所示。

a.邻近分子中分布不均匀且随时间变化的电子之间的引力,也称为取向力。它是非极性分子相互接近时,由于电子的不断运动和原子核的不断震动,产生瞬时偶极而产生的作用力。这种非极性分子间由于瞬时偶极产生的相互作用力称作色散力。

b.偶极-诱导偶极作用,也称为诱导力。在极性分子和非极性分子之间,由于极性分子偶极所产生的电场对非极性分子产生影响,使非极性分子也产生偶极。这种固有偶极与诱导偶极之间的作用力即是诱导力。

c.偶极-偶极作用,也称为取向力。在这种情况下,每种极性分子的永久偶极矩使它们的分子按一定的方向排列,使得两个偶极按头尾相连的方式相互连接。

②由特殊分子结构引起的特殊作用,能够引起化合物结构中永久缺电子部分和另一个分子相应的永久富电子位点之间形成的相对较强的局部引力,如图4-1(d)所示。这种只有在结构互补的分子间才能发生的特殊作用称为极性作用,可以将其归为电子供体-受体反应或者氢键供体-受体反应。

4.1.2 利用热力学函数量化分子能量

1.化学势

当讨论环境中某一特定化合物分子能量时,很容易想到其可能会有不同的能量形式,当谈到某物质的"能量"时,通常不是关心某时间单一分子的能量状态,而是关心体系中某类型的有机分子整体的平均能量状态。为描述周围环境物质中化合物 i 的"能量状态",吉布斯引进一个表示这个体系中总自由能 $G(\mathrm{J})$ 的物理量。

$$G(p, T, n_1, n_2, \cdots, n_i, \cdots, n_N) = \sum_{i=1}^{N} n_i \mu_i$$

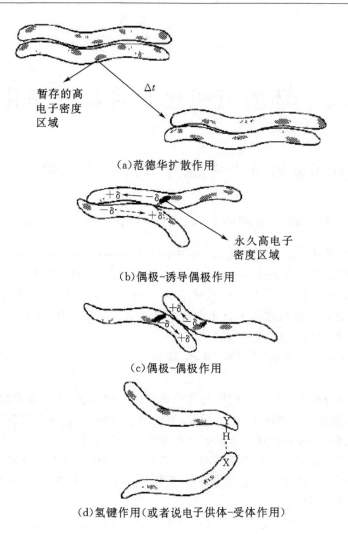

图 4-1　由电子不均匀分布引起的各种分子作用图

式中：n_i 为含有 N 个化合物的体系中化合物 i（用摩尔表示）的量，mol；μ_i 为化合物的化学势，$J \cdot mol^{-1}$。

$$\mu_i \equiv (\frac{\partial G}{\partial n_i})_{T,p,n_j(j \neq i)}$$

μ_i 表示恒温恒压下，体系每增加一个化合物 i 体系 $Gibbs$ 的增量，μ_i 作为 i 的量的函数，随着 i 的量的变化而变化。需要指出 μ_i 有时也指化合物的偏摩尔自由能 $G_i(J \cdot mol^{-1})$，$G_i(J \cdot mol^{-1})$ 与偏摩尔焓 $H_i(J \cdot mol^{-1})$ 和偏摩尔熵 $S_i(J \cdot mol^{-1} \cdot K^{-1})$ 相关。

$$\mu_i \equiv G_i = H_i - TS_i$$

1876 年，Gibbs 认为化学势可评估化合物 i 从一个体系转移到另一体系的趋势或在体系内转变的趋势。

2. 逸度

化学势不能通过直接方式获得，在此有必要引入逸度的概念，1901 年，Lewis 得出相对于观察一个体系并试图定量由各种化合物引起的所有的化学势能,评价分子逸出体系的趋势更可行。如果能对分子逸出环境的趋势进行定量,就能知道环境中化合物的相对化学势,根据化学势的不同,确定迁移过程的方向和程度。

3. 化合物在气体状态下的压力和逸度

首先定量可观测的气相中分子的逸度,设一定物质的量 n_i 为纯气体,在一定温度 T 下,被封闭在一定体积 V 中,当气体化合物想要逸出时,必然会挤压器壁,此时对器壁施加压力 p_i,假如此时气体仍想逸出,其对器壁的撞击必然增大,此时,将测得一个更高的气压,人们发现在恒定温度下气体化合物 i 化学势的变化与相应的压力变化是相关的。

$$(\mathrm{d}\mu_{ig})_T = \frac{V}{n_{ig}}\mathrm{d}p_i$$

$$(\mathrm{d}\mu_{ig})_T = \frac{RT}{p_i}\mathrm{d}p_i$$

此处用 RT/p_i 来代替 V/n_{ig} 得

对上式进行积分

$$\int_{\mu_{ig}^0}^{\mu_{ig}} (\mathrm{d}\mu_{ig})_T = RT\int_{p_i^0}^{p_i} \frac{1}{p_i}\mathrm{d}p_i$$

得到

$$\mu_{ig} = \mu_{ig}^0 + RT\ln\left[\frac{p_i}{p_i^0}\right]$$

此处所讲的真实气体(不忽略分子间作用力的气体)的作用力影响分子分压,不影响化合物总量。与理想气体不同,逸度是体系组成和总压的函数,而不是温度和物质的量的函数,气体化合物逸度与其紧密度相关,为解释非理想性,引入逸度系数 θ_{ig}

$$f_{ig} = \theta_{ig}p_i$$

所以气体化合物的化学势为

$$\mu_{ig} = \mu_{ig}^0 + RT\ln\left(\frac{f_i}{p_i^0}\right)$$

定义理想气体为标准状态,即 $f_i^0 = p_i^0$,所讨论的前提都是假设化合物表现出理想气体行为。在总压力为 p 的混合气体中,p_i 是化合物 i 的分压,可以表示如下

$$p_i = x_{ig}p$$

$$x_{ig} = \frac{n_{ig}}{\sum_j n_{jg}}$$

式中:x_{ig} 为化合物 i 的摩尔分数;$\sum_j n_{jg}$ 为气体中物质的总物质的量;p 为总压力。因此,混合气体中气体 i 的逸度表示如下

$$f_{ig} = \theta_{ig}x_{ig}p \approx p_i$$

4. 液体和固体的逸度

人们知道气体化学势与压力有关,液体和固体也会产生蒸汽压,Lewis 推断这些压力同样反映了这些物质从它们的凝聚相逃逸的趋势,从而他通过定义纯液体(用下标"L")和固体(下标"s")的逸度为蒸气压的函数来扩展这一推论。

$$f_{iL} = \gamma_{iL} p_{iL}^* \quad f_{is} = \gamma_{is} p_{is}^*$$

式中:γ_i 表示由分子-分子相互作用引起的非理想行为。

如果考虑混合液中的化合物 i,就能通过下式将混合液的逸度与纯液体化合物的逸度相联系。

$$f_{iL} = \gamma_{iL} x_{iL} f_{iL}^* = \gamma_{il} x_{il} f_{il}^*$$

式中:x_{iL} 是混合物(或溶液)中化合物 i 的物质的量分数。

5. 活度系数和化学势

用逸度的概念表示液体溶液中化合物 i 的化学势

$$\mu_{iL} = \mu_{iL}^* + RT \ln\left(\frac{f_{iL}}{p_{iL}}\right)$$

上式中,以纯液体化合物为参照,这里 μ_{iL}^* 接近于纯液体化合物的标准生成自由能 $\Delta_f G_i^0(L)$,$\Delta_f G_i^0(L)$ 通常是在 100 kPa 条件下,而不是在 p_{iL}^* 条件下,因此,$\mu_{iL}^* \cong \mu_{iL}^0$,联立上面两个式子,得到

$$\mu_{iL} = \mu_{iL}^* + RT \ln \gamma_{iL} x_{iL}$$

通常,$f_i / f_{ref} = r_i x_i = a_i$ 称为化合物的活度。a_i 是某状态下化合物活性的度量。以纯有机液体化合物为参照,研究不同溶剂中一些有机化合物的活度系数是很有意义的。

6. 过剩自由能、过剩焓和过剩熵

以下只讨论给定分子环境中某化合物过剩自由能,首先对特定环境下化合物自由能的焓贡献和熵贡献做总体评价,焓项表示化合物分子与它周围环境的所有引力或结合力。涉及分子的取向、结构和评议范围的是熵项,要使分子变得有序,需消耗能量对其做功,反之,分子结构中成键电子移动自由度越大,分子扭曲和转动途径越多,熵项越大,自由能项越负,可用下式表示过剩自由能项。

$$G_{iL}^E = RT \ln \gamma_{iL} = H_{iL}^E - T S_{iL}^E$$

上式中,H_{iL}^E 和 S_{iL}^E 分别表示 L 相中化合物 i 的过剩焓和过剩熵。

表 4-1 无限稀释情况下的过剩自由能、焓和熵

相	化合物(i)	$G_{i相}^E$ /(kJ·mol^{-1})	$H_{i相}^E$ /(kJ·mol^{-1})	$TS_{i相}^E$ /(kJ·mol^{-1})	$S_{i相}^E$ /(J·mol^{-1}·K^{-1})
气相	己烷	4.0	31.6	27.6	93.6
	苯	5.3	33.9	28.6	96.0
	乙醚	0.8	27.1	26.3	88.2
	乙醇	6.3	42.6	36.3	122.0
正十六烷	己烷	−0.2	0.6	0.8	2.7
	苯	0.4	3.5	3.1	9.7
	乙醚	0.0	1.9	1.9	6.4
	乙醇	8.8	26.3	17.5	58.7
水	己烷	32.3	−0.4	32.7	−109.7
	苯	19.4	2.2	17.2	−58.4
	乙醚	12.0	−19.7	31.7	−106.3
	乙醇	3.2	−10.0	13.2	−44.3

由表 4-1 可知,非极性和单极性化合物几乎表现出理想行为(即 $G_{iL}^{E} \approx 0$),因为在液态条件下,在正十六烷中,它们只能进行范德华作用。对于乙醇的情况,焓消耗和熵增加明显。但与气相相比,H_{iL}^{E} 和 TS_{iL}^{E} 绝对值更小,因为乙醇与正十六烷——溶剂分子进行范德华作用,而且正十六烷中的活动自由度比在气相情况下小。

4.2　环境有机化学分子蒸气压

影响有机物在环境中分布和归趋的主要过程是有机物在大气中的迁移和转化,另外,其它气相也可能会显著影响有机化合物在自然和工程系统中的行为,所以,解决有机物在环境中分布的一个主要问题在于如何定量描述其相对于别的凝聚相化合物进入气相的难易程度。一定温度下化合物在气相中的最大可能浓度以及凝聚相中化合物分子间吸引力的定量信息可以由化合物的蒸气压提供,通过本节的学习,可以了解到有机化合物在气相与液相或气相与固相之间的平衡常数也可通过蒸气压预测。

4.2.1　理论背景

一定温度下,凝聚相中大量分子进行热运动,其不断获得能量来克服自己与周围分子之间的引力从而从凝聚相中逸出,同时,蒸气相中分子由于不断与凝聚相表面碰撞,使一些分子动力学能量降低,从而无法再回到蒸气相,这些分子就进入凝聚相。一定温度下,蒸发和凝聚能达到平衡状态,此平衡受凝聚相中的分子-分子相互作用控制,且反映了凝聚相上部的蒸气中的分子数量。

4.2.2　蒸气压-温度关系的热力学描述

1. 液体-蒸气平衡

为了定量蒸气压和温度的关系,首先要考虑液体-蒸气平衡。化合物 i 在气相和纯液相中的化学势分别是

$$\mu_{ig} = \mu_{iL}^{*} + RT\ln(p_i/p^0) + RT\ln\gamma_{ig}$$
$$\mu_{iL} = \mu_{iL}^{*} + RT\ln x_{iL} + RT\ln\gamma_{iL}$$

这里 $RT\ln\gamma_{ig}$ 是化合物在气相中的过剩自由能 G_{ig}^{E}。

对于纯液体,当用纯液体做参照态时,理想混合熵项($RT\ln x_{iL}$)和过剩自由能项($RT\ln\gamma_{iL}$)都等于 0,气相中的化合物的量用分压 p_i 表示,公式中一般使用浓度与参照态标准浓度比值。对于气相,则选择标准压力,p_i^0 为 100 kPa,因为这接近地球表面的大气压。在一定温度下,当液体-蒸气压平衡时($\mu_{ig} = \mu_{iL}$),得到

$$\ln\frac{p_i/p^0}{x_{iL}} = -\frac{(RT\ln\gamma_{ig} - RT\ln\gamma_{iL})}{RT}$$

p_i/x_{iL} 用 p_{iL}^{*} 代替。吸收交换自由能可用 G_{ig}^{E} 简单表示,上式简化为

$$G_{ig}^{E} = -RT\ln(p_{iL}^{*}/p^0)$$

用液体化合物的蒸发自由能 $\Delta_{vap}G_i$ 表示 G_{ig}^{E},并且将 p_{iL}^{*}/p^0(p^0 通常是 100 kPa)简写成 p_{iL}^{*},得到

$$\Delta_{vap}G_i = -RT\ln p_{iL}^{*}$$

由上式知一定温度下,蒸气压小于标准大气压时,$\Delta_{vap}G_i$ 是正值。温度低于沸点时,蒸气压小于标准大气压。而在沸点 T_b 时,$p_{iL}^* = p^0$,可以得到

$$-RT\ln 1 = 0 = \Delta_{vap}G_i(T_b) = \Delta_{vap}H_i(T_b) - T_b \cdot \Delta_{vap}S_i(T_b)$$

或

$$T_b \cdot \Delta_{vap}S_i(T_b) = \Delta_{vap}H_i(T_b)$$

前面已知可以将蒸气压当做平衡常数,因此,p_{iL}^* 与温度的关系可以用范德华方程表示

$$d\ln p_{iL}^*/dT = \Delta_{vap}H_i(T)/RT^2$$

上面这个方程通常叫做 Clausius - Clapeyron 方程。在一个较小的温度范围内(如环境温度通常在 0～30 ℃之间),p_{iL}^* 与温度的关系可以表示为

$$\ln p_{iL}^* = -\frac{A}{T} + B$$

这里 $A = \Delta_{vap}H_i/R$。

对于液体,在环境温度范围内,用 $\lg p_{iL}^*$($=\ln p_{iL}^*/2.303$)对温度 $T(K)$ 的倒数作图(见图 4-2),得到线性关系。如果扩大温度范围,可以修正上式,使之能够反映 $\Delta_{vap}H_i$ 与温度之间的关系,提高方程对实验数据的拟合效果。这可以通过引入第三个参数 C 来实现。

$$\ln p_{iL}^* = -\frac{A}{T + C} + B$$

该式也称作 Antoine 方程,它被广泛用于实验数据的回归。

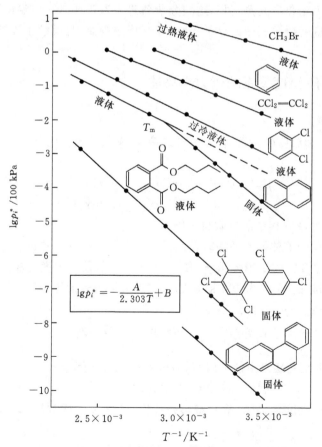

图 4-2　一些代表性化合物的蒸气压与温度的关系

2. 固体–蒸气平衡

用与研究液体–蒸气平衡相同的方法,可以得到固体化合物的蒸气压和温度的关系。得到

$$\ln p_{is}^* = -\Delta_{sub} G_i / RT$$

此处,用升华自由能 $\Delta_{sub} G_i$ 代替蒸发自由能,$\Delta_{sub} G_i$ 等于化合物的气态过剩自由能 G_{ig}^E 和固态过剩自由能 G_{is}^E 之间的差值。因为固态的过剩自由能是负值,$\Delta_{sub} G_i$ 大于过冷液的 $\Delta_{vap} G_i$,它们之间的差值通常称为熔化自由能 $\Delta_{fvs} G_i (= \Delta_{fvs} H_i - T\Delta_{fvs} S_i)$

$$\Delta_{sub} G_i = \Delta_{fvs} S_i + \Delta_{vap} G_i$$

根据焓和熵,上式可表示成

$$\Delta_{sub} H_i = \Delta_{fvs} H_i + \Delta_{vap} H_i$$

和

$$\Delta_{sub} S_i = \Delta_{fvs} S_i + \Delta_{vap} S_i$$

上面式子表明化合物熔化和蒸发所需要的力等于其升华所要克服的分子间的相互吸引力,分子升华造成的混乱度等于熔化和蒸发的熵的和,所以可以通过预测蒸发和熔化的热力学项来得到升华参数。如果选择液态作参照,$\Delta_{fvs} G_i$ 就等于化合物在固态时的负的过剩自由能 G_{is}^E。这一自由能变化表示为

$$\Delta_{fvs} G_i = \Delta_{sub} G_i - \Delta_{vap} G_i = RT\ln(p_{iL}^* / p_{is})$$

或者

$$p_{iL}^* = p_{is}^* \cdot e^{\Delta_{fvs} G_i / RT}$$

而 $\Delta_{fvs} G_i$ 随着温度的升高而减小,在熔点 T_m,$\Delta_{fvs} G_i$ 等于 0,这与在沸点的情形相似,得到

$$T_m \cdot \Delta_{fvs} S_i(T_m) = \Delta_{fvs} H_i(T_m)$$

也与液体化合物的情况相似,p_{is}^* 与温度之间的关系用下式表示

$$\ln p_{is}^* = -\frac{A}{T} + B$$

这里,$A = \Delta_{sub} H_i / R$,并且可以引入第三个参数对 $\Delta_{sub} H_i$ 和温度之间的关系进行校正。

4.2.3　分子相互作用和蒸气压

1. 蒸发自由能的焓贡献和熵贡献

化合物结构的不同导致蒸气压不同,化合物的蒸发自由能 $\Delta_{vap} G_i$ 也因化合物的蒸发焓 $\Delta_{vap} H_i$ 的不同而通常各不相同。气相和液相的分子自由度的差值通过蒸发熵反应,在环境压力下,不同化合物之间 $\Delta_{vap} S_i$ 的差异是因为液相分子自由度不同,所以,相互强吸引的分子 ($\Delta_{vap} H_i$ 高)的 S_{iL} 较低,则 $\Delta_{vap} S_i$ 较高。化合物蒸发的总自由能如下

$$\Delta_{vap} G_i(T) = \Delta_{vap} H_i(T) - T\Delta_{vap} S_i(T)$$

$\Delta_{vap} H_i$ 和 $\Delta_{vap} S_i$ 的变化引起 $\Delta_{vap} G_i$ 的变化,$\Delta_{vap} G_i$ 与 $\Delta_{vap} H_i$ 和 $\Delta_{vap} S_i$ 是成比例的。

2. 沸点时的蒸发 Trouton 恒熵法则

Trouton 发现许多单极性和非极性物质的沸点蒸发熵在一定程度上较为恒定为 $85 \sim 90$ J·mol^{-1}·K^{-1}。$\Delta_{vap} S_i(T_b)$ 值的恒定性表明 $\Delta_{vap} H_i(T_b)$ 和 T_b 之间关系密切。Kistiakowsky 用 Clapeyron 方程和理想气体公式推出了估算单个化合物的 $\Delta_{vap} S_i(T_b)$($J·mol^{-1}·K^{-1}$)的公式,这个公式用到了化合物的沸点。

$$\Delta_{vap} S_i(T_b) = 36.6 + 8.31\ln T_b$$

上式表明非极性及单极性化合物的沸点和蒸发熵之间关系较小,证明了 Trouton 的经验发现。对于非极性化合物和单极性化合物来说是液相中分子间相互作用引起 $\Delta_{vap}S_i(T_b)$ 的细小差别,对于双极性有机物易以液态形式存在可从双极性化合物蒸发熵偏大看出。

Fishtine 提出了一套经验因子 K_F 来校正 Kistiakowsky 的 $\Delta_{vap}S_i(T_b)(J \cdot mol^{-1} \cdot K^{-1})$ 估算公式

$$\Delta_{vap}S_i(T_b) = K_F(36.6 + 8.31 \ln T_b)$$

非极性和单极性化合物,$K_F = 1$;弱极性化合物 $K_F = 1.04$。

4.3 环境有机化合物的分配

4.3.1 分配系数与相分配

用两互不相溶的介质来做实验,将这两相和少量溶质混合摇动至平衡,然后测定其浓度,改变溶质的量,得到系列两相中的浓度值,两相中的浓度比值始终是一恒定值。

在气水体系,如果用浓度 $c_i(mol/m^3)$ 而不是摩尔分数时,y_i 等于 $c_{iA}v_A$ 或 $c_{iA}RT/p_T$,式中,v_A 是空气的摩尔体积。同样的,x_i 等于 $c_{iw}v_w$,式中 v_w 是溶液的摩尔体积,它近似于水的摩尔体积。因为 f_R 也等于 p^s,则气水分配系数 K_{AW} 可由下式得到

$$K_{AW} = c_{iA}/c_{iw} = \gamma_i v_w f_R/RT = \gamma_i v_w p^s/RT = S_{iA}/S_{iw}$$

如果用溶解度 S_{iA} 和 S_{iw},K_{AW} 就变成了简单的二者间的比值 S_{iA}/S_{iw}。

对于液-液体系,如辛醇-水,其中的液体溶质满足下式

$$f = x_{iw}\gamma_{iw}f_R = x_{iO}\gamma_{iO}f_R$$

式中:下标 W 和 O 表示水和辛醇相。

由此可得到

$$x_{iO}/x_{iw} = \gamma_{iw}/\gamma_{iO}$$

以及

$$c_{iO}/c_{iw} = K_{OW} = \gamma_{iw}v_w/\gamma_{iO}v_O = S_{iO}/S_{iw}$$

最后得到的方程同样也适用于固体溶质,因为 F 会像 f_R 一样被删掉。

辛醇-空气分配系数,可以表示为

$$K_{OA} = S_{iO}/S_{iA} = RT/\gamma_i v_O p_L^s$$

式中:γ_i 是溶质在辛醇中的活度。可以证明 Z_O 等于 $1/\gamma_i v_O p_L^s$,而 K_{OA} 等于 Z_O/Z_A。

应注意,所有的活度系数、溶解度和分配系数都是随温度变化的。

4.3.2 辛醇-水分配系数

1. 概述

由于正辛醇广泛使用,因此有必要对正辛醇-水的分配系数 K_{iow} 进行讨论。前面已知正辛醇有两亲性,即一部分非极性,另一部分极性。与小分子极性溶剂不同,正辛醇中形成溶质空穴消耗的自由能比小分子极性溶剂低,并且正辛醇分子中极性醇羟基的存在有利于双极性和单极性溶剂相互作用,所以,正辛醇是一种能溶解多种溶质的溶剂。许多结构差异较大的有机化合物在正辛醇中活度系数 γ_{io}(见图 4-3)都处于 0.1(极性小分子化合物)~10(非极性或弱极性中等大小化合物)之间,γ_{io} 值超过 10 的化合物只有那些大的亲脂性化合物。高亲脂性化

合物($\gamma_{iw} \gg 10^3$)的 K_{iow} 值主要取决于其在水相中的活度系数。

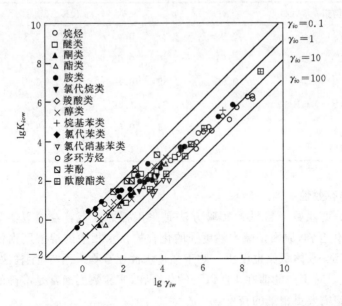

图 4-3　各种非极性、单极性和双极性化合物的正辛醇水分配系数与水相活度系数的
关系对数图

（注：对角斜线表示化合物在正辛醇中活度系数为 0.1、1、10 和 100 的位置）

由图可知，对于极性基团相同、非极性基团不同的化合物组，可以总结出以下方程

$$\lg K_{iow} = a\lg\gamma_{iw} + b$$

考虑到那些低溶解度化合物($\gamma_{iw} > 50$)的 γ_{iw} 近似等于 γ_{iw}^{sat}，将上式改写为

$$\lg K_{iow} = -a\lg C_{iw}^{sat}(L) + b'$$

这里 $b' = b - a \cdot \lg\overline{V}_w = b + 1.74a$(25 ℃)。注意此公式中，$C_{iw}^{sat}(L)$ 以 mol·L^{-1} 表示。

上述两个公式也称之为 LFER 公式，对于特定的化合物，相应的斜率和截距都可以测得。科学家已经对许多类型的化合物推导出了这样的相关方程（见表 4-2）。这些例子表明当线性自由能相关方程只包含一类特定化合物时，可得到较好的相关关系。

表 4-2　不同化合物的辛醇-水分配系数和水活度系数/液体水相溶解度(25 ℃)的 LFER 的斜率和截距

化合物组	a	b	b'	$\lg K_{iow}$ 范围	R^2	n
烷烃	0.85	−0.87	0.62	3.0~6.3	0.98	112
烷基苯	0.94	−1.04	0.60	2.1~5.5	0.99	15
多环芳烃	0.75	−0.13	1.17	3.3~6.3	0.98	11
氯苯	0.90	−0.95	0.62	2.9~5.8	0.99	10
多氯联苯	0.85	−0.70	0.78	4.0~8.0	0.92	14
多氯代二苯并二噁英	0.84	−0.79	0.67	4.3~8.0	0.98	13
酞酸酯	1.09	−2.16	−0.26	1.5~7.5	1.00	5

化合物组	a	b	b'	$\lg K_{iow}$ 范围	R^2	n
脂肪酸酯（RCOOR′）	0.99	−1.27	0.45	−0.3～2.8	0.98	15
脂肪醚（R—O—R′）	0.91	−0.90	0.68	0.9～3.2	0.96	4
脂肪酮（RCOR′）	0.90	−0.89	0.68	−0.2～3.1	0.99	10
脂肪胺（R—NH₂,R—NHR′）	0.88	+0.03	1.56	−0.4～2.8	0.96	12
脂肪醇（R—OH）	0.94	−0.76	0.88	−0.7～3.7	0.98	20
脂肪酸（R—COOH）	0.69	−0.10	1.10	−0.2～1.9	0.99	5

2. 实验数据的有效性

测定辛醇-水分配系数最常见的实验方法是采用摇瓶法或产生柱法。"摇瓶法"仅限于 K_{iow} 值小于 10^5 的化合物,原因是疏水性更强的化合物在水相中的溶解度太低难以准确测定,即使采用很小的辛醇-水体积比也没用。对于强疏水性化合物采用"产生柱法",产生柱即装有固体吸附剂的小柱。对 K_{iow} 的值在 10^6 以下的化合物,实验数据通常是准确的,对疏水性更强的化合物,准确测定需要更精细的技术。

3. 单参数线性自由能相关方程估算辛醇-水分配系数

目前有许多方法估算化合物的 K_{iow} 值。前面在评价 K_{iow} 与水溶解度相关或与其它有机溶剂-水分配系数相关的单参数线性自由能相关方程时已经讨论过一些方法及其局限性。

对于分配行为主要由溶质的疏水性决定的各类结构相似的非极性和弱极性化合物,可以得到给定化合物的 K_{iow} 和其固定相/移动相分配系数 K_{ism} 之间的良好的相关关系。由于在特定的色谱系统中溶质 i 的迁移时间或保留时间 t_i 直接与 K_{ism} 成比例,可得下面的方程

$$\lg K_{iow} = a \lg t_i + b$$

为了比较不同的色谱系统,使用相对保留时间,也称为容量因子 k'_i 更合适。

$$k'_i = \frac{t_i - t_{io}}{t_{io}}$$

这里 t_{io} 是非保留化合物在系统中的迁移时间。因此上式可以写成

$$\lg K_{iow} = a \lg \left(\frac{t_i - t_{io}}{t_{io}}\right) + b'$$

或 lg

$$K_{iow} = a \lg k'_i + b'$$

在上式中的系数 a,b 或 b' 必须用适当的参考化合物在每一个色谱系统中测定。

4. 原子/碎片贡献法估算辛醇-水分配系数

基团或碎片贡献法已被广泛应用在从给定化合物的分子结构出发预测 K_{iow} 值中。在前面已经指出,任何这类方法都存在一个普遍问题,就是难以定量同一分子中存在的基团之间的电子和立体相互作用的问题,所以,除了将与化合物含有的结构碎片有关的单个贡献相加以外,还存在许多校正因子用来表征分子内的相互作用。关于预测 K_{iow} 的碎片或基团贡献法使用最广泛的是 Rekker、Hansch 和 Leo 最早提出的。该方法主要采用不同类型的碳、氢和各种杂原子组成的单原子"基本"碎片加上一些多原子基本碎片,这些碎片的导出是通过一些有限数量的简单分子。所以,该方法也使用了许多校正因子,本书不对此方法详细介绍。

4.3.3　有机溶剂-水分配系数

1. 引言

此部分重点介绍中性有机物在与水不混溶的有机液体及水溶液间的分配平衡,讨论重点是低浓度有机物,其浓度不会对两相性质产生明显影响。对纯溶剂-水分配过程的了解也可用于解决有机物由复杂混合物向水中溶解的问题。在此,本书将从一些普遍热力学因素出发,用前面所学知识比较一系列模型化合物在不同极性的有机溶剂中的溶剂-水分配系数。

2. 热力学因素

(1)有机溶剂-水分配系数

如果用下标 l 表示有机相,那么以物质的量表示的有机溶剂-水分配系数表示为

$$K'_{ilW} = \frac{x_{il}}{x_{iW}} = \frac{\gamma_{iW}}{\gamma_{il}}$$

此结果可用于任何气体、液体或固体化合物的分配。化合物的 γ_{iW} 可以很大。相反,在大部分有机溶剂中,有机化合物活度系数都比较小,所以可以推测,有机溶剂-水分配系数的大小主要由 γ_{iW} 值决定。

更常见的有机溶剂-水分配系数表示方法是用有机物在两相的摩尔浓度比值表示

$$K_{ilW} = \frac{C_{il}}{C_{iW}} = \frac{\bar{V}_W}{\bar{V}_l} \frac{\gamma_{iW}}{\gamma_{il}}$$

这里 $\bar{V}_W$ 和 $\bar{V}_l$ 分别指水和有机溶剂的摩尔体积,在上式中必须使用完全饱和液相的摩尔体积,因为大部分有机溶剂在水中溶解度很有限,所以可以用纯水的摩尔体积近似替代,对于某些极性有机溶剂,需要对水在有机相中的存在进行校正。

假如两液相相互饱和对 γ_{iW} 和 γ_{il} 的影响可以忽略,就可将 K_{ilW} 与相应的空气-溶剂和空气-水分配系数相联系

$$K_{ilW} = \frac{K_{iaW}}{K_{ial}} \qquad K_{iaW} = \frac{C_{ia}}{C_{iW}} \qquad K_{ial} = \frac{C_{ia}}{C_{il}}$$

(2)温度和盐对有机溶剂-水分配系数的影响

任何分配系数在足够小的温度范围内假定其迁移焓不变,则有

$$\ln K_{ilW} = -(\Delta_{lW} H_i / R \cdot \frac{1}{T}) + \text{常数}$$

这里 $\Delta_{lW} H_i$ 是化合物 i 从水相到有机相的迁移焓,由化合物在两相间的剩余焓的差决定

$$\Delta_{lW} H_i = H_{il}^E - H_{iW}^E$$

化合物在有机相的剩余焓的大小取决于溶剂和溶质性质,对于大多数化合物,H_{iW}^E 的绝对值都很小,有机溶剂的 H_{iW}^E 值一般不超过 10 kJ·mol^{-1}。大部分情况均可假设有机溶剂-水分配过程对温度的依赖不明显。

也可以用类似方法推导在有机溶剂中加入食盐的影响。加入盐会使该溶剂在溶液中的活度系数增加,由于无极性介质与离子型物质不相容,所以不能期望盐在有机溶剂中有明显溶解,所以说,盐对有机物在有机溶剂中的活度影响很小。据上述推论可推算出盐对有机物在有机液体-水溶液间分配过程的影响完全取决于其对水溶液中活度的影响。

3. 不同的有机溶剂-水分配系统比较

（1）概述

由于某一种化合物的有机溶剂-水分配系数取决于其在两相中活度系数比，因此可用来比较不同化合物在不同溶剂-水体系分配的差异。首先弱极性和非极性化合物通常具有较大的 γ_{iw} 值，且在不同有机溶剂中的 $\lg K_{ilw}$ 值变化不大。相反，如果溶剂对单极性溶质具有附加的极性，则从水中向有机溶剂中的分配会稍有增加。

当考虑双偶极溶质时，可根据溶剂的 α_i 和 β_i 值的相对大小来判断，溶质-溶剂的相互作用可能会变得相当重要。例如，对苯胺来说三氯甲烷（$\alpha_i < \beta_i$）仍然是最好的溶剂，而对苯酚（$\alpha_i > \beta_i$）来讲，则乙醚更好。由于在己烷中没有极性相互作用，双偶极溶质从水中向这种非极性溶剂中的分配就较困难。

（2）不同溶剂-水系统中与分配系数有关的线性自由能相关方程

有时将溶质在一种有机溶剂-水系统的分配外推到其它系统时可用线性自由能方程

$$\lg K_{i1w} = a\lg K_{i2w} + b$$

这里溶质 i 在一种溶剂 1 和水之间的分配被与同一溶质在另一溶剂 2 和水之间的分配联系起来。注意线性自由能相关方程不能完全用于分子结构差异很大的化合物的溶剂-水系统的 K_{ilw} 值的预测，但是可成功用于许多特定的化合物组和/或不同组的有机溶剂系统。所有非极性和弱极性化合物都有很好的相关关系，因为在两种溶剂中的互相作用都以范德华作用为主。而极性较强的化合物对线性自由能相关方程表达式符合程度较差，这一点对偶极溶质较为明显。

4.3.4　有机酸碱常数和分配行为

1. 引言

一些重要环境有机物可以通过质子迁移反应形成带电荷的物种，这些物种与其电中性形态相比具有不同的性质和反应活性，故有必要了解有机物分子在某一特定环境体系中是否会形成荷电离子且其会反应到何种程度。人们知道，游离质子不稳定，只有在酸碱反应时才会发生质子迁移，酸（HA）是质子供体，碱（B）是质子受体。

$$HA \rightleftharpoons A^- + H^+$$

$$\frac{H^+ + B \rightleftharpoons BH^+}{HA + B \rightleftharpoons BH^+ + A^-}$$

式中：A^- 称为 HA 的共轭碱，BH^+ 称为 B 的共轭酸。上式表示的反应快速并可逆，因此需要将其作为平衡反应来处理并考虑反应中涉及物种的平衡态分布。

平衡常数 K_{ia}（也称酸解离常数）可由下式给出

$$K_{ia} = \frac{(\gamma'_{H^+}[H^+])(\gamma'_{A^-}[A^-])}{(\gamma'_{HA}[HA])} = e^{\Delta_r G^O / RT}$$

一般通过测定氢离子活度 $pH = -\lg(\gamma'_{H^+}[H^+])$ 的技术来确定一种有机酸的 K_{ia} 值，而 HA 和 A^- 测定为摩尔浓度。假如一种有机酸的 pK_{ia} 值非常低，就可以称之为有机强酸。强酸一般脱质子倾向都比较强，有机强酸主要包括三氟乙酸、2,4-二硝基苯甲酸和 2,4,6-三硝基苯酚等（见表 4-3）。在环境 pH 条件下，这些有机酸主要以解离态形式存在于天然水体中，非常弱的酸在天然水体中以未解离态形式存在。也存在一些重要有机酸的 pK_{ia} 值在 4～10

之间。此时,由于分子解离态的环境行为可能与未解离态不同,故了解它们的 pK_{ia} 值就显得非常必要。

表 4-3 有机酸示例

名称	酸 i(HA)结构	pK_{ia} (25 ℃)	pH 值＝7 时中性形态酸所占比例 α_{ia}
2-萘酚	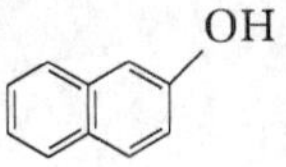 OH	9.51	0.997
苯酚	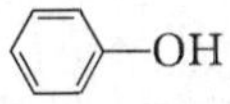 OH	9.90	0.998
2,4,6-三甲基苯酚	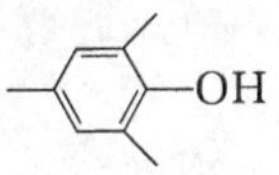 OH	10.90	＞0.999

其它（AH ⇌ A⁻ + H⁺）

名称	酸 i(HA)结构	pK_{ia} (25 ℃)	pH 值＝7 时中性形态酸所占比例 α_{ia}
1-萘磺酸	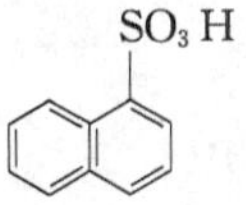 SO$_3$H	0.57	＜0.001
对甲苯磺酸	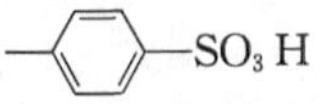 SO$_3$H	0.70	＜0.001
硫代乙酸	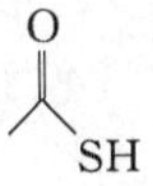 SH	3.33	＜0.001
苯硫酚	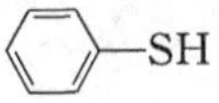 SH	6.50	0.240
乙硫酸	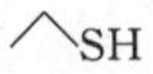 SH	10.61	＞0.999
烷基醇类	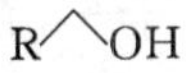 R OH	＞14	＞0.999

羧酸（R—COOH ⇌ R—COO⁻ + H⁺）

名称	酸 i(HA)结构	pK_{ia} (25 ℃)	pH 值＝7 时中性形态酸所占比例 α_{ia}
三氟乙酸（TFA）	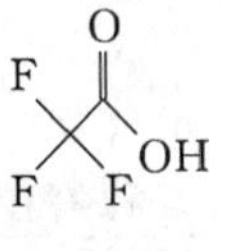 F₃C—COOH	0.40	＜0.001
2,6-二硝基苯甲酸	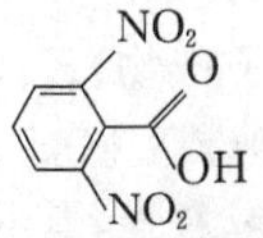 COOH (NO₂)₂	1.14	＜0.001

名称	酸 i(HA)结构	pK_{ia} (25 ℃)	pH 值＝7 时中性形态 酸所占比例 α_{ia}
4 -硝基苯甲酸	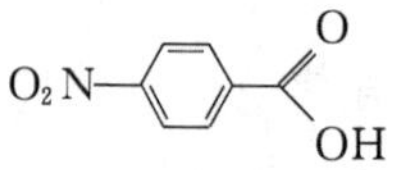	3.44	＜0.001
苯甲酸	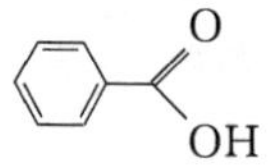	4.10	0.002
乙酸	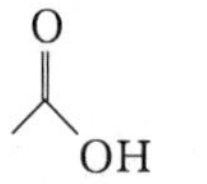	4.75	0.006
己酸	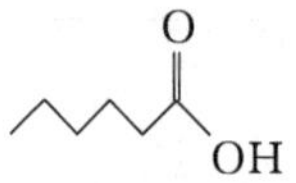	4.89	0.008
酚类（$Ar{-}OH \rightleftharpoons Ar{-}O^- + H^+$）			
2,4,6 -三硝基苯酚	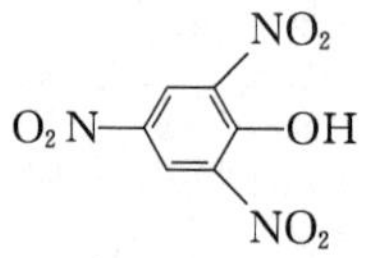	0.38	＜0.001
五氯酚	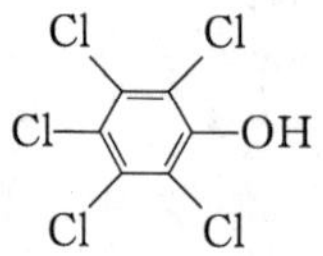	4.75	0.006
2 -硝基苯酚	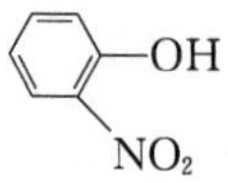	7.20	0.613

2. 有机碱

与酸类似,依据有机碱和水的反应来定义碱常数。

$$B + H_2O \rightleftharpoons OH^- + BH^+$$

$$K_{ib} = \frac{(\gamma'_{OH^-}[OH^-])(\gamma'_{BH^+}[BH^+])}{(\gamma'_B[B])}$$

此处,有机碱和水反应生成阳离子。为使用统一尺度比较酸碱,此处借助共轭酸（$i=$ BH^+）的酸度常数来衡量碱的强度。

$$BH^+ \rightleftharpoons H^+ + B$$

$$K_{ia} = \frac{(\gamma'_{H^+}[H^+])(\gamma'[B])}{(\gamma'_{BH^+}[BH^+])}$$

K_{ib} 和 K_{ia} 在量上和水的电离常数（水的离子产物）K_w（25 ℃,纯水）相关。

$$K_w = K_{ia} \cdot K_{ib} = (\gamma'_{H^+}[H^+])(\gamma'_{OH^-}[OH^-]) = 1.01 \times 10^{-14}$$

由上式知,酸愈强,其共轭碱的碱性愈弱;碱愈强,其共轭酸愈弱（pK_{ia} 大）。对于 $pK_{ib} < 3$ 的碱分子,在环境 pH 值条件下将主要以阳离子形式存在。表 4 - 4 给出了一些重要有机碱的例子。

表 4-4　重要有机碱示例

名称	碱 i(B)结构	pK_{ia} $(=pK_{BH^+})(25\ ℃)$	pH=7 时中性形态 所占比例($1-\alpha_{ia}$)
脂肪胺与芳香胺(Ar—或 $R—\overset{\mid}{\underset{\mid}{N^+}}—H \rightleftharpoons Ar$—或 $R—\overset{\mid}{\underset{\mid}{N^+}} + H^+$)			
4-硝基苯胺	 O_2N—⬡—$\overset{..}{N}H_2$	1.01	<0.999
1-萘胺	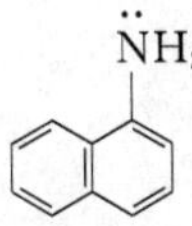	3.92	0.999
4-氯苯胺	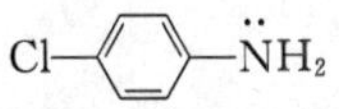 Cl—⬡—$\overset{..}{N}H_2$	3.99	0.999
苯胺	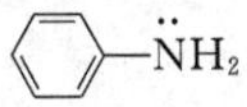 ⬡—$\overset{..}{N}H_2$	4.63	0.996
N,N-二甲基苯胺	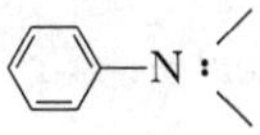 ⬡—$\overset{..}{N}$<	5.12	0.987
三甲胺	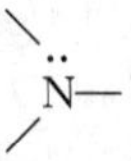 $\overset{..}{N}$	9.81	0.002
正己胺	 ～～$\overset{..}{N}H_2$	10.64	<0.001
氮杂环类($\overset{\mid}{\underset{\mid}{N^+}}—H \rightleftharpoons \overset{\mid}{\underset{\mid}{N}}: + H^+$)			
哌啶	 $\overset{..}{N}H$	11.12	<0.001
4-硝基吡啶	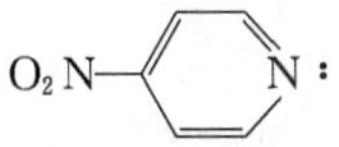 O_2N—⬡—$\overset{..}{N}:$	1.23	>0.999
4-氯吡啶	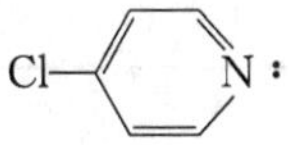 Cl—⬡—$\overset{..}{N}:$	3.83	>0.999
吡啶	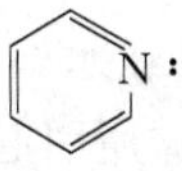 $\overset{..}{N}:$	5.25	0.983
异喹啉	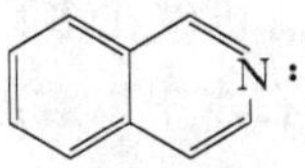 $\overset{..}{N}:$	5.40	0.975

名称	碱 i(B)结构	pK_{ia} ($=pK_{BH^+}$)(25 ℃)	$pH=7$ 时中性形态所占比例($1-\alpha_{ia}$)
苯并咪唑	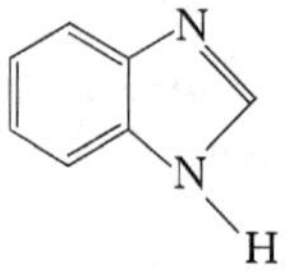	5.53	0.967
咪唑	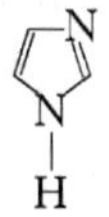	7.00	0.500
苯并三唑	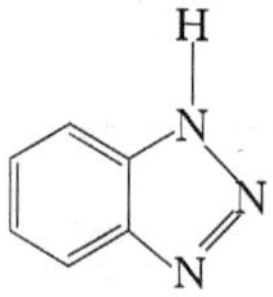	8.50	0.031

(1)温度对酸度常数的影响

在较小温度范围内温度对 K_{ia} 的影响可表示为

$$K_{ia}(T_2) = K_{ia}(T_1) \cdot e^{\Delta_r H^O/R(1/T_2 - 1/T_1)}$$

式中：$\Delta_r H^O$ 是标准反应熵。温度对强酸 pK_{ia} 值的影响可以忽略，而对非常弱的酸，温度影响明显。某些物质的 pK_{ia} 值和温度的关系如表 4－5 所示。

表 4－5 部分有机酸和 H_2O 在不同温度时的酸度常数(pK_{ia})

酸(i)(HA,BH$^+$)	pK_{ia}				
	0 ℃	10 ℃	20 ℃	30 ℃	40 ℃
4-硝基苯甲酸		3.45	3.44	3.44	3.45
乙酸	4.78	4.76	4.76	4.76	4.77
2-硝基苯酚	7.45	7.35	7.24	7.15	
咪唑	7.58	7.33	7.10	6.89	6.78
4-氨基嘧啶	9.87	9.55	9.25	8.98	8.72
哌啶	11.96	11.61	11.28	10.97	10.67
H_2O	14.94	14.53	14.16	13.84	13.54

(2)天然水体中的有机酸碱形态

天然水的 pH 值主要由各种无机酸碱决定,由于其在水体的浓度比拟研究的化合物浓度高,因此这些酸碱起缓冲剂的作用,加入很少量的酸或碱所引起的 pH 变化比在非缓冲溶液中小得多。因此假定天然水体中加入"痕量"有机酸或有机碱在多数情况下不会改变水体 pH。

某个 pH 值时,有机酸(记作 HA,对 BH$^+$ 亦然)在水中以酸形式存在的分数 α_{ia} 为

$$\alpha_{ia} = \frac{[HA]}{[HA]+[A^-]} = \frac{1}{1+\dfrac{[A^-]}{[HA]}} = \frac{1}{1+10^{(pH-pK_{ia})}}$$

3. 有机酸碱的水溶性和分配行为

(1) 水溶性

有机酸碱离子态(盐)的水溶解度往往比其电中性形态的溶解度高出数个数量级。所以,化合物在饱和时的总浓度 $C_{iw,tot}$ 与 pH 值密切相关。如图 4-4 中低 pH 值时有机酸的情形所示,由电中性化合物的溶解度可知其饱和度,在 pH 较高时,可由电中性形态所占分数 α_{ia} 确定 C_{iw}^{sat}。对于有机酸

$$C_{iw,tot}^{sat} = \frac{C_{iw}^{sat}}{\alpha_{ia}}$$

上式适用于有机物离子化后形成的盐的溶度积(与配对离子有关)以下的范围。对于有机碱,在低 pH 时电离形态占主要地位,如图 4-4 所示,$C_{iw,tot}^{sat}$ 可由下式给出

$$C_{iw,tot}^{sat} = \frac{C_{iw}^{sat}}{1-\alpha_{ia}}$$

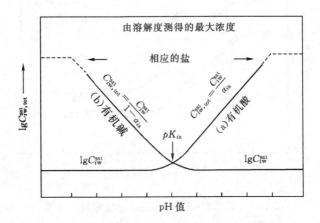

图 4-4　有机酸碱的总水溶解度与 pH 值的关系

(注:为简化起见,假定电中性与带电荷物种(盐)具有相同的 pK_{ia} 值和最大溶解度)

(2) 气-水分配行为

一般假设气相中不存在离子化物质,并且在这种情况下讨论有机酸碱的气-水平衡分配,某一有机酸碱的气-水分配比率可由下式给出

$$D_{iaw} = \frac{[HA]_a}{[HA]_w + [A^-]_w}$$

将上式乘以 $[HA]_w/[HA]_w$ 并加以调整得

$$D_{iaw} = \frac{[HA]_w}{[HA]_w + [A^-]_w} \cdot \frac{[HA]_a}{[HA]_w} = \alpha_{ia} \cdot K_{iaw}$$

对于有机碱:$D_{iaw} = (1-\alpha_{ia}) \cdot K_{iaw}$

(3) 有机溶剂-水分配行为

有机酸碱的有机溶剂-水分配行为要比其在气-水分配行为稍复杂一些。如图 4-5 所示,图中表明 4 种农药的 pH 值与正辛醇-水分配比率 D_{iaw} 的关系。

$$D_{iow} = \frac{[HA]_{o,tot}}{[HA]_w + [A^-]_w}$$

式中：$[HA]_{o,tot}$ 是 HA 在辛醇中的总浓度。在辛醇中不仅仅存在非解离态酸，还存在离子态有机物及离子对，即使 pH 较高时，有机酸的 D_{iow} 仍然可能较高，特别是对于憎水性的酸。

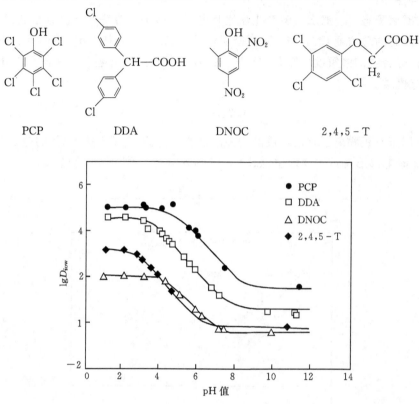

图 4-5　正辛醇-水分配系数与 pH 值的关系图
（注：PCP，$pK_{ia} = 4.75$；DDA，$pK_{ia} = 3.66$；DNOC，$pK_{ia} = 4.46$；2,4,5-T，$pK_{ia} = 2.83$）

对正辛醇作为有机溶剂的情形，有机酸的电中性形态的分配常数比离子态高两个数量级。对于极性更弱的溶剂，差别会更大。所以，对于碱在 $pH > pK_{ia} - 2$ 时以及酸在 $pH < pK_{ia} + 2$ 时，电中性形态是决定该化合物有机溶剂-水分配比 D_{iow} 的主导物种。在此 pH 范围内有

$$D_{iow} \approx \alpha_{ia} \cdot K_{iow}$$
$$D_{iow} \approx (1 - \alpha_{ia}) \cdot K_{iow}$$

4.4　环境有机化合物的迁移

4.4.1　随机运动迁移

在自然系统中，人们将迁移分为两种，一种是由定向运动引起的，即平流；一种是由随机运动引起的，即扩散。随机运动普遍存在，在分子水平上，原子和分子的热运动都是随机的。

1. 平面边界上的扩散

在此来讨论特殊边界条件下 Fick 第二定律的另两个解，第一个是从具有固定边界浓度

C_0 的表面向半无限空间的扩散过程;第二个是浓度突跃的消失("腐蚀")。现在来考虑一种有机物穿过两个环境系统 A 和 B 边界进行扩散的情况,设 $t=0$ 时,系统 A 的表面突然与一个(非常大的)系统 B 并置,如图 4-6(a)所示,引入介质边界的特定化合物在系统 B 中充分混合使浓度保持恒定的 C_B^0,这一浓度与 A 的初始浓度 C_A^0 是不同的。在系统 A 中,迁移只通过扩散进行。为了计算系统 A 中随时间变化的浓度 $C_A(x,t)$,因为起决定作用的微分方程是线性的,所以通过调节浓度使 A 初始浓度为 0,就可以注意两个系统中浓度差值,如图 4-6(b)所示。

$$C_B^* = C_B^0 - C_A^0 = 常数$$

$$若 x \leqslant 0, C_A^*(x,t) = C_A(x,t) - C_A^0; C_A^*(x>0,t=0) = 0$$

注:C_B^* 不一定是一个正数,如果初始条件下 $C_A^0 > C_B^0$,则 C_B^* 是一个负值。

当时间从 t_1 变化到 t_3 时,如图 4-6(c)所示,为测定渗透压,当移动距离位于 C_A^* 等于 $C_B^*/2$ 时,称这一点为 $x_{1/2}(t)$。具有上述边界条件的解为

$$C_A^*(x,t) = C_B^* \cdot \mathrm{erfc}[x/2(Dt)^{1/2}]$$

式中,$\mathrm{erfc}(y)$ 是如下的辅助误差函数: $\mathrm{erfc}(y) = \dfrac{2}{\sqrt{\pi}} \displaystyle\int_y^\infty e^{-z^2} dz$,$\mathrm{erfc}(y)$ 从 $\mathrm{erfc}(-\infty)=2$ 到 $\mathrm{erfc}(0)=1$ 之间逐渐递减,其中 $\mathrm{erfc}(-\infty)=0$。

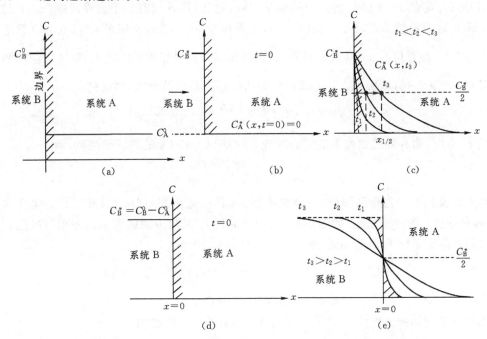

图 4-6　某种有机化合物在区域 A 和 B 之间浓度跳跃处的扩散

(注:图(a)、(b)、(c)的 B 中浓度保持恒定为 C_B^0;(d)、(e)在两个介质中(A 和 B),迁移由扩散控制。通过重新定义 A 和 B 中的浓度,$C_A^* = C_A - C_A^0$,$C_B^* = C_B - C_A^0$。所有情况都可以简化为 $C_A^0 = 0$ 的特殊情况)

为计算时间 t 内整个质量通量,必须对 $C_A^* = C_A - C_A^0$ 从 $x=0$ 到 ∞ 进行积分。因此根据前式得到

$$M^*(t) = \int_0^\infty C_A^*(x,t)dx = (C_B^0 - C_A^0) \int_0^\infty \mathrm{erfc}\left[\frac{x}{2(Dt)^{1/2}}\right]dx$$

用替代变量 $\xi = \dfrac{x}{2(Dt)^{1/2}}$，积分变为

$$M^*(t) = 2(Dt)^{1/2}(C_B^0 - C_A^0)\int_0^\infty \mathrm{erfc}(\xi)\mathrm{d}\xi = 2\pi^{-1/2}(Dt)^{1/2}(C_B^0 - C_A^0)$$

$$= 1.13(Dt)^{1/2}(C_B^0 - C_A^0)$$

可见质量通量的积分随初始浓度的差值 $(C_B^0 - C_A^0)$ 和 $(Dt)^{1/2}$ 线性增加。

2. 平面边界上的对称扩散

如果系统 A、B 仍在平面边界 $x=0$ 处接触，整个过程边界两边浓度都变化，人们需处理一个初始浓度两边跨接扩散消耗过程，如图 4-6(d) 所示，假设 $K_{A/B}=1$，定义 A 初始浓度为 0，则

$$C_B^* = C_B - C_A^0 \text{ 且 } C_B^*(x,t=0) = C_B^0 - C_A^0$$

$$C_A^* = C_A - C_A^0 \text{ 且 } C_A^*(x,t=0) = 0$$

假定在系统 A 和 B 中的扩散系数是相同的，则 Fick 第二定律的解为

$$C^*(x,t) = \frac{C_B^0 - C_A^0}{2}\mathrm{erfc}\left[\frac{x}{2(Dt)^{1/2}}\right]$$

辅助误差函数 $\mathrm{erfc}(y)$ 与前式中的变量相同，此处，将方程解用于边界两侧：$x>0$ 时为系统 A，$x<0$ 时为系统 B。因为 $\mathrm{erfc}(0)=1$，边界位于 $x=0$ 处，所以此处 $C^*(0,t)$ 总是等于 $\frac{1}{2}(C_B^0 - C_A^0)$。注意解在 $x=0$ 处是对称的，表明在离开边界相等的距离上，浓度的增加和消耗是相等的，如图 4-6(e) 所示。将上式转化为初始浓度条件的形式，则得到

$$C(x,t) = C_A^0 + \frac{C_B^0 - C_A^0}{2}\mathrm{erfc}\left[\frac{x}{2(Dt)^{1/2}}\right]$$

若 $t>0$ 时，边界处的浓度不随时间改变，并等于 C_A^0 和 C_B^0 的算术平均数，即

$$C(0,t) = \frac{C_B^0 - C_A^0}{2}$$

现在定义边界一侧得到渗透，一侧失去渗透，且渗透速率与 $(Dt)^{1/2}$ 成正比。化合物在时间 t_1 内穿过边界的质量通量，如图 4-6(e) 中由时间 t_1 时两边阴影所示的面积所决定。系统 B 失去的对应于系统 A 所得到的，系统交换的质量如下

$$M_{ex}^*(t) = \int_0^x C^*(x,t)\mathrm{d}t = \pi^{-1/2}(Dt)^{1/2}(C_B^0 - C_A^0)$$

$$= 0.564(Dt)^{1/2}(C_B^0 - C_A^0)$$

总的质量通量随初始浓度的差值 $(C_B^0 - C_A^0)$、$t^{1/2}$ 和 $D^{1/2}$ 呈线性增加。

3. 分子水平的随机运动：分子扩散系数

(1)理想气体的扩散率和分子理论

分子扩散主要是某种原子或分子相对于一些参照分子的运动。可以有多种方式选择参照系，参照系选择的不同就会导致扩散和平流的划分不同，得到不同的扩散系数。质量扩散与体积扩散不同，其扩散系数也不同；还有另外一种复杂的情况，分子扩散率取决于扩散的化合物（用下标 i 表示）和参照系；最后化合物的扩散也可能受到其它溶剂或另一个扩散组分的影响。后一效应是溶质-溶剂相互作用的结果，这在当溶质和溶剂形成络合物以共同的方式扩散时非常重要。下面将讨论有机物在水和空气中的分子扩散率。

(2)空气中的扩散率

一个分子 i 的扩散率 D_i 能表示为它的平均自由程 λ_i 和平均三维速率 u_i 乘积的 1/3。而平均三维速率

$$u_i = \left(\frac{8RT}{\pi M_i}\right)^{1/2}$$

式中:R 为气体常数,$8.31 \times 10^7 \mathrm{g \cdot cm^2 \cdot K^{-1} \cdot s^{-2} \cdot mol}$;$T$ 为绝对温度,K;M_i 为化合物的摩尔质量,$\mathrm{g \cdot mol^{-1}}$。

空气中,分子的平均自由程 λ_i 可以由分子大小计算得到。当痕量气体 i 的中心与空气分子的中心的距离小于临界距离 r_{crit} 时(参见图 4-7),痕量气体被撞击了。如果分子为球形,分子半径可由化学手册中所列的碰撞横截面积 A 估算

$$r_i = (A_i/\pi)^{1/2}$$

并且,r_i 可由分子的摩尔体积 $\overline{V}_i$ 估算。如果假设分子是具有半径 r_i 的球,则

$$r_i = \left(\frac{3\overline{V}_i}{4\pi N_A}\right)^{1/3}$$

式中:N_A 为 Avogadro 常数,其值为 $6.02 \times 10^{23} \mathrm{mol^{-1}}$。

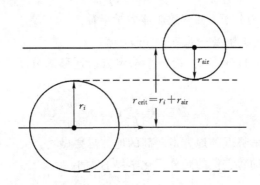

图 4-7 计算空气中痕量分子的平均自由程示意图

如果痕量气体的移动距离为 λ_i,则它穿过的柱形空间的体积 $V^* = \pi r_{crit}^2 \lambda_i$。在总压力 p 和温度 T 下,一个空气分子所占的体积为

$$V_i = \frac{RT}{N_A p} = \frac{\kappa T}{p}$$

式中:$\kappa = R/N_A$ 是波尔兹曼(Boltzman)常数。

当 $V^* = V_i = \pi r_{crit}^2 \lambda_i$ 时,空气分子与痕量气体会发生碰撞,从而得到 λ_i。但是所有分子都同时运动,故最终结果为

$$V_i = \frac{RT}{N_A p} \cdot \frac{1}{\sqrt{2}\pi r_{crit}^2} = \frac{\kappa T}{p} \cdot \frac{1}{\sqrt{2}\pi r_{crit}^2}$$

结合前式可得到有机分子扩散率的公式

$$D_{ia} = \frac{2}{3}\left(\frac{RT}{\pi M_i}\right)\frac{RT}{N_A p} \cdot \frac{1}{\pi r_{crit}^2} = \frac{2}{3N_A}\left(\frac{R}{\pi}\right)^{3/2} \cdot \frac{T^{3/2}(1/M_i)}{p r_{crit}^2}$$

从上式容易得知较大化合物这一扩散过程会更加缓慢,原因在于它们的平均热运动速率 u_i 减小了,而且较大的横截面降低了其平均自由程 λ_i。空气中分子的扩散率通常在 $0.1 \mathrm{~cm^2 \cdot s^{-1}}$

数量级上。对于小分子扩散率约为 $0.3\ \text{cm}^2 \cdot \text{s}^{-1}$，对于摩尔质量 M_i 接近 $100\ \text{g} \cdot \text{mol}^{-1}$ 的有机分子来说，其扩散率有明显下降，约为 $0.07\ \text{cm}^2 \cdot \text{s}^{-1}$。

根据分子的扩散速率与分子速率与分子质量的平方根成反比可以得到另一种求解扩散率的方法，也就是已知一个化合物扩散率求解另一个具有相似结构化合物的近似值，可以利用这一容易得到的参数来调整一个参照化合物的已知扩散率。根据下式求解扩散率。

$$\frac{D_{ia}}{D_{refa}} \approx \left(\frac{M_i}{M_{ref}}\right)^{-1/2}$$

（3）水中的扩散率

扩散物的大小能影响有机溶质在水中的扩散率 D_{iw}，如图 4-8 所示，可以用摩尔体积或摩尔质量表示 D_{iw}，水的扩散率比空气的约小 10^4 倍。由前面所学的知道，可以认为 D_{ia} 与 D_{iw} 之间的大部分差异主要是由水和空气的密度比（约 10^3）引起的，它使水中平均自由程小许多。与液体相比，显然随机运动模型更适合气体，布朗运动因液体的密度大而受到限制，在水中，分子主要以作用于其上的连续变化的力进行运动。

对于那些比通常液体分子大的球状颗粒，摩擦系数为

$$f^* = 6\pi\eta r_i$$

式中：η 为动力学黏度；r_i 为分子 i 的有效流体力学半径。

因此作用于分子上的力为：$\Psi = f^* u_i^* = 6\pi\eta r_i u_i^*$

单位面积单位时间内，以速率 u_i^* 沿一个给定方向迁移的分子 i 的通量 F_i 是 u_i^* 与浓度 C_i 的乘积，即

$$F_i = u_i^* C_i = \frac{\Psi}{f^*} C_i = \frac{\Psi}{6\pi\eta r_i} C_i$$

人们知道，分子从化学势低的地方走向高的地方需要做功，相反，如果分子沿 μ_i 的斜率向化学势低的方向运动，驱动着它们的是分子化学势的大小

$$\Psi = -\frac{1}{N_A} \cdot \frac{d\mu_i}{dx}$$

实际上，Ψ 是一个参数，而非一个真正推动分子的力。它是分子对驱动其产生最大熵的本能运动，据前面知识得到

$$\Psi = -\frac{1}{N_A} \cdot \frac{d}{dx}(\mu_i^{o'} + RT\ln a_i) = -\frac{\kappa T}{a_i} \cdot \frac{da_i}{dx}$$

式中：κ 为 Boltzmann 常数；$\mu_i^{o'}$ 为纯液体的化学势；a_i 为化合物在液相中的活度。

对于低浓度，a_i 和 C_i 是相等的。于是

$$\Psi = \frac{\kappa T}{C_i} \cdot \frac{dC_i}{dx} \quad (\text{若 } a_i \approx C_i)$$

联立以上式子得到

$$F_i = -\frac{\kappa T}{f^*} \cdot \frac{dC_i}{dx} = -\frac{\kappa T}{6\pi\eta r_i} \cdot \frac{dC_i}{dx}$$

将这一结果与 Fick 第一定律比较，可以得到液相溶液中的扩散率与溶液黏度 η 之间的 Stokes-Einstein 关系

$$D_{iw} = \frac{\kappa T}{6\pi\eta r_i}$$

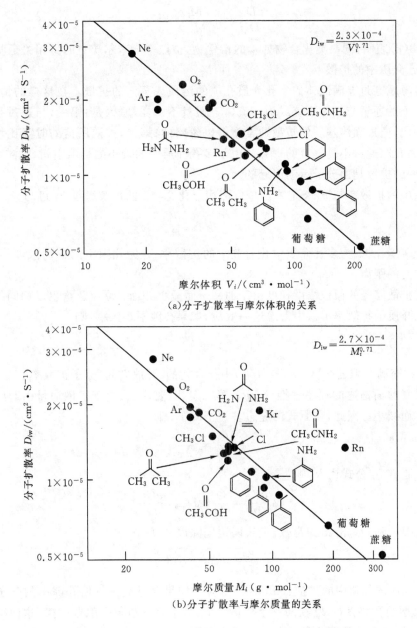

图 4-8　25 ℃时水中不同分子的分子扩散率 D_{iw} 与摩尔体积和摩尔质量的关系
（注：摩尔体积 $\overline{V}_i$ 由摩尔质量 M_i 与液体密度 ρ_{iL} 之比计算得到；图采用双对数坐标绘制）

式中：κ 为 Boltzmann 常数，$\kappa = 1.381 \times 10^{-23}$ kg·m^2·s^{-2}·K^{-1}；η 为动力学黏度，kg·m^{-1}·s^{-1}；r_i 为分子半径，m。

液相扩散率也可以由相关化合物的值进行估算

$$\frac{D_{iw}}{D_{refw}} = \left(\frac{\overline{V}_i}{V_{ref}}\right)^{-0.589}$$

这一结果与图 4-8(a)中发现的相似。此外，摩尔质量也被广泛用于分子扩散率的估算，为简单起见，常用下面的平方根函数表示

$$\frac{D_{iw}}{D_{refw}} = (\frac{M_i}{M_{ref}})^{-1/2}$$

图 4-8(b)表明,同一类化合物如苯的衍生物,扩散率与摩尔质量的负相关是明显的。

(4)多孔介质中的扩散

本部分考虑穿过充满流体的多孔介质孔隙的溶质或蒸汽的扩散。在这样的情况下,单位容积截面积上的通量与气体系统或均一流体下通量不一样,原因是:第一,与通过孔隙中的流体的扩散相比,通过固体基质的扩散通常是可以忽略的;第二,扩散所需的时间比均质介质中的要长,因为孔隙通常不是笔直的;第三,由于多孔介质中的较小的孔隙空间,黏滞力通常抑制湍流,孔隙中的扩散是由分子运动引起的。

①孔隙中的扩散率与 Fick 定律。单位面积上化合物 i 的扩散通量 F_i 可写成

$$F_i = -\phi D_{ipm} \frac{\partial C_i}{\partial x}$$

式中:ϕ 为孔隙率;D_{ipm} 为多孔介质中化合物 i 的扩散率;C 为孔隙空间中的浓度;x 为被测定的值所沿方向的距离。

沿真实扩散路径的原位浓度梯度由于曲率 τ 而减小,因此,原位通量也以相同的因子而减小。在多孔介质的扩散率 D_{ipm} 中考虑这一效应,如果孔隙不是太窄,则

$$D_{ipm} = \frac{D_i}{\tau}$$

式中:D_i 为在充满孔隙的介质(水、空气等)中化合物的"开放空间"分子扩散率。

倘若重复前面描述的程序去推导 Fick 第二定律,要注意:由于扩散通量引起的浓度变化因孔隙率 ϕ 而减小。因此,在原式的左边多一个因子,即

$$\phi \frac{\partial C_i}{\partial t} = \frac{\partial F_i}{\partial x}$$

将上面扩散通量 F_i 公式代入,则

$$\phi \frac{\partial C_i}{\partial t} = \frac{\partial}{\partial x}(\phi D_{ipm}) \frac{\partial C_i}{\partial x}$$

如果式中 ϕ 和 D_{ipm} 沿 x 为常数,上式两边同除以 ϕ,则

$$\frac{\partial C_i}{\partial t} = D_{ipm} \frac{\partial^2 C_i}{\partial x^2}$$

②充满气体的孔隙中的扩散:Knudsen 效应。如果穿过充满气体孔隙中的分子的平均自由程 λ_i 与典型的孔隙直径 d_p 在同一个数量级上,分子会不断与孔隙壁碰撞,这使得其有效自由能减小,此效应由无量纲的 Knudsen 数 Kn 表示

$$Kn = \frac{\lambda_i}{d_p}$$

如果 Kn 为 1 或更大,则有

$$D_{ipore} = \frac{1}{3} d_p u_i = \frac{1}{3} d_p \left(\frac{8RT}{\pi M_i}\right)^{1/2}$$

式中:u_i 为三维分子平均速率。

如果 R 以适当的单位($R = 8.315 \times 10^7$ g·cm²·s⁻²·mol⁻¹·K⁻¹)代入,则

$$D_{ipore} = 4.80 \times 10^3 d_p \left(\frac{T}{M_i}\right)^{1/2}$$

上式只有当 d_p 的单位是 cm，T 的单位是 Kelvin，以及 M_i 的单位是 g·mol^{-1} 时，方程才是有效的。

③充满液体的孔隙中的扩散：Renkin 效应。在液体中，10^{-10} m 为典型的平均自由程数量级，所以 Knudsen 效应不再重要，但是，扩散受到孔隙壁引起的黏滞效应影响。实际上，在充满液体的孔隙中的孔隙扩散率与自由液体中的扩散率之比（D_{ipore}/D_{ifree}）是一个无量纲参数 q_{iR} 的函数。

$$q_{iR} = \frac{d_i}{d_p}$$

式中：d_i 为溶质的分子直径；d_p 为孔隙直径。

一些理论或经验方程可表示为

$$\frac{D_{ipore}}{D_{ifree}} = f(q_{iR})$$

对这些方程都有

若 $q_{iR} < 0.001$，则 $f(q_{iR}) \sim 1$；

若 $q_{iR} = 0.1$，则 $f(q_{iR}) \sim 0.6$；

若 $q_{iR} \rightarrow 1$，则 $f(q_{iR}) \sim 0$。

这表明，Renkin 效应开始起作用是当 d_p 小于约 $1000 d_i$ 时，并且当 d_p 接近 d_i 时，完全抑制了扩散。扩散分子的典型大小为 $10^{-8} \sim 10^{-7}$ cm。

④土壤非饱和带中的扩散。土壤非饱和带中，部分充满空气，部分充满水。Currie 为非饱和土壤中的一类挥发性分子的扩散率提出下式

$$D_{iuz} = \frac{\theta_g^4}{\phi^{5/2}} D_{ia} = \frac{D_{ia}}{\tau_{uz}}$$

式中：D_{iuz} 为非饱和带中的扩散率；θ_g 为土壤气体的体积含量，即充满空气的体积与土壤总体积的比；ϕ 为总的空气和水的孔隙率；D_{ia} 为空气中的扩散率；τ_{uz} 为非饱和带的曲率，$\tau_{uz} = \phi^{5/2}/\theta_g^4$。

当 θ_g 降低到 0.1 以下时，它们都有一个共同点，即 D_{iuz} 实际上为零。

⑤吸附性化合物在多孔介质中的扩散：有效扩散率。前面所说的均是默认扩散化合物不与多孔介质的固体基质发生反应，但是，固-流体的比例在多孔介质中要比开放水体中的这一比例大好几个数量级。所以，土壤基质表面对化合物的吸附变得比较重要，其实那些吸附性较强的化合物只有很微小一部分依旧留在流体中，因为它们在固体中扩散小故而常被忽略，只有流体相中的化合物才通过扩散迁移。所以化合物的有效扩散率 D_{ieff}，比非吸附化合物的扩散率要小数个数量级。不直接参与扩散的化合物的比例会随着化合物对吸附基的亲和力而上升。这样看来有效扩散率必然与每单位液体体积的表面位点上的浓度以及化合物的固-流体分布系数成反比。

D_{ieff} 由下式给出

$$D_{ieff} = f_{it} D_{ipm}$$

化合物 i 的液相相对分数 f_{it} 定义为

$$f_{it} = \frac{1}{1 + r_{sf} K_{is/f}}$$

式中：r_{sf} 为固-流体比例；$K_{is/f}$ 为化合物 i 的固-流体平衡分布。渗透时间就是指一种污染物穿

过给定厚度的多孔介质所需的时间。一旦液相和吸附浓度达到平衡,通量只由 D_{ipm} 控制。

(5)环境中其它随机迁移过程

扩散是一个描述迁移的强大模型,其应用范围可跨越 20 个数量级。固体中分子迁移是一个非常缓慢的过程,虽然过程缓慢,但在地质年代时间尺度上效果还是很明显的,固体中的扩散特点是:完全各向异性。

湍流迁移是建立在空气和水流不规则的模式上,而不是基于热力学分子运动。

①湍流扩散。Reynold 数 Re 是一无量纲的定量,表达惯性力和黏滞力的比例,其表示为

$$Re = \frac{dv}{\eta_f / \rho_f}$$

式中:d 为流动系统或围绕其发生流动的物体的空间维数,m;v 为典型的流速,m·s^{-1};η_f 为流体的动力学黏度,kg·m^{-1}·s^{-1};ρ_f 为流体的密度,kg·m^{-3}。

Re 小于临界值 0.1,认为是层流,在一个开放系统(湖泊、海洋等)不存在层流。

湍流是叠加于大规模流场上的,由此可知横向湍流和纵向湍流的随机速率,可以用与 Fick 第一定律相同形式的表达式描述作用于溶解物质迁移的湍流速率的效应。例如,沿 x 轴的迁移 F_x 为

$$F_x = - E_x \frac{dC}{dx}$$

式中分子扩散系数由逆流扩散或湍流扩散系数代替。对于其它组成也是相似的。从上式中可以认为 E_x 为典型速率(湍流速率 v_{turb})和典型平均自由程(λ_{turb})的乘积。分子扩散系数远远小于湍流扩散系数。

自然系统中,湍流扩散一般是各向异性,以下两个原因可解释此现象:第一,自然系统垂直方向上的延伸比水平方向上小很多。第二,通常大气圈或海洋或湖泊中的水体具有密度分层性,这使得旋涡在纵向上更进一步压缩。

②扩散的长度范围。因为湍流扩散系数 E_x 是与尺度相关的,所以用梯度流模型描述湍流扩散具有局限性。环境中湍流扩散的典型范围总结于表 4-6 中。

表 4-6 环境中典型的分子扩散系数和湍流扩散系数

系统	扩散系数/(cm^{-2}·s^{-1})	系统	扩散系数/(cm^{-2}·s^{-1})
分子		垂直,均温层	$10^{-3} \sim 10^{-1}$
水中	$10^{-6} \sim 10^{-5}$	水平	$10 \sim 10^7$
空气中	10^{-1}	**大气中的湍流**	
海洋中的湍流		垂直	$10^{-5} \sim 10^4$
垂直,混合层	$0.1 \sim 10^4$	**河流中的混合**	
垂直,均温层	$1 \sim 10$	垂直的湍流	$1 \sim 10$
水平	$10^2 \sim 10^8$	水平的湍流	$10 \sim 10^3$
湖泊中的湍流		水平的弥散	$10^{-5} \sim 10^6$
垂直,混合层	$0.1 \sim 10^4$		

图 4-9 给出了由 Einstein-Smoluchowski 定律计算出的扩散的长度和时间尺度的关系,

扩散系数的范围介于 $10^{-10} \sim 10^8$ cm$^2 \cdot$ s^{-1} 之间。

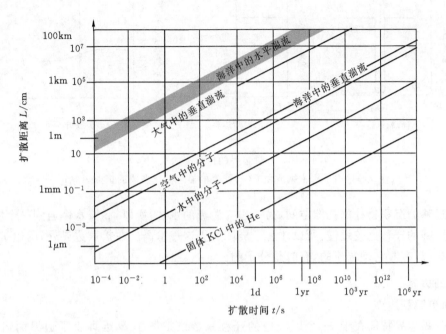

图 4 - 9　由 Einstein – Smoluchowski 定律计算得到的扩散距离和扩散时间

(注:计算中使用了下列扩散系数 D 数值,25 ℃时固体 KCl 中的 He,10^{-10} cm$^{-2} \cdot$ S^{-1};水中的分子,
10^{-5} cm$^{-2} \cdot$ S^{-1};空气中的分子,10^{-1} cm$^{-2} \cdot$ S^{-1};海洋中的垂直湍流,10^{0} cm$^{-2} \cdot$ S^{-1};大气层中的垂直
湍流,10^{5} cm$^{-2} \cdot$ S^{-1};海洋中的水平湍流,$10^{6} \sim 10^{8}$ cm$^{-2} \cdot$ S^{-1})

③弥散。随机迁移的另一种形式。弥散一般存在于单相场中,原因在于相邻流线速率
不同。

4.4.2　跨界迁移

1. 环境中边界的作用

环境中许多重要过程都发生在边界处,界面边界的主要特征是某些参数的不连续性等。
在环境中常涉及一些模糊边界,如湖泊温变层、跃温层与均温层之间的边界。这些边界并非严
格意义上的边界。另一个例子是平流层和对流层之间的边界,或者海峡相连的相邻水体之间
的边界,一般会表现出梯度特征。

边界由化学和物理过程体现,对于界面边界,人们用平衡概念描述化学过程就可以,有时
准瞬时化学变化与迁移过程是结合在一起的,其它边界过程需要动力学描述且反应较慢。

迁移都是由随机运动调控的,下面讨论主要集中于扩散模型,基于穿过边界的归一化的扩
散率曲线的形状,边界物理过程分类为:瓶颈边界、屏障边界、扩散边界。如图 4 - 10 所示。

依据分子扩散率和湍流扩散率大小的差异,人们将所有边界划分为三种类型。作为一个
普适原则,湍流迁移不可能穿越界面边界,物体在通过以分子扩散为迁移形式的区域的界面边
界时受到挤压。若这一区域可以分开两个湍流系统,那么它就起到了控制整体湍流的瓶颈作
用,即瓶颈边界。通常,在水体底部是另外一种情况,沉积物-水的界面特征是:一边为只存在

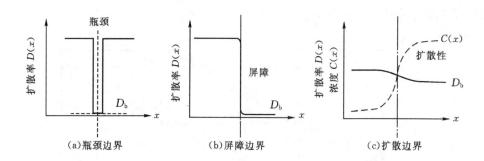

图 4-10　三种边界的扩散率曲线 $D(x)$

(注:(c)是由于水中组成由 $C(x)$ 代表的显著变化造成的扩散边界)

分子扩散迁移的沉积物柱的孔隙空间,另一边为湍流的水柱,所以,湍流水体遇到一个屏障,而进入这一屏障的迁移比较缓慢,所以才有了屏障边界这一术语。在扩散边界处,两边扩散的数量级基本相似,有时它是湍流的,有时是分子的。

2. 瓶颈边界

(1)简单瓶颈边界

简单瓶颈边界特征在于,一个区域内的迁移系数或扩散率 D 远远小于边界两边主体部分。如图 4-10(a)所示,真实系统中,从 D 到瓶颈值 D_b 的下降要比图中所示的平缓得多。现在来推导描述通过简单瓶颈边界所需的数学工具。首先,对于一些处于稳定状态的保守物质,沿边界坐标 x 指向边界的通量 $F(x)$ 必须是常数,根据 Fick 第一定律这一通量为

$$F(x) = -D(x)\frac{dC}{dx} = 常数$$

式中:$D(x)$ 表明扩散率与 x 相关。换言之,浓度梯度 dC/dx 反比于 $D(x)$。在图 4-11 中,假设 A 和 B 区域中的浓度梯度与瓶颈中的浓度梯度相比是可以忽略不计的,这样一来,通过瓶颈的通量可以计算出来,若瓶颈区域中的 D_b 是常数,就可以根据上式知瓶颈中的浓度梯度也是常数,且

$$\left(\frac{dC}{dx}\right)_{瓶颈} = \frac{C_B - C_A}{\delta}$$

式中:δ 是瓶颈的厚度。结合上面两个式子,得到

$$F(x) = -\frac{D_b}{\delta}(C_B - C_A) = -v_b(C_B - C_A)$$

$$v_b = \frac{D_b}{\delta}$$

式中:v_b 被称为(边界)交换或迁移速率,具有速率的量纲。在图 4-11 所示的例子中,C_B 较 C_A 小,故 $F(x)$ 是正的通量。

可以从上式得出以下结论:在同一边界处,两种不同物质瓶颈处扩散率的比例等于其交换速率的比例,原因在于两物质遇到相同厚度 δ 的边界。

(2)简单的非界面瓶颈边界

在非界面瓶颈边界中,通过引入体积通量 Q_{ex} 来描述水和溶质在相邻室中的交换,如图 4-12 所示,Q_{ex} 具有与河流流量相同的量纲 $[L \cdot T^{-1}]$。从室 1 向室 2 的净通量 $\sum F_{net}$ 由下式

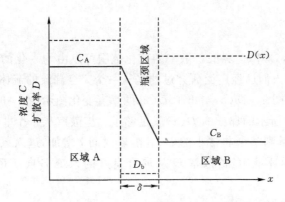

图 4-11　穿过一个连接区域 A 和 B 的厚度为 δ 的简单瓶颈边界的迁移
（注：实线代表浓度 $C(x)$，而虚线代表扩散率 $D(x)$）

给出

$$\sum F_{\text{net}} = Q_{\text{ex}}(C_1 - C_2)$$

$\sum F_{\text{net}}$ 可由界面的面积 A 归一化为

$$F_{\text{net}} = \frac{\sum F_{\text{net}}}{A} = \frac{Q_{\text{ex}}(C_1 - C_2)}{A} = v_{\text{ex}}(C_1 - C_2)$$

式中：v_{ex} 是交换或迁移速率，$v_{\text{ex}} = Q_{\text{ex}}/A$。

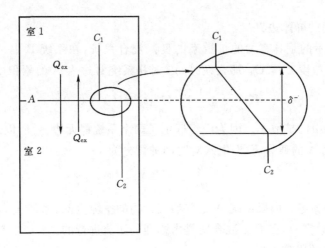

图 4-12　多室模型中两个相对均质的区域间的交换表达为流体（水、空气等）的交换通量 Q_{ex}

（3）不同介质间的瓶颈边界

前面所讨论的问题中一直默认边界分隔的是两个相同介质，如果分隔的是不同介质呢？这时候就需要修正方程，这种情况下，两相之间的平衡条件不是由 $C_A = C_B$ 给定的。为此需要就平衡条件进行修正。

为将上述理论进行一定拓展，需要用到平衡分配概念，此处，定义相 A 和相 B 的平衡分配函数。同时在此情况下，选择不同的参考系统就会有不同的迁移规律形式。为此对此边界情况不作详细介绍。

3. 屏障边界

如图 4-10(b)所示,屏障边界的扩散率的变化范围可以由均一化的较大扩散率到小几个数量级值的变化。现在人们已经广泛研究过的是从一个完全湍流的流体到一个非流体介质的迁移区域的湍流结构。图 4-13(b)给出了 $D(x)$ 的垂直变化图示,在一般情况下,将边界层处理成具有图 4-13(a)中所示的那样的 $D(x)$ 就足够了。扩散率从一个非常大的 D_B(可保证系统 B 完全混合)突然降低到一个非常小的 D_A。随着时间 t 增加,进入系统 A 的浓度也增加,图 4-13(b)表示在实际环境中,扩散率 D 从混合良好的系统 B 向扩散系统 A 的变化是平滑的。

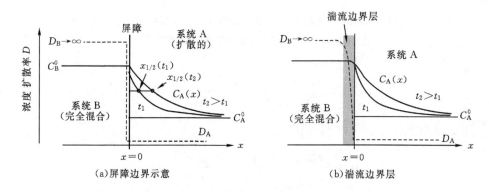

图 4-13　屏障边界处的扩散率 D 和浓度 C

(1)相同介质间的屏障边界

如果系统 B 所示的是具有大的扩散率的良好混合系统,在系统 B 中,浓度是恒定的 C_B^0。假定系统 A 的初始浓度 $C_A^0 < C_B^0$,那么在时间 t 时从系统 B 进入 A 的累积质量通量等于

$$M(t) = \left(\frac{4}{\pi}\right)^{1/2} (D_A t)^{1/2} (C_B^0 - C_A^0)$$

式中:D_A 是系统 A 中的扩散率。因为已经假定了两个系统都无边界,所以永远也达不到完全平衡,但是进入系统 A 的通量 F,即上式对时间的微分为

$$F(t) = \frac{dM}{dt} = \left(\frac{D_A}{\pi t}\right)^{1/2} (C_B^0 - C_A^0)$$

若 $t \to \infty$,则 $F(t)$ 变为零。如果系统 A 是湖泊沉积物的空隙空间,系统 B 是湖泊中的水柱,在 A 中迁移由分子扩散完成,在 B 中混合则是由剧烈的湍流进行的。

(2)不同介质间的屏障边界

倘若界面两边介质不同,屏障模型的数学方程式会有一点变化,将混合的系统 B 选为参考系统。存在两相间的边界平衡浓度比值即分配系数,表达式即

$$\left(\frac{C_A}{C_B}\right)_{\text{平衡}} = K_{A/B}$$

系统 B 中混合均匀,浓度保持恒定 C_B^0,在 $t=0$ 时,化合物开始向系统 A 扩散,在此假设系统 A 中初始浓度为零。由 B 向 A 的累积的和增加的质量通量可由稍微修正的同介质的屏障边界式计算得到,用下面两式表示

$$M(t) = \left(\frac{4}{\pi}\right)^{1/2} (D_A t)^{1/2} K_{A/B} C_B^0$$

$$F(t) = \frac{dM}{dt} = \left(\frac{D_A}{\pi t}\right)^{1/2} K_{A/B} C_B^0$$

额外的因子 $K_{A/B}$ 反映了在 A 边界的浓度与 C_B^0 平衡。

(3) 作为屏障边界的沉积物-水界面

由于沉积物-水界面的特殊情况，D_A 由化合物的吸附性质、沉积物结构和液相的扩散率决定。可以将前面推导得到的充满流体的多孔介质中吸附化合物的迁移理论，应用到沉积物柱中的扩散这一特殊的情况上来论证。在此情况下，因为空隙间流体是水，所以用下标 w 取代 f，上标 op 和 sc 表示开放水体和沉积物柱。一般在沉积物柱中 r_{sw}^{sc} 介于 $10^2 \sim 10^3$ 之间，在开放水体中 r_{sw}^{op} 在 10^{-3} kg·m^{-3} 数量级上，所以，平衡时，界面任意一边对于具有中等以下固-水分布比的化合物，其每单位松散体积总浓度由下式近似给出

$$K_{sc/op} \approx \frac{\phi_{sc}}{f_w^{sc}} = \phi_{sc}(1 + r_{sw}^{sc} K_d^{sc})$$

式中：ϕ_{sc} 为沉积物柱的孔隙率；K_d^{sc} 为化合物的固-孔隙水分布比；f_w^{sc} 为沉积物中的溶解分数，$f_w^{sc} = (1 + r_{sw}^{sc} K_d^{sc})^{-1}$。

平衡分布 $K_{sc/op}$ 起到了在通过沉积物-水界面时的整体和特殊质量通量的表达式中 $K_{A/B}$ 的作用。在这些方程中，D_A 是在 A 相中的扩散率，对沉积物柱这一情况而言 D_A 是总浓度 C_t 的扩散率。从这一方程可以看出 D_A 有以下形式

$$D_A \rightarrow f_w^{sc} D_w^{sc} = \frac{\phi_{sc}}{K_{sc/op}} D_w^{sc}$$

式中：D_w^{sc} 表示多孔介质扩散率 D_{pm}。将上面式子联立，得到

$$M_{sed}(t) = \left(\frac{4}{\pi}\right)^{1/2} (f_w^{sc} D_w^{sct})^{1/2} \frac{\phi_{sc}}{f_w^{sc}} \phi_{sc} C_w^{op} = \left(\frac{4}{\pi}\right)^{1/2} (\frac{D_w^{sct}}{f_w^{sc}})^{1/2} \phi_{sc} C_w^{op}$$

$$F_{sed}(t) = \left(\frac{1}{\pi}\right)^{1/2} (\frac{D_w^{sc}}{f_w^{sc} t})^{1/2} \phi_{sc} C_w^{op}$$

C_w^{op} 是开放水柱中的液相浓度，对于强烈吸附化合物（$K_{sc/op}$ 在 10^3 数量级），f_w^{sc} 在 10^{-4} 数量级，因此化合物表观扩散率（D_A）将非常小。

综上所述，对于吸附化合物，在沉积物-水界面的质量交换可以当成在具有相变的屏障边界处的交换；吸附过程以因子 $(f_w^{sc})^{1/2}$ 增加特别的和整体的质量交换，即增加沉积物贮存化合物能力，同时，因子 $(f_w^{sc})^{1/2}$ 减慢了化合物向下进入沉积物的速度。

4. 扩散边界

扩散边界连接着两个具有相似或相等扩散率的系统，这与具有扩散率不对称下降的屏障边界和具有一个或数个扩散率显著减小的瓶颈边界不同，之所以产生边界可能是由于一个或数个性质的突变或者发生了相变。本节将介绍一些描述扩散边界处的质量迁移的数学工具，并将这些数学工具应用到水环境中污染物的稀释过程中。

(1) 污染物锋面上的弥散

现假设在 $t=0$ 时污染物通过排污管排入一条河流中，在排污点下游污染物与河水完全混合，如果暂且不考虑物理化学消除机理，则河流中平均污染物浓度为 $C_0 = J/Q$，Q 是单位时间内排水量，J 是单位时间中排入的污染物的质量。污染物某一瞬间突然排入则污染锋面开始

向下游移动,一开始前锋的形状是矩形的。在向下移动过程中,由于存在纵向扩散,前锋逐渐变为相对平滑的浓度曲线。现在需要假定一点,那就是(移动的)前锋是扩散的边界,前锋两侧的弥散系数具有相同的大小。

如果前锋两侧河流是准无限的,前锋的斜率可由下面表达式描述

$$C(x,t) = \frac{C_0}{2} \cdot \text{erfc}\Big[\frac{x}{2(E_{\text{dis}}t)^{1/2}}\Big]$$

式中:x 为到(移动的)前锋中心的相对距离;erfc 为辅助误差函数;C_0 为越过边界的浓度,$C_0 = J/Q$。

时间 t 时,整体的迁移质量是

$$M_{\text{ex}}(t) = \Big(\frac{1}{\pi}\Big)(E_{\text{dis}}t)^{1/2}C_0 = 0.564(E_{\text{dis}}t)^{1/2}C_0$$

严格意义上说,上式只有当污染面无限长时才成立。

(2)不同相间的扩散边界

现在来考虑另一例子,假设柴油在短时间内渗漏到河流表面,这时燃料会形成一个非水相液体漂浮于水面之上。由于漂浮在非水相液体之上的风以及河床上流水的摩擦引起的湍流的作用,来自各流体的流体团被带到油-水界面,在界面上相互交换水和柴油的成分,此过程直到另一波湍流将它们分开并向界面引入新的流体团后才会停止。下面将介绍不同相间的扩散边界。

下面的推导可用于任何扩散边界,此情形在图 4-14 中得到描述,选 A 为参考系统,假设形成新的表面之后,新界面处可达到平衡浓度,所以,$C_{\text{A/B}}$ 和 $C_{\text{B/A}}$ 通过分配系数相关,即

$$C_{\text{B/A}} = K_{\text{B/A}}C_{\text{A/B}}$$

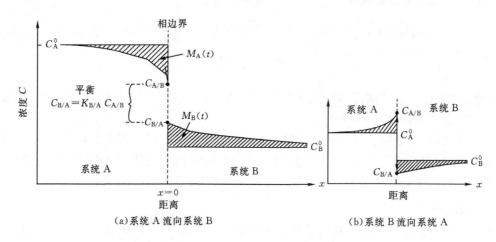

(a)系统 A 流向系统 B   (b)系统 B 流向系统 A

图 4-14　两个不同相间的扩散边界处的浓度曲线

(注:阴影部分的面积表示经过时间 t 后的整体质量交换;$M_{\text{A}}(t) = M_{\text{B}}(t)$)

在时间 t 后,从系统 A 穿过界面进入系统 B 的总的质量为 $M_{\text{A}}(t)$。相应地,系统 B 得到的总质量 $M_{\text{B}}(t)$ 由阴影部分的面积给定。两个整体的通量为

$$M_{\text{A}}(t) = \Big(\frac{1}{\pi}\Big)^{1/2}(D_{\text{A}}t)^{1/2}(C_{\text{A}}^0 - C_{\text{A/B}})$$

$$M_B(t) = (\frac{1}{\pi})^{1/2}(D_B t)^{1/2}(C_{A/B} - C_B^0)$$

边界浓度 $C_{A/B}$ 由 $C_{B/A}$ 替代。因为 M_A 和 M_B 是相等的,将结果代入上述任一通量方程,最终得到

$$M_A(t) = M_B(t) = (\frac{1}{\pi})^{1/2} \frac{(C_A^0 - C_A^{eq})}{\dfrac{1}{D_A^{1/2}} + \dfrac{1}{K_{B/A}D_B^{1/2}}}$$

$$C_A^{eq} = \frac{C_B^0}{K_{B/A}}$$

式中: C_A^{eq} 是与 C_B^0 平衡的 A 相浓度。

M_A 和 M_B 表示单位面积的交换质量对过去时间 t 的积分。假定两相在平均暴露时间 t_{exp} 中一直保持着接触。为得到单位时间的平均质量通量 $\overline{F}$,计算 $t = t_{exp}$ 时的 M_A(或 M_B)并除以 t_{exp} 得

$$\overline{F} = \frac{M_A(t_{exp})}{t_{exp}} = \left(\frac{1}{\pi t_{exp}}\right)^{1/2} \frac{(C_A^0 - C_A^{eq})}{\dfrac{1}{D_A^{1/2}} + \dfrac{1}{K_{B/A}D_B^{1/2}}}$$

$\overline{F}$ 可以写成 A 相的非平衡浓度($C_A^0 - C_A^{eq}$)和迁移速率 v_{tot} 的乘积,即

$$\overline{F} = v_{tot}(C_A^0 - C_A^{eq})$$

$$\frac{1}{v_{tot}} = \frac{1}{v_A} + \frac{1}{v_B K_{B/A}}$$

并且

$$v_A = (\frac{D_A}{\pi t_{exp}})^{1/2}, \quad v_B = (\frac{D_B}{\pi t_{exp}})^{1/2}$$

瓶颈交换过程与扩散边界的结果不同之处在于:第一,暴露时间 t_{exp} 起着自由变量的作用,在瓶颈模型中由边界的厚度 δ 起作用。第二, v_A 和 v_B 依赖于扩散率 D_A 和 D_B 的平方根。

4.4.3　气-水交换

1. 引言

地球上最重要的两种流体是水和空气,大气层被认为是最有效也是速度最快的全球范围传送带,但是相当多的化学反应更容易在水环境中发生,物质的液相传输速率要比气相低,所以物质在液相中的停留时间就会较长,另外,空气和水之间的接触面是非常大的。一般而言人们关注的是物质在气相和液相之间的非平衡迁移过程,对于发展水-气交换动力学模型所需工具已在前面进行了推导,但是人们现在仍然搞不懂化学物质在气-水两相之间的交换与哪些因素有关以及液相表面发生的物理过程的机理。为了对界面处的物理量作定量描述,人们综合运用经验知识和理论概念推导了各种通量方程。目前人们推导出的各种通量方程有以下几种形式。

$$F_{ia/w} = v_{ia/w}(C_{iw} - C_{iw}^{eq})$$

$$C_{iw}^{eq} = \frac{C_{ia}}{K_{ia/w}}$$

式中: C_{iw}^{eq} 是与大气浓度平衡时水相中的浓度,下标 a 和 w 分别代表空气和水。气-水平衡分配常数(无量纲的亨利定律常数)定义为 $K_{ia/w}$,它与亨利定律常数 K_{iH} 的关系为

$$K_{ia/w} = \frac{K_{iH}}{RT}$$

在上式中，$F_{ia/w}$ 的符号选取原则为：当取正值时，表示由水向大气的迁移；取负值表示由大气向水的迁移。

系数 $v_{ia/w}$ 具有速率的量纲，称为气-水交换速率，通常，总交换速率 $v_{ia/w}$ 可认为是两组分在界面发生变化的结果，不考虑选择哪种模型，并以水为参考项，则 $v_{ia/w}$ 总有以下形式

$$\frac{1}{v_{ia/w}} = \frac{1}{v_{iw}} + \frac{1}{v_{ia}k_{ia/w}}$$

本节的主要目的是建立 $v_{ia/w}$ 随不同环境因子的变化而变化的模型。从前面式子可以得到以下两个性质：第一，通量的大小和方向取决于两相间的浓度差 $(C_{iw} - C_{iw}^{eq})$；第二，可以判断出 $k_{ia/w}$ 的范围，且迁移速率 $v_{ia/w}$ 只取决于两个单相交换速率中的一个。

为了将 $k_{ia/w}$ 的两范围分开，可将 $v_{ia/w}$ 近似为两个单相速率中的一个，定义为与化合物无关的临界亨利定律常数

$$K_{a/w}^{\text{critical}} = \frac{K_H^{\text{critical}}}{RT} = \frac{v_w^{\text{typical}}}{v_a^{\text{typical}}}$$

式中：v_w^{typical} 和 v_a^{typical} 是典型单相交换速率。由于 v_{ia} 的值约是 v_{iw} 的 1000 倍，因此可导出

$$K_{a/w}^{\text{critical}} \approx 10^{-3}; K_H^{\text{critical}} \approx 0.25 \text{ L} \cdot \text{bar} \cdot \text{mol}^{-1}$$

假如某化合物的气-水分配系数为 $K_{a/w}^{\text{critical}}$，且单相交换具有上述给定典型值，那么单相控制的物质的 $K_{ia/w}$ 值要么远小于 $K_{a/w}^{\text{critical}}$，要么远大于 $K_{a/w}^{\text{critical}}$。

对于气相控制的体系有

$$K_{ia/w} \ll K_{a/w}^{\text{critical}} = 10^{-3}; 因而 v_{ia/w} \approx K_{ia/w} v_{ia}$$

对于液相控制的体系有

$$K_{ia/w} \gg K_{a/w}^{\text{critical}} = 10^{-3}; 因而 v_{ia/w} \approx v_{iw}$$

为此，重写本节第一个式子为

$$F_{ia/w} = v_{ia/w}\left(C_{iw} - \frac{C_{ia}}{K_{ia/w}}\right) = \frac{v_{ia/w}}{K_{ia/w}}(K_{ia/w}C_{iw} - C_{ia}) = v_{ia/w}^*(C_{ia}^{eq} - C_{ia})$$

$$v_{ia/w}^* = \frac{v_{ia/w}}{K_{ia/w}}$$

$v_{ia/w}^*$ 是气相浓度下的交换速率，且

$$C_{ia}^{eq} = K_{ia/w}C_{iw}$$

C_{ia}^{eq} 是与液相浓度 C_{iw} 平衡时的气相浓度。此时，两类体系可表述如下。

对于气相控制的体系有：

$$K_{ia/w} \ll K_{a/w}^{\text{critical}} = 10^{-3}, \ v_{ia/w}^* \approx v_{ia}$$

对于液相控制的体系有：

$$K_{ia/w} \gg K_{a/w}^{\text{critical}} = 10^{-3}, \ v_{ia/w}^* \approx \frac{v_{iw}}{K_{ia/w}}$$

2. 气-水迁移速率的测定

（1）水蒸发引起的空气迁移速率

水作为测定 v_{ia} 的检验物质，它在 25 ℃时的气-水分配常数是 $K_{ia/w} = 2.3 \times 10^{-5}$，其值小于 $K_{a/w}^{\text{critical}}$。所以，水蒸气在气-水界面的交换由水面上空气的物理规律支配，水向空气迁移的通量

由下式给出

$$F_{evap} = v_{water\,a/w}^{*}(C_{water\,a}^{eq} - C_{water\,a}) = v_{water\,a}(C_{water\,a}^{eq} - C_{water\,a})$$
$$= v_{water\,a} C_{water\,a}^{eq}(1 - RH)$$

式中:$C_{water\,a}^{eq}$(与温度有关)是水蒸气与液态水平衡时在空气中的浓度($g \cdot m^{-3}$)。相对湿度 RH 定义为

$$RH = \frac{C_{water\,a}}{C_{water\,a}^{eq}}$$

$v_{water\,a}$ 的值可以从观测到的蒸发通量 F_{evap} 得到

$$v_{water\,a} = \frac{F_{evap}}{C_{water\,a}^{eq}(1 - RH)}$$

式中:蒸发通量 F_{evap} 的单位是 $g \cdot cm^{-2} \cdot s^{-1}$。

水文学家在实验室观测中发现风速 u 增加使 $v_{water\,a}$ 明显呈线性增加,但当风速超过 $10\ m \cdot s^{-1}$ 时,交换速率变得更迅速,这可能是由于气溶胶的排出或波浪干扰所造成的。$v_{water\,a}$ 与风速是正相关的,从科学家的研究中导出的近似关系为

$$v_{water\,a} \approx 0.2 u_{10} + 0.3$$

式中:$v_{water\,a}$ 为气-水交换速率,$cm \cdot s^{-1}$;u_{10} 为在水面上 $10\ m$ 高处观测的风速,$m \cdot s^{-1}$;式中的截距 $0.3\ cm \cdot s^{-1}$ 反映 $v_{water\,a}$ 的最小值。

(2)具有大数值亨利常数的化合物引起的水相迁移速率

主要由水控制的具有较大亨利常数的化合物,也经常被称为挥发性物质,这里是指具有高蒸气压且较低溶解度的物质。气-水交换的早期工作是在实验室以 O_2 或 CO_2 等气体为研究对象,后来又引入人工合成化学品示踪以及放射性同位素示踪,还涉及一些受风速影响的水体以及包括有机化合物在内的混和水体。较为具体的内容将在气-水交换模型章节介绍。

3. 流动水体中的气-水交换

这里气-水边界受到风和水流两个因素的影响,借此引入流体动力学中重要的概念来评价各种湍流动能产生过程的相对重要性和定量化湍流运动的强度。这部分内容将在净化模拟部分详细介绍。

4.5　环境有机化合物的溶解

一种有机化合物是否易溶于水将在很大程度上影响该化合物的环境行为,实际中,环境中各化合物水中溶解度数值范围超过十个数量级,在本章,将讨论引起化合物溶解度这么大差异的分子因素都有哪些。

4.5.1　液体有机物的溶解度和水活度系数

用化合物 i 在两相中的化学势对溶解过程进行热力学描述。对有机液体相中的化合物,可得

$$\mu_{iL} = \mu_{iL}^{*} + RT\ln\gamma_{iL} \cdot x_{iL}$$

用下标 L 表示纯有机液相。对于水相中的化合物,相应的化学势的表达式如下式

$$\mu_{iw} = \mu_{iL}^{*} + RT\ln\gamma_{iw} \cdot x_{iw}$$

用下标 w 表示化合物在水中的参数。"产物"的化学势减去"反应物"的化学势的差值为

$$\mu_{iw} - \mu_{iL} = RT\ln\gamma_{iw} \cdot x_{iw} - RT\ln\gamma_{iL} \cdot x_{iL}$$

开始阶段，$\mu_{iL} \gg \mu_{iw}$（x_{iw} 接近于 0），发生有机分子从有机相到水相的净流。随着这个过程的进行，x_{iw} 增大，直到两相中的化学势相等，达到相平衡，可以说：$\gamma_{iw} x_{iw} = \gamma_{iL} x_{iL}$，$f_{iw} = f_{iL}$，平衡时，得到

$$\ln\frac{x_{iw}^{sat}}{x_{iL}} = \frac{RT\ln\gamma_{iL} - RT\ln\gamma_{iw}^{sat}}{RT}$$

用上标"sat"表示化合物的饱和水溶液。

此处有两个假设，第一，在有机液体中，水的摩尔分数相对于有机化合物本身的摩尔分数很小（见表 4-7）。第二，化合物在它的水饱和液相中处于理想状态，根据这两个假设，简化上式得

$$\ln x_{iw}^{sat} = -\frac{RT\ln\gamma_{iw}^{sat}}{RT} = -\frac{G_{iw}^{E,sat}}{RT}$$

这里 $G_{iw}^{E,sat}$ 是饱和水溶液中化合物的过剩自由能。从上面方程可见，有机液体在水中溶解的摩尔分数可以用水活度系数的倒数表示

$$x_{iw}^{sat} = \frac{1}{\gamma_{iw}^{sat}} （对于液体）$$

或者表示为上式的变形

$$c_{iw}^{sat} = \frac{1}{\overline{V}_w \cdot \gamma_{iw}^{sat}} （对于液体）$$

式中：$\overline{V}_w$ 为水的摩尔体积，0.018。

对于液体化合物，饱和溶液的水活度系数也可以用溶解摩尔分数的倒数表示

$$\gamma_{iw}^{sat} = \frac{1}{x_{iw}^{sat}} \quad 或 \quad \gamma_{iw}^{sat} = \frac{1}{\overline{V}_w C_{iw}^{sat}}$$

表 4-7 水饱和的一些有机液体的摩尔分数

有机液体 i	x_{iL}	有机液体 i	x_{iL}	有机液体 i	x_{iL}
正戊烷	0.9995	苯	0.9975	乙酸乙酯	0.8620
正己烷	0.9995	甲苯	0.9976	乙酸丁酯	0.9000
正庚烷	0.9993	1,3-二甲基苯	0.9978	2-丁酮	0.6580
正辛烷	0.9994	1,3,5-三甲基苯	0.9978	2-戊酮	0.8600
正癸烷	0.9994	正丙苯	0.9958	2-己酮	0.8930
正十六烷	0.9994	氯苯	0.9981	1-丁醇	0.4980
三氯甲烷	0.9948	硝基苯	0.9860	1-戊醇	0.6580
四氯甲烷	0.9993	氨基苯	0.9787	1-己醇	0.7100
三氯乙烯	0.9977	二乙醚	0.9501	1-辛醇	0.8060
四氯乙烯	0.9993	茴香醚	0.9924		

1. 固体有机物的溶解度和水活度系数

要研究固相有机物在水中的溶解度，就需要考虑将固态转变成液体，这样一来就成了与前面一样的液体化合物的问题。固态向液态转变过程中的自由能变化称为熔化自由能 $\Delta_{fus}G_i$，其可从蒸气压的实验数据得到

$$\Delta_{\text{fus}}G_i = RT\ln\frac{p_{i\text{L}}}{p_{is}}$$

$\Delta_{\text{fus}}G_i$ 还可以从化合物的熔点估算。

化学势的差值可以表示为

$$\mu_{iw} - \mu_{is} = \mu_{iw} - (\mu_{i\text{L}} - \Delta_{\text{fus}}G_i) = RT\ln\gamma_{iw} \cdot x_{iw} - (RT\ln\gamma_{i\text{L}} \cdot x_{i\text{L}} - \Delta_{\text{fus}}G_i)$$

令 $x_{i\text{L}}$ 和 $\gamma_{i\text{L}}$ 等于 1,按照前面处理液体的方法,得到平衡时($\mu_{iw} - \mu_{is} = 0$)

$$x_{iw}(\text{s}) = \frac{1}{\gamma_{iw}^{\text{sat}}} \cdot \text{e}^{-\Delta_{\text{fus}}G_i/RT}\text{(对于固体)}$$

或者

$$C_{iw}^{\text{sat}}(\text{s}) = \frac{1}{\overline{V}_w\gamma_{iw}^{\text{sat}}} \cdot \text{e}^{-\Delta_{\text{fus}}G_i/RT}\text{(对于固体)}$$

很明显,固体有机物的溶解度决定于化合物和水的不相容性,以及固体转变为液体的难易,也可以得到水活度系数与固体有机物的溶解度的关系为

$$\gamma_{iw}^{\text{sat}} = \frac{1}{x_{iw}^{\text{sat}}(\text{s})} \cdot \text{e}^{-\Delta_{\text{fus}}G_i/RT}$$

或

$$\gamma_{iw}^{\text{sat}} = \frac{1}{\overline{V}_w \cdot C_{iw}^{\text{sat}}(\text{s})} \cdot \text{e}^{-\Delta_{\text{fus}}G_i/RT}$$

从上式可以得到过冷液体的溶解度 $G_{iw}^{\text{sat}}(\text{L})$

$$\gamma_{iw}^{\text{sat}} = \frac{1}{\overline{V}_w \cdot C_{iw}^{\text{sat}}(\text{L})}$$

这里,液体化合物的溶解度与固体化合物的实际实验溶解度有关

$$C_{iw}^{\text{sat}} = C_{iw}^{\text{sat}}(\text{s}) \cdot \text{e}^{+\Delta_{\text{fus}}G_i/RT}$$

2. 气体有机物的溶解度和水活度系数

因为地球表面 O_2 的分压是 0.21 bar(21 kPa),所以 O_2 的溶解度通常是在 O_2 分压为 0.21 bar(21 kPa)的条件下的数据,平衡时,液体溶液上方化合物气相分压等于溶液中化合物的逸度,得到

$$p_i = \gamma_{iw} \cdot x_{iw} \cdot p_{i\text{L}}^*$$

气体有机物溶解的摩尔分数是分压 p_i 的函数

$$x_{iw}^{p_i} = \frac{1}{\gamma_{iw}^{p_i}} \cdot \frac{p_i}{p_{i\text{L}}^*}\text{(对于气体)}$$

$$C_{iw}^{p_i} = \frac{1}{\overline{V}_w \cdot \gamma_{iw}^{p_i}} \cdot \frac{p_i}{p_{i\text{L}}^*}\text{(对于气体)}$$

因此可以得到,纯气体有机物的水活度系数与溶解度有关

$$\gamma_{iw}^{p_i} = \frac{1}{x_{iw}^{p_i}} \cdot \frac{p_i}{p_{i\text{L}}^*}$$

或

$$\gamma_{iw}^{p_i} = \frac{1}{\overline{V}_w \cdot C_{iw}^{p_i}} \cdot \frac{p_i}{p_{i\text{L}}^*}\text{(对于气体)}$$

随着 p_i 的变化,$\gamma_{iw}^{p_i}$ 并不一定是恒定的。

对于难溶性气体,假设 $\gamma_{iw}^{p_i}$ 与浓度无关时我们就可以从压力 p_i 下的实际溶解度计算化合

物过热液体的溶解度 $C_{iw}^{sat}(L)$

$$C_{iw}^{sat}(L) = C_{iw}^{p_i} \cdot \frac{p_{iL}^*}{p_i}$$

3. 浓度和水活度系数的关系

活度系数通常表示为 γ_{iw}^{∞}，常被称为极限活度系数或无限稀释活度系数。其可以由水溶解度推出。活度系数反映了有机溶质与水溶液的相容性。表 4-8 比较了活度系数相差较大的一系列化合物从溶解度测量得到的 γ_{iw}^{sat} 值与用各种方法得到的 γ_{iw}^{∞}。很容易发现对于溶解度较小的化合物，稀释溶液和饱和溶液的活度系数相差不超过 30%。因此，对于活度系数大于 100 的化合物（对这类化合物通常比较感兴趣），可假设 γ_{iw} 与化合物的浓度无关。在此也假设在水溶液中有机溶质即使在饱和条件下也不相互影响。或者说假设某个有机化合物分子被水分子溶剂化时不受其它有机化合物分子影响。

表 4-8　25 ℃ 时一系列有机化合物在稀释水溶液中与饱和水溶液中的活度系数和相应的过剩自由能的比较（$G_{iw}^E = RT\ln\gamma_{iw}$）

化合物	γ_{iw}^{sat}	$G_{iw}^{E,sat}$ /(kJ·mol^{-1})	γ_{iw}^{∞}	$G_{iw}^{E,\infty}$ /(kJ·mol^{-1})
甲醇	可溶	可溶	1.6	1.2
乙醇	可溶	可溶	3.7	3.2
丙酮	可溶	可溶	7.0	4.8
1-丁醇	7.0×10^2	10.5	5.0×10^1	9.7
苯酚	6.3×10^2	10.3	5.7×10^1	10.0
苯胺	1.4×10^2	12.3	1.3×10^2	12.1
3-甲基苯酚	2.5×10^2	13.7	2.3×10^2	13.5
1-己醇	9.0×10^2	16.9	8.0×10^2	16.5
三氯甲烷	7.9×10^2	16.5	8.2×10^2	16.6
苯	2.5×10^3	19.4	2.5×10^3	19.4
氯苯	1.4×10^4	13.7	1.3×10^4	23.5
四氯乙烯	7.5×10^4	27.8	5.0×10^4	26.8
萘	6.7×10^4	27.5	6.9×10^4	27.6
1,2-二氯苯	6.2×10^4	27.3	6.8×10^4	27.6
1,3,5-三甲基苯	1.3×10^5	29.2	1.2×10^5	29.0
菲	2.0×10^6	35.9	1.7×10^6	35.5
蒽	2.5×10^6	36.5	2.7×10^6	36.7
六氯苯	4.3×10^7	43.6	3.5×10^7	43.0
2,4,4'-三氯联苯	5.6×10^7	44.2	4.7×10^7	43.8
2,2',5,5'-四氯联苯	7.0×10^8	46.5	7.5×10^7	44.9
苯并[a]芘	3.2×10^8	48.5	2.7×10^8	48.1

4. 温度和溶液组成对有机物溶解度和活度系数的影响

下面评价一些重要环境因子(温度、离子强度和有机溶质)对溶解度和活度系数的影响。

(1)温度

现在讨论温度对有机物在水中溶解度摩尔分数的影响(见图 4-15)。因为 $x_{iw}^{sat}/x_{iL} \approx x_{iw}^{sat}$ ($x_{iL} \approx 1$)表示水相与纯液相之间的分配常数,当温度范围较小时,它与温度的关系如下

$$\ln x_{iw}^{sat}(L) = -\frac{H_{iw}^E}{R} \cdot \frac{1}{T} + 常数 1$$

用物质的量单位表示水溶解度,上式表示为

$$\ln C_{iw}^{sat}(L) = -\frac{H_{iw}^E}{R} \cdot \frac{1}{T} + 常数 2$$

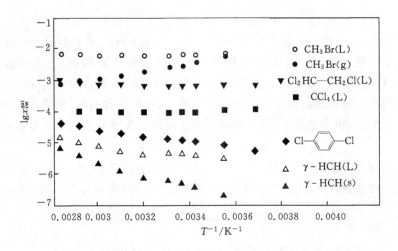

图 4-15 温度对一些卤代烃在水中的溶解度摩尔分数的影响

此处,常数 2 = 常数 1 - $\ln \overline{V}_m$,假设温度与水溶液的摩尔体积($\overline{V}_m$)无关。相当一部分液体化合物,25 ℃时的过剩焓 H_{iw}^E 相当小。所以,在 0~80 ℃的温度范围内,液体溶解度随着温度升高变化很小(见图 4-15)。我们知道 H_{iw}^E 在整个环境温度范围内不是恒定的常数,我们从图 4-15 可以发现 $\ln x_{iw}^{sat}$ 对 $1/T$ 作图呈一定的曲线性。之所以看起来不明显是因为温度效应很小。对于大多数化合物,在 0~30 ℃范围内,$x_{iw}^{sat}(L)$ 或 $C_{iw}^{sat}(L)$ 变化小于 2 倍。只有对一些刚性大分子非极性化合物,温度对液体水溶解度的作用才有很大影响,比如 PCBs 和多氯代二苯并二噁英等。

对于固体和气体,它们的真实溶解度比较有趣,但是温度对真实溶解度的影响是比较大的,所以需要考虑将分子从气相或固相转移到水中的总焓变,这包括相变焓的总和及溶液的过剩焓。因此,在较小温度范围内,固体溶解度和温度的关系如下

$$\ln C_{iw}^{sat}(s) = -\frac{\Delta_{fus}H_i + H_{iw}^E}{R} \cdot \frac{1}{T} + 常数$$

对于气体

$$\ln C_{iw}^{100\ kPa}(s) = -\frac{\Delta_{vap}H_i + H_{iw}^E}{R} \cdot \frac{1}{T} + 常数$$

通常,对于固体,总熵变是正值;对于气体,总熵变是负值。

(2)溶解的无机盐

当考虑盐环境的时候,需要注意溶解的无机盐对有机化合物的活度系数和水溶解度的影响,定性地讲,自然水体中的主要无机盐(即 Na^+、K^+、Mg^{2+}、Cl^-、HCO_3^-、SO_4^{2-})会使那些非极性或弱极性有机物的水溶解度降低。这种效应称为盐析,化合物存在的离子种类决定盐析效应的强弱。

Setschenow 建立了盐水溶液中有机化合物的溶解度($C_{iw,salt}^{sat}$)与纯水中溶解度(C_{iw}^{sat})关系的经验公式

$$\lg\left(\frac{C_{iw}^{sat}}{C_{iw,salt}^{sat}}\right) = K_i^s [\text{salt}]_{tot}$$

或

$$C_{iw,salt}^{sat} = C_{iw}^{sat} \cdot 10^{-K_i^s [\text{salt}]_{tot}}$$

式中:K_i^s 是 Setschenow 常数或盐常数(单位 $L \cdot mol^{-1}$);$[\text{salt}]_{tot}$ 是总盐摩尔浓度。对于一种特定盐或盐的混合物(如海水,组成见表 4-9),在很大盐浓度范围内,上式都适用(见图 4-16)。"盐析"效应随盐浓度的增大呈指数增大。给定有机溶质和盐组合的 K_i^s 值可由各盐浓度下测得的实验溶解度数据的线性回归获得。注意,当盐浓度较高时,溶解盐对溶液摩尔体积的影响应考虑。但是,很多情况下,可近似地忽略此效应。上式可表示为活度系数

$$\gamma_{iw,salt} = \gamma_{iw} \cdot 10^{+K_i^s [\text{salt}]_{tot}}$$

随着盐浓度增大,$\gamma_{iw,salt}$ 呈指数增长。若由测定的溶解度获得 K_i^s,则 $\gamma_{iw,salt}$ 只严格适用于饱和情况。对于稀溶液,$\gamma_{iw,salt}$ 由测定不同盐浓度下的气-水或有机溶剂-水分配常数获得。

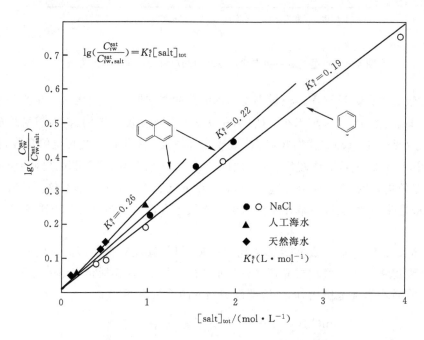

图 4-16 盐浓度对苯和萘的水溶解度的影响

表 4 - 9　海水的盐成分及苯、萘、1 - 萘酚在一些重要的盐中的盐常数

盐	摩尔质量 /(g · mol⁻¹)	海水中物质 的量分数 $x_{盐}$	盐常数		
			K_i^s(苯) /(L · mol⁻¹)	K_i^s(萘) /(L · mol⁻¹)	K_i^s(1 - 萘酚) /(L · mol⁻¹)
NaCl	58.5	0.799	0.19	0.22	0.21
MgCl₂	95.3	0.104	0.30	0.30	0.33
Na₂SO₄	142.0	0.055	0.53	0.72	
CaCl₂	110.0	0.020		0.32	0.35
KCl	74.5	0.017	0.16	0.19	0.18
NaHCO₃	84.0	0.005		0.32	
KBr				0.13	0.13
CsBr				0.01	
(CH3)₄NCl					−0.36
(CH3)₄NBr			−0.15		

在研究海水中各种有机物的 K_i^s 前,因为通常只能得到混合盐常数,而很难确定单个离子的贡献,所以需要首先考查离子组合的盐析效应,表 4 - 9 中的数据表明与较多水分子形成水合壳的较小离子(如 Na^+、Mg^{2+}、Ca^{2+}、Cl^-)比与水分子结合很弱的较大分子(如 Cs^+、$N(CH_3)_4^+$、Br^-)效应大。像四甲基铵离子($N(CH_3)_4^+$)这样的离子甚至可能产生负效应。对于那些与某些离子有强烈作用的且极性很强的化合物,也可能产生这种盐(助)溶效应。可以认为有机化合物与溶解盐竞争溶剂分子,这样就能合理解释非极性和弱极性化合物的盐析效应。接下来研究海水中的一些有机化合物的 K_i^s 值。用表 4 - 9 中的数据计算萘的 $K_{i,海水}^s$,假设萘与存在的无机离子无特别作用,就可以通过把存在的各种盐的贡献相加来估算 $K_{i,海水}^s$

$$K_{i,海水}^s \approx \sum_k K_{i,盐,k}^s \cdot x_k$$

式中:x_k 是摩尔分数;$K_{i,盐,k}^s$ 是混合物中盐 k 的盐常数。对于萘,由表 4 - 9 可得到

$K_{i,海水}^s = 0.799 \times 0.2 + 0.104 \times 0.30 + 0.055 \times 0.72 + 0.02 \times 0.32 + 0.01 \times 0.19 + 0.005 \times 0.32 = 0.26$ (L · mol⁻¹)

这与海水的实验值很接近(0.27 L · mol⁻¹)。萘在 NaCl 中的 K_i^s 值是 0.22 L · mol⁻¹。可见,其它盐的贡献只有 0.04 L · mol⁻¹。通常,用 $K_{i,NaCl}^s$ 代替产生的误差在 10% 之内,在 K_i^s 测定的实验误差范围之内。因此,表 4 - 10 给出的 K_i^s 数据中,有一些是在 NaCl 中测定的。

由上述对盐效应的描述可得出一结论:较小分子或极性化合物的 K_i^s 比大分子非极性化合物小。表 4 - 10 的实验数据也在一定程度上证实了这个结论。正烷基醛这类化合物不太符合以上描述(见表 4 - 10),原因可能是它们易于形成二醇导致这些化合物盐常数异常高。如果在盐水中,醛/二醇的比例向有利于形成醛的方向变化,盐析效应会更强,因二醇形态比醛形态更易于存在水中,长链醛 K_i^s 大的原因可能是盐对柔性分子活度系数的影响比对刚性化合物的影响大。

表 4 - 10　海水中一些有机化合物的盐常数

化合物	$K_s^a/(L \cdot mol^{-1})$	化合物	$K_s^a/(L \cdot mol^{-1})$
卤代 C_1, C_2 -化合物		**取代苯和取代苯酚**	
三氯甲烷	0.2	苯	0.20(±0.02)
四氯甲烷	0.2	甲苯	0.24(±0.03)
溴代甲烷	0.15	乙苯	0.29(±0.02)
二氯二氟甲烷	0.29	1,2 -二甲基苯	0.30
三氯氟代甲烷	0.30	1,3 -二甲基苯	0.29
1,1 -二氯乙烷	0.2	1,4 -二甲基苯	0.30
1,2 -二氯乙烷	0.2	正丙苯(NaCl)	0.28
1,1,1 -三氯乙烷	0.25	氯苯(NaCl)	0.23
三氯乙烯	0.21(±0.01)	1,4 -二氯苯(NaCl)	0.27
四氯乙烯	0.24(±0.02)	苯甲醛	0.20(±0.04)
脂肪族化合物		苯酚	0.13(±0.02)
戊烷(NaCl)	0.22	2 -硝基苯酚	0.13(±0.01)
己烷(NaCl)	0.28	3 -硝基苯酚	0.15
正丁醛	0.3	4 -硝基苯酚	0.17
正戊醛	0.3	4 -硝基甲苯	0.16
正己醛	0.4	4 -氨基甲苯	0.17
正庚醛	0.5		
正辛醛	0.6	**多环芳烃**	
正壬醛	约 1.0	萘	0.28(±0.04)
正癸醛	约 1.0	苊(NaCl)	0.27
二甲基亚砜	0.17	菲	0.30(±0.03)
2 -丁酮	0.20	蒽	0.30(±0.02)
		荧蒽(NaCl)	0.34
多氯联苯		芘	0.30(±0.02)
联苯	0.32(±0.05)	䓛(NaCl)	0.34
各种多氯联苯(二氯-六氯)	0.3~0.4	苯并[a]芘	0.34
		苯并[a]蒽(NaCl)	0.35
		1 -萘酚(NaCl)	0.23

　　现在可以得到以下结论,在适中盐浓度条件下,盐度对水活度系数影响的范围大约在 1.5 (小分子和极性化合物)至 3(大分子非极性化合物,正烷基醛)之间。所以,对海水中许多化合物来讲,决定它们分配行为的主要因素不是盐析。但需要注意的是,这只是在适中盐度条件下的结论,对于在高盐度条件下,因为存在指数关系,盐析效应比较重要。

4.5.2　亨利定律

现在来讨论另一特殊情况,假设 γ_{il} 在考虑的温度范围内为恒正常数,但是不等于 1,这是在研究稀溶液时遇到的主要问题,观察表 4-8 可以发现,对于许多化合物,即使一直到饱和溶液,γ_{iw} 随溶液浓度变化不大,所以,在研究稀释条件下的气-有机溶剂分配及气-水分配时,假设 γ_{il} 是恒定常数。则亨利定律可表示为

$$f_{il} = p_i = \gamma_{il} \cdot p_{iL}^* \cdot x_{il} = K'_{iH}(l) \cdot x_{il}$$

$$K'_{iH}(l) = \frac{p_i}{x_{il}} = \gamma_{il} \cdot p_{iL}^* = 常数$$

$K'_{iH}(l)$ 是溶质在溶剂 l 中的亨利定律常数。我们表示 $K'_{iH}(l)$ 数值时,须将它表示为标准压力(即 100 kPa)的分数。

在环境化学文献中,当溶剂是水时,常称它为某化合物的亨利定律常数。本部分也将采用这个术语,且将上式定义的气-水分配常数,表示为 K'_{iH}。

另外两个表示气-液平衡分配的方法是,使用化合物 i 在液相中或在液相和气相中的摩尔浓度表示。在第一种情况下,只要简单地将摩尔分数转化为摩尔浓度即可得到下式

$$K_{iH}(l) = \frac{p_i}{C_{il}} = K'_{iH}(l) \cdot \bar{V}_l = \gamma_{il} \cdot p_{iL}^* \cdot \bar{V}_l$$

这里 $\bar{V}_l$ 是液体的摩尔体积(以 $L \cdot mol^{-1}$ 为单位)。$K_{iH}(l)$ 的单位为 $bar \cdot L \cdot mol^{-1}$ 或 $Pa \cdot L \cdot mol^{-1}$。

实际应用中,如评价给定化合物在多相体系中的平衡分配,使用无量纲的气-溶剂分配常数是很方便的,在这种情况下,通常可以将气-液平衡常数表示为 K_{ial},因为 $C_{ia} = p_i/RT$,从而得到下式

$$K_{ial} = \frac{C_{ia}}{C_{il}} = \frac{K_{iH}(l)}{RT} = \gamma_{il} \cdot \bar{V}_l \cdot p_{iL}^*/RT$$

如果化合物的 K_{ial} 和 p_{iL}^* 都知道,液相中化合物的活度系数可以用下式计算

$$\gamma_{il} = K_{ial} \cdot \frac{RT}{\bar{V}_l \cdot p_{iL}^*}$$

可以用上式,从实验气-水分配常数(K_{ial})得到许多稀释水溶液中有机化合物的活度系数 γ_{iw}^{∞}。

4.6　环境有机化合物的吸附

4.6.1　吸附过程

1. 引言

分子渗入到一个三维矩阵里时称之为吸收,而分子被吸引到一个二维界面上,称为吸附。吸附过程可能会对化学物质对环境的作用及其在环境中的归趋产生极大影响,所以吸附过程比较重要。当人们了解到结构相同的分子在气相中或被水分子包围时和粘在固体的表面或被固体晶格包围住的情况下(见图 4-17),其行为有很大差异时,还需要了解吸附过程的重要

性。对于同样的化合物分子来讲,其以颗粒物为载体的迁移和以水为载体的迁移是完全不一样的。另外,只有溶解了的分子才会与其它环境组分发生碰撞,这种相转移受溶解的化学物质类型控制。最后,因为固体环境与天然化学物质的水合溶液差别较大,各种化学反应都可能以不同速度在溶解相和吸收相之间发生,因此,必须了解固体-气相、固体-溶液间的相互交换过程才能够准确定量其它过程对有机物在环境中的归趋的影响。

　　本节将主要讨论包含天然吸附剂的固体-水溶液和固体-空气交换作用。首先将讨论量化一个给定的体系的吸附平衡所需的一般性质。

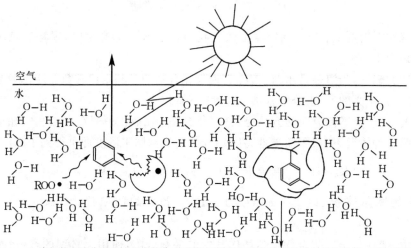

溶解的有机分子比被吸收的分子更易于接近光、其他化学物质及微生物体,更易于挥发,
因此溶解物质与被吸收物质表现出不同的反应速率

图 4-17　相同物质的溶解分子和被吸收分子的不同行为

2. 吸附等温线、固体-水分配系数(K_{id})及溶解分数(f_{iw})

(1)定性因素

　　在一定体积的水环境中,如果要研究化学物质在溶液和固相间的平衡,需要首先考虑的是吸附物总浓度 C_{is} 和溶液中化学物质的浓度 C_{iw},通常可以用吸附等温线来表示这两种浓度之间的关系,吸附等温线的形状随吸附物和吸附剂之间的组合不同也会有较大不同(见图4-18)。图 4-18(a)称之为线性吸附等温线,它是吸附物和吸附剂间的引力在观测浓度范围内不变时得出的,适用于当强吸附位点处于低浓度,远未达到饱和或在均匀有机相中的分配占主导地位时的情形;图 4-18(b)和(c)显示当吸附物浓度越来越高,开始变得难以吸收附加分子时的情形。这种类型图线一般发生在结合位点开始饱和以及其它位点对吸附物分子引力变小时;图 4-18(c)是当 C_{is} 浓度达到最大,所有位点均饱和且不再发生其它的吸附过程时才会出现。图 4-18(e)是一种比较少见的情况,这种类型的产生是因为已经吸附的分子改变了吸附剂的性质,导致产生强吸附的情况。由于吸附物本身的化学性质以及吸附剂的本体组成,多种吸附机制可能同时发生并因此产生不同形状的等温线。

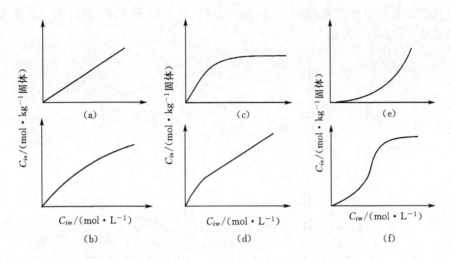

图 4 - 18　吸附态浓度 C_{is} 与溶解态浓度 C_{iw} 之间的各种关系

（2）吸附等温线的定量描述

传统上有一个经验公式来拟合吸附实验数据，这就是著名的 Freundlich 等温线方程

$$G_{is} = K_{iF} \cdot C_{iw}^{n_i}$$

式中：K_{iF} 为 Freundlieh 常数或容量因子；n_i 为 Freundlich 指数；C_{iw} 指化合物 i 在吸附相和水相中的无量纲的活度。K_{iF} 和 n_i 均可通过上式的对数形式线形回归后推得（见图 4 - 19）。

$$\lg G_{is} = n_i \lg C_{iw} + \lg K_{iF}$$

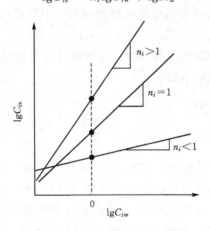

图 4 - 19　$n_i > 1$，$n_i = 1$ 和 $n_i < 1$，三种情况下 Freundlich 等温线

若某等温线不能用上式描述，那么基于 Freundlich 多吸附位点概念的假设便没有意义。比如说，如果数量有限的所有吸附位点开始饱和（见图 4 - 18(c)），则 C_{is} 不能随 C_{iw} 增大而增大，在这种情况下，Langmuir 等温线可能是更合适的模式。

$$C_{is} = \frac{\Gamma_{\max} K_{iL} C_{iw}}{1 + K_{iL} C_{iw}}$$

式中：$\Gamma_{\max}$ 通常表示给定化合物 i 的最大表面浓度；常数 K_{iL} 通常称为 Langmuir 常数，定义为吸附反应的平衡常数。

为了从实验数据中得到 K_{iL} 和 $C_{is,max}$，拟合 $1/C_{iw}$ 对 $1/C_{is}$ 的关系，然后利用斜率和截点估算等温线常数（见图 4-20）。

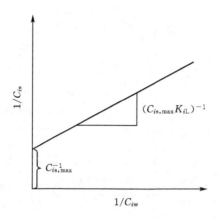

图 4-20 Langmuir 吸附等温线

有些时候，由于吸附过程化合物浓度大，被吸附物的浓度与溶液浓度之间无法用单一线性方程来描述，如图 4-18(d) 和(f) 所示，这样就需要把线性方程、Freundlich 方程或者 Langmuir 方程联合起来进行描述，在这些反应模型中，最简单的情况包含了两个吸附过程即吸收过程和有限位点吸附过程，最后得到的方程为

$$C_{is} = K_{ip}C_{iw} + \frac{C_{is,max}K_{iL}C_{iw}}{1 + K_{iL}C_{iw}}$$

将线性等温线与 Freundlich 等温线结合将得到另一个方程

$$C_{is} = K_{ip}C_{iw} + K_{iF}C_{iw}^{n_i}$$

这些双模型结构可以比较好的拟合那些含有有限的高活性吸附位点的组分及能吸收有机化合物组分的天然吸附剂的实验数据。

4.6.2 无机表面的吸附

1. 引言

在有些环境条件下，极性无机物表面对有机分子的吸附会比较重要，如图 4-21(a) 所示，气相中所有极性有机物很容易被吸附在无机物表面。倘若有机物的结构有助于表面作用，也会使得水溶液中有机化合物在极性无机物的表面吸附明显，这种吸附驱动力包括有机物的疏水性（见图 4-21(b)），基于电子供体/受体作用引起的吸着物与矿物表面的特殊相互作用（见图 4-21(c)），还有基于异种电荷相互吸引所引起的吸着物与矿物表面的相互作用（见图 4-21(d)）。在大多数环境条件下，这些吸附机理都比较重要。吸附可以分为物理吸附和化学吸附，当被吸附的有机物与无机物表面的相互作用不涉及共价键形成时，这时为物理吸附，而当有机物在无机表面参与化学键的形成时，这种吸附作用称为化学吸附，如图 4-21(e) 所示。

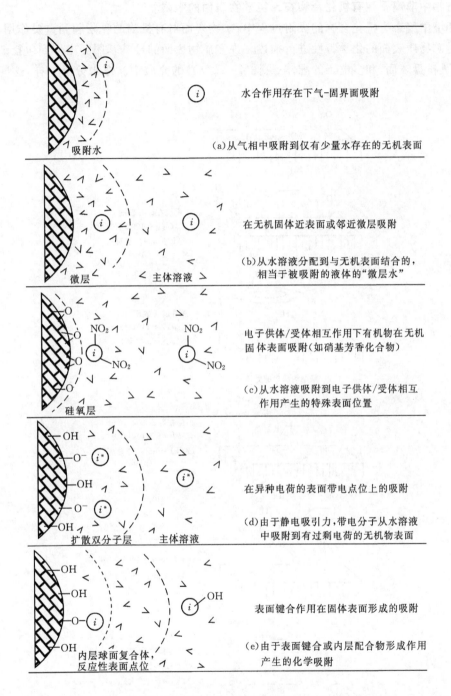

水合作用存在下气-固界面吸附

(a)从气相中吸附到仅有少量水存在的无机表面

吸附水

在无机固体近表面或邻近微层吸附

(b)从水溶液分配到与无机表面结合的，相当于被吸附的液体的"微层水"

微层　主体溶液

电子供体/受体相互作用下有机物在无机固体表面吸附(如硝基芳香化合物)

(c)从水溶液吸附到电子供体/受体相互作用产生的特殊表面位置

硅氧层

在异种电荷的表面带电点位上的吸附

(d)由于静电吸引力,带电分子从水溶液中吸附到有过剩电荷的无机物表面

扩散双分子层　主体溶液

表面键合作用在固体表面形成的吸附

(e)由于表面键合或内层配合物形成作用产生的化学吸附

内层球面复合体,反应性表面点位

图 4-21　有机物 i 吸附于天然无机物固体表面的多种可能途径

2. 气相中非离子型有机化合物在无机矿物表面的吸附

在环境中气态有机化合物的吸附过程中,矿物表面对有机物的吸附起到重要作用,所以有必要先对矿物质表面的化学特性进行描述。许多矿物表面的羟基基团突出伸到包括缺电子的金属的"跳棋盘表面"和多电子的配体(见图 4-22(a))的介质中。像水分子一样,这些表面基

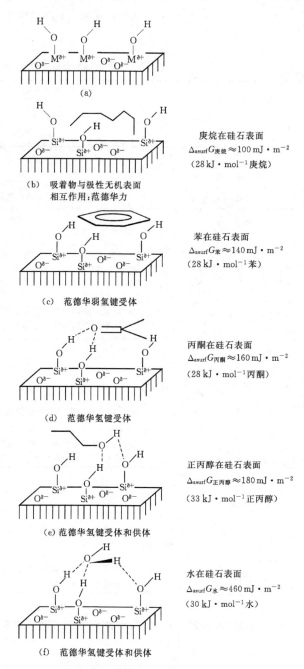

图 4-22 矿物表面及其作用示意图

(注:(a)在金属原子的部位带部分正电荷(在图中用 M^{δ^+} 表示),在键合阴离子(如氧原子)的部位带负电荷,羟基伸展在外;(b)有机化合物和湿硅表面相互作用)

团一般包含氢供体和氢受体。因此,这样的双极性表面是通过范德华力、氢供体/受体同矿物表面附近的分子作用的。本节利用二氧化硅吸附作用来理解分子与固体表面相互作用的相对贡献,如图 4-22(b)所示。人们知道所有的吸着物都是通过范德华力吸附到矿物表面的,但当官能团存在于矿物表面并与吸着物发生氢键作用时,可以观察到二氧化硅在单位面积上具有更强的吸引力。对于水分子而言,因其既是氢供体又是氢受体,所以其在矿物表面的吸附力很强,水分子与矿物表面的作用远远高于小分子非离子型有机化合物与矿物表面的作用,所以说,有机物直接吸附到固体表面的总能量变化一定要反映水分子从固相表面脱附所付出的"能量代价"。

因为环境中几乎所有的矿物质都暴露于水汽之下,为此可以认为水分子总是存在于天然矿物质表面,其覆盖程度与水在大气中活度成比例,一般用"相对湿度"(RH)来衡量水汽的活度。RH 表明大气与纯水相平衡。通常把矿物表面看成是在其表面覆盖了一层水膜,这层膜具有纯水的表面特性。即使在 RH 远小于 100% 情况下,矿物表面上仍存在水的单层分子。因此,基于有机物不能取代矿物表面的水分子,必须考虑把部分水湿润的矿物表面作为从大气中吸附有机物的吸附剂。

3. 水体中非离子有机物在无机表面的吸附

如果用水将无机固体完全浸没,其表面会吸附非离子型有机物,如图 4-23 所示,在某些条件下,这类吸附相当重要,比如说,在某些环境体系中,没有足够多的天然有机质覆盖固体表面来支配吸附,所以,矿物质表面和吸附质可能存在唯一的吸附过程,该过程中可以忽略天然有机质的存在。

依据经验较容易发现,非离子型有机物在无机固体上的吸附最好用线性等温线来描述,这也正是芘在高岭土悬浮物上吸附时观察到的结果,如图 4-23(a)所示,总体上,这些有机吸着物的结构使其不能同极性表面之间进行强烈的相互作用。相反,其它化合物,在黏土矿物上的吸附符合 Langmuir 等温线,如图 4-23(b)所示,这些化合物能专门与矿物表面上的点位反应,从吸附熵来看,此类化合物与矿物表面点位作用呈现更强的键合性。

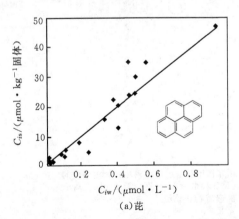 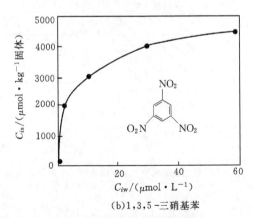

图 4-23　水溶液中两种非离子型有机物在悬浮高岭土表面上的吸附等温线

(a. 极性很小的芘化合物,在溶解度范围内显示一线性等温线;

b. 极性化合物 1,3,5,-三硝基苯显示双曲线性等温线)

4. 水体中离子型有机物在带电荷矿物表面的吸附

现在讨论结构中至少具有 1 个电离的官能团的有机物,其一般出现在两类区域:溶解到水层并立即与表面接触,如图 4 - 21(d)所示,或实质键合到矿物表面,如图 4 - 21(e)所示。大多数试验研究表明,带电荷有机吸着物同天然固体作用的吸附等温线是非线性的。带电荷有机物与固体作用程度也因诸如溶液 pH 值等因素的变化而改变,因为 pH 值控制着矿物表面电荷和吸着物离子形态的存在比例,溶液离子强度和离子组成也影响带电荷有机化合物的吸附。因为所给固体的电荷密度取决于材料对周围条件的特殊响应,所以吸附剂的矿物组成也是关键因素之一。考虑所有影响因素的综合作用,估算带电有机物吸附到天然土壤和底泥上要比中性化合物困难得多,因为中性化合物的吸附常可简化为几个关键因素。下面将具体分析带电分子同带电表面作用的特性,并讨论如何估算此类吸附的程度。首先讨论一下控制水中固体表面电荷 σ_{surfex} 存在的机理。

由于每种固体都具有可电离表面基团的原因,所以其在水溶液中都有一个带电表面。如果有机功能基团和表面电荷带相反电荷,则有机吸着物和颗粒表面之间会在溶液中产生静电吸引。静电引力将无机抗衡阳离子(如 Ca^{2+})吸引至负电荷表面。这样一来,离子型有机物就会在颗粒周围的薄水层上不断积累并作为溶液中电荷的一部分来平衡固体表面电荷(见图 4 - 24)。相反,与固相表面带有相同电荷的有机物将被排斥离开固体近表层水。临近固体表面水层必须含有过量"抗衡离子"(见图 4 - 24 中的 Cl^- 和 i^-),它们带有与颗粒表面等量但极性相反的电荷。富含离子的水层有时也叫扩散双电层,其厚度与溶液离子强度成反比。有研究认为扩散双电层的特征厚度是 $0.28 \times I^{-0.5}$ nm,I 是摩尔单位的溶液离子强度。对天然水的典型离子组分(约为 $10^{-3} \sim 0.5$ mol·L^{-1}),这意味着大多数抗衡离子都被压缩在 $0.3 \sim 10$ nm 厚度的水层中,几乎全部在表面的 $1 \sim 30$ nm 厚的水层中。

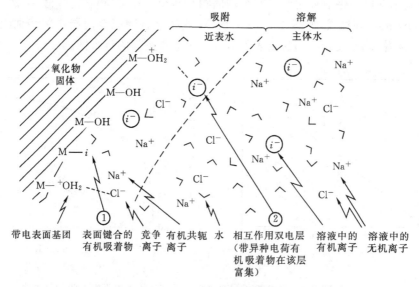

图 4 - 24　水中带电粒子在矿物表面的吸附

(注:水中一个带正电的氧化物颗粒吸引阴离子物质(包括有机阴离子)到近表层水,其中一些阴离子物质可能会和表面反应,取代其它配基,形成与表面结合的吸着物。固体中的 M 指 Si、Al、Fe 等原子)

　　固体的矿物学性质和其所处的水溶液的特性决定了颗粒表面电荷的量,在环境中常见的重要表面有几类(见表 4-11),此处只讨论氧化物或氢氧化物,并简单提及铝硅酸盐或黏土矿物,天然有机质和其它固体(如碳酸盐)等。

表 4-11　水环境中常见的"纯固体"的吸附特性

类别		比表面积	CEC	AEC	pK_{a1}^{int}	pK_{a2}^{int}	pH_{zpc}
吸附剂	组成	/(m² · g⁻¹)	/(mol · m⁻²)	/(mol · m⁻²)			
氧化物							
石英	SiO_2	0.14	8×10^{-8}		(−3)	7	2
无定型硅胶	SiO_2	500	8×10^{-8}		(−3)	7	2
针铁矿	$a-FeOOH$	46		2×10^{-8}	6	9	7.5
无定型氧化铁	$Fe(OH)_3$	600		5×10^{-8}	7	9	8
氧化铝	Al_2O_3	15		7×10^{-8}	7	10	8.5
水铝矿	$Al(OH)_3$	120	2×10^{-8}		5	8	6.5
硅铝氧化物							
Na-蒙脱石	$Na_3Al_7Si_{11}$	600~800	$(0.9 \sim 2) \times 10^{-6}$	$(3 \sim 4) \times 10^{-7}$			2.5
高岭石	$O_{30}(OH)_6$	12	$(0.2 \sim 1) \times 10^{-6}$	$(0.6 \sim 2) \times 10^{-5}$			4.6
伊利石	$Al_2Si_2O_5(OH)_2$	65~100	$(1 \sim 6) \times 10^{-6}$	3×10^{-7}			
有机物							
腐殖质	$KAl_3Si_3O_{10}(OH)_2$	1	1×10^{-3}				
碳酸盐							
方解石	$C_{10}H_{12}N_{0.4}O_6CaCO_3$	1		9×10^{-6}			8~9.5

　　①氧化物/氢氧化物。氧化物和氢氧化物构成天然固体,它们的水-湿表面覆盖着羟基,如图 4-22 所示(≡M 代表颗粒表面的原子),羟基部分可与水溶液进行质子交换。

$$\equiv M-OH_2^+ \rightleftharpoons \equiv M-OH + H^+$$
$$\equiv M-OH \rightleftharpoons \equiv M-O^- + H^+$$

　　由此可以确定这些反应的酸-碱平衡常数(此处忽略活度系数)

$$K_{a1} = [\equiv M-OH][H^+]/[\equiv M-OH_2^+]$$
$$K_{a2} = [\equiv M-O^-][H^+]/[\equiv M-OH]$$

　　这些表面酸平衡常数既反映特殊 O—H 键的本质又反映 H⁺ 靠近或离开带电表面的静电自由能

$$K_{a1} = K_{a1}^{int} \cdot e^{zF\Psi/RT}$$
$$K_{a2} = K_{a2}^{int} \cdot e^{zF\Psi/RT}$$

式中:z 为电荷数,对交换离子 $Z = +1$,在这里是指 H⁺;F 为法拉第常数,96485 C · mol⁻¹;Ψ 为与溶液有关的表面电位,V 或 J · C⁻¹;R 为气体常数,8.31 J · mol⁻¹ · K⁻¹;T 为绝对温度,K。

　　在 pH 逐渐升高的情况下,随着质子交换反应向右进行,Ψ 正值越来越小;随着反应继续向右进行,Ψ 越来越负。随着溶液 pH 值不断升高,表面电荷累积的变化使得从负电荷增加的氧化物表面移走 H⁺ 愈加困难。一些反应性无机离子也是有可能强烈地键合到表面上。在这种情况下,这些无机离子和 H⁺、OH⁻ 一起构成固体表面带电区域,这种电荷形成的离子组合叫"支配电势"。

从上面很容易发现固体表面$\equiv MOH_2^+$和$\equiv MO^-$的量控制着表面电荷浓度。电荷浓度σ_{surfex}可以通过计算正负点位浓度差获得(忽略其它特殊吸附物质)。

$$\sigma_{surfex} = \left[\equiv M\!-\!OH_2^+\right] - \left[\equiv M\!-\!O^-\right]$$

其中表面带电物质浓度以$mol \cdot m^{-2}$为单位。当两种表面带电物质以相等的浓度存在时,表面上净电荷为零(同时$\Psi = 0$);造成这种条件的溶液 pH 值为电荷零点 pH 值,或pH_{zpc}。如果知道$\equiv MOH_2^+$和$\equiv MOH$的本身酸度就可以计算pH_{zpc}。

$$\left[H^+\right]_{zpc}^2 = K_{a1}^{int} \cdot K_{a2}^{int}$$
$$pH_{zpc} = 0.5(pK_{a1}^{int} + pK_{a2}^{int})$$

上式表明氢氧化物的pH_{zpc}位于其表面基团所固有的pK_a中间。现在,当水溶液 pH 值低于pH_{zpc}时,则$[\equiv MOH_2^+] > [\equiv MO^-]$,表面带正电荷,反之,则$[\equiv MO^-] > [\equiv MOH_2^+]$,表面带负电荷,且随 pH 值升高而相应的增加。

一般来说,在近中性 pH 值,氧化物的表面电荷密度应在$10^{-8} \sim 10^{-6}\ mol \cdot m^{-2}$范围内(见表 4-11),这说明在每平方米表面上有$10^{-8} \sim 10^{-6}$摩尔抗衡离子由于静电吸引而聚集,该表面的特性通常显示出固体的阳离子交换容量(CEC)和阴离子交换容量(AEC),它们分别取决于固体带净负电荷还是净正电荷。

②硅铝酸盐与黏土。不同类型的黏土矿物其表面电荷也不同。这些混合的铝氧化物和硅氧化物有两类表面暴露于外部介质,因此相同的颗粒可能同时有 CEC 和 AEC(见表 4-11)。

③特殊天然有机质和其它固体。水体中的特殊天然有机质也可能有助于固体带电荷的点位的聚合,这主要是羧基(—COOH)的离子反应,或在高 pH 值时苯酚基(芳环—OH)的离子反应导致的。

其它固相物质如碳酸盐等在自然界中普遍存在,这些材料同样由于固体表面上过量的M^{2+}和CO_3^{2-}形成$\equiv MOC(O)O^-$(见表 4-11)等表面带电基团而显示出表面带电的特征。

复习题

1. 由分子中电子的不均匀分布引起的分子间力有哪几种? 各种分子间力产生的原因又是什么?

2. 试推导气液平衡中的 Clausius-Clapeyron 方程,并简述温度与蒸汽压的关系。

3. 简单描述一下在实验室如何测定辛醇-水分配系数? 各种测定方法又有何局限性?

4. 讨论引起有机化合物溶解度较大差异的分子因素都有哪些?

5. 讨论影响有机污染物在水中的溶解度的各种因素。

6. 简单讨论温度和溶液中无机盐对有机物水溶解度和活度系数的影响规律。

7. 辛醇-水分配系数的概念及其意义是什么?

8. 讨论 Freundlich 吸附等温式和 Langmuir 吸附等温式的应用和特点。

9. 简述无极矿物表面的化学特征及其对吸附性能的影响。

10. 已知 2,4-二硝基甲苯lgK_{ow}的值为 5.76,试估算该物质的水溶解度。

11. 已知对硫磷的lgK_{ow}为 3.81,试估算甲基对硫磷的辛醇-水分配系数。

第 5 章　环境有机化合物化学净化反应

5.1　环境有机化合物的转化反应热力学

由于很多反应都发生在水溶液中,因此,本书把反应热力学的学习局限于发生在稀水溶液中的反应。对于高反应活性氧化剂与有机化合物之间的气相反应(即发生于大气圈中的反应),将假设这些反应能自发地进行。

当处理稀水溶液中的反应时,对于溶质参考状态合适的选择是水中的无限稀释状态。化合物 i 的化学势能表示为

$$u_i = u_i^{0'} + RT\ln\frac{\gamma_i'[i]}{(\gamma_i' = 1)[i]^0} \tag{5-1}$$

式中:γ_i' 为活度系数;$[i]$ 为化合物 i 的实际浓度;$[i]^0$ 为化合物 i 在标准状态下的浓度,上标 $'$ 是用来指示无限稀释的参考状态(以区别于纯有机物液体状态);$u_i^{0'}$ 对应于水溶液中化合物 i 的标准生成自由能。在给定 p^0 及 T[如 1 bar(10^5 Pa),25 ℃]时有

$$u_i^{0'} = \Delta_f G_i^0(\text{aq}) \tag{5-2}$$

由于已经将无限稀释的水溶液作为参比,在很多情况下,γ_i' 与 1 没有本质的差别。

下面看一个普遍的可逆化学反应

$$a\text{A} + b\text{B} + \cdots \Longleftrightarrow p\text{P} + q\text{Q} + \cdots \tag{5-3}$$

式中:$a, b, \cdots, p, q, \cdots$ 是反应的化学计量系数,也就是描述在给定反应中消耗和产生的每个化合物的相对摩尔数。在系统中,对于给定的组成 $[\text{A}], [\text{B}], \cdots, [\text{P}], [\text{Q}], \cdots$,如果反应是由反应进度 $\text{d}n_r$ 增加而产生的,那么 $\text{d}n_\text{A} = -a\text{d}n_r, \text{d}n_\text{B} = -b\text{d}n_r, \cdots$,直至 $\text{d}n_\text{P} = p\text{d}n_r, \text{d}n_\text{Q} = q\text{d}n_r, \cdots$,所引起的系统的总自由能变化可表示为

$$\begin{aligned}
\text{d}G &= -a\mu_\text{A}\text{d}n_r - b\mu_\text{B}\text{d}n_r - \cdots + p\mu_\text{P}\text{d}n_r + q\mu_\text{Q}\text{d}n_r + \cdots \\
&= (-a\mu_\text{A} - b\mu_\text{B} - \cdots + p\mu_\text{P} + q\mu_\text{Q} + \cdots)\text{d}n_r
\end{aligned} \tag{5-4}$$

式中:$\text{d}G/\text{d}n_r$ 是反应过程中系统自由能变化的度量,也就是指反应的自由能,用符号 $\Delta_r G$ 表示。下标 r 将反应自由能与转移自由能区别开来,因此

$$\Delta_r G = -a\mu_\text{A} - b\mu_\text{B} - \cdots + p\mu_\text{P} + q\mu_\text{Q} + \cdots \tag{5-5}$$

将参与反应的每一化合物的式(5-1)代入式(5-5)中,并假定所有考虑到的化合物的标准浓度 $[i]^0 = 1 \text{ mol·L}^{-1}$,经过一定的重排后可以得

$$\Delta_r G = -a\mu_\text{A}^{0'} - b\mu_\text{B}^{0'} - \cdots + p\mu_\text{P}^{0'} + q\mu_\text{Q}^{0'} + \cdots + RT\ln\frac{(\gamma_\text{P}'[\text{P}])^p(\gamma_\text{Q}'[\text{Q}])^q\cdots}{(\gamma_\text{A}'[\text{A}])^a(\gamma_\text{B}'[\text{B}])^b\cdots} \tag{5-6}$$

产物和反应物的标准化学势的代数和称为标准反应自由能,表示为 $\Delta_r G^0$

$$\Delta_r G^0 = - a\mu_A^{0'} - b\mu_B^{0'} - \cdots + pu_P^{0'} + qu_Q^{0'} + \cdots$$

$$= - a\Delta_f G_A^{0'}(aq) - b\Delta_f G_B^{0'}(aq) - \cdots + p\Delta_f G_P^{0'}(aq) + q\Delta_f G_Q^{0'}(aq) + \cdots \quad (5-7)$$

因此，$\Delta_r G^0$ 是当所有的化合物都处于标准状态时（即假定浓度为 $1\ mol \cdot L^{-1}$，并且活度系数为 1）反应自由能的度量。如果 $\Delta_r G^0$ 为负的，则意味着在标准状态下，式(5-3)将从左至右地自发进行；如果 $\Delta_r G^0$ 是正的，反应将从相反的方向自发进行。

将式(5-7)代入式(5-6)中，并且使用 $\{i\}$ 代表指定化合物的活度，即 $\{i\} = \gamma_i'[i]$，可以将式(5-6)重写为

$$\Delta_r G = \Delta_r G^0 + RT\ln \frac{\{P\}^p \{Q\}^q \cdots}{\{A\}^a \{B\}^b \cdots} \quad (5-8)$$

定义 Q_r 为

$$Q_r = \frac{\{P\}^p \{Q\}^q \cdots}{\{A\}^a \{B\}^b \cdots} \quad (5-9)$$

可以将式(5-8)重写为

$$\Delta_r G = \Delta_r G^0 + RT\ln Q_r \quad (5-10)$$

由此可以看出，Q_r 能严重地影响 $\Delta_r G$。因此，即使 $\Delta_r G^0$ 是正的（即标准反应是吸收能量的，并且在标准条件下不能自发地发生），反应在指定系统中仍能进行（即由于非常小的 Q_r 值，反应是释放能量的）。小的 Q_r 是因为在指定的时间内，系统中一个和多个产物的活性（或浓度）非常低（因为 γ_i' 通常接近 1），和/或一个或多个反应物的活性（浓度）较高。反之，一个较大的 Q_r（如产品的累积，反应物的消耗）可以形成一个正的 $\Delta_r G$，尽管 $\Delta_r G^0$ 可能是负的。

5.2　环境有机化合物的水解反应

5.2.1　水解反应概述

水解被定义为一种有机物分子 RX 与水的反应。该反应是水体中的亲核基团（水或 OH^-）进攻有机物分子 RX 中的亲电基团（C、P 等原子）并取代一个离去基团 X。该反应可表达为

$$RX + H_2O \longrightarrow ROH + X^- + H^+$$

水解过程包括几种类型的反应机理。不同的反应机理认为有不同的反应中心。常常遇到的反应机理大多解释为直接或间接的亲核取代反应以及亲核加成-消除反应。

化学品中普遍存在着许多易于水解的有机官能团，这些官能团及其水解产物由表 5-1 列出。在水生生态系统中，含有表中所列官能团的化学物质，水解可能是其首要的转化途径。水解过程并不仅仅局限于常见的天然水体，如河流、溪流、湖泊、海洋等，有机化学物质的水解同样可以发生在空气中的雾滴水、生物水、地下水、以及水与水中土壤和沉积物形成的微环境等系统中。

表 5-1 易水解的有机官能团的环境化学反应实例

卤代脂肪族化合物	亲核取代：$RCH_2X \xrightarrow{H_2O,OH^-} RCH_2OH + HX$
	消去： 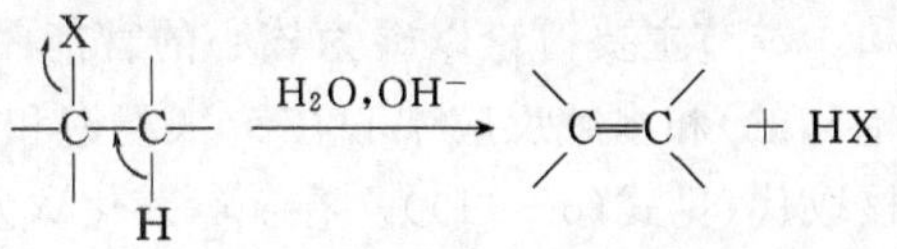

环氧化合物： 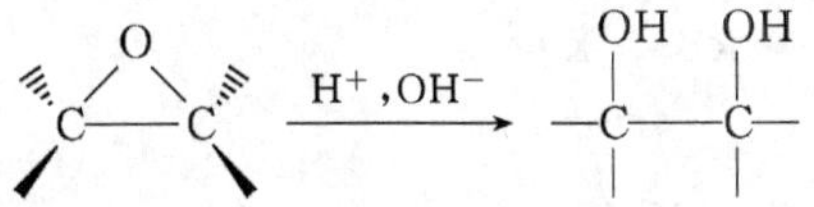	

有机磷酸酯： 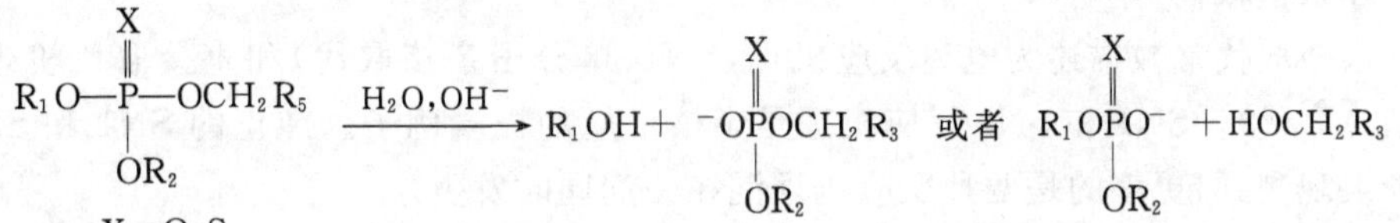	

羧酸酯： 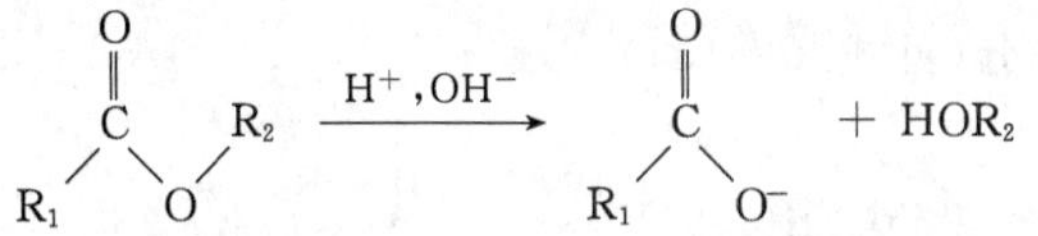	

酸酐： 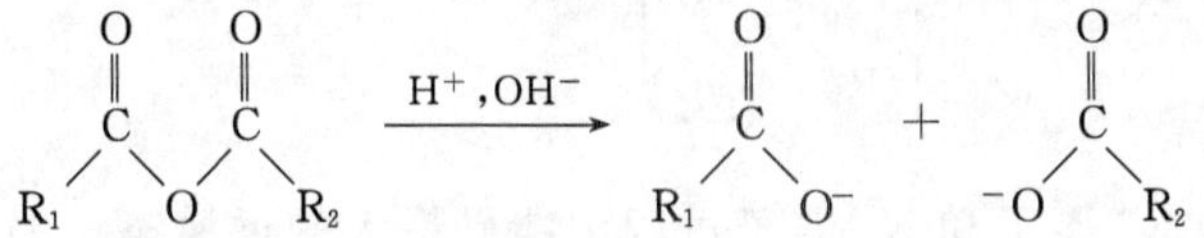	

酰胺： 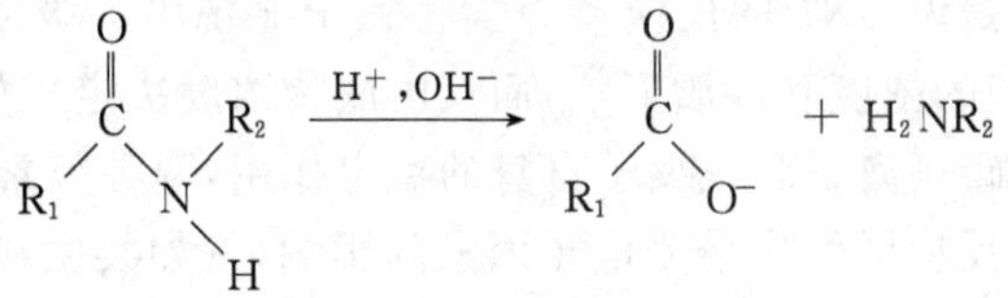	

氨基甲酸酯： 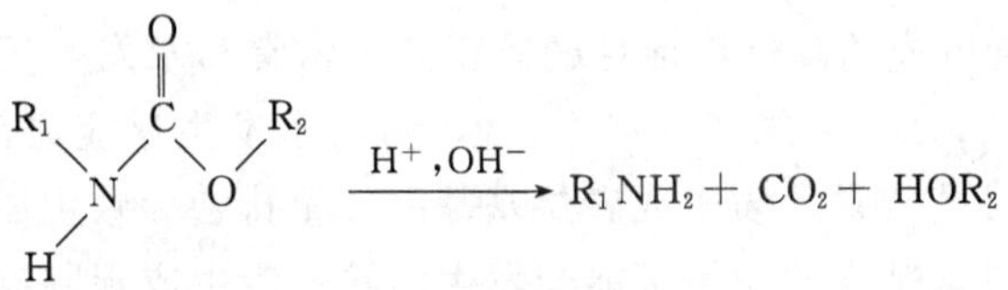	$\xrightarrow{H^+,OH^-} R_1NH_2 + CO_2 + HOR_2$

脲：	$\xrightarrow{H^+,OH^-} R_1NH_2 + CO_2 + H_2NR_2$

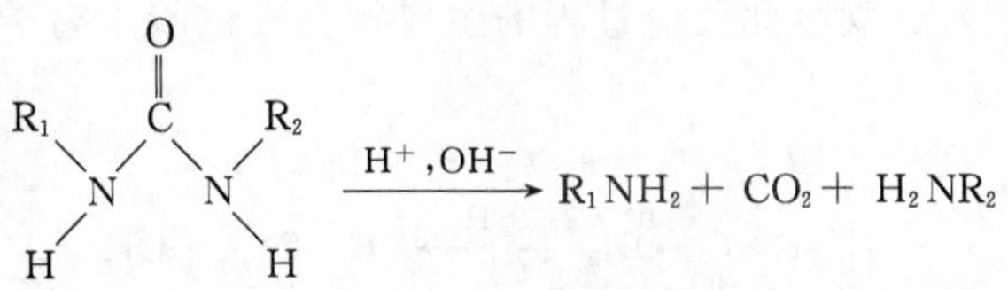

5.2.2 水解反应机制

水解的反应机理可以根据不同的反应中心来归类。不同反应中心主要的区别在于是饱和的还是不饱和。本节主要讨论以碳为核心的官能团。这些以碳为核心的官能团包括水解反应中心在 sp^3（饱和的）和水解反应中心在 sp^2（不饱和的）的杂化碳。在 sp^3 杂化碳发生的亲核反应被称为亲核取代（见式（5-11））。在 sp^2 杂化碳发生的亲核反应被称为亲核加成-消除反应或酰化取代反应（式（5-12））。

$$RX + Y: \rightarrow RY + X: \tag{5-11}$$

$$\overset{O}{\underset{}{RCX}} + Y: \longrightarrow \overset{O}{\underset{}{RCY}} + X: \tag{5-12}$$

1. 亲核取代

亲核取代常被描述为电离反应机理（SN1，单分子亲核取代）和直接取代机理（SN2，双分子亲核取代）。SN1 和 SN2 反应机理是亲核反应的极端例子。纯正的 SN1 和 SN2 反应机理很少被观测到，更多的是两种反应机理混在一起同时发生。

（1）SN1 反应机理

SN1 的反应机理是由底物的速率决定的非均相解离开始的。底物解离生成一类杂化碳（通常被描述为碳正离子）和分离组分（见式（5-13））。

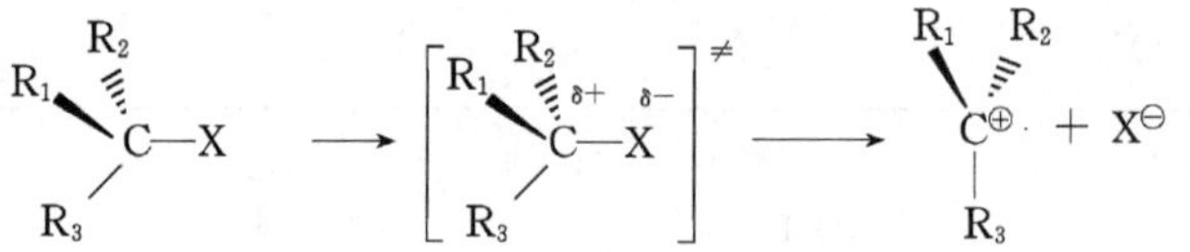

$$\tag{5-13}$$

$[R-X]^{\neq}$ 是 RX 解离为 R^+ 离子和 X^- 离子过程中能量最大的过渡态。因为生成碳正离子的反应是速率决定性反应，这就是说 SN1 的反应动力学将完全显现出一级动力学（SN1 反应的速率完全不受攻击的亲核试剂的浓度和性质影响，而仅由底物浓度决定），如式（5-14）所示。因此，稳定的过渡态导致生成碳正离子和正离子自身的稳定作用，两种因素将会增加反应活性。综上所诉，SN1 机理反应的反应活性主要受电子因素的影响，例如共振和诱导效应。

$$r = k_1[RX] \tag{5-14}$$

在水系统中，由 SN1 反应所生成的高反应活性的碳正离子常常与水发生反应。高反应活性的碳正离子与水反应生成醇类物质（见式（5-15））。但是，与水发生反应之前，可能有取代基通过迁移导致分子重排。取代基常常是质子或者烷基基团。重排会导致生成更稳定的碳阳离子（见式（5-16））。同样的，与碳毗连的质子可能会发生消除反应生成碳阳离子。此反应可能会导致生成烯烃（见式（5-17））。观察此反应过程的生成物将提供碳阳离子中间体存在的证据。

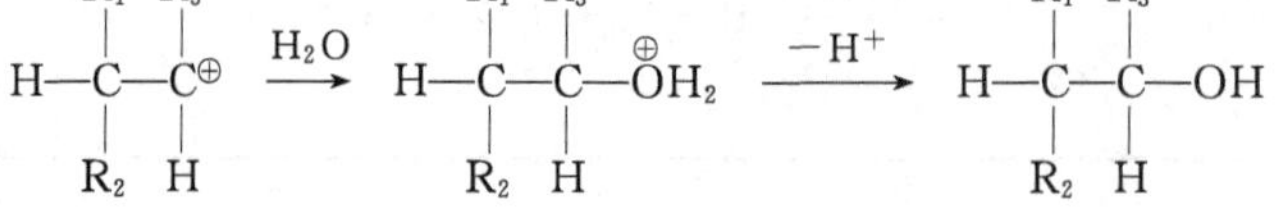

$$\tag{5-15}$$

$$\underset{\substack{R_2 \\ |}}{\overset{\substack{R_1 \quad R_3 \\ |}}{H-C-C^{\oplus}}} \xrightarrow[\substack{\sim 1,2-质子迁移}]{\sim H} \overset{\substack{R_1 \quad R_3 \\ |}}{\underset{\substack{R_2 \\ |}}{^{\oplus}C-C-H}} \xrightarrow{H_2O} \underset{\substack{R_2 \\ |}}{\overset{\substack{R_1 \quad R_3 \\ |}}{HO-C-C-H}} \qquad (5-16)$$

$$\underset{\substack{R_2 \\ |}}{\overset{\substack{R_1 \quad R_3 \\ |}}{H-C-C^{\oplus}}} \xrightarrow[\substack{质子消去}]{-H^+} \overset{\substack{R_1 \\}}{\underset{\substack{R_2}}{C}}=\overset{\substack{R_3 \\}}{\underset{\substack{H}}{C}} \qquad (5-17)$$

（2）SN2 反应机理

直接的取代或者说 SN2 机理是通过过渡态表现出来的。在这种过渡态中旧共价键断裂和新共价键生成同时发生。

$$X-\overset{\substack{R_2 \\ |}}{\underset{\substack{R_3}}{C}}\overset{R_1}{\diagup} + :Y \longrightarrow \left[\overset{\substack{R_2 \quad R_1 \\}}{X-\overset{\delta^+}{\underset{\substack{R_3}}{C}}\overset{\delta^-}{-}Y} \right]^{\neq} \longrightarrow X: + \overset{\substack{R_2 \\}}{\underset{\substack{R_3}}{C}}\overset{R_1}{\diagdown}-Y$$

因为底物（或者是亲电子试剂）和攻击性亲核试剂都是以过渡态出现，所以这两种物质的浓度都将出现在速率表达式中（见式（5-18））。并且，因为亲核试剂从与离去基团离去方向成 180°的方向接近底物（称为反向攻击），构型的颠倒将会发生在手性碳原子上（四个不一样的取代基以碳原子为轴）。由于 SN2 反应机理的过渡态的几何结构，所以 SN2 反应的活性受空间排列因素的影响大大高于电子的因素。SN2 反应中亲核攻击发生的碳原子上会与五个取代基成键，生成拥挤的过渡态状态。增加取代基的数量将会增加过渡态物质中的非键相互作用，同时提高了过渡态物质的能量，从而导致反应速率下降。

反应速率方程：$r = k_2[R-X][:Y]$ (5-18)

通过亲核取代反应进行水解反应的有机污染物种类包括卤代烃、环氧化物和磷酯化物等。此外，讨论影响亲核取代反应活性的因素将会对这些化学物质的水解机理有更详尽的了解。

2. 亲核取代的官能团转化

（1）卤带脂肪族化合物

卤带脂肪族化合物污染了环境中地表水和地下水，因此，要尽快找出污染环境的卤带脂肪族化合物的降解路径。卤带脂肪族化合物的水解半衰期范围从几个月到几年。然而，因为这种污染物在地下水系统中的滞留时间常常是以年为单位，所以水解可能是这种污染物在环境中最重要的转化路径。

①单卤取代脂肪族化合物。这种单卤取代脂肪族化合物（一个饱和碳原子被卤素取代）的水解反应是由水分子发起的亲核取代反应。此反应常常与 pH 有关，最后生成醇类物质。

$$RX + H_2O \longrightarrow ROH + HX$$

虽然许多单卤取代脂肪族化合物的水解易受碱催化的影响，但是，在自然环境状态下 pH 接近中性，碱催化水解过程在全部水解程度中的贡献基本可以忽略不计。列于表 5-2 的数据总结了一系列单卤取代脂肪族化合物在 25 ℃，pH＝7 的状态下的水解半衰期。半衰期的时间由 19 秒到 7000 年。由此可知结构变化对水解速率具有十分重要的影响。从表 5-2 可以明显看出氟代脂肪族化合物要比氯代脂肪族化合物更稳定，同样可以得出氟代脂肪族化合物和氯代脂肪族化合物要比溴代脂肪族化合物更稳定。反应活性的这个趋势反映出碳—卤键的强度,此键的强度遵循 F>Cl>Br 的顺序,在亲核反应中碳—卤键将会断裂。

在表 5-2 中的单卤取代脂肪族化合物中,由于卤代甲烷作为地下水污染物普遍存在于自然环境中,因此卤代甲烷成为环境中最被关注的污染物之一。除了三卤代甲烷,其它卤代甲烷水解的机理都是直接由水进行亲核取代的(SN2 反应机理)。三卤代甲烷(CHX_3)的水解机理被认为是开始先发生氢离子提取反应(E1cB 机理)生成三氯甲烷碳负离子(见式(5-19))。这个三氯甲烷碳负离子随后又经历氯离子消去反应生成二氯碳烯(见式(5-20))。二氯碳烯接着与 OH^- 反应生成一氧化碳和氯离子(见式(5-21))。

表 5-2　单卤代脂肪族化合物的水解半衰期(pH=7,25 ℃)

RX	X=F	X=Cl	X=Br
CH_3X	30 y	0.93 y	20 d
CH_2X_2	—	704 y	183 y
CHX_3	—	3500 y	686 y
CX_4	—	7000 y	—
CH_3CH_2X	—	38 d	30 d
$(CH_3)_2CHX$	—	38 d	2.1 d
$(CH_3)_3CX$	50 d	23 s	—
$CH_2=CHX$	—	—	
PhX	—	—	
$CH_2=CH-CH_2X$	—	69 d	12 h
$C_6H_5CH_2X$	—	15 h	
$C_6H_5CHX_2$	—	0.1 h	
$C_6H_5CX_3$	—	19 s	
CH_3OCH_2X	—	1.99 min	

$$CHCl_3 + OH^- \longrightarrow {}^-CCl_3 + H_2O \qquad (5-19)$$

$$^-CCl_3 \longrightarrow \ : CCl_2 + Cl^- \qquad (5-20)$$

$$: CCl_2 + 2OH^- \longrightarrow CO + 2Cl^- + H_2O \qquad (5-21)$$

由一卤代甲烷、二卤代甲烷、三卤代甲烷得出增加碳原子上的卤素取代基可增加它的水解半衰期。因为增加的卤素取代基会在空间结构上对亲核攻击造成更大的阻碍。相反的,如果由甲基基团占有了卤素基团的空间结构[CH_3X,CH_3CH_2X,$(CH_3)_2CHX$],那么,亲核攻击较容易发生,水解反应活性将增加并导致水解反应半衰期减少。由 $(CH_3)_2CHX$ 的反应活性要高于 CH_3CH_2X 的反应活性可反映出 SN1 机理在水解异丙基衍生物的反应中更重要。类似地,由叔丁基氯化物反应活性高于异丙基氯化物反应活性则意味着异丙基氯化物反应机理从 SN1 和 SN2 混合反应机理过渡到叔丁基氯化物的 SN1 反应机理。乙烯基卤化物($CH_2=CH-CH_2-X$),苄基卤化物($Ph-CH_2X$)和烷氧基甲基卤化物($RO-CH_2X$)也是由 SN1 反应机理进行水解反应的有机卤化物。除了乙烯基卤化物以外,其它化学物质的水解半衰期由几小时到几分钟。这种反应活性的急剧增加是由于这些化合物独特的结构决定的。这些化合物的独特结构允许碳正离子中间体的离域作用,因此导致化合物的稳定。乙烯基和苄基碳正离子具有共振结构(见式(5-22)和式(5-23))。此共振结构是由正电荷对于一些碳原子的离域作用生成的。

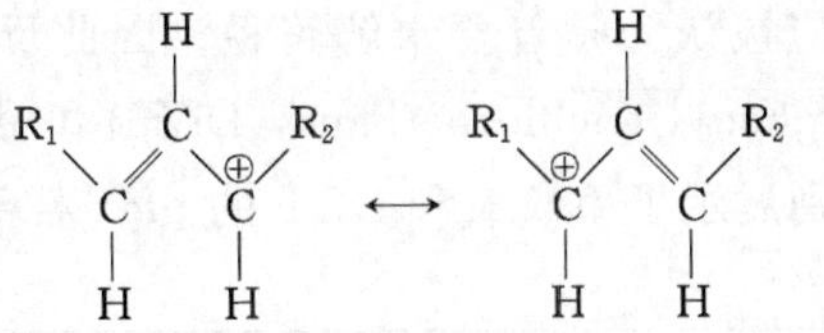

$$(5-22)$$

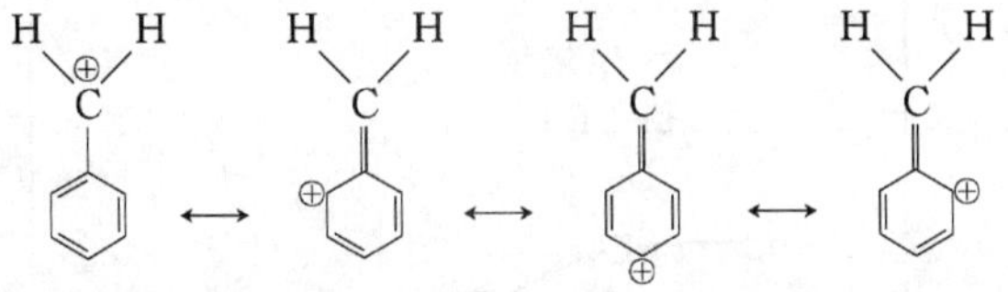

$$(5-23)$$

上述共振效应常常能用来解释 2-氯代甲基醚较容易水解的原因(见表 5-2)。虽然在 2-氯代甲基醚的碳轴上的碳原子与直接成键的氧原子由于诱导效应(偶极键是吸电子效应和供电子效应的诱因)而吸电子,但是供电子共振效应仍然占主导地位。

$$R—\overset{..}{\underset{..}{O}}—\overset{\oplus}{C}H_2 \longleftrightarrow R—\overset{\oplus}{\underset{..}{O}}=CH_2$$

类似的包含直接与连接卤原子的碳原子成键的氮和硫杂原子的脂肪烃也会使水解反应速率增加。水解反应速率的增加意味着含有离域作用而生成碳正离子中间体的特殊结构的化学物质不会在环境中持久存在。

氯代乙烯和氯苯的低的反应活性和水解速率意味着乙烯基和芳香族碳的亲核反应路径需要较高的能量。乙烯基和苯基碳正离子可以被观测到,但是它们的生成需要非常活泼的离去基团,例如三氟化磺化甲烷。

②多卤带脂肪族化合物。多卤代乙烷和多卤代丙烷(如 1,1,2,2-四氯代乙烷和 1,2-二溴-3-氯丙烷)的水解反应动力学要比单卤带脂肪族化合物的水解动力学复杂得多。在亲核取代反应以外,这类化合物能通过发生碱催化脱 HX 反应降解。根据这类物质的结构类型,消去反应(或者说去卤化氢反应)在环境 pH 条件下应该是首要的反应路径。虽然这类反应不是完全的符合早期的水解反应定义(没有形成—OH 共价键),在典型的卤代有机物水解过程中,亲核取代和消去反应都会起作用。HX 是通过双分子消去(E2)反应而脱去的,即由同时发生的提取 β 碳位的氢原子和 C—X 键断开实现的。

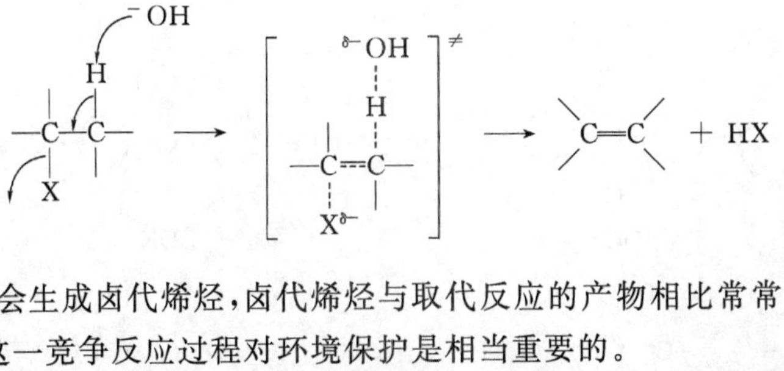

这一过程通常会生成卤代烯烃,卤代烯烃与取代反应的产物相比常常更危险和有更长的持久性,因此理解这一竞争反应过程对环境保护是相当重要的。

③亲核取代反应和消去反应的对比。多卤代乙烷和多卤代丙烷水解反应的产物分配取决于亲核取代反应路径与去卤化氢反应路径的速率之间的关系。因为强碱能促进消除反应从而

使消去反应而非亲核取代反应占主导地位,所以多卤带脂肪族化合物的碱催化反应(强碱参加反应)中,消去反应被认为是首要的降解路径。换句话说,多卤带脂肪族化合物在中性水解(弱碱参与反应)中,亲核取代反应被认为是首要水解路径。因此反应产物的分配将取决于pH。通过比较杀虫剂(Dichloro diphenyl trichloroethane,DDT)和甲氧氯的水解动力学和反应路径可以说明这点,图5-1分别展示了甲氧氯和DDT的pH、半衰期分布。

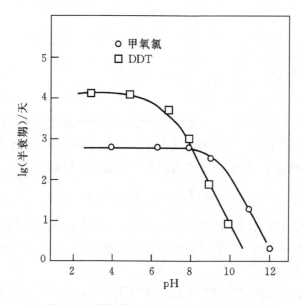

图5-1　甲氧氯和DDT的pH、半衰期分布

在与环境有关的pH范围内(5~8)甲氧氯的水解是与pH无关的。在同样的pH范围下,DDT的水解是与pH相关的。经研究反应产物,发现在pH=9时,DDT和甲氧氯的反应路径是去卤化氢。DDT和甲氧氯经此反应分别生成DDE(1,1-dichloro-2,2-bis(4-chlorophenyl)ethylene)和DMDM(1,1-dichloro-2,2-bis(4-methoxyphenyl) ethylene)。以DDT为例消去反应路径在大多数自然水体中占主导地位;然而DDT的主要反应产物DDE却比它的母体化合物DDT更稳定。相反的,甲氧氯在自然条件下的pH范围内主要是以中性水解反应为主。研究甲氧氯水解反应的产物发现在pH=7时,水解反应主要是通过生成碳正离子(SN1机理)进行,同时也可以通过消去氢离子而生成DMDM(反应较少的路径)或者是通过重排反应生成更稳定的碳正离子。

随后,该碳正离子与水反应生成醇(见图 5-2),此"中间产物"轻易地水解(SN1 机理)生成茴香偶姻(anisoin)。根据反应所在的环境状态,茴香偶姻有可能被氧化生成茴香偶酰(anisil)。这样的实验结果说明,pH 在预测反应产物及详细的理解反应动力学的过程中是十分重要的。

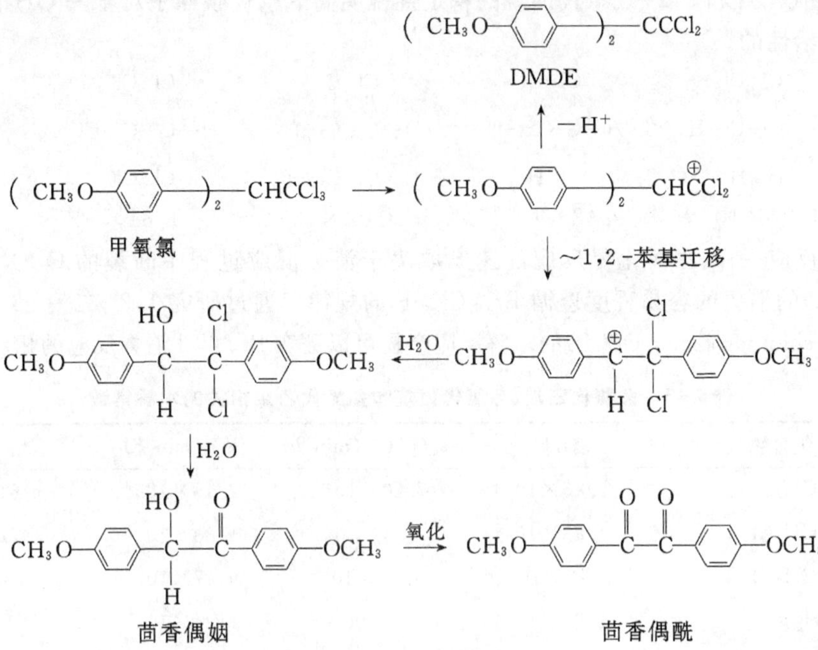

图 5-2　甲氧氯水解的反应机理

为了深入研究影响中性水解路径和碱催化水解路径速率的卤代脂肪族化合物的结构特点,有科学家测量了一系列的多氯代乙烷、多氯代丙烷和多氯代乙烯的中性水解速率常数 k_n 和碱催化消除速率常数 k_b,这些数据统计在表 5-3 中。结果发现这些化合物具有宽范围的反应活性,在环境中水解的半衰期跨度是巨大的,超过了七个数量级。大多数的多卤带脂肪族化合物在自然环境的 pH 范围内中性水解和碱催化水解都会发生,水解过程中两种反应机制的贡献度要取决于卤素取代基的类型及取代程度。

氯代乙烷和氯代丙烷的中性水解的反应活性取决于多种因素,这些因素包括 C—Cl 键强度和亲核取代位的空间胀量。例如,氯代程度对中性水解速率有着十分重要的影响。比较氯代乙烷(见表 5-2),1,1-二氯乙烷和 1,1,1-三氯乙烷(见表 5-3)的水解半衰期,可发现增加的两个氯取代基(比较氯代乙烷和 1,1-二氯乙烷的反应活性)明显减缓了中性水解,从而可得出氯原子的空间胀量的影响要远大于诱导(吸电子)效应。增加的第三个氯取代基(1,1,1-三氯乙烷)却极大地促进了中性水解。而 1,1,1-三氯乙烷反应活性的增加可能是水解反应借助了 SN1 机理的缘故,生成的碳正离子自由基中间体通过氯取代基的共振和供电子效应而更稳定。

同样,容易发生的 2,2-二氯代丙烷的中性水解可能也是通过 SN1 机理发生的,2,2-二氯代丙烷同样包含高氯取代碳(所有直接与碳原子成键的氢原子都被氯原子所取代)。

随着氯取代程度的增加,碱催化消除与中性水解(亲核取代)相比越来越重要了,直到相毗邻的碳原子也有一个氯取代基。这个趋势反映出由于碳原子上有吸电子的氯取代基,导致与碳原子连接的氢原子的酸度增加。通过表 5-3 数据发现 1,2-二氯代乙烷,1,1,2-三氯代乙烷,1,1,2,2-四氯代乙烷和五氯代乙烷之间的 k_b 相差了 5 个数量级(见式(5-24))。正如预期的一样,1,1,2,3-四氯代丙烷和 1,1,2,3,3-五氯代丙烷显示了较强的碱催化消除反应机理。1,1,1-三氯代乙烷和 2,2-二氯代丙烷的稳定性说明高氯取代碳原子对于 —OH 的亲核取代是没有反应活性的。

$$H-\underset{\underset{H}{|}}{\overset{\overset{Cl}{|}}{C}}-\underset{\underset{H}{|}}{\overset{\overset{Cl}{|}}{C}}-H < H-\underset{\underset{Cl}{|}}{\overset{\overset{Cl}{|}}{C}}-\underset{\underset{H}{|}}{\overset{\overset{Cl}{|}}{C}}-H < H-\underset{\underset{Cl}{|}}{\overset{\overset{Cl}{|}}{C}}-\underset{\underset{Cl}{|}}{\overset{\overset{Cl}{|}}{C}}-H < H-\underset{\underset{Cl}{|}}{\overset{\overset{Cl}{|}}{C}}-\underset{\underset{Cl}{|}}{\overset{\overset{Cl}{|}}{C}}-Cl \qquad (5-24)$$

k_b 1.04×10^{-11} 9.42×10^{-9} 3.02×10^{-6} 1.31×10^{-4}

像亲核反应一样,去卤化氢反应的速率取决于消去反应过程中断裂的 C—X 键的强度。因此卤素(X)的消去的容易程度遵循 Br>Cl>F 的规律。通过研究 1,2-二溴-3-氯丙烷(1,2-dibromo-3-chloropropane,DBCP)的水解反应产物可以证实 Br 和 Cl 消去反应的相对反应活性。

表 5-3　多氯代乙烷、多氯代丙烷和多氯代乙烯相关的水解常数

化合物	$k_n(\text{min}^{-1})$	$k_b(\text{pH7})(\text{min}^{-1})$	$k_{hyd}(\text{min}^{-1})$	$t_{1/2}(y)$
Cl_2HC-CH_3	2.15×10^{-8}	7.20×10^{-14}	2.15×10^{-8}	61.3
ClH_2C-CH_2Cl	1.83×10^{-8}	1.04×10^{-11}	1.83×10^{-8}	72.0
Cl_2HC-CH_2Cl	5.19×10^{-11}	9.42×10^{-9}	9.47×10^{-9}	139.2
Cl_3C-CH_3	1.24×10^{-6}	0.00	1.24×10^{-6}	1.1
$Cl_2HC-CHCl_2$	9.70×10^{-9}	3.02×10^{-6}	3.03×10^{-6}	0.4
Cl_3C-CH_2Cl	2.60×10^{-8}	2.15×10^{-9}	2.82×10^{-8}	46.8
$Cl_3C-CHCl_2$	4.93×10^{-8}	1.31×10^{-4}	1.31×10^{-4}	0.010
Cl_3C-CCl_3	0.00	7.18×10^{-18}	7.18×10^{-18}	1.8×10^9
$ClH_2C-CH_2-CH_2Cl$	5.87×10^{-7}	1.67×10^{-12}	5.87×10^{-7}	2.2
$H_3-CCl_2-CH_3$	3.18×10^{-4}	0.00	3.18×10^{-4}	0.004
$Cl_2HC-CHCl-CH_2Cl$	0.00	7.84×10^{-5}	7.84×10^{-5}	0.017
$Cl_2HC-CHCl-CHCl_2$	4.71×10^{-7}	9.81×10^{-5}	9.85×10^{-5}	0.013
$Cl_2C=CH_2$	0.00	1.09×10^{-4}	1.09×10^{-14}	1.2×10^8
$ClHC=CHCl$	0.00	6.32×10^{-17}	6.32×10^{-17}	2.1×10^{10}
$Cl_2C=CHCl$	0.00	1.07×10^{-12}	1.07×10^{-12}	1.3×10^6
$Cl_2C=CCl_2$	0.00	1.37×10^{-15}	1.37×10^{-15}	9.9×10^8

DBCP 在一些国家被广泛的用作控制线虫的土壤熏蒸剂,在地下水和下层土中都能被检测到。研究 DBCP 的水解动力学发现在 pH 大于 7 的时候,对于 DBCP 的浓度和氢氧根的浓度都是一级反应。pH 低于 7 时,DBCP 的水解主要是通过中性水解机制进行的,然而,在 pH 不低于 5 的时候,碱催化反应仍然会对水解反应的总反应速率有一定的贡献。在 pH=9 时对 DBCP 水解反应的产物的研究显示 DBCP 最初的水解转化是通过 E2 原理消除 HBr 和 HCl 发生的(见图 5-3)。

通过检测 DBCP 水解过程的两种中间烯烃产物 2 -溴- 3 -氯丙烯(bromo chloropropene, BCP)和 2,3 -二溴丙烯(dibromo propene, DBP)的产率,可以发现 HBr 的消去速率大约是 HCl 消去速率的 20 倍。研究也发现 BCP 和 DBP 的水解速率分别是它们母体化合物 DBCP 水解速率的 100 倍和 16 倍。BCP 和 DBP 水解后生成稳定的烯醇 BAA。因此,BCP 和 DBP 在环境中的积累是不会发生的。BCP 和 DBP 的水解动力学与氢氧根浓度无关,水解机理是完全的 SN1 机理。

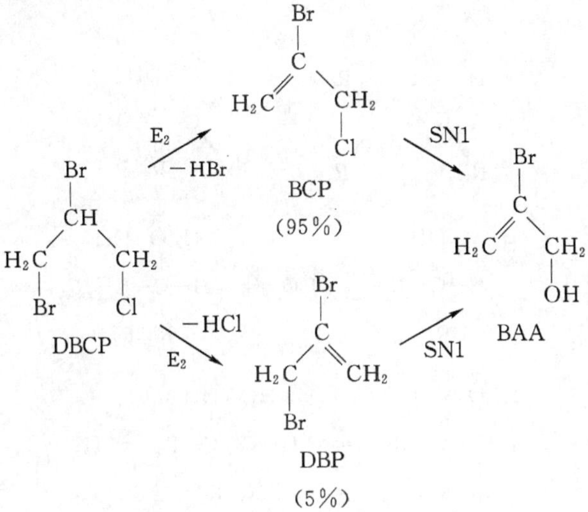

图 5 - 3　DBCP 的水解过程示意图

(2)环氧化合物

通常人们对环氧化合物水解机制的兴趣是关注于双醇类环氧化物的。例如,7,8 -二醇- 9,10 -环氧苯并[a]芘(见式(5 - 25))。环氧化合物是制取许多工业化学用品的重要中间产物,例如,用于制备一些特殊的聚合物和大宗的农业化学用品。

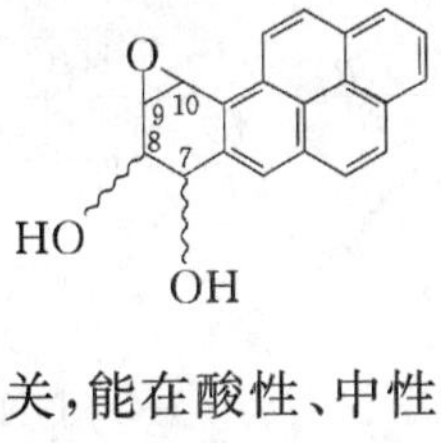

$$(5 - 25)$$

环氧化合物的水解反应与 pH 有关,能在酸性、中性和碱性条件下发生反应。因为环境中绝大多数的 pH 范围是酸性和中性的,因此,酸性和中性水解过程在环境中占主导地位,碱催化过程可以忽略不计。环氧化物水解是通过碳正离子中间产物的重排而生成二醇基的,如果碳链较短,则会有羰基化合物产生。

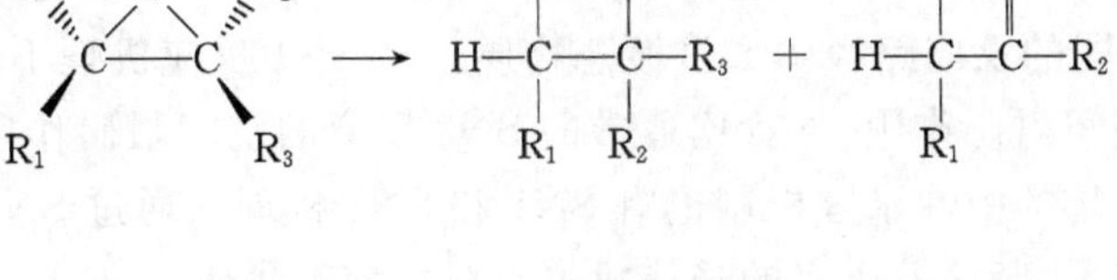

环氧化物的酸催化水解过程是通过有外容能力的碳氧键断裂生成碳正离子中间产物，随后碳正离子中间产物与水反应生成二醇类物质（SN1 机理）。

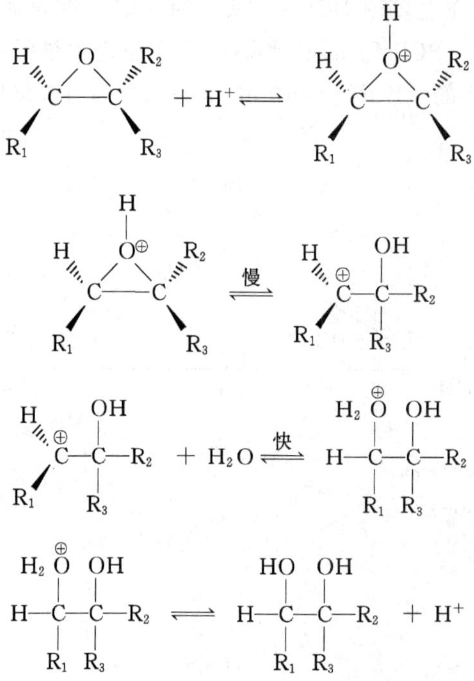

或者是通过质子化的中间物种的亲核开环反应，紧接着生成二醇类物质（SN2 机理）。

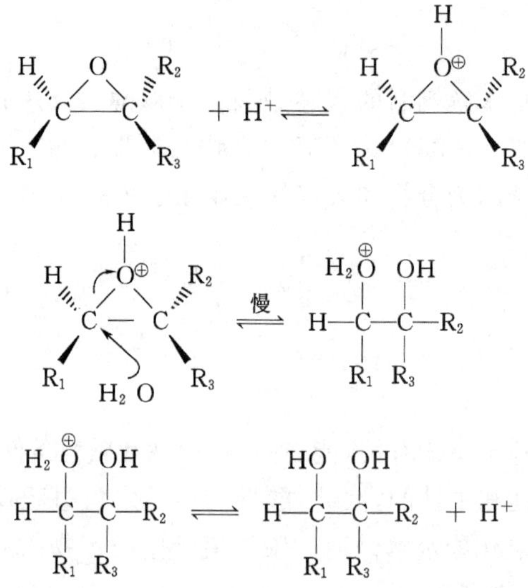

质子化的环氧化合物的亲核开环反应通常被称为"临界 SN2"反应，因为过渡态的化学键断裂相对于过渡态化学键的形成会更加彻底完全。随后，供给电子的取代基团将会稳定正电荷，用与 SN1 机理相同的反应路径生成过渡态物质。与 SN1 反应机理不同，临界 SN2 反应也会受到烷基基团的空间阻碍作用，尽管比通常的 SN2 反应的空间阻碍作用弱一些。

相似的环氧化合物的中性水解机制也有 SN1 和 SN2 机理。通过 SN1 机理的中性水解反应最初是生成碳正离子，紧接着由水的亲核攻击生成二醇类物质。

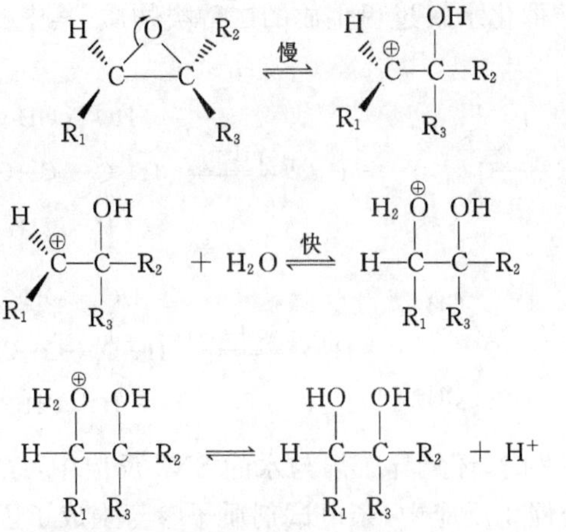

$$\text{(环氧化物)} \xrightarrow{\text{慢}} \text{(碳正离子, 带 OH)}$$

$$\text{(碳正离子)} + H_2O \xrightarrow{\text{快}} \text{(}H_2\overset{\oplus}{O}\text{ 中间体)}$$

$$\text{(}H_2\overset{\oplus}{O}\text{ 中间体)} \rightleftharpoons \text{(二醇)} + H^+$$

或者由质子或烷基的迁移而生成的羰基重排产物

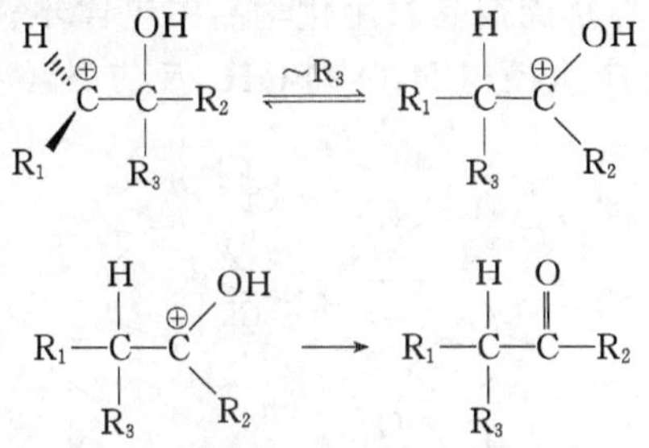

$$\text{(碳正离子)} \xrightarrow{\sim R_3} \text{(重排碳正离子)}$$

$$\text{(重排碳正离子)} \longrightarrow \text{(羰基化合物)}$$

中性水解的 SN2 机理是由水直接亲核攻击而发生的

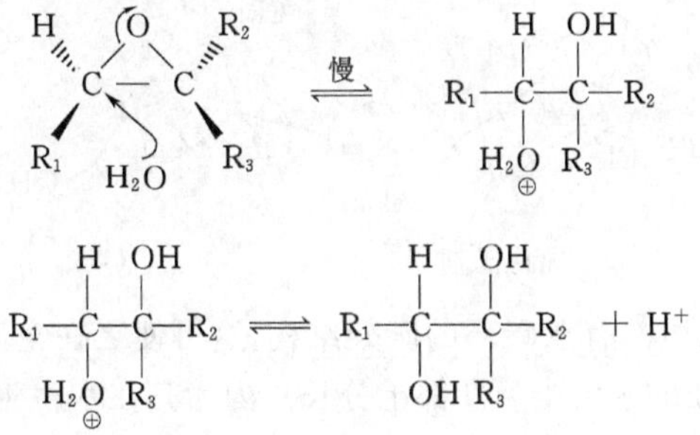

$$\text{(环氧化物 + }H_2O\text{ 亲核攻击)} \xrightarrow{\text{慢}} \text{(}H_2\overset{\oplus}{O}\text{ 中间体)}$$

$$\text{(}H_2\overset{\oplus}{O}\text{ 中间体)} \rightleftharpoons \text{(二醇)} + H^+$$

　　环氧化合物的结构特性决定着环氧化合物的水解反应速率和反应产物的分配,这样的事实能用上文中提到的受限制的 SN1 和 SN2 反应机理所合理解释。例如,当环氧化合物有芳基基团和碳碳双键共轭时,环氧化合物的酸催化和中性催化水解过程的反应速率都会大大加强,这意味着碳正离子中间体的形成(SN1 机理)。而 1,2,3,4 -四氢化萘-1,2 -氧化物(环氧化物与苯环共轭)的酸催化水解速率大约比它的同分异构化合物 1,2,3,4 -四氢化萘-2,3 -氧化物(环氧化合物没有与苯环共轭)的酸催化水解速率快 $6×10^4$ 倍。同样的原因,顺式-7,8 -二醇-9,10 -环氧苯并[a]芘的中性水解半衰期在 20 ℃时,大约为 30 秒,但是,在同样的条件下丙烯氧化物的中性水解半衰期大约为两周。

　　通过研究环氧异丁烯在富含 [18]O 的水中的水解过程来进一步验证上述结论。此实例通过同位素研究反应产物比例怎样分配而深入了解反应机理。环氧异丁烯在富含 [18]O 的水中发生水解生成的二醇类物质,其中标记原子 [18]O 全部出现在伯碳原子上(见式(5-26))。环氧异丁

烯在富含 ^{18}O 的水中发生酸催化水解过程生成的二醇类物质，其中标记原子 ^{18}O 全部出现在叔碳原子上（见式(5-27)）。

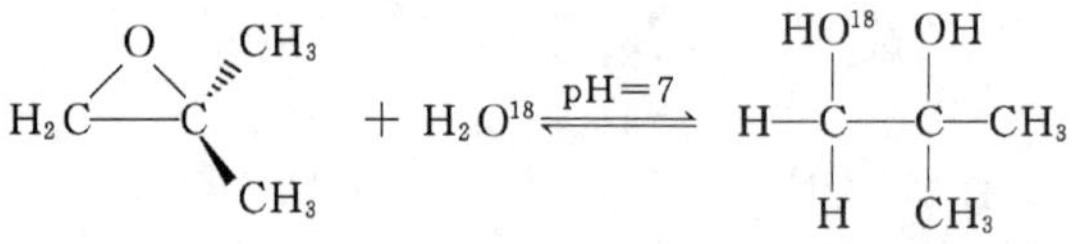

$$H_2C\text{—}C(CH_3)(CH_3) + H_2O^{18} \xrightarrow{pH=7} H\text{—}\underset{H}{\overset{HO^{18}}{C}}\text{—}\underset{CH_3}{\overset{OH}{C}}\text{—}CH_3 \qquad (5-26)$$

$$H_2C\text{—}C(CH_3)(CH_3) + H_2O^{18} \xrightarrow{pH=3} H\text{—}\underset{H}{\overset{HO}{C}}\text{—}\underset{CH_3}{\overset{^{18}OH}{C}}\text{—}CH_3 \qquad (5-27)$$

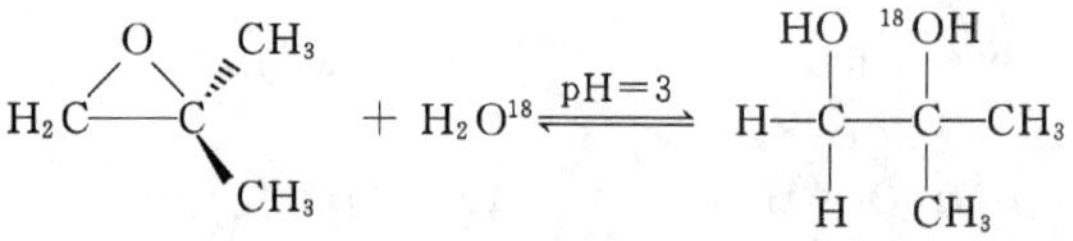

这些研究发现在 pH＝7 时，环氧异丁烯与水的 SN2 反应中，亲核试剂水是与空间位阻较少的伯碳原子反应；而在酸催化反应中，亲电试剂质子参与生成了以叔碳原子为核心的碳正离子中间体（烷基基团的供电子特性使碳阳离子稳定化）。

立体同分异构体狄氏剂和异狄氏剂是农用化学品中包含环氧结构的两个例子。这两种化学物质的水解都是通过 SN2 反应途径与 H_2O 和 OH^- 反应，最终生成二醇类物质。

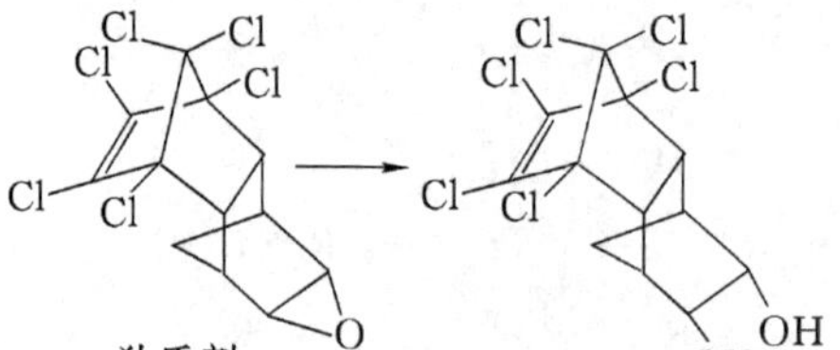

狄氏剂

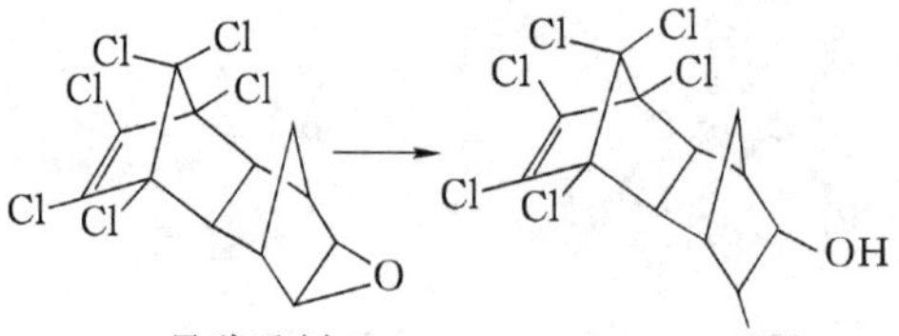

异狄氏剂

由于这两种农用化学物质都有双碳环的碳架结构，这可使之在空间上阻碍 H_2O 和 OH^- 的亲核攻击，所以导致这两种物质的水解半衰期都十分长。因为其在水生生态系统中的持久性，所以这类农用化学物质在美国被禁用，但在美国以外的很多国家依然被用作是农作物的土壤杀虫剂。

表氯醇是另外一种包含环氧结构的重要的工业化学用品。表氯醇最初是被用作生产甘油和环氧树脂的。不像狄氏剂和艾氏剂，表氯醇十分易于被水解。在 pH＝7，温度为20 ℃的蒸馏水中，表氯醇的水解半衰期为八天。水解反应发生开始先使环氧结构打开从而生成氯代二醇类物质，氯代二醇类物质会通过环氧化物中间体而生成甘油。

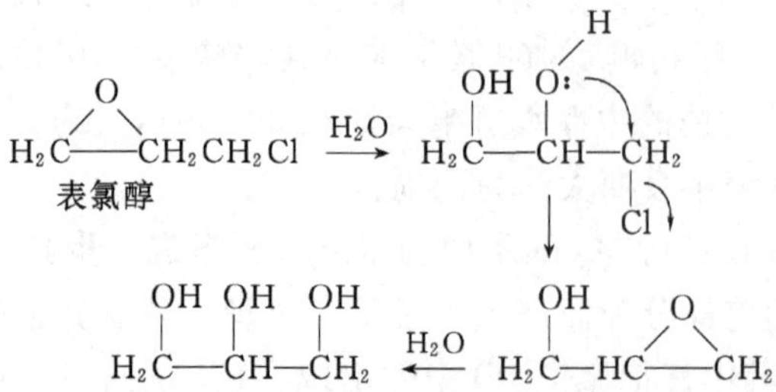

（3）有机磷酯

有机磷酯代表着另一类重要的通过亲核取代进行水解反应的环境有机化学物质。这类化学物质包含了一类非常重要的农业杀虫剂,有机磷酯同样也有十分重要的工业用途。例如,油类添加剂、火焰阻滞剂和增塑剂等。这类有机化学物质所展示出的广泛的生物活性是由于多种取代基能附着在中心磷原子上。

具有环境重要性且广泛用于农业杀虫剂的有机磷酯的结构式为

$$R_1O-\underset{\underset{OR_2}{|}}{\overset{\overset{X}{\|}}{P}}-XR_3$$

$$X=O,S$$

式中:R_1 和 R_2 是烷基基团(甲基或乙基);X 是 O 或 S;R_3 是吸电子集团。吸电子基团是生物活性需要的。通过水解反应降解有机磷杀虫剂一个有趣的特点是水解反应既有可能由中心磷原子的亲核取代导致,也可能由碳原子的 C—O 键和\或 C—S 键断裂导致。通常观测下,在碱催化条件下水解中有利于 P—O 键断裂(见式(5-28)),在中性和酸性催化条件水解中有利于 C—O 键或 C—S 键断裂(见式(5-29))。

$$R_1O-\underset{\underset{O-CH_2R_2}{|}}{\overset{\overset{X}{\|}}{P}}-XR_3 \xrightarrow{\quad -OH \quad}_{k_b} R_1O-\underset{\underset{O-CH_2R_2}{|}}{\overset{\overset{X}{\|}}{P}}-O^- + HXR_3 \tag{5-28}$$

$$R_1O-\underset{\underset{O-CH_2R_2}{|}}{\overset{\overset{X}{\|}}{P}}-XR_3 \xrightarrow{\quad k_n \quad} R_1O-\underset{\underset{O^-}{|}}{\overset{\overset{X}{\|}}{P}}-XR_3 + HOCH_2R_2 \tag{5-29}$$

因此,有机磷酯的水解机理和产物分配比例均取决于 pH。三酯水解最初生成二酯,二酯又继续水解生成单酯(见式(5-28)和式(5-29))。但二酯的水解速率要大大小于其母体化合物——三酯。但现在暂不能确定持久性更强的二酯会对环境系统的健康造成多大的有害影响。

有机磷酯的结构特点十分类似于羧酸酯,也可以在中心磷原子上通过加成-消除反应机制来完成亲核取代反应。通过对机理的研究,也发现水解是通过直接在磷原子上进行亲核置换而发生的,而不会发生与 H_2O 中 OH^- 反应生成含五价磷的中间产物。综上所述,有机磷酯水解速率对电子的因素是十分敏感的。电子的因素包括改变中间磷原子的亲电子性和阻碍亲核攻击的空间相互作用。

这些有机化学物质的磷酸化的性质(通过目标酶、乙酰胆碱酯催化的磷酯化受到抑制)和他们水解的性质一样,都由中心磷原子的亲电子性所控制。因此,人们需要寻找一个生物活性和水解稳定性的平衡点。根据结构活性关系指出,有—XR 取代基的磷酸酯的共轭酸 pKa 在 6 至 8 之间。此时,有机化学物质有足够的磷酸化性质,也有足够的水解稳定性使之达到生物目标,但也不会有很强的水环境持久性。当有—XR 取代基的磷酸酯的共轭酸 pKa 值低于 6 (弱吸电子基团)时,此物质的生物活性会过低,在环境中的持久性会过高。当共轭酸的 pKa 值大于 8(强吸电子基团)时,由于在底物达到生物目标之前就会发生水解而使之生物活性过低。

磷酸酯的水解稳定性和生物活性同样可以通过改变其中心磷原子上的取代基而受到影响。例如,在酯部分硫(P═S)取代基替换氧(P═O)将会使核心磷原子亲电性降低。因为硫较之氧的吸电子能力相对较弱。因此,硫代磷酸酯(P═S)在中性和碱催化水解反应中展示出比其各个同样的部位由 O—相似取代的物质更高的稳定性。

同样,如果烷基基团由吸电子基团所取代(例如对硝基苯),则可通过亲核攻击使 P 活化,从而显著的提高水解速率。通过比较甲基磷化酯和乙基磷化酯的水解速率数据发现在反应中心增加的空间胀量将会阻碍中性和碱性水解的速率。用一个烷基基团取代一个烷氧基团将会阻碍水解反应。而且,与普通磷酯对比,在 pH=7 时,碱催化水解将会是其首要的水解降解过程。

图 5-4 列出了一些重要的有机磷酯农业化学品的结构式和在 pH=7,温度为 20 ℃时的水解半衰期。根据这些数据明显可发现水解是这些有机化学物质在水生生态系统中的重要转化途径。

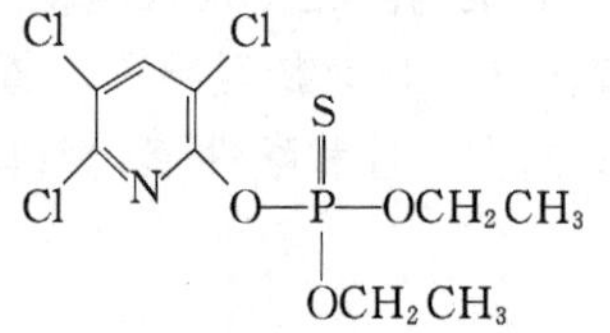

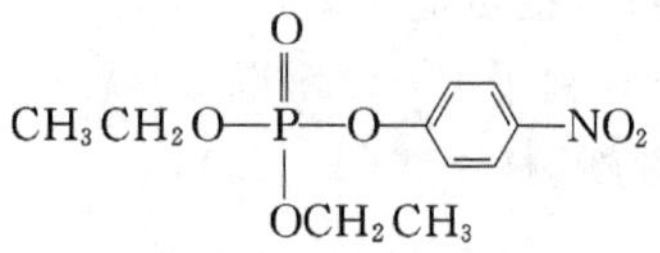

图 5-4　一些有重要环境影响的有机磷酯农业化学品的结构式(括号中是其水解半衰期)

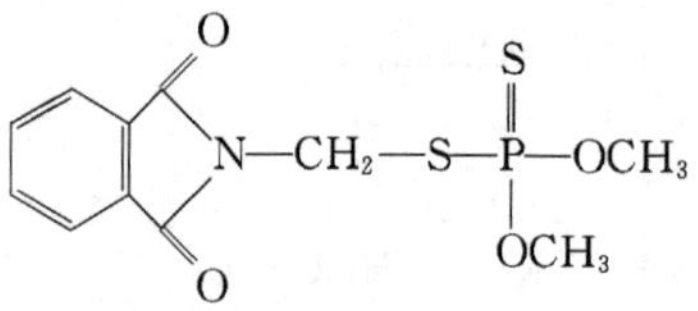

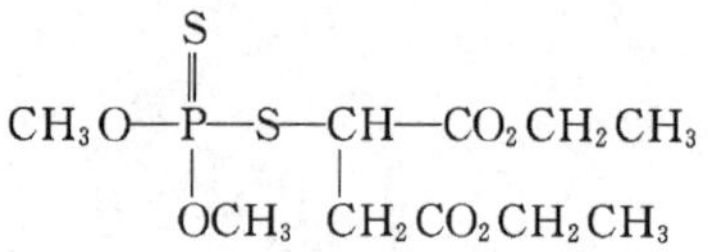

3. 酰基亲核取代的加成-消去机理

在不饱和碳上发生的水解经过一个两步过程:①由酰基[RC(O)]亲核加成生成一个四面体的中间产物(见式(5-30));②消除离去基团(见式(5-31))。这一反应机理被称为加成-消去机理或者是酰基亲核取代。

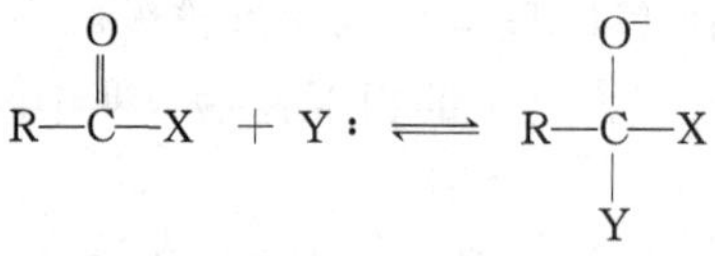

$$R—\overset{\overset{O}{\|}}{C}—X \ + \ Y: \ \rightleftharpoons \ R—\overset{\overset{O^-}{|}}{\underset{\underset{Y}{|}}{C}}—X \tag{5-30}$$

$$R—\overset{\overset{O}{|}}{\underset{\underset{Y}{|}}{C}}—X \ \rightleftharpoons \ R—\overset{\overset{O}{\|}}{C}—Y \ + \ X: \tag{5-31}$$

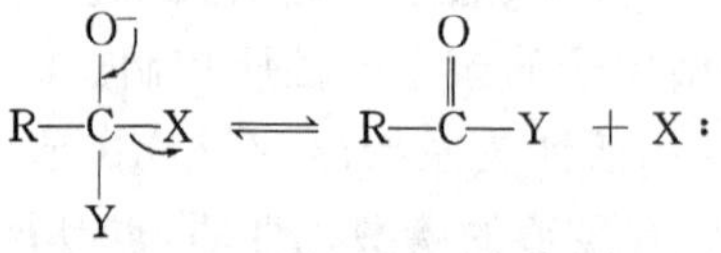

通常情况下,亲核取代发生在不饱和碳原子上或酰基碳原子上要比发生在饱和碳原子上容易得多。两个因素能解释这种酰基底物取代活性的增加:①氧的电负性比碳要强;氧的吸电子能力使羰基基团发生正电荷偏移而使之具有更强的亲电子活性;②过渡形态导致生成的四

面体中间产物有相对较小的阻碍,三角形的底物生成四面体的中间产物。

羧酸衍生物(RC(O)OX)和碳酸衍生物(ROC(O)OX)代表了两种通过酰基亲核取代反应水解的环境化学物质。图 5-5 列出了这些化学物质的有代表性的官能团结构特征。官能团详细的水解机理将在后面讨论。

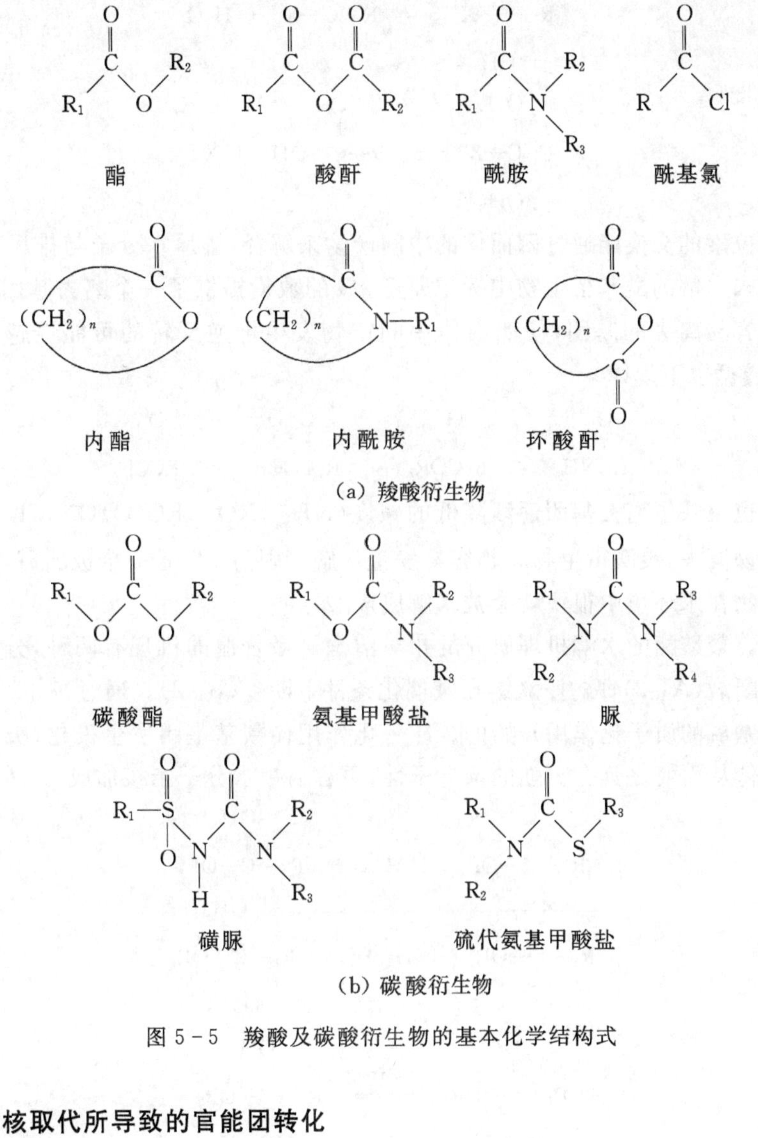

酯　　　　　　　酸酐　　　　　　　酰胺　　　　　　酰基氯

内酯　　　　　　内酰胺　　　　　　环酸酐

（a）羧酸衍生物

碳酸酯　　　　　　氨基甲酸盐　　　　　脲

磺脲　　　　　　　　硫代氨基甲酸盐

（b）碳酸衍生物

图 5-5　羧酸及碳酸衍生物的基本化学结构式

4. 酰基亲核取代所导致的官能团转化

（1）羧酸衍生物

羧酸衍生物的水解过程生成了四面体中间产物。研究者发现当水解在 ^{18}O—标记的水中进行时,会使未发生水解的底物包含原子 ^{18}O。

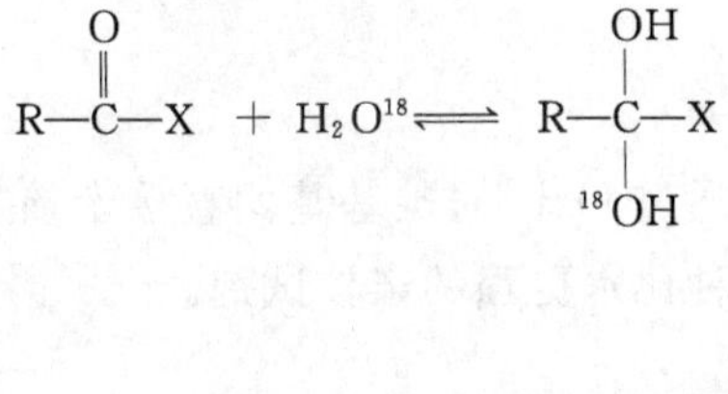

$$R-\overset{O}{\underset{}{C}}-X + H_2O^{18} \rightleftharpoons R-\overset{OH}{\underset{^{18}OH}{C}}-X$$

$$R-\overset{\overset{\displaystyle OH}{|}}{\underset{\underset{\displaystyle ^{18}OH}{|}}{C}}-X \rightleftharpoons R-\overset{\overset{\displaystyle O}{\|}}{C}-X + H_2O^{18}$$

$$R-\overset{\overset{\displaystyle OH}{|}}{\underset{\underset{\displaystyle ^{18}OH}{|}}{C}}-X \rightleftharpoons R-\overset{\overset{\displaystyle ^{18}O}{\|}}{C}-X + H_2O$$

$$R-\overset{\overset{\displaystyle OH}{|}}{\underset{\underset{\displaystyle ^{18}OH}{|}}{C}}-X \rightleftharpoons R-\overset{\overset{\displaystyle ^{18}O}{\|}}{C}-OH + X:$$

　　标志性同位素的交换能通过四面体的中间产物来解释,排斥水分子与排斥离去基团 X 是有竞争性的。未水解的酰基衍生物中标记原子^{18}O 的数量提供了一个离去基团 X:稳定性的测试方式。越容易离去的基团,使四面体中间产物发生可逆反转的可能性越小。不同基团中^{18}O 的含量遵循以下规律

$$\overset{\overset{\displaystyle O}{\|}}{R C N H_2} < \overset{\overset{\displaystyle O}{\|}}{R_1 C O R_2} < \overset{\overset{\displaystyle O\ \ O}{\|\ \ \|}}{R_1 C O C R_2} < \overset{\overset{\displaystyle O}{\|}}{R C C l}$$

　　上述规律也反映了离去基团逐渐降低的碱度(NH_2^-,RO^-,$RC(O)O^-$,Cl^-)。碱度越弱,离去基团越容易离去,羧酸衍生物就越容易发生水解。因为 Cl^- 是一个极弱碱,因此含酰基氯类的羧酸衍生物在水环境中很快就会被水解成羧酸。

　　① 羧酸酯。羧酸酯的水解机理研究的相对清楚。最普遍的机理有两种,分别是:酰基-氧键在酸催化下断裂($A_{AC}2$);酰基-氧键在碱催化条件下断裂($B_{AC}2$)。通过 $A_{AC}2$ 机理发生水解最初是通过羰基氧的质子化作用开始的。质子化作用使羰基基团发生极化,极化使碳原子上电子云密度降低从而使之具有更强的亲电子性,更容易被水分子亲核加成。

$$R_1-\overset{\overset{\displaystyle O}{\|}}{C}-OR_2 + H^+ \rightleftharpoons R_1-\overset{\overset{\displaystyle \oplus OH}{\|}}{C}-OR_2$$

$$R_1-\overset{\overset{\displaystyle \oplus OH}{\|}}{C}-OR_2 + H_2O \rightleftharpoons R_1-\overset{\overset{\displaystyle OH}{|}}{\underset{\underset{\displaystyle \oplus OH_2}{|}}{C}}-OR_2$$

$$R_1-\overset{\overset{\displaystyle OH}{|}}{\underset{\underset{\displaystyle \oplus OH_2}{|}}{C}}-OR_2 \xrightarrow{-H^+} R_1-\overset{\overset{\displaystyle OH}{|}}{\underset{\underset{\displaystyle HO\ \ \ H}{}}{C}}-\overset{\oplus}{O}R_2$$

$$R_1-\overset{\overset{\displaystyle HO\ \ H}{}}{\underset{\underset{\displaystyle \overset{\oplus}{O}\cdots H}{|}}{C}}-OR_2 \rightleftharpoons R_1-\overset{\overset{\displaystyle O}{\|}}{C}-OH + R_2OH + H^+$$

　　碱催化机理($B_{AC}2$)过程是通过 OH^- 对羰基基团直接亲核加成发生的。碱催化水解反应的发生是因为氢氧根离子是一种比水更强的亲核试剂。

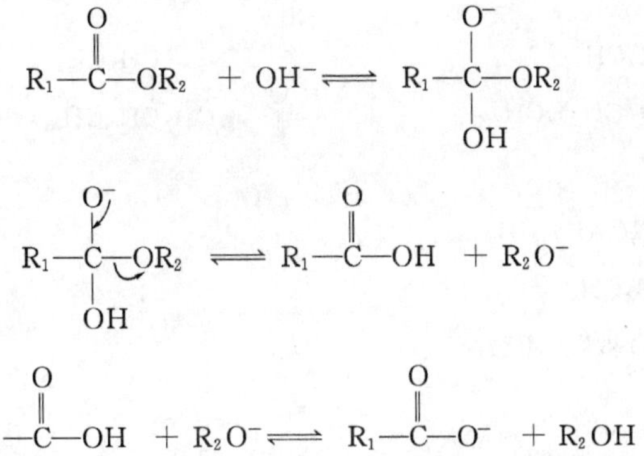

$$R_1-\overset{\overset{O}{\|}}{C}-OR_2 \;+\; OH^- \;\Longleftarrow\!\!\!\Longrightarrow\; R_1-\overset{\overset{O^-}{\|}}{\underset{OH}{C}}-OR_2$$

$$R_1-\overset{\overset{O^-}{\|}}{\underset{OH}{C}}\!\!\curvearrowright\!\!OR_2 \;\Longleftarrow\!\!\!\Longrightarrow\; R_1-\overset{\overset{O}{\|}}{C}-OH \;+\; R_2O^-$$

$$R_1-\overset{\overset{O}{\|}}{C}-OH \;+\; R_2O^- \;\Longleftarrow\!\!\!\Longrightarrow\; R_1-\overset{\overset{O}{\|}}{C}-O^- \;+\; R_2OH$$

虽然羧酸酯的中性水解反应也会发生,但在自然水体中碱催化水解反应才是它的主要水解途径。而酸催化水解反应只有在 pH 小于 4 的水中才会占主导地位。

电子效应和空间效应能显著地改变羧酸酯的反应活性。因为脂肪族羧酸酯和芳香族羧酸酯的酸催化水解反应对于结构的变化相对不敏感,所以由于结构变化导致的 k_{hyd} 的显著变化主要是由于 k_b 的变化,k_n 的变化也有少许的贡献。根据碱催化水解反应机理($B_{AC}2$),能够提高羰基基团上碳原子亲电能力的电子因素将使该基团更容易被 OH^- 亲核攻击,这些可以是酰基($RC(O)$)基团或者酯中的羟基基团。

脂肪族羧酸酯(R_1 和 R_2＝烷基基团)的水解动力学也对电子效应十分敏感。表 5 - 4 总结了一系列的脂肪族羧酸酯的水解数据。在 R_1 基团上氯取代基的存在极大地增加了中性和碱性水解速率常数。这些数据同时也说明如果 R_2 的结构尺寸增加,k_b(比较乙酸乙酯和乙酸丁酯)将会显著地降低。

表 5 - 4　脂肪族羧酸酯在 pH＝7,25 ℃时的水解参数

R_1	R_2	$k_a[H^+](s^{-1})$	$k_n(s^{-1})$	$k_b[OH^-](s^{-1})$	$k_{hyd}(s^{-1})$	$t_{1/2}$
Me	Et	1.1×10^{-11}	1.5×10^{-10}	1.1×10^{-8}	1.1×10^{-8}	2.0 y
$ClCH_2$	Me	8.5×10^{-12}	2.1×10^{-7}	1.4×10^{-5}	1.4×10^{-5}	14 h
Cl_2CH	Me	2.3×10^{-11}	1.5×10^{-5}	2.8×10^{-4}	3.0×10^{-4}	38 m
Cl_3C	Me	—	$\geqslant7.7\times10^{-4}$	—	$\geqslant7.7\times10^{-4}$	$\leqslant$15 m
Me	i - Pr	6.0×10^{-12}	—	2.6×10^{-9}	2.6×10^{-9}	8.4 y
Me	t - Bu	1.3×10^{-11}	—	1.5×10^{-10}	1.6×10^{-10}	140 y

图 5 - 6 说明了一些环境中重要的羧酸酯的水解反应路径。其中,双(2 -乙基己基)邻苯二甲酸酯(Bis(2 - ethylhexyl)phthalate)是一大类增塑剂,很难水解(在 pH＝8 时,半衰期为 100 年)。因此,在水环境中如果水解是此物质的首要反应路径,则此物质将是一种十分持久的污染物。甲氰菊酯(fenpropathrin)是一种有强杀虫活性、低哺乳动物毒性的综合性合成除虫菊酯。此物质经水解生成氰戊菊酸和氰醇,氰醇又会迅速地脱掉氰基生成 3 -苯氧基苯醛。甲氰菊酯是一种易于发生中性和碱性水解的物质。在 pH 为 5 到 9 的范围内,甲氰菊酯的水解半衰期的范围是 8520 天到 11.3 天。甲氰菊酯的水解动力学对于综合性合成除虫菊酯的水解动力学非常具有代表性。因为此种物质的降解性和极高的效力,使综合性合成除虫菊酯与在环境中持久性更长的氯化烃类杀虫剂相比更好。

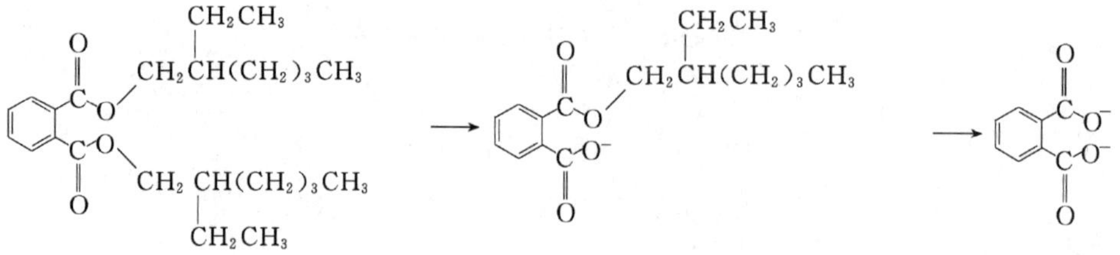

双(2-乙基己基)邻苯二甲酸酯

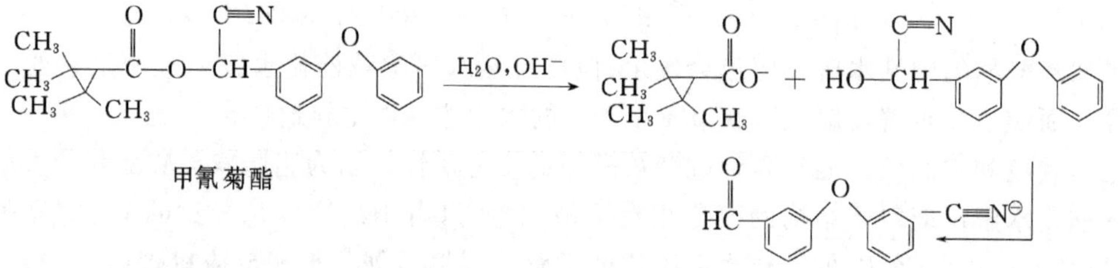

甲氰菊酯

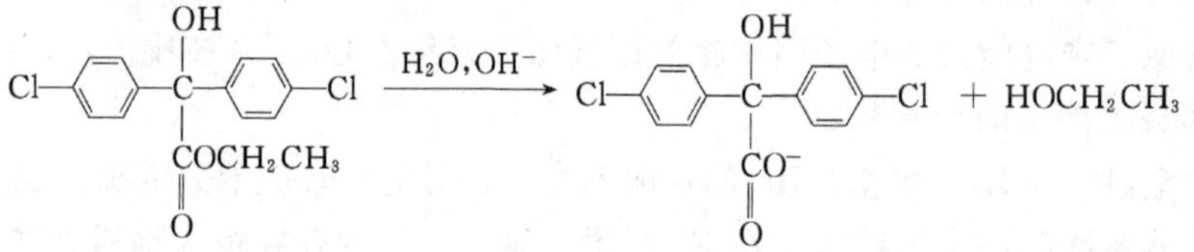

氯苯类酯

图 5-6 典型羧酸酯类物质水解示例

氯苯类酯(chlorobenzilate),例如阿卡、杀螨酯(acaracide)(用来控制螨虫)的水解动力学在文献中尚未见报道。基于与其水解行为相类似的羧酸酯的研究,可以预测此类物质在 pH＝7,温度为 25 ℃时的水解半衰期约为 1 年到 2 年。

②酰胺。通常来说酰胺类物质的水解反应活性要比酯类物质小很多。典型的酰胺类物质在环境状态下的水解半衰期通常长达成百甚至上千年。该高稳定性一般认为是由氮原子的供电子作用而使羰基稳定所导致的。

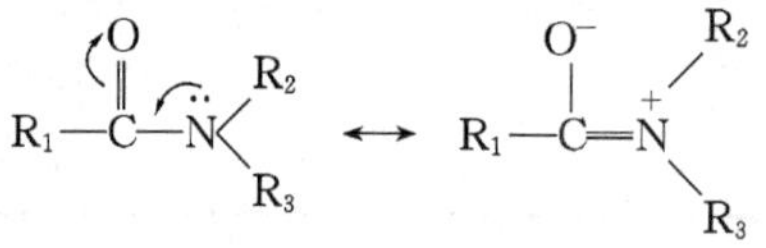

当生成四面体中间产物的过渡状态时,这种稳定性将消失。因此一般来说酰胺水解反应发生是需要碱或酸催化的,碱和酸催化在中性 pH 条件下都能竞争起作用。碱催化水解酰胺是通过 $B_{AC}2$ 类型机理发生的。

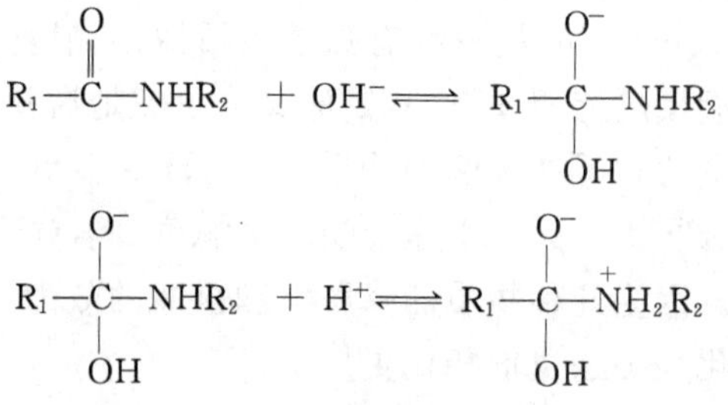

$$
\underset{\substack{| \\ OH}}{\overset{\substack{O \\ \|}}{R_1-C-\overset{+}{N}H_2R_2}} \Longrightarrow R_1-\overset{\substack{O \\ \|}}{C}-OH + H_2NR_2
$$

$$
R_1-\overset{\substack{O \\ \|}}{C}-OH + OH^- \Longrightarrow R_1-\overset{\substack{O \\ \|}}{C}-O^- + H_2O
$$

因为酰胺离子较弱的离去能力,氮原子的质子化反应通常先于四面体中间产物的分解。由于可逆地反转四面体中间产物生成反应物要比进一步使四面体中间产物分解要快很多,因此,羰基氧和水分子中的氧就会有大量的交换。

酸催化酰胺水解反应是通过 $A_{AC}2$ 类型机理发生的。

$$
R_1-\overset{\substack{O \\ \|}}{C}-NHR_2 + H^+ \Longrightarrow R_1-\overset{\substack{+OH \\ \|}}{C}-NHR_2
$$

$$
R_1-\overset{\substack{+OH \\ \|}}{C}-NHR_2 + H_2O \Longrightarrow R_1-\underset{\substack{| \\ +OH_2}}{\overset{\substack{OH \\ |}}{C}}-NHR_2
$$

$$
R_1-\underset{\substack{| \\ +OH_2}}{\overset{\substack{OH \\ |}}{C}}-NHR_2 \Longrightarrow R_1-\underset{\substack{| \\ OH}}{\overset{\substack{OH \\ |}}{C}}-\overset{+}{N}H_2R_2
$$

$$
R_1-\underset{\substack{| \\ OH}}{\overset{\substack{:OH \\ |}}{C}}-\overset{+}{N}H_2R_2 \Longrightarrow R_1-\overset{\substack{+OH \\ \|}}{C}-OH + H_2NR_2
$$

$$
R_1-\overset{\substack{+OH \\ \|}}{C}-OH + H_2NR_2 \Longrightarrow R_1-\overset{\substack{O \\ \|}}{C}-OH + H_3\overset{+}{N}R_2
$$

虽然在酰胺部分上有两个可能的质子化反应位点:羰基氧原子和氮原子,但在氧原子上发生质子化反应更可取,因为此过程可使 O—C—N 键的 π 轨道的正电荷发生离域,而氮原子上的正电荷是不会发生这样的离域作用的。在氮取代基上发生质子化反应将会生成四面体中间产物,氮取代基是四面体中间产物的最基本的反应点。在氮取代基上发生的质子化将排斥中性的胺,此过程导致更容易失去氢氧根离子。在酸催化酰胺水解反应中几乎没有发现羰基氧与水分子中的氧有交换,这也证实了上述反应机理。表 5 - 5 总结了一些脂肪族酰胺的水解动力学数据。

表 5 - 5　一些脂肪族酰胺的相关水解常数,pH＝7,25 ℃

R_1	R_2	R_3	$k_a(M^{-1}s^{-1})$	$k_b(M^{-1}s^{-1})$	k_{hyd}	$t_{1/2}(y)$
CH_3	H	H	8.36×10^{-6}	4.71×10^{-5}	5.55×10^{-12}	3950
$ClCH_2$	H	H	1.1×10^{-5}	1.5×10^{-1}	1.5×10^{-8}	1.46
Cl_2CH	H	H	—	3.0×10^{-1}	3.0×10^{-8}	0.73
CH_3	CH_3	H	3.2×10^{-7}	5.46×10^{-6}	5.76×10^{-13}	38000
CH_3	CH_3CH_2	H	9.36×10^{-8}	3.10×10^{-6}	3.10×10^{-13}	70000

很明显只有那些包含有能从羰基夺取电子云密度而导致其更容易受到亲核攻击的取代基（例如,卤化物）的脂肪族酰胺,才有较快的水解反应速率。氮原子上的烷基取代基将会由于空间效应而导致它的水解半衰期较长（比较乙酰胺与 N-甲基乙酰胺和 N-乙基乙酰胺的半衰期）。

苯甲酰胺类物质（benzamides）也是十分稳定的。例如,除草剂拿草特（propyzamide）是一种大量使用的除莠剂,其水解半衰期大于 700 年。

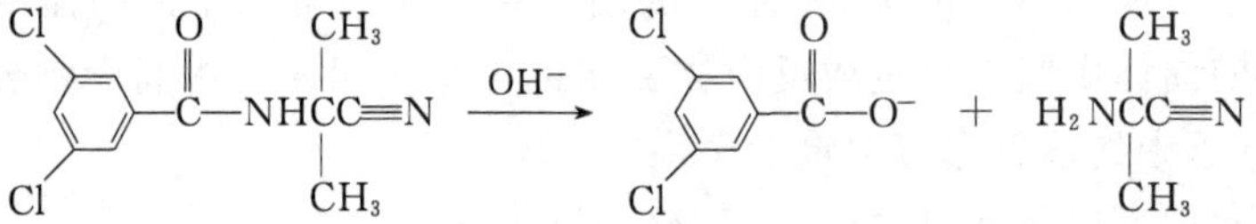

（2）碳酸衍生物

①氨基甲酸酯。在表 5-6 的碳酸衍生物中,氨基甲酸酯由于其在农用化学品工业中的重要性而使其具有重要的环境学意义。氨基甲酸酯展示了广谱的杀虫和除草的活性,因此它们在农药工业有非常重要的用途,也已经有相当多的科学家去试图理清他们的环境归趋途径。通常来说,氨基甲酸酯能水解成一分子醇、一分子二氧化碳和一分子胺。

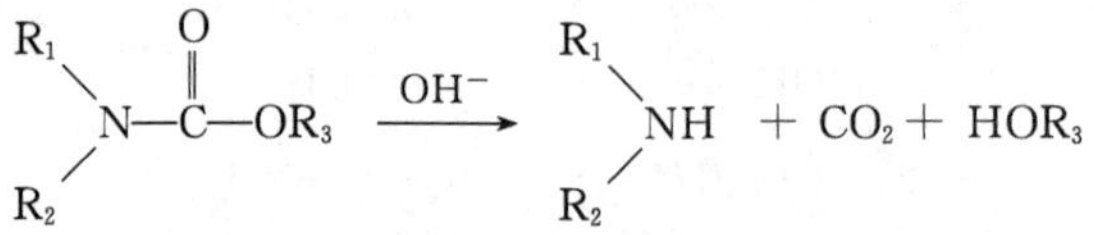

虽然在多数情况下,碱催化的氨基甲酸酯的水解反应机理在环境状况下起支配作用,但是它们也能以酸水解、中性水解的机理发生反应。氨基甲酸酯的水解半衰期在 25 ℃,pH＝7 时从几秒到成百上千年范围内变化（见表 5-6）。

类似于羧酸酯和酰胺的水解,在氮原子或氧原子上存在的吸电子基团会加速水解反应。当将含伯胺基（R_1＝H,R_2＝alkyl）和仲胺基（R_1＝alkyl,R_2＝alkyl）的氨基甲酸酯的水解半衰期进行对照,可以发现两者的反应活性有很大的不同（见表 5-6）。含伯胺基的氨基甲酸酯水解速率比相应的含仲胺基的氨基甲酸酯要快得多,反应速率差别大约有 6 到 7 个数量级。这些在反应活性上的不同主要是由于他们的水解机理不同造成的,它们的水解机理如图 5-7 所示。

表 5-6　伯胺和仲胺甲酸酯的水解动力学常数,pH＝7,25 ℃

R_3	R_2	R_1	k_h	$t_{1/2}$
C_6H_5	C_6H_5	H	5.4×10^{-6}	1.5 d
C_6H_5	C_6H_5	CH_3	4.2×10^{-12}	5200 y
$p-NO_2C_6H_4$	C_6H_5	H	2.7×10^{-2}	26 s
$p-NO_2C_6H_4$	C_6H_5	CH_3	8.0×10^{-11}	2700 y
$1-C_{10}H_9$	CH_3	H	9.4×10^{-7}	8.5 d
$1-C_{10}H_9$	CH_3	CH_3	1.8×10^{-11}	1200 y

含仲胺基的氨基甲酸酯的水解反应是通过一个与羧酸衍生物的水解相类似的机理发生的。OH^- 的亲核攻击发生在羰基部分（$B_{AC}2$ 原理）,形成四面体的中间产物。中间产物通过失去烷氧基（RO^-）生成了羧基胺,而羧基胺快速地失去 CO_2 生成了胺分子。而含伯胺基的氨基甲酸酯的水解可能通过一个消除机理（E_1cB）进行,消除机理包括了氮原子上失去质子生成了异氰酸酯。异氰酸酯不稳定,继续与 H_2O 或者 OH^- 反应,最终失去 CO_2 生成胺。

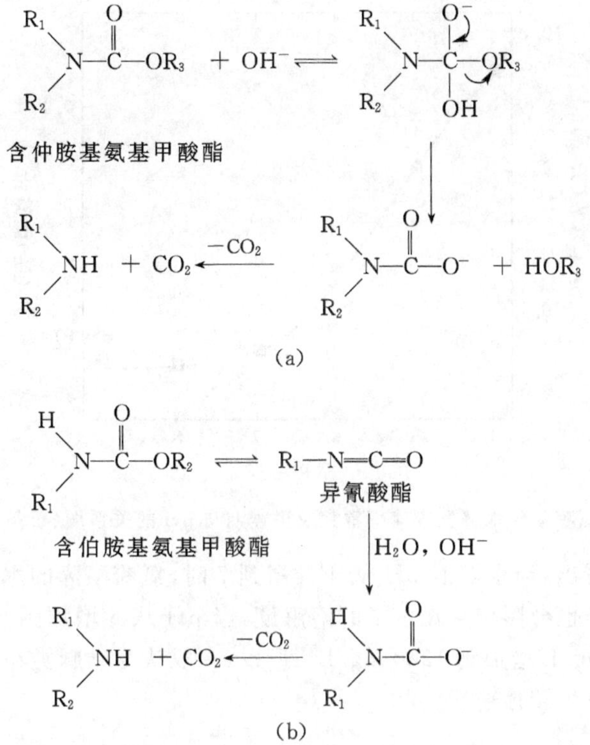

图 5-7　含伯胺基及含仲胺基的氨基甲酸酯水解途径示意图

②磺脲。因为磺脲在除草剂中有越来越广泛的应用而使其具有了环境重要性。磺脲具有非常出色的除草活性并且表现了非常低的哺乳动物毒性。因此磺脲的水解动力学也是十分引人关注的。与前面讨论的普通碳酸衍生物的水解反应机制相反,磺脲在碱催化条件下十分稳定,不易水解,而在酸性 pH 条件下却十分容易水解。这一行为主要是由于磺酰基能够增强与氮原子上的质子酸度而导致的。一般地,磺脲的 pKa 值在 3.3~5.2 之间,从而使磺脲分子即使在中性 pH 值条件下依然会容易发生脱质子电离。磺脲的脱质子反应是基团导致磺脲的水解反应难以发生,因为电离后负离子上的负电荷会离域分布在磺脲基团部分,从而减少了羰基基团的亲电子性(见式(5-32))。

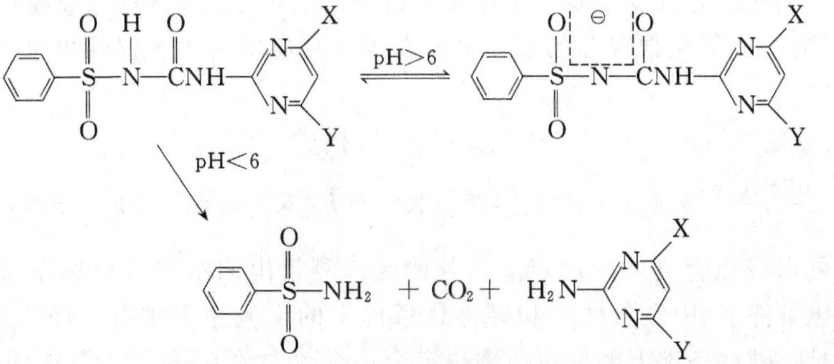

$$(5-32)$$

因此磺脲类除草剂在酸性溶液和土壤中会快速的通过水解反应而降解。图 5-8 是关于氯嘧磺隆在 45 ℃的缓冲液中水解的 pH 值与反应速率的关系图。

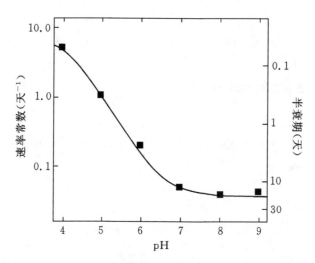

图 5-8　氯嘧磺隆水解反应速率常数及半衰期与 pH 的关系图(45 ℃缓冲溶液)

从图 5-8 可以看出,当水溶液 pH 从 4 升高到 7 时,氯嘧磺隆的水解反应速率常数减少了 150 倍。另外,电离也会影响它在水中的溶解度,当 pH 从 5 增加到 7 的时候,氯嘧磺隆在水中的溶解度从 11 mg/L 增加到 1200 mg/L。所以,一般认为磺脲类在碱性水生态系统中是持久性污染物,易于发生转移输运。

5.2.3　水解反应动力学

1. 特定的酸和碱的催化

前文已经讨论发现除了由水直接亲核攻击引起的水解反应(在中性条件下的水解反应)外,水解反应对强酸和强碱的催化是非常敏感的(分别由氢离子 H^+,氢氧根离子 OH^- 起作用的催化)。所以水解动力学必须考虑到潜在的水电离的影响。即使在 pH 为 7.0 时,H^+ 离子和 OH^- 离子浓度仅为 10^{-7} M,特定的酸和碱的催化作用仍然能显著加速水解反应动力学。特定的酸催化和碱催化之所以能发生是因为氢离子和氢氧根离子提供了一个更有力的、更合适的水解机制替代了原有的水解机制。在特定酸催化的机制中,氢离子通常认为是可以吸引离去基团上的电子,从而降低反应路径所需的能量,最终使它更容易受到水的亲核攻击。强碱催化之所以能发生是因为氢氧根离子是比水强得多的活性亲核试剂(氢氧根的活性通常是水的约 10^4 倍)。因此,由氢氧根参与的亲核攻击水解反应速率要大于仅仅由水参与的亲核攻击的水解反应速率。

为此,化合物的水解反应速率可以由式(5-33)描述

$$\frac{d[RX]}{dt} = k_{hyd}[RX] = k_a[H^+][RX] + k_n[RX] + k_b[OH^-][RX] \qquad (5-33)$$

式中:$[RX]$ 为可水解化合物的浓度;k_{hyd} 为观测到或测量出的水解反应速率常数;k_a,k_n 和 k_b 分别为在酸催化条件下、中性条件下和碱催化条件下的反应速率常数。假定水解化合物 RX 单独在酸性、中性、碱性条件下的反应速率也符合一级动力学方程。k_{hyd} 可能的表述方程如下

$$k_{hyd} = k_a[H^+] + k_n + k_b[OH^-] \qquad (5-34)$$

由水的电离平衡常数 K_w

$$K_w = [OH^-][H^+] = 1 \times 10^{-14} \qquad (5-35)$$

由方程式(5-35)得到的[OH$^-$]的表达式取代方程式(5-35)中的[OH$^-$]可得

$$k_{hyd} = k_a[H^+] + k_n + k_b(k_w/[H^+]) \qquad (5-36)$$

因为 k_{hyd} 在某一个特定的 pH 值下是一个准一阶速率常数(换而言之,水解不受反应物 RX 的浓度的影响),水解的半衰期可由下式计算得到

$$t_{1/2} = \ln 2/k_{hyd} \qquad (5-37)$$

2. pH 的影响

由方程式(5-34)明显的可得出总的水解速率常数 k_{hyd} 受溶液的 pH 以及各个单独反应的速率常数大小的影响。以 k_{hyd} 的对数为纵坐标,以 pH 为横坐标的图能十分清楚显示酸性水解速率常数、中性水解速率常数以及碱性水解速率常数对特定化合物水解速率常数的贡献率,如图 5-9 所示。图 5-9 显示了一些化合物水解速率常数随 pH 的变化规律,从图中可以得出化合物水解反应的最适 pH 值。这些数据说明了水解动力学与 pH 的关系是由可水解的官能团自身的性质决定的。例如,通常的环境 pH 值都在 4~8,在此 pH 条件下,环氧乙烷和一氯甲烷的中性水解占主要地位。只有在 pH 低于 4 时环氧乙烷的酸性催化水解才几乎贡献了全部的水解反应速率。同样,在 pH 低于 11 时,环氧乙烷和一氯甲烷的碱性催化水解反应的贡献率低于中性水解贡献率,只有 pH 大于 11 时,环氧乙烷和一氯甲烷的碱性催化水解反应的贡献率才起到主要作用,此 pH 值已经大大高于正常的水生生态系统的 pH 范围。

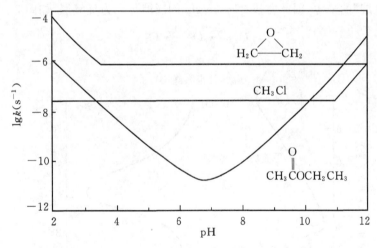

图 5-9　pH 与典型化合物(环氧乙烷、一氯甲烷及乙酸乙酯)水解反应速率常数的关系曲线

5.3　环境有机化合物的氧化反应

5.3.1　氧化反应概述

氧化反应是指物质失去电子的反应。氧化反应中氧化剂获得电子,属于亲电试剂。在有机化学中,氧化指的是在分子中引入氧或分子转化为更高的氧化状态。例如

$$RCH_2-H \longrightarrow RCH_2-OH \longrightarrow R-CHO$$

此反应中第一步是反应物通过氧原子供体和氧结合,第二步则是脱氢作用或者说是把碳原子氧化成更高的价态。

几乎所有的氧化反应都属于动力学二级反应,其反应速率与氧化剂和底物的浓度的乘积是成正比的。

$$\frac{-\mathrm{d}[A]}{\mathrm{d}t}=k[O_2]\cdot[A]$$

在环境化学中,氧化剂的来源广泛,不同的环境介质或区域中,氧化剂的浓度或性质会发生很大的变化,因此其重要性也会千差万别。例如,强氧化剂羟基自由基(·OH)对于在气相中的有机物转化或燃烧过程中是非常重要的,但在其它的环境介质(如土壤)中则不重要。

5.3.2　氧化反应机制及动力学

下面先简要介绍环境中一些常见的氧化剂。

1. 分子氧

氧气(O_2)是在对流层及水相中最丰富的氧化剂。在对流层底部,其含量占大气组分的21%左右,随着高度的增加,氧气含量减少。在海拔高于110 km的平流层上方,氧分子的浓度变得越来越小,在海拔400 km以上氧分子就不存在了。O_2的吸收光谱在130 nm和250 nm之间有几个吸收波段,该区域的光吸收导致了O_2的光解。在20 km以上的平流层中部,O_2转化成氧原子的光解反应变得非常显著(见式(5-38)),随后氧原子和氧分子之间发生"暗"反应,这就是"臭氧层"的来源,因此海拔20~25 km的区域称之为臭氧层,如图5-10所示。

$$O_2 \xrightarrow{h\nu} O \xrightarrow{O_2} O_3 \tag{5-38}$$

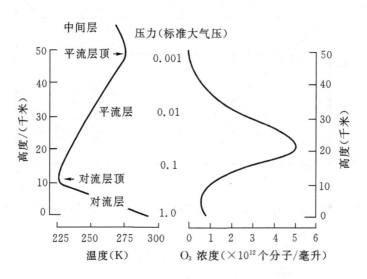

图5-10　大气分层及臭氧浓度随高度增加的变化

在海拔更低的区域,氧原子存在的几率较小,与水、氨气、SO_x、NO_x与有机物发生反应的几率也较低。

在水中,氧气存在于水体表面附近,其含量取决于温度、离子强度、化学的和生物的氧化还原活性。在液态水中氧气的溶解度随着温度的升高而降低。在0 ℃,O_2的溶解度是

14.4 mg/L,相当于 4.5×10^{-4} mol/L,在 25 ℃时下降到 8.3 mg/L(2.7×10^{-4} mol/L)。其它溶质(如盐类)的存在也会降低氧气的溶解度,所以在海水中其溶解度会下降约 30% 左右。在天然水体中由于微生物的新陈代谢活动,氧气的溶解并不总是饱和的;在光照充足、流动性强的水域中,光合作用很强,其溶解氧可能会过饱和;而在一些存在呼吸作用活跃的细菌和真菌的水体,氧气的浓度可能会降低为零。

天然水体中氧气的浓度与其氧化还原电位 E_h 密切相关。E_h 是水样和氢电极之间的电位差,单位是 mV。E_h 的上限(在 pH=7.0 时)约为 800 mV,高于此电位时,水被氧化成氧气;在 pH=7.0 时 E_h 的下限是 -400 mV,低于此电位时,水被还原为氢气。天然水体和大气达到平衡时的 E_h 约为 750 mV。图 5-11 显示的是不同天然水在 E_h-pH 图中的大概位置。

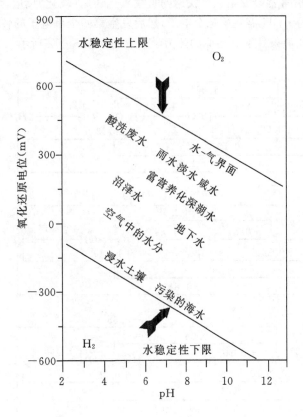

图 5-11 天然水的氧化还原电位变化

在 E_h 较高的水中,在热力学上比较容易发生生物和非生物氧化反应(尽管从动力学的角度来看并非完全可行),而在氧气浓度或 E_h 较低的条件下则更容易发生还原反应。

在水的表面层以及由于排放疏水性液体而形成的水面表层中,氧气的浓度可能较高。由于氧气是非极性物质,因此氧气在有机介质中的溶解度是水中的好几倍。例如在液态烃溶剂中氧的溶解度比水中高约 8 倍。

基态分子氧有·O—O·的结构,其中两个电子的自旋方向平行且主要以"三线态"的构型存在,每个氧原子上都定域了一个电子。这意味着氧气是基本的双自由基物态。因为大多数有机分子的结构不能与孤对电子进行结合,有机物在与氧反应时存在量子力学上的自旋障碍,因此,(在低温条件下)分子氧与有机物之间发生快速反应只限于自由基的情形。尽管如此,在高温燃烧过程中分子氧却是氧化的首要引发剂。在与具有不同氧化还原态的无机物反应时，氧气可作为氧化剂并且其本身还原。

$$Fe^{2+} + O_2 \longrightarrow Fe^{3+} + \cdot O_2^- \qquad (5-39)$$

上述反应在 pH 值 6.9，温度 20 ℃时的半衰期大约为 30 min。还原产物为过氧化阴离子自由基。

总的来说，氧的四电子还原这一性质在热力学方面最为有利（$E^0 = +0.82V$，参考标准氢电极）。

$$O_2 + 4H^+ + 4e^- \longrightarrow 2H_2O$$

但上述反应中实际上起主导作用的是发生单电子转移的这一步骤，在方程（5-39）或相关的反应中，生成 $\cdot O_2^-$ 之后常常会发生一个快速的自我氧化还原（歧化）反应，形成 O_2 和 H_2O_2。接着 H_2O_2 进一步转换为 $\cdot OH$ 需要第三个电子，然后发生第四个单电子的转移并形成最终还原产物——水。不同的 pH 值条件下氧还原的热力学示意图如图 5-12 所示。

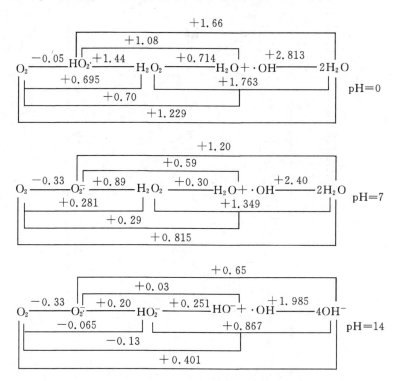

图 5-12　不同 pH 条件下氧还原反应的标准电位（相对标准氢电极），25 ℃

氧气可以与烯烃及某些能够吸收太阳光紫外线的芳香烃反应生成亚稳态的中间化合物。这些亚稳态中间化合物的存在可能会导致底物烃类的分解或单线态氧的生成。

（1）自氧化反应

自氧化反应可以定义为暴露在空气中的物质发生的氧化降解，经常使用的别名即风化。在自氧化过程中自由基是关键中间体。

自氧化过程的第一步是引发阶段（见式（5-40）），其中底物分子 A—B 在一些化学的（激发态金属离子、臭氧、羟基自由基等）或物理的（紫外线、伽马射线、超声波能等）作用下被转换为一个或多个自由基。

$$A—B \longrightarrow A\cdot + \text{其它产物} \tag{5-40}$$

在大多数情况下,自由基 A· 会与分子氧迅速反应,开始自氧化的链增长阶段,形成一个新的过氧自由基 AOO·,如果生成以碳为中心的自由基,则反应会更快。

虽然过氧自由基有许多可能的反应途径,但在自氧化过程中最重要的链传递步骤是氢取代反应。

$$AOO\cdot + RH \longrightarrow AOOH + R\cdot$$

这步反应通常是比较缓慢的,RH 可以代表另一个分子 AB、溶剂或其它一些具有活泼氢原子的成分。在此步骤中形成新的自由基使得其它物质能够继续与 O_2 反应,从而使得自氧化反应得以继续,即所谓的链式反应。

过氧化物通常在热分解或光化学分解时是不稳定的,且往往会分解产生其它种类自由基。例如在紫外光照射下引起的 O—O 键的均裂。

$$AOOH \xrightarrow{h\nu} AO\cdot + \cdot OH$$

过氧化物对太阳光紫外线的吸收通常很小,但是吸收光子的光解量子产率却相当的高。这种类型的反应增加了能够引发链式反应的活性自由基的数量,对链式反应的发生非常有利。

自氧化反应通常是在过氧自由基发生自我猝灭时终止的。

$$2AOO\cdot \longrightarrow \text{产物}$$

如果存在能够捕获或清除这些过氧自由基的还原性金属离子或还原性的有机物(如抗氧化剂),也会导致自氧化反应的终止。抗氧化剂的典型例子是 2,6 -二叔丁基- 4 -甲基苯酚(butylated hydroxytoluene,BHT),BHT 分子可以通过以下反应来破坏两分子的过氧自由基

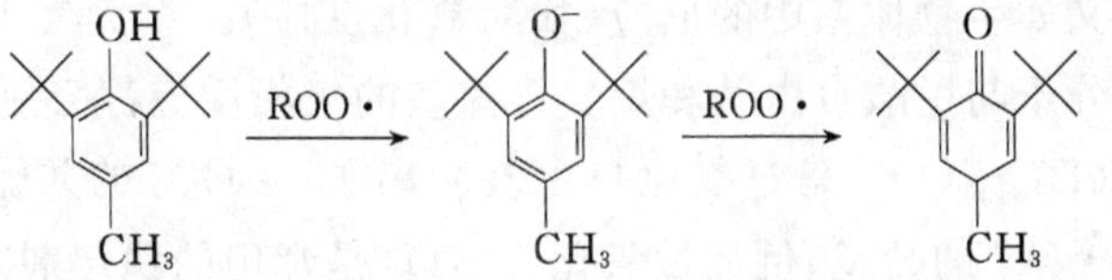

研究显示作为抗氧化剂的化合物是广泛存在的,尤其是植物界含有丰富的此类材料,包括黄酮类、其它酚类化合物、尿酸、抗坏血酸、维生素 E、类胡萝卜素以及许多其它物质。通常情况下,其主要作用机制就是过氧自由基发生的猝灭反应,例如维生素 E,这些自由基反应完全类似于 BHT。

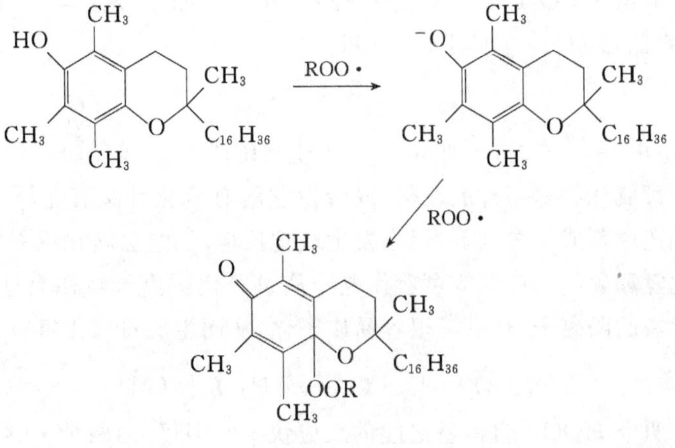

聚合物中,例如聚苯乙烯在其自氧化过程中其起始步骤是通过 Ph—C—H 键的均裂而形成苄基自由基,之后与分子氧快速反应生成聚合过氧苄基自由基。

$$\cdots\negthickspace\left[CH_2\negthickspace-\negthickspace CH\right]_{\!n}\negthickspace\cdots \longrightarrow \cdots\negthickspace\left[CH_2\negthickspace-\negthickspace\overset{\displaystyle \cdot}{C}\right]_{\!n}\negthickspace\cdots \longrightarrow \cdots\negthickspace\left[CH_2\negthickspace-\negthickspace\overset{\displaystyle O\dot{O}}{C}\right]_{\!n}\negthickspace\cdots$$

聚合过氧苄基自由基能够与邻近的 C—H 键反应生成过氧化物,或进行其它各种裂解和交联反应。链式裂解反应的一个典型例子是聚合物烷氧自由基发生的 β-裂解

$$-CH_2-\overset{\displaystyle R}{\underset{\displaystyle \underset{\displaystyle \cdot}{O}}{C}}-CH_2CH-\longrightarrow -CH_2-\overset{\displaystyle R}{\underset{\displaystyle O}{C}}+\ \cdot\overset{\displaystyle R}{CH_2}\overset{}{CH}-$$

聚合物风化的终止过程包括各种自由基相互间的各种反应。当氧气浓度较高时,主要的终止反应通常是形成不稳定的四氧中间体。

$$2ROO\cdot \longrightarrow ROO\!-\!OOR \longrightarrow 非自由基产物$$

聚合物的自氧化反应活性差异很大,在通常条件下,橡胶等含烯烃的聚合物就很容易发生自氧化。

(2)过氧化物

很多体系中都存在分子氧的单电子还原,例如亚铁及亚铜的自氧化、许多化合物(如腐殖质等)的光电离反应,又如生物体系中的反应(如酶氧化反应)。在大气中,羟基自由基与一氧化碳的气相反应或氧分子与甲酸自由基和烷氧自由基的气相反应都会使氢转移到氧上。还原产物过氧化氢自由基(HO—O·)是过氧化自由基阴离子(·O_2^-)的共轭酸,后者也是分子氧与电子反应的产物。·O_2^- 的盐类,例如过氧化钾 KO_2 是常用的稳定剂。

在大气中,HOO·的浓度大约在 $10^{-10}\sim10^{-11}$ ppm 之间;而在海水中,·O_2^- 浓度大约为 10^{-8} mol/L。

过氧化物形成的另一条途径是从含 α-H 的过氧自由基脱去 HOO·。例如,乙醇与·OH发生反应(见式(5-41))得到一系列过氧自由基的混合物,这些自由基与氧快速反应生成过氧化自由基释放出·OOH(副产物为乙醛)。此反应如果改为与 t-丁醇过氧自由基反应,则效率会显著降低,因为 t-丁醇不含 α-H。

$$CH_3CH_2OH \xrightarrow{\ \cdot OH\ } CH_3\overset{\displaystyle \cdot}{C}HOH \xrightarrow{\ O_2\ } CH_3\overset{\displaystyle O\dot{O}}{\overset{|}{C}}HOH \longrightarrow CH_3\overset{\displaystyle O}{\overset{\|}{C}}H + HOO\cdot \qquad (5-41)$$

人们通常认为过氧化物是一种氧化剂,或者说它既有氧化性又有还原性。过氧化物反应时大多是作为一种还原剂或亲核试剂,但当发生歧化反应时,它会转化成强氧化剂。此两分子反应会生成过氧化氢和氧气。此反应可看作电子从过氧化阴离子转移至过氧化氢自由基,生成分子氧和过氧化氢的阴离子,且后者很容易质子化,从而生成过氧化氢。

$$HOO\cdot + \ \cdot O_2^- \xrightarrow{\ H^+\ } H_2O_2 + O_2$$

这个反应要比两个 HOO·自由基之间的反应快 100 多倍,而两个·O_2^- 自由基之间的反

应也是非常缓慢的。所以,过氧化物的衰减是强烈依赖于 pH 的(见图 5-13)。在通常环境的 pH 下,歧化作用进行得很快,基本上不会发生其它反应。然而在海水中,$\cdot O_2^-$ 通过与二价阳离子的反应而能稳定存在,其半衰期为 $2\sim9$ min。而在质子惰性的溶剂中,过氧化物的歧化速度要慢得多,且还会发生其它类型的反应。

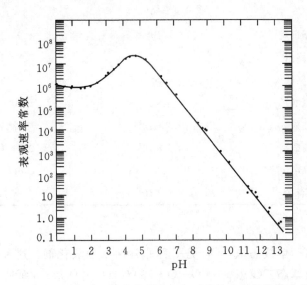

图 5-13　pH 对过氧化物歧化二级反应的速率常数的影响

H_2O_2 的反应还包括 Fenton 反应,会产生强烈的氧化剂 $\cdot OH$ 自由基,其机制就是由 $\cdot O_2^-$ 得到一个质子,生成底物的阴离子以及歧化反应的产物 $HOO\cdot$ 和 O_2。因此,尽管过氧化物本身具有强大的还原性,但它还是可以通过反应生成强氧化剂。这就是为什么所有需氧生物都含有超氧化物歧化酶,它是用以保护细胞内的重要位点如 DNA 和酶等免受 $\cdot OH$ 等强氧化剂的破坏性攻击。

研究发现 $HOO\cdot$ 和 $\cdot O_2^-$ 的反应速率常数差别很大(见表 5-7)。例如,过氧化物阴离子与四硝基甲烷的反应速率常数大约为 $2\times10^9 (mol\cdot s)^{-1}$,基本上是扩散控制,然而 $HOO\cdot$ 的反应速率则低了 5 个数量级。它们之间的不同说明 $HOO\cdot$ 是很强的氢原子供体,而 $\cdot O_2^-$ 则更具有亲核性和给电子的性能。许多具有生物学意义的化合物,如一些酚类、氨基酸、不饱和脂肪酸等与 $HOO\cdot$ 的反应活性要比与 $\cdot O_2^-$ 的反应高几个数量级。

但是在与甲醛的反应中,甲醛上的 $C{=}O$ 键与 $HOO\cdot$ 可以以极快的速率进行加成反应,生成的烷氧自由基会迅速发生 $1,4-$氢原子移位反应,此过氧自由基可以相当稳定地存在。

$$HOO\cdot \ + \ HCHO \longrightarrow HOO{-}CH_2O\cdot \longrightarrow \cdot OOCH_2OH$$

与大多数自由基不同,$\cdot O_2^-$ 很少与碳碳双键发生加成反应,与大多数简单烯烃及许多芳烃之间也一般不反应,而是容易与缺电子芳香烃如苯醌和硝基衍生物等生成阴离子自由基。某些金属蛋白质如亚铁细胞色素可以被 $\cdot O_2^-$ 迅速还原,其它过渡金属配合物也可以与它发生还原反应。

表 5 - 7 HOO· 和 ·O_2^- 与不同化合物的反应速率常数

底物	速率常数($1\ mol^{-1}sec^{-1}$)	
	与 HOO·	与 ·O_2^-
Cu^+	1×10^8	$\sim10^{10}$
Cu^{2+}	$>10^9$	8×10^9
四硝基甲烷	$<10^4$	1.9×10^9
肾上腺素	1.9×10^4	2.3×10^7
半胱氨酸	600	<15
甘氨酸	<49	<0.42
亚油酸	1.2×10^3	未测到
儿茶酚	4.7×10^4	2.7×10^5
H_2O_2	0.50	0.13
α-生育酚	2.0×10^5	<6

(3)单线态氧

对于有机分子而言,单线态氧($^1O_2$)是一种非常活跃的氧化剂。这种形态分子氧的电子处于激发态,不再具有基态三线态氧(·O—O·)的双自由基的形式,而是自旋成对、具有 π 键的单线态分子。在光化学作用下可将普通氧激发为单线态氧,单线态氧的另一个产生途径是双氧水与氯气的反应

$$Cl_2 + H_2O_2 \longrightarrow 2HCl + {}^1O_2$$

在水中,$^1O_2$ 通过与溶剂分子的碰撞迅速失活而回到基态,其生命周期约为 4 微秒。在有机溶剂中,特别是含卤素的溶剂中,其猝灭的速率大大降低。例如在 CCl_4 中,它的生命周期为 700 微秒,而在气相中则可达到几秒钟。

单线态氧似乎是天然水体暴露于阳光下产生的。双烯烃类化合物如 2,5-甲基呋喃、组氨酸、糠醇(见式(5-42))等都可以与单线态氧发生开环反应。虽然 $^1O_2$ 的量子产率仅为光吸收总量的 1%～3%,但是其在水中的迅速猝灭仍是其消失的主要途径。科学家曾将 18 种不同的天然水暴露于正午的阳光下,计算得出 $^1O_2$ 的平均稳态浓度不超过 4×10^{-14} mol/L。由于 $^1O_2$ 在水中会迅速失活,因此在水中它作为活泼氧化剂的作用是有限的,只限于一些相当活跃的受体分子(如色氨酸、组氨酸、苯酚、一些含硫化合物及还原的激发态金属离子)。

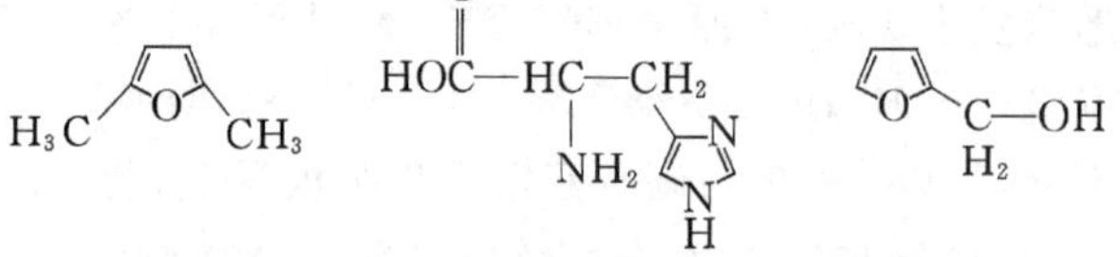

$$(5-42)$$

2,5-甲基呋喃　　　　组氨酸　　　　糠醇

单线态氧可与有机分子发生物理碰撞猝灭或发生化学反应。碰撞猝灭反应以脂肪胺为例,脂肪胺可以在不改变自身化学性质的情况下使 $^1O_2$ 失活。但只有下列少数几类化合物(通常是烯和二烯)可以与单线态氧发生化学反应形成新物质。

①烯烃。富含电子的烯烃(通常是四取代化合物)很容易与单线态氧发生快速反应,主要产物为过氧化氢,与烯反应的结果就是氧分子被添加到双键的一端,然后位移到一个烯丙基的位置。

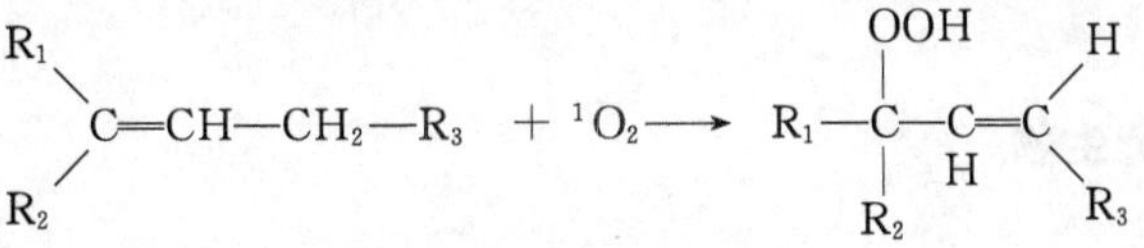

$$R_1C(R_2)=CH-CH_2-R_3 \ + \ {}^1O_2 \longrightarrow R_1-C(R_2)(OOH)-C(H)=C(H)(R_3)$$

②多环芳烃。以蒽为例,与单线态氧通过 Diels - Alder 加成(4+2 环加成)生成桥环过氧化物。

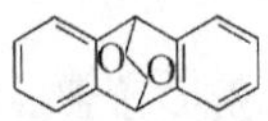

③环二烯。包括杂环二烯,如呋喃和吡咯。这些化合物通常也是先通过 Diels - Alder 加成反应生成不稳定的桥环过氧化物,进而继续热反应。

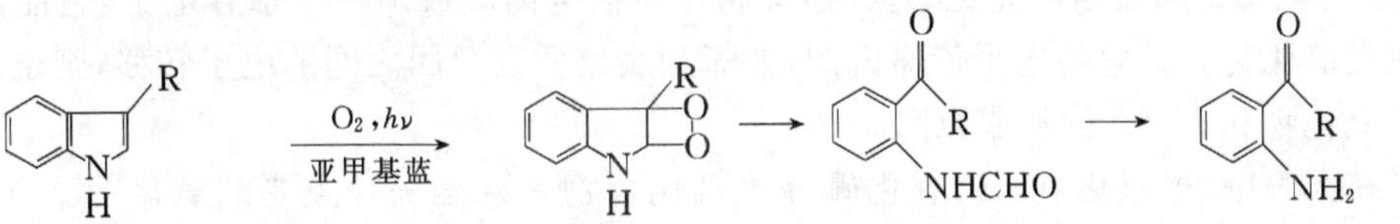

$$R=CH_2CH(NH_2)COOH$$

④含硫化合物。可以与三线态的敏化染料或单线态氧进行快速反应,产物有亚砜和二硫化物。由于水中腐殖质的存在,乙拌磷农药可以通过敏化反应被光氧化成相应的亚砜。

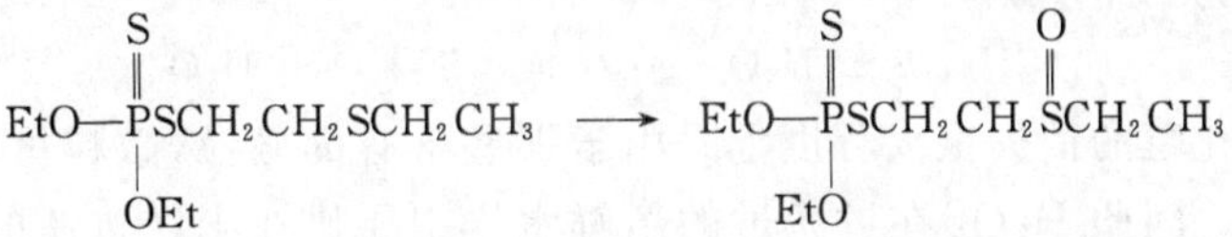

$$EtO-P(S)(OEt)SCH_2CH_2SCH_2CH_3 \longrightarrow EtO-P(S)(EtO)SCH_2CH_2S(O)CH_2CH_3$$

乙拌磷　　　　　　　　　　　　乙拌磷亚砜

⑤苯酚类化合物。单线态氧与酚类化合物的反应速率常数通常都比较小,为此苯酚类化合物不能通过自然水体中的太阳光-染料敏化反应去除。但苯酚类阴离子由于具有丰富的电子分布,在较高的 pH 条件下,会与单线态氧发生反应,使苯酚降解。

(4)臭氧及相关化合物

臭氧是由平流层中的短波(波长<240 nm)将氧分子分解成两个氧原子,随后氧原子与氧分子反应形成的。臭氧的吸收光谱($\lambda_{max}=255$ nm)刚好是有害紫外线的波长(200~300 nm),故在到达地球表面之前将其吸收,吸收的光能将臭氧分解成氧气和氧原子。

大气中臭氧会与无机物和有机物反应而消失。在云层中的小水滴里与臭氧反应的物质主要是 $O^{2-}\cdot$ 或 HSO_3^-。只有极少数的有机分子(如烯烃)和臭氧反应有较快的反应速率,可以快速生成臭氧化物类中间产物,这些中间产物会断裂生成多种醛和羧酸。在典型的白天对流层的条件下,与臭氧反应的烯烃和与·OH 反应的烯烃大致相当。由于·OH 主要在白天存在,因此在夜间烯烃与臭氧的反应就占主导地位。

臭氧与一些吸附在表面上的某些多环芳烃(PAHs)会迅速反应。一项对多环芳烃吸附在纤维上的研究表明当苯并蒽和苯并[α]芘暴露在臭氧中会迅速消失(半衰期 0~4 min),而芘、苯并[e]芘和苯并荧蒽则相对持久(半衰期 7~53 min)。当光和臭氧共存时,大多数多环芳烃的消失速率会变快,但少数反而会变更慢。玻璃纤维对多环芳烃的吸附会使得 PAHs 的反应顺序发生变化,使芘的反应活性变得更强。飘尘颗粒也是多环芳烃氧化和光氧化作用的催化剂,但其催化活性存在着很大的差异。这些反应的产物是复杂的混合物,有醌、酚、环氧化物和环裂解产物。

2. 过氧化氢及其衍生物

(1)过氧化氢

自然界中的水可以通过光解作用来生成过氧化氢,此外它还可以通过对一些半导体氧化物的照射过程形成。过氧化氢的其它来源包括:对流层中·OOH 的歧化反应以及一些还原性过渡金属(如铁)的自氧化作用。

过氧化氢的亨利常数为 10^5 M/atm,这决定了过氧化氢从气相分离到液相去的强烈趋势。

在大气层水样中的过氧化氢浓度通常大大高于地表水样,大气层中的过氧化氢能通过雨水进入地表水。研究表明该作用使得海洋中 H_2O_2 浓度提高十倍以上。然而,天然水中形成 H_2O_2 的机制是腐殖质的光化学反应,即腐殖质被电离释放出一个水合电子,它能攻击溶解氧形成过氧化物。其它的电子传递机制,如氧和腐殖质发色团之间的电子转移,则也可以解释水中过氧化物和 H_2O_2 的形成原因。

在大气中,过氧化氢像二氧化硫等无机化合物一样是一种重要的氧化剂。H_2O_2 与有机化合物的反应目前的研究不多。在水中,若没有光或金属离子催化剂,过氧化氢就是一种无足轻重的氧化剂。例如,像苯胺这样的电子含量高的有机化合物在黑暗的纯水中能长时间保持稳定,即使含有超过其 1000 倍浓度的 H_2O_2 也不会氧化。研究发现在酸性液滴中,二甲基硫会被过氧化氢氧化为二甲基砜。

$$(CH_3)_2S + H_2O_2 \longrightarrow (CH_3)_2S = O + H_2O$$

天然水中过氧化氢的消失很大程度上是由于那些含有的微粒,微粒可能包含像细菌和藻类这样活的微生物。因此 H_2O_2 在过滤过的新鲜水样中要比在未经过滤的水样中更加稳定。然而,H_2O_2 与还原性铁和铜之间的反应也值得注意,这些反应对于海洋中羟基自由基的形成有重要的贡献。

(2)羟基自由基

①形成。羟基自由基(·OH)是通过一些重要的途径在环境中形成的。

在对流层上层臭氧的光解作用

$$O_3 + h\nu \longrightarrow O_2 + O \xrightarrow{H_2O} 2HO\cdot$$

通过还原过渡金属离子使 H_2O_2 分解(芬顿反应)

$$M^{n+} + H_2O_2 \longrightarrow M^{(n+1)+} + \cdot OH + HO^-$$

三价铁离子配合物的光解作用,特别是在略带酸性的水中占主导地位的 $Fe(OH)_2^+$(pH3~5),如雨滴。

$$Fe(OH)^{2+} + h\nu \longrightarrow Fe^{3+} + HO\cdot$$

NO 与氢过氧自由基的反应

$$HOO\cdot + NO \longrightarrow HO\cdot + NO_2$$

水蒸气的光解作用,主要发生在高于 70 km 的中间层上部

$$H_2O + h\nu \longrightarrow HO\cdot + H\cdot$$

过氧化氢的光解作用,主要发生在中间层的下部和对流层

$$H_2O_2 + h\nu \longrightarrow 2HO\cdot$$

水与臭氧光解释放的氧原子的反应

$$H_2O + O \longrightarrow 2HO\cdot$$

硝酸盐和亚硝酸盐的光解作用

$$NO_3^- + H_2O + h\nu \longrightarrow NO_2 + OH\cdot + OH^-$$

$$NO_2^- + H_2O + h\nu \longrightarrow NO + OH\cdot + OH^-$$

过氧化物与臭氧的反应,主要在大气水滴中和水处理过程中

$$\cdot O_2^- + O_3 \xrightarrow{H^+} 2O_2 + \cdot OH$$

通过直接和间接测量得出·OH 在大气中的浓度范围在 10^6 个$/cm^3$ 左右。在地表淡水水体中,·OH 的稳定态浓度约为 10^{-5} M,但在海水中其浓度还要低 $1\sim2$ 个数量级,原因可能是由于海水中硝酸盐和溶解性有机碳的浓度比较低。

羟基自由基是一个非常有效的氧化剂。近年来,人们逐渐意识到不仅在大气层的反应中,而且在一些地表水的反应中,羟基自由基都是一种重要的反应中间体。

②与有机化合物的反应。对于大多数进入对流层的有机化合物来说,与 HO· 的反应是它们消失的主要原因。例如,甲烷是对流层中含量最丰富的碳氢化合物,它对于大气层中的很多物质是无反应活性的,但和·OH 却能发生一系列自由基反应(见式(5-43)至式(5-51)),最终将其转化为二氧化碳形态。

$$CH_4 + \cdot OH \longrightarrow \cdot CH_3 + H_2O \tag{5-43}$$

$$\cdot CH_3 + O_2 \longrightarrow CH_3OO\cdot \tag{5-44}$$

$$CH_3OO\cdot + RH \longrightarrow CH_3OOH \tag{5-45}$$

$$CH_3COO\cdot + NO \longrightarrow CH_3O\cdot + NO_2 \tag{5-46}$$

$$CH_3OOH + h\nu \longrightarrow CH_3O\cdot + \cdot OH \tag{5-47}$$

$$CH_3O\cdot + O_2 \longrightarrow CH_2O + HOO\cdot \tag{5-48}$$

$$CH_2O + HO\cdot \longrightarrow \cdot CHO + H_2O \tag{5-49}$$

$$\cdot CHO + O_2 \longrightarrow CO + HOO\cdot \tag{5-50}$$

$$CO + HO\cdot \longrightarrow CO_2 + H\cdot \tag{5-51}$$

相对于加氢反应(见式(5-45)),甲基过氧自由基(或者是其它自由基)与 NO 的反应速度是非常快的,所以只要在未受污染的环境中后者就可以发生相当激烈的反应。在污染的大气中,氮氧化物会干扰上述几个反应,形成硝酸盐和过氧基硝酸酯等。

甲烷可能是所有的大气碳氢化合物中反应活性最低的,其在大气中的平均停留时间大约为 4 年。长链和带有支链的脂肪烃能生成活性更高的二、三级烷基自由基,而这些自由基又可能发生重排和氢转移反应。事实上高级正链烷烃在地球表面的量并不多,又能与·OH 快速反应,因此在大气中的含量非常低。

烯烃同·OH 的反应是非常迅速的,其中反应活性最高的就是单萜月桂烯(见式(5-52)),它有两个乙烯基团和一个三取代的双键。单萜月桂烯与·OH 的反应速率是乙戊二烯的 3 倍,是乙烯的 30 倍。芳香烃与·OH 的反应速率一般比烷烃快但是比烯烃慢。

$$CH_2\!=\!CHCHCH_2CH_2CH\!=\!C\!\begin{array}{c}CH_3\\[2pt]CH_3\end{array} \tag{5-52}$$
$$\underset{CH_2}{|}$$

醛与·OH 反应可以被氧化成酰基自由基,酰基自由基除了可以和 O_2,NO 继续反应外还能发生其它方式的分解。

$$RCHO + \cdot OH \longrightarrow RCO\cdot + H_2O$$

$$RCO\cdot + O_2 \longrightarrow RCO_3\cdot + RO\cdot + CO_2$$

$$RCO_3\cdot + NO \longrightarrow RCO_2\cdot + NO_2$$

一部分醛可以通过与水的反应生成水合物(宝石二醇)来阻止醛的进一步氧化,此反应非常适用于甲醛但是不适用于其它高级醛类

$$RCHO + H_2O \longrightarrow RCH(OH)_2$$

或者是通过与硫氧化物或亚硫酸氢盐的反应生成酸性加成物

$$RCHO + HSO_3^- \longrightarrow RCHOHSO_3$$

羟基自由基与有机化合物的反应包括两种重要的类型:电子取代或氢转移反应。前者如加成到双键上的反应,后一种反应的例子是在苯环上加成·OH。

$$\text{(5-53)}$$

虽然·OH 是没有选择性的,但是实际上电子攻击的位置还是有一定的差异的。对于氢取代反应来说,γ-氢要比 β-或 α-位氢的活性更强;碳原子上邻近取代基通常对氢转移反应速率有较大的影响。很多情况下,将羟基自由基加成到一个不对称的双键上时,一般会得到一个更稳定的自由基产物。例如,·OH 和丙烯的反应,最初得到的加成产物的 2/3 为 $\overset{\cdot}{C}H_3CHCH_2OH$,其余 1/3 为 $CH_3\overset{OH}{\underset{|}{C}}HCH_2\cdot$。

对于芳香烃与·OH 的反应来说,由于苯环的电子密度不同会产生一定的差别。例如,富电子化合物苯甲醚与·OH 的反应速率,比与缺电子化合物硝基苯的反应速率大 2.6 倍,·OH 加成到芳香环的反应速率大约是通过侧链或功能基发生氢原子转移反应速率的 10 倍。·OH 加成到卤代苯酚中会失去一个卤素原子得到相应的苯二酚。安息香酸与·OH 反应生成主要产物为羟基苯甲酸。

同时包含不饱和键和可转移脱氢原子的有机化合物,如烷氧基烯烃和烷基苯,几乎总能通过这两种途径生成产物,但如前所述加成反应是更主要的反应。研究发现,利用 HONO 光解产生的·OH 自由基同苯反应可以得到苯酚;同苯酚反应大多数情况下产物为甲基酚及苯甲醛;同乙苯反应产物为乙基酚、苯乙酮和苯甲醛。在甲基酚中,邻甲酚占了甲酚总量的 80%。但是苯胺却是一个例外,当它以苯胺基的形式存在时,不论·OH 攻击的是氨基基团(约 36% 的可能性)还是其邻位(54%),反应都能进行。苯胺基的二聚产物,如偶氮苯、氧化偶氮苯和氨基二酚在·OH 反应中起支配作用,就如同其它单电子氧化反应一样。

(3)过氧自由基

在前面讨论自氧化反应的过程中已经讨论了过氧自由基的一些反应。在天然体系及一些

特殊处理过程中都会生成高浓度的过氧自由基。过氧自由基的浓度在紫外线强度最强时达到最大值。大气中过氧自由基的浓度范围为 $0.05\times10^{-9}\sim0.3\times10^{-9}$。在大气中 $RCH_2OO\cdot$ 等过氧自由基对 NO 来说是很有效的捕捉剂，可将 NO 转化成 NO_2。

$$RCH_2OO\cdot\ +\ NO\longrightarrow RCH_2O\cdot\ +\ NO_2$$

生成的烷氧自由基能和 O_2 进一步反应生成醛和氢过氧化自由基·OOH（也可氧化 NO 重新生成·OH）。

$$RCH_2O\cdot\ +\ O_2\longrightarrow RCHO\ +\ \cdot OOH$$

$$NO\ +\ \cdot OOH\longrightarrow NO_2+\ \cdot OH$$

过氧自由基也可以直接与二氧化氮反应生成硝酸酯

$$ROO\cdot\ +\ \cdot NO_2\longrightarrow ROONO_2$$

在大气层中，特别是当氮氧化物浓度很低时（例如在非常洁净的空气中），HOO·可能会进行另一个反应途径：在 HOO·上发生氢转移反应生成一个氢的过氧化物 ROOH。由于上述所有 ROO·的反应速率都差不多，因此 HOO·和 NO_x 的相对浓度将会决定过氧化氢自由基、烷氧自由基和硝酸酯的生成程度。

科学家尝试对自然水体中该类过氧自由基浓度进行观测，采用的技术是基于对可以观察到的产物（自然水域中的异丙苯和吡啶暴露于太阳光下）以及对 ROO·、HO·和底物反应的产物（见图 5-14）的动力学分析。在一个典型的阳光照射的淡水中 ROO·的稳态浓度大约是 10^{-10}M。

$$RO_2\cdot\ +\ CuH\longrightarrow RO_2H\ +\ Cu\cdot$$

$$Cu\cdot\ +\ O_2\longrightarrow CuO_2\cdot$$

$$CuO_2\cdot\ +\ CuH\longrightarrow CuO_2H\ +\ Cu\cdot$$

$$CuO_2\cdot\ +\ RO_2\cdot\longrightarrow CuO\cdot\ +\ RO\cdot\ +\ O_2$$

$$CuO\cdot\longrightarrow C_6H_5COCH_3+\ CH_3\cdot$$

$$CH_3\cdot\ +\ O_2+\ CuO_2\cdot\longrightarrow CH_2O\ +\ CuOH\ +\ O_2\ (2\ steps)$$

$$HO\cdot\ +\ CuH\longrightarrow H_2O\ +\ Cu\cdot$$

$$HO\cdot\ +\ O_2+\ CuH\longrightarrow HOC_6H_5-i-C_3H_7+\ HO_2\cdot\ (2\ steps)$$

图 5-14　异丙苯（CuH）与羟基自由基和过氧自由基的反应

科学家也研究了过氧自由基在土壤表层沉积物中的作用。他们检测了普通土壤成分对烷烃过氧自由基和对异丙基苯酚的反应的影响，发现与有机物的反应主要是除了 Cu^{2+} 以外的矿物质；但天然腐殖酸材料性能却较差，大概是因为其大部分结构都含有活性较差的基团，如多糖和脂肪烃链。他们还得出结论，认为酚类和其它一些活性外源性物质可以通过与这些自由基的反应得到部分去除。

一些过氧自由基会发生分子内的光解反应，特别是 α-OH 类型的自由基，可以释放出过氧化物。

$$\underset{\underset{OO\cdot}{|}}{R_2C-OH}\ \longrightarrow\ R_2C=O\ +\ HOO\cdot$$

这种类型的反应都非常快。消去过程并不限于脂肪族结构，由 HO·和 O_2 加成到芳香环上形成的过氧自由基同样也会发生类似的消去过程。

此外，过氧自由基还会发生双分子衰减，这类反应的中间产物通常是四氧化物，且四个氧原子必须是连续的。这些中间体按照若干途径发生分解从而产生 O_2 或 H_2O_2（见图 5-15）。

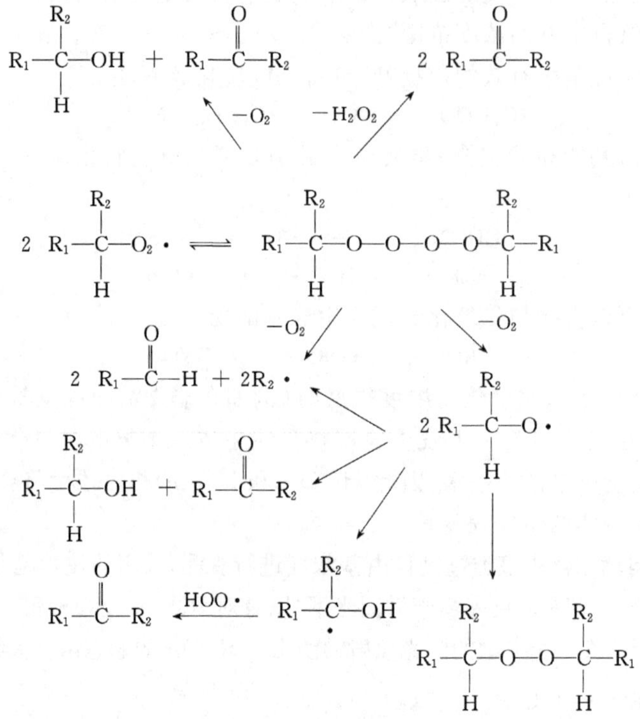

图 5-15 四氧化物的分解途径

过氧自由基的衰减速率有很大差异,有些几乎以扩散速率进行衰减而另一些则要稳定些。最容易与其它自由基发生反应的主要是那些自我终止速率比较慢的自由基。氮氧化物(特别是存在于污染大气中的 NO)存在时,过氧自由基通过以下两步反应形成过氧硝酸酯

$$ROO \cdot \ + \ NO \longrightarrow RO \cdot \ + \ NO_2$$
$$ROO \cdot \ + \ NO_2 \longrightarrow ROONO_2$$

过氧自由基还会和烯烃发生加成反应(见式(5-54)),反应的稳定产物是环氧化合物,可能是通过烷氧自由基的消除而生成的。环氧化合物的内部结构很紧密,作用力很强,它们在形成时的总体速率常常可以相差 3 个或者更多个数量级。

$$ROO \cdot \ + \ \diagup C\!=\!C \diagdown \longrightarrow ROO\!-\!C\!-\!C \cdot \longrightarrow RO \cdot \ + \ \text{环氧化合物} \tag{5-54}$$

(4)烷氧自由基和酚氧自由基

烷氧自由基 RO・的来源主要是过氧自由基的衰减。例如,拉塞尔四氧体的分解、过氧化氢直接或被光解(或金属催化异裂)以及过氧自由基和氮氧化物或烯烃的反应。

烷氧自由基参与的一系列反应包括以下几种。

①和氧气反应产生醛类。$RCH_2O \cdot \ + O_2 \longrightarrow RCHO + \cdot OOH$,当 R 为 H 原子时,这一反应就是大气中甲醛的主要来源。

②与对流层中的 NO 或 NO_2 发生反应,分别生成烷氧亚硝酸盐 RONO 或硝酸酯 $RONO_2$。

③H 原子转移或氢化物取代。

④α 位断开生成烷基自由基和羰基复合物:$RR_1R_2C\!-\!O \cdot \longrightarrow R \cdot + \ R_1R_2C\!=\!O$ 。此分

解反应将会产生最稳定的烷基自由基。

苯氧自由基主要通过苯酚单电子氧化产生(见式(5-55)),或通过苯酚与 HO· 自由基的加成反应产生(见式(5-56))。

$$C_6H_5OH \longrightarrow [C_6H_5O· \rightleftharpoons C_6H_4·OH] \qquad (5-55)$$

$$C_6H_5OH + HO· \longrightarrow [HOC_6H_5OH] \longrightarrow C_6H_5O· + H_2O \qquad (5-56)$$

这一类化合物的基本反应是二聚合(苯酚偶联)产生新的 C—C 或 C—O 键连接成 Ph—O—PhOH 或 HOPh—PhOH。这些反应在多种环境介质和生物介质中广泛存在。

大多数情况下,苯氧基不参与链式反应中链增长步骤,因此一直被用作自由基抑制剂。但是它们可以氧化抗坏血酸或还原某些醌类物质。

3. 表面反应

在固体表面发生的异相氧化反应对自然环境和工业过程,包括废水处理过程中有机物的转化都起着非常重要的作用。金属氧化物等固体氧化剂在自然界很少以纯物质的形态存在,它们经常作为一些无机矿物聚合物的一部分,如作为其它矿物表面的薄层存在。并且氧化物的粒度范围、相应的表面积和孔隙率差异很大,因此在环境中的反应非常复杂。在氧化物表面发生的氧化反应依赖于表面对底物的吸着作用,随后的氧化反应过程中出现了多种不同的反应机理,例如电荷或电子的转移以及自由基等中间产物的形成等。

对有氧化活性的固体进行的实验研究,大多数都采用的是金属氧化物,例如银、锰、铬、汞和铅。研究表明,铁和锰氧化物是自然环境中最重要的氧化剂。

(1)黏土

黏土作为催化剂大多数反应都依赖于有氧化-还原活性的金属离子而展开的,例如 Cu,Fe 及其它痕量元素。一般将能够发生此类氧化反应的化合物分成 4 类:①有吸电子和弱给电子基团的芳香化合物;②有吸电子和强给电子基团的芳香化合物;③只有给电子基团的芳香化合物;④有广泛共轭性的芳香化合物。总的来说脂肪烃不容易被土壤或黏土氧化。

某些特定粘土矿物质吸附了芳香胺后能够发生显色反应,其反应机理是电子从胺类物质转移到黏土内部的过渡金属盐。铁可以与电子作用,而 Cu^{2+} 更容易和氮原子上的孤对电子发生作用,其产物包括了胺的自由基阳离子和还原态的金属离子。例如,在空气中干燥过的蒙脱石和高岭土,吸附了苯胺和对氯苯胺后可以形成电荷转移复合物,在黏土表面存在的 Fe(Ⅲ) 能够促进复合物的形成。其他学者还发现在相同条件下,还形成了苯胺的二聚物、三聚物及其它高聚物。如果黏土中含有 Fe^{3+} 或 Cu^{2+},则氧气并不是苯胺发生氧化的必要条件,但是如果这些离子被碱金属或碱土金属离子替代时,则氧气就是必需的。

其它类型的芳香化合物在含有 Fe^{3+} 或 Cu^{2+} 的蒙脱石上发生高聚氧化反应也存在类似的机理。例如,电子从 4-氯苯甲醚转移到 Cu^{2+} 蒙脱石会产生自由基阳离子中间体,再经过脱氯作用形成氯离子和偶联产物 4,4'-二甲氧基联苯。

黏土、沉积物和土壤尘埃也会促进多种其他有机物的氧化,比如邻苯二酚 、邻

苯三酚 (结构: 苯环带三个OH) 和对硝基苯硫磷脂 $O_2N-\!\!\!\!\bigcirc\!\!\!\!-O-\overset{S}{\underset{}{P}}(OCH_2CH_3)_2$。对硝基苯硫磷脂

的氧化产物是具有更高毒性的对氧磷 $O_2N-\!\!\!\!\bigcirc\!\!\!\!-O-\overset{O}{\underset{}{P}}(OCH_2CH_3)_2$，此反应中高岭土比蒙脱石具有更高的反应活性,且与大气中的臭氧有关。

(2)氧化铝

氧化铝对多种有机物具有很强的吸附力,在色谱上具有广泛的应用。人们很早就知道它可以催化有机分子发生异构化、水解和加成等反应,但是它却很少用作氧化-还原试剂。据报道在室温条件下,醛类物质可以在中性氧化铝的催化下发生康尼扎罗歧化反应,生成相应的醇和羧酸。在水溶性酸(pH<4.4)中,可溶性铝($AlCl_3$)和氧化铝都能作为邻苯二酚氧化聚合反应的催化剂,生成绿色的物质。

(3)氧化铁

铁作为地球上存在的最广泛的元素之一,它能形成氧化物、水合氧化物及硫化物等多种矿石,这些矿石是土壤和沉积物中普遍存在的组成成分。在正常 pH 的有氧环境下,铁的热动力学稳定形态是三价铁,在很多情况下它都能作为氧化剂而被还原。例如,在光照条件下,溶解态或悬浮态的氢氧化铁会和自然界的腐殖质发生反应,被还原成二价铁。一些学者指出很多铁的氧化物都可以将多酚氧化成聚合物。针铁矿和赤铁矿都能促进邻苯二酚和对苯二酚溶液对氧的吸收。对苯二酚在针铁矿和赤铁矿混合物的表面发生氧化还原反应,生成对苯醌等产物。在这个过程中,发生了电子转移,使得铁(Ⅲ)在氧化物表面转化为铁(Ⅱ),随后又发生部分逆反应,使得苯醌与铁(Ⅱ)重新生成对苯二酚。经过很长一段时间(>50 小时),在氧化物表面及溶液中会生成聚合产物。

(4)氧化锰

二氧化锰在有机化学领域是一种常见的人工合成氧化剂,特别是经常用作一种温和的氧化剂,可以将某些醇氧化为羰基化合物。二氧化锰也是一种常见的矿物,往往在海水和淡水中形成矿球,或在其它矿物表面形成一层矿物膜。海水和淡水中的天然有机物能够将锰氧化物光解还原成可溶性的锰(Ⅱ),这在藻类营养学上是很重要的。

大量研究表明,锰氧化物是很有潜力的氧化催化剂,尤其是对苯酚的氧化反应。苯酚上如羟基、链烃基、烷氧基等给电子取代基,通常比带有吸电子基团的苯酚更容易氧化。在锰氧化物表面发生的氧化反应,一种可能机理是电子由苯酚转移到氧化物上,然后释放 Mn^{2+} 到溶液中,接着与酚衍生的自由基反应;在浓度足够高时,苯酚容易发生氧化偶联,形成聚合体。二氧化锰能催化氧化邻苯二酚生成有色产物,土壤中存在的一种锰氧化物能氧化邻苯二酚及蒽醌产生半醌和羟基半醌自由基。蒽醌也能在黑锰矿(Mn_3O_4)的悬浮溶液中被氧化,这个过程中Mn_3O_4 被分解,释放出 Mn^{2+},并形成苯酚聚合体。

二氧化锰也可以与其它一些富含电子的芳香烃发生反应,如苯胺。取代苯胺与二氧化锰反应的难易顺序为:烷氧基 > 烃基 > Cl >—COOH > NO_2。反应产物主要为偶氮苯(PhN=NPh)和氧化偶氮苯,这表明氧化耦联的机理是形成了自由基中间体。

4.热氧化反应

(1)燃烧和焚化

一般燃料的燃烧,氧气是主要的氧化剂。从本质上来说,燃烧实际上是自氧化的高温模拟,利用高温可以克服这一过程开始步骤的障碍。

$$RH + \cdot O—O\cdot \longrightarrow R\cdot + HOO\cdot$$

氧原子、羟基自由基和过氧羟基自由基都是重要的氧化剂。

目前对氧气和可燃物之间的反应机理的了解都还很有限。即便对于像甲烷这样简单的燃料分子,在燃烧过程中也会有很多复杂的行为。在开始步骤中形成的甲基自由基的归趋有很多种可能性,其中包括可以重新结合生成乙烷。

$$2\overset{\cdot}{C}H_3 \longrightarrow CH_3CH_3$$

甲基自由基的进一步氧化会形成一些目前还不能完全确定的中间体,可能包括甲醛、$\cdot$CHO 和 CO,CO 与羟基自由基通过以下反应生成燃烧的最终产物 CO_2。

$$\cdot OH + CO \longrightarrow CO_2 + \cdot H$$

这个反应是个放热反应,这也是燃料燃烧时放出大量热的主要原因。反应形成的氢原子在链式反应中非常重要,因为当它们和氧分子结合时会生成氧化能力很强的自由基。

$$\cdot H + O_2 \longrightarrow \cdot O\cdot + \cdot OH$$

事实上燃烧过程都会产生多环芳烃(PAHs),这是因为大的有机分子裂解成自由基中间体,自由基中间体又发生再结合作用。燃烧的火焰中心的气压会降低,这种情况下 C2—C4 不饱和基团会在自由基中间体被氧气截获前就通过链式反应与其它碳氢化合物结合。PAHs 的第一个环由 6 个碳原子组成,以苯分子或苯自由基的形式存在。第一个环形成的过程是这个领域目前研究的目标。很多研究表明 PAHs 是以 C2 为加成单位加成到苯环、C6—C2、C6—C4 和四氢化萘等中间体上而形成的(见图 5-16),这些中间体自由基具有很强的共振稳定性。

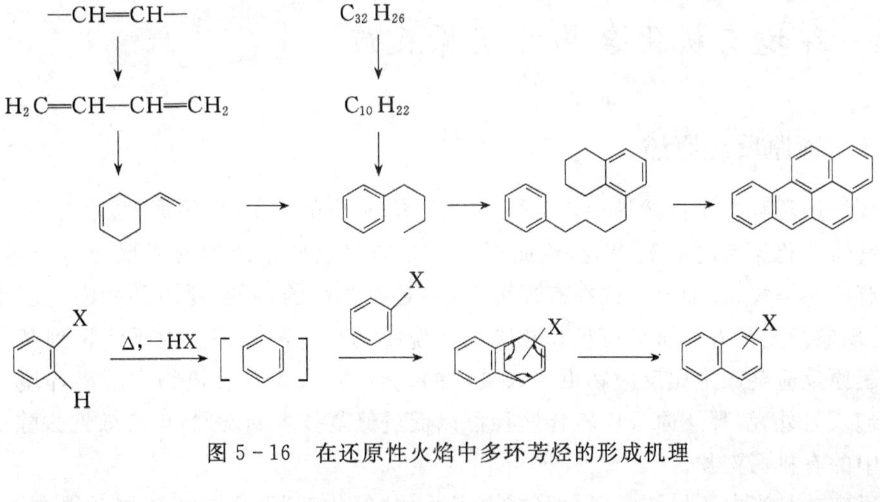

图 5-16　在还原性火焰中多环芳烃的形成机理

已有的芳烃可以作为 PAHs 形成过程中的"模版",因此相对于脂肪烃的燃烧,苯的燃烧会导致更多的 PAHs 生成。高温燃烧过程主要产生未取代的 PAHs,而低温燃烧则会产生大量烷基(主要是甲基)取代的 PAHs。

燃料中如果存在氯代有机物时,焚化装置排出的尾气和颗粒物中就会含有 HCl、卤代酸及其它氯代有机物等有害物质。在聚氯乙烯(见图 5-17(a))和聚偏二氯乙烯(见图 5-17(b))等含氯有机物的燃烧过程中,会生成其它新的有机化合物包括氯苯、苯乙烯、萘和联苯。氯代烃部分氧化可以生成高毒性的氯代二噁英(CDDs,见图 5-17(c))和氯代二苯呋喃(CDFs,见图 5-17(d))。利用气相反应的速率常数进行模型计算,可以得到 PCDDs/PCDFs 是在 600~900 ℃的条件下,由氯代苯酚和氯代联苯醚等前体物形成的气态产物。

一些研究还发现,在无机氯化物存在时,不含氯的有机化合物燃烧时也会生成氯代有机物。如苯酚和 HCl 加热到 550 ℃并维持 5 min,可鉴别出 50 多种氯代有机物。含铁的氯化物和苯加热时也可以生成 CDDs/CDFs。

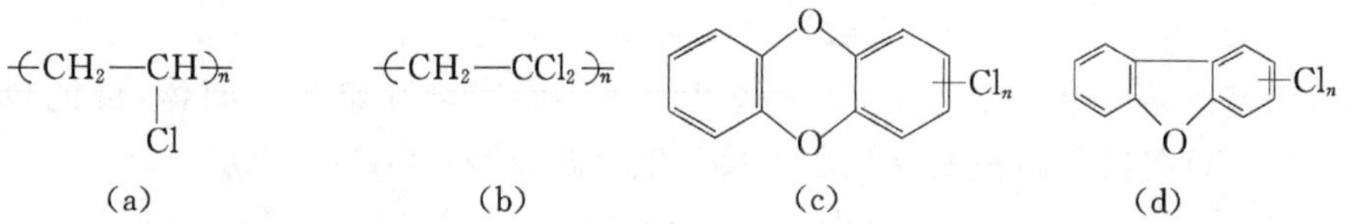

图 5-17　几种氯代有机物的化学式

(2)湿法氧化

湿法氧化是在有水条件下以大气中的氧气为氧化剂而发生的燃烧过程。一般需要高压(2~15 MPa)和高温(125~325 ℃),这样才能破坏可溶性有机物质(DOM)。目前已经有了商业的反应器可连续处理废水,但大多数实验室的研究还是集中在高压密闭反应器中进行的。

湿法氧化方面的很多研究表明,它可以高效地将 DOM 转化为低相对分子质量的极性有机物,包括短链有机酸和二酸等。湿法氧化的反应机理目前还了解甚少,羟基自由基可能是一种氧化反应中间体。在菲的湿法氧化研究中,根据部分氧化产物的结构推测其机理可能是以·OH 为起始点的自由基反应(见图 5-18)。

5.4　环境有机化合物的还原反应

5.4.1　还原反应概述

还原环境广泛存在于自然界中,如地下水、土壤、水中的沉积物、污泥、渍水泥炭土、湖泊的缺氧层及富营养化河流的缺氧层等,然而至今还没有对这些系统的有机反应特征进行研究。通常认为有些污染物在"地上"(或在有氧环境中)是持久性的,而在还原环境中可能不是持久性的,这一现象激发了人们研究有机物在厌氧环境中的行为的兴趣。由于认识到某些类别的化合物的还原反应会产生比反应物更令人关注的化合物,人们对有机物在厌氧环境中的行为更加有兴趣。另外,解释还原反应转化途径可以促进修复技术的发展,更有效地去除被污染的生态系统中的有机污染物。

还原反应就是当电子供体"还原剂"或电子受体"氧化剂"发生电子转移时得电子的过程。此时的氧化剂是有机物或污染物。通过确定反应过程是否涉及原子的氧化态变化可以将还原(或氧化)反应与其它反应(如水解等)区分开。例如,1,1,2,2-四氯乙烷的转化反应有两种产物,1,1,2-三氯乙烯和1,2-二氯乙烯。

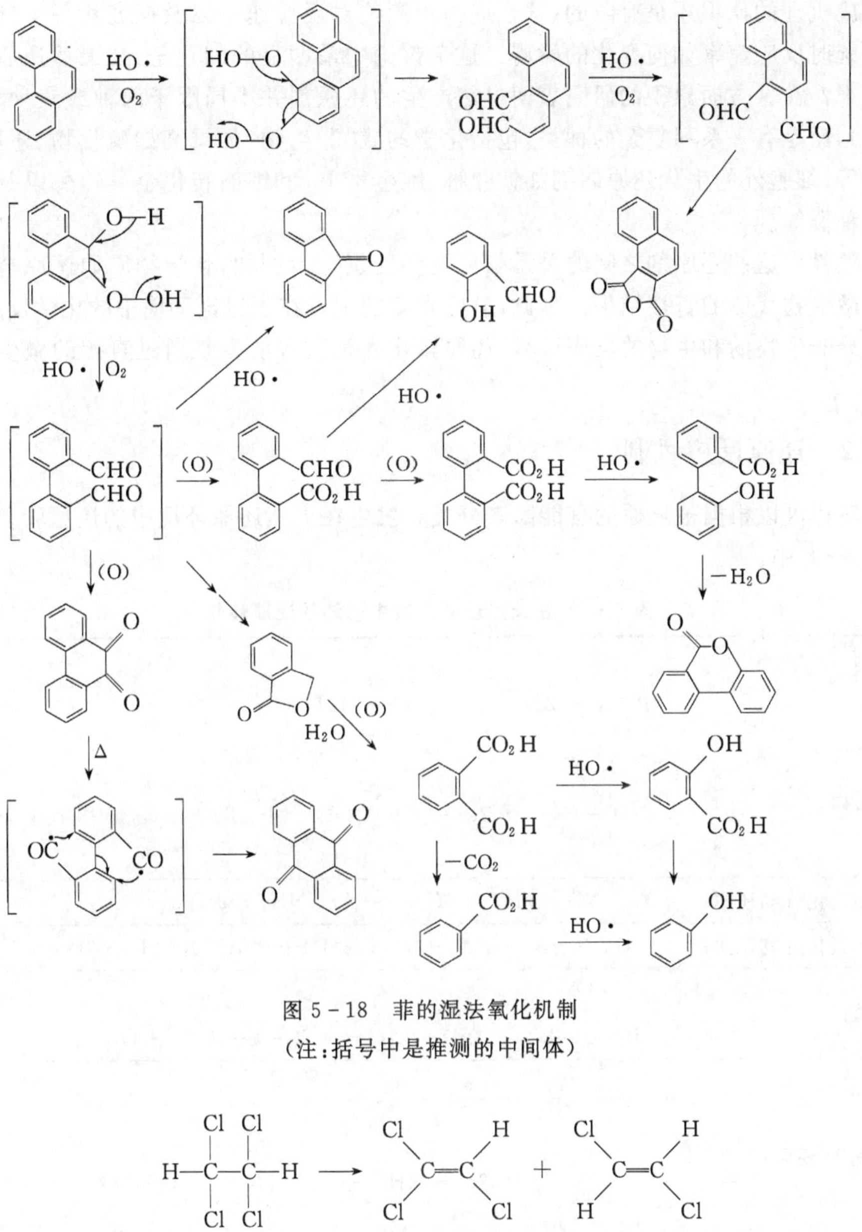

图 5-18　菲的湿法氧化机制

(注:括号中是推测的中间体)

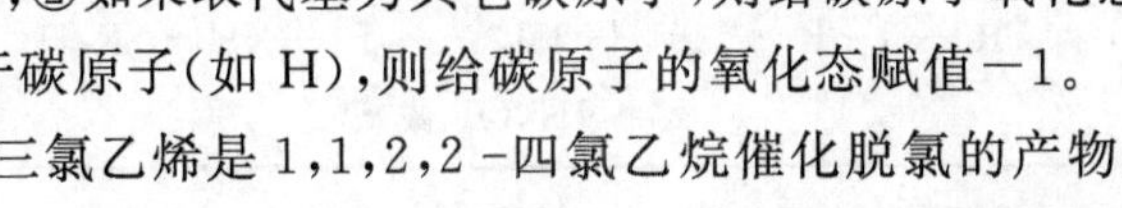

　　通过确定与氯原子连接的碳的氧化态是否发生变化可以确定哪一种产物是还原反应生成的。通过以下方法可以确定碳的氧化态:①如果有比碳原子电负性强的取代基,则给碳原子氧化态赋值为+1(如 Cl);②如果取代基为其它碳原子,则给碳原子氧化态赋值为+1;③如果有一个取代基电负性小于碳原子(如 H),则给碳原子的氧化态赋值-1。

　　人们知道 1,1,2-三氯乙烯是 1,1,2,2-四氯乙烷催化脱氯的产物。然而,从上述分析人们发现与反应物中碳原子的氧化态(+2)相比,1,2-二氯乙烯中碳原子的氧化态(0)发生了变化,因此认为在生成 1,2-二氯乙烯的过程中发生了两个电子的转移。对于更大更复杂的分子,则必须考虑直接参与反应的原子以确定他们的氧化态是否发生了变化。

　　虽然人们已经能够辨别环境系统中影响还原反应的官能团的类型,但是目前对这种还原转化的反应机理的认识还是有限的,这也成为预测绝对反应速率以及探究从一个环境系统到下一个系统时反应速率如何变化的障碍。这个讨论中最明显的问题是:在天然还原环境中电子从何而来? 在这方面累积的研究表明自然产生的还原剂并不局限于两种或三种类型(比如水解反应),而是有一系列复杂的种类,包括化学的或"非生物"的试剂如硫化物、还原金属、天然有机物等,细胞外的生化还原制剂如铁卟啉、维生素 B_{12} 和细菌转化金属辅酶以及生物系统如微生物种群等。

　　在自然界中这些还原剂之间的关系很可能会更复杂。例如,化学物质如还原金属和硫化物可能是微生物代谢的直接结果。因此,虽然本章的重点在于讨论环境中的化学反应,但是因为难以区分非生物的和生物的反应过程,还原转化在很大程度上是通过直接的微生物代谢发生的。

5.4.2　还原反应机制

　　还原转化可以根据被还原的官能团来分类。发生在天然还原环境中的还原转化的所有种类列于表 5-8 中。

表 5-8　在天然还原环境中已知的还原转化

还原脱卤	
水解:	$R-X + 2e^- + H^+ \longrightarrow R-H + X^-$
邻位脱卤:	$\underset{\displaystyle -\overset{\displaystyle \mid}{\underset{\displaystyle \mid}{C}}-\overset{\displaystyle \mid}{\underset{\displaystyle \mid}{C}}-}{\overset{\displaystyle X\ X}{}} + 2e^- \longrightarrow \begin{array}{c} \diagup \\ C=C \\ \diagdown \end{array} + 2X^-$

芳香族硝基化合物还原:	$Ar-NO_2 + 6e^- + 6H^+ \longrightarrow Ar-NH_2 + 2H_2O$
芳香族偶氮化合物还原:	$Ar-N=N-Ar' + 4e^- + 4H^+ \longrightarrow ArNH_2 + H_2NAr'$

亚砜还原:
$$R_1 - \overset{\displaystyle O}{\overset{\|}{S}} - R_2 + 2e^- + 2H^+ \rightleftharpoons R_1 - S - R_2 + H_2O$$

N-亚硝基胺还原:
$$\underset{R_1 \quad R_2}{\overset{N-O}{\underset{|}{N}}} + 2e^- + 2H^+ \longrightarrow \underset{R_1 \quad R_2}{\overset{H}{\underset{|}{N}}} + HNO$$

醌还原:
$$O= \bigcirc =O + 2e^- + 2H^+ \rightleftharpoons HO-\bigcirc-OH$$

还原脱烷基:
$$R_1-X-R_2 + 2e^- + 2H^+ \longrightarrow R_1-XH + R_2H$$
$$X=NH, O, 或 S$$

　　由于很多有机化合物包含有官能团,在还原环境中还原反应将会是他们的主要转化途径。这一节的很大一部分将对表 5-8 中列出的反应途径提供深入的讨论和实例说明。由于环境评价的目的,有些并非环境系统中的可被还原的有机官能团的还原转化的知识也很重要。有机污染物中一些常见的有机官能团尽管在天然还原环境下难以被还原,但能够人为地被还原转化,如表 5 - 9 所示。

表 5 - 9 难以在天然还原环境中还原转化的有机官能团举例

醛转化为醇:	$\underset{R}{\overset{O}{\underset{}{\parallel}}}\overset{\displaystyle\|}{\underset{H}{C}}$ + 2e⁻ + 2H⁺ ⟶ R—CH₂—OH
酮转化为醇:	$\underset{R_1}{\overset{O}{\underset{R_2}{C}}}$ + 2e⁻ + 2H⁺ ⟶ R₁—CH—R₂ (OH)
羧酸转化为醇:	$\underset{R}{\overset{O}{\underset{OH}{C}}}$ + 4e⁻ + 4H⁺ ⟶ R—CH₂—OH
羧酸酯转化为醇:	$\underset{R_1}{\overset{O}{\underset{OR_2}{C}}}$ + 4e⁻ + 4H⁺ ⟶ R₁CH₂OH + HOR₂
酰胺转化为胺:	$\underset{R_1}{\overset{O}{\underset{NHR_2}{C}}}$ + 4e⁻ + 4H⁺ ⟶ R₁CH₂OH + H₂NR₂
烯烃转化为烷烃:	C=C + 2e⁻ + 2H⁺ ⟶ —C—C— (H H)
芳香烃转化为饱和烷烃:	⬡ + 6e⁻ + 6H⁺ ⟶ ⬡

这些有机官能团的还原反应通常是化学家在实验室采用强还原剂(如金属氢化物和溶解的金属)进行的,在天然水体生态系统中这些官能团是不会发生非生物还原反应的。对这类化合物在天然还原系统中反应活性的研究相对比较缺乏,主要是由于不利的动力学和热力学因素所引起的。

1. 还原脱卤

在还原环境中卤代脂肪族和芳香族化合物的还原转化是一种普遍现象。研究发现这些化合物的还原反应发生在多种环境系统和实验室系统中,包括厌氧沉积物、土壤、厌氧污泥、地下水、含水层材料、还原铁卟啉系统、细菌过渡金属辅酶类、矿物硫化物和各种化学还原剂。

因为经常将氯代化合物作为农药、溶剂和合成中间体使用,导致了沉积物、土壤和地下水的普遍污染,因此研究卤代化合物反应途径具有重要的环境意义。

人们已经尝试了较多的以还原脱卤的去毒作用为环境修复机制的环境修复方案。但是，还原脱卤过程也可能导致少卤素的卤代产物的形成，这些少卤素的卤代产物对人类健康可能会产生更大的危害，需要引起人们的格外关注。例如，六氯乙烷的还原脱卤产物为四氯乙烯（见式(5-57)），四氯乙烯还原脱卤可相继生成三氯乙烯（见式(5-58)）、顺1,2-二氯乙烯（见式(5-59)）并最终产生一种可能的致癌物质氯乙烯（见式(5-60)）。

$$Cl_3C{-}CCl_3 \longrightarrow Cl_2C{=}CCl_2 \tag{5-57}$$

$$Cl_2C{=}CCl_2 \longrightarrow Cl_2C{=}CHCl \tag{5-58}$$

$$Cl_2C{=}CHCl \longrightarrow ClCH{=}CHCl \tag{5-59}$$

$$ClCH{=}CHCl \longrightarrow ClCH{=}CH_2 \tag{5-60}$$

(1)卤代脂肪族化合物

卤代脂肪族化合物的还原脱卤有几种机理，每种都是以一个电子的转移开始，生成一个以碳为中心的自由基基团（见式(5-61)）。这个中间体自由基基团接下来的反应包括：①从电子供体获得一个氢原子（氢解作用）；②邻近的碳原子失去一个质子形成一个C=C双键（脱氢脱卤作用）；③自由基基团偶合（二聚作用）；④消除邻近的卤素（邻近脱卤）生成一个C=C双键。

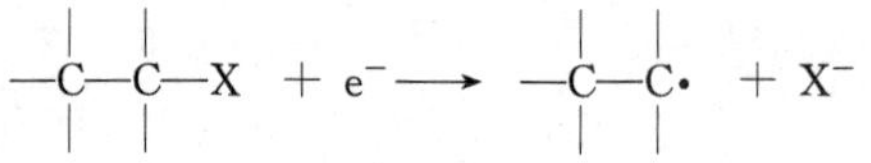

$$-\overset{|}{\underset{|}{C}}{-}\overset{|}{\underset{|}{C}}{-}X + e^- \longrightarrow -\overset{|}{\underset{|}{C}}{-}\overset{|}{\underset{|}{C}}\cdot + X^- \tag{5-61}$$

氢解反应：

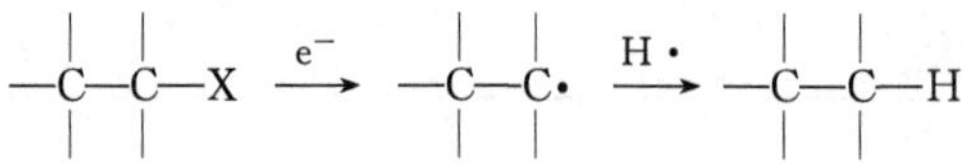

脱氢脱卤反应：

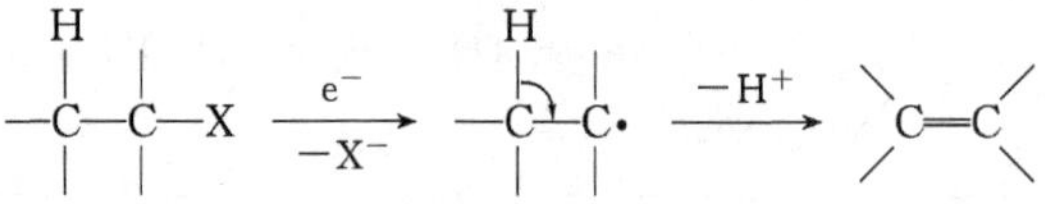

自由基偶联反应：

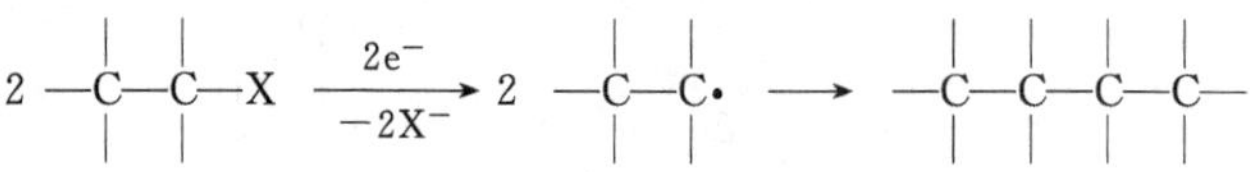

邻近脱卤反应：

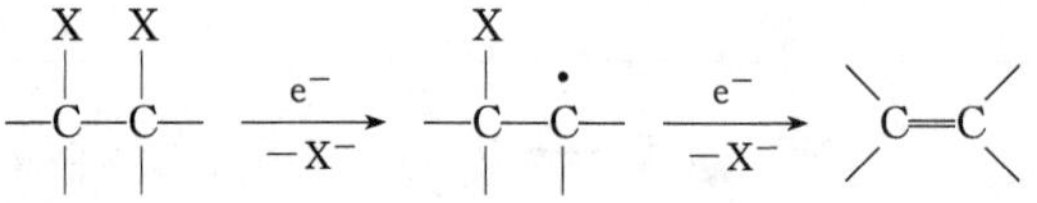

因为自由基基团偶合是一个涉及了两种反应原料的双分子反应，而这些原料物质的浓度都较低，所以这些反应过程在环境系统中并不是很重要。

至于卤代烃的水解转化，它们的反应活性与还原转化相比有很大的差别。卤代烃的物化性质可能会影响它们在还原环境中的反应活性，这些性质包括 C—X（卤素）键的强度、C—X（卤素）键的电子亲和性（或者卤素原子得电子的能力），和电子转移产生的 C-自由基基团中间体的稳定性。在厌氧的沉积物-水系统中，一系列的卤代乙烷的还原脱卤反应活性对物质结构的依赖性列于表5-10中。对反应产物的分析表明生成烯烃的邻近脱卤反应是沉积泥浆中的化合物最主要的转化途径。他们降解的半衰期从几分钟到735天甚至更长。卤代乙烷的反应活性顺序($Cl_3C{-}CCl_3 > Cl_2HC{-}CHCl_2 > ClH_2C{-}CH_2Cl$)与 C—X 键的离解能（表示键强度）顺序一致，如表5-10所示。二卤代乙烷的反应活性的顺序也与键的离解能顺序一致，在较小程度上与离去基团的电负性也一致。根据过渡态理论，共价键的离解能的减小或者离去基团的电负性的增加会使过渡态稳定，进而导致还原脱卤反应速率的增加。

表 5 - 10 在还原性的沉积物-水泥浆体系中卤代乙烷的邻近脱卤反应相对速率

化合物	k_{obs} (min^{-1})	$t_{1/2}$	C - X 键离解能 (千卡/摩尔)	相应卤素的电子亲和性 (千卡/摩尔)
六氯乙烷	1.9×10^{-2}	36 min	72	83(Cl)
1,2-二碘乙烷	2.9×10^{-2}	24 min	74.3	83(Cl)
1,2-二溴乙烷	2.1×10^{-4}	55 h	77.9	83(Cl)
1,1,2,2-四氯乙烷	7.3×10^{-5}	6.6 d	69.8	77.5(Br)
1,2-二氯乙烷	$<1.4 \times 10^{-5}$	735 d	<47	70.5(Cl)

值得注意的是,六氯乙烷在还原脱卤和水解反应中的反应活性形成鲜明的对比。六氯乙烷在还原性的沉积物-水泥浆中的半衰期为 36 min;而在 pH＝7,25 ℃条件下六氯乙烷水解反应的半衰期为 1.8×10^9 年。显然,六氯乙烷在特定的环境系统中的持久程度依赖于该反应系统的还原特征。

正如表 5 - 10 中列出的卤代乙烷的情况,对于有相邻的取代卤素的卤代脂肪族化合物,邻近脱卤是其还原脱卤中最具优势的途径。这些卤代脂肪族化合物的邻近脱卤之所以占优势,是因为在生成中间体的过程中,相邻两个碳原子上的卤素原子能够架桥而去除最初的卤素原子,从而基团的稳定性得到加强。

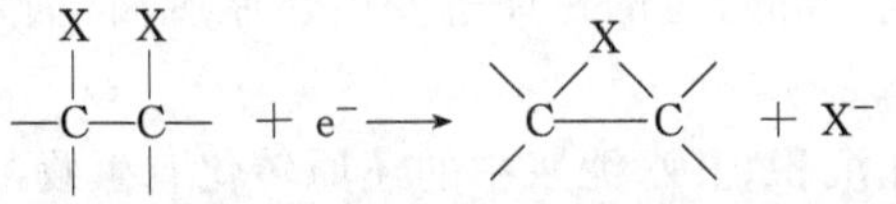

$$\underset{|}{\overset{X}{\underset{|}{C}}} \; \underset{|}{\overset{X}{\underset{|}{C}}} + e^- \longrightarrow \overset{X}{C \diagdown C} + X^-$$

邻近脱卤而生成的卤代有机物的例子有 γ - HCB 即六氯苯(林丹)和 DDT 的同类物 DDE。林丹的邻近脱卤反应是在水浸稻田土和厌氧污泥中发现的。

有些对环境有重大意义的卤代脂肪族化合物可以通过氢解作用还原脱卤,例如毒杀芬(八氯莰烯,toxaphene)和灭蚁灵(mirex)。这两种化合物在有氧环境中都是持久性的。八氯莰烯的一个氯被脱除生成六氯代莰烷。

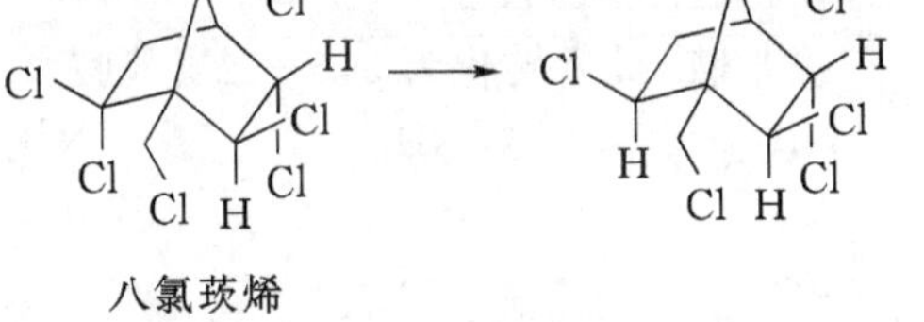

八氯莰烯

同样,灭蚁灵在铁(Ⅱ)卟啉模型系统中的还原反应生成 1,2,3 和 4 代氢的衍生物以及其它极性反应产物。

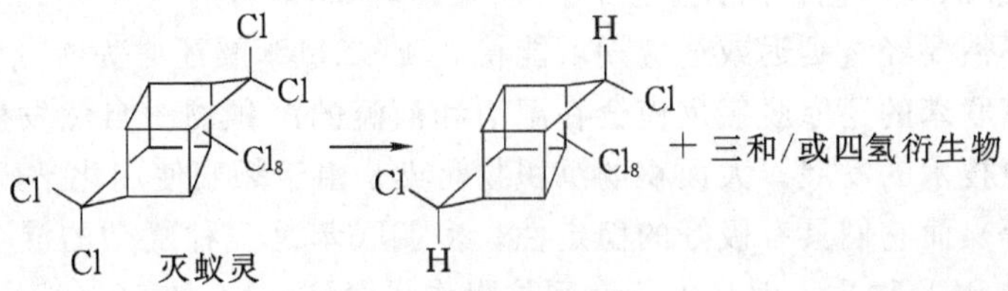

灭蚁灵 ＋三和/或四氢衍生物

研究也发现 DDT 以铁为媒介的还原脱氯转化包括氢解作用和脱氢脱卤作用并分别生成

DDD 和 DDE。

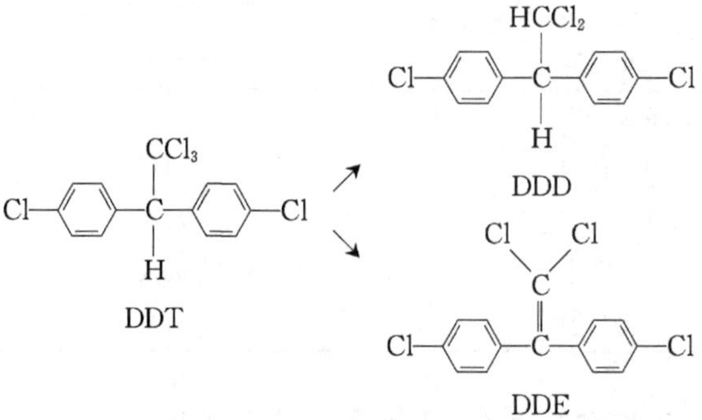

（2）卤代芳香族化合物

卤代芳香族化合物的还原是通过氢解作用实现的（如氢原子取代氯原子）。在沉积物的还原性环境中，卤代芳香族化合物的反应活性与分子的一些常数有关，如 C—X（卤素）键的强度，哈密特常数 σ 的总和（用来描述感应和共振电子对附加取代基的活性中心的影响），附加取代基的归纳常数 σ_1，以及附加取代基的空间因素的总和。总体来讲，卤代芳香族化合物发生还原脱卤的几率比卤代脂肪族化合物的几率低，而且常常需要微生物的参与。但是，一些研究证明卤代芳香族化合物的还原脱卤可以通过非生物反应途径进行。例如，有研究指出在灭菌的水浸土壤中五氯代苯酚间位和对位的氯原子发生还原脱卤，而六氯和五氯苯的还原脱氯有维生素 B_{12} 和血色素的参与。

也有研究指出卤代苯在沉积物-水泥浆中的还原转化有生物的和非生物的途径。例如，在有菌的系统中，1-氟-2-碘代苯最初的降解过程缓慢是由于进行的是非生物过程（如亚铁上的电子转移），而在 10 到 15 天的时候 1-氟-2-碘代苯的去除速度增快是由于生物降解。相对于有菌系统，1-氟-2-碘代苯在无菌系统中的降解速率在 50 天的培养期内并没有增加。

由生物作用进行还原转化的卤代芳香族化合物中最初较受关注的是氯代苯酚、氯代苯胺和多氯联苯，因为它们的普遍污染和生态毒性都比较典型。这些化合物的还原脱氯是其完全矿化的限速步骤。氯代苯酚和苯胺在沉积物污泥中的还原脱卤具有空间选择性（即在环上某一个位置的还原反应比在另一位置上容易发生）。例如，2,3,4,5-四氯苯胺在厌氧的污泥层中的还原脱氯生成 2,3,5-三氯苯胺，最后转化为 3,5-二氯苯胺。

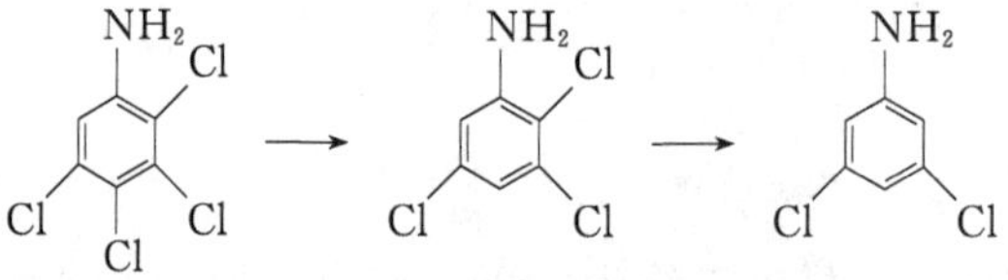

在缺氧的沉积物中氯代苯酚的还原反应具有相似的选择性。对驯化池沉积物的研究表明，氯代苯酚和苯胺的还原包含同种微生物酶系统。例如，对含有 3,4-二氯苯酚的湿地沉积物进行预曝气后不需要经过延迟或适应期就能将 3,4-二氯苯酚还原为 4-氯苯胺。

研究表明多氯联苯的还原脱氯反应会在湖泊和河流的沉积物中自然发生，这一研究刺激了污染沉积物修复技术的发展。大面积的沉积物污染是由于频繁使用化学药品（如传热工质、液压油和阻燃剂等），而它们具有极好的稳定性。多氯联苯是一种复杂的混合氯代联苯，理论上有 209 种可能的 PCB 物质。但是由于空间位阻作用，目前只有约 50% 能合成出来。对多氯联苯在厌氧沉积物中的还原反应进行研究，并结合从污染沉积物中分离出来的微生物，发现了还原电位、氯取代基的数目、氯取代模式和脱氯反应速率之间有一定的关系。还原脱氯的反应速率随着氯取代基的增加而加快。这一现象的原因是还原电位,即接受电子的能力随着氯取代基的增加而增加。还原脱氯在对位和邻位会优先发生,生成以低氯化为主的邻取代联苯。

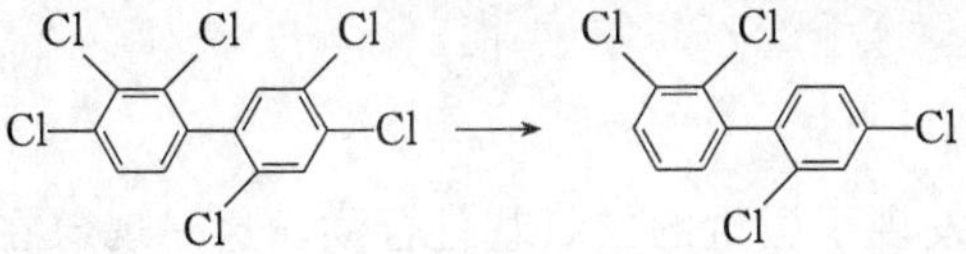

2. 硝基芳香族化合物的还原

硝基芳香族化合物在农药、弹药、纺织染料和染料中间体等方面的重要应用使得其在厌氧系统中的还原反应得到相当大的重视。通常情况下,这些硝基芳香族化合物发生还原反应后的产物是胺类芳香族化合物。

在自然系统和设计良好的实验室模拟系统中都会发生硝基芳香族化合物还原。硝基的还原反应可以在厌氧土壤、沉积物、硫化矿物、污泥、苯醌-氢醌氧化还原电对、铁卟啉和溶解态有机碳介质体系中发生。这些介质体系中还原反应都相对容易发生,有的是没有诱导期的自然系统(半衰期通常在分钟到小时的量度范围),有的是无菌系统,这都表明硝基芳香族化合物还原可以通过非生物转化的途径发生。

因为硝基芳香族化合物上的硝基还原是一个容易发生的过程,因此含硝基基团的化合物的还原反应通常是他们在环境中转化的主要途径。例如,在厌氧沉积物和水浸土壤中甲基对硫磷(含硝基的有机磷杀虫剂的代表,methyl parathion)被还原为氨基甲基对硫磷(parathion)(见式(5-62)),以分钟到小时为半衰期。这个还原反应半衰期比水解反应的半衰期明显要短,水解反应在 25 ℃,pH=7 条件下的半衰期约为 20 周。

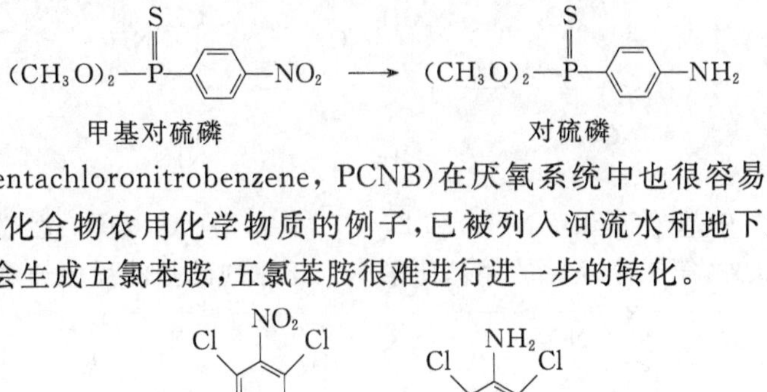

$$(5-62)$$

五氯硝基苯(pentachloronitrobenzene,PCNB)在厌氧系统中也很容易发生还原反应,是另一个硝基芳香族化合物农用化学物质的例子,已被列入河流水和地下水的污染物名单。PCNB 的还原反应会生成五氯苯胺,五氯苯胺很难进行进一步的转化。

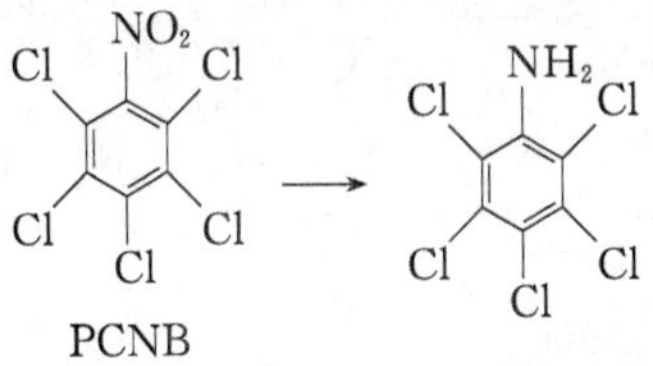

(1)多硝基芳香族化合物

一些对环境具有重大意义的硝基芳烃,如二硝基除草剂、硝基芳烃弹药、纺织染料中间体等都含有两个或两个以上的硝基。由于多于一个硝基的存在,空间选择性的问题很重要。因此,这些化合物的还原转化的反应途径会比较复杂。例如,二硝基除草剂作为一类重要的农药,在厌氧环境中很容易发生还原反应。在沉积物和水浸土壤中发现了氟乐灵(trifluralin)的还原反应。虽然第一个硝基的还原是一个很容易发生的过程,第二个硝基则不容易进行还原反应。

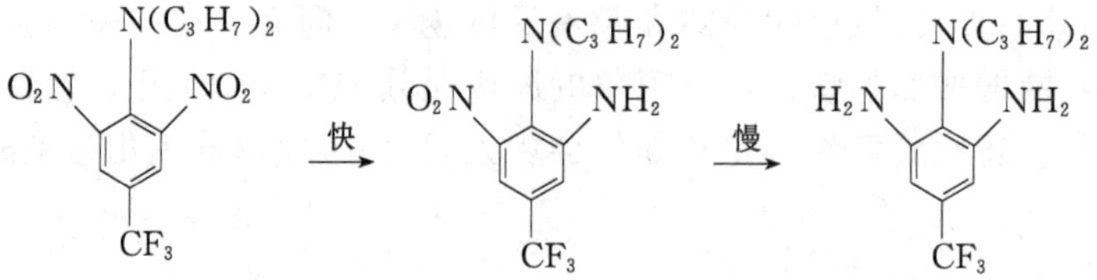

氟乐灵

在厌氧土壤环境中只发现了微量的二氨基化合物。这一现象在多硝基芳香族化合物的还原反应中经常发生。这个现象通常可以这样解释：硝基具有较强的得电子能力，因此它们的还原电位更正，从而他们得电子将更容易。当多硝基芳香族化合物的第一个硝基被还原为氨基，由于共振效应，氨基是供电子基团，结果反应产物的还原能力比原反应物要低。因此，剩余的硝基的还原反应速率也会比较低。

多硝基芳香族化合物如 2,4-二硝基甲苯(2,4-DNT)和 2,4,6-三硝基甲苯(TNT)在无氧环境中的还原转化吸引了诸多研究者的兴趣。由于它们的不当处置和储存，这些化学品污染了许多地方的土壤和蓄水层。加强这些污染物原位的非生物和生物还原转化已经作为一种修复被污染土壤和沉积物的技术。对 TNT、DNT 以及其它多硝基芳香族化合物在厌氧微生物的酶系统中的还原反应已经有了较为详细的研究，这些化合物的硝基基团的还原反应活性依赖于苯环上其它的取代基的种类和位置。TNT 还原的第一步反应是 TNT 的硝基逐步还原生成氨基和羟氨基化合物，它们可能发生偶联反应生成氧化偶氮化合物，如图 5-19 所示。

被还原的硝基的数量取决于酶系统的还原容量。最先发生还原反应的是 4 位的硝基。在酶系统中也发现了 2,4-DNT 的还原反应。2,4-DNT 的还原反应具有很强的选择性，直到 4 位的硝基还原完成后 2 位的硝基才开始反应。

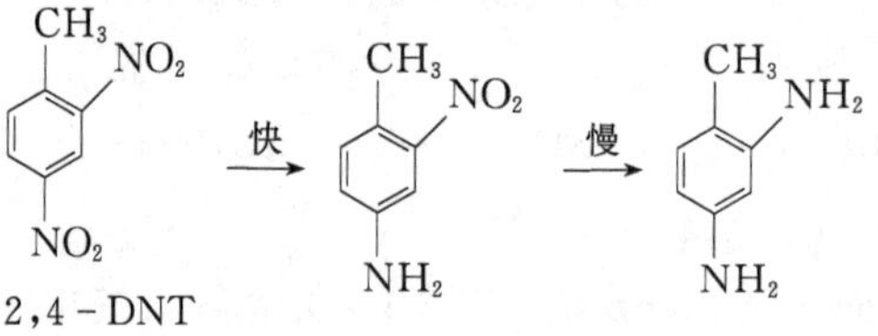

相反地，2,4-二硝基苯胺($X=NH_2$)和 2,4-二硝基酚($X=OH$)优先反应的是 2 位硝基(见式(5-63))。此外，第二个还原的硝基比第一个还原的硝基的反应速度慢得多。

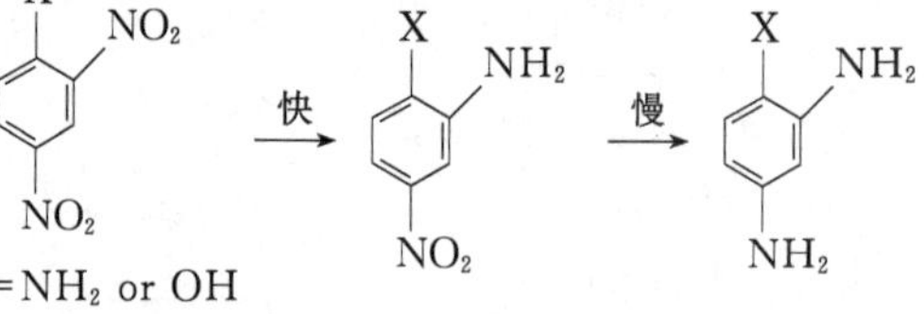

$$(5-63)$$

在河流水和厌氧沉积物系统中发现了 2-溴-4,6-二硝基苯胺(2-bromo-4,6-dinitroaniline，BDNA，一种重要的纺织染料)的还原反应，它的反应方式与 2,4-二硝基苯胺和 2,4-二硝基苯酚类似(见式(5-64))。

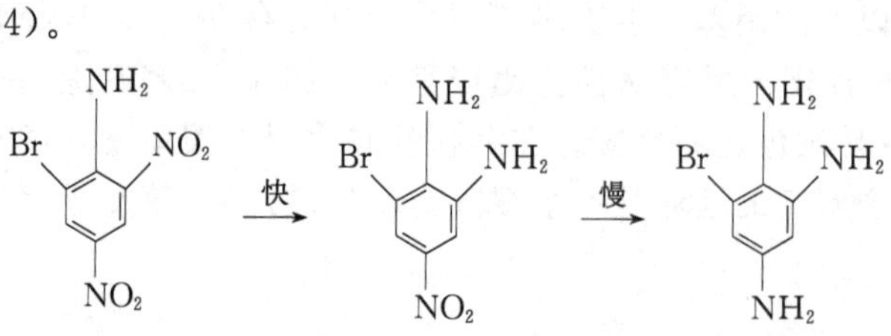

$$(5-64)$$

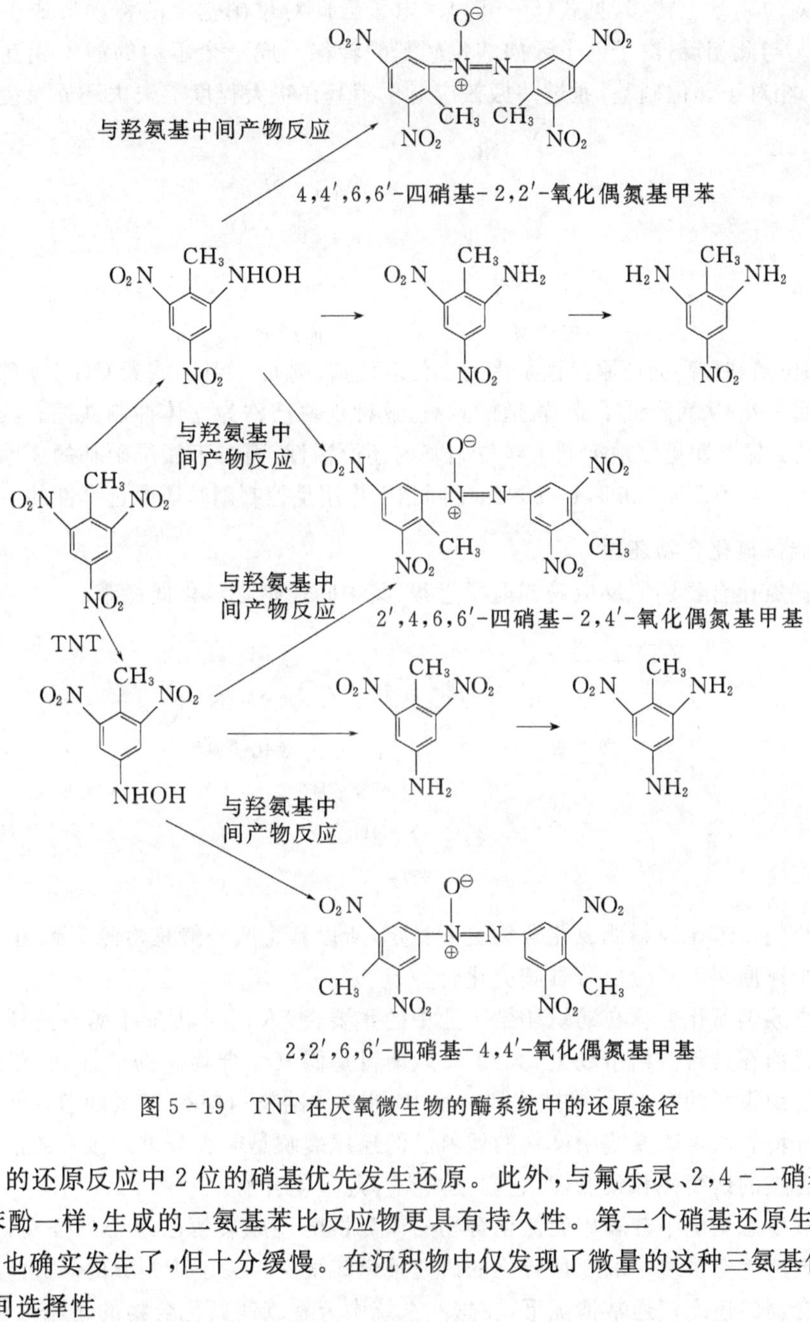

与羟氨基中间产物反应

4,4′,6,6′-四硝基-2,2′-氧化偶氮基甲苯

与羟氨基中间产物反应

TNT

与羟氨基中间产物反应

2′,4,6,6′-四硝基-2,4′-氧化偶氮基甲基

与羟氨基中间产物反应

2,2′,6,6′-四硝基-4,4′-氧化偶氮基甲基

图 5-19　TNT 在厌氧微生物的酶系统中的还原途径

BDNA 的还原反应中 2 位的硝基优先发生还原。此外,与氟乐灵、2,4-二硝基苯胺和 2,4-二硝基苯酚一样,生成的二氨基苯比反应物更具有持久性。第二个硝基还原生成三氨基化合物的反应也确实发生了,但十分缓慢。在沉积物中仅发现了微量的这种三氨基化合物。

(2)空间选择性

基于环境评价的要求,确定还原反应的起始位置非常重要。因为反应产物为取代基不同的空间异构体,它们具有不同的物理性质和毒性。两个邻位的硝基形成空间阻碍的 BDNA(见式(5-64))、2,4-二硝基苯胺和 2,4-二硝基苯酚(见式(5-63))的还原反应与共振电子供体(例如,氨基或羟基)1 位取代的 2,4-二硝基苯类的还原反应是类似的。这些衍生物的化学的和酶促的还原反应以邻位硝基的还原优先。相比之下,TNT(见图 5-18)和 2,4-DNT 上空间位阻较小的对位硝基优先发生化学的和酶促的还原反应。

比较被电子供体共振基团取代的 2,4-二硝基苯类的共振结构,这些基团通过共振使电子云向邻位和对位硝基上转移(见式(5-65))。电子云向对位硝基上的移动形成了更有利的静电相互作用。与此相反,由于电子云向邻位硝基的转移形成一个不利的静电相互作用的共振结构。结果,相对于邻位硝基,通过共振效应对位硝基在很大程度上失去还原反应活性。

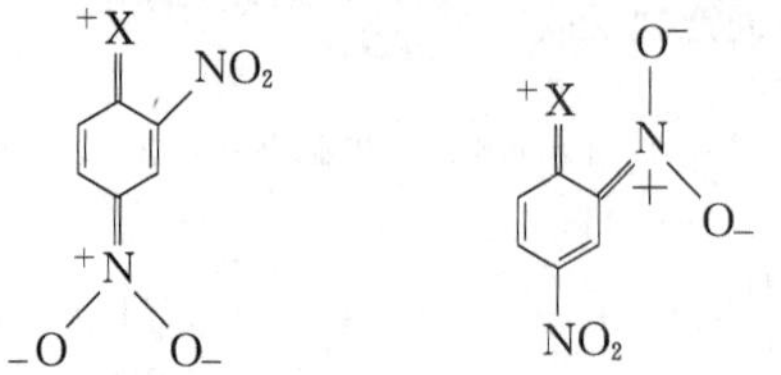

$$
\tag{5-65}
$$

主产物   副产物

此外,邻位硝基较高的还原活性是因为 1 位取代基(例如—NH_2 或者 CH_3)使邻位硝基处于苯环的环平面之外,从而降低了 π-轨道的重叠,这种现象被称为立体抑制共振。其导致的结果就是供电子的共振基团更多地抑制了对位硝基的还原活性,而对于邻位硝基的还原活性的抑制作用较小。因此对于 TNT 和 2,4-DNT,空间相互作用是控制硝基还原选择性的主导因素。

3. 芳香族偶氮化合物还原

芳香族偶氮化合物还原反应是四电子过程,其中间产物是氢化偶氮苯。

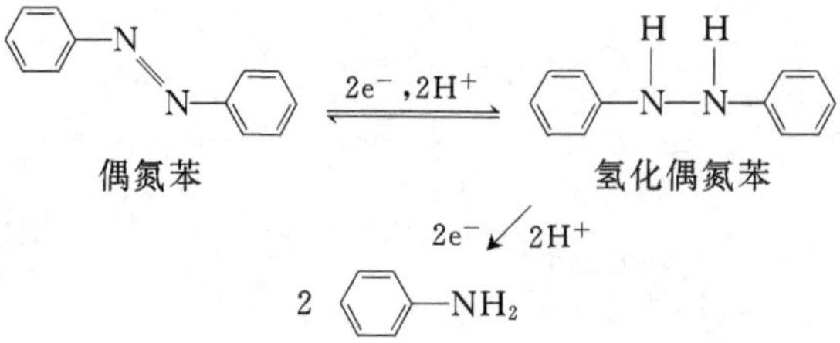

偶氮苯   氢化偶氮苯

$$2e^-\searrow 2H^+$$

苯胺

由于氢化偶氮苯比原料偶氮化合物更不稳定,所以其生成一般是检测不到的,并且会发生偶氮链的完全还原裂解并生成芳香胺类化合物。

由于芳香族偶氮化合物在纺织印染工业中的重要性,人们对其在环境中的迁移转化也越来越关注。目前在染料供给市场上,大约 50% 染料是偶氮化合物。据估计,每年用于生产和加工的化纤纺织染料约有 12% 被排放到污水中,被排放的染料中有 20% 随着污水处理厂排放的废水进入环境。水生态系统中染料的偶氮链的还原裂解是芳香胺进入该系统的一个可能途径。由于芳香胺的诱变性和致癌性,它们被归类为危险化合物。

虽然厌氧生态系统中芳香族偶氮化合物的偶氮链的还原裂解已经得到证实,但是关于这些化合物在天然生态系统中的迁移转化的研究报道却很少。关于该领域的研究主要集中于芳香族偶氮化合物的还原。通常情况下,在这些系统中芳香族偶氮化合物的还原很快,其半衰期从几分钟到数天。沉积物中偶氮苯的还原和苯胺的生成随时间的变化如图5-20所示。

正如图 5-20 所示,苯胺最初的生成速率是偶氮苯减少速率的二倍(一个偶氮苯分子分解的同时有两个苯胺生成)。但是,由于苯胺和沉积物中有机物质发生反应使苯胺的生成速率随着时间而逐渐减少。既然还原转化是一种普遍现象,沉积物-水系统滤液中却没有发现偶氮苯的还原,这表明还原剂以某种方式存在于沉积物中。

无论是还原剂附着在沉积物表面,还是沉积物本身作为来源,即沉积物可释放出寿命较短的还原剂进入水体中,从而发生还原反应。此外,在经过化学消毒的沉积物-水系统(即微生物

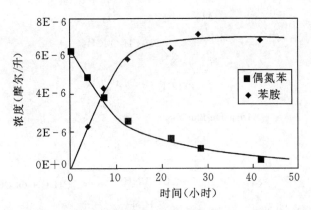

图 5-20 在厌氧沉积物-水系统中偶氮苯的降解速率和苯胺的生成速率(pH6.5,5%固体含量)

活动已被抑制)中观察到的反应表明芳香族偶氮化合物的非生物还原转化反应在该类化合物的还原反应中占重要地位。

最近,在厌氧沉积物-水系统中对芳香族偶氮化合物的还原反应的研究已经延伸到偶氮染料,尤其是能够进行偶氮键还原分解生成具有诱变性和致癌性的芳香胺的偶氮染料。例如,在缺氧沉积物中直接红(Direct Red)28 进行双偶氮的还原分解将会生成联苯胺释放到该系统中。

联苯胺的致癌性和诱变性已有报道。虽然在厌氧沉积物系统中发现 Direct Red 28 进行还原反应,但是联苯胺却没有累积,因为发生二次反应导致联苯胺与沉积物不可逆结合。值得注意的是,虽然 Direct Red 28 在水中的溶解度很大,但是它能够大量吸附于沉积物上。吸附量随着 pH 降低和无机盐含量增加而增加,这与阴离子吸附机理相符。对不同 pH 的沉积物-水系统的研究表明,当染料与沉积物强力结合后,染料的降解就会受到抑制。

在厌氧沉积物-水系统中一些水不溶性分散偶氮染料的还原反应也有报道。例如,分散蓝 79(Disperse blue 79)是目前市场上销售量最大的染料,它在厌氧沉积污泥中进行还原反应,半衰期为 1 小时到 5 小时。还原反应是从偶氮链开始的,并生成 BDNA 和 1,4 取代苯烯基二胺(A),如图5-21所示。

如前所述,BDNA 是瞬时中间产物,其还原产物为二氨基化合物(B),随后二氨基化合物以较慢的速率还原为三氨基苯(C)。1,4 取代苯烯基二胺通过乙酰胺上的 4 位氨基的分子内成环作用生成不稳定的中间物(D),D 失去一个水分子生成苯并咪唑(E)。这些反应的产物在水中的溶解度均比反应物大很多,在水中也更稳定。

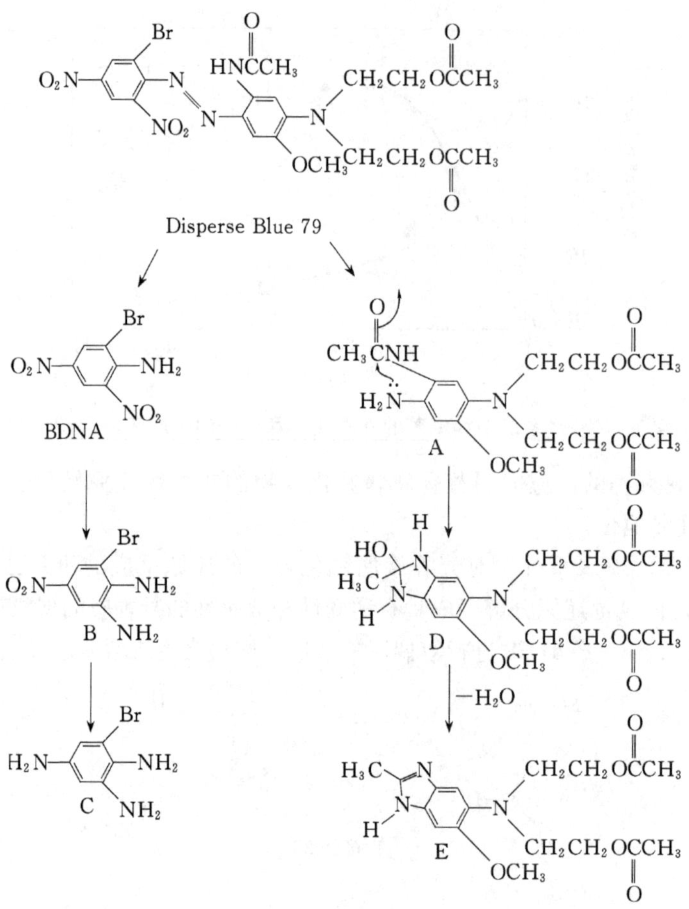

图 5-21 Disperse Blue 79 在厌氧沉积物中还原转化的途径

另一种大量使用的染料分散红 1(Disperse Red 1)在缺氧沉积污泥中,还原产物表明硝基还原发生在偶氮链还原断裂之前。

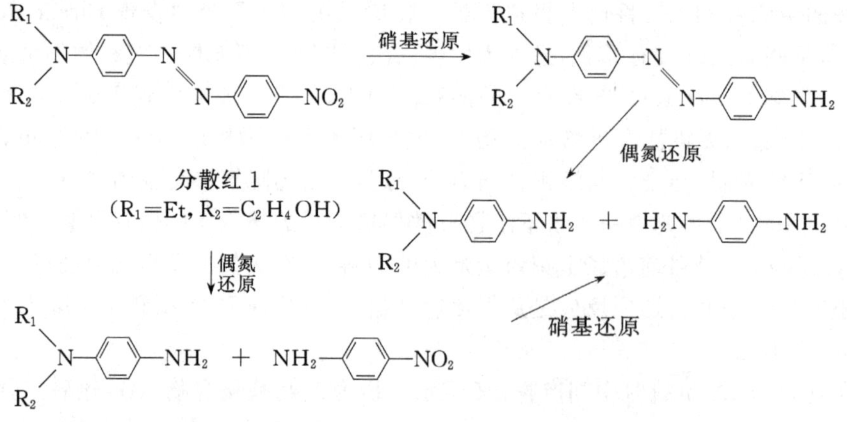

4. 亚硝基还原

亚硝基类化合物因其诱变性和致癌性而被广泛研究。许多研究集中于亚硝基的生成和它们在食品添加剂领域的应用。大量的研究表明,亚硝基会在使用含亚硝态氮的农药(阿特拉津)和大量氮肥的土壤中生成。另外,研究也发现在大宗农业化学品的生产过程中,亚硝基就会生成。亚硝基的还原可以在 N—N 键(见式(5-66))或者 N—O 键(见式(5-67))上进行。

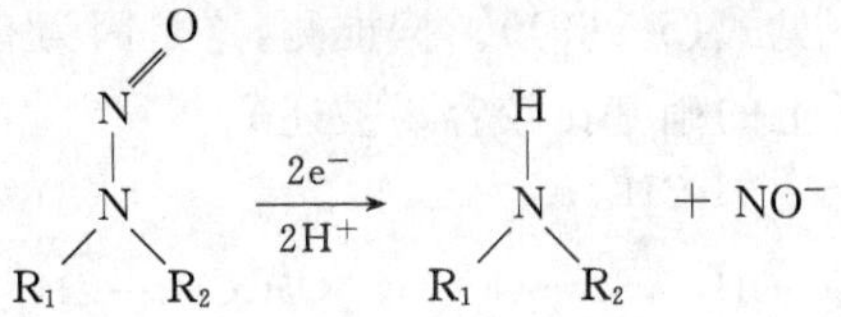

$$
\begin{array}{c}
\underset{R_1 \quad R_2}{N-NO} \xrightarrow[2H^+]{2e^-} \underset{R_1 \quad R_2}{N-H} + NO^-
\end{array}
\tag{5-66}
$$

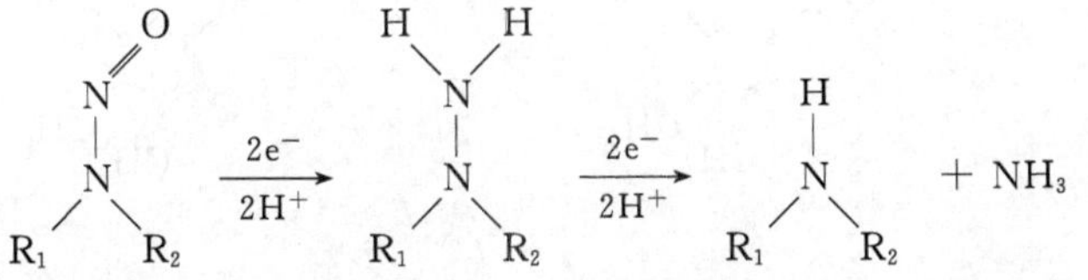

$$
\xrightarrow[2H^+]{2e^-} \qquad \xrightarrow[2H^+]{2e^-} \qquad + NH_3
\tag{5-67}
$$

N—N 键被还原后生成胺和一氧化二氮。N—O 键还原生成不对称肼,不对称肼进一步还原生成胺和氨。因为两种反应方式都能生成胺,很难区分两种还原反应的机理。亚硝基还原生成胺是去除亚硝基毒性的一种途径,但是肼的生成被认为是生物活化的可能途径。

关于亚硝基在还原环境中的行为的信息还比较有限,化学还原或者电化学还原会生成肼和胺的混合物。据推测,在这些系统中,最先发生极性较强的氮氧键的还原,生成肼,进而再还原成胺(见式 5-67)。也有报道指出亚硝基的生物还原代谢,亚硝基二苯胺可以被豚鼠的肝液还原为 1,1-二苯肼,同时生成二苯基胺(见式 5-68),但是对照研究表明二苯基胺的生成是非生物过程。

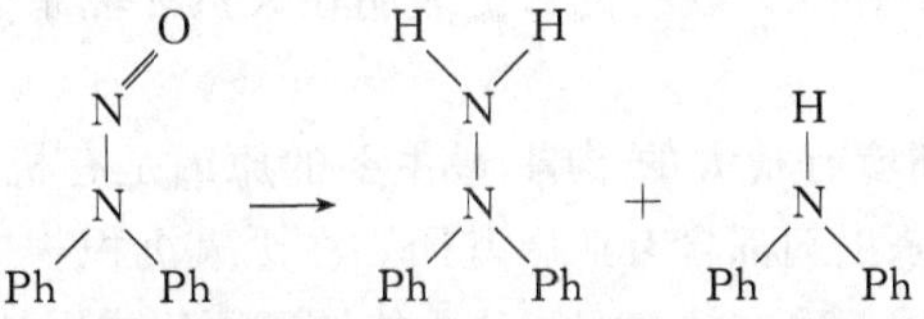

$$
\xrightarrow{} \qquad +
\tag{5-68}
$$

与此相反,细菌中的某些亚硝基降解却生成仲胺和亚硝酸根离子。

亚硝基在厌氧沉积物和土壤中还原的实验数据表明芳香族底物的反应活性会更高。亚硝基二乙基胺和亚硝基二异丙基胺在沉积泥浆中稳定性很高。反之,亚硝基二苯基胺的还原速率很快($t_{1/2} = 1.5 \text{day}$),生成二苯胺。这一过程没有中间物 1,1-二苯肼的生成。还有多种亚硝基二烷基胺类化合物在水浸土壤和微生物富集的沼泽沉积物中也是非常稳定的。

环境系统中已经用于研究的亚硝基农业化学品有亚硝基草脱净(N—Nitrosoatrazine)、亚硝基地乐胺(N—Nitrosobutralin)、亚硝基硝草胺(N—Nitrosopendimethalin)。

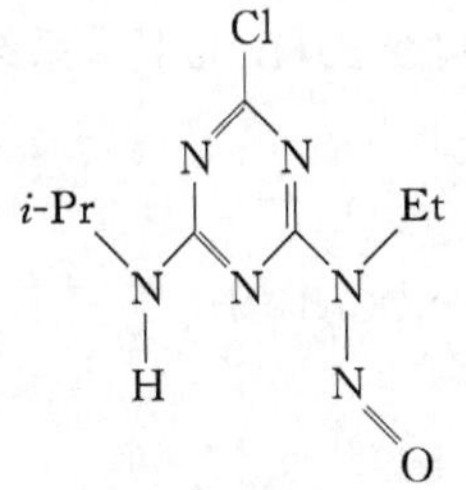

亚硝基草脱净 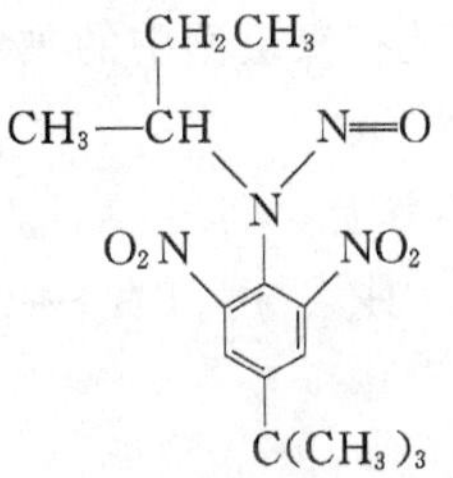　　　　　亚硝基地乐胺 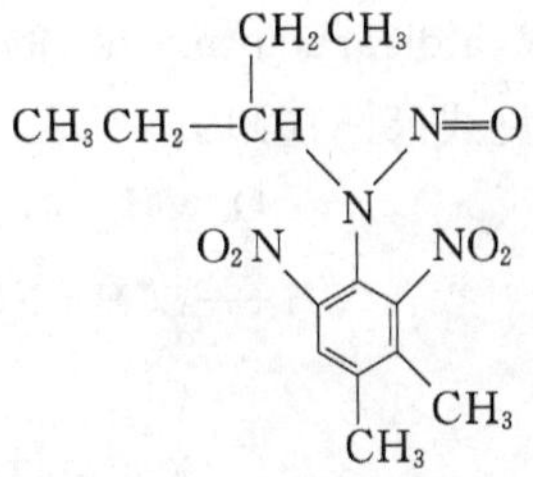　　　　　亚硝基硝草胺

亚硝基草脱净在土壤中随时可能还原为阿特拉津，因此，这种化合物的存在累积的可能性不大。然而类似的研究表明亚硝基地乐胺在土壤中具有持久性。亚硝基硝草胺在厌氧土壤中会发生还原反应。但是，对产物的研究表明亚硝基依然是完整的，还原反应发生在第 6 个碳原子上的硝基上并生成芳香胺（见式(5－69)）。据推测，这是因为有大量的甲基与 2 号碳原子上的硝基相邻，所以 6 号碳原子上的硝基比较容易被还原。

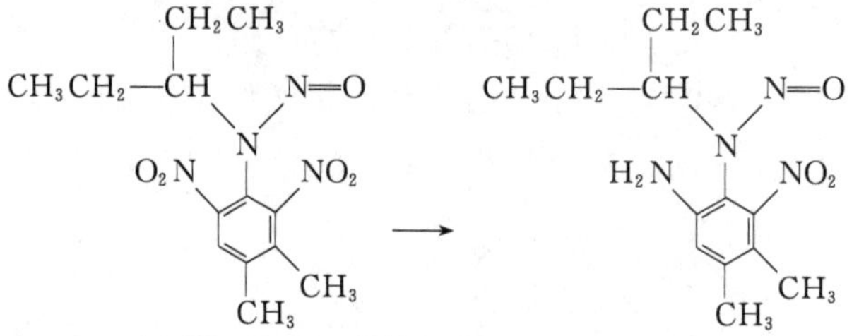

(5－69)

5. 亚砜还原

亚砜的还原是得到 2 个电子并生成硫醚的过程

$$R_1S(=O)R_2 + 2e^- + 2H^+ \rightleftharpoons R_1—S—R_2 + H_2O$$

由于亚砜还原生成硫醚的过程是可逆的，因此在厌氧环境中硫醚可能再氧化成亚砜。虽然在厌氧系统中已观察到亚砜还原为硫醚的反应，但是没有证据能够表明砜官能团还原为亚砜的反应在厌氧系统中也能发生。在厌氧土壤、沉积物、水稻土、地下水和微生物系统中已经观察到有机亚砜类化合物的还原。现有的数据表明在天然环境系统中非生物和生物过程都有助于这些化合物的还原。

有机亚砜类化合物对环境有很大的影响，最主要的原因是有机亚砜可以作为农药，具体地说，有机磷和氨基甲酸酯类杀虫剂都含有亚砜基团。在厌氧沉积物中还原反应是这些化合物转化的主要途径。例如，甲拌磷亚砜在缺氧沉积物中能够还原生成甲拌磷，半衰期为 2 天到 41 天。

$$\underset{\text{甲拌磷亚砜}}{(EtO)_2P(=S)SCH_2S(=O)Et} \longrightarrow \underset{\text{甲拌磷}}{(EtO)_2P(=S)SCH_2SEt}$$

在这些系统中没有发现甲拌磷氧化生成甲拌磷亚砜的反应。因为仅有少量的甲拌磷亚砜吸附在沉积物上，吸附对还原反应动力学没有很大的影响。通常在过滤去除沉积物阶段还原反应会受到抑制，这表明还原剂与沉积物有关。对热灭菌和该沉积物的研究表明甲拌磷亚砜的还原是由于胞外土壤酶或微生物共代谢的作用。

涕灭威(aldicarb sulfoxide)的还原是有氧土壤中的主要代谢途径，在地下水系统中也发现了该反应（见式(5－70)）。

$$\underset{\text{涕灭威-亚砜}}{CH_3S(=O)—C(CH_3)_2CH{=}NOC(=O)NHCH_3} \longrightarrow \underset{\text{涕灭威}}{CH_3S—C(CH_3)_2CH{=}NOC(=O)NHCH_3} \quad (5-70)$$

6. 苯醌还原

苯醌的还原是通过一个电子还原过程生成半醌自由基的过程,第二个电子转移的结果是生成氢醌。

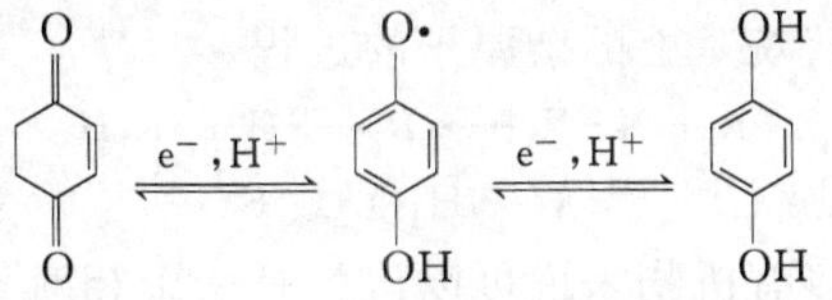

$$\text{苯醌} \underset{}{\overset{e^-,H^+}{\rightleftharpoons}} \text{半醌} \underset{}{\overset{e^-,H^+}{\rightleftharpoons}} \text{氢醌}$$

由于这一反应是可逆的,苯醌、半醌和氢醌之间的平衡取决于它们所处环境的还原电位。对苯醌的研究主要集中于它作为电子媒介在其它污染物还原中的作用。醌类化合物被认为是天然有机物的组分。据推测,腐殖质中的一些自由基就是苯醌-氢醌的氧化-还原电对。

对苯醌和醌类化合物作为氧化还原指示剂的研究有助于深入地研究这些化合物在缺氧沉积污泥中的反应活性。例如,靛酚(如 2,6-二氯代靛酚)在缺氧沉积污泥中能很快进行还原反应(半衰期为几分钟)。

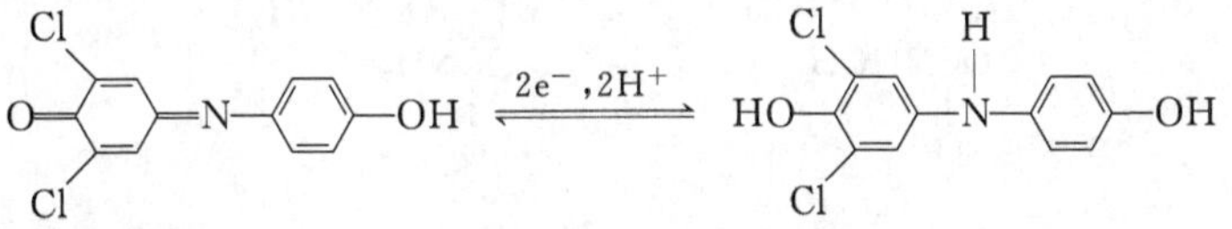

2,6-二氯靛酚

相比之下,在同样的沉淀污泥中,磺化靛蓝染料(如靛蓝-5,5′-二磺酸)的反应活性却较低,半衰期为一天到数天(反应式 5-71)。对于一系列的这类氧化还原指示剂,研究发现结构类型是影响反应速率的主要因素,指示剂的还原电位对于该类物质在沉积物-水系统中的还原反应活性没有太大影响。

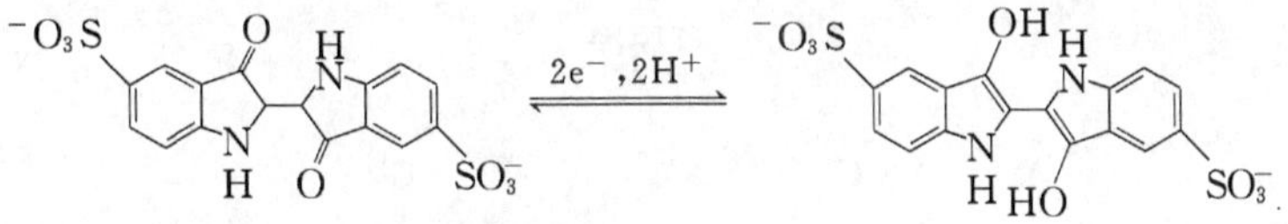

$$\text{(5-71)}$$

靛蓝-5,5′-二磺酸

考虑到醌类化合物作为污染物对环境的影响,蒽醌染料由于在纺织印染工业中大量使用而最令人关注,在排放有印染废水的河流中已经检测到大量蒽醌。对蒽醌染料的研究表明蒽醌在厌氧沉淀污泥中会发生还原反应。例如,Disperse Red 9 在池塘沉积物中的半衰期为 1 天到 10 天。虽然在还原环境中这些染料会反应生成氢醌,但对 Disperse Red 9 的转化产物的研究表明一部分苯醌也会不可逆地还原为热力学更加性质稳定的蒽。

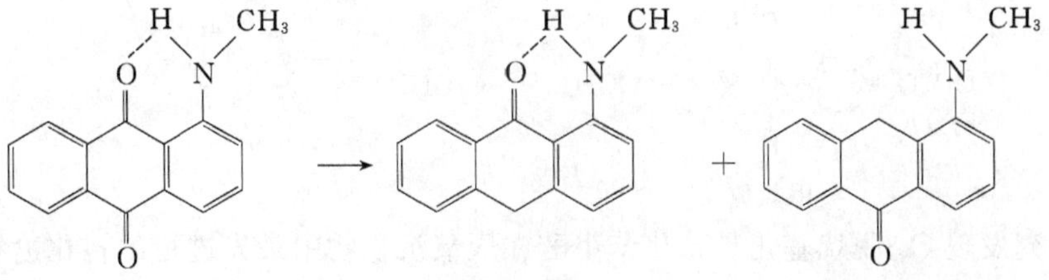

Disperse Red 9　　　　　　氢键蒽酮　　　　　　无氢键蒽酮

含氢键的蒽醌异构体生成的比较慢,并且它在沉积物-水系统中的稳定性比其它无氢键的异构体高很多。

7. 还原脱烷基

还原脱烷基是氢原子取代烷基上的杂原子的过程。

$$R_1—X—R_2 \longrightarrow R_1—XH + R_2H$$
$$X=NH,O, 或 S$$

虽然脱烷基作用对于大多有机物来说可以认为是一个相对较小的结构变化,但是官能团(如氨基或羟基)的脱离可以显著地改变化合物在环境系统中的行为。脱烷基反应是某些具有特殊功能的农业化肥常见的一种转化途径,但是,这一转化途径的机理还没有研究清楚。通常在无菌环境中反应活性比较低,由此可知还原脱烷基反应还需要有适合的微生物存在。脱烷基作用的例子有呋喃丹(见式(5-72))和草脱净的脱烷基反应,草脱净的脱烷基会失去一个乙基或者一个异丙基(见式(5-73))。

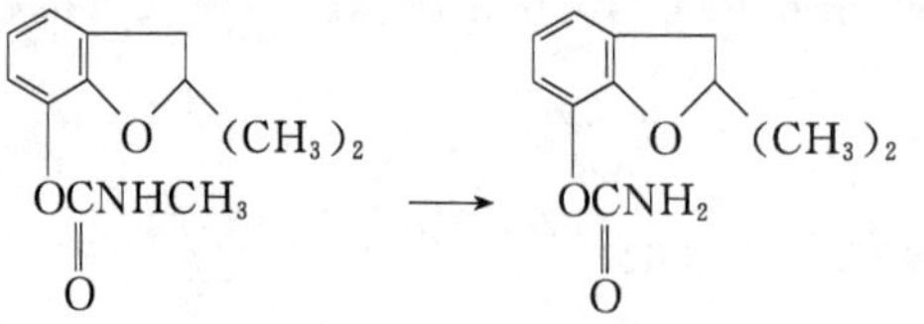

$$(5-72)$$

呋喃丹

草脱净

$$(5-73)$$

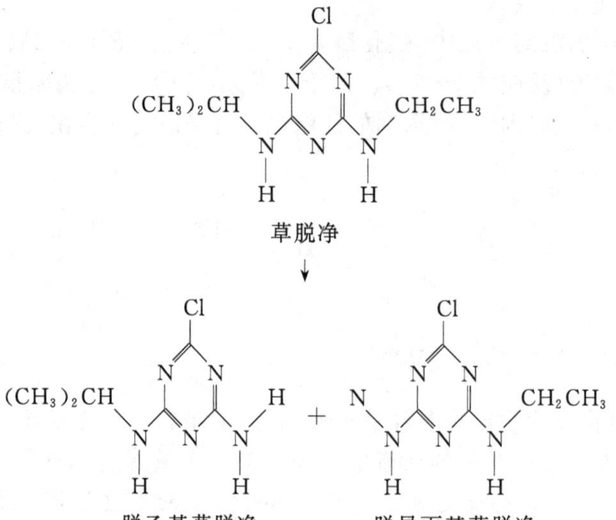

脱乙基草脱净　　　脱异丙基草脱净

在厌氧土壤中也发现了甲氧氯的脱烷基作用,是 O-脱烷基化代谢的一种。

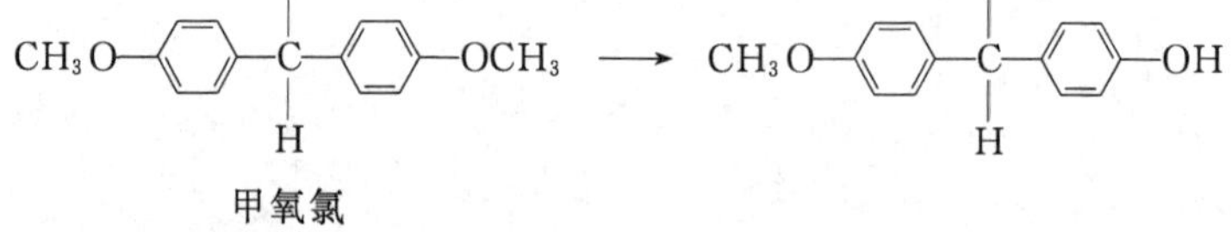

甲氧氯

同时研究发现 O-脱烷基化是碘代苯甲醚在厌氧沉积物中最先进行的转化途径。

$$\text{OCH}_3 \qquad \text{OH}$$

碘代苯甲醚不仅降解速率快（降解半衰期为 1 天到 3 天）并且没有停滞期，这说明这一脱烷基转化是一个非生物转化过程。

5.4.3 还原反应动力学

近年来人们对此类有机化学物质在厌氧环境中的还原反应的认识有了重要进展，但在这样复杂的环境中去预测反应速率依然很难。环境体系的复杂性和无法确定的还原剂对发展模型造成了难以逾越的障碍。在模拟实验中通过采用种种还原试剂进行尝试，但没有一种试剂是在自然体系中具有还原活性的非常重要的试剂。还原性过渡金属离子（特别是在各种复合物中的铁[Ⅱ]离子）、铁-硫蛋白质、硫化物、腐殖质和多酚类物质都被看作潜在的还原剂。

由于还原转化反应经常包括生物的和非生物的过程，所以描述有机污染物在还原性环境中的行为的动力学模型更加复杂。在一定程度上，反应动力学能被分为生物还原过程和非生物的化学还原过程。生物还原过程主要特点是有一个滞后期，这个滞后是由于微生物群落对基质降解而自身生长的过程导致的。非生物的化学还原作用的反应速率通常是恒定的。此外，生物降解常常需要一个最适温度而化学还原反应通常是温度越高，反应速率越快。

1. 单电子转移模式

有机官能团的还原反应通常被描述为是通过电子对的转移而发生的，因此，中性有机化合物的单电子转移反应的产物——自由基离子化学常常被忽略。与之相反的是，可以认为电子转移是一个接着一个。通常的单电子转移反应机制如下：

$$\text{P} + \text{R} \rightleftharpoons (\text{PR}) \longrightarrow [\text{PR} \leftrightarrow \text{P}^{\cdot -}\text{R}^{\cdot +}] \longrightarrow \text{P}^{\cdot -}\text{R}^{\cdot +} \leftrightarrow \text{P}^{\cdot +} + \text{R}^{\cdot -}$$

反应物　　前体复合物　　过渡态　　　　　反应复合物　　　产物

式中：P 是有机污染物（电子接受体）；R 是还原剂（电子供体）。在产物母体络合物（PR）的过渡态物质中电子配对要优先于单电子转移发生。在电子转移后，紧接着生成的络合物为随后离解提供自由基离子。电子转移过程通常有两个反应机制，这两种机制分别为外部机制（outer-sphere）和内部机制（inner-sphere）。两种机理是依据氧化剂和还原剂与过渡态物质的电子转移过程的关联程度来区分的。

在内部机制中，过渡态中的氧化剂与还原剂之间有紧密的接触。一个配位体或一个原子同时键合还原剂和氧化剂，此反应即作为电子转移的桥梁。与之相反，外部机制中，在过渡态中没有氧化剂与还原剂共享的原子或配位体。因此，通过外部机制发生的电子转移的反应性更像是反映了电子获得或丢失的容易程度。而内部机制的反应活性则被认为是取决于螯合基团或原子。因为"外部"和"内部"两项机制并不直接适用于有机化学物质的电子转移反应，因此有人提出用"非键合"和"键合"来取代前面的名称。由于此处期望有机化学物质发生还原反应，因此"外部"或被称为"非键合"的机制的电子转移更重要。

单电子转移模式的概念提供了一个看似与还原转化路径不相关的特性。其实每个这样的还原过程最初都是由速率决定步骤发生单电子转移引发的，在反应过程中生成的自由基阴离子都要比母体化合物更容易被还原。

2. 还原转化的结构反应活性关系

虽然在环境体系中很难预测有机化学物质的绝对反应速率,但是,近年来一些实验室通过研究建立了底物内在性质与相对反应活性之间的关系。例如,在研究醌和铁卟啉介导还原一系列硝基苯和硝基苯酚的实验中,结合实验性的速率决定法则,发现从氢醌衍生的单苯酚盐离子——劳逊(Lawsone,HLAW⁻)转移一个电子到硝基芳香族化合物的步骤是速率决定的。

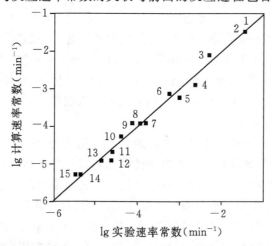

硝基芳香族化合物发生单电子还原反应的活性与硝基芳香族化合物接受电子的能力有关,这个活性可以与 HLAW⁻ 的还原反应的二级速率常数关联,因此可以用单电子还原反应来预测某些条件下的还原体系中的相对反应速率。

哈密特(Hammett)σ 常数同样可以有效地与还原速率常数关联。例如,4 位取代硝基苯系列物质在厌氧的沉积物-水体系中的还原反应速率常数与哈密特 σ 常数表现出正相关。河流沉积物、荷塘沉积物和地下蓄水层矿物质体系都有类似的斜率,这个相似的斜率说明在上述体系中发生的还原反应都有相同的机制。

在缺氧的沉积物-水体系中,数量众多的包括卤代烷烃和卤代烯烃在内的卤代烃的降解反应速率常数能与一些分子的描述符相关联。卤代烃在沉积物-水体系中的反应活性大约有 4 个数量级的差别。与反应活性相关性最好的包括碳-卤键的强度(BS),Taft′s 常数(σ^*)和碳-碳键键能(BE)(见式(5-74))。虽然还原性脱卤反应是通过还原性去卤化与消去反应发生的,但是分子描述符与反应速率常数的关联与前面的反应过程包含单电子转移速率控制步

图 5-22　式(5-74)计算得到的反应速率常数 k_{cal} 和实验测得的速率常数 k_{exp}

注:(典型卤代脂肪族化合物 1—I₂CHCHI₂;2—ICH₂CH₂I;3—BrClCHCHBrCl;4—Cl₃CCCl₃;5—CH₃CHBrCHBrCH₃;6—BrCH₂CH₂Br;7—γ-六氯环己烷;8—CCl₄;9—Cl₂CHCH₂Cl;10—Cl₂C=CCl₂;11—α-六氯环己烷;12—ClCH₂CH₂Cl;13—ClCH=CH₂;14—trans-ClCH=CHCl;15—cis-ClCH=CHCl 的还原脱卤反应速率常数)

骤那个说法是一致的。图 5-22 说明了这一系列的卤代烷和卤代烯的 k_{cal}（由式（5-74）计算而得）与实验而得的反应速率常数（k_{exp}）十分一致。

$$\log k_{cal} = -0.142 \times BS + 0.483 \times \sigma^* + 0.039 \times BE + 3.03 \qquad (5-74)$$

3. 含电子中介体的还原反应

大量的研究表明,容易还原的有机污染物,例如硝基芳香族化合物、偶氮化合物和多卤代烃能在厌氧环境中非常快速的发生还原。这类体系中有大量的包括还原性铁和硫类的电子供体。研究发现,在实验室由这些体相的还原剂所引发的还原反应速率要比在自然还原性体系中所观测到的反应速率慢很多,同时发现通过增加电子载体和介质能大大加快还原反应的速率,这种电子穿梭体能有效地增强该类型反应的活性。

在此过程中,体相的电子供体或还原剂快速还原电子载体或介体,然后由电子载体或介体迅速将电子转移给目标污染物。这些被氧化了的电子载体或介体很快就又被体相的还原剂或电子供体所还原,此过程不断进行而形成氧化还原循环,如图 5-23 所示。

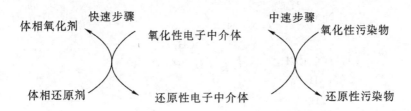

图 5-23　体相电子介体介导的氧化还原循环

多种化学物质包括自然的有机物质（natural organic matters，NOM）、铁卟啉、类咕啉（corrinoid）和细菌的过渡金属辅酶例如维生素 B_{12} 和血红素都可以作为电子介体,其典型结构如图 5-24 所示。

（1）自然有机物质

NOM 作为电子介体在有机污染物还原转化反应中的作用是十分重要的。因为在自然环境中 NOM 的存在十分普遍。电子介体 NOM 的特性是将复杂的铁复合物与醌型化合物部分联系起来。模型研究表明醌类物质能迅速还原农用的硝基芳香族化合物,研究资料表明NOM 可独立介导还原反应。例如,NOM 是自然环境中十分丰富的资源,包括厌氧的地下水、溪水、垃圾渗滤液和木材物质榨取液等,这些 NOM 物质在含有 H_2S 电子供体的水体系中都显示了对芳香族硝基化合物的还原反应的介导作用。甚至胡桃树中由于含有大量的醌类物质的 NOM 也能增强还原反应活性。

（2）矿物体系

最近的研究表明以电子介体进行的还原反应并不局限于包含 NOM 的环境系统。在地下水中发现的矿物质,例如含铁页硅酸盐,硫化亚铁,硫化矿物等也均会对电子介导的还原反应有贡献。

例如,黑云母和蛭石矿物可以介导催化实验室六氯乙烷（HCE）和四氯化碳的还原反应。在六氯乙烷和硅酸盐岩床之间的非均相的电子转移反应,生成四氯乙烷（PCE）,该反应按以下可能的机理进行

$$2[Fe^{+3}, nM^+]_{mineral} + HCE \longrightarrow 2[Fe^{+3}, (n-1)M^+] + PCE + 2Cl^- + 2M^+$$

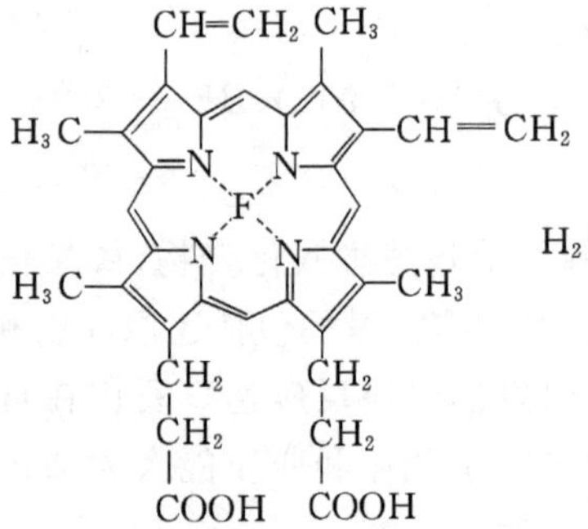

血红素

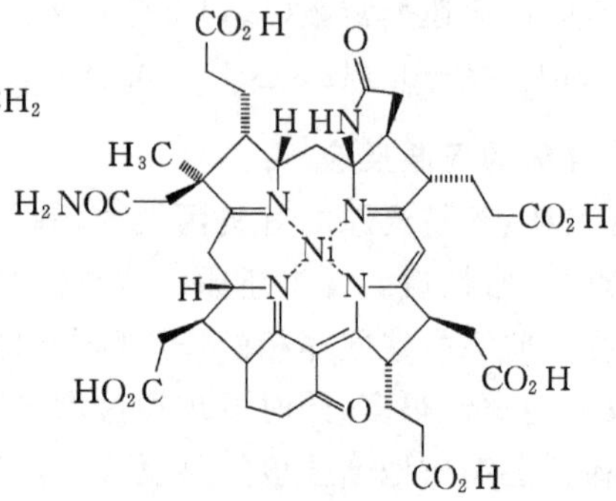

辅酶 F_{430}

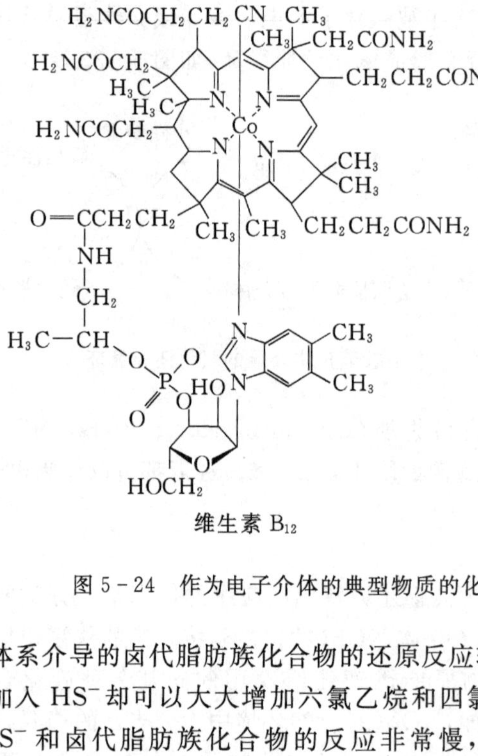

维生素 B_{12}

图 5-24 作为电子介体的典型物质的化学结构

虽然通过矿物体系介导的卤代脂肪族化合物的还原反应较慢，对环境净化的意义不大，但在无机矿物体系中加入 HS^- 却可以大大增加六氯乙烷和四氯化碳的还原脱卤反应速率。同时在均相溶液中，HS^- 和卤代脂肪族化合物的反应非常慢，这说明了在硫化矿物体系中与 HS^- 的反应是非均相的。HS^- 对反应速率影响机制可能是 HS^- 促进了矿物表面的 Fe^{+2} 离子活性位的再生，涉及的反应式如下

$$2[Fe^{3+},(n-1)M^+]_{mineral} + 2HS^- + 2M^+ \longrightarrow HSSH + 2[Fe^{2+},nM^+]_{mineral}$$

另一种可能的机理是 HS^- 和溶解态的亚铁离子反应形成了硫化亚铁，硫化亚铁也能够做为电子供体。

硝基芳香族化合物的还原反应也能在矿物体系中进行。几种硫化矿物介导硝基苯的还原实验研究表明，各硫化矿物的活性顺序是 $Na_2S > MnS > ZnS > MoS_2$。这个活性顺序与硫化矿物的溶解度顺序一致，说明还原反应速率取决于溶液中的硫离子浓度。硫离子和其它含硫物质在从矿物到硝基苯的电子转移过程中起到了桥梁的作用。

（3）微生物介导还原

如图 5-23 所描述,在生物体系中电子传送体系对有机化合物的细胞内还原起了重要作用,同时细胞外的还原过程也会涉及电子传送。例如,普通变形杆菌在厌氧条件下还原一系列偶氮类食物色素的过程中,电子传送理论已为实验的动力学提供了理论基础。色素的还原动力学对于色素浓度是零级,另一方面色素还原速率与色素的氧化还原电位有良好的相关性。如果色素通过细胞膜的传送是速率决定步骤,那么就不可能出现这种相关性。为了解释这种相关性和对色素浓度显示的零级反应动力学,推测了一个胞外电子传递机制,该机理涉及了一种胞外电子介体还原剂 B/BH₂（例如,水溶性黄素）,起到了在色素和细胞还原酶 E/EH₂ 之间输送电子的作用,如图 5-25 所示。

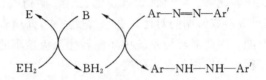

图 5-25　电子介体介导的胞外电子传递示意图

4. 吸附对还原动力学的影响

虽然化学物质的分子描述符可以被用于预测在特定均相体系中的相关反应速率,但在更复杂的非均相体系中用他们来预测反应速率还很受限。例如,图 5-22 说明了基于线性自由能关系（linear free-energy relationship，LFER）的卤代脂肪族类化合物的还原反应,在缺氧的沉积物-水系统中,基于 LFER 的 DDT 还原反应的半衰期理论上大约是 8 天。但是在实验研究中却发现在缺氧的沉积物-水系统中超过 90 天都没有观测到 DDT 的还原反应。根据 DDT 的分配系数（K_p）,估计吸附于沉积物的 DDT 的比例大于 99.99%。沉积物的吸附也会影响硝基取代的芳香族化合物和偶氮苯的反应动力学。在沉积物-水体系中,准一级速率常数可解释一系列烷基取代的硝基苯的还原反应,根据 LFER 理论,系列烷基取代硝基苯的还原反应速率应该接近,但实际却是随着沉积相吸附的增加而反应速率降低。类似地,对一系列的取代偶氮苯的还原反应的研究也发现在沉积物上的吸附对反应速率的影响非常重要,吸附增加则还原反应速率降低。经过对沉积物吸附的影响进行修正之后,取代偶氮苯的一级反应速率常数就非常相近。

尽管上述现象说明吸附抑制了还原反应,但通过过滤去除沉积物一般会致使反应活性降低,这说明还原剂是与沉积物结合在一起的（例如,还原剂是沉积物的组成部分或者是从沉积物中衍生的）。为此,描述该类型还原反应过程的动力学模型包括了两部分,一部分是不发生化学反应的吸附作用;另一部分是反应部分,两部分都与沉积物有联系,如下式所示

$$P \cdot R \underset{k_{-1}}{\overset{k_1}{\rightleftharpoons}} P + S \underset{k_{-2}}{\overset{k_2}{\rightleftharpoons}} P \cdot S$$
$$\downarrow k_r \qquad\qquad \downarrow k_w$$
$$\text{pdts} \qquad\qquad \text{pdts}$$

式中:P 是水中的污染物;S 是沉积物;P·S 是被吸附的污染物部分（不发生化学反应的部分）;P·R 是发生反应的吸附部分;k_r 是在反应位点上的还原反应的一级反应速率常数;k_w 是

水相还原反应的二级反应速率常数；k_1 和 k_{-1} 分别是反应部分的活性位点上的吸附-解析速率常数；k_2 和 k_{-2} 分别是不反应部分的吸附-解析速率常数；pdts 是产物。该模型描述了污染物在起反应和不起反应位点被分配的过程，在不反应位点的分配阻碍了还原反应的发生。

现在进一步讨论 DDT 的例子，由于 DDT 较大的沉积物-水分配系数，该模型表明 DDT 大多吸附在不起反应的沉积物中($k_2 \gg k_{-2}$)，并且它转移到沉积物上的活性中心的速度将是速度控制步骤。

相反，由该模型可相应推测像 1,1,1-三氯乙烷这样的化合物在厌氧沉积物-水系统中更容易发生还原反应，这类化合物具有与 DDT 相同的官能团(CCl_3)，但它在沉积物-水中的分配系数却比 DDT 要小几个数量级。

对于环境系统中的还原转化，天然界面(如沉积物、土壤、矿物氧化物)对还原转化往往起着关键的作用，这与水解反应形成鲜明的对比。在水解反应中，介质表面只对少量具有特殊官能团的化合物有明显的影响。因此对环境系统中还原转化反应速率的准确预测还要依赖于天然界面在整个还原反应过程中的作用的深入研究。

5.5 环境有机化合物的光化学反应

5.5.1 光化学反应概述

有机化合物吸收光量子后可能发生物质的光物理与光化学反应。光物理过程包括光与能量的散射和辐射，然而光化学变化则会产生新物质分子，光化学反应通常包括异构化作用、键分裂、分子重排或分子间的化学作用。在环境中，光化学反应会在气相(对流层和平流层)、水相(大气气溶胶、雨滴、地表水、地-水界面)和固相(植物组织外部、土壤和矿物表面)体系中发生。在讨论有机化合物的光化学反应时，上述各相中的反应都应该考虑。尽管在很多情况下，光化学反应的贡献是可以忽略的，但是在有些情况下，光解对有机化学物质的降解却起着决定性作用。

除了紫外灯等人造光源，环境光化学反应绝对都是太阳光驱动的，因此有必要了解太阳光的性质。

1. 太阳光

太阳是一个巨大的热气球，内部核反应产生辐射能，太阳的电磁辐射是向四面八方的空间散射，并连续不断地到达地球。地球持续吸收太阳辐射能量，在外部可达 1.3 kW/m^2 (19 kcal/min，"太阳辐射流")，该部分能量大约有 50% 被大气反射回宇宙空间，其余的直接到达地面或者通过云、烟或由其它物质散射到地面。人在地表感觉到的太阳光是不同波长的可见光与非可见光的混合。图 5-26 显示了不同波长的太阳能分布，其中，最大能量辐射强度是发生在可见光区域的 500 nm 处。可见光通常是指包含着从 400~760 nm 的波长的区域，在 290~400 nm 的短波被称为是紫外光区，而长波(760~2000 nm)被认为是红外光区。地球大气组分(特别是臭氧层)能过滤掉紫外光区的短波，同时也能过滤掉一些红外光区的长波(CO_2 和水吸收)，使其无法到达地球表面。

由于光照与季节不同，阳光的频率分布与强度会有些改变，阳光的频率分布与强度当然也会随着海拔高度、臭氧浓度以及大气层中的云、烟和颗粒物的改变而改变。理论上，与可见光

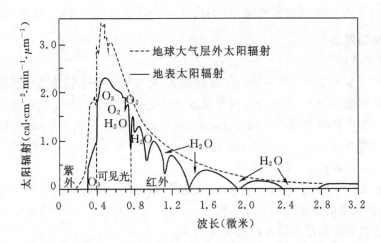

图 5-26　在地球大气层外和地面不同波长的太阳光辐射能量分布

相比,云层更容易透过紫外光,但是实际情况却很复杂,并且在一定程度上依赖于云层的厚度。对流层云层强烈影响着光化学反应的反应速率,并且对流层云层可以将大气中的可溶物不断的从大气中捕获,成几个数量级地大幅提高他们的浓度,还能提供能加速极性物种反应的溶剂。另外,地球与太阳之间的距离和太阳耀斑的活跃程度甚至也能强烈地影响太阳光,尤其是紫外光。

　　光的波粒二相性在 20 世纪初被布朗克与爱因斯坦发现,奠定了人们对当今光化学的理解基础。光波可被理解为是一种类似于机械振动的媒介(如水槽中的水),单色光相当于具有波的性质并能通过峰顶到峰顶被测量出来。尽管在另外一些方面光应被认为是粒子(如能被反射、衍射、焦聚),光还有很多作为化学反应原料和催化剂的特点,它可以用化学计量原则测量并可使一个需要外部能量的化学反应发生,类似地也可以通过加热反应混合物使某些热反应发生。在后一种观点中,光被认为是一种没有质量只有能量的粒子,这种粒子被称为光子。这种光子的能量与光波长的关系符合下面的式子

$$E(\text{in kJ/mol}) = \frac{120000}{\lambda(\text{in nm})}$$

　　一个摩尔的特定波长的光子的能量由上式计算,这个数量被称之为一个 Einstein。

　　在化学反应中,可见光与紫外光中的光子能量与有机分子中的共价键的键能相当。一种典型的碳-碳单键具有 350 kJ/mol 的键能,这个能量对应于波长为 340 nm 的光子能量,也就是太阳光子的能量。然而,在太阳光辐照下的有机物分子中,并没有发生相应键的大规模的裂变,这是因为太阳光能的吸收是定域在特定的次级结构上,并且通过各种机制消散,因此大部分并不导致化学反应。当然,紫外光比可见光和红外光的能量要高,紫外光占据了超过 4% 的到达地球的太阳辐射能。

　　具有一个发色基团的物质的稀溶液对光的吸收符合朗伯比尔定律,即光被吸收的量正比于光程中发生光吸收的分子数目

$$E \text{ or } A = \varepsilon cl$$

式中:表示光的 E(消失)或 A(吸收)等于这溶液中发色分子的摩尔浓度 c 乘以光程长 l 以及代表发色分子吸收系数的常数 ε。吸收率(A)反比于透过率(T),用下面方程表示

$$A = \log(1/T)$$

相应地,吸光率为 0 时,透过率则为 100%,然而,当溶液吸光率为 1 时转化为透过率只有 10%。

2. 发色体和激发态

(1)吸收的光物理

任何光化学反应都是由一个有机分子吸收光子,进而将该分子转化为电子激发态,这就是一个具有新电子构造的分子,这种分子具有比原分子更高的势能。为了摄取光子,分子必须具有在相应光谱范围内的吸收带。也就是说,因为紫外线光子有一个 290 nm 的最小波长值,因此有机分子必须能吸收光波大于 290 nm 的能量才能够进行光解。一个有机分子最低的电子激发能量约在 800 nm,相当于红外区域。

分子经过吸收光子能量,它的一个电子,从低的能级跃迁到一个新的更高的空着的能级,因此,电子处于激发态的分子不同于原来的分子,可以被看作是一个独特的异构体,或者被看作是一个具有独特性质和反应活性的新物质。

(2)单线态和三线态

大部分稳定的有机分子有偶数个电子并自旋成对配置,这种分子被认为是单线态分子,因为即使存在一个外部磁场,它们也仍然呆在一个状态。当这些分子吸收光子能量后,将转变为量子化学依然合理的单线态。这种单线态通常特点是寿命极短,它们的猝灭过程包括以下几个方面。

内部转换,激发单体的热反转使分子回到基态,将热量释放给周围的分子如溶剂分子,因为这两个状态都有多样性,转化符合量子理论,并且往往是非常容易的过程,反应速率常数常接近扩散控制。

荧光,发射可见光或紫外光。发射的光子波长始终是比吸收光子的波长长。这也是一个量子自发的进程,并且速度很快。

系统交叉,产生一种新的有未成对电子的激发态-三线态。这些转变速度通常比扩散控制速度慢 100 倍或更多。三线态都有一定程度的双自由基性质。

化学反应,由于大部分激发态的瞬时低浓度,双分子化学转化对他们通常并不重要,除非他们动力学速度非常快。

激发单线态可以在某些情况下进行系统交叉,产生相应的激发三线态。量子力学预测,激发三线态始终比单线态电子能量低,但自旋反转在量子理论上不允许。然而,实际上单线态-三线态转换的现象却很普遍。

三线态具有自旋未配对电子,与单线态的化学性质不同。三线态比单线态更容易参与化学反应。其寿命较长,使它们有更高的几率与另一种物质发生反应,三线态可以多种形式参与光化学反应。

一种低效率的光化学反应也涉及三线态,其中一个溶剂的分子或其它物种与三线态发生碰撞,使三线态回到基态。在这个过程中多余的能量将以热或振动的形式散发,不会进一步发生光化学反应。猝灭剂对三线态的猝灭量子效率差别很大。另一种较常见的反应是三线态与三线态间的能量转移,一种特殊类型的猝灭,在该反应中一个激发三线态 $^*T_1$ 提供能量给基态分子 A_0,产生新的三线态 $^*A_1$ 及基态供体 S_0

$$^*T_1 + A_0 \longrightarrow S_0 + {}^*A_1$$

如果新的三线态具有足够的能量去参加其它反应过程,那么这个光化学反应应该是具有比较高的效率的。

三线态转化成对应的基态单线态(在没有猝灭剂的情况下)是另一个量子原则禁止和低效的系统交叉过程,通常被称为磷光。磷光和荧光都是发光现象的例子。

(3)量子收率

在动力学过程中,激发态的化学反应是与其它可能的失活方式存在竞争关系的。因此光化学过程的量子收率是指激发态的物质参与特定转化的比例。举个例子,荧光的量子收率,三线态形成,初始材料的消失,反应产物的生成等。量子收率为 1 意味着所有的激发态分子都进一步转化成了同样的物质。通常来讲量子收率是比较低的,尤其是化学反应的量子收率,但也有量子收率接近 1 的,如 1,2 - 二苯乙烯(stilbene)衍生物的荧光反应。因此,很多分子尽管能强烈的吸收太阳光,但却不能被光降解,主要是因为激发态的失活反应更容易发生。

(4)发色基团

任何一种有机物吸收光的性能都与其分子结构相关,几乎所有的对阳光中的紫外和可见光有强力吸收的化合物,都有一个或者更多个含碳、氮和氧的双键存在,含这些基团的饱和化合物对太阳光不吸收。因此,发色基团通常包括烯烃、芳香烃、杂环化合物、醛、酮、硝基化合物、偶氮化合物等。这些化合物的吸收光谱通常都比较独特,如表 5 - 11 所示。

表 5 - 11 典型的有机发色官能团发色参数

发色体	λ_{max} (nm)	ε (大约)	电子跃迁
C—H 或 C—C	<180	1000	$\sigma \rightarrow \sigma^*$
C=C	180	10000	$\pi \rightarrow \pi^*$
C=C—C=C	220	20000	$\pi \rightarrow \pi^*$
苯	260	200	$\pi \rightarrow \pi^*$
萘	310	200	$\pi \rightarrow \pi^*$
蒽	350	10000	$\pi \rightarrow \pi^*$
苯酚	275	1500	$\pi \rightarrow \pi^*$
苯胺	290	1500	$\pi \rightarrow \pi^*$
硫醚	300	300	$n \rightarrow \sigma^*$
C=O	280	20	$n \rightarrow \pi^*$
苯醌	370	500	$n \rightarrow \pi^*$
C=C—C=O	320	50	$n \rightarrow \pi^*$
C=N	<220	20	$n \rightarrow \pi^*$
N=N	350	50	$n \rightarrow \pi^*$
N=O	300	100	$n \rightarrow \pi^*$
硝基苯	280	7000	$\pi \rightarrow \pi^*$
吲哚	290	5000	$\pi \rightarrow \pi^*$

在不饱和化合物中有两种典型的电子跃迁,一种是参加跃迁的价电子,在 σ 轨道的电子,比如单共价键,由于它们吸收比 290 nm 还要短的波长的光,所以通常不参与环境光化学反

应。然而,π 电子(C=C 和 C=O 等键上的电子)和一些 n 电子(像羰基氧原子上的非键电子对)却容易被太阳光激发。实际上,在环境光化学反应中,π 电子和 n 电子向高能级的反键轨道(π*)的跃迁都非常重要。

一个 n→π* 跃迁如图 5-27 所示,在吸收光子之后,一个氧原子上的未成对 n 电子占据了反键轨道 π*,这个激发态现在包含两个自旋配对但未成对电子,因此具有双自由基特征。另外,由于氧原子的电负性通过一个电子的转移使局部的电负性减弱,这个激发态就显示了更高的亲电子性,因此更容易作为氧化剂发生反应。从结构方面看,随着 π 键轨道的破坏,分子趋向于形成金字塔结构而非平面结构。波谱分析表明,在激发态 C=O 双键的键长趋向于 C—O 单键键长。

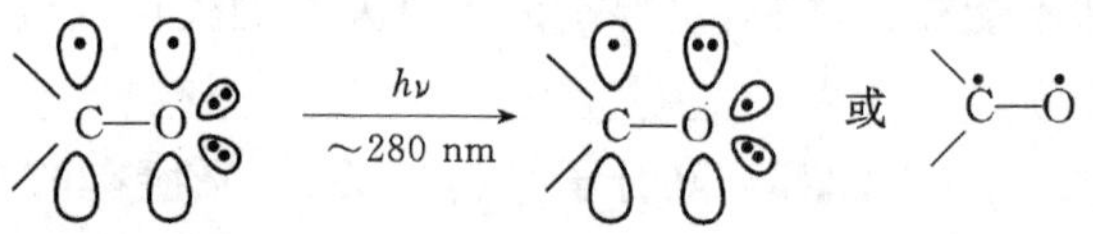

图 5-27   羰基化合物中的 n→π* 跃迁简化示意图

类似的,一个 π→π* 电子跃迁,涉及 C=C 双键的未配对的电子轨道,形成一个像双自由基那样的中间体,可以绕着原来的双键旋转,除非新形成的反键状态被限制在一个环内(见图 5-28)。一个 π→π* 电子跃迁与 n→π* 跃迁相比通常有较高的消光系数,因为前者的 π 轨道在空间上属同一区域,而后者需要电子跃迁到一个新的位置。

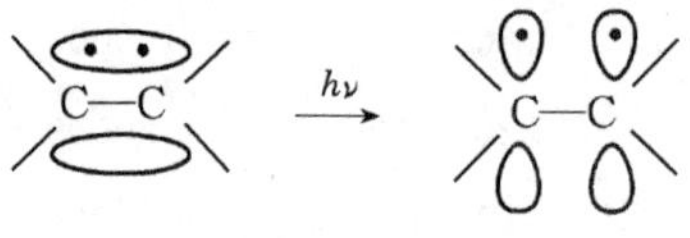

图 5-28   含 C=C 不饱和键的化合物中的 π→π* 跃迁简化示意图

5.5.2   光化学反应机制

激发态的电子不同于基态,所以他们有不同的化学性质也不奇怪。这个非典型的分子轨道作用,使很多在基态无法发生的反应过程在激发态却能发生。

光化学反应通常包括多级反应,可能只有其中的一步发生了光吸收。举个例子,一个受激发的分子可能转移给在基态的电子受体一个电子,从而产生了两个具有不成对电子的物质,这两种物质都可以参与随后的其它反应。常说的光化学对温度不敏感,严格来说只有在引发阶段、光吸收步骤以及激发态内部快速重排步骤才算正确,其它的反应步骤则受温度的影响会比较大。

1. 直接光解作用

光化学反应是只有当分子吸收光之后才发生的反应,更直观的说法就是,有些分子不能吸收光能所以不能反应。吸收光之后的分子发生一系列反应,他可能转化一些能量或者部分结构,比如,转移一个电子给未吸收光的化合物。但在环境中也存在很多重要的化合物可以通过称之为直接光降解的过程分解(光化学反应是由于直接吸收光量子而引起的,接着是激发态的重排及其它反应)。这些反应的动力学和模型常常都比较简单,特别是如果已知或者可测得吸收光的波长和他的量子收率。另外一些物质对太阳光不吸收,那么他们的分解反应很多是间接进行的,后面将介绍很多直接和间接都有的光化学反应。

2. 敏化的光降解

当一种吸光物质能够给另外一种物质转移能量、电子、氢原子、质子时,除了直接的光解,间接的、敏化的光解反应都必须要考虑到。早期发现这些现象的是在染料光化学中,人们发现"光敏化染料"可以与溶液中的其它物质发生反应。光敏化现在的定义为把光化学激发态分子的能量转移到受体上,例如,氧生成过渡态的单线态氧。人们已经发现很多光敏剂,有自然的和人工合成的,对环境有重要意义的是腐殖材料、吡咯、酮醇、多环芳烃和矿石表面等。光敏化的光物理过程比较有趣的是光敏剂的三线态与基态的单线态氧分子相互反应产生激发的单线态,这个单线态氧的能量比基态仅高 92 kJ/mol;相应的,在可见光区域有吸收的光敏剂可以高效的实现该电子跃迁,染料比如甲基蓝(λ_{max} 668 nm,E_T 135 kJ/mol)和玫瑰红(λ_{max} 549 nm,E_T 175 kJ/mol)都是这样的光敏剂。

在水中单线态的氧易被水分子淬灭到基态,生命周期是 3~4 微秒。所以在水中,只有活性非常高的物质才有机会与这么快淬灭的 $^1O_2$ 反应。然而,当 $^1O_2$ 在憎水的介质中产生时,比如石油膜表面或者是细胞膜中,在这样的环境中 $^1O_2$ 生命周期会长一些,再加上浓度较高的活性反应物质,这些因素才会成为这些材料老化和风化的主要原因。

3. 产生自由基的光化学反应

特别是对于一些水体的光化学反应,一个发色基团的光化学活化反应常常伴随有电子、氢原子或者质子的转移,这种形式的间接光解通常从光敏化、能量传输的理论角度来区分它们。但经常是光敏化和能量传输两种过程都同时发生,有时难以分清楚到底是哪种机制。无论如何,在环境光化学方面有很多例子都发生了电子的转移。从激发态到氧分子的电子转移会产生氧自由基负离子,即过氧化物。

5.5.3　光化学反应动力学

某一光吸收物种的产生速率表示为产物的量子收率(Φ)和反应物质的光吸收率(I_a)的乘积(见式(5-75))。如果只有一个发色基团参与时,量子产率通常是依赖于波长的。I_a 基本上可以从反应物的吸收光谱与发射光谱的重叠部分来求算。

$$r = I_a\Phi \tag{5-75}$$

原料物浓度低时,反应遵循一级反应动力学,因为有郎伯比尔定律,原料物浓度与 I_a 成正比。如果吸收光谱已知,而且量子收率已知或者能估测,那么通过计算机程序可以计算光解反应速率。实验室在蒸馏水或水-极性溶剂的混合体系中的光解数据也可以用来估算直接光解反应的速率,然而,由于在自然水体中往往溶解了其它物质能淬灭或者促进光化学反应,所以在自然水体中的反应往往比较复杂。

有机化合物的量子收率数据相当缺乏,部分选择的数据列于表 5-12 中。显然,光化学反应有可能从水中快速去除一些化合物,甚至如果化合物能高效地吸收阳光,即使本身的量子收率较低,这些化合物也能被快速去除。

由于要考虑到光敏化剂的光吸收速度、生成三线态的光敏化剂的效率以及从光敏化剂到反应物的能量转移效率等,光敏化反应的动力学通常是比较复杂的。由于三线态的稳态浓度在较低浓度范围内应与光敏剂的浓度成正比,敏化反应的速率表达式中通常包括光敏化剂的浓度。在自然水体中,自然产生的光敏剂浓度难以单单依靠它的吸收光谱来确定。虽然受体浓度对三线态能量转移的量子收率的影响会发生变化,但在受体浓度较低时,量子收率可以假定与受体的浓度成比例。由上述的假设,在恒定的敏化剂浓度条件下,反应速率表达式是一级反应速率形式,如下

$$r = k[A]$$

式中:$[A]$是受体的浓度;k是一个比例常数,包括了光吸收速率、敏化剂的浓度以及三线态量子收率和三线态能量转移等因素。如果敏化剂浓度在实验过程中发生变化,那么表达式将变得更加复杂,在此不作详细讨论。

表 5-12 部分环境光化学净化反应的量子收率(Φ_d)数据

化合物	Φ_d	化合物	Φ_d
萘	0.0015	萘并萘	0.013
蒽	0.0030	亚铁氰化物络合物	0.14
苯[α]并蒽	0.0033	氟乐灵	0.0020
苯[α]并芘	0.00089	N-亚硝基阿特拉津	0.30
芘	0.0022		

1. 大气光化学

实际上所有的大气化学反应都是靠阳光驱动的,几乎每一个重要的大气反应都是一种氧化反应。在低层大气(对流层)中重要的发色基团包括氮氧化物、芳香烃类及羰基化合物的有机物以及复合的金属离子等。这些化合物目前在未受污染的地区很少,但在工业区和城市则浓度较高。在高层大气(平流层),臭氧、氧气和有机卤化物的光吸收在全球范围内也都有较大的影响。存在于对流层与平流层中的羟自由基($\cdot OH$)、过氧羟基自由基($\cdot OOH$)和臭氧(O_3)是主要的氧化性反应物,它们的生成及与有机物的反应在前面章节已经讨论过。

2. 自然水体中的光化学

在某一深度的水中的灯光强度取决于三个因素:光在大气中的透过率、光在气-水界面区域光的透过率、水体的光学特性。理论上光在纯净水中的穿透深度较大。水的吸收光谱(见图5-29)显示,波长在蓝色区域的可见光(450~500 nm)的透过率最大,在海洋中间的海水深度

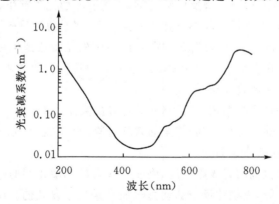

图 5-29 太阳光在纯水中的透过率显示 400~500 nm 波长的光透过性最大

超过 140 m 处仍然能检测到蓝光。所有的自然水体,由于含有溶解的和悬浮的物质,限制了光在水中的辐射深度。目前在海洋水域考虑了包括水的吸光性、腐殖酸材料、叶绿素衍生物和无机物种等因素而建立的模型已经能很好的预测不同海洋深处的光照强度了。在淡水体系中由于含有的有机物浓度更高和易变,一般的相对海洋水的光透过率来说要小得多,特别是在太阳光的紫外辐射区域。

(1)无机发色体

在淡水和海洋水体中大量存在的阴、阳离子包括氯、溴、碳酸根、硫酸根、钠、钾、钙、镁等,都是对太阳光无吸收的。只有少数痕量金属离子、亚硝酸根和硝酸根对光有略微的吸收,但它们对光吸收的贡献却远远低于有机物的贡献,因此常常可以忽略。

但是自然水体中主要的二价阳离子,如钙和镁,却可以与一些有机物络合,进而提高一些化合物的光降解性。例如,无色蝶呤(leucopterin)降解速率的提升就是因为其与镁和钙离子生成了这种复杂结构的络合物,其化学式如下

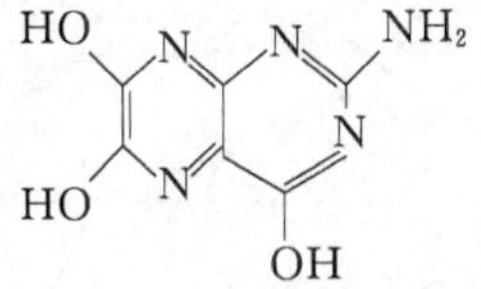

$$\begin{array}{c}\text{HO} \quad \text{N} \quad \text{N} \quad \text{NH}_2 \\ \text{HO} \quad \quad \text{N} \\ \text{OH}\end{array}$$

有些铁的络合物也能强烈吸收太阳光,从而可以参加很多的单电子转移反应并生成具有较高反应活性的自由基。例如,$Fe(OH)_2^+$ 复合物在略显酸性的水中(pH 值在 4～5 左右)是铁的主要存在形态,能够以较高的量子收率产生羟基自由基(见式(5-76))。而三价铁与其它配体如氯离子形成的复合物,往往在更长的波长发生光吸收并生成其它的自由基,如氯自由基,氯自由基进而能诱导乙烯聚合,并能参与其它自由基引发的反应。

$$Fe(OH)^{2+} \xrightarrow{h\nu} Fe^{2+} + HO \cdot \tag{5-76}$$

硝酸根($\lambda_{max}=303, \varepsilon=7$)和亚硝酸根($\lambda_{max}=355, \varepsilon=22$)能吸收太阳紫外线并通过均裂产生自由基(见式(5-77)至式(5-79))。硝酸根光解产生羟基自由基是典型淡水体系中的主要反应过程。在湖水中,313nm 处辐射产生羟基自由基的量子收率约为 0.015。亚硝酸根和硝酸根光解产生的羟基自由基随后与有机物反应,在这些自由基存在条件下,各种化合物的光解反应发生的很快。联苯在硝酸盐水溶液中通过光解(波长 254 nm 光)反应转化成了硝基联苯醚。其它多环芳烃化合物在亚硝酸盐溶液中用波长较长的光进行辐照后转化为硝基化合物。

$$NO_3^- + H_2O + h\nu \longrightarrow \cdot NO_2 + HO \cdot + OH^- \tag{5-77}$$

$$NO_3^- + H_2O + h\nu \longrightarrow NO_2^- + \cdot O \cdot \tag{5-78}$$

$$NO_2^- + H_2O + h\nu \longrightarrow \cdot NO + HO \cdot + OH^- \tag{5-79}$$

在亚硝酸根和空气存在的条件下,萘酚被光解成为一系列有机物,这些有机物包括萘醌、亚硝基、硝基萘酚和异香豆素化合物。萘酚自由基被认为是最初的中间产物,反应过程如图 5-30 所示。

颗粒物质比如沉积物颗粒,在水中悬浮的微生物体都可能反射光线,从而大大的减少了光线的透过。但是如果穿透的光波长在合适的范围,在浑浊的水中也会发生光化学反应。已有研究证实透光的矿物(如埃洛石、水辉石)能够加速苯丁酮(butyrophenone)的光降解速度(见图 5-31),原因就在于矿物颗粒的散射能够有效延长水中紫外光的光程。在另外一些例子中,矿物(如高岭石)对有机物的吸附则对有机物起到保护作用,通过消减光线,将这些物质吸附到光线不能到达的区域,或被矿物中的物质将活性中间体淬灭,都导致了光解反应速度的降

低(见图5-31)。

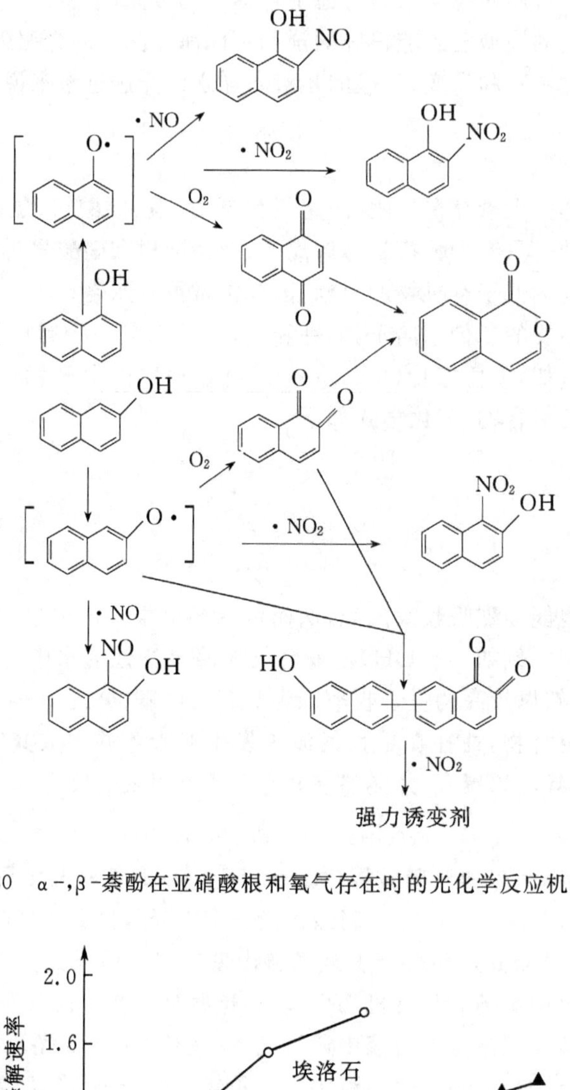

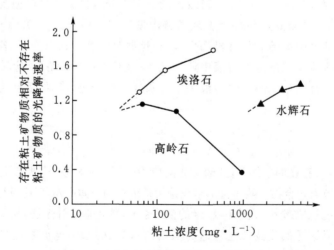

图5-30　α-,β-萘酚在亚硝酸根和氧气存在时的光化学反应机理推测

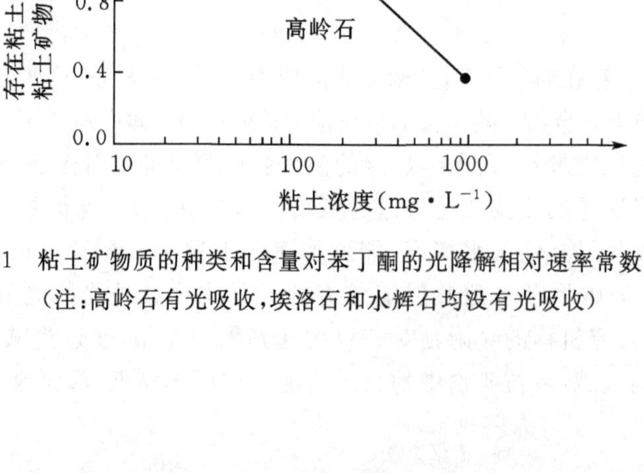

图5-31　粘土矿物质的种类和含量对苯丁酮的光降解相对速率常数的影响
（注:高岭石有光吸收,埃洛石和水辉石均没有光吸收)

(2)有机发色体

在海水和淡水中的溶解态有机物质是水中主要的吸光组分,其中可见的发色部分主要是腐殖酸和富里酸类物质。对于这种物质典型的光吸收谱,如图 5 - 32 所示,是一个从可见光到超过紫外光范围单调上升的吸收谱。因此,此类物质在水体表面能有效滤过紫外光波,此类有机物的光吸收会影响到直接和间接光降解的反应速率。直接光降解的反应速度可能由于光被阻挡而变慢,而光敏化反应速率则可能由于自然物质的间接光引发而被提高。在高色度的水中,这个透光层可能只有几厘米的深度,但是即使在这么狭窄的区域,高浓度的腐殖酸发色团也可能加快光敏化反应的速度。

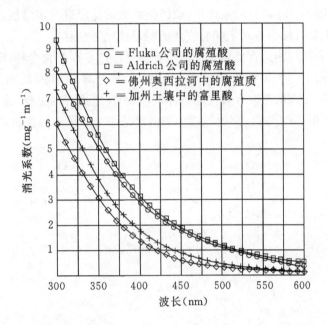

图 5 - 32　一些商业的和自然界产生的腐殖物质的紫外可见吸收谱(pH=6.0)

在富营养化水体中,由海藻或者其它的微生物的色素导致吸光性能变得显著,叶绿素和它们的降解产物根据他们特征的吸光和荧光性都能被检测到。核黄素(维生素 B_2,见式(5 - 80))和很多相关的黄素等颜料对水中光化学过程也有潜在的重要作用,其在自然水体中的含量很低,这类化合物在 440 nm 左右的可见光区内广谱吸收、吸光强度中等,对三线态的生成具有很高的量子收率。

$$(5 - 80)$$

黄素激发态参与一系列复杂的光物理和光化学过程。除了高效的发荧光性能,在可见光或紫外光照射下,有氧存在时核黄素可以产生单线态的氧($^1O_2$),也可以向氧分子转移电子,产生过氧化物自由基($\cdot O_2^-$),有些情况下也会产生羟基自由基。还有些情况下,激发态的核黄素参与能量转移并且提取氢原子。

核黄素能够发生非常快速的直接光氧化,失去全部和部分侧链,这可能是由于自身敏化的光氧化过程所致。但核黄素酯比如四乙酸核黄素酯,却具有很稳定的光化学性质。

人们发现一般情况下,黄素与电子云密度较高的芳香族有机化合物的光化学活性高。所以,在取代苯丙氨酸的反应中,供电子的取代基能够增加光降解的速度,而吸电子基团却可以使环钝化稳定。实验研究发现,当向苯酚和苯胺溶液中添加 5 uM 核黄素时,大大加快了苯酚和苯胺的光降解速度。例如,苯胺半衰期在直接光照下为 180 min,然而添加了核黄素后,半衰期降低到 2 min 以下。在缺氧的条件下,该敏化的光解速度进一步增加,这意味着该反应过程中,在激发态黄素和目标污染物之间有直接的能量或电子转移。

人们发现核黄素能与溶解在海水中的有机物质反应产生羰基化合物,诸如:甲醛、乙二醛、乙二酸和丙酮酸等。人们也发现核黄素可以在水中光降解多烯烃杀真菌剂、匹马素菌(pimaricin)(见式(5-81)),在没有氧气的条件下,这个反应进行的更快,这个反应也会被顺磁性的金属离子 Cu^{2+} 和 Co^{3+} 淬灭,因此该反应的机理是一个三线态的能量转移。

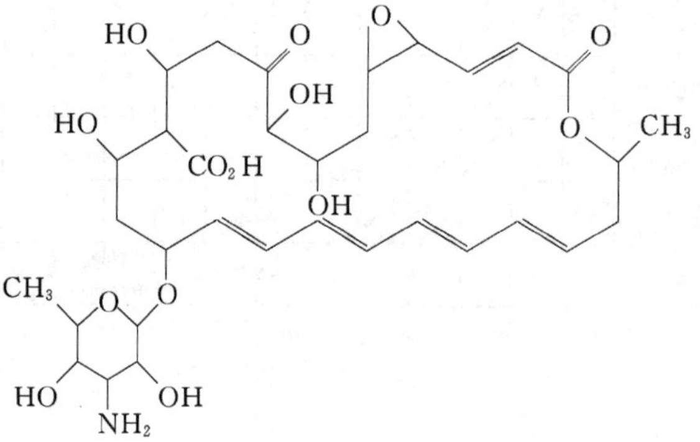

$$(5-81)$$

3. 界面光化学

(1)空气-水界面

在自然水体中往往存在一很薄的有机表面层,这个表面层富集了一系列的有机化合物,包括那些具有表面活性的洗涤剂。因此这个表面层的环境与在深水层中的这个"纯水构成"的环境不同,该表面层更类似于一个有机溶剂或者一种水-有机溶剂混合的环境。因此,表层的有机物有更多机会接收更强的光辐照,深层水中的有机化合物则机会较少,因为,在该区域有机化合物的浓度更高,各种类型的反应都可能是动力学优先的。水表层的物质构成是不断变化的,既有新鲜物质的输入,又有物质不断被微生物降解和光降解。

很多研究表明,不饱和脂肪酸作为水生生物的常见成分,在阳光的照射下是不稳定的。例如,研究发现经过过滤器过滤(>320 nm)的光波对不饱和脂肪酸的氧化有促进作用,能将多种从硅藻中提取出来的亚麻油酸(linoleic acid)、亚麻酸(linolenic acid)以及油脂(lipid)氧化破坏。

此外还有一些表面层是由溢油组成的。光化学老化或风化水面的石油会对一些含氧有机物和水溶性有机物的浓度产生较大的影响。光氧化石油的机制可能主要包括两个途径,一个是自由基途径，另一个是单线态氧途径，如图 5 - 33 所示。

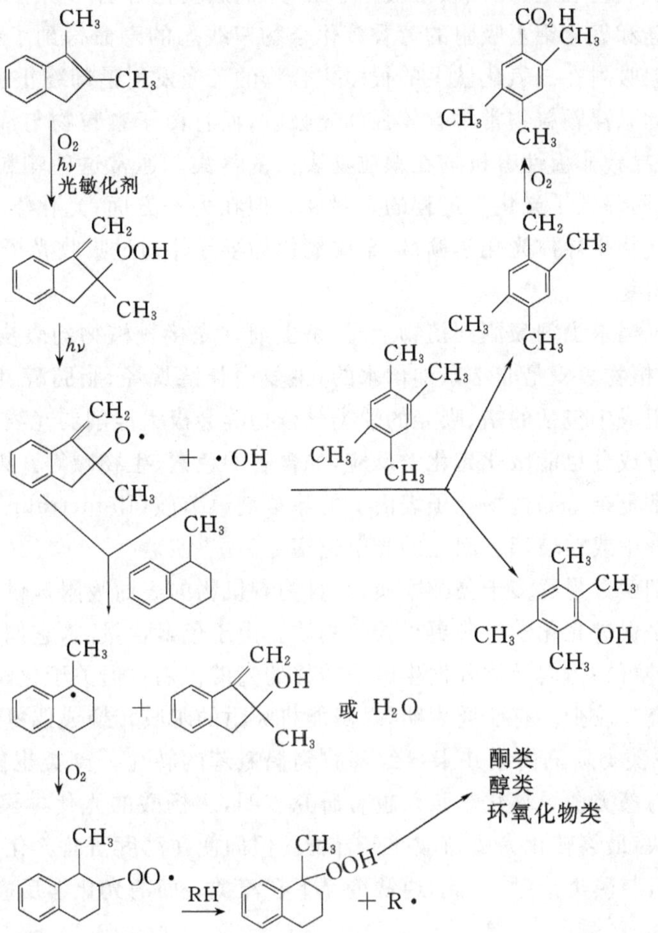

图 5 - 33　炼油中茚(Indene)的光降解机理推测(包括单线态氧和自由基步骤)

在上述机理中，单线态氧由三线态氧和光激发的石油中的三线态物质与高效的受体(如 1,2 - dimethylindene)反应产生。同时石油中往往含有具有光敏化作用的多环芳烃等物质，直接的或敏化的光解将产生烷氧自由基和羟基自由基，这两种自由基能进一步与活性的烃反应，这些碳中心自由基中间体也可以与氧反应产生过氧自由基。在自氧化领域，过氧自由基又是一个高效的链传递者。

(2)固体-水界面及固体-气界面

①土壤和矿物界面。光线在土壤中的渗透一般不超过 2 mm，但土壤表面的光化学过程速度却较快。如沉积物吸附的 DDE 的光解比该物质在溶解状态的光解速度要快。对硫磷在灰尘或土壤颗粒表面也能很快发生光降解生成对氧磷。

由于污染物在矿物表面的吸附使得化学键转移或者基团旋转受到限制，从而对一些光化学转化会产生阻碍作用。另一方面，如果吸附的浓度足够高，紧邻的吸附分子间反应可能更容易发生。同时由于固体表面吸附作用对化合物的电子结构、吸发光谱特性以及活化态的寿命的影响与溶液中均有很大差别,所以很难预测固体表面吸附的影响规律。例如,有研究认为芳香族化合物吸附在氧化硅上,光吸收谱发生了红移,而羰基化合物的吸附则导致光吸收谱发生了蓝移。在氧化硅和氧化铝上吸附的芳香族化合物三线态的寿命得到了延长,因此更容易发生光化学反应。但吸附在二氧化钛上的很多化合物的荧光发射谱却终止了。

近表层水中的悬浮颗粒物常常有较强的光吸收,而且由于颗粒物与周围水相相比常常显出亲油性,所以会导致非极性有机物在颗粒物表面的富集。通常这些颗粒物只是散射和减弱入射光的强度,从而降低了光化学过程的重要性。但在另一方面,光化学过程却会相对容易,尤其是在金属氧化物半导体光化学领域,金属氧化物半导体通过吸收光子会产生电子和空穴,进而氧化分解有机物。

②生物表面。当杀虫剂喷洒到植物上时,杀虫剂首先接触植物的表皮组织并会在这个区域停留一段时间,植物表皮是非常亲油憎水的,主要由长链烷烃、脂肪醇、脂肪酸、蜡以及角质层等组成。这些组成中包括的蜡、吸光的酚类化合物等会极大地削弱光线向组织内部的穿透,但同时含有的部分成分也能敏化光化学反应,如含有的色素、生物碱等。因此植物表面对光化学反应的影响非常复杂。如植物叶子表面上的除草剂氟节胺(flumetralin)在光照下的光降解速率就比其在溶液中或在玻璃表面上的光解速率低。

虽然水中的细菌数量远多于藻类物质,并且为有机物的表面吸附提供了更大的表面积,但是藻类却被认为是促进光化学反应更重要的物质。由于色素含量高,它们能够吸收更多的光,叶绿素也是已知的可在体内及体外发生电子转移的光催化剂。但关于化学品吸附到藻类表面的光降解实验研究却较少。有研究表明,绿藻能将吸附的苯胺转换成偶氮苯,苯胺的半衰期约11分钟,此过程中藻类新陈代谢并未导致苯胺到偶氮苯的转化。藻类也能产生过氧化氢,过氧化氢有机会参与藻类诱导氧化苯胺。也有研究表明,水杨酸的光化学聚合在有绿藻和栅藻存在时会大大加快,最终转化为腐殖酸类聚合物。但即使在高度富营养化水体中,也只有一小部分有机化合物可与藻类接触,因此,通常情况下在藻类表面的光化学反应对整个有机物光解的影响都不大。

4. 特殊化合物的光化学反应

(1)天然有机物

人们早已知道,腐殖酸类物质在光辐照时会发生漂白或颜色变化。人们通过对这些光诱导过程的一些详细研究,已经发现在这些天然有机物光解过程中会产生一些中间态的活性反应型物种。

由于溶解的有机物质具有光敏化能力,因此自然水体中的光敏化反应很重要。这些化合物大多都可以产生活性的单线态氧($^1O_2$)。腐殖酸类物质的脉冲光解研究表明,在脉冲光解水的过程中,会产生一种化学和光学特性与水合电子(e_{aq})相符的中间态。水合电子会与氧反应形成$\cdot O_2^-$,随后会迅速形成过氧化氢。

当海水表面被照射时会产生一氧化碳 CO 和羰基硫化物 COS。尽管在用 254 nm 的紫外线照射含硫的氨基酸或肽时也会生成 COS,但是这些化合物的形成机制却不清楚。

(2)芳香烃类

苯衍生物等在太阳光紫外区不吸收大量的光,但是在氧气存在时会形成易光解的复合物,这种复合物的吸收光谱延伸到了太阳光紫外区,而且形成该复合物的量子收率也是相当高的。

反应的产物,包括来自苯自身的长链共轭二醛和从侧链氧化烷基取代苯形成的醇类和醛类。有些学者认为单线态氧是该光氧化反应中的活性物质,而另有些学者认为是通过产生过氧化氢中间体的电荷转移机制,如图 5 - 34 所示。

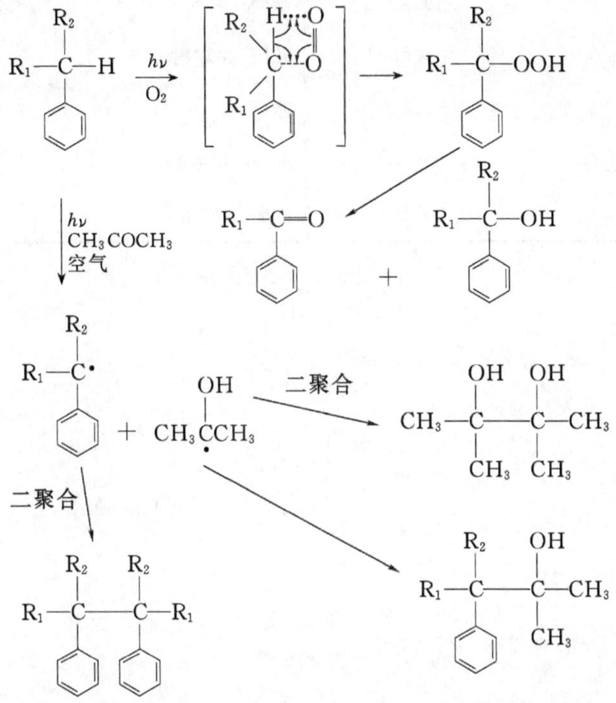

图 5 - 34　通过形成氧复合物的烷基苯的光降解机制推测

　　与此相反,多环芳烃(PAHs)在太阳紫外区吸光强烈,其中有些化合物(如萘),在水中比在有机溶剂中对光更不稳定,尽管它们的溶解度,随着环数量的增加而急剧减少。

　　有人已经研究了纯净水中的几种多环芳烃和相关杂环化合物消失的动力学。表 5 - 13 概括了直接光解这些多环芳烃的速率常数、半衰期和量子收率。很显然,特别是许多这类化合物难以生物去除,光降解一定是该类物质在水体系统中去除的一个重要过程。另外,人们也发现溶解氧的存在与否对这些化合物的去除速率基本没有影响。这一事实表明,活性氧物种如 $^1O_2$ 和羟基自由基对于该类光降解没有重要的作用,这也说明光降解的第一步可能是光离子化反应生成了多环芳烃自由基阳离子和水合电子,其次是与水发生破坏多环芳香烃的反应,然而由于溶解度和其它问题的限制对此反应产物的研究很少。在一项关于蒽醌光降解的研究中发现,在氧气存在时的主要产物是蒽醌和内过氧化物,而在用氩曝气的溶液中主要产物则是以二聚体产物为主(见式(5 - 82))。用 ^{18}O 在缺氧条件下标记的研究表明这一机制中的蒽阳离子自由基被水淬灭形成羟基自由基,经二聚合形成式(5 - 82)所示的产物。

　　研究也发现,在非极性环境下如石油膜中的多环芳烃的光化学反应中,与在水溶液中有很大的不同。例如,在苯溶剂中,苯并[a]芘(见式(5 - 83))转化为混合醌。

表 5 - 13　部分多环芳烃及相关化合物在水中光解去除的量子收率(ϕ_d)

化合物	ϕ_d	化合物	ϕ_d
1-甲基萘	1.8×10^{-3}	苝	2.8×10^{-4}
2-甲基萘	5.3×10^{-4}	喹啉	3.2×10^{-4}
菲	1.0×10^{-3}	苯[f]并喹啉	1.4×10^{-2}
9-甲基蒽	7.5×10^{-4}	咔唑	7.6×10^{-3}
9,10-二甲基蒽	4.0×10^{-4}	苯[b]并噻吩	7.5×10^{-6}
芘	2.1×10^{-4}	二苯并噻吩	5.0×10^{-4}

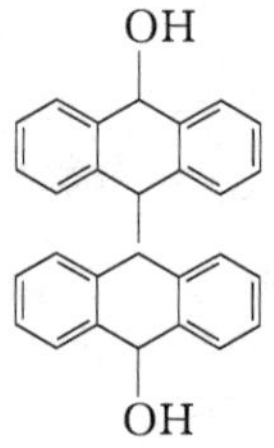

$$(5 - 82)$$

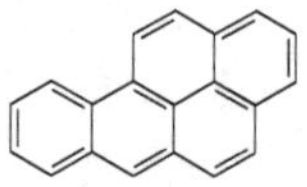

$$(5 - 83)$$

（3）卤代烃类

虽然一卤代脂肪族化合物很少或没有紫外光吸收，但是如果有两个或两个以上的卤原子在同一碳原子上，那么 C—X 键的光吸收谱将位移到太阳光区域。这些化合物的吸收似乎是由于卤原子上未成键的 p 电子跃迁到 σ^* 反键轨道导致的。这削弱了 C—X 键，从而导致均裂形成卤素原子和卤代烷基自由基。例如，四氯化碳和氯仿对于光降解是不稳定的，商品级的这类化学品中含有少量酒精或其它试剂可阻断在光辐照时自由基的形成和链传递。光照时酒精被氧化并产生 HCl，如下式所示

$$CCl_4 + CH_3OH \xrightarrow{h\nu} CHCl_3 + \underset{H\quad H}{\overset{O}{\underset{\|}{C}}} + HCl$$

溴仿的光吸收谱延伸到 380 nm，四氯乙烯在整个太阳紫外区至 420 nm 范围均有较弱的光吸收。但是，关于这些化合物在实际环境条件下的光化学的研究却很少，迄今大多数的研究主要集中在平流层内的氟氯化合物吸收短波紫外光的光解反应。在极性溶剂如水中的卤代脂肪族化合物的光解是通过碳正离子进行的，而不是通过更常见的键均裂产生的自由基进行，因此很难从有机溶剂中的光解反应外推水相中的光解反应。

一项研究 1,2-二溴-3-氯丙烷在水中的光解反应，发现光解速率得到了很大的提升，半衰期达到 25 min，同时产生 2-溴-3 氯丙醇和 1-溴-3-氯-2-丙醇，这两种醇可以进一步进行光脱卤反应。虽然这项研究是吸收的短波（254 nm）紫外线，但原理上这个结果对吸收紫外

线更强烈的多卤代脂肪族化合物也很重要。

简单的氯代苯在水溶液中的光化学,只有少数学者进行了研究。氯苯的吸光系数和溶解度都较低。氯苯的三线态可发生光解均裂产生苯基自由基和氯原子,这些自由基随后的反应与所用的溶剂有关。研究发现一氯苯光解后产生苯酚,其量子收率约为 0.1 至 0.5,部分副产物极性很强,但反应没有产生苯。二氯和三氯代苯在水中同样可分别光解脱氯转换为一氯和二氯代酚。

六氯苯被直接光解或丙酮敏化光解的速率都是十分缓慢的,但如果存在各种胺和吲哚衍生物时光解反应却非常迅速。据上述结果,可推测是激发态的含大 π 键化合物内的电子转移机制增强了该光解反应速率。

六氯环戊二烯是一种广泛使用的合成中间体,大量用于制造杀虫剂和阻燃剂中。在水环境中,该物质非常活泼的,光降解过程可能是该物质在水体生态系统中降解的主要机制。通过研究发现该物质在水溶液中的直接光解的半衰期约是 1min 至 10min,该物质的多种降解产物已有实验确定,如图 5-35 所示。

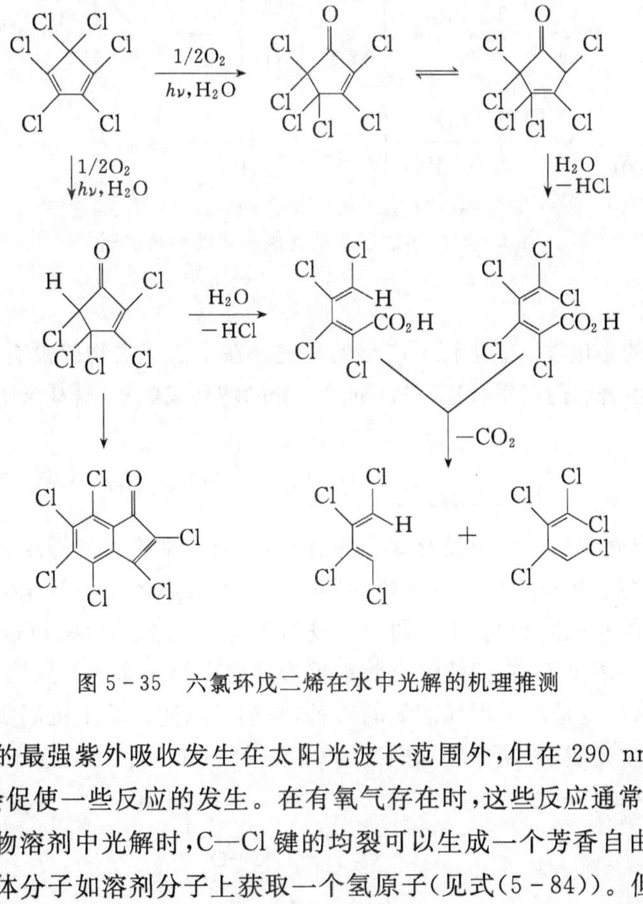

图 5-35　六氯环戊二烯在水中光解的机理推测

虽然多氯联苯的最强紫外吸收发生在太阳光波长范围外,但在 290 nm 以上波长也会有一些光吸收,这就会促使一些反应的发生。在有氧气存在时,这些反应通常是非常慢的。当多氯联苯在碳氢化合物溶剂中光解时,C—Cl 键的均裂可以生成一个芳香自由基,这个芳香自由基可以很快从氢供体分子如溶剂分子上获取一个氢原子(见式(5-84))。但在水溶剂中,由于 H—O 键的键能较高难以被破坏,所以在水相中这一进程不太可能发生。

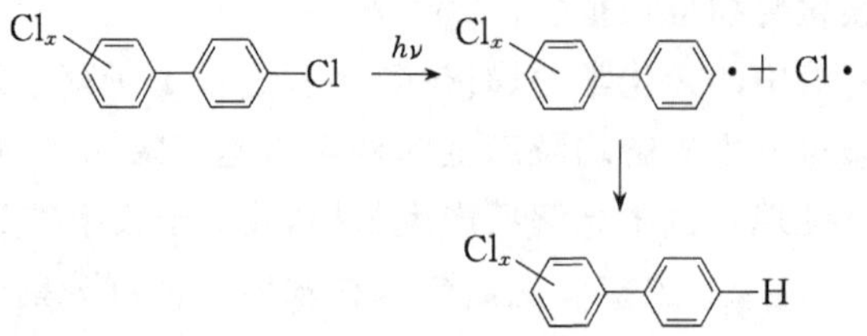

$$\text{Cl}_x \overset{h\nu}{\longrightarrow} \text{Cl}_x \quad \cdot + \text{Cl} \cdot \qquad (5-84)$$

$$\text{Cl}_x \longrightarrow \quad \text{—H}$$

也有科学家已研究了使用硼氢化钠的多氯联苯的光解(波长为 254 nm)。多氯联苯可以持续发生光解反应生成完全脱氯的化合物。但量子收率很低而且不受自由基清除剂存在与否的影响,这说明该多氯联苯光解去氯的机制不可能是自由基链反应机制。然而,也有研究发现使用硼氢化钠的多溴联苯的光解去溴的机制有自由基链反应机制的作用。显然,加入硼氢化钠的光解反应至少有两种不同的机制。一个机制是非链反应机制,可能涉及由硼氢化钠到激发态芳香族卤化物的电子转移或直接由硼氢化钠攻击激发态芳香族卤化物,如图 5-36 所示。

只有少数的有机碘化合物有重要的环境意义。甲基碘是一些海洋和淡水藻类的代谢产物,它通过直接光解生成甲基自由基和碘自由基。

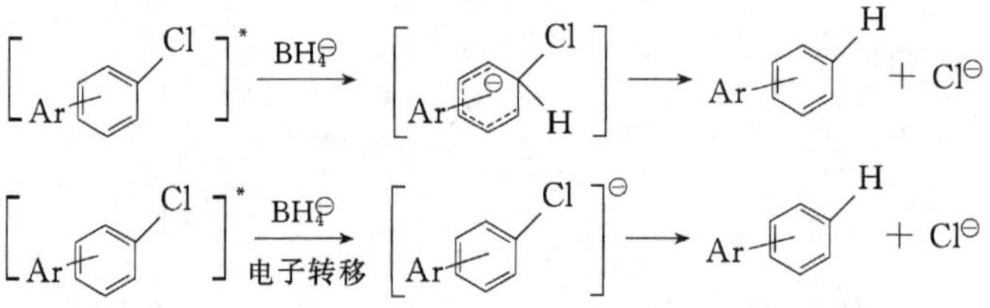

$$\left[\text{Ar} \overset{\text{Cl}}{\bigodot} \right]^* \overset{\text{BH}_4^{\ominus}}{\longrightarrow} \left[\text{Ar} \overset{\text{Cl}}{\underset{\text{H}}{\bigodot}} \right] \longrightarrow \text{Ar} \overset{\text{H}}{\bigodot} + \text{Cl}^{\ominus}$$

$$\left[\text{Ar} \overset{\text{Cl}}{\bigodot} \right]^* \overset{\text{BH}_4^{\ominus}}{\underset{\text{电子转移}}{\longrightarrow}} \left[\text{Ar} \overset{\text{Cl}}{\bigodot} \right]^{\ominus} \longrightarrow \text{Ar} \overset{\text{H}}{\bigodot} + \text{Cl}^{\ominus}$$

图 5-36　多氯联苯的光解脱氯的推测机制

(4)羰基化合物

对醛酮类物质的光化学已经进行了广泛的研究。在高浓度底物或没有氧气存在时,一个酮类物质如丙酮可以由著名的诺里什I型裂解机制部分的均裂成烷基-酰基自由基对,由下式所示

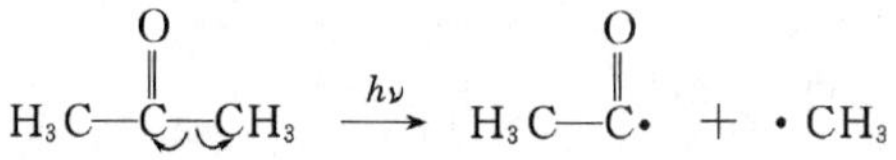

$$\underset{\text{H}_3\text{C}}{\overset{\text{O}}{\|}} \text{C} \text{CH}_3 \overset{h\nu}{\longrightarrow} \underset{\text{H}_3\text{C}}{\overset{\text{O}}{\|}} \text{C} \cdot + \cdot \text{CH}_3$$

但是,这个反应通常在环境中没有太大的意义,只有在平流层的低压力和紫外波长较短时比较显著。短链脂肪醛如正丁醛也可吸收太阳光紫外线裂解产生一氧化碳和碳氢化合物。

除了同种分子的光反应研究,也有研究发现激发态的羰基化合物可以与许多其它物质分子发生反应。在某些情况下,它们能够有效地促进共溶质的光降解。虽然是含羰基化合物,有时也被称为"光敏剂",也是产生单线态氧的物种,它们可以通过若干机制实现间接光解。

羰基官能团吸收光能(对简单醛和酮约为 280~320 nm)后,通过 n→π* 激发将羰基转换成类似双自由基的中间体

$$\text{C}=\text{O} \overset{h\nu}{\longrightarrow} \overset{\cdot}{\text{C}} \text{—} \overset{\cdot}{\text{O}}$$

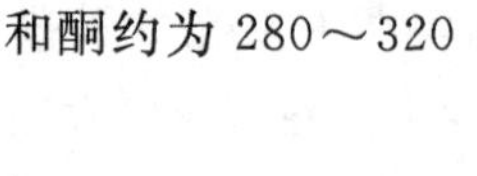

这种类似双自由基的中间体物种可以加成到烯烃(帕特诺-波希反应,Parterno-Buchi reaction),产生氧杂烷(见式(5-85))。如上所述,反应的中间产物通常是另一个双自由基,能够绕新生成的单键自由旋转,因此,常常导致生成立体异构体的混合物。

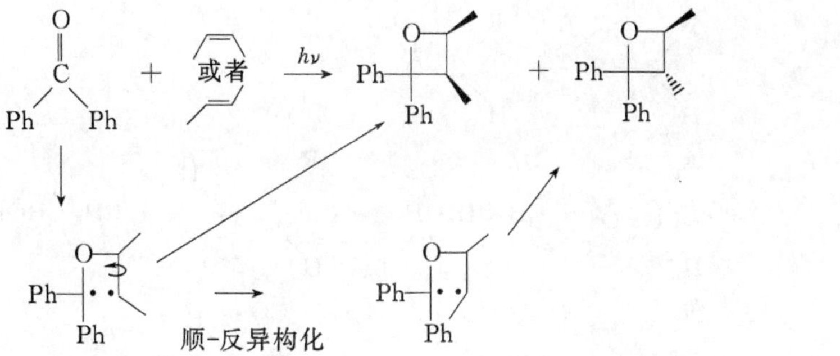

$$
(5-85)
$$

激发态的羰基化合物中的氧的亲电性很强,它可以参与如氢原子和电子的转移类的氧化反应过程。如果氢原子在适当的位置,双自由基的氧原子就可以获取氢原子,然后转换为单自由基,即所谓的羰基自由基(ketyl radical,·C—OH),一个新的自由基可以在氢原子离去的位置生成。这种反应可以在酮分子内或酮分子间发生,分子内的 γ-氢形成一个稳定的六元过渡态或中间体。在饱和烃和醇中氢原子转移到激发态羰基上是特别普遍的,例如环己烷、乙醇和异丙醇,与三线态丙酮的反应速率常数分别为 3×10^5,4×10^5 以及 10×10^5 升/摩尔·秒。如果供体有未共用电子对,如胺和硫类化合物,将供给电子而不是氢原子到激发态的氧原子上,从而形成一个自由基阳离子和自由基阴离子对,如下式所示

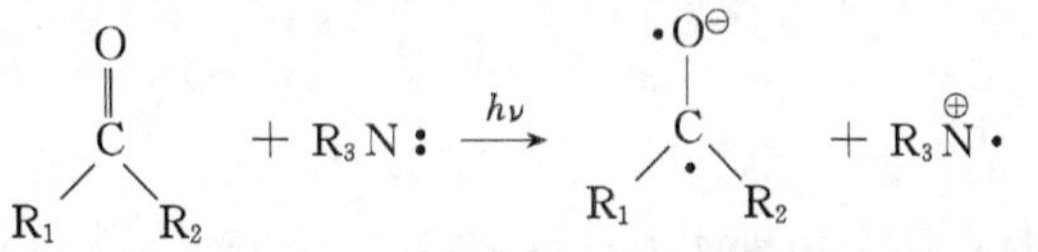

激发态酮可以就此引发自由基反应,这可能是丙酮或其它简单的羰基化合物敏化增强光降解环境污染物的原因。这种反应的一个典型例子,是丙酮促进阿特拉津(atrazine)和相关的三嗪类(triazine)除草剂的光降解反应。在水中,阿特拉津几乎不吸收太阳光,因此对光解相当稳定,但存在大量的丙酮时(约 0.13 M),其半衰期下降至约 5 小时。该反应的产物是氮-脱烷基化合物和环羟化三嗪。类似的产物在核黄素敏化的三嗪类物质光解过程中也检测到了。据推测,从 N-烷基取代基获取氢以及从氮原子的未共用电子对转移电子是这类物质光降解的主要机制。

在氧气存在下,羰基自由基和那些氢供体产生的自由基被转化为过氧自由基。图 5-37 是乙醛在乙醇中光解原理的一个示例。这些过氧自由基往往很容易失去 HOO·,而且随后产生过氧化氢。柠檬醛,一个在柑橘和其它植物物种中天然产生含量丰富的单萜烯醛,或许就是通过这一机制产生光毒性的,其化学式如下

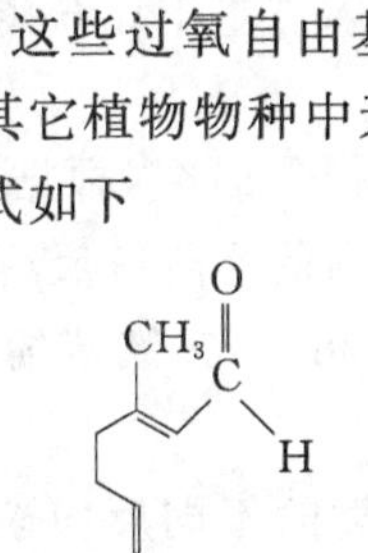

三线态酮也可由下式将能量转移给受体

$$
{}^3RCOCH_3 + A \longrightarrow RCOCH_3 + {}^3A
$$

酚乙酮(acetonephenone)促进苯胺到偶氮苯的氧化可能就是这样一个机理。

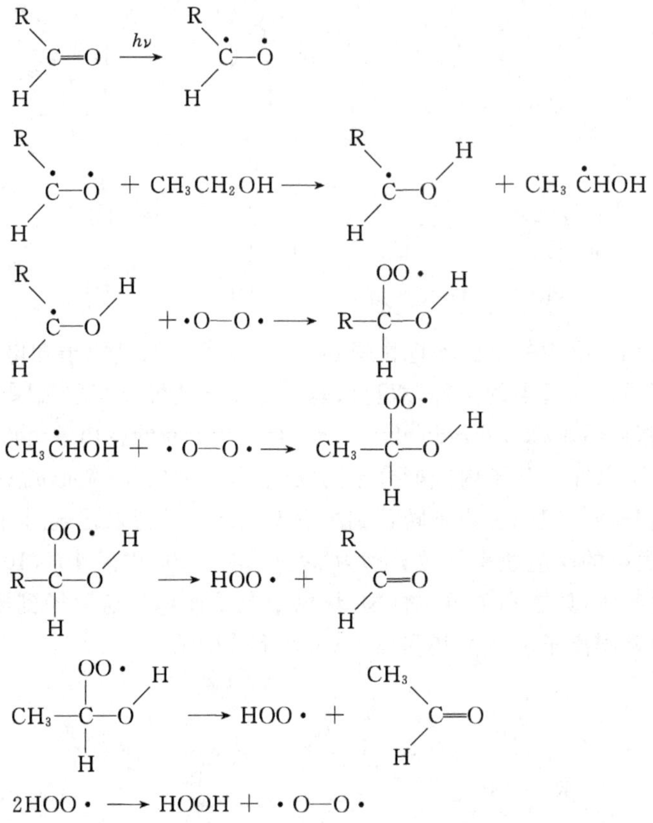

图 5-37 乙醛在乙醇中光解形成过氧化氢的推测机制

(5)苯酚类

科学家研究在暴露于阳光下的河口水域中苯酚和氯酚降解的动力学,发现此类化合物降解的半衰期从小于 1 小时到大于 100 小时不等。一般情况下,降解速率随氯取代基个数(0~3)的增加而增加,但五氯酚反应活性较低,活性在单氯和双氯取代的异构体之间。溶液 pH 值对于反应速率非常重要,可以使酚负离子浓度维持较高水平的 pH 可以大大增加酚类物质的降解反应速率,这大概既有阴离子形式的内在光解速率较快的原因,又有光吸收增强的缘故。2,4-二氯苯酚的光解速率在河口天然水中比在蒸馏水中快,可能是因为河口天然水中存在光敏剂的缘故。

氯酚的光化学已有许多科学家进行了研究,根据不同的反应条件,也会有许多的光解产物。对 2,4-二氯苯酚、2,4,5-三氯苯酚的光降解反应,从被分离的产物判断似乎是通过光亲核芳香取代氯原子形成羟基(见图 5-38)。三氯苯酚以及其它 3-卤代酚的光降解可产生间苯二酚,也是通过大致类似的机制。

但也有其它学者的研究发现氯酚类的不同反应途径。研究发现,在碱性 pH 和吹脱氧条件下照射 2-氯酚水溶液产生两个无氯代的光解产物(见图 5-39),这是环戊二烯羧酸的狄尔斯-阿尔德(Diels-Alder)加成产物。这个环收缩现象科学家建议用光-沃尔夫重排来解释。在较低的 pH 值下(1~5.5),也能产生酸性中间体连同邻苯二酚。其它的邻位卤代苯酚也可发生环收缩反应,产生不同的光解产物。

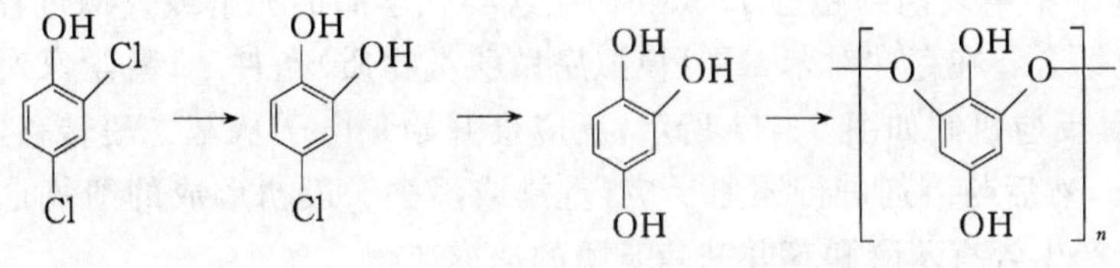

图 5-38　2,4-二氯代苯酚类光降解的推测机制

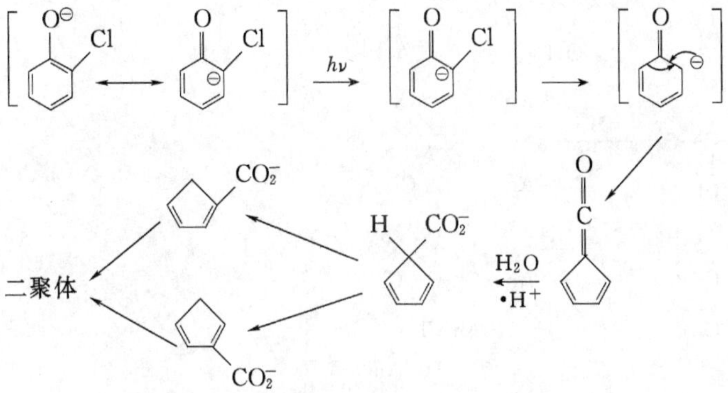

图 5-39　2-氯酚环收缩的光化学的推测机制

　　4-氯酚能通过光化学反应生成各种产物,包括氢醌、苯醌、羟基联苯和/或氯代联苯。五氯酚在水中的光化学反应由羟基基团取代氯,可能也是光亲核的芳香取代机制(见图5-40)。无光照的反应也可能导致醌和环裂解产物的生成,这些产物也能经过长时间的光照产生。

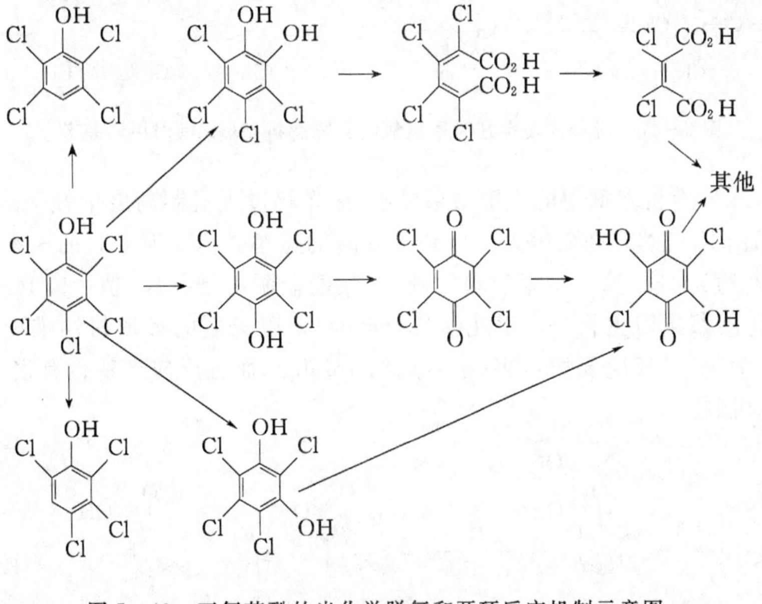

图 5-40　五氯苯酚的光化学脱氯和开环反应机制示意图

　　农药甲氧氯在自然水体中的光解速率比其在蒸馏水中快很多,在自然水体中的半衰期是

2~5h,而在蒸馏水中半衰期则超过了 300h。在这类化学品的光解或代谢过程中发现它们与腐殖质的不可逆结合。在存在对苯二酚(模拟腐殖酸类物质)条件下,科学家对甲氧氯的光解反应进行研究,其反应机制如图 5-41 所示,反应最开始是电子从苯二酚转移,产生脱氯甲氧氯自由基和 Cl—,然后与溶剂进行还原反应、重排或消去。最初形成的酚氧自由基与甲氧氯也可以耦合反应产生含有苯醚和苯并呋喃基团的加成产物。

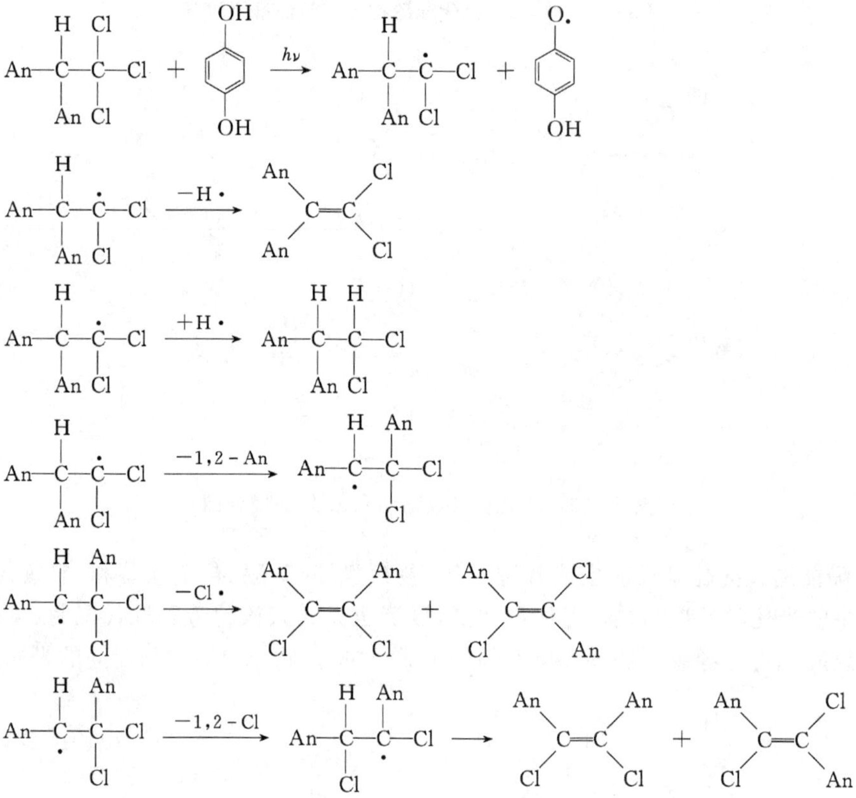

图 5-41　对苯二酚存在时甲氧氯的光降解机制(An＝对甲氧基苯基)

　　1-萘酚在水和有机溶剂中的光解结果显示,该光解过程机制高度依赖于溶剂种类。在水中,反应速率随 pH 值的升高而增大,pH 值为 8 时的速率是 pH 为 5 时的速率的 6 倍,在 pH 为 8 时,半衰期约为 1h。这一结果与单纯的 1-萘酚盐阴离子(pKa 值＝9.34)的光降解结果不相符,产物包括萘醌衍生物——甲花醌(lawsone)。甲花醌的形成机制推测如图 5-42 所示。在环己烷溶剂中,反应要快得多(半衰期约 15min),而且反应产物也有很大不同,反应呈明显的自由基机制。

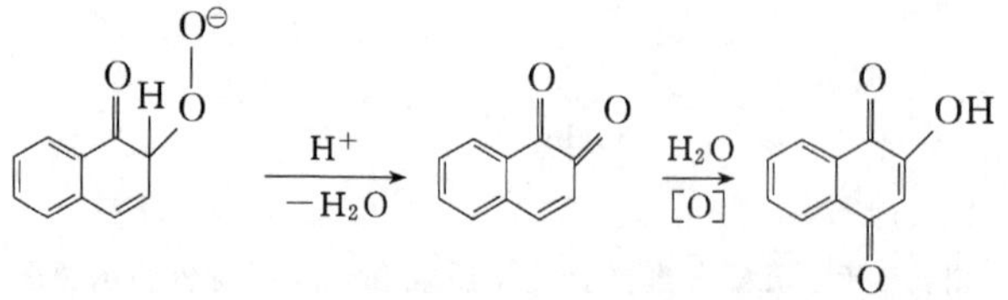

图 5-42　在 α-萘酚水中光解时甲花醌的形成机制

(6)苯胺类

苯胺衍生物吸收光能后会产生电子和自由基阳离子(见式(5-86))(苯胺对太阳紫外线吸收弱,最大吸光波长约 290 nm)。在蒸馏水或自然河口水中,氯代苯胺尤其是 4-氯苯胺和 2,4,5-三氯苯胺,在阳光照射下迅速光解,其半衰期只有几个小时。3,4-二氯苯胺在水中的主要降解途径是光解,与氯酚的光解反应类似(见式(5-87))。偶氮苯以及其它极性更强的化合物,是苯胺被水体中的腐殖酸类物质光敏化氧化的产物。

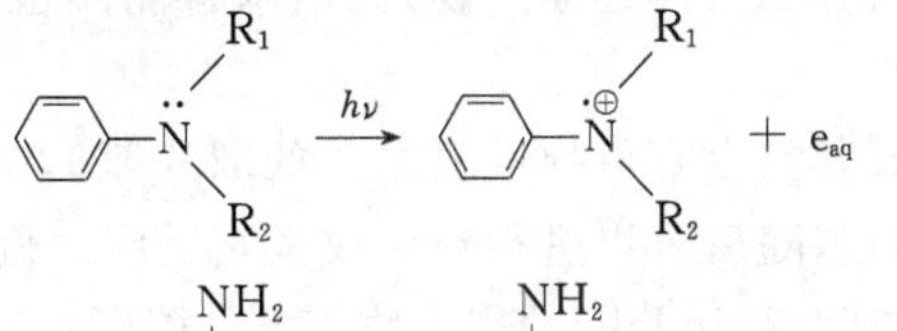

$$\text{(5-86)}$$

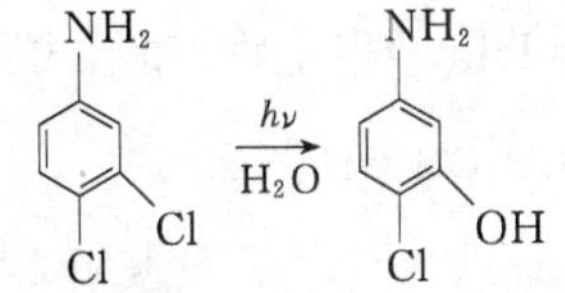

$$\text{(5-87)}$$

有研究结果表明,N,N-二甲基苯胺的光解是与氯代苯从其分子获取的电子(或由激发态的单线态或三线态苯胺的直接电子转移)耦合开始的,氢取代苯衍生物也是反应产物之一,这个机制类似于苯胺敏化导致的多氯联苯光化学脱氯。

前诱变剂 2-氨基芴(2-aminofluorene)(见式(5-88))在阳光下被激发产生不明的致突变性化合物,该光化学反应需要氧气,氮氧化物在反应中被认为是活性助剂。

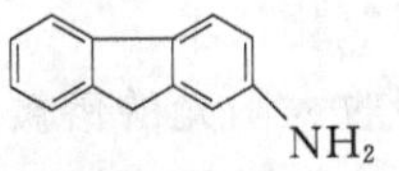

$$\text{(5-88)}$$

3,3'-二氯联苯胺(3,3'-dichlorobenzidine)(见式(5-89))是已知的动物致癌物,在水溶液中迅速发生光化学反应形成脱卤产物—氯代联苯胺和苯胺以及其它的一些不溶性产物。在正己烷或酒精溶剂中,该光化学反应不会发生。同时该光解反应速率随 pH 值降低而加快,显示是一个酸催化的反应。这些化合物光降解反应的量子收率(在中性水环境中)很高,在 300 nm 波长处,二氯代联苯胺和一氯代联苯胺的量子收率分别为 0.43 和 0.70。

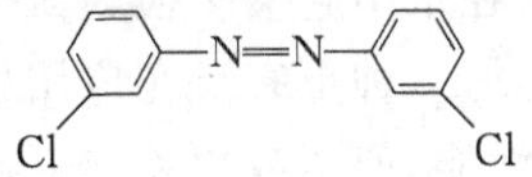

$$\text{(5-89)}$$

(7)硝基化合物

硝基是一种很强的发色基团。例如,硝基甲烷在 410 nm 以下波长吸光强烈。特别是硝基芳香化合物,常显示很重的颜色。由于在可见光区和邻近的紫外区强烈的光吸收,使得光化学反应较为容易。该物质的激发大概有两种类型,一种是由芳香环在 260 nm 处左右的紫外吸收导致的强烈 $\pi \rightarrow \pi^*$ 跃迁,另一种激发是由 350 nm 甚至以上的光吸收导致的 $n \rightarrow \pi^*$ 跃迁。虽然这种激发的量子收率通常较低(大约是 10^{-3}),但仍有关于这些反应的研究。例如,对硫磷(parathion)、TNT(trinitrotoluene)和其它单硝基取代以及二硝基取代甲苯的异构体在阳光下都会发生或多或少的快速光降解。据报道,对硝基苯酚是对硫磷光解反应的一种产物,可能是对硫磷通过均裂生成酚氧自由基,然后获取氢原子产生的。在蒸馏水中,烷基取代或甲氧基取代的硝基化合物光解反应半衰期一般不到一天,而更多的缺电子硝基化合物的光解反应缓慢(半衰期约为数周或数月)。另外也发现,邻甲基取代芳香族硝基化合物在自然的光敏化剂腐殖类物质存在时,光解速率显著加快(增大可达 100 倍)。

简单来说,在合适的电子供体存在时,芳香族硝基化合物的光化学还原比较容易发生,而且也会发生光亲核取代反应。硝基化合物在 350 nm 的光吸收,对应于 $n \rightarrow \pi^*$ 跃迁,相应的激发态也有一些双自由基性质。如激发态酮、激发态的硝基可获取氢原子并形成 $\overset{\cdot}{HO-H=N}$ 自由基。芳香族硝基化合物最终的还原产物通常是相应的芳香族胺,但有时也会产生亚硝基类衍生物、羟胺或偶氮化合物(二聚体还原产物)。硝基官能团也可以通过分子内或分子间加成到活化的双键和三键上。

有与硝基相邻的烷基或其它含有可提取氢原子的取代基时,该类化合物可以进行分子内反应,产生双自由基,双自由基随后可以进行环化或其它反应。例如,2-乙醇(2-硝基苯基)发生光化学反应可以生成二氢吲哚(indoline)衍生物,如下式所示

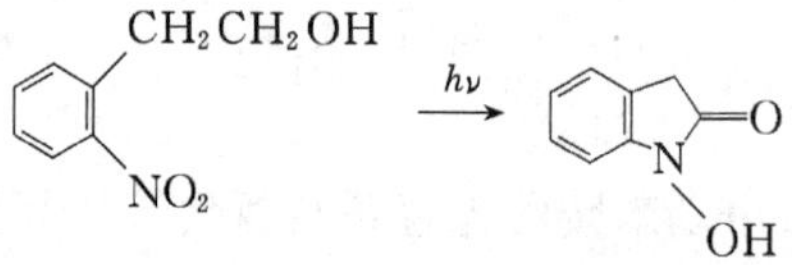

5. 废物处理中的光化学

人们对使用光化学技术降解水中污染物的研究一直断断续续的,近年来人们对此技术的兴趣迅速增加。对这一技术的研究,主要包括使用可溶性光敏化剂、金属离子或金属氧化物,以及结合了光、臭氧和过氧化氢的高级氧化技术。

最早利用太阳光、氧气以及能够吸收太阳光的溶解物质进行污染水处理是在 1977 年,由 Acher 和 Rosenthal 进行了报道,他们将亚甲基蓝加入废水样品,在阳光照射下,发现了化学需氧量(COD)和洗涤剂浓度的降低。研究显示 COD 浓度下降了一半以上(从 380 ppm 降至 100 ppm),洗涤剂浓度下降了 90% 以上(从 12 ppm 降至 1 ppm 以下)。

人们对光敏化降解还有其它不同的方法。前面已经讨论过,核黄素能够与一些富电子供体如苯胺、酚类和多环芳烃反应形成复合物,并使复合物发生光化学反应。虽然核黄素在太阳光下很不稳定(半衰期只有几分钟),在水中它会转换为二甲异咯嗪,二甲异咯嗪也具有良好的光敏特性,但光吸收性能不太理想。另一种更有潜在应用价值的添加剂,核黄素四乙酸酯与核黄素有类似的光吸收性能和光催化性能,但本身更稳定。核黄素四乙酸酯已经在被酚类化合物、多环烃类化合物污染的地下水和废水的处理中进行了测试并且显示了良好的效果,其化学式如下

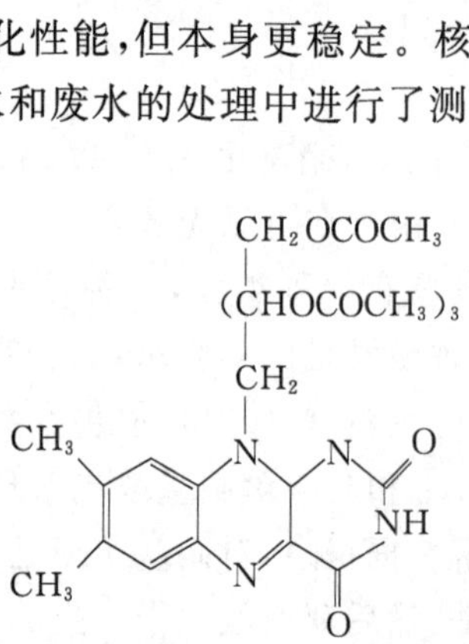

研究发现,弱酸中的三价铁离子能有效地促进三嗪类除草剂如阿特拉津、莠灭净、扑灭通、扑草净的光化学降解,其结构式如图 5-43 所示。如前所述(见式(5-76)),水合铁离子

$Fe(OH)_2{}^+$能够高效生成羟基自由基,进而极大地促进了除草剂的降解。

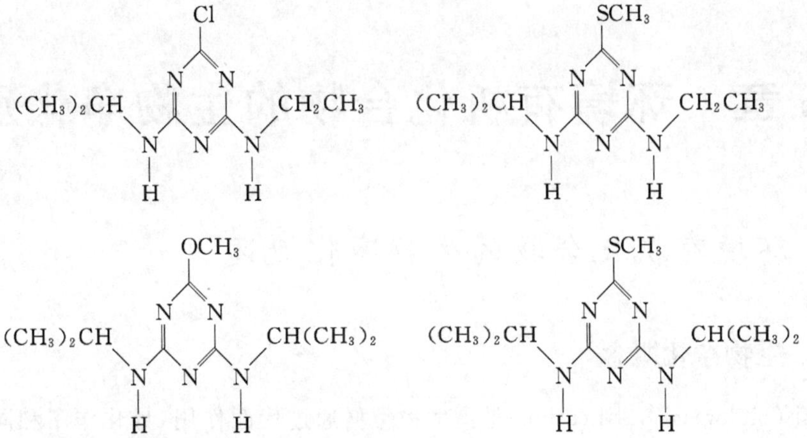

图 5-43　三价铁离子能促进光降解的三嗪类除草剂

复习题

1. 简述水解反应中的 SN1 机理。

2. 简述水解反应中的 SN2 机理。

3. 分别由氟、氯、溴单取代的甲烷的水解半衰期大小规律如何?解释原因。

4. 试解释 DDT 水解反应速率与 pH 的关系。

5. 阐述有机磷酯在不同 pH 条件下水解反应的途径。

6. 简述磺脲类除草剂的特点及水解反应规律。

7. 简述 2,6-二叔丁基-4-甲基苯酚(BHT)抗氧化剂的机理。

8. 解释臭氧层中臭氧的产生及臭氧层空洞产生的机理。

9. 简述固体表面吸附对有机污染物氧化降解的影响规律。

10. 解释有机物燃烧过程中多环芳烃和二噁英类物质的形成过程。

11. 简述 TNT 炸药在厌氧污泥中的还原转化途径。

12. 介绍直接红 28 偶氮染料在厌氧沉积物-水系统中的还原分解过程。

13. 简述光化学反应的三种基本机理。

14. 简述六氯环戊二烯这种合成中间体在水相中的光降解过程。

15. 介绍硼氢化钠在光解多氯联苯过程中的作用。

16. 解释丙酮促进除草剂阿特拉津光降解反应的机理。

17. 试解释农药甲氧氯在自然水体中的光解速率比其在蒸馏水中的光解速率快很多的原因。

第6章 环境有机化合物的生物净化反应

6.1 环境有机化合物的生物净化概述

6.1.1 生物净化概念

生物净化(biological purification)是指生物类群通过代谢作用(异化作用和同化作用)使环境中的污染物的数量减少,浓度下降,毒性减轻,直至消失的过程,是环境自净的发生机理之一。植物能吸收土壤中的酚、氰,在体内转化为酚糖甙和氰糖甙;球衣菌可以把氰、酚分解为二氧化碳和水;绿色植物可以吸收二氧化碳,放出氧气等;有机污染物的净化主要依靠微生物的降解作用。在适宜的温度、空气、养分等条件下,需氧微生物大量繁殖,能将水中各种有机物迅速分解、氧化,转化成为二氧化碳、水、氨和硫酸根、磷酸盐等。厌氧微生物、硫磺细菌等也有重要的生物净化能力。

水体、空气和土壤的污染,只要不超过生态系统的负载能力,污染物就可以通过物理的、化学的和生物学的作用得到净化,其中生物学的作用占有十分重要的地位。如果环境污染物超过了生态系统的负载能力,生物净化作用就会遭到破坏,整个生态系统就有可能失去平衡,产生不良的后果。随着人类社会的进步和生产力的发展,生物净化的功能在更大的规模上得到利用,并逐步发展成为环境生物处理。

生物处理(biological treatment)是指利用微生物分解氧化有机物的这一功能,并采取一定的人工措施创造有利于微生物生长、繁殖的环境,使微生物大量增殖,以提高其分解氧化有机物效率的一种污染物净化处理方法。

根据微生物对氧的需求,生物处理分为好氧生物处理和厌氧生物处理两大类。按照微生物生长方式,生物处理分为悬浮生长(活性污泥法)和附着生长(生物膜法)两种方式。也有的学者按照反应器的类型将生物处理分为完全混合式处理系统、间歇式反应器系统、推流式反应器系统、固定床、流化床等。

6.1.2 生物净化特点

有机污染物的生物净化主要依靠微生物的降解作用,微生物对环境中的物质具有强大的降解与转化能力,主要因为微生物有以下特点。

(1)微生物个体微小,比表面积大,代谢速率快

微生物个体微小,例如3000个杆状细菌头尾衔接的全长仅为一粒籼米的长度,而60~80个杆菌"肩并肩"排列的总宽度,只相当于人一根头发的直径。物体的体积越小,其比表面积就越大。微生物的比表面积,比其它任何生物都大。例如,大肠杆菌与人体相比,前者的比表面积约为后者的 30×10^4 倍。如此巨大的表面积与环境接触,成为巨大的营养物质吸收面、环境

信息接受面和代谢废物排泄面,使得微生物具有惊人的代谢活性。据估计,一些好氧细菌的呼吸强度按重量比例计算要比人类高几百倍。

(2)微生物种类繁多,分布广泛,代谢类型多样

微生物的营养类型、生态习性和理化性状多种多样,凡有生物的各种环境,乃至其它生物无法生存的极端环境中,都有微生物存在,微生物的代谢活动,对环境中形形色色的物质的降解转化,起着至关重要的作用。

(3)微生物具有多种降解酶

微生物能合成各种降解酶,酶具有专一性、诱导性。微生物可灵活地改变其代谢与调控途径,同时产生不同类型的酶,以适应不同的环境,将环境中的污染物降解转化。

(4)微生物繁殖快,易变异,适应性强

巨大的比表面积,使微生物对生存条件的变化有着极强的敏感性;并且微生物繁殖快,数量多,可在短时间内产生大量变异的后代。对进入环境的"新"污染物,微生物可通过基因突变,改变原来的代谢类型而适应、降解之。

(5)微生物具有巨大的降解能力

微生物体内还有另一种调控系统——质粒(plasmid)。质粒是其体内一种环状的 DNA 分子,是染色体以外的遗传物质。降解性质粒可以编码生物降解过程中的一些关键酶类,抗性质粒能使宿主细胞抗多种抗生素和有毒化学品,如农药和重金属等。一般情况下,质粒的有无,对宿主细胞的生死存亡和生长繁殖并无影响。但在有毒物质的情况下,由于质粒能给宿主带来具有选择优势的基因产物,因而具有极其重要的意义。质粒能通过基因工程实现不同物种的细胞间转移,获得质粒的细胞同时获得质粒所具有的性状。现代微生物学研究发现,许多有毒化合物,尤其是复杂芳烃类化合物的生物降解,往往有降解性质粒参与。将各种供体细胞的不同降解性质粒转移到同一个受体细胞中,可构建多质粒菌株,同时处理含多种成分的废水,这在复杂废水的降解过程中尤其重要。

(6)共代谢(co-metabolism)作用

微生物在可用作碳源和能源的基质上生长时,会伴随着一种非生长基质的不完全转化。微生物共代谢是只有在初级能源物质存在时才能进行的有机化合物的生物降解过程。共代谢不仅包括微生物在正常生长代谢过程中对非生长基质的共同氧化(或其它反应),而且也描述了休眠细胞(resting cells)对不可利用基质的代谢。

共代谢微生物不能从非生长基质的转化作用获得能量、碳源或其它任何营养。微生物在利用生长基质 A 时,同时非生长基质 B 也伴随着发生氧化或其它反应,这是由于 B 与 A 具有类似的化学结构,而微生物降解生长基质 A 的初始酶 E_1 的专一性不高,在将 A 降解为 C 的同时,将 B 转化为 D,但接着攻击降解产物的酶 E_2,则具有较高专一性,不会把 D 当作 C 继续转化。因此,在纯培养情况下,共代谢只是一种截止式转化(dead-end transformation),局部转化的产物会聚集起来。在混合培养和自然环境条件下,这种转化可以为其它微生物所进行的共代谢或其它生物对某种物质的降解铺平道路,其代谢产物可以继续降解。许多微生物都有共代谢能力,所以,如若微生物不能依靠某种有机污染物生长,并不一定意味着这种污染物就是难以生物降解与转化的。因为在有合适的底物和环境条件时,该污染物就可通过共代谢作用而降解。一种酶或微生物的共代谢产物,也可以成为另一种酶或微生物的共代谢底物。研究表明,微生物的共代谢作用对于难降解污染物的彻底分解起着重要的作用。

　　给微生物生态系统添加可支持微生物生长的、化学结构与污染物类似的物质,可富集共代谢微生物,这种过程称为"同类物富集(analog enrichment)"。共代谢作用以及利用不同底物的微生物的合作转化,最终导致难降解性化合物的分解与再循环。

6.1.3　生物净化发展趋势

　　环境污染的净化方法有物理、化学和生物学方法,其中生物学方法是最重要的,也是最常用的污染处理方法。这是由于生物处理的相对彻底性,即无二次污染或二次污染较少,且运行费用较低。目前废水生物处理技术发展趋势主要表现在如下几个方面。

　　①开发各种具有高传质速度、高生物相浓度的反应器及高负荷条件下的运转方式;发展各种对水量、水质和毒物等冲击负荷耐受能力强的工艺,提高出水水质的稳定性;将微生物的悬浮生长与附着生长相结合,以维持微生态系统中的生物多样性;将好氧与厌氧过程在同一反应器中进行,提高生物处理去除污染物的广谱性,明显改进生物去除难降解物质和氮、磷营养物质的能力;与物理和化学方法结合,使生物处理的适用性极大提高,改善生物处理的微生态系统,寻求高效专性菌及适应其生长的环境,如复合菌制剂、有效菌技术、固定化微生物技术等;研究开发出对生物难降解物质、高浓度有机废水、氮磷营养物质等能有效去除的新工艺和新方法。

　　②污染净化和受损环境修复的生物技术。随着工农业生产的迅速发展,大量人工合成化合物进入环境,其中许多人工合成物质的结构是原来环境中所没有的,难以被天然微生物迅速降解转化。这就需要通过改变生物的遗传特性,提高生物适应性,并以这些污染物作为营养物质,同时将其分解转化。基因工程或细胞工程正好可以为这种遗传特性的改变提供途径。微生物细胞中,产生降解人工合成物的酶的遗传特性是由细胞中的质粒所控制,这类质粒称为降解性质粒。目前为止,从自然界分离的菌株中发现的天然降解性质粒,包括降解农药、石油组分及其衍生物、多氯联苯一类的工业污染和抗有害金属离子的质粒,共4大类30多种,其中降解 HCH 的质粒是我国科学家于1982年首次发现的。运用质粒转移、基因重组、分子育种及细胞工程等技术,组建有特殊功能的基因工程菌,结合酶学工程和发酵工程等,为环境污染的生物治理工程技术的发展创造了条件。

　　自20世纪50年代开始研究和发展的生态工程,如污水稳定塘处理、土地处理、固体废弃物处理技术和方法在环境污染处理方面起到很重要的作用。近年来人们更加重视土地、湿地、湖泊、河流的生态修复与重建工作。

6.2　环境有机化合物的生物净化类型

6.2.1　环境生态系统净化

　　生态系统(ecosystems)是在一定时间和空间范围内由生物与它们的生存环境通过能量流动和物质循环所组成的一个自然体。生态系统是开放系统,当能量和物质的输入(被植物等固定)大于输出(消费和分解、人类收获等)时,生物量增加;反之,生物量减少。如果输入和输出在较长时间趋于相等,生态系统的组成、结构和功能将长期处于稳定状态。虽然各生物群落有各自的生长、发育、繁殖及死亡过程,但动物、植物和微生物等群落的种群、数量,它们之间的数量比均保持相对稳定。当污染物进入生态系统后,对系统的平衡产生了冲击,为避免由此而造成的生态平衡的破坏,系统内部具有一定的消除污染危害的能力,以维持相对平衡,这就是生态系统的自净作用(ecosystems selfpurification)。

1. 陆地生态系统净化

陆地生态系统净化(terrestrial ecosystems selfpurification)包括植物对大气污染的净化作用和土壤-植物系统对土壤污染的净化作用。

(1)绿色植物对大气有机污染的净化作用

绿色植物不仅具有调节气候、保持水土、防风固沙等作用,在净化空气、防治大气污染和减少城市噪声等方面也起重要作用。

对于挥发或半挥发性的有机污染物,污染物本身的物理化学性质包括分子量溶解性蒸气压和辛醇-水分配系数等都直接地影响到植物的吸收,气候条件也是影响植物吸收污染物的关键因素。有报道认为,大气中约 44% 的多环芳烃(PAHs)被植物吸收从大气中去除。气候条件也是影响植物吸收污染物的关键因素,其可以直接影响到植物的生理条件。植物在春季和秋季吸收能力较强,主要吸收较高分子量的 PAHs。虽然植物不能完全降解被吸收的 PAHs,但植物的吸收有效地降低了空气中的 PAHs 浓度,加速了从环境中清除 PAHs 的过程。研究还发现,植物可以有效地吸收空气中的苯三氯乙烯和甲苯。不同植物对不同污染物的吸收能力有较大的差异,这一结果也说明选择合适的植物种类是取得植物净化成功的一个关键环节。

植物降解净化大气中有机物污染是利用植物含有一系列代谢异生素的专性同功酶及相应的基因来完成对有机污染物的分解。参与植物代谢异生素的酶主要包括细胞色素 P450、过氧化物酶、加氧酶、谷胱甘肽 S-转移酶、羧酸酯酶、O-糖苷转移酶、N-糖苷转移酶、O-丙二酸单酰转移酶和 N-丙二酸单酰转移酶等。而能直接降解有机物的酶类主要有脱卤酶、硝基还原酶、过氧化物酶、漆酶和腈水解酶等。同位素标记实验表明,植物中的酶可以直接降解三氯乙烯(trichloro ethylene, TCE),先生成三氯乙醇,再生成氯代乙酸,最后生成 CO_2 和 Cl_2。研究发现,主要是细胞色素 P450 而不是过氧化物酶导致植物体内多氯联苯(PCBs)的氧化降解。而将人的细胞色素 P450 $2E_1$ 基因转入烟草后,转基因植株氧化代谢三氯乙烯(TCE)和二溴乙烷(dibromo ethane, EDB)的能力提高了约 640 倍。此外,植物体内的脂肪族脱卤酶也可以直接降解三氯乙烯。对于一些在植物体内较难降解的污染物如多氯联苯,将动物或微生物体内能降解这些污染物的基因转入植物体内可能是一种好办法。这种基因工程的手段不仅能提高植物降解有机污染物的能力,还可以使植物修复具有一定的选择性和专一性。这也是基因工程技术的一个重要应用领域。

植物从外界吸收各种物质的同时,也不断地分泌各种物质。这些分泌物成分非常复杂,其中包括一些能够降解有机污染物的酶类。植物分泌的酶类对有机污染物有一定的降解活性,从而对有机污染物的环境污染起修复作用,如玉米根的分泌物能够促进芘的矿化作用。而且,不同诱导条件下植物分泌产物的组成不同。采用强启动子可以使分泌物的含量增加,也可以使植物分泌物中特定组份增加。将 35S 启动子驱动的棉花 GaLAC1(GaLAC1 基因编码一种分泌型漆酶)转入拟南芥中,转基因植株的根部漆酶活性比野生型高约 15 倍,分泌到培养基中漆酶的活性高约 35 倍。用根特异性表达启动子和分泌性信号肽使植物分别大量分泌多个异源基因表达的蛋白。这些方法都可以用来增强植物修复环境的能力。

通常植物不能将进入植物体的有机污染物彻底降解为 CO_2 和 H_2O,而是经过一定的转化后隔离在植物细胞的液泡中或与不溶性细胞结构如木质素相结合。植物转化是植物保护自身不受污染物影响的重要生理反应过程。植物转化需要有植物体内多种酶类的参与,其中包括乙酰化酶、巯基转移酶、甲基化酶、葡糖醛酸转移酶和磷酸化酶等。具有极性的外来化合物可以与葡糖醛酸发生结合反应。虽然会有一部分被植物吸收的污染物或被转化了的产物重新回到大气中,但这一过程是次要的,不至于构成新的大气污染源。但是,如何防止植物体内的有毒有害污染物进入食物链是一个需要关注的问题。

(2)土壤-植物系统净化

污染物可通过大气、水、固体废物和农作四种途径进入土壤。土壤是微生物生存的重要场所,这些微生物(细菌、真菌、放线菌等)以分解有机质为生,对有机污染物的净化起着重要的作用。土壤中的微生物种类繁多,各种有机污染物在不同的条件下存在多种分解形式。主要有氧化-还原、水解、脱羧、脱卤、芳环异构化、环裂解等过程,并最终将污染物转化为对生物无毒性的残留物和二氧化碳。

土壤动植物也有吸收、降解某些污染物的功能。例如,蚯蚓可吞食土壤中的病原体,还可富集重金属。另外,土壤植物根系和土壤动物活动有利于构建适于土壤微生物生活的土壤微生态系,对污染物的净化起到良好的间接作用。

发展土壤-植物系统的生物净化作用,可通过以下几个方面来实现。

①植物根系的吸收、转化、降解和合成。

②土壤中细菌、真菌和放线菌等微生物区系对污染物的降解转化和生物固定作用。据报道科学家用实验的方法成功地从土壤中分离出具有能高效分解某些污染物的微生物。如美国科学家从土壤中分离出反硝化小球菌,能降解 30%～40% 的多氯联苯。人们称这类微生物为超级细菌。

③土壤中动物区系对含有氮磷钾的有机物质的作用。如蚯蚓对有毒有害有机污染物的吞食和消化分解作用。

2. 水体生态系统净化

水体生态系统净化(water ecosystem self purification)是指水体中的污染物经生物吸收、降解作用而发生浓度降低的过程,如污染物的生物分解、生物转化和生物富集等作用,水体生物自净作用也称狭义的自净作用。淡水生态系统中的生物净化以细菌为主,需氧微生物在溶解氧充足时,能将悬浮和溶解在水中的有机物分解成简单、稳定的无机物(二氧化碳、水、硝酸盐和磷酸盐等),使水体得到净化。水中一些特殊的微生物种群和高等水生植物,如浮萍、凤眼莲等,能吸收浓缩水中的汞、镉等重金属或难降解的人工合成有机物,使水逐渐得到净化。影响水体生物自净的主要因素是水中的溶解氧浓度、温度和营养物质的碳氮比例。水中溶解氧是维持水生生物生存和净化能力的基本条件,因此,它是衡量水体自净能力的主要指标。

水体自净的三种机制往往是同时发生,并相互交织在一起。哪一方面起主导作用取决于污染物性质和水体的水文学和生物学特征。

水体污染恶化过程和水体自净过程是同时产生和存在的,但在某一水体的部分区域或一定的时间内,这两种过程总有一种过程是相对主要的过程,它决定着水体污染的总特征。这两种过程的主次地位在一定的条件下可相互转化。如距污水排放口近的水域,往往表现为污染恶化过程,形成严重污染区;在下游水域,则以污染净化过程为主,形成轻度污染区;再向下游恢复到原来水体质量状态。所以,当污染物排入清洁水体之后,水体一般呈现出三个不同水质区,即水质恶化区、水质恢复区和水质清洁区。

6.2.2　环境生物处理净化

1.污水生物处理净化

污水生物处理(wastewater biological treatment)是应用微生物的生命活动过程,在为充分发挥微生物的作用而专门设计的生化反应器中,将污水中的污染物转化为微生物细胞以及简单的无机物。因此,污水的生物处理可以根据所利用的生物种类和处理条件的不同、所采用的生化反应器形式的不同以及所要处理的污水性质的不同,而划分为以下几种不同的类型。

(1)污水好氧生物处理

污水好氧生物处理(wastewater aerobic biological treatment)是污水生物处理中应用最为广泛的一大类方法。在有氧条件下,有机污染物作为好氧微生物的营养基质而被氧化分解,使污染物的浓度下降。由于有机污染物结构及性质的不同,在处理系统中,好氧微生物的优势种群组成和数量也相应地发生变化。

①活性污泥法。活性污泥法(activated sludge process)是以活性污泥为主体的污水生物处理技术。它是在人工充氧的条件下,对污水中的各种微生物群体进行培养和驯化,形成活性污泥。利用活性污泥的吸附和氧化作用,以分解去除污水中的有机污染物,然后进入二次沉淀池,进行污泥与水的分离,大部分污泥再回流到曝气池,多余部分则排出活性污泥系统。

随着污水处理的实际需要和处理技术的不断发展,特别是近几十年来,在生物反应、净化机理、活性污泥生物学、反应动力学、生物反应器等方面的研究,已开发出多种活性污泥法工艺。目前已成为生活污水、城市污水和有机工业废水的主要生物处理方法。

a.普通活性污泥法。普通活性污泥法(conventional activated sludge process),又称推流式活性污泥法(plug flow activated sludge process),是污水和回流污泥从曝气池的首端进入,以推流式至曝气池末端流出。此法处理效果极好,BOD 去除可达 90％以上,适用于净化效率和稳定程度要求高的污水。但是普通活性污泥法耐冲击负荷能力较差,只适用于大中型城市污水处理厂(水质较稳定)。此外,曝气池容积大,基建费用高,对氮、磷的去除率低,剩余污泥量大,从而提高了污泥处理、处置的费用。

普通活性污泥法的耗氧速率沿池长递减,而供氧速率难以与其相吻合,在池前段可能出现耗氧速度高于供氧速度的现象,而池后段则恰恰相反。为此,一般采取渐减供氧方式以在一定程度上解决这个问题,如图 6-1 所示。

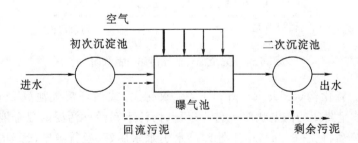

图 6-1　渐减曝气式活性污泥法系统图

b. AB 两段活性污泥法。AB 两段活性污泥法(adsorption biodegradation process)将活性污泥系统分为两个阶段,即 A 段和 B 段。它的工作原理是充分利用微生物种群的特性,为其创造适宜的环境而分成两个阶段,使不同种群的微生物可以得到良好的增殖,通过生化作用来处理污水。图 6-2 是 AB 两段活性污泥法的系统示意图。

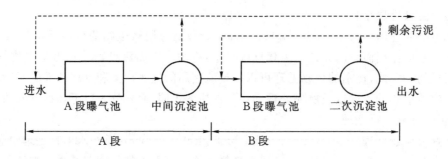

图 6-2 AB 两段活性污泥法系统图

与普通活性污泥法相比,AB 两段活性污泥法具有以下特点:对处理复杂的、水质变化较大的污水,具有较强的适应能力;可大幅度的去除污水中难降解物质,可作为处理复杂的工业废水预处理的一种方法;处理效率高,出水水质好,BOD 去除率高达 90%~98%,还可以进行深度处理脱氮和除磷;总反应时间短;便于分期建设,可根据排放要求先建设 A 段再建设 B 段;不设初沉池。

c. 完全混合活性污泥法。完全混合活性污泥法(completely mixed activated sludge process)是污水与回流污泥进入曝气池后立即与池内原有混合液充分混合,并替代出等量的混合液至二次沉淀池的方法,此法从根本上改变了长条形池子中混合液的不均匀状态,如图 6-3 所示。在完全混合曝气池内各处微生物的生长、好氧速率、BOD 负荷完全均匀一致,因此,可以最大限度承受污水水质的变化,污泥负荷率较高,适合高浓度有机工业废水的处理要求。完全混合活性污泥法的主要缺点是连续出水可能发生短流带出部分有机污染物,从而影响出水水质,易发生污泥膨胀等。

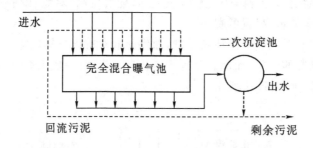

图 6-3 完全混合活性污泥法系统图

d. 氧化沟法。氧化沟(oxidation ditch)又称氧化渠,或循环曝气池(circulating aeration tank),因其构筑物呈封闭的沟渠状而得名。运行时,污水和活性污泥的混合液在环状的曝气渠道中不断循环流动(见图 6-4),由于处理污水出水水质好,运行稳定,管理方便,氧化沟法在近 30 年来取得了迅速的发展。与传统活性污泥法相比,氧化沟工艺可以省去初次沉淀池,由于采用污泥的泥龄较长,剩余污泥量较小,而且不需再经污泥消化处理。为此,污水厂的氧化沟处理工艺比一般活性污泥法简单得多。

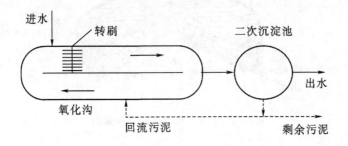

进水　　转刷　　　　　二次沉淀池

氧化沟

回流污泥　　　　　　剩余污泥

出水

图 6－4　氧化沟活性污泥法系统图

　　e. 间歇式活性污泥法。间歇式活性污泥法(sequencing batch reactor)在一个池中接替进行曝气、沉淀、排水、闲置的循环操作,一般只在曝气阶段进水。曝气池容积小于连续式的,建设和运行费用都较低。此外,间歇式活性污泥法系统还具有以下几项特征:在大多数情况下,不需设置调节池;污泥易于沉淀,一般情况下,不产生污泥膨胀现象;通过对运行方式的调节,在单一的曝气池内能进行脱氮和除磷反应;工艺过程可以全部实现自动化;运行管理得当,出水水质可优于连续式。

　　②生物膜法。生物膜法(biofilm process)是与活性污泥法并列的一种污水好氧处理技术。使用生物膜法处理污水时,污水流过固体介质表面,其中的悬浮物被部分截留,胶体物质被吸附,污水中的微生物则以此为营养物质而生长繁殖,这些微生物进一步吸附水中的悬浮物、胶体和溶解性有机污染物,在适当的条件下,逐步形成一层充满微生物的粘膜——生物膜。

　　微生物生长繁衍的生物膜固着在载体(滤料或填料)的表面上,这是与活性污泥法主要的区别。正是这一区别使其在微生物学、工艺、净化功能以及运行管理等方面有着独特之处。近几十年来已开发出多种生物膜法工艺,目前在石油化工、食品、医药、印染、制革、造纸、农药、化纤等工业废水的处理中已得到广泛应用。

　　a. 生物滤池。生物滤池(biological filter)是以土壤自净原理为依据,在污水灌溉的实践基础上,经较原始的间歇砂滤池和接触滤池而发展起来的人工生物处理技术,已有百余年的历史。

　　进入生物滤池的污水,必须通过预处理,去除原污水中的悬浮物等,防止堵塞滤料,并使水质均化。处理城市污水的生物滤池前设初次沉淀池。处理工业废水时,其预处理技术则不限于沉淀池,视原废水水质而定。

　　滤料上的生物膜,不断脱落更新,脱落的生物膜随处理水流出。因此,生物滤池后应设二次沉淀池。生物滤池有普通生物滤池和塔式生物滤池两种典型工艺,其主要构件包括滤料、池壁、排水系统和布水系统。

　　普通生物滤池(conventional biological filter)有方形、矩形和圆形等,多用砖石砌成或用混凝土浇筑而成,滤料一般采用碎石、卵石、炉渣、焦炭和塑料等,粒径应满足比表面积和孔隙率的要求。布水设备的作用是使污水能够均匀分布,生物滤池的布水设备分为移动式(常用回转式)和固定喷嘴式两类。排水系统设于滤池底部,用于收集滤床流出的污水及脱落的生物膜,并起着支撑滤料和保证良好通风的作用。图6-5是普通生物滤池的构造图。

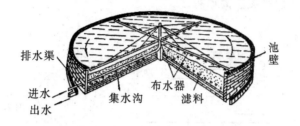

图6-5 普通生物滤池构造示意图

普通生物滤池具有处理效果好,运行稳定,易于管理和节省能源等特点,但它的处理负荷低,占地面积大,只适用于处理量小的场合,而且滤料容易堵塞,因而限制了它的应用。

塔式生物滤池(tower biological filter)是一种新型的高负荷生物滤池,其工作原理和普通生物滤池相同。其平面上呈圆形、方形或矩形,直径1~4 m,高径比在6:1至8:1左右,高可达20 m以上。池壁多用塑料或钢材制作,塔身可分为几层,故又称多层生物滤池,可用自然通风或人工通风,其结构如图6-6所示。

塔内滤料多采用塑料滤料,如环氧树脂固化的玻璃布、纸蜂窝、塑料波纹板等。滤料层中的上几层去除污水中大部分有机物,下几层则主要进行硝化作用,进一步改善水质。

塔式生物滤池的构造与普通生物滤池类似,就像几个单层的普通生物滤池串联运行,只是高度上有较大差异而已。由于池身加高,增大了通风量,从而具有了提高滤池处理能力的可能性。

塔式生物滤池和普通生物滤池相比,它具有处理效率高,负荷率高,占地面积小,且具有较强的耐冲击负荷能力。但是也具有容易发生堵塞的缺点,一般采用较大的回流,提高冲刷力来解决这一问题。

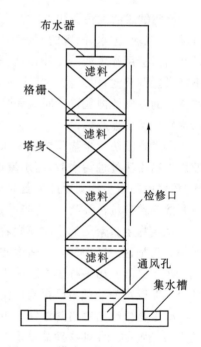

图6-6 塔式生物滤池构造示意图

b.生物转盘。生物转盘(biological rotating disc)又称旋转式生物反应器,主要组成部分有转盘、转动轴、污水处理槽和驱动装置等,如图6-7所示。其主体是一组固定在同一转轴上的等径圆形转盘和一个与它们配合的半圆形水槽。微生物生长并形成一层生物膜附着在转盘表面,约40%~45%的转盘(转轴以下部分)浸没在污水中,上半部敞露在空气中。工作时,污水流过水槽,电动机带动转盘转动,生物膜与空气和污水交替接触,浸没时吸附水中的有机污染物,敞露时吸收空气中的氧,进而氧化降解吸附的有机污染物。在运行过程中,生物膜也不断变厚衰老脱落,随污水一起排入沉淀池。

转盘的材质要求质轻、耐腐蚀、坚硬且不易变形。目前多采用聚乙烯硬质塑料或玻璃钢制作转盘。转盘直径一般为2~3 m,最大可达5 m,间距为20~30 mm。当系统要求的转盘面

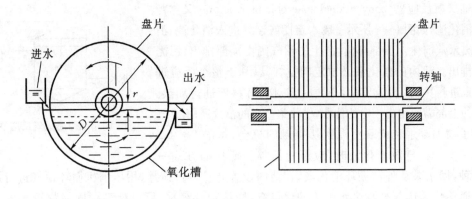

图 6-7　生物转盘构造图

积较大时,可分组安装,一组称为一级,串联运行。

生物转盘的优点是运行中的动力消耗低,耐冲击负荷能力强,工作稳定,操作管理简单,污泥产量小,颗粒大,易于分离脱水,出水水质较好。缺点是占地面积大,建设投资大,处理易挥发有毒废水时对大气污染严重,生物膜易脱落。

生物转盘法多用于生活污水的处理,也可用于处理食品加工、石油化工、纸浆造纸等工业废水。

c. 生物接触氧化法。生物接触氧化法(biological contact oxidation process)又称浸没式生物滤池,实际上是生物膜法与活性污泥法的结合,即在曝气池中设置填料作为生物膜的载体,利用生物膜和悬浮活性污泥的联合作用来净化污水。因此,它兼具生物滤池和活性污泥法的双重特点。

生物接触氧化法的主体是生物接触氧化池,它的主要组成部分有池体、填料和布水系统。此工艺可以得到很高的生物固体浓度和较高的有机负荷,因此,反应池容积和占地面积都较小,但是由于需要装填一定的载体,其基建费用往往较高。但是从运行的角度来看,生物接触氧化法具有较高的净化效果,兼具脱氮和除磷功能,具有较强的耐冲击负荷能力,污泥产量小,不需污泥回流,易管理,没有污泥膨胀现象。但是由于采用人工曝气,较其它采用自然通风的生物滤池的运行费用要高,且滤床仍易堵塞。

除以上几种工艺外,应用于化工领域的流化床,从 20 世纪 70 年代开始被一些国家应用于污水生物处理,发展出了一种新型的污水生物处理方法——生物流化床法(biological fluid bed)。多年的研究和实践表明,生物流化床具有容积负荷率高、处理效果好、效率高、占地面积小以及投资省等特点,是一种极具发展前途的污水生物处理技术。

(2)污水厌氧生物处理

当污水中有机物浓度较高,BOD_5 超过 1500 mg/L 时,就不宜用好氧处理,而宜采用厌氧处理的方法。污水厌氧生物处理(anaerobic biological treatment)是指在无分子氧条件下,通过厌氧微生物(包括兼性微生物)的作用,将废水中的各种复杂有机污染物降解转化为甲烷和二氧化碳等物质的过程,又称为厌氧消化。在厌氧生物处理中,不需要氧气,由此,使其具有了一些与好氧处理法相区别的特点。

①普通厌氧反应器。在厌氧处理中,对含有机固体污染物较多的和有机物浓度较高的废水

常用普通厌氧反应器(conventional anaerobic bioreactor),又称普通污水消化池,如图6-8所示。废水定期或连续进入消化池,消化后的废水从消化池上部排出,产生的沼气则由顶部排出,污泥从底部排出。池内的消化液必须定期搅拌,以利于整个反应进行。如果进行中温、高温发酵,必要时需对发酵料液进行加热。消化池的上部需要留出一定的体积,供收集产生的沼气所用。

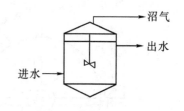

图6-8　普通厌氧反应器

　　为了增加废水和厌氧污泥密切接触的机会,每隔2~4 h需搅拌一次。在排放消化液时,应停止搅拌。搅拌的方式一般有三种:用水泵从外部循环消化液,在池内设置叶轮进行搅拌,用压缩机循环沼气进行搅拌。

　　普通消化池厌氧处理废水工艺的优点有:构筑物较简单,可以处理含固体物较多的污水,操作方便,不产生堵塞等现象。缺点是停留时间较长,处理负荷率较低,设备体积较大。中温发酵处理COD浓度为15000 mg/L的有机污水,停留时间约需10 d。由于停留时间较长,如果加热并进行搅拌所耗的能量也较多。

　　②厌氧接触反应器。厌氧接触反应器(anaerobic contact reactor)是在普通厌氧反应器的基础上建立起来的新工艺,如图6-9所示。由消化池排出的混合液首先在沉淀池中进行固、液分离。污水由沉淀池上部排出,下沉的污泥回流至消化池。它仿照活性污泥法,在消化池之外增设沉淀池,消化池不再具有固液分离的功能,沉淀池使污泥不流失而稳定了工艺流程,回流污泥提高了消化池内的污泥浓度。随着污泥在消化池内停留时间的加长,设备的处理能力有所提高,从而提高了该系统的有机负荷处理能力。

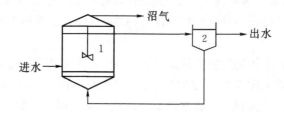

图6-9　厌氧接触反应器
1—消化池;2—沉淀池

　　为了提高厌氧污泥的沉降性能,可采用真空脱气技术和急冷抑制技术。真空脱气器把混合液中残存的沼气脱去,便于污泥的沉淀。真空脱气器内的真空度约为4900 Pa(500 mm水柱)。真空脱气虽可脱掉混合液中的气泡,但不能抑制厌氧污泥在沉淀池中继续产气。如果对混合液实现"冷冲击",急速冷却污泥至25 ℃,可以抑制污泥继续产气,使污泥较快沉淀,出水澄清。

　　厌氧接触工艺具有普通污水消化池所具有的一切优点,另外其负荷率、有机物降解率均高于普通污水消化池。厌氧接触工艺可以处理低浓度有机废水和COD>2000 mg/L的有机废水,它的工艺流程和运行操作比普通污水消化池复杂一些。近20年来,厌氧接触工艺比较广泛地应用于废水厌氧处理中。

　　③升流式厌氧污泥床反应器。升流式厌氧污泥床反应器(up-flow anaerobic sludge bed,UASB)自1972年研制成功以来,由于其具有效率高、不需设搅拌装置、管理运行方便以及占地面积小等优点,已发展成为一种重要的厌氧生物处理技术,并在生产中得到广泛的应用。

升流式厌氧污泥床反应器集生物反应与沉淀于一体,是一种结构紧凑的厌氧反应器。UASB 反应器内污泥的平均浓度可达 50 g/L 以上,池底污泥浓度更是高达 100 g/L 左右。

反应器主要包括:进水配水系统、反应区、三相分离器、气室和处理水排出系统几个部分,如图 6 - 10 所示。其中,三相分离器的分离效果直接影响着反应器的处理效果,其功能是将气(沼气)、液(处理水)和固(污泥)三相进行分离。

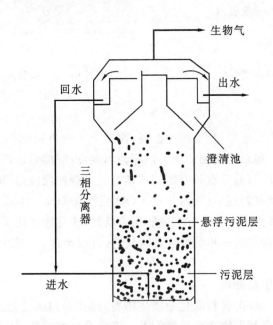

图 6 - 10　升流式厌氧污泥床反应器构造图

UASB 反应器内之所以能维持较高的生物量(污泥浓度),关键在于厌氧污泥的颗粒化。所谓污泥颗粒化是指床中的污泥形态发生了变化,由絮状污泥变为密实、边缘圆滑的颗粒。其主要特点是具有很高的产甲烷活性,沉降性能很好。

④厌氧生物滤池。厌氧生物滤池(anaerobic biological filter)是装填料的厌氧生物反应器,如图 6 - 11 所示。厌氧微生物以生物膜的形态生长在滤料表面。在生物膜的吸附作用、微生物的代谢作用以及滤料的截留作用下,废水中的有机污染物得以去除;产生的沼气则聚集于池顶部,并从顶部引出;处理水则由旁侧流出。为了分离出水挟带的脱落生物膜,一般在滤池后需设沉淀池。

厌氧生物滤池有较高的固体停留时间,因而有很好的处理效果,且能在高负荷下运行。主要缺点就是滤料容易堵塞,尤其是在池的下部生物膜浓度大的区域。

⑤厌氧流化床反应器。厌氧流化床反应器(anaerobic fluidized bed)是一种填有比表面积大的惰性载体颗粒的反应器,如图 6 - 12 所示。在载体颗粒表面附着生物膜,废水从下往上流动,载体颗粒在反应器内均匀分布、循环流动,一部分出水回流并与进水混合,出水和生物气体在反应器的上部分离并排出,这就是厌氧流化床。根据流速大小和载体颗粒膨胀程度,可以分为膨胀床和流化床。与固定床相比,该方法不出现堵塞和短流问题。

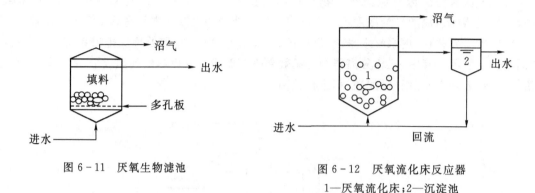

图 6-11 厌氧生物滤池

图 6-12 厌氧流化床反应器
1—厌氧流化床;2—沉淀池

运行时的厌氧流化床反应器中,为减少能耗,废水上升速度可略高于流化速度,并保证生物膜和废水的充分接触。如果采用密度较小的颗粒填料,所需能量还可降低。

除了上述几种工艺外,目前正在研究的工艺还有厌氧缓冲反应器、厌氧生物转盘等。

高浓度有机废水经厌氧处理后,出水中的 COD 往往在 500~1000 mg/L 以上,达不到现行的排放标准。加之厌氧处理过程中有机氮转化为氨氮,硫化物转化为硫化氢,使处理后的污水具有一定的臭味,这就需作进一步的处理,才可排入开放水体。一般以采取好氧生物处理作为补充处理措施。

(3)污水稳定塘自然生物处理

稳定塘(stabilization pond)又称氧化塘或生物塘,是指经过人工适当修整,设围堤和防渗层的污水池塘,主要依靠自然生物净化功能使污水得到净化的一种污水处理设施。

稳定塘中除个别类型(如曝气塘)外,在提高其净化功能方面,不采取实质性的人工强化措施。污水在塘中的净化过程与自然水体的自净过程相似。污水在塘内缓慢的流动、较长时间的贮留,通过在污水中存活的微生物的代谢活动和包括水生植物在内的多种生物的综合作用,使有机污染物降解,污水得到净化。其净化过程包括好氧、兼性和厌氧三种状态。好氧微生物生理活动所需要的溶解氧主要由水面溶氧和塘内以藻类为主的水生浮游植物的光合作用所产生。

根据塘水中微生物优势群体类型和塘水的溶解氧工况的不同,稳定塘可以分为以下四种类型。

①好氧塘。塘深一般不超过 0.5 m,阳光能够透入塘底。塘中的好氧微生物起着有机污染物的降解与污水的净化作用,其所需的氧气由水面溶氧和生长在塘内的藻类进行光合作用提供。藻类是自养型微生物,它利用好氧微生物放出的二氧化碳作为碳源进行光合作用。一般污水在塘内停留时间较短,通常为 2~6 天,BOD_5 去除率可达 80% 以上。

好氧塘一般只适用于温暖而光照充足的气候条件,而且往往在要求较高的 BOD 去除率且土地面积有限的场合应用。

好氧塘的主要优点有出水稳定、占地面积小、能耗低以及停留时间较短等。但是好氧塘运转较为复杂,出水中含有大量藻类,排放前要经沉淀或过滤等将其去除。与养鱼塘结合,藻类可作为浮游动物的饵料。又由于其深度很小,故要对塘底进行铺砌或覆盖,以防杂草丛生。

②兼性塘。这是一种最常用的稳定塘,水深一般在 1.5~2.0 m 左右。从塘面到一定深

度(0.5 m 左右),阳光能够透入,藻类光合作用旺盛,溶解氧比较充足,呈好氧状态,塘底为沉淀污泥,处于厌氧状态,进行厌氧发酵。介于好氧和厌氧之间的为兼性区,存活大量的兼性微生物。通常的水力停留时间为 7～30 天,BOD$_5$ 去除率可达 70% 以上。由于污水停留时间长,使降解反应进入硝化阶段,产生的硝酸盐可在下层反硝化而除去氮,因此,兼性塘具有脱氮的功能。

兼性塘应用非常广泛。它可用于处理原生的城市污水(通常是小城镇),以及用于处理一级或二级出水;还可应用于工业废水的处理,此时,接在曝气塘或厌氧塘之后使处理水在排放之前得到进一步的稳定。兼性塘出水中也含有大量藻类,此外,还需要很大的面积来使表面 BOD$_5$ 负荷保持在适宜的范围内。

③厌氧塘。水深一般在 2.0 m 以上,可接收很高的有机负荷,以致没有任何好氧区,在其中进行水解、产酸以及甲烷发酵等厌氧反应全过程,净化速率低,污水水力停留时间长(约 20～50 天)。

厌氧塘一般用作高浓度有机废水的首处理工艺,后续兼性塘、好氧塘甚至深度处理塘,还可作为工业废水排入城市污水系统前的预处理工艺。

厌氧塘的一个重要缺点是会产生难闻的臭味。塘的硬壳覆盖层,无论是由油脂自然形成的,还是由聚苯乙烯泡沫球形成的,都能有效控制臭味。

④曝气塘。水深一般在 2.0 m 以上,由机械或压缩空气曝气供氧。某些情况下,藻类光合作用和人工曝气都能有效供氧。污水水力停留时间为 3～10 天。曝气塘可以分为好氧曝气塘和兼性曝气塘两种,可用于处理城市污水和工业废水,其后可接兼性塘。曝气塘的主要优点是污染负荷较高,占地面积较小,但是,由于需要人工曝气,增加了能耗,操作和维修复杂。

除以上四种稳定塘外,在应用上还存在一种专门用以处理二级处理后出水的深度处理塘。这种塘的功能是进一步降低二级处理水中残留的有机污染物、悬浮固体、细菌以及氮、磷等植物营养物质等。

2. 有机废气生物处理净化

有机废气生物处理净化是利用微生物以废气中的有机组分作为其生命活动的能源或其它养分,经代谢降解,转化为简单的无机物(CO_2、水等)及细胞组成物质。适合于微生物处理的废气污染组分主要有乙醇、硫醇、甲酚、酚、吲哚、脂肪酸、乙醛、酮、噻唑衍生物、二硫化碳和胺等。20 世纪 70 年代,有机废气的生物处理技术在德国、日本等国家得到了应用。

用生物反应器处理有机废气,一般认为主要经历有以下几个步骤。

①废气中的有机物同水接触并溶于水中,也就是说,使气相中的分子转移到水中。

②溶于水中的有机物被微生物吸收,吸收剂被再生复原,继而再用以溶解新的有机物。

③被微生物细胞所吸收的有机物,在微生物的代谢过程中被降解、转换成为微生物生长所需的养分或 CO_2 和 H_2O。

废气生物处理所要求的基本条件,主要为水分、养分、温度、氧气(有氧或无氧)以及酸碱度等。因此,在确认是否可以应用生物法来处理有机废气时,首先应了解废气的基本条件。如:废气的温度太低不行,太高也不行;如果气体过于干燥,必须在微生物上加水,以保持一定的水分;废气中富含氧的话,则应采用好氧微生物处理;反之,则应采取厌氧微生物法处理。

根据微生物在工业废气处理过程中存在的形式,可将其处理方法分为生物洗涤法(悬浮态)和生物过滤法(固着态)两类,其中生物过滤法中包括生物滴滤池法。

（1）生物洗涤法

生物洗涤法（bioscrubber）是利用微生物、营养物和水组成的微生物吸收液处理废气，适合于吸收可溶性气态物。吸收了废气的微生物混和液再进行好氧处理，去除液体中吸收的污染物，经处理后的吸收液再重复使用。在生物洗涤法中，微生物及其营养物配料存在于液体中，气体中的污染物通过与悬浮液接触后转移到液体中从而被微生物所降解，其典型的形式有喷淋塔、鼓泡塔和穿孔板塔等生物洗涤器。

生物洗涤法的反应装置由一个吸收室和一个再生池构成，如图 6-13 所示。生物悬浮液（循环液）自吸收室顶部喷淋而下，使废气中的污染物和氧转入液相，实现质量传递，吸收了废气中组分的生物悬浮液流入再生反应器（活性污泥池）中，通入空气充氧再生。被吸收的有机物通过微生物作用，最终被再生池中的活性污泥悬浮液从液相中除去。生物洗涤法处理工业废气，其去除率除了与污泥的浓度、pH、溶解氧等因素有关外，还与污泥的驯化与否、营养盐的投加量及投加时间有关。当活性污泥浓度控制在 $5000 \sim 10000$ ml/L，气速小于 20 m³/h 时，装置的负荷及去除效率均较理想。

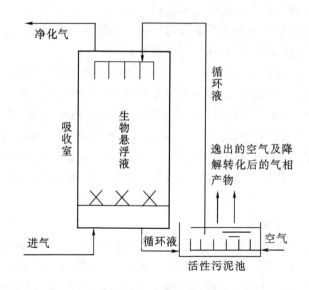

图 6-13 生物洗涤法装置流程

生物洗涤法中气、液两相的接触方法除采用液相喷淋外，还可以采用气相鼓泡。一般，若气相阻力较大可用喷淋法，反之液相阻力较大时采用鼓泡法。鼓泡与污水生物处理技术中的曝气相仿，废气从池底通入，与新鲜的生物悬浮液接触而被吸收。由此，许多文献中将生物洗涤法分为洗涤式和曝气式两种。与鼓泡法处理相比，喷淋法的设备处理能力大，可达到 60 m³/(m²·min)，从而大大减少了处理设备的体积。喷淋净化气态污染物的影响因素与鼓泡法基本相同。

生物洗涤方法可以通过增大气液接触面积，如鼓泡法中加填料，以提高处理气量；或在吸收液中加某些不影响生物生命代谢活动的溶剂，以利于气体吸收，达到去除某些不溶于水的有机物的目的。

（2）生物过滤法

生物过滤法（biofliter）是用含有微生物的固体颗粒吸收废气中的污染物，然后微生物再将其转换为无害物质。在生物过滤法中,微生物附着生长于介质上,废气通过由介质构成的固体床层时被吸附、吸收,最终被微生物所降解,其典型的形式有土壤、堆肥等材料构成的生物滤床。

微生物过滤箱为封闭式装置,主要由箱体、生物活性床层、喷水器等组成,如图 6-14 所示。床层由多种有机物混和制成的颗粒状载体构成,有较强的生物活性和耐用性。微生物一部分附着于载体表面,一部分悬浮于床层水体中。

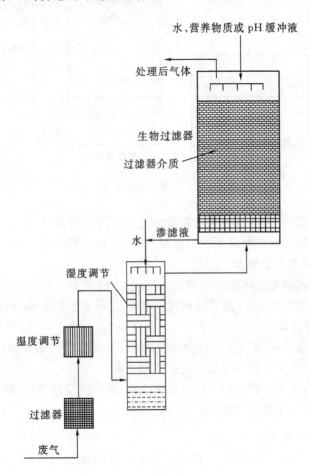

图 6-14　生物过滤法装置流程

废气通过床层,污染物部分被载体吸附,部分被水吸收,然后由微生物对污染物进行降解。床层厚度按需要确定,一般在 0.5～1.0 m。床层对易降解碳氢化合物的降解能力约为 200 g/(m³·h),过滤负荷高于 600 m³/(m³·h)。气体通过床层的压降较小,使用 1 年后在负荷为 110 m³/(m³·h)时,床层压降约为 200 Pa。

微生物过滤箱的净化过程可按需要控制,因而能选择适当的条件,充分发挥微生物的作用。微生物过滤箱已成功地用于化工厂、食品厂、污水泵站等方面的废气净化和脱臭。

(3)生物滴滤法

生物滴滤池(biological trickling filter)的结构如图 6-15 所示。在我国虽也称为生物滤池(biological filter),但两者实际上是有区别的。

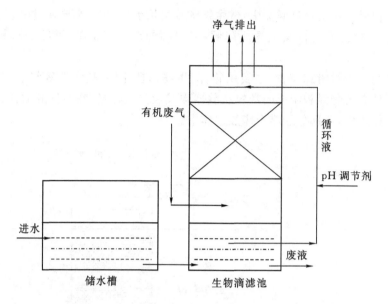

图 6-15　　生物滴滤法装置流程

在处理有机废气上,生物滴滤池和生物滤池主要不同之处如下。

①使用的填料不同。滴滤池使用的填料是粗碎石、塑料蜂窝状填料、塑料波纹板填料等,不具吸附性,填料之间的空隙很大。

②回流水由生物滴滤池上部喷淋到填料床层上,并沿填料上的生物膜滴流而下。通过水回流可以控制滴滤池水相的 pH,也可以在回流水中加入 K_2HPO_4 和 NH_4NO_3 等物质,为微生物提供 N、P 等营养元素。

③由于生物滴滤池中存在一个连续流动的水相,因此整个传质过程涉及气、液、固三相。但从整体上讲,仍然是一个传质与生化反应的串联过程。

④如果设计合理,生物滴滤池具有微生物浓度高、净化反应速度快、停留时间短等优点,可以使反应装置小型化,从而降低设备投资。

3. 污染土壤生物处理净化

土壤污染(soil pollution)是指人类活动产生的污染物质通过各种途径输入到土壤中,其数量和速度超过了土壤净化作用的速度,破坏了自然动态平衡,使污染物质的积累逐渐占据优势,导致土壤正常功能失调,土壤质量下降,从而影响土壤动物、植物、微生物的生长发育及农副产品的产量和质量的现象。从上述定义可以看出,土壤污染不但要看含量的增加,还要看后果,即进入土壤的污染物是否对生态系统平衡构成危害。因此,判定土壤污染时,不仅要考虑土壤背景值,更要考虑土壤生态的变异,包括土壤微生物区系(种类、数量、活性)的变化,土壤酶活性的变化,土壤动植物体内有害物质的生物反应和对人体健康的影响等。有时,土壤污染物超过土壤背景值,却未对土壤生态功能造成明显的影响;有时土壤污染物虽未超过土壤背景值,但由于某些动植物的富集作用,却对生态系统构成明显的影响。因此,判断土壤污染的指标应包括两方面,一是土壤的自净能力,二是动植物直接或间接吸收污染物而受害的情况(以临界浓度表示)。

污染土壤的生物处理净化(biopurification)是利用生物(包括动物、植物和微生物),通过人为调控,将土壤中有毒有害污染物吸收、分解或转化为无害物质的过程,又称为生物修复。与物理、化学修复污染土壤技术相比,它具有成本低,不破坏植物生长所需要的土壤环境,环境安全,无二次污染,处理效果好,操作简单、费用低廉等特点,是一种新型的环境友好替代技术。

根据土壤生物修复的位点和修复的主导生物可以将生物修复技术分为异位/原位微生物修复和植物修复等类型。

(1)异位微生物修复

异位微生物修复(ex-situ bioremediation)是将受污染的土壤、沉积物移离原地,在异地利用特异性微生物和工程技术手段进行处理,最终污染物被降解,使受污染的土壤恢复原有的功能的过程。异位微生物修复已经成功地得以应用,已有诸多关于异位微生物修复技术处理石油燃料、多环芳烃、氯代芳烃和农药污染土壤的报道。

①土地填埋。土地填埋(land fill)是将废物作为一种泥浆,将污泥施入土壤,通过施肥、灌溉、添加石灰等方式调节土壤的营养、湿度和 pH,保持污染物在土壤上层的好氧降解。用于降解过程的微生物通常是土著土壤微生物群系。为了提高降解能力,亦可加入特效微生物,以改进土壤生物修复的效率。该方法已广泛用于炼油厂含油污泥的处理。

②土壤耕作。土壤耕作(soil cultivation)是在非透性垫层和砂层上,将污染土壤以 10~30 cm 的厚度平铺其上,并淋洒营养物、水及降解菌株接种物,定期翻动充氧,以满足微生物生长的需要,并彻底清除污染物。处理过程产生的渗滤液再回淋于土壤,以彻底清除污染物。土地耕作使用设备是农用机械,一般只适于上层 30 cm 的污染土壤,深层污染土壤修复则需特殊设备。

土壤耕作属于好氧生物处理技术,使用土壤作为微生物生长基质,为加速微生物的降解需要人为促进通风(翻耕、加蓬松剂)、加入营养液(化肥、粪肥)、调节 pH(加入石灰、明矾、磷酸)等手段加以调控。

至今该工艺已用于处理受五氯酚、杂酚油、石油加工废水污泥、焦油或农药等污染的土壤,并有一些成功的实例。

③预备床。预备床(preparatory bed)是将受污染的土壤从污染地区挖掘起来进行异地处理,防止污染物向地下水或更广大地域扩散。这种方法的技术特点是需要很大的工程,即将土壤运输到一个经过各种工程准备(包括布置衬里、设置通气管道等)的预备床上堆放,形成上升的斜坡,并在此进行生物净化的处理,处理过程中通过施肥、灌溉、控制 pH 等方式保持对污染物的最佳降解状态,有时也加入一些微生物和表面活性剂,处理后的土壤再运回原地。复杂的系统可以用温室封闭,简单的系统就只是露天堆放。有时是首先将受污染土壤挖掘起来运输到一个堆置地点暂时堆置,然后在受污染原地进行一些工程准备,再把受污染土壤运回原地处理。

④堆腐法。生物堆腐(biological decay)是生物预制床的一种形式,利用高温好氧微生物处理土壤中高浓度污染物的过程。将污染土壤与有机物(施加一定数量的稻草、麦秸、碎木片和树皮等)、粪便等混合起来,依靠堆肥过程中微生物的作用来降解土壤中难降解的有机污染物。可以通过翻耕和增加土壤透气性和改善土壤结构,同时控制湿度、pH 和养分,促进污染物分解。通常有条形堆、静态堆和反应器堆三种系统。条形堆是将污染土壤或污泥与疏松剂混合后,用机械压成条(最大 1.2~1.5 m 高,3.0~3.5 m 宽),通过对流空气供氧,每天翻耕保持微生物的好氧状态。该系统灵活、简便、处理量大,但占地大,且不能有效控制挥发性污染气

体。静态堆系统是通过布置在堆下的通风管,用鼓风机强制性通气保持微生物的好氧状态,静态堆一般为 6 m 高,封闭操作可控制水分和尘土飞扬。反应器堆使用先进的传送(皮带、螺旋推进、槽带或链条式传送机)和混合(研磨式或梨片式混合器)设备传送污染土壤及促进通气,该系统可以更好地控制气流,使用空间小,但是欠灵活性,设备的维护也较为复杂和昂贵。

⑤泥浆生物反应器。泥浆生物反应器(slurry biological reactor)是用于处理污染土壤的特殊反应器,结构如图 6-16 所示。污染土壤用水调成泥浆,装入生物反应器内,通过控制一些重要的微生物降解条件,提高处理效果。驯化的微生物种群通常从前一批处理中引入到下一批新泥浆中,处理结束后通过水分离器脱除泥浆水分并循环再用。

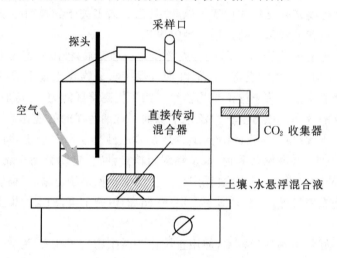

图 6-16 泥浆生物反应器

高浓度固体泥浆反应器处理的一个主要特征是以水相为处理介质。由于以水相为主要处理介质,污染物、微生物、溶解氧和营养物的传质速度快,且避免了复杂而不利的自然环境变化,各种环境条件(如 pH、温度、氧化还原电位、氧气量、营养物浓度、盐度等)便于控制在最佳状态,因此反应器处理污染物的速度明显加快。该技术是污染土壤生物修复的最佳技术,因为它能满足污染物生物降解所需的最适宜条件,获得最佳的处理效果。但其工程复杂,处理费用高。另外,在用于难生物降解物质的处理时必须慎重,以防止污染物从土壤转移到水中。

泥浆生物反应器已经成功地应用到固体和污泥的污染修复。能够处理多环芳烃、杀虫剂、石油烃、杂环类和氯代芳烃等有毒污染物。

(2)原位微生物修复

原位微生物修复法(in-situ bioremediation)是指在基本不破坏土壤和地下水自然环境的条件下,对受污染的环境对象不作搬运或输送,而在原场地直接采用生物技术所进行的修复。可采取添加营养物、供氧(加 H_2O_2)和接种特异工程菌等措施提高土壤的生物降解能力,亦可把地下水抽至地表,进行生物处理后,再注入土壤中,以再循环的方式改良土壤。该法适用于渗透性好的不饱和土壤的生物修复。原位微生物修复的特点是在处理污染的过程中土壤的结构基本不受破坏,对周围环境影响小,生态风险小;工艺路线和处理过程相对简单,不需要复杂的设备,处理费用较低;但是整个处理过程难于控制。

该方法一般采用土著微生物处理,有时也加入经驯化和培养的微生物以加速处理。在这种工艺中经常采用各种工程化措施来强化处理效果,这些措施包括生物强化、生物通风、泵出生物以及渗滤系统等方法。

①生物强化法。生物强化(enhanced-bioremediation)是基于改变生物降解中微生物的活性和强度而设计的。它可分为培养土著菌的生物培养法和引进外来菌的投菌法。

目前,在大多数生物修复工程中实际应用的都是土著菌,其原因一方面是出于土著菌降解污染物的潜力巨大,另一方面也是因为接种的微生物在环境中难以保持较高的活性以及工程菌的使用受到较严格的限制。当修复包括多种污染物(如直链烃、环烃和芳香烃)时,单一微生物的能力通常很有限。土壤微生物试验表明,很少有单一微生物具有降解所有这些污染物的能力。另外,污染物的生物降解通常是分步进行的,在这个过程中包括多种酶和多种微生物的作用,一种酶或微生物的产物可能成为另一种微生物的底物。因此在污染土壤的实际修复中,必须考虑要激发当地多样的土著菌。另外,基因工程菌的研究引起了人们浓厚的兴趣,采用细胞融合技术等遗传工程手段可以将多种降解基因转入同一微生物中,使之获得广谱的降解能力。例如,将甲苯降解基因从恶臭假单胞菌转移给其它微生物,从而使受体菌在 0 ℃时也能降解甲苯,这比简单接种特定的微生物使之艰难而又不一定成功地适应外界环境要有效得多。

生物培养法是定期向土壤投加 H_2O_2 和营养,以满足污染环境中已经存在的降解菌的需要,以便使土壤微生物通过代谢将污染物彻底矿化成 CO_2 和 H_2O。

投菌法是直接向遭受污染的土壤接入外源的污染降解菌,同时提供这些细菌生长所需氧源(多为 H_2O_2)和营养,以满足降解菌的需要。处理期间,土壤基本不被搅动,最常见的就是在污染区挖一组井,直接注入适当的溶液,这样就可以把水中的微生物引入到土壤中。地下水经过一些处理后,可以恢复和再循环使用,在地下水循环使用前,还可以加入土壤改良剂。采用外来微生物接种时,会受到土著微生物的竞争,需要用大量的接种微生物形成优势,以便迅速开始生物降解过程。

②生物通风法。生物通风(bioventing)是一种强化污染物生物降解的修复工艺。一般是在受污染的土壤中至少打两口井,安装鼓风机和真空泵,将新鲜空气强行排入土壤中,然后抽出,使土壤中的挥发性毒物随之去除。在通入空气时,有时加入一定量的 NH_3 气,可为土壤中的降解菌提供氮素营养;有时也可将营养物与水经通道分批供给,从而达到强化污染物降解的目的。另外还有一种生物通风法,即将空气加压后注射到污染地下水的下部,气流加速地下水和土壤中有机物的挥发和降解,有人称之为生物注射法(biospaging)。在有些受污染地区,土壤中的有机污染物会降低土壤中的氧气浓度,增加二氧化碳浓度,进而形成一种抑制污染物进一步生物降解的条件。因此,为了提高土壤中的污染物降解效果,需要排出土壤中的二氧化碳和补充氧气。

生物通风系统就是为改变土壤中气体的成分而设计的,其主要制约因素是土壤结构,不适的土壤结构会使氧气和营养物在到达污染区域之前就已被消耗,因此它要求土壤具有多孔结构。在向土壤注入空气时需要对空气流速有一定的限制,并且要有效地控制有机污染物质的挥发。其系统如图 6 - 17 所示。

生物通风法的设备和运行维护费用低,可以清除不适于蒸汽浸提修复的粘稠烃类。但是它的局限性是只适于好氧降解的有机污染物。对于挥发性化合物的修复不如蒸汽浸提修复,但其气体处理费用仅相当于蒸汽浸提修复的一半。

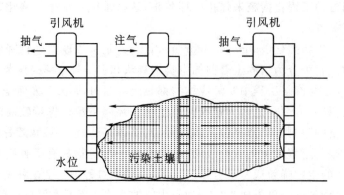

图 6-17　污染现场及通风系统示意图

　　生物通风方法现已成功地应用于各种土壤的生物修复治理,这些被称为"生物通风堆"的生物处理工艺主要是通过真空或加压进行土壤曝气,使土壤中的气体成分发生变化。生物通风工艺通常用于处理受地下储油罐泄露造成的少量土壤污染。

　　③泵出生物法。泵出生物法(pumping out biological process)主要用于修复受污染地下水和由此引起的土壤污染,需在受污染的区域钻井。井分为两组,一组是注入井,用来将接种的微生物、水、营养物和电子受体(如 H_2O_2)等按一定比例混合后注入土壤中;另一组是抽水井,通过向地面上抽取地下水造成地下水在地层中流动,促进微生物的分布和营养物质的运输,保持氧气供应。由于处理后的水中含有驯化的降解菌,因而对土壤有机污染物的生物降解有促进作用。通常需要的设备是水泵和空压机。在有的系统中,在地面上还建有采用活性污泥法等手段的生物处理装置,将抽取的地下水处理后再回注入地下。图 6-18 为泵出生物系统示意图。氧的传输和土壤的渗透性能是泵出生物法处理成功的关键。为了加强土壤内空气和氧气的交换,可采用加压空气和真空抽提系统。

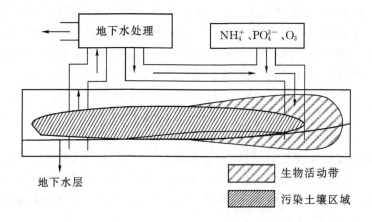

图 6-18　泵出生物系统示意图

4. 固体废弃物生物处理净化

固体废弃物(solid waste)污染的生物处理 (biodegradation)是利用天然存在的或特别培养的微生物在可调控环境条件下将有毒污染物转化为无毒物质的处理过程。生物处理可以消除或减弱环境污染物的毒性,可以减少污染物对人类健康和生态系统的风险。其主要的处理方法有堆肥、卫生填埋、沼气发酵和有机物资源化生产糖、蛋白质和燃料乙醇等。

(1)堆肥法

堆肥法(composting)是依靠自然界广泛分布的细菌、放线菌、真菌等微生物,有控制地促进可被生物降解的有机物向稳定的腐殖质转化的生物化学过程。根据处理过程中起作用的微生物对氧气要求的不同,堆肥法可分为好氧堆肥法(高温堆肥)和厌氧堆肥法。

①好氧堆肥法。好氧堆肥法(aerobic composting)是在有氧的条件下,通过好氧微生物作用使有机废弃物达到稳定化,转变为有利于作物吸收生长的有机物的方法,堆肥的微生物学过程如下。

a. 发热阶段。堆肥堆制初期,主要由中温好氧的细菌和真菌,利用堆肥中容易分解的有机物,如淀粉、糖类等迅速增殖,释放出热量,使堆肥温度不断升高。

b. 高温阶段。堆肥温度上升到 50 ℃以上,进入了高温阶段。由于温度上升和易分解的物质的减少,好热性的纤维素分解菌逐渐代替了中温微生物,这时堆肥中除残留的或新形成的可溶性有机物继续被分解转化外,一些复杂的有机物如纤维素、半纤维素等也开始迅速分解。

由于各种好热性微生物的最适温度互不相同,因此随着堆温的变化,好热性微生物的种类、数量也逐渐发生着变化。在 50 ℃左右,主要是嗜热性真菌和放线菌,如嗜热真菌属、嗜热褐色放线菌、普通小单胞菌等。温度升至 60 ℃时,真菌几乎完全停止活动,仅有嗜热性放线菌与细菌在继续活动,分解着有机物。温度升至 70 ℃时,大多数嗜热性微生物已不适应,相继大量死亡,或进入休眠状态。

高温对于堆肥的快速腐蚀起到重要作用,在此阶段堆肥内开始了腐殖质的形成过程,并开始出现能溶解于弱碱的黑色物质。同时,高温对于杀死病原性微生物也是极其重要的,一般认为,堆温在 50～60 ℃,持续 6～7 d,可达到较好的杀死虫卵和病原菌的效果。

c. 降温和腐熟保肥阶段。当高温持续一段时间以后,易于分解或较易分解的有机物(包括纤维素等)已大部分分解,剩下的是木质素等较难分解的有机物以及新形成的腐殖质。这时,好热性微生物活动减弱,产热量减少,温度逐渐下降,中温性微生物又渐渐成为优势菌群,残余物质进一步分解,腐殖质继续不断地积累,堆肥进入了腐熟阶段。为了保存腐殖质和氮素等植物养料,可采取压实肥堆的措施,造成其厌氧状态,使有机质矿化作用减弱,以免损失肥效。

堆肥中微生物的种类和数量,往往因堆肥的原料来源不同而有很大不同。

对于农业废弃物,以一年生植物残体为主要原料的堆肥中,常见到以下微生物相变化特征:细菌、真菌→纤维分解菌→放线菌→能分解木质素的菌类。

在以城市污水处理厂剩余污泥为原料的堆肥中,可见表 6-1 所示的微生物相变化。堆肥堆制前的脱水污泥中占优势的微生物为细菌,而真菌和放线菌较少。在细菌的组成中,一个显著特征是厌氧菌和脱氮菌相当多,这与污泥含水量多、含易分解有机物多、呈厌氧状态有关。

表 6 - 1　污泥堆肥中的微生物相($\times 10^5 \cdot g^{-1}$干土)

微生物种类	堆制天数(d)		
	0	30	60
好氧性细菌	801	192	113
厌氧性细菌	136	1.8	0.97
放线菌	10.2	5.5	3.7
真菌类	8.4	16.5	0.36
氨化细菌	34	240	44
氨氧化细菌	<43	14	0.37
亚硝酸氧化菌	0.08	>0.003	0.003
脱氮菌	1300	9900	200
好氧性细菌/放线菌	78.5	349	30

经 30 d 堆制后(期间经过 65 ℃高温,后又维持在 50 ℃左右),细菌数有了减少,但好氧性细菌比原料污泥只是略有减少,仍保持着每克物质 10^7 个的数量级,厌氧性细菌比原料污泥减少了大约 100 倍,真菌数量并没有明显增长,氨化细菌和脱氮菌却有明显的增加,说明堆肥中发生着硝化和反硝化过程,这与堆肥污泥中既存在着适于硝化细菌活动的有氧微环境,也存在着适于脱氮菌活动的无氧微环境有关。

堆制到 60 d,各类微生物的数量都下降了,但此时,好氧性细菌仍然占优势,真菌和放线菌较少。从以上分析中可知,剩余污泥堆肥中一般都是细菌占优势。

城市垃圾的堆肥中,与污泥堆肥一样是细菌占优势,但与污泥堆肥相比放线菌更少。另外还出现在腐熟初期丝状菌增加,随后又减少的现象。由于对植物有害的微生物不少是丝状菌,因此堆肥中丝状菌的减少是很重要的。

②厌氧堆肥法。厌氧堆肥法(anaerobic composting)是在不通气的条件下,将有机废弃物(包括城市垃圾、人畜粪便、植物秸秆、污水处理厂的剩余污泥等)进行厌氧发酵,制成有机肥料,使固体废弃物无害化的过程。在厌氧堆肥过程中,主要经历了以下两个阶段:酸性发酵阶段和产气发酵阶段。在酸性发酵阶段中,产酸细菌分解有机物,产生有机酸、醇、二氧化碳、氨、硫化氢等,使 pH 下降。产气发酵阶段中主要是由产甲烷细菌分解有机酸和醇,产生甲烷和二氧化碳。随着有机酸的下降,pH 迅速上升。

堆肥方式与好氧堆肥法相同,但堆内不设通气系统,堆温低,腐熟及无害化所需时间较长。然而,厌氧堆肥法简便、省工,在不急需用肥或劳力紧张的情况下可以采用。一般厌氧堆肥要求封堆后一个月左右翻堆一次,以利于微生物活动使堆料腐熟。

(2)卫生填埋

卫生填埋法始于 20 世纪 60 年代,它是在传统的堆放基础上,从环境免受二次污染的角度出发而发展起来的一种较好的固体废弃物处理法,其优点是投资少、容量大、见效快,因此被各国广为采用。

卫生填埋主要有厌氧、好氧和半好氧三种。目前因厌氧填埋操作简单,施工费用低,同时还可回收甲烷气体,而被广泛采用。好氧和半好氧填埋分解速度快,垃圾稳定化时间短,也日益受到各国的重视,但由于其工艺要求较复杂,费用较高,故尚处于研究阶段。

卫生填埋是将垃圾在填埋场内分区分层进行填埋,每天运到填埋场的垃圾,在限定的范围内铺散为 40～75 cm 的薄层,然后压实,一般垃圾层厚度应为 2.5～3 m。一次性填埋处理垃圾层最大厚度为 9 m,每层垃圾压实后必须覆土 20～30 cm。废物层和土壤覆盖层共同构成一个单元,即填埋单元,一般一天的垃圾,当天压实覆土,成为一个填埋单元。具有同样高度的一系列相互衔接的填埋单元构成一个填埋层。完成的卫生填埋场由一个或几个填埋层组成。当填埋到最终的设计高度以后,再在该填埋层上层盖一层 90～120 cm 的土壤,压实后就得到一个完整的卫生填埋场。

(3)厌氧发酵

厌氧发酵(anaerobic fermentation)又称厌氧消化(anaerobic digestion),不管是作物秸秆、树干茎叶、人畜粪便、城市垃圾,还是污水处理厂的污泥,都是厌氧发酵的原料。在发酵过程中,废物得到处理,同时获得能源。在我国农村,厌氧发酵不仅作为农业生态系统中的一个重要环节,处理各类废弃物来制成农家肥,而且获得生物质能用来照明或作为燃料。城市污水处理厂的污泥厌氧消化使污泥体积减少,产生的甲烷用来发电,降低处理厂的运行费用。

6.3　环境有机化合物的生物净化原理

6.3.1　生物降解与转化

微生物对环境污染物的降解与转化是污染物处理和净化的基础。自然环境中的有机化合物,受到物理的、光化学的、化学的和生物作用而降解转化。因环境条件的不同,有时转化很快,有时降解过程又非常缓慢。研究证明,在土壤和水体中,生物作用是物质降解的主要机制,而微生物又在生物的降解中占首要地位。如果采用适当方法消除、控制或减少微生物活性,则有机化合物降解转化速率往往慢得多;相反,创造适宜于微生物生长的环境是促进有机物降解与转化的重要途径之一。

1. 生物降解与转化基本反应类型

环境污染物在生物中的降解与转化有多种途径,由于生物的作用而引起的污染物的分解或降解,即为生物降解(biodegradation)。在生物降解中,作用最大的生物类群是微生物。微生物在环境中与污染物发生相互作用,通过其代谢活动,会使污染物发生氧化反应、还原反应、水解反应、脱羧基反应、脱氨基反应、羟基化反应、酯化反应等多种生理生化反应。这些反应的进行,可以使绝大多数的污染物质,特别是有机污染物质发生不同程度的转化及生物转化(biotransformation)、分解或降解,有时是一种反应作用于污染物质,有时会是多种反应同时作用于一种污染物质或者作用于污染物质转化的不同阶段。微生物在环境中的主要生物化学降解转化作用有以下几种类型。

(1)氧化作用

包括 Fe、S 等单质的氧化,NH_3、NO 等化合物的氧化,也包括一些有机物基团的氧化,如甲基、羟基、醛等。在环境中,这些氧化作用大都是由微生物引起的,如氧化亚铁硫杆菌(thiobacilius ferrooxidans)对亚铁的氧化,铜绿假单胞杆菌(pseudomonas aeruginosa)对乙醛的氧化,以及亚硝化菌和硝化菌对氨的氧化作用等。氧化作用普遍存在于各种好氧环境中,是最常见的也是最重要的生物代谢活动。

①醇的氧化。醋化醋杆菌（acetobacteraceti）将乙醇氧化为乙酸，氧化节杆菌（arthrobacterozydans）将丙二醇氧化为乳酸。

②醛的氧化。铜绿假单胞菌（pseudompnas aeruginosa）将乙醛氧化为乙酸。

③甲基的氧化。铜绿假单胞菌将甲苯氧化为安息香酸。表面活性剂的甲基氧化主要是亲油基末端的甲基氧化为羧基的过程。

④氨的氧化。亚硝化单胞菌属（nitrosomonas）可进行此反应。

⑤亚硝酸的氧化。硝化杆菌属（nitrobacter）可进行此反应。

⑥硫的氧化。氧化硫硫杆菌（thiobacillus thiooxidans）可进行此反应。

⑦铁的氧化。氧化亚铁硫杆菌（thiobacillus ferrooxidans）可进行此反应。

⑧β-氧化。脂肪酸，ω-苯氧基烷酸酯和除草剂的生物降解。

⑨氧化去烷基化。N-去烷基化：烷基氨基甲酸酯、苯基脲、有机磷杀虫剂可进行此反应。C-去烷基化：二甲苯、甲苯和甲氧氮化物可以进行此反应。

⑩硫醚氧化。三硫磷、扑草净的氧化降解。

⑪过氧化。艾氏剂和七氯可被微生物过氧化。

⑫苯环羟基化。尼古丁酸、2,4-D和苯甲酸等化合物可通过微生物的氧化作用使苯环羟基化。

⑬芳环裂解。苯酚系列的化合物可在微生物的作用下使环裂解。

⑭杂环裂解。五元环（杂环农药）和六元环化合物的裂解。

⑮环氧化。对于环戊二烯类杀虫剂来说，其生物降解作用机制包括脱卤、水解、还原和羟基化作用，但是环氧化作用是生物降解的主要机制。

（2）还原作用

包括高价铁和硫酸盐的还原、NO_3^- 的还原、羟基或醇的还原等，还原作用与氧化作用所存在的环境不同，还原作用需要缺氧或者厌氧（无氧）的环境。有些还原作用是氧化作用的逆过程，但有些则不是逆过程，如 NH_3 被氧化为 NO_3^-，而 NO_3^- 被还原为 N_2。

①乙烯基的还原。如大肠杆菌（Escherichia coliform）可将延胡索酸还原为琥珀酸。

②醇的还原。如丙酸羧菌（Clostridium propionicum）可将乳酸还原为丙酸。

③醌类的还原。醌类可以被还原成酚类。

④芳环羟基化。苯甲酸盐在厌氧条件下可以羟基化。

⑤双键还原作用。

⑥三键还原作用。

（3）基团转移作用

①脱羧作用。有机酸普遍存在于受有机污染的各种环境中，通过脱羧基直接使有机酸分子变小（脱羧基减少一个碳原子，形成一个 CO_2 分子）。连续的脱羧基反应可以使有机酸得到彻底的降解。一些小分子（短链）的有机酸经脱羧基作用很快得到降解。如戊糖丙酸杆菌（propionibacterium pentosaceum）可使琥珀酸等羧酸转化为丙酸。尼古丁酸和儿茶酸也可进行脱羧反应。

②脱氨基作用。使带有氨基（—NH_2）的有机物质脱除氨基，并能得到进一步的降解。主要是在蛋白质降解方面作用很大。构成蛋白质的氨基酸的降解必须先经脱氨基作用，然后才像普通有机酸一样经过脱羧作用等得到进一步的降解。如丙氨酸可在腐败芽孢杆菌

(bacillus putrificus)作用下脱氨基而成为丙酸。

③脱卤作用。常见于农药的生物降解,是某些脂肪酸生物降解的起始反应,若干氯代烃农药的生物降解也有此种反应。

④脱烃反应。常见于某些有烃基链接在氮、氧或硫原子上的农药。

⑤脱氢卤。可发生此反应的典型化合物为 γ - HCH 和 p', p' - DDT 等。

⑥脱水反应。如芽孢杆菌属(bacillus)可使甘油脱水为丙烯醛。

(4)水解作用

水解作用是一种很基本的生物代谢作用,许多种微生物可以发生水解作用,在处理一些有机大分子时,经常会用到水解作用这一特殊的生物化学反应,使有机大分子转化为很小的分子。

①酯类的水解。多种微生物可发生此反应。

②氨类也可被许多微生物水解。

③磷酸酯水解。

④腈水解。

⑤卤代烃水解去卤。卤代苯甲酸盐、苯氧基乙酸盐、芳草枯等可通过水解进行降解。

(5)酯化作用

羧酸与醇发生酯化反应。如 Hansenula anomola 可将乳酸转变为乳酸酯。

(6)缩合作用

如乙醛可在某些酵母的作用下缩合成 3 -羟基丁酮。

(7)氨化作用

如丙酮酸可在某些酵母作用下发生氨化反应,生成丙氨酸。

(8)乙酰化作用

如克氏梭菌(clostridium kluyveri)等可进行乙酰化作用。

(9)双键断裂反应

偶氮染料在厌氧菌的作用下,先发生脱氯反应生成两个中间产物,再经好氧过程才进一步生物降解。

(10)卤原子移动

卤代苯、2,4 - D 等污染物降解时可进行此反应。

由于微生物种类极多,代谢类型极为丰富,迄今已知的数十万种污染物(主要为有机污染物)中不能被微生物降解的很少,甚至可以说,目前不能被微生物降解的有机物的存在并不能说明肯定没有这种微生物,只是我们还没有发现或者还没有认识。另一方面,由于微生物结构简单,个体或者群体有很强的变异性,在微生物与污染物发生相互作用的同时,微生物会对污染物的存在作出反应和生理调节而发生变异,或者在污染物的诱导作用下发生变异。这样就有了更多的机会通过变异而降解那些难降解或者不可降解的有机污染物。目前有许多研究者在定向地进行富集培养和驯化环境微生物。微生物的共代谢作用使微生物在污染物质降解方面有了更广泛的作用。由此可知,环境污染物特别是有机污染物的生物降解在机理、功能与资源等方面都具有巨大的潜力。

2. 影响微生物对物质降解与转化的因素

(1)微生物的代谢活性

微生物本身的代谢活性(metabolic activity)是其对污染物降解与转化的最主要因素,包括微生物的种类和生长状况等方面。不同种类微生物对同一有机底物或有毒金属反应不同。在补加元素汞的细菌生长试验中,元素汞杀死铜绿假单胞菌(P. aeruginosa),降低荧光假单胞菌(P. fluorescens)的生长速度,而枯草芽孢杆菌(B. subtilis)和巨大芽孢杆菌(B. megaterium)的生长情况与对照相似,且所补加的 Hg^0 基本上全部被氧化。同种微生物的不同菌株反应也不同。例如,用平板培养法测氯化汞对 E. coli 敏感菌株和抗性菌株生长的影响,当培养基中含 0.04 mmol/L $HgCl_2$ 时,只有抗性菌株生长,其菌落数与对照几乎相同。

　　微生物在生长速度最快的对数期代谢最旺盛,活性最强,在此时期添加有毒金属,微生物受抑制的时间比在迟缓期添加要短得多。以污染物为唯一碳源或主要碳源作降解试验,以时间为横坐标,微生物量和污染物量为纵坐标作图,可得两条基本对应的双曲线,如图 6-19 所示,显示微生物经迟缓期进入对数生长期,污染物相应由迟缓期进入迅速降解期。

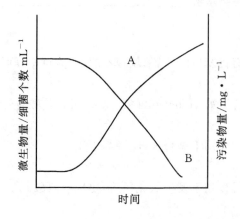

图 6-19　微生物活性与有机物降解速率的关系
A—微生物生长曲线;B—有机物降解曲线

　　同样的道理,在微生物稀少的自然环境中可存留几天或几周的有机物,在活性污泥中几个小时就被降解。微生物的种类组成可以决定化合物降解的方向和程度。另一方面,微生物的种类组成又与环境中化学物质有关。在一特殊环境中某种微生物占优势,主要是因为环境中存在能被这种微生物代谢的化学物质。如在含有烃类的水、土中,利用烃类的微生物占优势,这是自然富集的结果。微生物的种类组成除与底物有关外,也随温度、湿度、酸碱度、氧气和营养供应以及种间竞争等的改变而改变。

　　(2)微生物的适应性

　　微生物具有较强的适应和被驯化的能力,通过适应过程,难以被野生微生微降解的新合成化合物能够诱导必需的降解酶的合成;或由于微生物的自发突变而建立新的酶系;或虽不改变基因型,但显著改变其表现型,进行自我代谢调节,来降解转化污染物。因此,对污染物的降解转化,微生物的适应是另一个重要因子。在以上过程中,微生物群落结构向着适应新的环境条件的方向变化。

　　驯化(domestication)是一种定向选育微生物的方法与过程,它通过人工措施使微生物逐步适应某特定条件,最后获得具有高耐受力和代谢活性的菌株。在环境生物学中常通过驯化,获取对污染物具有较高降解效能的菌株,用于废水、废物的净化处理或有关科学实验中。

驯化方法有多种,最常用的途径是以目标化合物为唯一的或主要的碳源培养微生物,在逐步提高该化合物浓度的条件下,经多代传种而获得高效降解菌。如果仍不成功,可在驯化初期配加若干营养基质作为易降解类似目标物,而后逐步剔除,直到仅剩目标化合物。另外,可在添加有毒化合物的模型土柱中,用添加目标化合物回流法富集培养微生物,筛选出能以目标化合物为唯一或主要碳源的微生物。与许多合成化合物的降解一样,金属的微生物转化是由质粒控制的,质粒可以转移,因此经过驯化,敏感菌株可变为抗性菌株。例如,某些对汞敏感的微生物菌株经驯化,可耐受相当高浓度的汞,以后在无汞培养基上生长,此菌株仍能保持这种耐受性。经特定有机化合物驯化的活性污泥(一种由多种微生物生长繁殖所形成的表面积很大的菌胶团),可共代谢多种结构近似的化合物。例如,用苯胺驯化的活性污泥,除可降解各种取代基的苯胺外,还可降解苯、酚及 10 多种含氮有机物。

(3)化合物结构

化合物可根据微生物对它们的降解性分成可生物降解、难生物降解和不可生物降解三大类。某种有机物是否能被微生物降解,取决于许多因素,其中该物质的化学结构是重要因素之一。以下是化合物结构与其生物可降解性的关系。

①在烃类化合物中,一般是链烃比环烃易分解,直链烃比支链烃易分解,不饱和烃比饱和烃易分解。支链烷基愈多愈难降解。碳原子上的氢都被烷基或芳基取代时,会形成生物阻抗物质。

②主要分子链上的 C 被其它元素取代时,对生物氧化的阻抗就会增强。也就是说,主链上的其它原子常比碳原子的生物利用度低,其中氧的影响最显著,例如,醚类化合物较难生物降解,其次是 S 和 N。

③每个 C 原子上至少保持一个氢碳键的有机化合物,对生物氧化的阻抗较小;而当 C 原子上的 H 都被烷基或芳基所取代时,就会形成生物氧化的阻抗物质。

④官能团的性质及数量,对有机物的可生化性影响很大。例如,苯环上的氢被羟基或氨基取代,形成苯酚或苯胺,与原来的苯相比较,将更易被生物降解。相反,卤代作用却使生物降解性降低,卤素取代基愈多,抗性愈强。例如,自一氯苯到六氯苯,随着氯离子增多,降解难度相应加大。官能团的位置也影响化合物的降解性,如有两个取代基的苯化物,间位异构体往往最能抵抗微生物的攻击,降解最慢。尤其是间位取代的苯环,抗生物降解更明显。一级醇、二级醇易被生物降解,三级醇却能抵抗生物降解。土壤微生物对单个取代基苯化合物的分解能力如表 6-2 所示。

表 6-2　土壤微生物对单个取代基苯化合物的分解

化合物	取代基	降解时间/d	化合物	取代基	降解时间/d
苯酸盐	—COOH	1	苯胺	—NH$_2$	4
酚	—OH	1	苯甲醚	—OCH$_3$	8
硝基苯	—NO$_2$	64	苯磺酸盐	—SO$_3$H	16

⑤化合物的分子量大小对生物降解性的影响很大。高分子化合物,由于微生物及其酶不能扩散到化合物内部,袭击其中最敏感的反应键,因此,其生物可降解性降低。根据以上分析,很明显,结构简单的比复杂的易降解,分子量小的比分子量大的易降解,聚合物和复合物更能

抗生物的降解。

(4)环境因素

①温度。由于化合物的生物降解过程实际上是微生物所产生的酶催化的生化反应。而温度正是酶反应动力学的重要支配因素,且微生物生长速度以及化合物的溶解度等也受温度直接影响,因而温度对控制污染物的降解转化起着关键作用。例如,在温度为 30 ℃时,对苯二甲酸(TPA)降解速度最快,降解最大速度随温度的变化值与温度对酶活力影响相符。在自然环境中,地理和季节的变化对微生物降解转化污染物的速度起着决定性作用。

②酸碱度。不同微生物,其生长和繁殖的最佳 pH 范围不同。因此环境的酸碱度对生物降解有着很大的影响。一般来说,强酸强碱会抑制大多数微生物的活性,通常在 pH＝4～9 范围内微生物生长最佳。细菌和放线菌更喜欢中性至微碱性的环境,酸性条件有利于酵母菌和霉菌生长。氧化亚铁硫杆菌等嗜酸细菌在强酸条件下代谢活性更高,芽孢杆菌属等细菌可在强碱环境中发挥其降解转化作用。pH 可能影响污染物的降解转化产物,例如在 pH＝4～5 时,汞容易发生甲基化作用。

③营养。微生物生长除碳源外,还需要氮、磷、硫、镁等无机元素。由于有些微生物没有能力合成足够数量的氨基酸、嘌呤、嘧啶和维生素等特殊有机物以满足自身生长的需求。如果环境中这些营养成分中的某一种或几种供应不够,则污染物的降解转化就会受到极大限制。水作为微生物生活所必需的营养成分,也是影响降解转化的重要因素。没有水分,微生物不能存活,也就无法降解有机物或转化金属。在土壤环境中,水分还与氧化还原电位、化合物的溶解、金属的状态等密切相关,故对降解转化的影响更大。例如,在渍水状态下,可加强水解脱氯、还原脱氯和硝基还原等反应;许多有机氯杀虫剂可在渍水的厌氧条件下降解,而在非渍水土壤中长期滞留。

④氧。微生物降解转化污染物的过程可能是好氧的,也可能是厌氧的。好氧过程需要游离氧。对于环境中污染物的降解转化,尤其要关心的是以结合氧为电子受体的厌氧呼吸会生成 H_2S 等,结果对高等生物造成危害。在氧浓度低的自然环境中,如湖泊淤泥、沼泽、水淹的土壤中,厌氧过程总是占优势。

⑤底物浓度。由于生物化学的反应速度与底物浓度密切相关。因此,有机底物或金属本身的浓度对其降解速度会有明显的影响。某些化合物在高浓度时,由于微生物量迅速增加而导致快速降解。另一方面,某些化合物在低浓度时易被生物降解的,高浓度时却会抑制微生物的活性。

微生物降解有机污染物的动力学研究表明,底物初始浓度在一定范围内,随着浓度增大,反应速度加快,微生物降解为一级反应;但当浓度很大时,则为零级反应,反应速度与底物初始浓度则无关了。

6.3.2　水环境有机化合物生物处理净化原理

在自然条件下,微生物具有氧化分解有机物并将其转化为无机物的能力。水的生物处理法就是在人工条件下,创造有利于微生物生长代谢的环境,使微生物大量繁殖,提高微生物氧化分解有机物的能力,从而达到去除或降低废水中有机污染物的目的。生物处理过程既包括溶解性有机物中的碳被转化为新原质和二氧化碳的所谓碳氧化过程,也包括不溶性的胶体态有机物被微生物转化,形成不再受微生物新陈代谢活动影响的最终产物,即所谓的稳定化过程,还包括溶解性无机物(如氮和磷)的生物化学转化过程。

1. 好氧活性污泥净化原理

(1)活性污泥法中的微生物

活性污泥水处理中发挥作用的微生物,最大约 1 mm 左右,主要以细菌和原生动物为主。但是随着污泥种类的不同,也有真菌类和原生动物出现。

①细菌。废水中,直接摄取可溶性有机物者以细菌为主。构成活性污泥的细菌群中,有形成菌胶团的生枝动胶菌(zoogloea ramigera),形成丝状体的浮游球衣菌(sphaerotilus natans)。动胶菌属(zoogloea)因为是活性污泥菌胶团的主体而受到重视,其菌体以凝胶状物质包裹成手指状、树枝状、羽状形态而增殖。实际的活性污泥中出现典型的 zoogloea 絮凝体的为数不多,一般而言,大多是以多种类细菌构成的絮凝胶团。球衣菌属(sphaerotilus)形成如剑鞘并列状的透明丝状体,其丝状体中假分枝较多。如果污泥中的 sphaerotilus 异常增殖,则会引起污泥膨胀(bulking)现象,导致终沉池中固液相不能分离。此外,根据培养试验的结果,污泥中常见细菌种类以无色菌属(achromobacter)、产碱菌属(alcaligenes)、芽孢杆菌属(bacillus)、黄杆菌属(flavobacterium)为多。对于正常的城市污水的活性污泥,1 mg 的 MLSS(混合液悬浮固体)中约含 $2.0 \times 10^7 \sim 1.6 \times 10^8$ 个活菌数(1 mL 的活性污泥混合液中有 $10^7 \sim 10^8$ 个)。

②原生动物。原生动物与细菌都是在废水中起净化作用的主要成员,并且是污水处理效率的重要指示生物。活性污泥中虽含有多种不同的原生动物,但以纤毛虫占多数,据报道约有80 种之多。

③真菌类。有关活性污泥中真菌类的报道很少,它们通常出现在工业废水的活性污泥中,大多为藻菌类的水节霉属(leptomitus)、毛霉菌属(mucor)、半知菌类的地丝菌属(geotrichum)、木霉属(trichoderma)、酵母类的假丝酵母属(candida)、红酵母(rhodotorula)等。

④微小后生动物。通常,活性污泥中出现的微小后生动物有轮虫类(rotataria)与线虫类(nemstoda)。常出现的轮虫类有 rotaria、philodina、lecane、notommata、lepadella、colurella 等,但为数不多。线虫类有 dorylaimus、rhabdolaimus、rhabditis、diplogaster 等。而且,这些后生动物常摄食污泥中细菌、原生动物残骸的碎片。

普通的活性污泥混合液 1 mL 中的轮虫类个体数约在 100~200 以上,不超过微小动物总数的 5%。贫毛虫类以优势种出现一般仅限于长时间曝气法的情况,如果在 1 mL 混合液中出现 500 个以上的话,活性污泥即呈赤褐色。线虫类的出现个数大约在 100~200,很难形成优势增殖。其它的后生动物如腹毛虫类的 chaetonotus、甲壳虫类的 moina 及 macrobiotus 则仅仅是偶尔出现。不管任何场合,这些微小动物在 1 mL 混合液中的个体数皆在 100 以下。

(2)活性污泥的净化反应

活性污泥系统对有机底物的降解是通过几个阶段和一系列作用完成的。

①絮凝、吸附作用。在正常发育的活性污泥微生物体内,存在着由蛋白质、碳水化合物和核酸组成的生物聚合物,这些生物聚合物是带有电荷的电介质。因此,由这种微生物形成的生物絮凝体,都具有生物、物理、化学吸附作用和凝聚、沉淀作用,在其与废水中呈悬浮状和胶体状的有机污染物接触后,能够使后者失稳、凝聚,并被吸附在活性污泥表面降解。活性污泥的所谓"活性"即表现在这方面。

活性污泥具有很大的表面积,能够与混合液广泛接触,在较短的时间内(15~40 min),通过吸附作用,就能够去除废水中大量的呈悬浮和胶体状态的有机污染物,使废水的 BOD(生化需氧量)或 COD(化学需氧量)大幅度下降。

小分子有机物能够直接在透膜酶的催化作用下,透过细胞壁被摄入细菌体内,但大分子有机物则首先被吸附在细胞表面,在水解酶的作用下,水解成小分子再被摄入体内。一部分被吸附的有机物可能通过污泥排放被去除。

活性污泥吸附作用的大小与一系列因素有关。首先是废水的性质、特征。由于活性污泥对呈悬浮和胶体状态的有机污染物吸附能力较强,因而对含有这类污染物多的废水处理效果好。此外,活性污泥应当经过比较充分的再生曝气,使其吸附功能得到恢复和增强,一般应使活性污泥中的微生物进入内源代谢期。

②活性污泥中微生物的代谢及其增殖规律。活性污泥中的微生物将有机物摄入体内后,以其作为营养加以代谢。在好氧条件下,代谢按两个途径进行,如图 6-20 所示。一为合成代谢,部分有机物被微生物所利用,合成新的细胞物质;一为分解代谢,部分有机物被分解,形成 CO_2 和 H_2O 等稳定物质,并产生能量,用于合成代谢。同时,微生物细胞物质也进行自身的氧化分解,即内源代谢或内源呼吸。当废水中有机物充足时,合成反应占优势,内源代谢不明显;但当有机物浓度大为降低或已耗尽时,微生物的内源呼吸作用就成为向微生物提供能量、维持其生命活动的主要方式了。

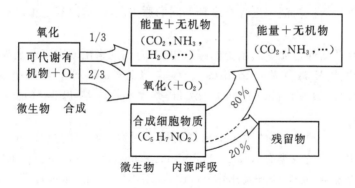

图 6-20　好氧过程中的微生物学机制

微生物增殖、有机物降解、微生物的内源代谢以及氧的消耗等过程,在曝气池内是同步进行的。活性污泥微生物是多属种细菌与多种原生动物的混合群体,但从整体来看其增殖过程是遵循一定规律进行的,分为对数增殖期、减衰增殖期与内源呼吸期。

在湿度适宜、溶解氧充足,而且不存在抑制物质的条件下,活性污泥微生物的增殖速率主要取决于微生物与有机基质的相对数量,即有机基质(F)与微生物(M)的比值(F/M)。它也是影响有机物去除速率、氧利用速率的重要因素。在推流式曝气池内,有机物与活性污泥在数量上的变化规律与间歇培养相同,只是其变化是在从池始端到终端这一空间内进行的。

③活性污泥的凝聚、沉淀与浓缩。活性污泥系统净化废水的最后程序是泥水分离,这一过程在二次沉淀池或沉淀区内进行。良好的凝聚、沉降与浓缩性能是正常活性污泥所具有的特性。活性污泥在二次沉淀池的沉降,经历絮凝沉淀、成层沉淀与压缩等过程,最后在池的污泥区形成浓度较高的作为回流污泥的浓缩污泥层。

正常的活性污泥在静置状态下,于 30 min 内即可基本完成絮凝沉淀与成层沉淀过程。浓缩过程比较缓慢,要达到完全浓缩,需时较长。影响活性污泥凝聚与沉淀性能的因素较多,其中以原废水性质为主。此外,水温、pH、溶解氧浓度以及活性污泥的有机物负荷也是重要的影响因素。对活性污泥的凝聚、沉淀性能,可用污泥指数(sludge volume index,SVI)、污泥沉降比(settled volume,SV)和混合液悬浮固体浓度(mixed liquid suspended solids,MLSS)等三项指标共同评价。

2. 好氧生物膜法净化原理

(1)好氧生物膜

生物膜法和活性污泥法都是利用好氧微生物分解废水中的有机物的方法。它们的主要不同点在于微生物提供的方式不同。在生物膜法中,微生物附着在固体滤料的表面上,在固体介质表面形成生物膜(biofilm),废水同生物膜相接触而得到处理,所需氧气一般直接来自大气。而在活性污泥法中,微生物是以污泥绒粒的形式分散、悬浮在曝气池的废水中,所需氧气是通过曝气装置提供的。所以生物膜法亦称为生物过滤法。

生物膜法具有以下几个特点:固着于固体表面上的微生物对废水水质、水量的变化有较强的适应性;和活性污泥相比,管理较方便;由于微生物固着于固体表面,即使增殖速度慢的微生物也能生息,从而构成了稳定的生态系。高营养级的微生物越多,污泥量自然就越少。一般认为,生物过滤法比活性污泥法的剩余污泥要少。由于固着于固体表面的微生物量较难控制,因而在运转操作上可调性差;又由于滤料表面积小,BOD 容积负荷有限,因而空间效果差;加上多采用自然通风供氧,在生物膜内层往往形成厌氧层,从而缩小了具有净化功能的有效容积。然而由于新工艺、新滤料的研制成功,生物膜法作为良好的好氧生物处理技术仍被广泛采用。生物膜净水原理示意如图 6-21 所示。

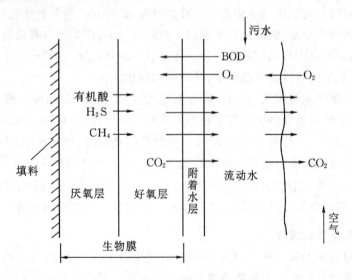

图 6-21　生物膜净水原理示意图

(2)生物膜的形成

在生物膜净化构筑物中,填充了数量相当多的挂膜介质。当有机废水均匀地淋洒在介质表层上后,便沿介质表面向下渗流。在充分供氧的条件下,接种的或原存在废水中的微生物就在介质表面增殖。这些微生物吸附废水中的有机物,迅速进行降解有机物的生命活动,逐渐在介质表面形成了黏液状的生长有极多微生物的膜,即称之为生物膜。

随着微生物的不断繁殖增长,以及废水中悬浮物和微生物的不断沉积,使生物膜的厚度不断增加。其结果是生物膜的结构发生了变化。膜的表层和废水接触,由于吸取营养和溶解氧比较容易,微生物生长繁殖迅速,形成了由好氧微生物和兼性微生物组成的好氧层。在其内部和介质接触的部分,由于营养料和溶解氧的供应条件较差,微少物生长繁殖受到限制,好氧微生物难以生活,兼性微生物转为厌氧代谢方式,某些厌氧微生物恢复了活性,从而形成了由厌氧微生物和兼性微生物组成的厌氧层。厌氧层是在生物膜达到一定厚度时才出现的,随着生物膜的增厚和外伸,厌氧层也随着变厚。

在负荷低的净化构筑物内,由于有机物氧化分解比较完全,生物膜的增长速度较慢,好氧层和厌氧层的界限并不明显。但在高负荷的净化构筑物内,生物膜增长迅速,好氧层和厌氧层的分界比较明显。生物膜并不是毫无变化地附着在滤料表面上,而是不断地增长、更新、脱落的。造成生物膜不断脱落的原因有:水力冲刷,由于膜增厚而造成重量的增大,原生动物的松动,厌氧层和介质的粘结力较弱等,其中以水力冲刷最为重要。从处理要求看,生物膜的更新脱落是完全必要的。

生物膜是生物处理的基础,必须保持足够的数量才能达到净化的目的。一船认为,生物膜厚度介于 $2\sim3$ mm 时较为理想,生物膜太厚,会影响通风,甚至造成堵塞。厌氧层一旦产生,会使处理水质下降,而且厌氧代谢产物会使环境卫生恶化。

(3)生物膜中的物质迁移

由于生物膜的吸附作用,在其表面有一层很薄的水层,称之为附着水层。附着水层的有机物大多已被氧化,其浓度比滤池进水的有机物浓度低得多。因此,进水池内的废水沿膜面移动时,由于浓度差的作用,有机物会从废水中转移到附着水层中去,进而被生物膜所吸附。同时,空气中的氧在溶入废水中后,继而进入生物膜。在此条件下,微生物对有机物进行氧化分解和同化合成,产生的二氧化碳和其它代谢产物一部分溶入附着水层,一部分析出到空气中去。如此循环往复,使废水中的有机物不断减少,从而得到净化。

在向生物膜细菌供氧的过程中,由于存在着气-液膜阻抗,因而速度很慢。所以随着生物膜厚度的增大,废水中的氧会迅速的被表层的生物膜所耗尽,致使其深层因氧不足而发生厌氧分解,积蓄了 H_2S、NH_3、有机酸等代谢产物。但当氧的供给充足时,厌氧层的厚度发展是有限的。此时产生的有机酸类能被异氧菌及时地氧化成 CO_2 和 H_2O,NH_3、H_2S 被自氧菌氧化成 NO_2^-、NO_3^-、SO_4^{2-} 等,仍然维持着生物膜的活性。若供氧不足,从总体上讲,厌氧菌将起主导作用,不仅丧失好氧生物分解的功能,而且将使生物膜发生非正常的脱落。

3. 厌氧生物处理净化原理

厌氧生物处理是在无氧条件下,利用多种厌氧微生物的代谢活动,将有机物转化为无机物和少量细胞物质的过程。这些无机物质主要是大量生物气即沼气和水。

(1)厌氧生物分解有机物的过程

如图 6-22 所示,复杂有机物的厌氧生物处理过程可以分为 4 个阶段。

①水解阶段。复杂有机物首先在发酵性细菌产生的胞外酶的作用下分解为溶解性的小分子有机物。如纤维素被纤维素酶水解为纤维二糖与葡萄糖,蛋白质被蛋白酶水解为短肽及氨基酸等。水解过程通常比较缓慢,是复杂有机物厌氧降解的限速阶段。

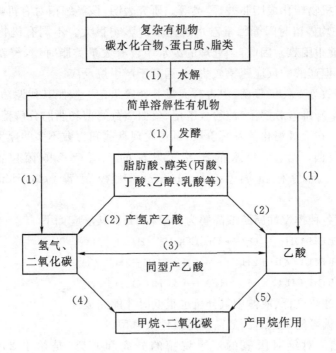

图 6-22　有机物厌氧分解过程

(1)—发酵细菌;(2)—产氢气乙酸菌;(3)—同型乙酸菌;
(4)—利用 H_2 和 CO_2 的产甲烷菌;(5)—分解乙酸的产甲烷菌

②发酵(酸化)阶段。溶解性小分子有机物进入发酵菌(酸化菌)细胞内,在胞内酶作用下分解为挥发性脂肪酸(VFA),如乙酸、丙酸、丁酸以及乳酸、醇类、二氧化碳、氨、硫化氢等,同时合成细胞物质。发酵可以定义为有机化合物既作为电子受体也作为电子供体的生物降解过程。在此过程中,溶解性有机物被转化为以挥发性脂肪酸为主的末端产物,因此这一过程也称为酸化。酸化过程是由许多种类的发酵细菌完成的。其中重要的类群有梭状芽胞杆菌(clostridium)和拟杆菌(bacteriodes)。这些菌绝大多数是严格厌氧菌,但通常有约 1% 的兼性厌氧菌生存于厌氧环境中,这些兼性厌氧菌能够起到保护严格厌氧菌(如产甲烷菌)免受氧的损害与抑制的作用。

③产乙酸阶段。发酵酸化阶段的产物丙酸、丁酸、乙醇等,在此阶段经产氢产乙酸菌作用转化为乙酸、氢气和二氧化碳。

④产甲烷阶段。在此阶段,产甲烷菌通过以下两个途径之一,将乙酸、氢气和二氧化碳等转化为甲烷。其一是在二氧化碳存在时,利用氢气生成甲烷。其二是利用乙酸生成甲烷。利用乙酸的产甲烷菌有索氏甲烷丝菌和巴氏甲烷八叠球菌,二者生长速率有较大差别。在一般的厌氧生物反应器中,约 70% 的甲烷由乙酸分解而来,30% 由氢气还原二氧化碳而来。

(2)厌氧消化微生物

①发酵细菌(产酸细菌)。主要包括梭菌属(clostridium)、拟杆菌属(bacteroides)、丁酸弧菌属(butyrivibrio)、真细菌属(eubacterium)和双歧杆菌属(bifidobacterium)等。

这类细菌的主要功能是先通过胞外酶的作用将不溶性有机物水解成可溶性有机物,再将可溶性的大分子有机物转化成脂肪酸、醇类等。研究表明,该类细菌对有机物的水解过程相当缓慢,pH 和细胞平均停留时间等因素对水解速率的影响很大。不同有机物的水解速率也不同,如类脂的水解就很困难。因此,当处理的废水中含有大量类脂时,水解就会成为厌氧消化过程的限速步骤。但产酸的反应速率较快,并远高于产甲烷反应。

发酵细菌大多数为专性厌氧菌,但也有大量兼性厌氧菌。按照其代谢功能,发酵细菌可分为纤维素分解菌、半纤维素分解菌、淀粉分解菌、蛋白质分解菌和脂肪分解菌等。

除发酵细菌外,在厌氧消化的发酵阶段,也可发现真菌和为数不多的原生动物。

②产氢产乙酸菌。近 10 年来的研究所发现的产氢产乙酸菌包括互营单孢菌属 (syntrophomonas)、互营杆菌属(syntrophobacter)、梭菌属(clostridium)、暗杆菌属 (pelobacter)等。

这类细菌能把各种挥发性脂肪酸降解为乙酸和 H_2。其反应如下

降解乙醇　$CH_3CH_2OH + H_2O \longrightarrow CH_3COOH + 2H_2$

降解丙酸　$CH_3CH_2COOH + 2H_2O \longrightarrow CH_3COOH + 3H_2 + CO_2$

降解丁酸　$CH_3CH_2CH_2COOH + 2H_2O \longrightarrow 2CH_3COOH + 2H_2$

上述反应只有在乙酸浓度低、液体中氢分压也很低时才能完成。

产氢产乙酸细菌可能是绝对厌氧菌或是兼性厌氧菌。

③产甲烷细菌。对绝对厌氧的产甲烷菌的分离和研究,是始于 20 世纪 60 年代末 Hungate 开创了绝对厌氧微生物培养技术后而得到迅速发展的。产甲烷菌大致可分为两类,一类主要利用乙酸产生甲烷;另一类数量较少,利用氢和 CO_2 生成甲烷。也有极少量细菌,既能利用乙酸,也能利用氢。

以下是两个典型的产甲烷反应

利用乙酸　$CH_3COOH \longrightarrow CH_4 + CO_2$

利用 H_2 和 CO_2　$4H_2 + CO_2 \longrightarrow CH_4 + 2H_2O$

产甲烷菌都是绝对厌氧细菌,要求生活环境的氧化还原电位在 $-150 \sim -400$ mV 范围内。氧和氧化剂对产甲烷菌有很强的毒害作用。

产甲烷菌的增殖速率慢,繁殖世代期长,甚至达 $4 \sim 6$ d,因此在一般情况下产甲烷反应是厌氧消化的控制阶段。

④厌氧微生物群体间的关系。在厌氧生物处理反应器中,不产甲烷菌和产甲烷菌相互依赖,互为对方创造与维持生命活动所需要的良好环境和条件,但又相互制约。厌氧微生物群体间的相互关系表现在以下几个方面。

a. 不产甲烷细菌为产甲烷细菌提供生长和产甲烷所需要的基质。

不产甲烷细菌把各种复杂的有机物质,如碳水化合物、脂肪、蛋白质等进行厌氧降解,生成游离氢、二氧化碳、氨、乙酸、甲酸、丙酸、丁酸、甲醇、乙醇等产物,其中丙酸、丁酸、乙醇等又可由产氢产乙酸细菌转化为氢、二氧化碳、乙酸等。这样,不产甲烷细菌通过其生命活动为产甲烷细菌提供了合成细胞物质和产甲烷所需的碳前体和电子供体、氢供体和氮源。产甲烷细菌充当厌氧环境有机物分解中微生物食物链的最后一个生物体。

b. 不产甲烷细菌为产甲烷细菌创造适宜的氧化还原条件。

厌氧发酵初期,由于加料使空气进入发酵池,原料、水本身也携带有空气,这显然对于产甲烷细菌是有害的。它的去除需要依赖不产甲烷细菌类群中那些需氧和兼性厌氧微生物的活

动。各种厌氧微生物对氧化还原电位的适应也不相同,通过它们有顺序地交替生长和代谢活动,使发酵液氧化还原电位不断下降,逐步为产甲烷细菌的生长和产甲烷反应创造适宜的氧化还原条件。

c. 不产甲烷细菌为产甲烷细菌清除有毒物质。

在以工业废水或废弃物为发酵原料时,其中可能含有酚类、苯甲酸、氰化物、长链脂肪酸、重金属等对于产甲烷细菌有毒害作用的物质。不产甲烷细菌中有许多种类能通过裂解苯环、降解氰化物等获得能源和碳源。这些作用不仅解除了对产甲烷细菌的毒害,而且给产甲烷细菌提供了养分。此外,不产甲烷细菌的产物硫化氢,可以与重金属离子作用生成不溶性的金属硫化物沉淀,从而解除一些重金属的毒害作用。

d. 产甲烷细菌为不产甲烷细菌的生化反应解除反馈抑制。

不产甲烷细菌的发酵产物可以抑制其本身的不断形成。氢的积累可以抑制产氢细菌的继续产氢,酸的积累可以抑制产酸细菌继续产酸。在正常的厌氧发酵中,产甲烷细菌连续利用由不产甲烷细菌产生的氢、乙酸、二氧化碳等,使厌氧系统中不致有氢和酸的积累,就不会产生反馈抑制,不产甲烷细菌也就得以继续正常的生长和代谢。

e. 不产甲烷菌和产甲烷细菌共同维持环境中适宜的 pH 值。

在厌氧发酵初期,不产甲烷细菌首先降解原料中的糖类、淀粉等物,产生大量的有机酸,产生的二氧化碳也部分溶于水,使发酵液的 pH 明显下降。而此时,一方面不产甲烷细菌类群中的氨化细菌迅速进行氨化作用,产生的氨中和部分酸;另一方面,产甲烷细菌利用乙酸、甲酸、氢和二氧化碳形成甲烷,消耗酸和二氧化碳。两个类群的共同作用使 pH 稳定在一个适宜范围内。

⑤缺氧(anoxic)处理。在没有分子氧存在的条件下,一些特殊的微生物类群可以利用含有化合态氧的物质如硫酸盐、亚硝酸盐和硝酸盐等作为电子受体,进行代谢活动。

a. 硫酸盐还原。

在处理含硫酸盐或亚硫酸盐废水的厌氧反应器中,硫酸盐或亚硫酸盐会被硫酸盐还原菌(sulfate-reducing bacteria, SRB)在其氧化有机污染物的过程中作为电子受体而加以利用,并将它们还原为硫化氢。SRB 的生长需要与产酸菌和产甲烷菌同样的底物,因此硫酸盐还原过程的出现会使甲烷的产量减少。

根据利用底物的不同,SRB 分为三类,即氧化氢的硫酸盐还原菌(HSRB),氧化乙酸的硫酸盐还原菌(ASRB),氧化较高级脂肪酸的硫酸盐还原菌(FASRB)。在 FASRB 中,一部分细菌能够将高级脂肪酸完全氧化为二氧化碳、水和硫化氢;另一些细菌则不完全氧化高级脂肪酸,其主要产物为乙酸。

在有机物的降解中,少量硫酸盐的存在影响不大。但与甲烷相比,硫化氢的溶解度要高很多,每克以硫化氢形式存在的硫相当于 2 g COD。因此,处理含硫酸盐废水时,有时尽管有机物的氧化已完成得不错,COD 的去除率却不一定令人满意。

硫酸盐还原需要有足够的 COD 含量,其质量比应超过 1.67。

b. 反硝化。

反硝化脱氮反应由脱氮微生物进行。通常脱氮微生物优先选择氧而不是亚硝酸作为电子受体。但如果分子氧被耗尽,则脱氮微生物开始利用硝酸盐,即脱氮作用在缺氧条件下进行。

在实际生物处理过程中,好氧、兼性、厌氧分解分别担任着各自的角色。在人工处理构筑物中,由于具备良好的工程措施,可以选择微生物的种类并控制相应的分解过程。例如,在活性污泥曝气池中具有选择优势的是好氧及兼性细菌,发生的主要分解反应是好氧分解。但在天然或半天然处理设施中,各种分解过程可能顺序发生或同时发生。例如,在固体废弃物的填埋处理过程中,有机物的分解往往最初以好氧分解为主,但在一些氧扩散条件差的位点会发生厌氧分解。因而实际处理过程中发生的生物降解过程往往十分复杂,远不似理想状态下那么简单。

4. 污水深度处理净化原理

(1)生物脱氮原理

生物脱氮过程。废水中的氮包括无机氮和有机氮两种。无机氮以氨氮(NH_3—N)、硝态氮(NO_3^-—N)和亚硝态氮(NO_2^-—N)3种形态存在,主要来源于微生物对有机氮的分解、农田排水以及某些工业废水。有机氮则以蛋白质、多肽和氨基酸为主,来源于生活污水、农业垃圾和食品加工、制革等工业废水。

生物脱氮由硝化作用和反硝化作用共同完成。它是指在微生物的作用下,废水中的氮化合物转化为氮气逸出并返回大气的过程,如图6-23所示。

图6-23 废水中的生物脱氮作用

①硝化反应。

硝化反应是在好氧状态下,将氨氮转化为亚硝酸盐和硝酸盐氮的过程。硝化反应是由一群自养型好氧微生物完成的,它包括两个基本反应步骤。第一阶段是由亚硝酸菌将氨氮转化为亚硝酸盐,称为亚硝化反应。亚硝酸菌中有亚硝酸单胞菌属、亚硝酸螺旋杆菌属和亚硝化球菌属等。第二阶段则由硝酸菌将亚硝酸盐进一步氧化为硝酸盐,称为硝化反应。硝酸菌有硝酸杆菌属、螺旋杆菌属和球菌属等。这两项反应均需在有氧的条件下进行。常以 CO_2、CO_3^{2-}、HCO_3^- 为碳源。

亚硝化反应 $$NH_4^+ + 1.5O_2 \xrightarrow{\text{亚硝酸菌}} NO_2^- + 2H^+ + H_2O - \Delta E$$
$$\Delta E = 278.42 \text{ kJ}$$

硝化反应 $$NO_2^- + 0.5O_2 \xrightarrow{\text{硝酸菌}} NO_3^- - \Delta E$$
$$\Delta E = 278.42 \text{ kJ}$$

硝化总反应 $$NH_4^+ + 2O_2 \longrightarrow NO_3^- + 2H^+ + H_2O - \Delta E$$
$$\Delta E = 351 \text{ kJ}$$

研究表明,硝化反应速率主要取决于氨氮转化为亚硝酸盐的反应速率。

由上述反应式计算得知,在硝化反应过程中,将1 g氨氮氧化为硝酸盐需要4.57 g氧(其中亚硝化反应需耗氧3.43 g,硝化反应需耗氧1.14 g),同时约需耗7.14 g重碳酸盐碱度(以$CaCO_3$计),以平衡硝化产生的酸度。

亚硝酸菌和硝酸菌统称为硝化菌,均是好氧自养菌,只有在溶解氧足够的条件下才能生长,其基本特征如表 6-3 所示。硝化反应中氮元素的转化如表 6-4 所示。由表可见,硝酸菌的世代期长,生长速度慢;而亚硝酸菌世代期较短,生长速度快,较易适应水质水量的变化和其它不利的环境条件。

表 6-3 亚硝酸菌和硝酸菌特性比较

项目	亚硝菌群(椭球或棒状)	硝酸菌(椭球或棒状)
细胞尺寸(μm)	1×1.5	0.5×1.5
革兰氏染色	阴性	阴性
世代期(h)	$8 \sim 36$	$12 \sim 59$
自养性	专性	兼性
需氧性	严格好氧	严格好氧
最大比增长速度(μm/h)	$0.04 \sim 0.08$	$0.02 \sim 0.06$
产率系数 Y	$0.04 \sim 0.13$	$0.02 \sim 0.07$
饱和常数 K/(mg/L)	$0.6 \sim 3.6$	$0.3 \sim 1.7$

在硝化反应中,$NH_4^+ - N$ 向 $NO_3^- - N$ 的转化过程中总氮量未发生变化。氮元素的价态变化如表 6-4 所示。

表 6-4 硝化过程中氮元素的价态变化

氮的氧化还原态		
$-$Ⅲ	氨离子 NH_4^+	
$-$Ⅱ		↘
$-$Ⅰ	羟胺 NH_2OH	
0		↘
$+$Ⅰ	硝酰基 NOH	
$+$Ⅱ		
$+$Ⅲ	亚硝酸根 NO_2^-	
$+$Ⅳ		↘
$+$Ⅴ	硝酸盐 NO_3^-	

②反硝化反应。

反硝化反应是由一群异养性微生物完成的生物化学过程。它的主要作用是在缺氧(无分子态氧)的条件下,将硝化过程中产生的亚硝酸盐和硝酸盐还原成气态氮(N_2)。反硝化细菌包括假单胞菌属、反硝化杆菌属、螺旋菌属和无色杆菌属等。它们多数是兼性细菌,有分子态氧存在时,反硝化菌氧化分解有机物,利用分子氧作为最终电子受体。在无分子态氧条件下,反硝化菌利用硝酸盐和亚硝酸盐中的 N(Ⅴ)和 N(Ⅲ)作为电子受体,O_2^- 作为受氢体生成 H_2O 和 OH^- 碱度,有机物则作为碳源及电子供体提供能量,并得到氧化稳定。

反硝化过程中亚硝酸盐和硝酸盐的转化是通过反硝化细菌的同化作用和异化作用来完成的。异化作用就是将 NO_2^- 和 NO_3^- 还原为 NO、N_2O、N_2 等气体物质,主要是 N_2。而同化作用是反硝化菌将 NO_2^- 和 NO_3^- 还原成为 $NH_3 - N$,供新细胞合成使用,使氮成为细胞质的成分,此过程可称为同化反硝化,反硝化反应中氮元素的转化如表 6-5 所示。

表 6-5　反硝化过程中氮元素的价态变化

反硝化反应式为

$$6NO_3^- + 5CH_3OH \xrightarrow{\text{反硝化菌}} 5CO_2 + 3N_2\uparrow + 7H_2O + 6OH^-$$

在 DO(溶解氧)≤0.5 mg/L 的情况下,兼性反硝化菌利用污水中的有机碳源(污水中的 BOD 成分)作为氢供给体,将来自于好氧池混合液中的硝酸盐和亚硝酸盐还原成氮气排入大气,同时有机物得到降解。其反应式为

$$2NO_2^- + 6H^+(\text{氢供给体}) \xrightarrow{\text{反硝化菌}} N_2 + 2H_2O + 2OH^-$$

$$2NO_3^- + 10H^+(\text{氢供给体}) \xrightarrow{\text{反硝化菌}} N_2 + 4H_2O + 2OH^-$$

该反应的实质是反硝化菌在缺氧环境中,利用硝酸盐的氮作为电子受体,将污水中的有机物作为碳源及电子供体,提供能量并得到氧化稳定。

在反硝化过程中,硝酸氮通过反硝化菌的代谢活动有同化反硝化和异化反硝化两种转化途径,其最终产物分别是有机氮化合物和气态氮,前者成为菌体组成部分,后者排入大气。如下所示

$$NO_3^- \begin{cases} \nearrow NO_2^- \longrightarrow NH_2OH \longrightarrow \text{有机体(同化反硝化)} \\ \searrow NO_2^- \longrightarrow N_2O \longrightarrow N_2\uparrow\text{(异化反硝化)} \end{cases}$$

当污水中缺乏有机物时,则无机物如氢、Na_2S 等也可以作为反硝化反应的电子供体,而微生物则可以通过消耗自身的原生质进行内源反硝化

$$C_5H_7NO_2 + 4NO_3^- \longrightarrow 5CO_2 + NH_3 + 2N_2\uparrow + 4OH^-$$

由上式可知,内源反硝化的结果将导致细胞物质的减少,同时还生成 NH_3,因此,不能让内源反硝化占主导地位,而应向污水中提供必需的有机碳源。使用最普遍的有机碳源是较为廉价的甲醇,其甲醇投加量的计算如下

$$C = 2.47N_0 + 1.53N + 0.87D$$

式中:C 为必需投加的甲醇量,mg·L;N_0 为初始的 NO_3^--N 浓度,mg·L;N 为初始的 NO_2^--N 浓度,mg·L;D 为初始的 DO 浓度,mg·L。

可见,在反硝化过程中,每转化 1 g 的 NO_3^-—N 需要 2.47 g 甲醇,这部分甲醇表现为 BOD_u 是其 1.05 倍,即在还原 1 g NO_3^-—N 的同时去除了 1.05×2.47=2.6 g BOD_u,以 DO 计,相当于在反硝化过程中"产生"了 2.6 g 氧。在反硝化反应中,还原 1 mg 硝态氮能产生 3.57 mg 碱度(以 $CaCO_3$ 计),而在硝化反应过程中,将 1 mg 的 NH_4^+—N 氧化为 NO_3^-—N,需消耗 7.14 mg 的碱度(以 $CaCO_3$ 计)。所以,在缺氧-好氧的 A_1/O 工艺中,反硝化反应产生的

碱度可补偿硝化反应消耗碱度的一半左右。因此,对含氮浓度不高的城市污水或生活活水进行处理时,可不必另外投加碱以调节 pH 值。

(2)生物脱氮过程的影响因素

生物脱氮的硝化过程是在硝化菌的作用下,将氨态氮转化为硝酸氮。硝化菌是化能自养菌,其生理活动不需要有机性营养物质,它从 CO_2 获取碳源,从无机物的氧化中获取能量。而生物脱氮的反硝化过程是在反硝化菌的作用下,将硝酸氮和亚硝酸氮还原为气态氮。反硝化菌是异养兼性厌氧菌,它只能在无分子态氧的情况下,利用硝酸和亚硝酸盐离子中的氧进行呼吸,使硝酸还原,所以,环境因素对硝化和反硝化的影响并不相同。

①硝化反应的影响因素有以下几种。

a.有机碳源。硝化菌是自养型细菌,有机物浓度不是它的生长限制因素,故在混合液中的有机碳浓度不应过高,一般 BOD 值应在 20 mg/L 以下。如果 BOD 浓度过高,就会使增殖速度较高的异养型细菌迅速繁殖,从而使自养型的硝化菌得不到优势而不能成为占优种属,严重影响硝化反应的进行。

b.污泥龄。为保证连续流反应器中存活并维持一定数量和性能稳定的硝化菌,微生物在反应器中的停留时间,即污泥龄应大于硝化菌的最小世代时间,硝化菌的最小世代时间是其最大比增长速率的倒数。脱氮工艺的污泥龄主要由亚硝酸菌的世代时间控制。因此污泥龄应根据亚硝酸菌的世代时间来确定。实际运行中,一般应取系统的污泥龄为硝化菌最小世代时间的三倍以上,并不得小于 3~5 d,为保证硝化反应的充分进行,污泥龄应大于 10 d。

c.溶解氧。氧是硝化反应过程中的电子受体,所以,反应器内溶解氧的高低必将影响硝化的进程,一般应维持混合液的溶解氧浓度为 2~3 mg/L,溶解氧浓度为 0.5~0.7 mg/L 是硝化菌可以承受的极限。有关研究表明,当 DO<2 mg/L 时,氨氮有可能完全硝化,但需要过长的污泥龄,因此,硝化反应设计的溶解氧浓度≥2 mg/L。

对于同时去除有机物和进行硝化反硝化的工艺,硝化菌约占活性污泥的 5% 左右,大部分硝化菌将处于生物絮体的内部。在这种情况下,溶解氧浓度的增加将会提高溶解氧对生物絮体的穿透力,从而提高硝化反应速率。因此,在污泥龄短时,由于含碳有机物氧化速率的增加,致使耗氧速率增加,减少了溶解氧对生物絮体的穿透力,进而降低了硝化反应速率;相反,在污泥龄长的情况下,耗氧速率较低,即使溶解氧浓度不高,也可以保证溶解氧对生物絮体的穿透作用,从而维持较高的硝化反应速率。所以,当污泥龄降低时,为维持较高的硝化速率,则可相应地提高溶解氧的浓度。

d.温度。温度不但影响硝化菌的比增长速率,而且影响硝化菌的活性。硝化反应的适宜温度范围是 20~30 ℃。表 6-6 列出了不同温度下亚硝酸菌的最大比增长速率 μ_N 值,从表中可以看出,μ_N 值与温度的关系服从 Arrhenius 方程,即温度每升高 10 ℃,μ_N 值增加一倍。在 5~35 ℃的范围内,硝化反应的速率随温度的升高而加快,但达到 30 ℃时增加幅度减少,因为当温度超过 30 ℃时,蛋白质的变性降低了硝化菌的活性。当温度低于 5 ℃时,硝化细菌的生命活动几乎停止。

表 6-6　不同温度下亚硝酸菌的最大比增长速率

温度/ ℃	10	20	30
μ_N/d^{-1}	0.3	0.65	1.2

e.pH 值。硝化菌对 pH 值的变化非常敏感,最佳 pH 值的范围为 7.5~8.5,当 pH 值低于 7 时,硝化速率明显降低,当 pH 值低于 6 或高于 9.6 时,硝化反应将停止进行。由于硝化反应中每消耗 1 g 氨氮要消耗碱度 7.14 g,如果污水氨氮浓度为 20 mg/L,则需消耗碱度 143 mg/L。一般地,污水对于硝化反应来说,碱度往往是不够的,因此,应投加必要的碱量,以维持适宜的 pH 值,保证硝化反应的正常进行。

f.C/N 比。在活性污泥系统中,硝化菌只占活性污泥微生物的 5% 左右,这是因为与异养型细菌相比,硝化菌的产率低,比增长速率小。而 BOD_5/TKN 值的不同,将会影响到活性污泥系统中异养菌与硝化菌对底物和溶解氧的竞争,从而影响脱氮效果。一般认为处理系统的 BOD 负荷低于 0.15 g BOD_5/(gMLSS·d),处理系统的硝化反应才能正常进行。

g.有害物质。对硝化反应产生抑制作用的有害物质主要有重金属,高浓度的 NH_4^+—N、NO_x^-—N 络合阳离子和某些有机物。有害物质对硝化反应的抑制作用主要有两个方面:一是干扰细胞的新陈代谢,这种影响需长时间才能显示出来;二是破坏细菌最初的氧化能力,这种影响在短时间里即会显示出来。一般来说,同样的毒物对亚硝酸菌的影响比对硝酸菌的影响强烈。对硝化菌有抑制作用的重金属有 Ag、Hg、Ni、Cr、Zn 等,毒性作用由强到弱,当 pH 值由较高到低时,毒性由弱到强。而一些含氮、硫元素的物质也具有毒性,如硫脲、氰化物、苯胺等,其它物质如酚、氟化物、ClO_4^-、K_2CrO_4、三价砷等也具有毒性,一般情况下,有毒物质主要抑制亚硝酸菌的生长,个别物质主要抑制硝酸菌的生长。

②反硝化反应的影响因素有以下几种。

a.有机碳源。反硝化菌为异养型兼性厌氧菌,所以反硝化过程需要提供充足的有机碳源,通常以污水中的有机物或者外加碳源(如甲醇)作为反硝化菌的有机碳源。碳源物质不同,反硝化速率也将不同。表 6-7 列出了一些碳源物质的反硝化速率。

表 6-7 不同碳源的反硝化速率

碳源	反硝化速率/(gNO_3^-—N/gVSS·d)	温度/℃
啤酒废水	0.2~0.22	20
甲醇	0.12~0.90	20
挥发废酸	0.36	20
生活污水	0.03~0.11	15~27
内源代谢产物	0.017~0.048	12~20

目前,通常是利用污水中有机碳源,因为它具有经济、方便的优点。一般认为,当污水中的 BOD_5/T—N 值>3~5 时,即可认为碳源是充足的,不需外加碳源,否则应投加甲醇(CH_3OH)作为有机碳源,它的反硝化速率高,被分解后的产物为 CO_2 和 H_2O,不留任何难以降解的中间产物,其缺点是处理费用高。

b.pH 值。pH 值是反硝化反应的重要影响因素,反硝化过程最适宜的 pH 值范围为 6.5~7.5,不适宜的 pH 值会影响反硝化菌的生长速率和反硝化酶的活性。当 pH 值低于 6.0 或高于 8.0 时,反硝化反应将受到强烈抑制。由于反硝化反应会产生碱度,这有助于将 pH 值保持在所需范围内,并可补充在硝化过程中消耗的一部分碱度。

c.温度。反硝化反应的适宜温度为 20~40 ℃。低于 15 ℃时,反硝化菌的增殖速率降低,

代谢速率也降低,从而降低了反硝化速率。温度对反硝化速率的影响可用阿累尼乌斯方程表示

$$q_{D(T)} = q_{D(20)} \cdot \theta_1^{(T-20)}$$

式中:$q_{D(T)}$ 为温度为 T ℃时的反硝化速率,$gNO_3^- - N/(gVSS \cdot d)$;$q_{D(20)}$ 为温度为 20 ℃时的反硝化速率,$gNO_3^- - N/(gVSS \cdot d)$;$\theta$ 为温度系数,一般 $\theta = 1.03 \sim 1.15$,设计时可取 $\theta = 1.09$。

研究结果表明:温度对反硝化反应的影响与反硝化设备的类型有关,表 6-8 中列出了不同温度对几种反硝化构筑物反硝化速率的影响。由表 6-8 看出,温度对生物流化床反硝化的影响比生物转盘和悬浮活性污泥要小得多。当温度从 20 ℃降到 5 ℃时,为达到相同的反硝化效果,生物流化床的水力停留时间提高到了原来的 2.1 倍,而采用生物转盘和活性污泥法,水力停留时间则分别为原来的 4.6 倍和 4.3 倍。

表 6-8　温度对不同构筑物反硝化速率的影响

温度/ ℃	$C_0$① (mg/L)	C_e① (mg/L)	水力停留时间/min		
			生物流化床	生物转盘	悬浮活性污泥法②
20.0	20.0	1.0	7	46	59
5.0	20.0	1.0	15	213	256

注:①C_0 和 C_e 分别为进、出水的 $NO_3^- - N$ 浓度;②SRT=9 d,MLVSS=2500 mg/L。

研究结果还表明:硝酸盐负荷率高,温度的影响也高;反之,则温度影响低。

d. 溶解氧。反硝化菌是兼性菌,既能进行有氧呼吸,也能进行无氧呼吸。含碳有机物好氧生物氧化时所产生的能量高于厌氧反硝化时所产生的能量,这表明,当同时存在分子态氧和硝酸盐时,优先进行有氧呼吸,反硝化菌降解含碳有机物而抑制了硝酸盐的还原。所以,为了保证反硝化过程的顺利进行,必须保持严格的缺氧状态。微生物从有氧呼吸转变为无氧呼吸的关键是合成无氧呼吸的酶,而分子态氧的存在会抑制这类酶的合成及其活性。由于这两方面的原因,溶解氧对反硝化过程有很大的抑制作用。一般认为,系统中溶解氧保持在 0.5 mg/L 以下时,反硝化反应才能正常进行。但在附着生长系统中,由于生物膜对氧传递的阻力较大,可以容许较高的溶解氧浓度。

5. 生物除磷基本原理

(1)微生物除磷原理

生物除磷通常指的是在活性污泥或生物膜法处理废水之后进一步利用微生物去除水体中磷的技术。该技术主要利用聚磷菌等一类细菌,过量地、超出其生理需要地从废水中摄取磷,并将其以聚合态贮藏在体内,形成高磷污泥而排出系统,实现废水除磷的目的。

聚磷菌是一种适应厌氧和好氧交替环境的优势菌群,在好氧条件下不仅能大量吸收磷酸盐合成自身的核酸和 ATP,而且能逆浓度梯度地过量吸收磷合成贮能的多聚磷酸盐。

聚磷菌能够过量摄磷的原因可以解释如下。废水除磷工艺中同时存在的发酵产酸菌,能为其它的聚磷菌提供可利用的基质。处于厌氧和好氧交替变化的生物处理工艺中,在厌氧条件下,聚磷菌生长受到抑制,为了生长便释放出其细胞中的聚磷酸盐(以溶解性的磷酸盐形式释放到溶液中),同时释放出能量。这些能量可用于降解废水中简单的溶解性有机基质。在这

种情况下,聚磷菌表现为磷的释放,即磷酸盐由微生物体内向废水的转移。当上述微生物继而进入好氧环境后,它们的活力将得到充分的恢复,并在充分利用基质的同时,从废水中大量摄取溶解态的正磷酸盐,在聚磷菌细胞内合成多聚磷酸盐,如具有环状结构的三偏磷酸盐和四偏磷酸盐 $M_nP_nO_{3n}$;以及具有线状结构的焦磷酸盐和不溶性结晶聚磷 $M_{n+2}P_nO_{3n}$;具有横联结构的过磷酸盐等,并加以积累。这种对磷的积累作用大大超过了微生物正常生长所需的磷量,可达细胞质量的 $6\%\sim8\%$。而且有研究证明聚-3-羟基丁酸盐比聚-3-羟基戊酸盐更能够影响聚磷菌的好氧摄磷。聚磷菌在厌氧条件下不但能分解外界的有机物,还能通过分解体内的聚磷来获取生长繁殖所需的能量。

　　图 6-24 为聚磷菌利用乙酸基质在厌氧和好氧条件下的代谢过程。在厌氧条件下,聚磷菌将体内储藏的聚磷分解,产生的磷酸盐进入液体中(放磷),同时产生的能量可供聚磷菌在厌氧条件下生理活动之需;另一方面用于主动吸收外界环境中的可溶性脂肪酸,在菌体内以聚β-羟丁酸(PHB)的形式贮存。细胞外的乙酸转移到细胞内生成乙酰 CoA 的过程也需要耗能,这部分能量来自菌体内聚磷的分解,聚磷分解会导致可溶性磷酸盐从菌体内的释放和金属

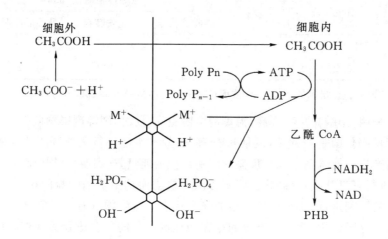

(a)厌氧放磷过程

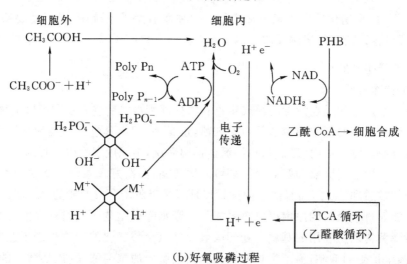

(b)好氧吸磷过程

图 6-24　聚磷菌利用乙酸基质的代谢过程

阳离子转移到细胞外。

在好氧条件下,聚磷菌体内的 PHB 分解为乙酰 CoA,一部分用于细胞合成,大部分进入三羧酸循环和乙醛酸循环,产生氢离子和电子;PHB 分解过程中也产生氢离子和电子,这两部分氢离子和电子经过电子传递产生能量,同时消耗氧。产生的能量一部分供聚磷菌正常的生长繁殖,另一部分供其主动吸收环境中的磷,并合成聚磷,使能量贮存在聚磷的高能磷酸键中,这就导致菌体从外界吸收可溶性的磷酸盐和金属阳离子进入体内。

过量除磷主要是生物作用的结果,但是生物过量除磷并不能解释所有的生物除磷行为。研究结果表明,生物诱导的化学除磷可以作为生物除磷的补充,在生物除磷系统中磷的脱除可能包括 5 种途径:生物过量除磷、正常磷的同化作用、正常液相沉淀、加速液相沉淀以及生物膜沉淀等。

(2)聚磷微生物

一般聚磷微生物可以分为三大类,即不动细菌属、具有硝化或反硝化能力的聚磷菌以及假单胞菌属(pseudomonas)和气单胞菌属(aerodomonas)等其它聚磷菌。

不动细菌,如乙酸钙不动杆菌(acinetbacter calcoa ceticus)和鲁氏不动杆菌(alwoffi),其外观为粗短的杆状,格兰氏染色阴性或略紫色,对数期细胞大小 $1\sim1.5~\mu m$,杆状到球状,静止期细胞近球状,以成对、短链或簇状出现;而试验也发现硝化杆菌属(nitrobacter sp.)、反硝化硝化球菌(nitrococcus denitrificans)和亚硝化球菌(nitrosococcusf)等也能超量吸磷;其它聚磷菌主要有假单胞菌属(pseudomonas)、气单胞菌属(aerodomonas)、放线菌属(microthrir)和诺卡氏菌属(nocardia)等,如氢单胞菌(hydrogenomonas sp.)、孢囊假单胞菌(pseudomanas vesicularis)、沼泽红假单胞菌(rhodopseudomonas palustris)以及产气杆菌(aerobacter aerogenes)等。

聚磷菌一般只能利用低级脂肪酸(如乙酸等),而不能直接利用大分子的有机基质,因此大分子物质需降解成小分子物质。如果降解作用受到抑制,则聚磷菌难以利用放磷中产生的能量来合成聚-β-羟基丁酸盐(PHB)颗粒,因而也难以在好氧阶段通过分解 PHB 来获得足够的能量过量地摄磷和积磷,从而影响系统的处理效率。

(3)除磷过程

废水的生物除磷工艺过程中通常包括两个反应器:一个是厌氧放磷;另一个为好氧吸磷。图 6-25 和图 6-26 分别为活性污泥法生物除磷的工艺流程和在工艺过程中厌氧放磷和好氧吸磷的生化机理。

①厌氧放磷。污水生物处理中,主要是将有机磷转化成正磷酸盐,聚合磷酸盐也被水解成正盐形式。废水的微生物除磷工艺中的好氧吸磷和除磷过程是以厌氧放磷过程为前提的。在厌氧条件下,聚磷菌体内的 ATP 水解,释放出磷酸和能量,形成 ADP,即

$$ATP + H_2O \longrightarrow ADP + H_3PO_4 + 能量$$

试验证明,经过厌氧处理的活性污泥,在好氧条件下有很强的吸磷能力。

②好氧吸磷。在好氧条件下,聚磷菌有氧呼吸,不断地从外界摄取有机物,ADP 利用分解有机物所得的能量进行磷酸合成 ATP,即

$$ADP + H_3PO_4 + 能量 \longrightarrow ATP + H_2O$$

其中大部分磷酸是通过主动运输的方式从外部环境摄取的,这就是所谓的"磷的过量摄取"现象。活性污泥法生物除磷的生化机理如图 6-26 所示。

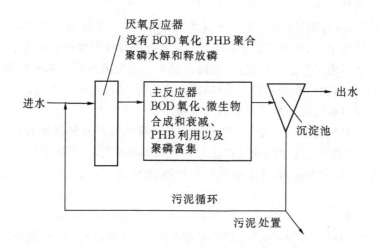

图 6-25 活性污泥法生物除磷工艺流程

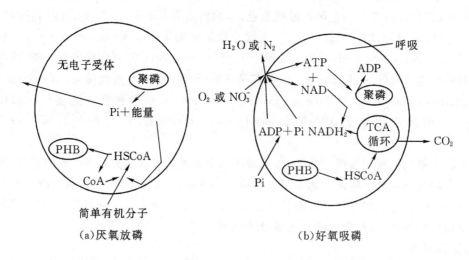

(a)厌氧放磷　　　　　(b)好氧吸磷

图 6-26 活性污泥法生物除磷的生化机理

(4)生物除磷影响因素

①溶解氧。生物除磷工艺中厌氧段的厌氧条件十分重要,因为它会影响聚磷菌的释磷能力及其利用有机底物合成 PHB 的能力。由于氧的存在,会促成非聚磷菌的需氧生长消耗有机底物,使发酵产酸得不到足够的营养来产生短链脂肪酸供聚磷菌使用,导致聚磷菌的生长受到抑制。所以厌氧阶段的溶解氧浓度应控制在 0.2 mg/L 以下。

为了最大限度地发挥聚磷菌的摄磷作用,必须在好氧阶段供给足够的溶解氧,以满足聚磷菌的需氧呼吸,一般溶解氧的浓度应控制在 1.5～2.5 mg/L 范围内。

②基质种类。聚磷菌对不同有机基质的吸收是不同的。如图 6-27 所示,在释磷系统的厌氧区,聚磷菌首先优先吸收分子量较小的低级脂肪酸类物质,然后才吸收可迅速降解的有机物,最后再吸收复杂难降解的高分子有机基质。废水中所含有机基质种类对磷的释放有很大影响。

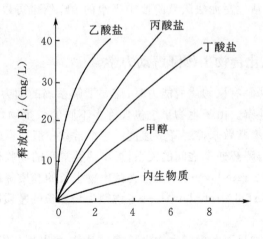

图 6-27　基质种类与磷释放的关系

③碳磷比(C/P)。废水生物除磷工艺中各营养组分之间的比例关系也是影响聚磷菌及其摄磷效果的一个不可忽视的方面。要提高脱磷系统的除磷效率,就要提高原水中挥发脂肪酸在总有机底物中的比例,至少应提高可迅速降解有机基质的含量。就进水中 BOD_5 与 TP 的比例条件而言,聚磷菌在厌氧阶段中释放磷时产生的能量主要用于其吸收溶液中可溶性低分子基质并合成 PHB 而贮存在其体内,以作为其在厌氧环境中生存的基础。因此进水中有无足够的有机基质供聚磷菌合成足够的 PHB 是关系到聚磷菌能否在厌氧条件下生存的重要原因。为了保证脱磷效果,进水中的 BOD_5/TP 至少应在 15 以上,一般在 20~30。

④亚硝酸盐和硝酸盐浓度。亚硝酸盐浓度高低对活性污泥法除磷过程中缺氧释磷段有一定的影响。试验表明:在亚硝酸盐浓度较低的情况下(大约 4~5 mg/L),对缺氧释磷过程无危害;但当亚硝酸盐的浓度高于 8 mg/L 时,缺氧吸磷被完全抑制,好氧吸磷也产生严重抑制。在该试验条件下,临界亚硝酸盐的浓度为 5~8 mg/L。

由于聚磷菌中的气单胞菌属具有将复杂高分子有机底物转化为挥发性脂肪酸的能力,所以在除磷过程中存在着气单胞菌→发酵产酸→聚磷之间的连锁关系。而其中气单胞菌是否能够充分发挥其以发酵中间产物为电子受体而进行的发酵产酸能力,是决定其它聚磷菌能否正常发挥其功能的重要因素。但是气单胞菌能否充分发挥这种发酵产酸的能力,取决于废水的水质情况。实验表明,气单胞菌也是一种能利用硝酸盐作为最终电子受体的兼性反硝化菌,而且只要存在 NO_3^-,其对有机基质的发酵产酸作用就会受到抑制,从而也就抑制了聚磷菌的释磷和摄磷能力及 PHB 合成能力,结果导致系统的除磷效果下降甚至被破坏。为了保证厌氧段的高效释磷能力,一般应将 NO_3^- 浓度控制在 0.2 mg/L 以下。

⑤污泥龄。污泥龄的长短对污泥摄磷作用及剩余污泥的排放有直接的影响。泥龄越长,污泥含磷量越低,去除单位质量的磷需消耗的 BOD 越多。此外,由于有机质的不足会导致污泥中的磷"自溶",降低除磷效果;泥龄越短,污泥含磷量越高,污泥产磷量也越高。还有,泥龄短有利于控制硝化作用的发生和厌氧段的充分释磷。因此,一般宜采用较短泥龄,为 3.5~7 d。但泥龄的具体确定应考虑整个处理系统中出水 BOD 或 COD 的要求。与活性污泥除磷法相比较,质量传递效果对生物膜除磷法的影响更加显著。因此,要提高生物膜法除磷效果,需要对生物膜载体进行必要的反冲洗,使生物膜比较薄。

此外,研究发现改变活性污泥法厌氧阶段中废水的 pH 值也可以提高序批式间歇反应器的除磷效果。

6.3.3　环境有机化合物生物降解动力学

在评价微生物系统降解有机物质的能力时,需要了解系统的动力学。所谓动力学是指标靶化合物的微生物降解速率。由于生物系统包含许多不同的微生物,每种微生物又有不同的酶系,因此经常用总的速率常数来描述降解速度。这个常数一般在试验室模拟测定。

通过研究基质浓度与降解速率之间的关系,提出两类常用的经验模式。这两类模式是:

①幂指数定律(Power rate law)——不考虑微生物生长的基质降解模式;

②双曲线定律(Hyperbolic rate law)——考虑微生物生长的基质降解模式。

(1)幂指数定律

在基质降解过程中,如果不考虑微生物生长这一因素,可以用幂指数定律来描述基质降解速率(反应速率)与基质浓度的关系。

根据幂指数定律,降解速率与基质浓度 n 次幂成正比

$$-\frac{\mathrm{d}S}{\mathrm{d}t} = kS^n \qquad\qquad (6-1)$$

式中:S 为基质浓度;k 为生物降解速率常数;n 为反应级数。

反应可以是零级反应,即反应速率与任何基质浓度无关,即式(6-1)可以用下式表示

$$-\frac{\mathrm{d}S}{\mathrm{d}t} = kS^0 = k \qquad\qquad (6-2)$$

对式(6-2)积分,速率定律的形式为

$$S_t - S_0 = -kt \qquad\qquad (6-3)$$

式中:S_0 为基质的起始浓度;S_t 为任意时间 t 的基质浓度。

在单一的反应物转变为单一的生成物的情况下,或在基质浓度很高的情况下,可考虑零级反应。如果基质浓度很低,又不了解系统的动力学关系的情况下,可以假定 n 为 1,即一级反应关系。一级反应为反应速率与基质浓度成正比。由于降解速率取决于基质浓度,而基质浓度又随时间而变化,因此在一级反应中基质浓度随时间的变化在普通坐标图上得不到像零级反应那样的线性结果(见图 6-28(a))。而在半对数坐标图上,即对浓度 S 取对数会得到线性结果(见图 6-28(b))。

在一级反应中,式(6-1)可以用下式表示

$$-\frac{\mathrm{d}S}{\mathrm{d}t} = kS^1 = kS \qquad\qquad (6-4)$$

对方程式(6-4)积分,得到速率的积分形式

$$S_t = S_0 \mathrm{e}^{-kt} \qquad\qquad (6-5)$$

或

$$\ln\left(\frac{S_t}{S_0}\right) = -kt \qquad\qquad (6-6)$$

根据 $\ln\left(\dfrac{S_t}{S_0}\right)$ 和时间 t 的斜率即可以求出 k 值。

原始基质浓度降解一半所需的时间称为半衰期。半衰期($t_{1/2}$)为

$$t_{1/2} = \ln2/k \qquad\qquad (6-7)$$

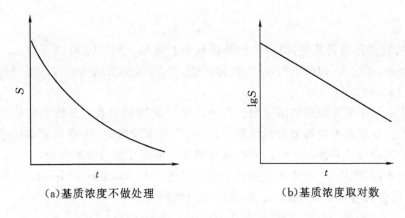

（a）基质浓度不做处理　　　　　　　（b）基质浓度取对数

图 6-28　基质浓度随时间以一级反应速率消失

现在已经测定出不同基质条件下一些有机化合物的半衰期，这些数据对于评价它们的生物降解性是十分重要的。表 6-9 根据有机物在环境中的半衰期对它们的生物降解性进行分类。当然，它们的生物降解性与环境因素有很大的关系。

表 6-9　有机物的生物降解作用与半衰期

类别	半衰期	类别	半衰期
生物降解快	1～7 d	生物降解慢	4～24 周
生物降解较慢	7～28 d	抗生物降解	6～12 月

在多种基质的混合废水中，每种基质的去除虽以恒速进行（零级反应），不受其它基质的影响，但基质的总去除量则为每个单一基质去除量之和，所以一般可以认为整个系统的动力学为一级反应关系。

反应还可以是二级反应，即反应速率与基质浓度的二次方成正比。式（6-1）可以用下式表达

$$-\frac{\mathrm{d}S}{\mathrm{d}t} = kS^2 \tag{6-8}$$

式（6-8）的积分形式为

$$\frac{1}{S_t} - \frac{1}{S_0} = kt \tag{6-9}$$

在下列反应中，反应会呈二级反应

$$2A（反应物）\longrightarrow P（产物）\tag{6-10}$$

在不同的环境中反应级数不同，可以根据特定的一组浓度 s 和时间 t 的实验数据，根据式（6-3）、式（6-6）和式（6-9）来判断其反应级数。

（2）双曲线定律

在基质降解过程中，经常要考虑微生物的生长，基质浓度与微生物生长速率之间关系可以用双曲线定律来描述。

双曲线定律是 Monod 于 1949 年提出的，又称 Monod 方程，它的形式与 Michaelis-Menten 方程类似，如下

$$\mu = \frac{S\mu_{\max}}{K_s + S} \tag{6-11}$$

式中：μ 为微生物的比增长速率，即单位生物量的增长速率，单位为[时间]$^{-1}$；$\mu_{\max}$ 为微生物的最大比增长速率，单位为[时间]$^{-1}$；K_s 为饱和常数，当 $\mu = \mu_{\max}/2$ 时所对应的基质浓度，单位为浓度单位，比如 mg/L。

图 6-29 显示了基质浓度与微生物种群增长速率之间的关系。基质浓度较低时，微生物的比增长速率随基质浓度的增加而线性增加；在基质浓度较高时，比增长速率接近最大值，微生物的比增长速率与基质浓度无关。微生物对基质的降解作用以及微生物的生长都要靠各种各样酶的催化作用，所以 Monod 方程的数学表达式形式和 Michaelis-Menten 方程是一致的。所不同的是：用 μ 代替 ν，$\mu_{\max}$ 代替 $\nu_{\max}$，以及用 K_s 代替 K_m。

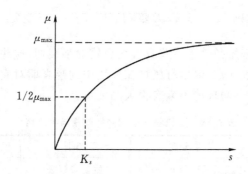

图 6-29　基质浓度与微生物比增长速率之间关系—双曲线方程

K_s 也代表微生物与支持其生长的有机营养物质的亲和力，数值越小，细菌对该分子的亲和力越大。

K_s 值的跨度相当大。对一种细菌来说，不同的基质有不同的 K_s；对同一种基质来说，K_s 值与细菌菌株有关，甚至同一个菌株在低浓度有一个 K_s 值，在高浓度有另一个 K_s 值。一些 K_s 值如表 6-10 所示。

表 6-10　某些细菌或水样的 K_s 值

基质	微生物或样品	K_s 值/(mg·L^{-1})	基质	微生物或样品	K_s 值/(mg·L^{-1})
葡萄糖	黄杆菌 1	0.0071	木糖	溶纤维丁酸弧菌	55
	黄杆菌 2	29~1314	间甲酚	天然水	0.0006~0.0018
	河水	26	氯苯	天然水	0.0010~0.0051
谷氨酸盐	气单胞菌	0.163~1.3	NTA	天然水	0.060~0.170
麦芽糖	溶纤维丁酸弧菌	2.1	苯酚	废水	1.3~270

由表 6-10 的数据可以看出 K_s 的差别很大，似乎无规律可循。但是可以看到营养富集环境中的细菌比低有机成分的生境中的细菌有较高的 K_s 值。从表 6-10 还可以看到在天然水中代谢的微生物可以迅速代谢加入的分子。应当指出，在培养基加入的碳源的浓度远远高于表 6-10 所列的 K_s 值。

6.4　典型有害有机污染物的生物净化机理

6.4.1　卤代烃类降解

卤代有机化合物是一类非常重要的化合物,被广泛地应用于工业、农业、农药、有机合成。由于应用广泛,因此,卤代有机化合物进入环境的机会也就很大,途径也很多。概括起来,环境中的卤代有机物主要来自人工应用、自然生成和人工条件下的有机物卤化。

卤代有机化合物中卤代脂肪烃和卤代芳香族化合物是最重要的两类。而卤元素中最重要的是氯,其次是溴和氟。环境中最重要的卤代有机化合物是氯代脂肪烃和氯代芳香烃,如三氯甲烷、多氯联苯等。

1. 卤代脂肪烃降解

卤代脂肪烃广泛用于工业溶剂、清洗剂、气雾推进剂和化工合成的中间体。主要是 C_1 和 C_2 脂肪烃,其上氢原子被一个或多个卤原子取代。

最常见的卤原子是氯,主要有二氯甲烷、氯仿、四氯化碳、二氯乙烯、三氯乙烯、四氯乙烯。卤代脂肪烃引起的地下水、地表水和土壤的污染很普遍。三氯乙烯(TCE)是地下水中的常见污染物,氯代脂肪烃容易挥发,因此在土壤和地表水中较少,但是如果污染基质抑制其挥发时,则会在基质中滞留,而且可滞留很长时间,因为它们有相当稳定的抗生物降解性。含 1 个氯或 2 个氯的氯代脂肪烃在适合的条件下可以作为生长基质供微生物生长,如果有多个氯时则需要补充其它生长基质才能被微生物降解。

所有 1-单氯-正-脂肪烷($C_1 \sim C_{12}$)均可以降解,并可以作为碳源和能源供纯培养微生物生长,一般细菌的世代时间为 $5 \sim 10$ h。一般来说,末端氯代脂肪烃比次末端氯代脂肪烃易于降解。目前还没有分离到利用 1,1-二氯乙烷、1,1,1-三氯乙烷、1,1,2-三氯乙烷、三氯甲烷和四氯化碳的微生物,可见同一碳原子被 2 个或 3 个氯原子取代可以阻止好氧降解。

好氧和厌氧微生物都已经用于卤代脂肪烃的降解。

(1)好氧降解

好氧降解研究最多的是 TCE。甲烷营养菌在有甲烷和天然气存在的情况下可以降解 TCE,国内也有此方面的研究;一株假单胞菌(G-4)在有苯酚等化合物存在时可降解 TCE。氨氧化菌欧洲亚硝化单胞菌(nitrosomonas europaea)可降解卤代脂肪烃。据报道,荚膜甲基球菌(methylococcus capsulatus)在甲烷存在时,可以将氯甲烷、溴甲烷转化为甲醛,二氯甲烷转化为 CO,三氯甲烷转化为 CO_2。因此,可以认为甲烷营养菌对污染的蓄水层是很有前途的生物修复菌。

一般来说,降解的敏感性和分子中氯原子的数目呈负相关。例如,氯乙烯最容易好氧降解,而四氯乙烯最具抗性。

对卤代脂肪烃好氧降解的了解还不完全,只知道它们最初的氧化作用由单加氧酶或双加氧酶催化。由于单加氧酶和双加氧酶的特异性较低,所以它们的降解可以与脂肪烷烃和芳烃降解使用相同的加氧酶系。降解需要有代谢基质(甲烷、甲苯/酚或氨)存在,因此这种降解是一种共代谢作用。

（2）厌氧降解——还原性脱卤

最初研究的是卤代脂肪烃的好氧降解，近年来才研究其厌氧降解。厌氧条件下的降解过程称为还原性脱卤作用，卤原子从分子中逐个脱去并被氢原子取代。在厌氧条件下有机化合物脱卤在热力学上是有利的。

脱卤作用取决于分子的氧化还原电位，而这又是由卤-碳键强度决定的。键强度越高，卤原子越难脱去。键强度与卤原子的类型和数目有关，也与卤代分子的饱和程度有关。一般来说，溴和碘取代物比氯取代物的键强度低，易于脱卤。氟取代物比氯取代物键强度高，难于脱卤。随着分子的饱和程度下降，键强度增加。因此，饱和化合物（烷烃类）比不饱和化合物（烯、炔烃类）的还原性脱卤敏感。在卤代烯烃厌氧代谢中，其脱卤速率由快到慢依次是：四氯乙烯、三氯乙烯、1,2-二氯乙烯和氯乙烯。前面的氧化状态高于后者。

以前认为氯代烯烃，例如四氯乙烯（PCE）和 TCE，不能生物降解，但是后来的研究表明它们不仅可以生物转化，而且比非生物转化的速率要高。在产甲烷的条件下，以乙酸作为碳源富集微生物同生菌，可以生物转化 C_1 和 C_2 卤代烃（TCE、四氯化碳和 1,1,1-TCA 即三氯乙酸）为二氧化碳和甲烷。

一些卤代脂肪烃的厌氧生物降解如表 6-11 所示。

表 6-11 某些卤代脂肪烃的厌氧生物降解

化合物	微生物
氯仿	产甲烷富集培养物
四氯化碳	产甲烷富集培养物、甲烷杆菌、脱硫杆菌、梭菌、反硝化富集培养物、假单胞菌（反硝化）
1,2-二氯乙烷	厌氧同生菌
二氯甲烷	厌氧同生菌、产乙酸同生菌
氟利昂	反硝化富集培养物
1,1,1-三氯乙烷	反硝化富集培养物、硫酸还原富集培养物、产甲烷富集培养物、梭菌
三氯乙烯（TCE）	厌氧同生菌
四氯乙烯（PCE）	产甲烷富集培养物
氯乙烯	厌氧同生菌

2. 脱卤反应机制

氯代脂肪烃化合物的微生物代谢关键步骤是脱卤反应。催化这一反应的酶可以直接作用于 C—Cl 键，或不直接作用于 C—Cl 键，而和氧结合形成不稳定的中间物。

目前在好氧细菌中发现图 6-30 所示的 5 种脱卤机制。

（1）亲核置换

有谷胱甘肽转移酶（GST）参与，形成谷胱甘肽和卤代脂肪烃共价结合的中间物，最后脱卤。例如，生丝微菌在二氯甲烷基质中脱氯就是这种方式，脱氯的产物是甲醛。

（2）水解

水解脱卤酶参与氯代脂肪烷烃的脱卤反应，其反应产物是对应的醇。这类氯代脂肪烷烃有 2-氯代羧酸、1-氯代正烷烃、α,ω-二氯正烷烃、α,ω-氯代醇以及其它相关化合物。例如，自养黄色杆菌 GJ10 以 1,2-二氯乙烷为唯一碳源，在两种不同的水解脱卤酶作用下经过两次水解脱氯作用，生成产物乙醇酸，然后进入中央代谢途径，如图 6-31 所示。

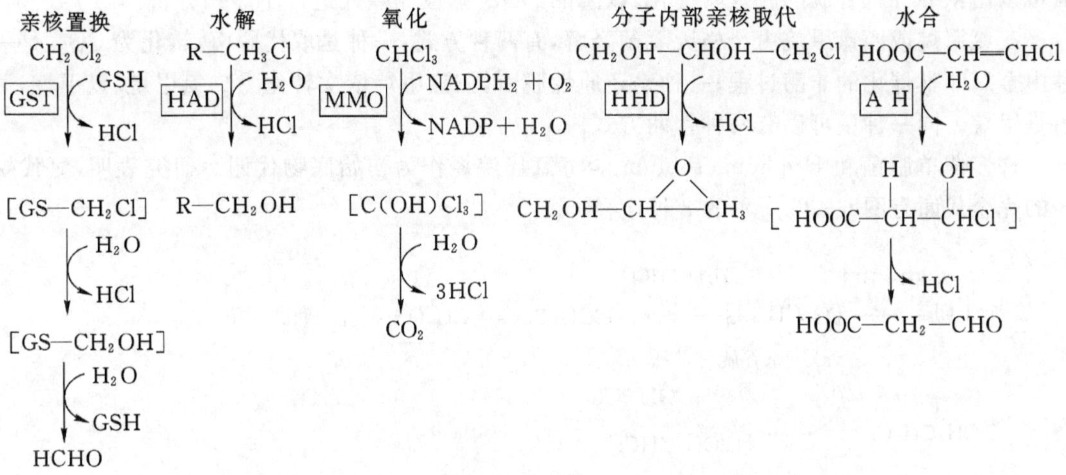

亲核置换　　　　水解　　　　氧化　　　　　　　分子内部亲核取代　　　　水合

CH_2Cl_2　　　$R—CH_3Cl$　　　$CHCl_3$　　　　$CH_2OH—CHOH—CH_2Cl$　　　$HOOC—CH=CHCl$

GST｜GSH　　HAD｜H_2O　　MMO｜$NADPH_2+O_2$　　HHD　　　　　AH｜H_2O

　↓HCl　　　　↓HCl　　　　　↓$NADP+H_2O$　　　↓HCl　　　　　↓HCl

$[GS—CH_2Cl]$　　$R—CH_2OH$　　$[C(OH)Cl_3]$　　　$CH_2OH—CH\overset{O}{\diagdown}CH_3$　　$[HOOC—\overset{H}{\underset{}{CH}}—\overset{OH}{\underset{}{CHCl}}]$

　↓H_2O　　　　　　　　　↓H_2O　　　　　　　　　　　　↓HCl

　↓HCl　　　　　　　　　　↓3HCl

$[GS—CH_2OH]$　　　　　　　　CO_2　　　　　　　　　　$HOOC—CH_2—CHO$

　↓H_2O

　↓GSH

HCHO

图 6-30　细菌培养物对卤代烃的脱氯机制

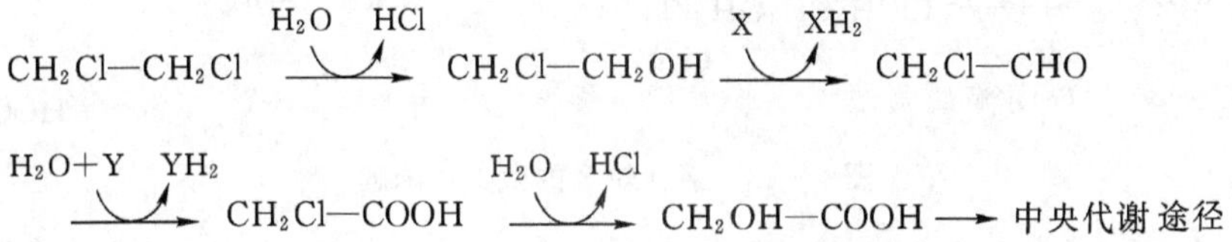

$CH_2Cl—CH_2Cl$ $\xrightarrow{H_2O\ HCl}$ $CH_2Cl—CH_2OH$ $\xrightarrow{X\ XH_2}$ $CH_2Cl—CHO$

$\xrightarrow{H_2O+Y\ YH_2}$ $CH_2Cl—COOH$ $\xrightarrow{H_2O\ HCl}$ $CH_2OH—COOH$ ⟶ 中央代谢途径

图 6-31　自养黄杆菌对 1,2-二氯乙烷的脱卤代谢途径

（3）氧化

由单加氧酶催化，需要还原性辅助因子或细胞色素，分子氧中的一个氧原子与基质结合，另一个氧原子形成水。单加氧酶反应在性质上是亲电反应而不是亲核反应，因此这种氧化反应为结构上对亲核取代反应不敏感的化合物的降解提供了另一种途径。氯仿在这种方式下氧化产生不稳定的中间物。

（4）分子内部亲核取代

由单加氧酶或双加氧酶催化，形成环氧化物，然后再脱去氯。如反-1,2-二氯乙烯在甲烷营养细菌作用下的降解，如图 6-32 所示。

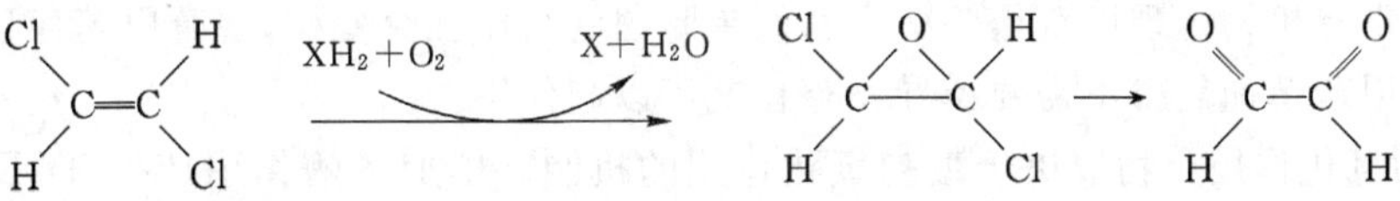

图 6-32　反-1,2-二氯乙烯在甲烷营养细菌作用下的降解

（5）水合

具有不饱和键的卤代烃水合后脱卤。例如，3-氯代丙烯酸水合脱氯形成丙醛酸。

3. 典型卤代脂肪烃降解

（1）氯代烷烃的降解

二氯甲烷在好氧条件下可以作为生长基质被利用，有几种菌有这种能力。二氯甲烷的脱氯可以由依靠谷胱甘肽的脱氢酶催化,该酶的 DNA 已被克隆并进行了序列分析。

　　三氯甲烷或四氯甲烷由严格厌氧菌降解,有两种方式:一种是取代脱卤,转化为 CO_2,是一种由金属卟啉催化的非酶过程;一种是还原性脱卤,三氯甲烷依次转化为二氯甲烷、氯甲烷,最后是甲烷。同一种菌可以有两种代谢方式。

　　许多假单胞菌和 Hyphomicrobium 能将氯代烷烃作为初始底物代谢。研究表明,氯代烷烃的完全代谢有图 6-33 所示的 3 种途径。

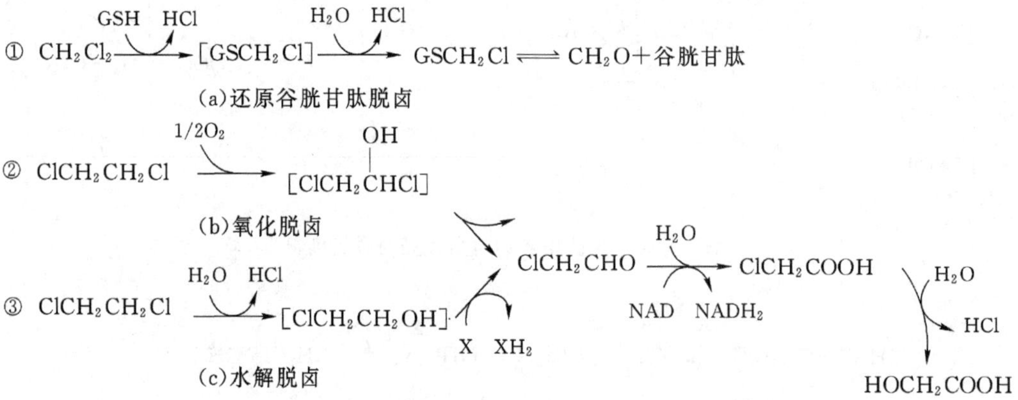

图 6-33　氯代烷烃的微生物降解

(2)氯代烯烃的降解

　　三氯乙烯(TCE)的降解已有很多的研究。甲烷营养菌可以氧化 TCE,因为甲烷单加氧酶是一个特异性很低的氧化酶,可以催化多种有机物的氧化。用甲烷营养菌降解 TCE 的研究经过了小试、中试和现场试验,遇到以下问题。

　　①甲烷单加氧酶对甲烷有比对 TCE 较高的亲和性,甲烷是 TCE 代谢的竞争性抑制剂。

　　②在 TCE 氧化过程中,该酶活性有不可逆的损失。

　　③TCE 氧化时需要外部补充能量。甲烷代谢可提供必要的能量,但是由于和 TCE 竞争所以不能选作能源。在实验室内已成功将甲酸选作能源。

　　除甲烷单加氧酶可以氧化 TCE 以外,还有氨单加氧酶、异戊二烯氧化酶、丙烷单加氧酶、甲苯-邻-单加氧酶和甲苯双加氧酶等。上述酶系都需要有适当的诱导物存在时才合成,但它们可能是有毒有机物。现已获得一株洋葱假单胞菌的组成性突变株,含有甲苯-邻-单加氧酶,这个菌株的甲苯单加氧酶不需要诱导物存在就可以起作用。

　　TCE 的氧化作用产物取决于最初氧化作用的机制。单加氧酶作用产生 TCE 环氧化物,然后自发地水解为二氯乙酸、乙醛酸、甲酸和 CO(见图 6-34);而双加氧酶作用最初产 TCE-二氧杂环化物和 1,2-二羟基-TCE,然后重排形成甲酸和乙醛酸。前者由甲烷营养菌氧化,最后产物为其它菌所利用。在这个过程中,有少量副产物三氯乙醛,是由假单胞菌作用产生的,两者均不能使四氯乙烯共代谢。

　　四氯乙烯在产甲烷同生菌条件下还原性脱卤,经过四个步骤产生乙烯,降解的中间物为三氯乙烯、顺/反-二氯乙烯和氯乙烯,如图 6-35 所示。

　　后来的研究证明,在不产甲烷的条件下,只要有足够的甲醇存在该过程就可以进行。研究还表明从四氯乙烯到氯乙烯,这类溶剂具有生物修复上的潜力,但在现场这个过程很少能完

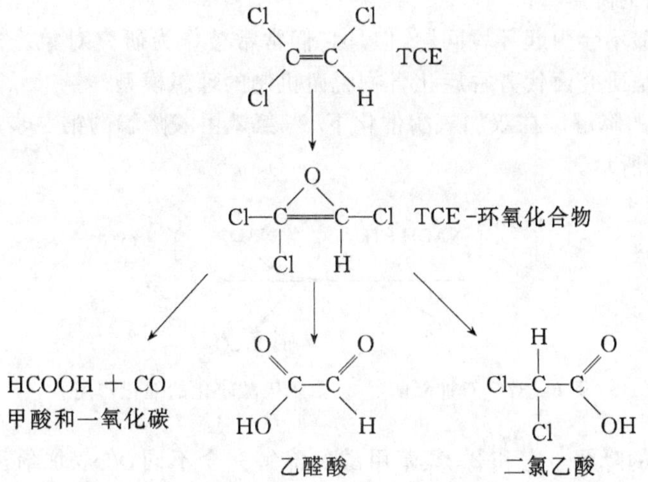

图 6 - 34　甲烷营养菌对三氯乙烯(TCE)的好氧共代谢

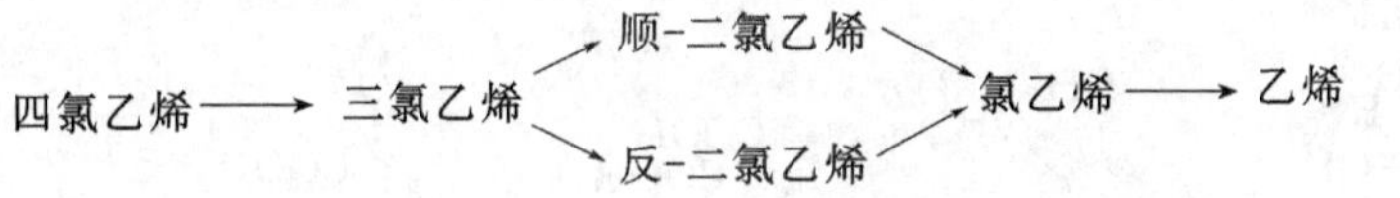

图 6 - 35　在产甲烷同生菌作用下四氯乙烯的厌氧顺次脱氯

成,经常会有一些中间物(如氯乙烯)的积累。氯乙烯在好氧条件下可以作为生长基质供微生物利用,但容易挥发,在生物反应器中处理较困难。

4. 卤代芳烃降解

卤代芳烃的降解性取决于卤原子的性质、数目和位置。卤代物为溴和碘时比氯容易降解,为氟时比氯难降解。一般来说,好氧降解性随卤原子的数目增加而下降,但厌氧脱卤则相反。

(1)卤代苯的细菌氧化

一般而言,卤代苯对细菌的氧化作用不是很敏感。然而某些卤代苯可以被细菌转化,过程可用图 6 - 36 说明。

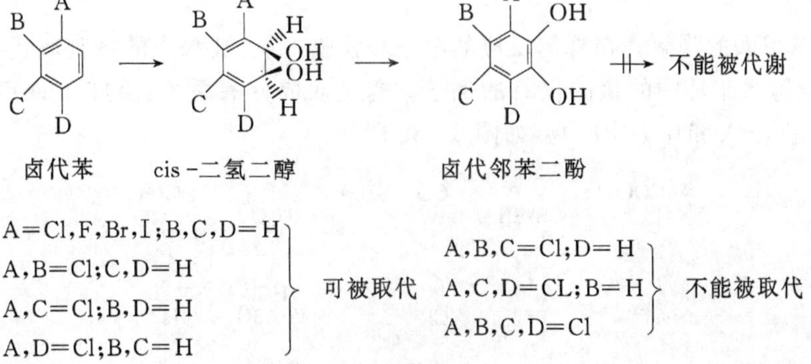

图 6 - 36　卤代苯的微生物降解

(2)氯代苯甲酸的降解

虽然氯代苯甲酸不会引起环境问题,但是它们常常被作为研究对象。这是由于它们溶于水、没有毒性,而且是研究卤代芳香族化合物脱卤机制的理想模型。

①2-氯苯甲酸的降解。在双加氧酶催化下,2-氯苯甲酸降解的第一步反应是去除氯生成儿茶酚,如图6-37所示。

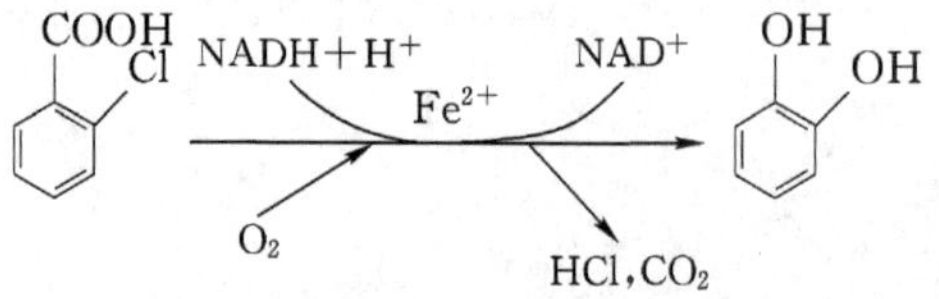

图6-37 双加氧酶对2-氯苯甲酸转化的催化作用

②3-氯苯甲酸的降解。它和2-氯苯甲酸的降解完全不同,在双加氧酶的作用下第一步不是脱氯而是形成3-氯代儿茶酚或4-氯代儿茶酚。氯代儿茶酚正位裂解,而后环化形成内酯脱氯,如图6-38所示。

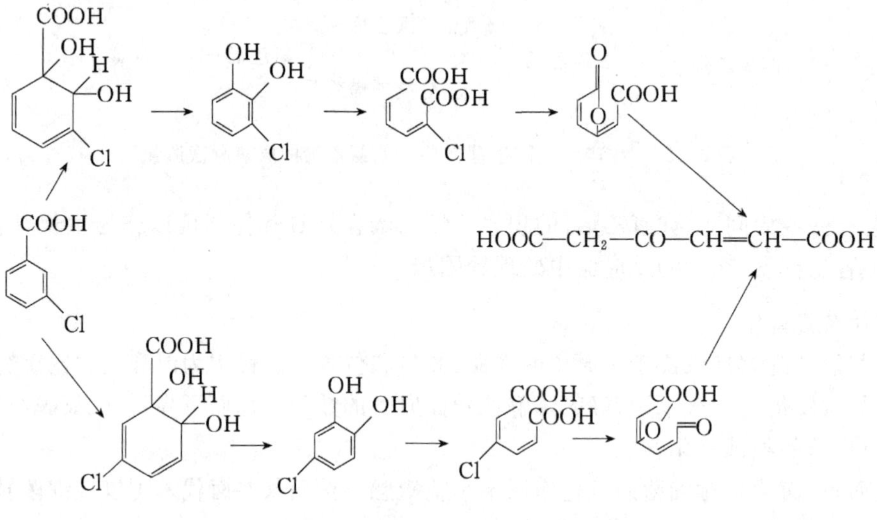

图6-38 3-氯苯甲酸的细菌降解

③4-氯苯甲酸的降解。在降解反应的第一步就脱去氯,被水中的羟基取代。该脱卤反应是经水解反应除去苯环中的氯的仅有的例子。酶是双成分酶系统,反应在ATP的作用下形成4-氯苯甲酰CoA酯作为中间物,如图6-39所示。

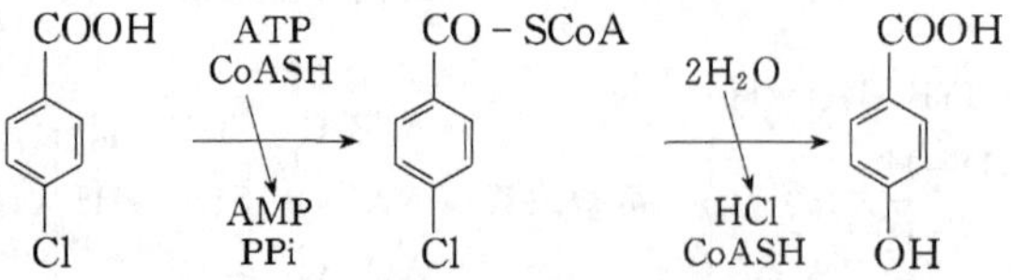

图6-39 4-氯苯甲酸脱卤酶催化的反应

（3）多氯联苯的微生物降解

多氯联苯（PCBs）是联苯氯化的产物，商品多为不同氯取代的混合物。多氯联苯的微生物降解首先是从联苯的芳环上开始的，多氯联苯微生物降解的程度与其结构和微生物有关，多氯联苯的微生物降解途径可用图 6-40 表示。

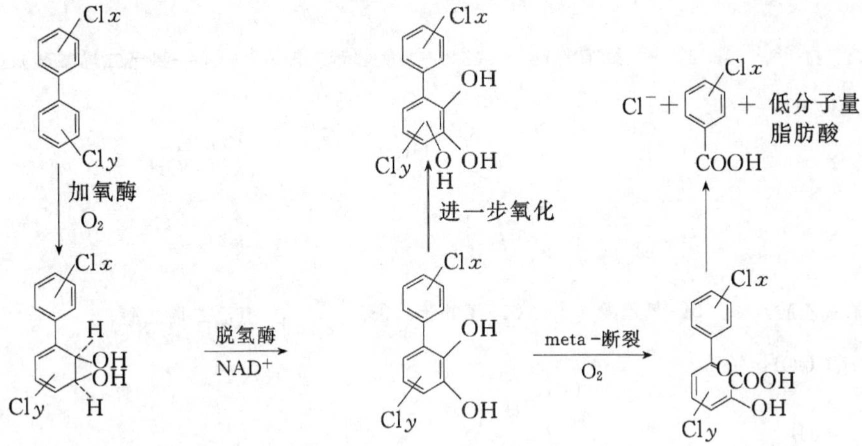

图 6-40　PCBs 的微生物降解

6.4.2　农药类降解

农药是人们主动投放于环境中数量最大、毒性最广的一类化学物质，有的农药具有诱变性，有的甚至是三致物（致癌、致畸和致突变）和内分泌干扰物。化学合成的农药一般都比较稳定，能在土壤中停留较长时间，甚至高达十年以上。由于一些常用农药生物降解困难，在环境中的大量积累，造成了严重的环境污染。农药的微生物降解，就是通过各种微生物的作用将大分子有机物分解成小分子化合物的过程。在生态系统中，微生物对农药的分解起着重要的作用。它对外来化合物降解或转化所具有的巨大潜力，一直是国内外的研究热点，降解农药的研究始于 20 世纪 40 年代末，至今已取得了很大进展，表现在降解农药的微生物种类不断被发现，降解机理日益深入，降解效果稳定提高等方面。故近年来各国均在开展微生物对化学农药降解的研究。

（1）苯氧乙酸微生物降解

苯氧乙酸是一大类除草剂，2,4-D 是其中常用的一种。经研究，降解苯氧乙酸的细菌有假单胞菌属（pseudomonus）、棒状杆菌属（corynebacterium）、诺卡氏菌属（nocardia）、枝动菌属（mycoplana）、真菌类有黑曲霉（A. niger）。其降解途径如图 6-41 所示。

（2）DDT 的生物降解

DDT 在土壤中的平均半排出期为三年，其中 5%～10% 在使用后十年仍留在土壤内，近年的研究取得了一些新进展。

DDT 在土壤中和微生物培养物中的降解途径如图 6-42 所示。

参与降解的细菌类有 10 属，23 种，如假单胞菌属（pseudomonas）6 种、黄单胞菌属（xanthomonas）4 种，欧文氏菌属（erwinia）4 种、芽胞杆菌属（bacillus）3 种等。这些都是土壤中的常居菌类。

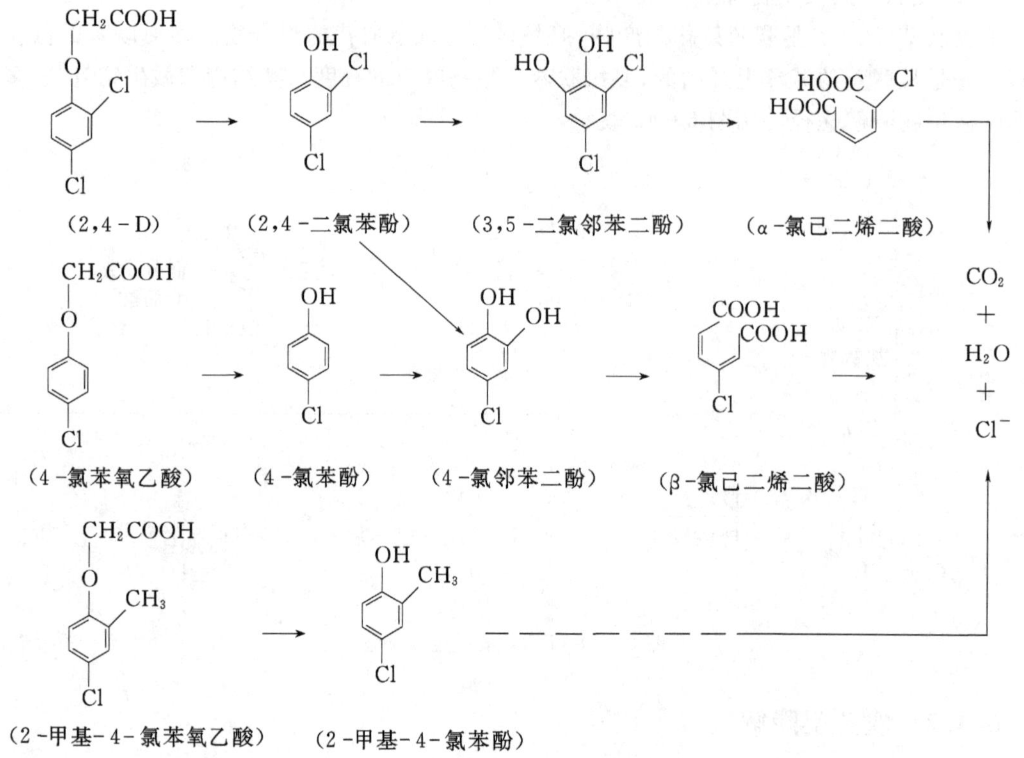

图 6-41　苯氧乙酸的微生物降解

真菌类有:啤酒酵母(Sa. cerevisiae)能在 50 小时内使 DDT 脱氯超过一半;绿色木霉(Tri. viride)18 个菌株能对 DDT 有不同的降解作用。

6.4.3　合成洗涤剂降解

洗涤剂是人工合成的高分子聚合物,目前在世界范围内已广泛使用,产量逐年增多。由于洗涤剂难于被微生物降解,导致洗涤剂在自然界中蓄积数量急剧上升,不仅污染了环境,而且也能破坏自然界的生态平衡。因此,洗涤剂是目前最引人注目的污染环境的公害之一。

合成洗涤剂的主要成分是表面活性剂。根据表面活性剂在水中的电离性状分为:阴离子型、阳离子型、非离子型和双离子型四大类。其中以阴离子型合成洗涤剂应用得最为普遍。阴离子型的表面活性剂包括合成脂肪酸衍生物、烷基磺酸盐(ABS)、烷基硫酸酯、烷基苯磺酸盐、烷基磷酸酯、烷基苯磷酸盐等;阳离子型主要是带有氨基或季铵盐的脂肪链化合物,也有烷基苯与碱性氯原子的结合物;非离子型是一类多羟化合物与烃链的结合产物,或是脂肪烃和聚氧乙烯酚的缩合物;双离子型则为带氮原子的脂肪链与羟酰、硫或磺酸的缩合物。

合成洗涤剂基本成分除了表面活性剂外还含多种辅助剂,一般为三聚磷酸盐、硫酸钠、碳酸钠、羟基甲基纤维素钠、荧光增白剂、香料等,有时还有蛋白质分解酶。家庭用的洗涤剂通称洗衣粉,有粉剂、液剂、膏剂等形式。我国现在主要产品属阴离子型烷基苯磺酸钠型洗涤剂,一般称中性洗涤剂,对环境的污染最为严重。

洗涤剂的种类很多,一般都很难被微生物降解,最难被微生物降解的是带有碳氢侧链的分

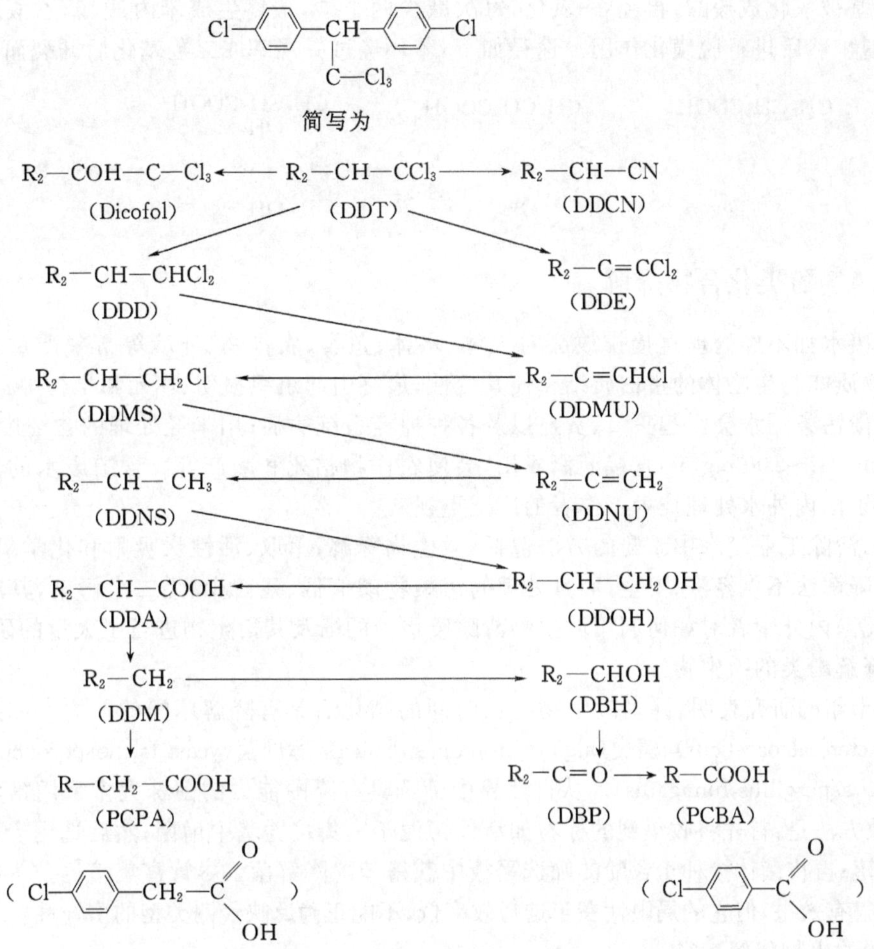

$$\text{Cl}\!-\!\langle\bigcirc\rangle\!-\!\overset{\text{CH}}{\underset{\text{C}-\text{Cl}_3}{|}}\!-\!\langle\bigcirc\rangle\!-\!\text{Cl}$$

简写为

$R_2\!-\!\text{COH}\!-\!\text{C}\!-\!\text{Cl}_3 \longleftarrow R_2\!-\!\text{CH}\!-\!\text{CCl}_3 \longrightarrow R_2\!-\!\text{CH}\!-\!\text{CN}$
(Dicofol)　　　　　　　(DDT)　　　　　　　(DDCN)

$R_2\!-\!\text{CH}\!-\!\text{CHCl}_2$　　　　　　$R_2\!-\!\text{C}\!=\!\text{CCl}_2$
(DDD)　　　　　　　　　　(DDE)

$R_2\!-\!\text{CH}\!-\!\text{CH}_2\text{Cl} \longleftarrow R_2\!-\!\text{C}\!=\!\text{CHCl}$
(DDMS)　　　　　　　　(DDMU)

$R_2\!-\!\text{CH}\!-\!\text{CH}_3 \longleftarrow R_2\!-\!\text{C}\!=\!\text{CH}_2$
(DDNS)　　　　　　　(DDNU)

$R_2\!-\!\text{CH}\!-\!\text{COOH} \longleftarrow R_2\!-\!\text{CH}\!-\!\text{CH}_2\text{OH}$
(DDA)　　　　　　　　(DDOH)

$R_2\!-\!\text{CH}_2 \longrightarrow R_2\!-\!\text{CHOH}$
(DDM)　　　　　　　(DBH)

$R\!-\!\text{CH}_2\!-\!\text{COOH}$　　　$R_2\!-\!\text{C}\!=\!\text{O} \longrightarrow R\!-\!\text{COOH}$
(PCPA)　　　　　　　(DBP)　　　(PCBA)

$$\left(\,\text{Cl}\!-\!\langle\bigcirc\rangle\!-\!\text{CH}_2\!-\!\overset{\text{O}}{\underset{\text{OH}}{\overset{\|}{\text{C}}}}\,\right)\qquad\left(\,\text{Cl}\!-\!\langle\bigcirc\rangle\!-\!\overset{\text{O}}{\underset{\text{OH}}{\overset{\|}{\text{C}}}}\,\right)$$

图 6-42　DDT 的生物降解途径

子结构——ABS 型,这种洗涤剂不能被微生物降解的原因是碳氢侧链中有一个 4 级碳原子(即直接和 4 个碳原子相连的碳原子),结构如下

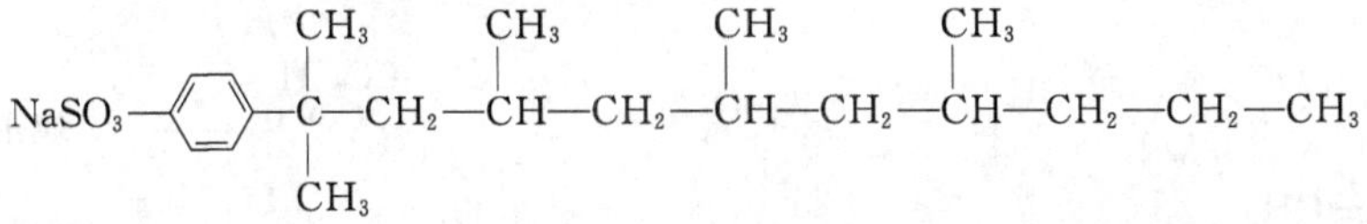

$$\text{NaSO}_3\!-\!\langle\bigcirc\rangle\!-\!\overset{\text{CH}_3}{\underset{\text{CH}_3}{\overset{|}{\text{C}}}}\!-\!\text{CH}_2\!-\!\overset{\text{CH}_3}{\overset{|}{\text{CH}}}\!-\!\text{CH}_2\!-\!\overset{\text{CH}_3}{\overset{|}{\text{CH}}}\!-\!\text{CH}_2\!-\!\overset{\text{CH}_3}{\overset{|}{\text{CH}}}\!-\!\text{CH}_2\!-\!\text{CH}_2\!-\!\text{CH}_3$$

4 级碳原子的链十分稳定,对化学反应和生物反应都有很强的抵抗性,因此 ABS 很难被生物降解。为使合成洗涤剂易为生物所降解,人们改变了合成洗涤剂的结构,制成易被微生物分解的(软型)洗涤剂,其代表为直链烷基苯磺酸盐(LAS),结构式如下

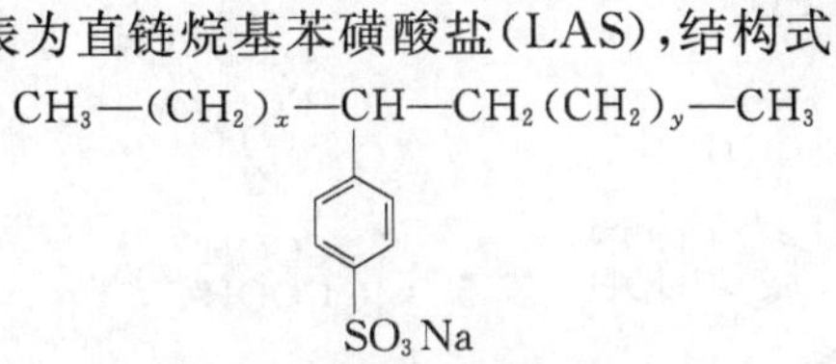

$$\text{CH}_3\!-\!(\text{CH}_2)_x\!-\!\text{CH}\!-\!\text{CH}_2(\text{CH}_2)_y\!-\!\text{CH}_3$$
$$\langle\bigcirc\rangle$$
$$\text{SO}_3\text{Na}$$

由于去掉了 4 级碳原子,并利用了直链烷基部分易于分解的特点,使 LAS 较易为生物降解,而且在一定的范围内,碳原子数愈多,其分解速度也愈快。LAS 的降解过程中,首先烷基

末端的甲基被氧化成羧酸，再经β-氧化，每次减少两个碳，最终生成苯丙酸、苯乙酸或安息香酸的磺酸盐，然后进行脱磺化作用。途径如下，苯环经过一羟基或二羟基化后开裂而被降解。

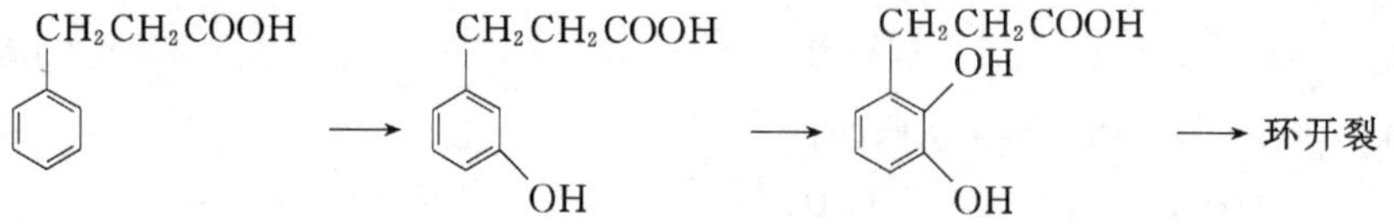

CH_2CH_2COOH
CH_2CH_2COOH
OH
CH_2CH_2COOH
OH
OH
OH
环开裂

6.4.4 酚类化合物降解

含酚废水如不经处理直接排放会对人体、水体、鱼类、农作物、环境等带来严重危害。首先，酚类物质能与生物体的蛋白质结合使其变性，最终引起组织损伤、坏死和生物中毒，人类长期饮用被酚污染的水会引起头晕、贫血以及各种神经系统病症；用未经处理的含酚废水（Ar—OH＞50 mg/L～100 mg/L）直接灌溉农田，会使农作物枯死和减产等。含酚废水的治理技术研究受到了国内外水处理技术工作者的广泛重视。

目前，清除工业废水中苯酚的方法包括：微生物降解、萃取、活性炭吸附和化学氧化等，其中微生物降解法不仅经济、安全，而且处理的污染物阈值低、残留少、无二次污染，其应用前景看好，为此国内外学者对如何利用微生物清除废水中的酚及其衍生物进行了大量的研究。

(1)降解酚类的微生物

近几十年的研究表明，许多微生物经长时间的驯化后具有降解苯酚的能力。如某些细菌(acinetobacter calcoaceticus)、藻类(alga ochromonas danica)、酵母菌(yeast trichosporoncutaneum)、真菌(fungi aspergillus fumigatus)。从自然界中筛选具有降酚能力的菌株大多采用富集培养技术，其大致方法是：首先将收集到的标本如活性污泥于富集培养基中增菌；然后选用合适的方法获得单菌落；再将菌体接种于含酚的筛选平板中获得苯酚降解菌。尽管富集培养技术在降酚菌的筛选中很有效果，但它的局限性在于选择效率低，不能正确反映代谢类型的多样性。

(2)酚的生物降解途径

一般来说，细菌体内存在着编码两条途径的基因，即编码间位途径酶的基因和编码邻位途径酶的基因。在有氧情况下，苯酚的微生物降解通过这两个独立的代谢系统进行，如图 6-43 所示。邻位途径产生β-酮基己二酸中间产物，间位途径产生α-酮基己二酸中间产物，最后均形成三羧酸循环的中间物。

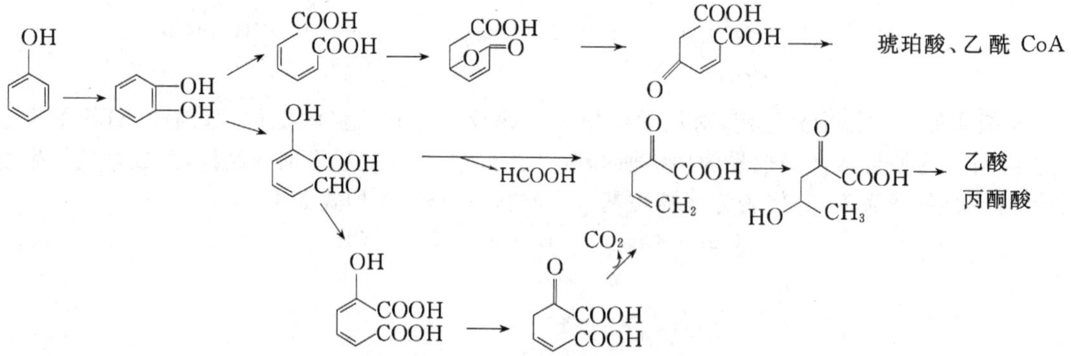

OH
OH
OH
COOH
COOH
COOH
O
O
COOH
COOH
O
琥珀酸、乙酰 CoA
OH
COOH
CHO
HCOOH
O
COOH
CH_2
O
COOH
HO
CH_3
乙酸
丙酮酸
CO_2
OH
COOH
COOH
O
COOH
COOH

图 6-43 好氧微生物降解苯酚的代谢途径

在厌氧条件下,苯酚的微生物降解可能通过 benzoyl - CoA 途径进行,如图 6 - 44 所示。其代谢的第一步是 Kolbe - Schmitt 羧化反应,将苯酚羧化为 4 -羟基苯甲酸。

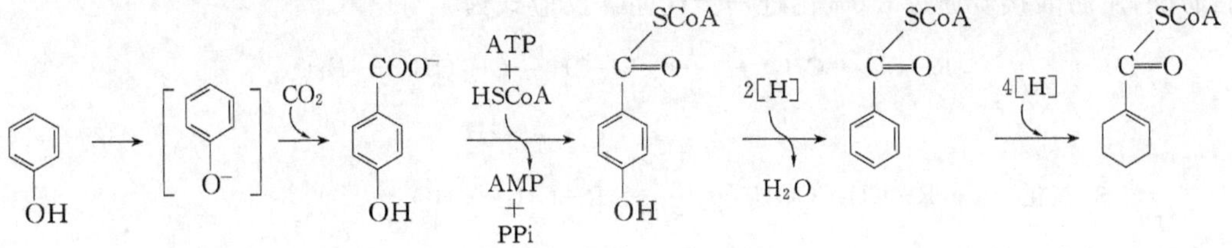

图 6 - 44　厌氧微生物降解苯酚的代谢途径

6.4.5　石油烃类降解

石油是一类物质的总称,主要是碳链长度不等的烃类物质,最少时仅含一个碳原子。例如石油天然气中的甲烷,最多时,碳链长度可超过 24 个碳原子,这类物质常常是固态的,如沥青。从气体、液体到固体,各种组分的物理化学性质相差很远。同时,不同物质的生物可降解性也相差很大,有的物质具有很好的可生物降解性,但有的则很难降解,进入环境中可残留很长时间,造成一种长期的污染。

石油中的主要成分是烷烃类物质,但石油污染物则十分复杂。石油的主要成分并不是石油污染的主要物质,当然,溢油污染时主要是以烷烃类为主要成分,但是造成长期污染的是那些成分复杂的物质。许多因石油污染而检测出的环境污染物质大多是经过转化后的产物。例如,卤化产物卤化过程使得污染物的稳定性、生物毒性等都发生变化。

1. 脂肪烃微生物降解

（1）降解脂肪烃微生物

许多微生物能氧化脂肪烃,如表 6 - 12 所示。

表 6 - 12　能氧化脂肪烃的细菌和酵母

细菌		酵母	
无色杆菌	不动细菌属	甲丝酵母属	红酵母属
放射菌属	气单胞菌属	隐球酵母属	糖酵母属
产碱菌属	节细菌属	德巴利酵母属	新月酵母菌
芽孢杆菌属	贝内克菌属	内孢酵母属	锁掷酵母菌
短杆菌属	棒状杆菌属	汉逊酵母属	掷孢酵母菌
黄杆菌属	甲基菌属	念珠菌属	球似酵母菌
甲基菌属	甲基球菌属	毕赤氏酵母属	毛孢子菌属
甲基孢囊菌属	甲基单胞菌属		
甲基弯曲菌属	小单胞菌属		
分枝杆菌属	诺卡氏菌属		
假单胞菌属	螺菌属		
弧菌属			

（2）链烷烃微生物降解

①微生物攻击链烷烃的末端甲基,由混合功能氧化酶催化,生成伯醇,再进一步氧化为醛和脂肪酸,脂肪酸接着通过 β-氧化进一步代谢。反应式为

$$R-CH_2-CH_3 \xrightarrow[+O_2]{+2H} R-CH_2-CH_2OH + H_2O$$

$$\downarrow -2H$$

$$\beta-氧化 \leftarrow R-CH_2COOH \xleftarrow[+H_2O]{-2H} R-CH_2-CHO$$

②有些微生物攻击链烷烃的次末端,在链内的碳原子上插入氧。这样,首先生成仲醇,再进一步氧化,生成酮,酮再代谢为酯,酯键裂解生成伯醇和脂肪酸。醇接着继续氧化成醛、羧酸,羧酸则通过 β-氧化进一步代谢。反应式如下

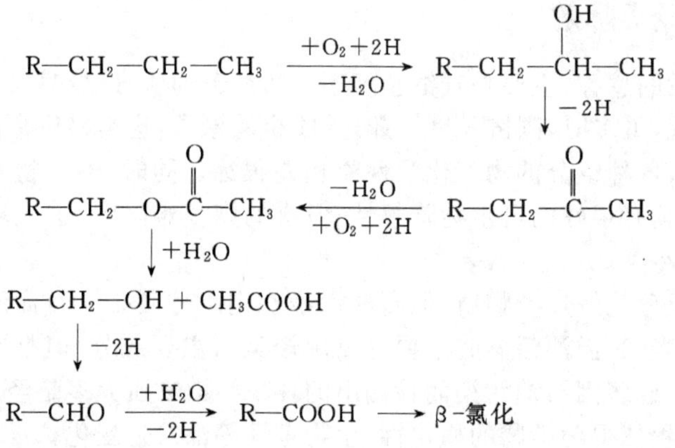

$$R-CH_2-CH_2-CH_3 \xrightarrow[-H_2O]{+O_2+2H} R-CH_2-\overset{OH}{\underset{|}{CH}}-CH_3$$

$$\downarrow -2H$$

$$R-CH_2-O-\overset{O}{\overset{||}{C}}-CH_3 \xleftarrow[+O_2+2H]{-H_2O} R-CH_2-\overset{O}{\overset{||}{C}}-CH_3$$

$$\downarrow +H_2O$$

$$R-CH_2-OH + CH_3COOH$$

$$\downarrow -2H$$

$$R-CHO \xrightarrow[-2H]{+H_2O} R-COOH \longrightarrow \beta-氧化$$

（3）脂环烃微生物降解

能够利用脂环烃的微生物极少,而且活性弱,氧化能力差。其主要特征是脂环烃一般不能作为微生物所利用的碳源。在环境污染物中,用于脂环烃的有机物也比较少。一般降解过程是,脂环通过辅氧化作用,生成环醇、环酮,再氧化成 ε-羟基-己酸,如果是脂环酸则氧化为庚二酸使环开裂,然后再通过 β-氧化进一步降解。

如环己烷在混合功能氧化酶的羟化作用下生成环己醇,后者脱氢生成酮,再进一步氧化,一个氧插入环而生成内酯,内酯开环,一端的羟基被氧化成醛基,再氧化成羧基,对应反应式如下

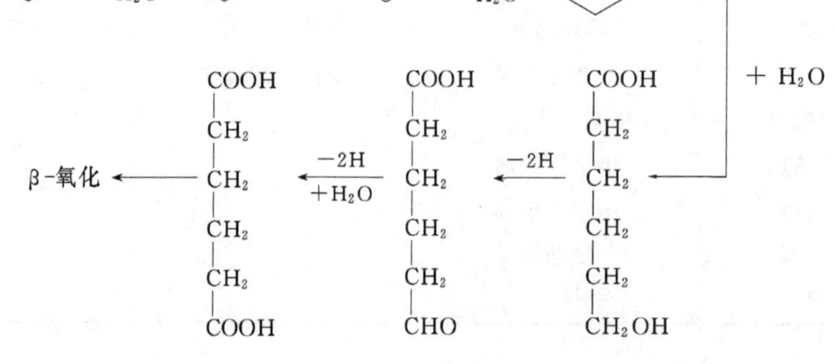

脂环化合物通常不能用作微生物生长的唯一碳源,除非它们有足够长的脂肪族侧链。虽然已发现能够在环己烷上生长的微生物,但是能转化环己烷为环己酮的微生物却不能发生内酯化和开环,而能将环己酮内酯化和开环的微生物却不能转化环己烷为环己酮。可见微生物之间的互生关系和共代谢在环烷烃的生物降解中起着重要作用。

(4)烯烃微生物降解

烯烃生物氧化途径研究得较多并已得到确认的是末端烯烃。末端烯烃的氧化产物随初始进攻的位置(甲基或双键)而变化。可生成:(a)ω-不饱和醇或脂肪酸;(b)伯或仲醇或甲基酮;(c)1,2-环氧化物;(d)1,2-二醇,如图 6-45 所示。

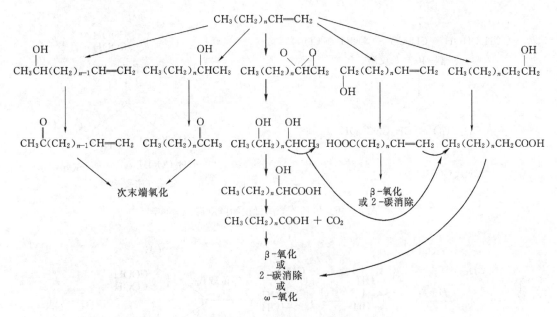

图 6-45　1-烯烃的降解途径

2. 芳香烃微生物降解

芳香烃的种类极多,用途非常广泛,是一类很重要的有机化合物。微生物对芳香烃的作用也极复杂,一般也比较难降解。

(1)单环芳烃微生物降解

苯是芳香烃中的基础物质和基本骨架,也难被微生物降解,但研究较早。芳香烃被微生物降解的共同特点是首先生成邻苯二酚。然后有两条途径继续降解,其一是经 β-己二烯二酸、β-酮己二酸生成琥珀酸和乙酰辅酶 A;其二是经过 α-羟基黏康酸半醛,最后生成乙酸和丙酮酸。微生物接受苯系化合物典型的方式就是利用氧分子作辅基,在双氧酶作用下,使苯环断裂。这些代谢物可以进入三羧酸循环再进一步代谢降解,如图 6-46 所示。

甲苯、二甲苯是最简单的烷基苯,也是重要的化工原料,是最常见的芳烃类有机化合物。它们和其它的多甲基芳香烃类,都是比较难被微生物降解的。多甲基芳香烃的降解,研究得也比较少。一般认为,它们在微生物作用下,先通过辅氧作用,其中一个甲基被氧化,而其余的甲基不被氧化;另一种情况则是先在苯环上导入羟基,然后再氧化成羧酸。例如,甲苯和二甲苯在诺卡氏菌作用下降解途径如图 6-47 所示。

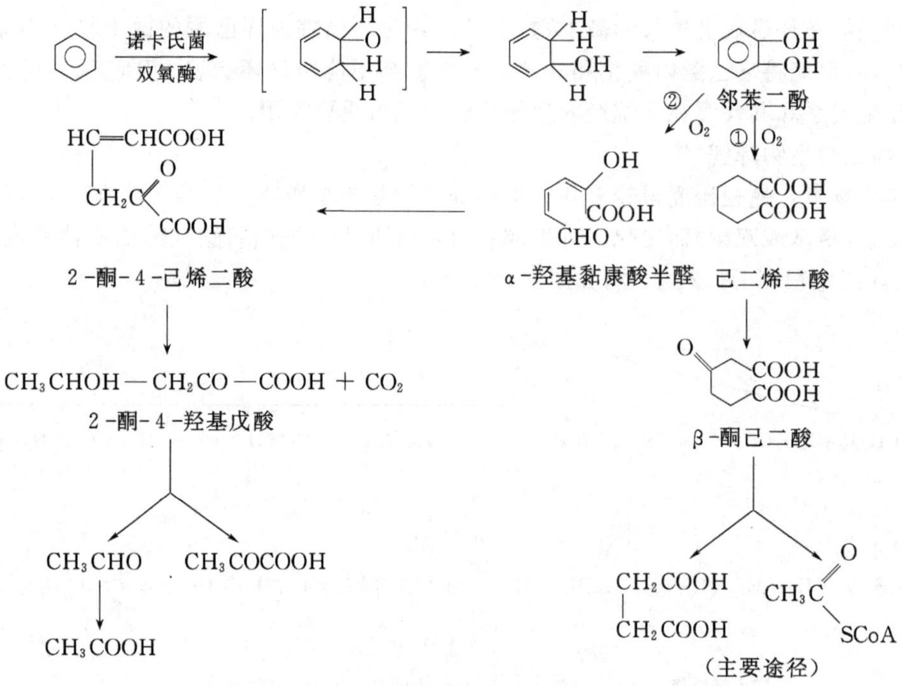

图 6-46 单环芳烃的微生物降解途径

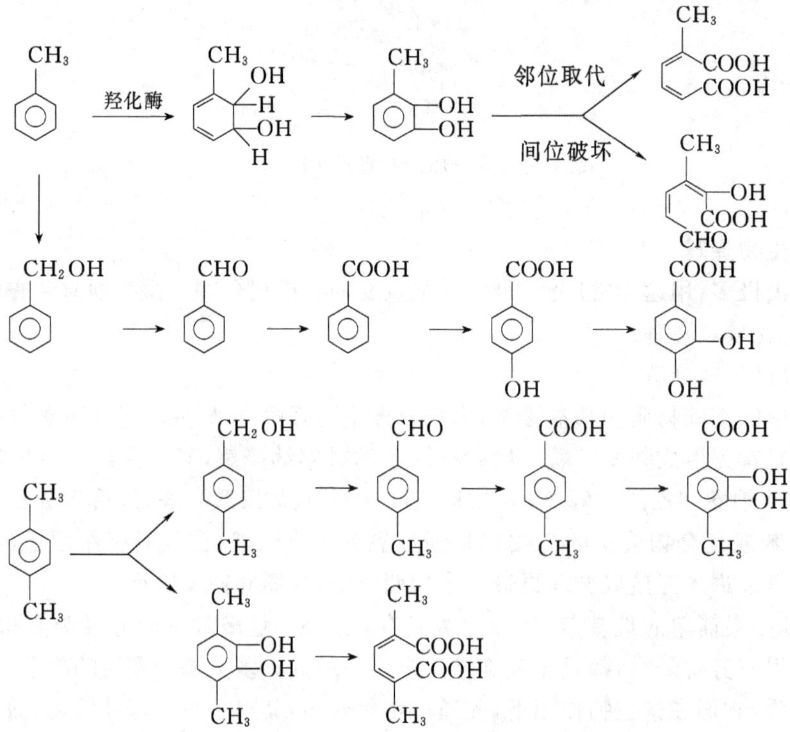

图 6-47 烷基苯的微生物降解途径

(2)有侧链芳香烃的降解

这类化合物种类很多,代谢降解比较复杂,以苯丙酸为例,有两条代谢途径,其一是经安息香酸然后破坏;其二是经 2,3 -二羟苯丙酸然后破坏,如图 6 - 48 所示。

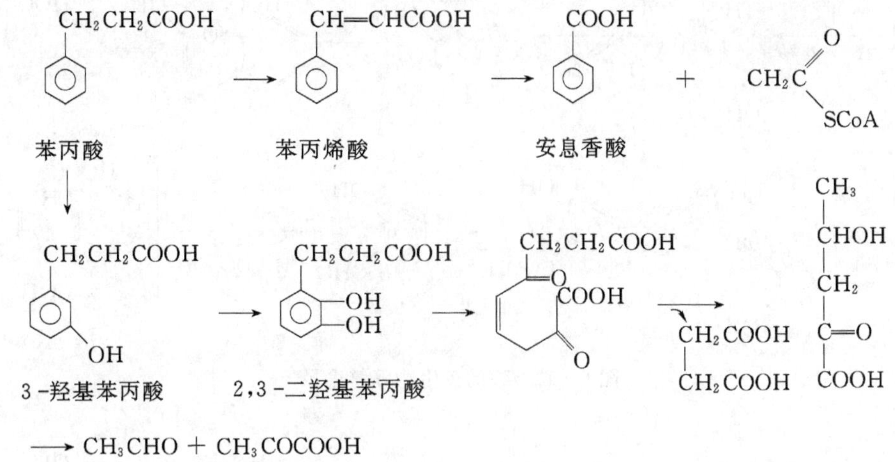

$$\longrightarrow CH_3CHO + CH_3COCOOH$$

图 6 - 48 侧链的芳香烃的降解途径

有侧链的芳香烃有两种情况:奇数碳侧链和偶数碳侧链。有奇数碳侧链的烷基苯,在微生物作用下,首先从侧链开始氧化。侧链的烷基按正烷烃的末端氧化形式进行氧化,生成奇数碳侧链的苯烷酸。再经 β-氧化,生成几个乙酰辅酶 A 和苯丙酸。例如

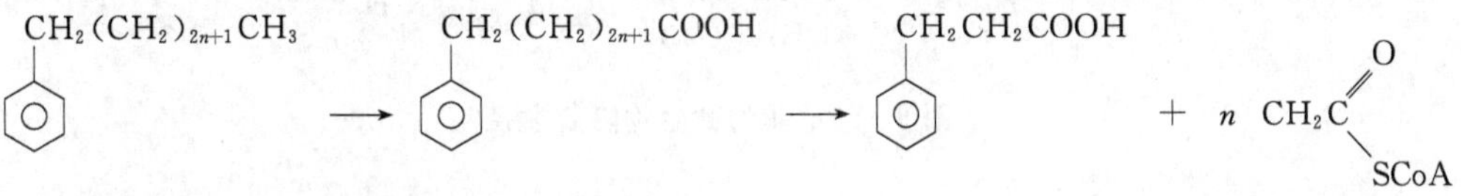

生成的苯丙酸的代谢降解同前。

有偶数碳侧链的烷基苯,在微生物作用下,侧链烷基首先经末端氧化,生成有偶数碳侧链的苯烷酸,再经 β-氧化,生成苯乙酸和几个乙酰辅酶 A。苯乙酸的代谢如下

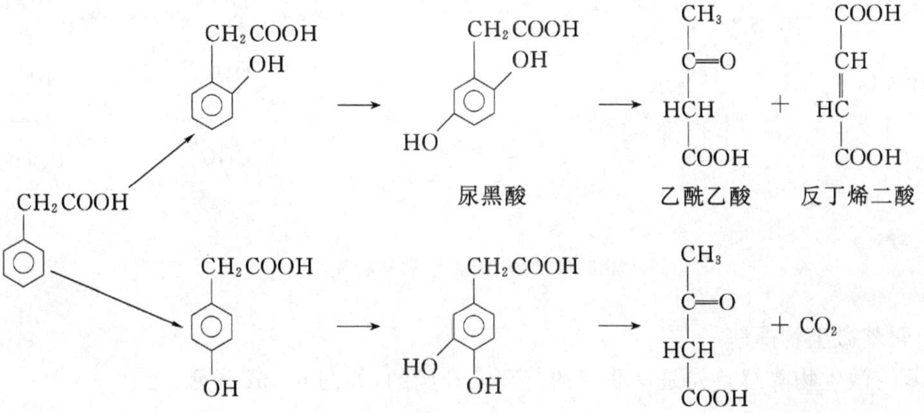

（3）多环芳烃微生物降解

多环芳烃的生物降解，先是一个环二羟基化、开环，进一步降解为丙酮酸和 CO_2，然后第二个环以同样方式分解。萘、菲、蒽的细菌氧化可用图 6-49、图 6-50、图 6-51 表示。

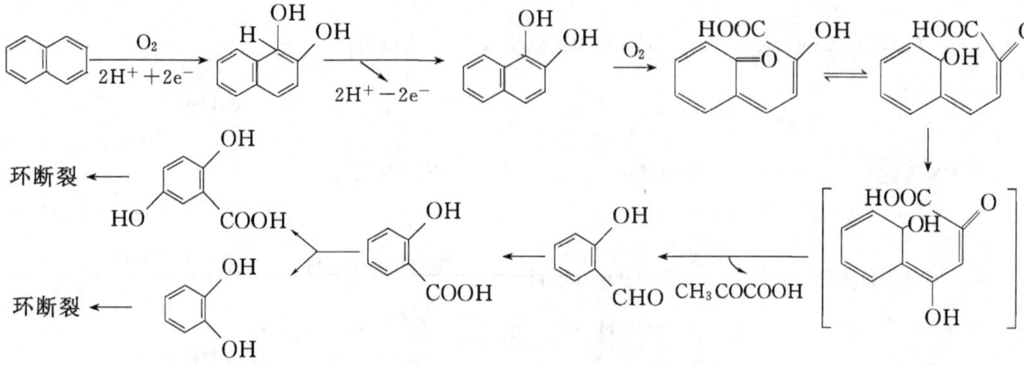

图 6-49 萘的微生物降解途径

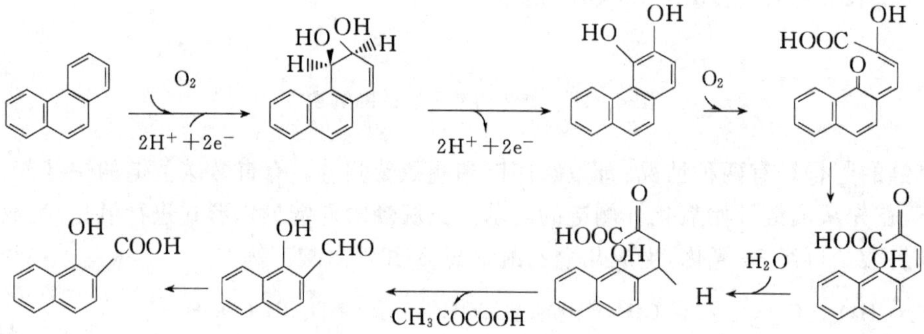

图 6-50 菲的微生物降解途径

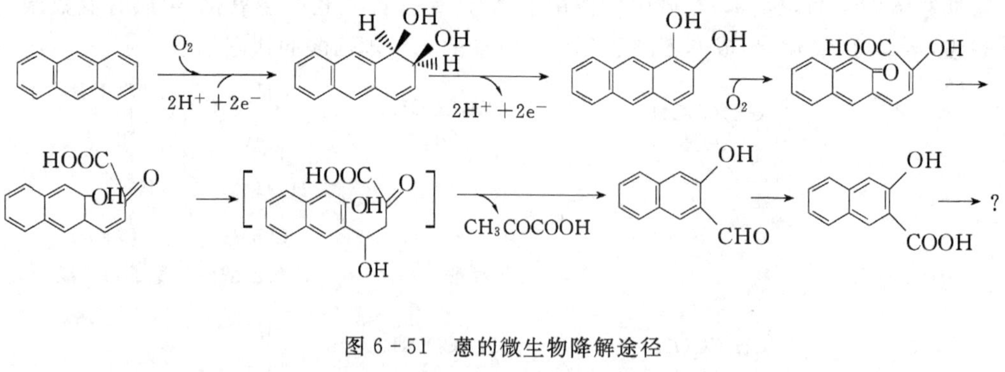

图 6-51 蒽的微生物降解途径

（4）联苯微生物降解

联苯的微生物降解首先是从联苯的芳环上开始的，如图 6-52 所示。

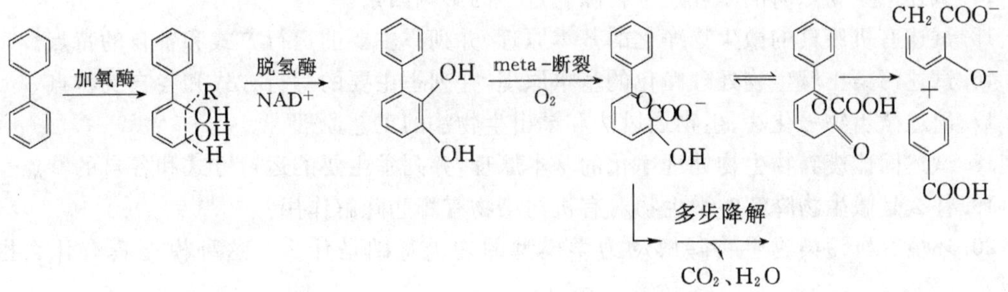

图 6-52　联苯的微生物降解途径

3. 限制生物降解石油的因素

影响微生物降解石油的因素有很多,油本身的毒性和抗性组分就限制了其生物降解,其它限制因子主要是温度、营养、供氧、油污的物理状态及降解菌的有无等。

海水温度低,影响烃类溶解和微生物分解,对海洋污染油的降解是一个重要的限制因子。无机营养尤其氮和磷不足,影响微生物生长和代谢活动,这可以通过补加营养物得以解决。当然,营养物要以可溶于油的形式补加。油浮于液面,使液面下环境缺氧,而石油的生物降解是需氧过程,故需通气充氧。初次发生油污染的水域或陆地,往往缺乏降解菌,需给以接种。

降解石油烃化合物的微生物温度适应范围很广,既有嗜冷微生物,又有嗜热微生物,而主要的则是中温微生物,温度范围在 $0 \sim 70\ ℃$ 之间,这些微生物各自的温度适应范围是不可以改变的。

海洋环境、河口环境和淡水环境中生长着对不同盐度适应要求不同的微生物群落,这些微生物各自在相应的环境中可以起到较好的降解作用,但如果将它们所适应的环境进行改变,则可能导致降解活性的丧失。

复习题

1. 什么是生物净化? 什么是生物处理? 二者之间有何区别?
2. 何谓环境生态系统净化,有哪些类型?
3. 什么是水的生物处理净化? 主要分为哪些类型?
4. 试述好氧活性污泥法的基本原理,并列举主要的运行方式和各自的特点。
5. 试述好氧活性污泥处理废水净化反应的影响因素。
6. 试述好氧生物膜法的基本原理,并列举主要的运行方式和各自的特点。
7. 试述好氧生物膜法处理废水净化反应的影响因素。
8. 试述厌氧生物法的基本原理,并列举主要的运行方式和各自的特点。
9. 试述厌氧生物法处理废水净化反应的影响因素。
10. 与活性污泥法相比,生物膜法的主要区别是什么? 由此产生了哪些特征?
11. 与好氧生物处理相比,厌氧生物处理有哪些特点?
12. 何谓污水稳定塘自然生物处理? 可分为哪几类?
13. 试述生物脱氮过程、原理及生物脱氮过程的影响因素。

14. 试述微生物除磷的原理及生物除磷过程的影响因素。

15. 试述有机废气的微生物净化的基本原理,并列举主要的运行方式和各自的特点。

16. 试述污染土壤生物处理净化的基本原理,并列举主要的运行方式和各自的特点。

17. 简述微生物强化法、生物通风法和泵出生物法的工艺原理。

18. 试述固体废弃物生物处理净化的基本原理,并列举主要的运行方式和各自的特点。

19. 什么是微生物降解? 微生物对有机污染物有哪些降解作用?

20. 环境有机污染物生物降解动力学模型的理论基础是什么? 这种模型具有什么指导作用?

21. 试述卤代烃类有机物质微生物降解的生物化学机理。

22. 试述农药类有机物质微生物降解的生物化学机理。

23. 试述酚类有机物质微生物降解的生物化学机理。

24. 试述石油污染物微生物降解的生物化学机理。

第7章　环境有机化合物净化模型

模型是真实世界的一种模拟,科学知识可通过经验信息与模型的巧妙组合而获得,在模型中强调一切认为重要的性质而忽略所有不必要的性质。

构建模型就是先使某些假设用一个数学方程式表示,进而通过新的观测数据进行检验。模型的使用在本质上有两种相互交错的方式:①计算已知外部条件下系统的变化;②通过比较各种外部条件与对应系统的行为来推算系统内部结构。第一种计算通常称为预测,第二种称为诊断或推测。

尽管预测通常认为是模型的最终目标,但它既不是唯一的也不是关键性的目标。我们知道真实世界因为两个主要原因而不同。第一,观测值具有与各种不同因素(如分析工具只有有限的精密度)关联的不确定性。量子力学的测不准原理使我们不能做到"绝对精确"地观测,但是,我们一般不应用不确定性原则,而仅仅讨论数据不可能绝对准确的问题。第二,数据的解释没有唯一方案。推测过程总在某种程度上带有随意性。事实上,即使我们忽视测量的不确定性,认为数据是绝对可靠的,应用所有已知的实验数据,仍然可能产生无数个模型来重复这些数据。当然,从决定模型的自由度角度加以考虑时,这种情况是很少的。一个好的模型仅包含比观察数据少得多的几个可调参数。

有机化合物在环境中,由于环境的物理、化学、生物、地理、地质、水文及气象、气候等因素的综合作用,发生物理、化学、生物等演化,从而产生对流、扩散、吸附、沉降、挥发等现象,引起化合物的浓度变化。为了探索有机物浓度在环境中的变化规律,评价环境中人为产生的有机污染物的归宿和行为,就需要研究有机物的各种演化和环境各物理量之间的关系,并建立相应的数学表达式,这就形成了有机污染物的迁移转化模型。建立有机物迁移转化模型是为了描述特定时空条件下,特定物质的浓度分布。

7.1　气-水交换模型

7.1.1　气-水交换模型概述

对于气-水交换模型的研究已经有了很长的历史。最早的模型研究起始于对化工过程的理解与描述,因为在设计化工生产线时需要了解控制气-液交换过程的多种物理化学参数。人们已经认识到物质在气-液界面间的迁移是由复杂的分子扩散与湍流迁移等共同作用的结果。

最早的气-水交换模型是 Whitman 于 1923 年提出的薄膜模型,它将气-水界面描述为(单层或双层的)瓶颈边界。尽管随着我们对发生在气水边界上的物理过程了解的深入,这一模型的许多方面已不再适用,但其在数学模型上的简单性使得其仍有较广泛的应用。

为了适应更多更复杂的气-水交换情形,化学工程师们也提出了另一个模型,即 Higbie 和 Danckwerts 的"表面更新模型"。它适用于较强烈的湍流状态,此时不连续的波浪持续形成新的界面,同时伴随着空气气泡进入水体以及水的液滴溅出到空气相中的过程。该模型将气-水界面描述为一个扩散界面。

　　进入 20 世纪 70 年代,随着对地球化学物质循环与环境中人为污染物归趋研究的不断深入,人们对自然体系中物质的气-水交换过程产生了越来越多的研究兴趣,尤其是发生在海洋和大气层之间的交换过程。在微气象学中,以水面热能和动量转换的研究为基础,发展了气-水界面间湍流结构和能量转换的较详细的模型,其中最著名的成果是 1977 年 Deacon 提出的边界层模型,它类似于 Whitman 的"薄膜"模型。不同之处在于 Deacon 将扩散过程中的不连续过程视作连续的,因此迁移速率的表达形式较为复杂。因为接近界面的湍流结构也受到流体黏度的影响,所以该模型更为复杂但也更为有效。

　　图 7-1 给出了这三种模型基本思想的轮廓。图上半部分所示是薄膜模型和边界层模型

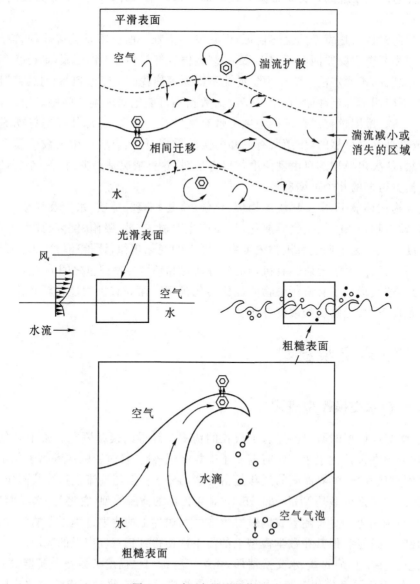

图 7-1　气-水界面的物理过程

的情况。在薄膜模型中,扩散液滴是非连续的,而在边界层模型中,从湍流区域穿过边界层到达界面的变化是平滑的。图下半部分描述的是"表面更新模型"中新界面的连续更新过程。对于平滑表面,界面两侧的水平速率都朝边界降低,湍流涡流逐渐变小并且在界面处完全消失(边界层特性)。在粗糙表面,由于浪不断将气泡带入水中以及液滴不断溅入空气相,因而不断产生新的气水界面。通常这些界面都不持久,不足以达到气水两相之间的化学平衡。下面将对三种气-水交换模型进行较为详细的介绍。

7.1.2　停滞水体的气-水交换模型

1. 薄膜模型

在薄膜模型中,气-水界面被看作一个一层或两层的瓶颈边界,它们的厚度分别是 δ_a 和 δ_w,由气相扩散速率 D_{ia},水相扩散速率 D_{iw},可求得物质在气相中的交换速率 v_{ia} 和在水相中的交换速率 v_{iw}

$$v_{ia} = \frac{D_{ia}}{\delta_a}; \quad v_{iw} = \frac{D_{iw}}{\delta_w} \tag{7-1}$$

在此薄膜模型中,存在一个基本假设就是所有物质都通过的是同一厚度的膜。因此,模型预测在给定条件下,不同化合物 i,j 的交换速率应与它们各自的扩散能力呈如下的线性相关的关系

$$\frac{v_{i\alpha}}{v_{j\alpha}} = \frac{D_{i\alpha}}{D_{j\alpha}} \quad \alpha = a, w \tag{7-2}$$

因为在空气和水中不同物质的扩散速率之比 D_{ia}/D_{ja} 不完全相同,因此式(7-2)不能用于总的交换速率 $v_{ia/w}$,但它可以用于只由单相(如水相或气相)控制的各类物质。

在过去几十年里,无论在实验室或是在真实环境中,人们做了大量的关于确定气-液交换速率的测定工作。这些研究的中心目标之一就是验证式(7-2)或相关表达形式的可靠性。

2. 表面更新模型

在表面更新模型中,界面被描述为一个扩散边界,物质在气相和水相的交换速率如式(7-3)所示

$$v_{ia} = \left(\frac{D_{ia}}{\pi t_{exp}^a}\right)^{1/2}; \quad v_{iw} = \left(\frac{D_{iw}}{\pi t_{exp}^w}\right)^{1/2} \tag{7-3}$$

式中: t_{exp}^a 和 t_{exp}^w 分别表示气相和水相的暴露时间。

暴露时间越短,表明更新越频繁,一般来说气相暴露时间要远低于液相暴露时间。一方面,对于不同的密度和黏度下的流体,其结果似乎是合理的;另一方面,如果暴露时间不同,则扩散边界理论就不能完全适用。如果更新的流体没有同时分布在界面的两边,则穿过界面的浓度曲线就不会按扩散边界理论预测的那样出现。例如,当一个新的空气气团到达边界时,邻近边界的水相还没有更新,而遇到水的气团已经发生了一定的损耗,很明显,这将影响穿过界面的交换,这一过程的数学模型非常复杂,这里不做讨论。然而,不论得出的模型多么复杂,净通量总是取决于两种介质的扩散系数的平方根。因此,如果是两种流体中的一种(空气或水)对整个交换过程起控制作用,那么在表面更新模型中,两种化合物 i 和 j 的交换速率之间有如下关系

$$\frac{v_{i\alpha}}{v_{j\alpha}} = \left(\frac{D_{i\alpha}}{D_{j\alpha}}\right)^{1/2} \quad \alpha = \text{a, w} \tag{7-4}$$

式中:指数为 1/2,而薄膜模型中指数为 1,如式(7-2)所示。

3. 边界层模型

流体动力学关于边界湍流的理论表明,从湍流状态到分子扩散状态的转变过程是逐渐变化的,并且从完全的湍流状态到分子扩散状态的迁移区域的厚度取决于流体的黏度,并非像在薄膜模型中假设的那样。在 Whitman 的薄膜模型中,这一影响已经考虑在膜厚度 δ_a 和 δ_w 中。此外,膜厚度也取决于界面产生的湍流动能的强度。

Deacon 边界层模型的想法是把黏度的影响从界面湍流动能强度的影响中分离出来,这样新的模型就可以描述在一定的风速下,由于水或空气的温度(或黏度等)的变化而引起的 $v_{i\alpha}$ 的变化。Deacon 的结论是,物质在界面间的迁移一定会同时受到两个方面因素的影响,即发生迁移的物质(由分子扩散系数 $D_{i\alpha}$ 描述)和迁移时的湍流状态(由运动黏度系数 v_a 描述),这里 v_a 和 $D_{i\alpha}$ 有着相同的量纲,因此,两个量之间的比值是无量纲的,被称为 Schmidt 数($Sc_{i\alpha}$)

$$Sc_{i\alpha} = \frac{v_a}{D_{i\alpha}} \quad \alpha = \text{a, w} \tag{7-5}$$

Deacon 的模型是在水相对气-水迁移速率单独起控制作用的挥发性化合物基础之上导出的,它较早的形式对 Schmidt 数大于 100 且水体表面非常光滑的情况有效,形式如下

$$v_{iw} = \text{常数} \times (Sc_{iw})^{-2/3} \quad (Sc_{iw} > 100) \tag{7-6}$$

由该式可知,v_w 随 D_{iw} 增大与 v_w 减小而增大,如果黏度和扩散速率同时增大或减小,v_{iw} 将保持不变。

7.1.3 流动水体的气-水交换模型

流动水体的气-水交换受到风和水流两个因素的影响。现在有必要引入流体动力学中最重要的概念,以定量化湍流运动的强度和评价各种湍流动能产生过程的相对重要性。

我们认识到湍流是引入流体理论中的一种分析方法,以便区分称为平流的大范围的运动和称为湍流的小范围的波动。湍流速率在均值附近发生变化,其均值为零,而动能不为零。动能正比于湍流速率的平方的均值 $\overline{u_{\text{turb}}^2}$,即湍流速率的方差,其平方根(湍流速率的标准偏差)具有速率的量纲,因此可以用一个具有速率量纲的量来表达湍流的动能。在用来描述由风引起的湍流现象的边界层理论中,湍流速率称为"摩擦速率",记作 u^*。与之相反,在河流水利学中,湍流主要由流体与河床底部的摩擦引起,相应的 u^* 称作"剪切速率"。两种情况下的 u^* 都与湍流速率的标准偏差成比例。那么气-水迁移速率 v_{iw} 与剪切速率 u^* 之间的关系到底如何呢?

首先我们注意到,从几乎停滞的水体(如缓慢流动的河流)到非常强烈的湍流状态(如非常湍急的山间溪流),不同状态之间的变化是一个连续的过程。不可能用简单的数学表达式和少许参数(如平均流动速率 $\bar{u}$ 或河流深度 h 等)建立起通用的气-液交换速率的关系。然而,如果将流动水体的水面限定为明确的表面模型(尽管这个表面会被风浪或湍流漩涡所改变),则有可能把水相迁移速率表示为几个参数的函数,即

$$v_{iw} = f(Sc_{iw}, u_{10}, \bar{u}, u^*, h, S_0) \tag{7-7}$$

式中:Sc_{iw} 为水相 Schmidt 数,$Sc_{iw} = v_w/D_{iw}$;u_{10} 为水面上 10 m 高度处的风速;$\bar{u}$ 为河流平均流

速;h 为河流平均深度;S_0 为河床比降,即水平距离与高度变化的比值。

上式既适用于停滞水体,如式(7-6)所示,也适用于由风所造成的湍流水体。很明显,当风速发生变化时,某一确定水体有可能在水流控制与风速控制的两种情况之间转换。另一个影响式(7-7)中函数 f 的表达式的因素是湍流结构(漩涡)的大小与水体的深度,由此引出两个模型:小涡流模型和大涡流模型。

1. 平缓水体与小涡流模型

定性来说,具有较小糙率的河流可视为平缓水体。在该水体中当水流通过不同粒径的(如卵石、沙粒和煤粉等)不平坦的河床底部时,产生的湍流的尺度要远小于水深,如图 7-2(a)所示。当涡流从底部向上移动,它们将湍流能量转移至水面,影响气-水交换。小涡流模型导出了以下气-水迁移速率表达式

$$v_{iw} = 0.161(Sc_{iw})^{-1/2}\left(\frac{v_w u^{*3}}{h}\right)^{1/4} \tag{7-8}$$

式中:摩擦速率 u^* 既可以由河流比降 S_0 估算,也可以由平均流动速率 $\bar{u}$ 计算。

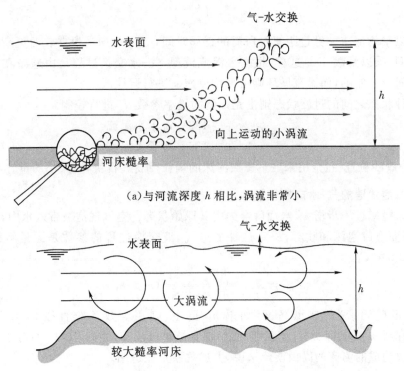

(a)与河流深度 h 相比,涡流非常小

(b)涡流较大,可以很快将溶于水中的化学物质运输至水面

图 7-2　河床糙率对涡流的影响

由式(7-8)可得出以下几点结论:

①v_{iw} 随湍流强度(由 u^* 定量)增大而增大,对于给定的湍流强度,v_{iw} 随水深减小而增大;

②交换速率 v_{iw} 通过 $(Sc_{iw})^{-1/2}$ 与 $(D_{iw})^{1/2}$ 成正比,这说明气-水交换的结果服从表面更新模型,如式(7-3)所示。

根据②可以比较水流与风速对气-水交换的影响。依据求算的由水流导致的暴露时间和

由风速引起的暴露时间,进行比较就可以发现河流平均流速存在一临界值。在临界值以上,水流对水气交换影响较大,而在临界流速以下,风速对水气交换影响较大。该河流临界流速 $\bar{u}_{crit}$ $(m \cdot s^{-1})$ 由下式(7-9)定义

$$\bar{u}_{crit} \approx \begin{cases} 0.2h^{1/3} & \text{弱风(最大 4 m/s)} \\ 3h^{1/3} & \text{强风}(10 \sim 100 \text{ m/s}) \end{cases} \quad (7-9)$$

式中:h 为河水平均深度(m)。

2. 急湍河流与大涡流模型

当河床糙率增加,由河床不规则形状引起的涡流也随之变大,直至大的粗糙单元遍布整个水体,如图 7-2(b)所示。这些巨大的涡流可以将底部的水在很短时间内传送到水面,从而加速了气-水交换过程。气-水交换速率 v_{iw} 变为大涡流模型的形式,即

$$v_{iw} = \text{常数} \times \left(\frac{D_{iw}\bar{u}}{h}\right)^{1/2} \approx \left(\frac{D_{iw}\bar{u}}{h}\right)^{1/2} \quad (7-10)$$

式中:常数约为 1,注意上式也可写成

$$v_{iw} = \left(\frac{D_{iw}}{t_{river}}\right)^{1/2} \quad (7-11)$$

式中:t_{river} 是以平均流速 $\bar{u}$ 穿过距离 h 所需的迁移时间,$t_{river} = h/\bar{u}$。根据表面更新模型,t_{river} 相当于更新时间(乘以系数 π)。这样,根据大涡流模型,气-水交换过程是由遍布在整个水体深度范围内的涡流控制的,而涡流循环则由平均流速 $\bar{u}$ 进行调控。

处于两种状态之间的过渡状态则由无量纲的糙率参数 d^* 进行控制。

$$d^* \equiv \frac{d_s u^*}{v_w} \begin{cases} < 136 & \text{对于小涡流} \\ > 136 & \text{对于大涡流} \end{cases} \quad (7-12)$$

式中:d_s 为等效沙粒直径,是用来度量覆盖河床的颗粒(细粒、石块等)大小的量。

3. 通过气泡加速的气-水交换模型

如果河床糙率进一步增大,水面就会失去其原始状态。空气气泡被带入水中,水的液滴溅入空气中,因而形成泡沫和喷雾,决定这种加速气-液交换过程的参数是无量纲的弗鲁德数(Froude Number,F_E)。

$$F_E = \frac{h\bar{u}}{[g(h-h_E)^3]^{1/2}} \quad (h > h_E) \quad (7-13)$$

式中:h_E 是"粗糙元素"的典型高度,如果 h_E 更小,则用等效沙粒直径 d_s 度量。注意式(7-13),只有当 $h > h_E$(即所有的"粗糙元素"都要被水浸没)时才有意义。而对于由大于河水深度的大石块构成的河床的高山溪流来说,上述关系不能适用。

实验发现,当 $F_E > 1.4$ 时开始加速气-水交换过程,交换速率可用式(7-14)描述

$$v_{iw} = (Sc_{iw})^{-1/2} u^* (0.0071 + 0.023F_E) \quad (7-14)$$

7.2 室模型

7.2.1 一室模型

一室模型把环境系统描述成一个单一的均匀空间整体,均匀即不考虑更多的空间变化。

然而,一室模型可以有一个或几个状态变量,从而可将一室模型分为单变量和多变量一室模型。

1. 单变量线性一室模型

设有一个均匀混合的和可用一个或几个化学物质 i 的浓度 C_i 表征的系统,如图 7 - 3 所示,这些浓度的影响因素有输入 I_i、输出 O_i 以及状态变量(如 C_i 和 C_j 之间的内部变换),或者其它不是状态变量的化学物质 $X, Y, \cdots$ 之间的内部变换过程。

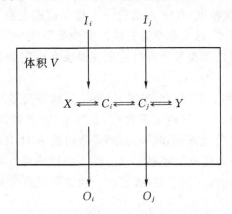

图 7 - 3 一室模型或完全混合反应器模型

如果系统的体积 V 保持不变,化合物 i 的质量平衡可以写成

$$\frac{\mathrm{d}C_i}{\mathrm{d}t} = \frac{1}{V}(I_i - O_i - \sum R_i + \sum P_i) \tag{7-15}$$

式中:$\sum R_i$ 和 $\sum P_i$ 分别表示化学物质 i 在变换过程中所有内部消耗量和生成量的总和。

考虑只有一个化学物质 i 的建模情况。其它化学物质可以决定式(7 - 15)右边几项的数值大小,但我们把它们的影响当作外力,因此有

$$I_i, O_i, \sum R_i, \sum P_i = \{外部力和 C_i 的影响\} = f_p(C_i) \tag{7-16}$$

式中:下标 p 是指式(7 - 16)左边的不同过程 $(I_i, O_i, \sum R_i, \sum P_i)$。但应注意,某些 $f_p(C_i)$ 函数(如描述外部输入 I_i 的函数)通常与浓度 C_i 无关,仅取决于外力。

如果把所有 $f_p(C_i)$ 函数代入式(7 - 15)中,可以得到非常复杂的表达式。然而,此处我们感兴趣的仅仅是所有 $f_p(C_i)$ 函数都是线性的模型,即

$$f_p(C_i) = a_p(t) + b_p(t)C_i \tag{7-17}$$

式中:$a_p(t)$ 和 $b_p(t)$ 是时间 t 的任意函数,但不是 C_i 的函数。某些这样的函数也许比式(7 - 17)更简单,也就是 $a_p(t)$ 或 $b_p(t)$ 与时间没有关系甚至是零。任何情况下,将这些函数代入式(7 - 15)将得到下面的形式

$$\frac{\mathrm{d}C_i}{\mathrm{d}t} = \sum_p a_p(t) + \left[\sum_p b_p(t)\right]C_i = J_i(t) - k_i(t)C_i \tag{7-18}$$

下面将看到,因为 $b_p(t)$ 通常是负的,所以为了方便,在 $k_i(t)$ 前加上负号。式(7 - 18)是一阶线性非齐次微分方程最一般的形式。

从本质上说,上面讨论的模型是非常一般也非常抽象的一室模型。该模型的优点是式

(7-17)和式(7-18)提供了一个评价模型的线性(或非线性)的通用工具。

　　线性模型在微分方程理论中起着非常重要的作用,它为讨论更复杂的非线性方程提供了基础,并总是具有由指数函数构成的解析解。相反,非线性模型的解包含更多变化,因而包括多得多的可能性。

2. 两个变量的一室模型

　　上面我们讨论了只有一个状态变量的一室模型。现在看有两个变量的模型,这两种变量就是两种化学物质 A 和 B 的浓度,其中 A 通过一个化学过程变换为 B,反之亦然。下面的讨论限制在两个变量的线性模型,这类模型拥有线性多变量系统中所有重要的特性。非线性模型和有三个或三个以上变量的模型对分析讨论来说很快变得复杂起来,这样的模型必须通过数值方法求解。

　　该系统在图 7-4 中说明。它用两个浓度 C_A 和 C_B(状态变量)、两个零级输入函数 J_A 和 J_B(单位体积和时间输入)、两个一级输出函数 $k_A C_A$ 和 $k_B C_B$(单位体积和时间输出)、从 A 到 B 及其逆反应的两个一级转化反应来描述。k_A 和 k_B 分别是 A 和 B 的一级输出速率常数,$k_{A/B}$ 和 $k_{B/A}$ 分别是正向和逆向一级反应的速率常数。输入和输出可以是两个或更多过程的总和。例如,不同入口和来自大气的输入的总和,或者出口的输出和通过大气交换输出 I_B 的总和。

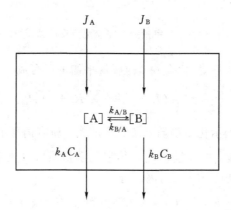

图 7-4　两种化学物质的线性一室模型

　　如果 A 和 B 之间没有转化,可以通过线性一室模型分别描述两种化学物质。不管如何,化学反应与下面的两个方程是相联系的

$$\frac{dC_A}{dt} = J_A - k_A C_A - k_{A/B} C_A + k_{B/A} C_B \tag{7-19}$$

$$\frac{dC_B}{dt} = J_B - k_B C_B - k_{B/A} C_B + k_{A/B} C_A \tag{7-20}$$

　　这是两个联立的一阶线性非齐次微分方程(简称 FOLIDE)。它们具有相似的形式,可以合并为一个通式,使得每个方程的右边最多有三项组成,即由一个非齐次项、一个依赖于第一个变量的线性项以及一个依赖于第二个变量的线性项组成。

7.2.2　二室模型

　　二室模型源于一室模型,它适用于描述含有两个空间子系统的体系,这些子系统之间由一个或几个迁移过程相联系。各个单室的质量平衡方程形式上类似于式(7-15),但要加上一项以描述二室之间的物质流量。每个室又可以用一个或几个状态变量进行表征。

图 7-5 通过两个变量的二室模型演示了二室模型。与图 7-3 不同,图 7-5 中外部的流量项采用一个额外的下标表示室的数量,置于表示化合物种类的下标 i 之后。另外,此模型中还包括室间迁移流量 $T_{i\alpha\beta}$,其中下标 i 代表化合物,$\alpha\beta$(成对出现)指流体从室 α 流向室 β。因为流量取决于室的物理性质,所以它或与流体(水、空气等)流速相关,或与界面交换速率有关。由一条河流连接两个湖泊的系统可以作为前者的实例;后者的实例可以是一个沿垂直方向分成变温层(分层湖泊的最上水层)和均温层(湖底静水层)的湖泊。

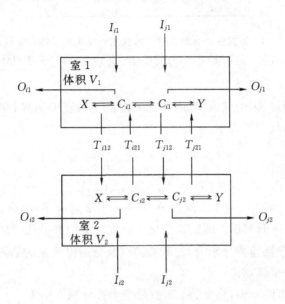

图 7-5　含有两个充分混合的环境室的二室模型

(注:第一个下标(i 或 j)代表化合物,第二个下标(1 或 2)代表室;迁移流量 T 带有三个下标,如 T_{i12} 描述的是变量 i 从室 1 到室 2 的室间流量;X 和 Y 代表其它不属于状态变量的化合物)

1. 单变量线性二室模型

下面两个室 1 和室 2 的质量平衡方程是式(7-15)的扩展

$$\frac{dC_{i1}}{dt} = \frac{1}{V_1}\left(I_{i1} - O_{i1} - \sum R_{i1} + \sum P_{i1} - T_{i12} + T_{i21}\right) \tag{7-21}$$

$$\frac{dC_{i2}}{dt} = \frac{1}{V_2}\left(I_{i2} - O_{i2} - \sum R_{i2} + \sum P_{i2} - T_{i21} + T_{i12}\right) \tag{7-22}$$

如果方程中所有的项都是浓度 C_{i1} 和 C_{i2} 的线性函数,则这个模型是线性的。这意味着迁移流量 T_{i12} 和 T_{i21} 与室内流体发生迁移时的初始浓度成正比,这些流量项将两个微分方程相关联。

作为第一个例子,我们分析由充分混合(均匀)的水体与之相接触的充分混合的大气组成的系统(见图 7-6)。该系统的两部分之间可以是大气和水的流动。这种特殊的系统可以是从一个大的水坑到玻璃长颈瓶(瓶内顶空空气用于测定亨利常数)的任何一种体系。

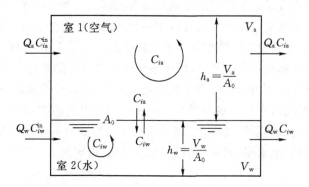

图 7-6 挥发性化合物在耦合的气水系统中的线性二室模型

(注:室 1 是空气部分(1=a),室 2 是水体(2=w);两部分空间(V_a 和 V_w)分别以体积速率 Q_a 和 Q_w 进行冲洗)

本系统的分界很明显,因为气-水界面清楚地定义了两室的边界,穿过界面的交换过程可分别用如下两个单向流量方程表示

$$T_{i12} \equiv T_{iaw} = v_{ia/w} \frac{C_{ia}}{K_{ia/w}} A_0 \tag{7-23}$$

$$T_{i21} \equiv T_{iwa} = v_{ia/w} C_{iw} A_0 \tag{7-24}$$

式中:根据图 7-6 所示,室 1 对应于大气部分(1=a),室 2 对应于水体(2=w)。$K_{ia/w}$ 是无量纲的亨利定律常数,A_0 为界面面积。假定这个化合物在两室中都是化学惰性的(不反应的)。两个子系统(大气和水的交换速率分别为 Q_a 和 Q_w)以及分别由相应的输入浓度 C_{ia}^{in} 和 C_{iw}^{in} 描述的外部输入中都可能有一个流动。

在这个耦合的气-水体系中,化合物 i 的质量平衡可分别表示为

$$\frac{dC_{ia}}{dt} = \frac{1}{V_a}(Q_a C_{ia}^{in} - Q_a C_{ia} - v_{ia/w} A_0 \frac{C_{ia}}{K_{ia/w}} + v_{ia/w} A_0 C_{iw}) \tag{7-25}$$

$$\frac{dC_{iw}}{dt} = \frac{1}{V_w}(Q_w C_{iw}^{in} - Q_w C_{iw} + v_{ia/w} A_0 \frac{C_{ia}}{K_{ia/w}} - v_{ia/w} A_0 C_{iw}) \tag{7-26}$$

引入如下的速率常数:

气相体积的比交换速率 $k_{qa} = \dfrac{Q_a}{V_a}$;水相体积的比交换速率 $k_{qw} = \dfrac{Q_w}{V_w}$;大气体系的比气-水交换速率 $k_{ia/w}^{air} = \dfrac{v_{ia/w}}{h_a}$;水体系的比气-水交换速率 $k_{ia/w}^{water} = \dfrac{v_{ia/w}}{h_w}$。

其中 $h_a = \dfrac{V_a}{A_0}$ 和 $h_w = \dfrac{V_w}{A_0}$ 分别表示大气室与水室的平均深度。代入式(7-25)、式(7-26),重排整理分别得

$$\frac{dC_{ia}}{dt} = k_{qa} C_{ia}^{in} - (k_{qa} + \frac{k_{ia/w}^{air}}{K_{ia/w}}) C_{ia} + k_{ia/w}^{air} C_{iw} \tag{7-27}$$

$$\frac{dC_{iw}}{dt} = k_{qw} C_{iw}^{in} + \frac{k_{ia/w}^{water}}{K_{ia/w}} C_{ia} - (k_{qw} + k_{ia/w}^{water}) C_{iw} \tag{7-28}$$

作为一个特殊例子,考虑化学物质通过大气进入体系的情况($C_{ia}^{in} \neq 0, C_{iw}^{in} = 0$),则式(7-27)、式(7-28)的稳态解分别为

$$C_{ia}^{\infty} = \frac{k_{qa}(k_{qw} + k_{ia/w}^{\text{water}})K_{ia/w}}{k_{qa}(k_{qw} + k_{ia/w}^{\text{water}})K_{ia/w} + k_{ia/w}^{\text{air}}k_{qw}}C_{ia}^{\text{in}} \qquad (7-29)$$

$$C_{iw}^{\infty} = \frac{k_{ia/w}^{\text{water}}}{k_{qw} + k_{ia/w}^{\text{water}}} \cdot \frac{C_{ia}^{\infty}}{K_{ia/w}} \qquad (7-30)$$

2. 层状湖泊的线性二室模型

一个被分为变温层 E(表面层,室 1)与均温层 H(深水层,室 2)的层状湖泊是另一个作为二室模型的典型例子。模型与其参数如图 7-7 所示,它包括如下过程:

①化学物质通过进口或其它的来源输入(参数 $\eta(0 \leqslant \eta \leqslant 1)$ 定义为进入均温层的输入分数);

②水体表面的气-水交换;

③化学物质在湖泊出口处的损失;

④湖泊中的化学反应(变温层与均温层的速率常数(K_{irE} 和 K_{irH})不同);

⑤化学物质沉积(沉降)的损失;

⑥穿过跃温层(即变温层和均温层的界面)的双向质量交换。

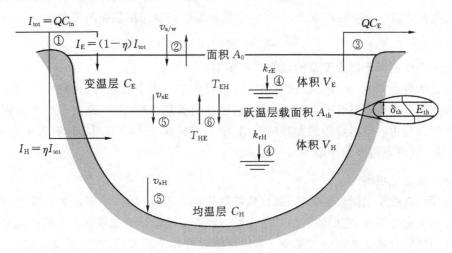

图 7-7　分层湖泊的二室模型

①通过进口的输入(η 为进入均温层的相对输入分数);②气-水交换;③出口损失;④由原位化学物质的变换(包括化学的、光化学的、生物的)引起的损失;⑤附着在固体物质上损失的流量;⑥穿过跃温层的交换

除气-水交换流量被穿过跃温层的纵向流量(T_{iEH} 和 T_{iHE})替代外,变温层与均温层的质量平衡方程看上去像式(7-27)、式(7-28)。根据质量迁移模型的通式,可将这些纵向流量表示为

$$T_{iEH} = v_{ex}A_{th}C_{iE}; \quad T_{iHE} = v_{ex}A_{th}C_{iH} \qquad (7-31)$$

式中:v_{ex} 为交换速率;A_{th} 为跃温层面积。

v_{ex} 是由两室之间流体单元的交换(湍流)造成的,故可以把 v_{ex} 解释为每单位时间内水的体积交换速率(Q_{ex}),即

$$v_{ex} = \frac{Q_{ex}}{A_{th}} \qquad (7-32)$$

也可以把跃温层想象为一个具有厚度 δ_{th} 和（湍流）扩散系数 E_{th} 的瓶颈边界，得

$$v_{ex} = \frac{E_{th}}{\delta_{th}} \tag{7-33}$$

如果 v_{ex} 的大小不能从二室模型拟合观测的浓度数据中得到，那么式（7-33）则是估计此模型参数的合适的表达式。

由悬浮物质的沉降（见图 7-7 中的⑤）引起的纵向物质流量是相互关联的，无论论化学物质 i 是结合于悬浮粒子中还是吸附在它们的表面，那么离开变温层的每单位时间内的总流量可记为 $S_{iE}^{out}（[M \cdot T^{-1}]）$

$$S_{iE}^{out} = v_{sE} A_0 (1 - f_{iwE}) C_{iE} \tag{7-34}$$

式中：v_{sE} 为变温层中粒子沉积速率；A_0 为湖泊表面积；f_{iwE} 为化学物质 i 在变温层中的溶解分数。

由于湖泊漏斗状的盆形构造，仅有流量分数为 A_{th}/A_0 的部分被均温层吸收，剩下的部分则沉降至直接暴露于变温层的沉积物中。这样，进入到均温层的相应输入量为

$$S_{iH}^{in} = v_{sE} A_{th} (1 - f_{iwE}) C_{iE} \tag{7-35}$$

式中：A_{th} 代表跃温层处湖的横截面。最终，自均温层到均温层沉积物的流量为

$$S_{iH}^{out} = v_{sH} A_{th} (1 - f_{iwH}) C_{iH} \tag{7-36}$$

3. 含有两个或两个以上变量的线性二室模型

从概念的观点来看，上述方法没有新的内容要扩充。多个变量可以得到多个联立的微分方程。即使这些方程是线性的，要去求解它们也是相当复杂的，但不论由多少个方程联立，线性模型的解总是由一些指数项的加和组成，其中一定包含一个稳态项。计算机可以有效地处理这些问题，这里不再详细介绍。

4. 非线性二室模型

线性模型在数学上简单而明晰，而自然体系往往是非线性的，尽管在某些特定的条件下，限定一定的变量范围时，它们的行为可由线性方程近似地描述。如果加入非线性元素，那么模型所涉及的性质可能会变得极其复杂。它们可能含有多个稳态，系统朝其变化或在其周围作无限循环的波动。模型变化的方向很大程度上取决于其初始状态，也就是变量的初始值。这意味着不可能预测较长时期后系统的行为，因为初始值的微小差别也许会导致一段时间后系统状态的巨大差别，这部分不再赘述。

7.3 时空模型

所谓时空模型即指其模型变量（如浓度 C_i）随时间和空间位置的改变而发生变化。本节涉及的主要机制是转化、直接迁移（水平对流、湍流、颗粒物的沉淀）和随机迁移（扩散和弥散）。本节开发了一些用于评估这些过程相对重要性的简单工具，这些知识可以帮助设计和优化使用数值模型。

在最近的几十年中，一方面，廉价快速计算设备的迅猛发展使 20 世纪 60 年代以前科学家的幻想变成了现实。另一方面，由于人们对全球气候变化的关注而引发的对地球、大气和海洋等流体体系的兴趣在不断增长，并最终导致了复杂大气-海洋综合模型的构建。本节讨论构建

模型的基础要素并考虑模型求解的特征,大多数讨论将限于一维空间。实际上,大多数情况下一维模型所显示的性质足以延伸运用在更复杂情况的相关特征。

7.3.1　一维扩散

前面我们讨论了迁移和转化过程的共同作用对化合物在一定环境系统中空间分布的影响。但是,任何一种情况都无法用定量方法计算最终浓度曲线分布,同时也无法解释如何比较诸如扩散、对流、分解等多种机制的速率从而计算出它们的相对重要性。本节将应用数学工具来解决这一问题。

1. 迁移过程和高斯定理

Fick 第一定律描述了由扩散或其它任何随机过程所造成的单位面积单位时间上的质量通量,以偏导数形式可将沿 x 轴的扩散通量改写为

$$F_x^{\text{diff}} = -D\frac{\partial C}{\partial x} \tag{7-37}$$

式中:D 是扩散率。上标 diff 表示该通量是由扩散过程引起。

沿 x 轴的水平对流速率 v_x 可看作是单位时间单位面积上通过的体积流量(水流、大气或其它流体)。因此,为了计算溶解化合物的通量,必须将流体体积通量乘以化合物浓度 C,即相应的水平对流迁移表达式

$$F_x^{\text{adv}} = -v_x C \tag{7-38}$$

注意式(7-37)和式(7-38)中流量正负符号(即方向)的差别。因为 C 总是正数或为 0,所以矢量 F_x^{adv} 的方向由流速 v_x 的方向决定。流体中的所有化合物的迁移方向即流体的流动方向是一致的。相反,由于 D 是正数,F_x^{diff} 的正负由浓度梯度的正负决定。因此,如果同一系统中两种化合物的浓度曲线不同,它们的扩散通量的正负可能会不相同,如图 7-8 的例子所示。

应用高斯定理将一般的质量通量 F_x 和局部浓度的时间变化 $\partial C/\partial t$ 联系起来,对总通量有

$$F_x^{\text{tot}} = F_x^{\text{adv}} + F_x^{\text{diff}} = v_x C - D\frac{\partial C}{\partial x} \tag{7-39}$$

得到(其中 v_x 与 D 为常数)

$$\left(\frac{\partial C}{\partial t}\right)_{\text{transport}} = -\frac{\partial F_x^{\text{tot}}}{\partial x} = -v_x\frac{\partial C}{\partial x} + D\frac{\partial^2 C}{\partial x^2} \tag{7-40}$$

在图 7-9 中,将图 7-8 的曲线按照式(7-40)最右边两项的正负进行了分解。曲线①两项符号相反,而曲线②两项均为负。

2. 一维扩散/水平对流/反应方程

为了将迁移方程(7-40)扩展应用到影响化合物空间分布的其它过程中去,此处引入了零级产生速率 J 和一级损失速率(特定反应速率)k_r,有

$$\left(\frac{\partial C}{\partial t}\right)_{\text{reaction}} = J - k_r C \tag{7-41}$$

结合式(7-40)和式(7-41),可得到如下迁移/反应方程

$$\frac{\partial C}{\partial t} = \left(\frac{\partial C}{\partial t}\right)_{\text{transport}} + \left(\frac{\partial C}{\partial t}\right)_{\text{reaction}} = D\frac{\partial^2 C}{\partial x^2} - v_x\frac{\partial C}{\partial x} - k_r C + J \tag{7-42}$$

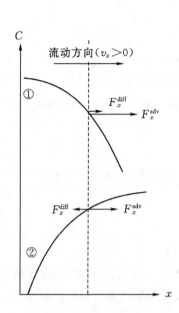

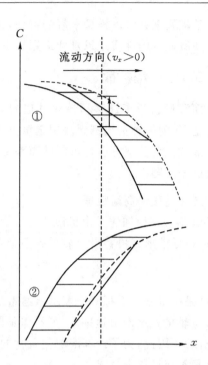

图7-8 扩散和平流造成的通量与浓度曲线的关系　图7-9 浓度曲线与浓度时间变化$\partial C/\partial t$之间的关系
曲线①两通量符号均为正;曲线②两通量符号相反)

这是一个二阶的线性偏微分方程。其中迁移项(式(7-40))本质上是线性的,而反应项(式(7-41))则是特意限定为一个线性表达式。为了简便起见,此处将不讨论非线性的反应动力学。同样的原因,我们将不会讨论式(7-42)的时间相关解。

现在讨论式(7-42)的稳态解。请记住稳态不意味着所有单独过程(扩散、平流、反应)的独立作用均为零,而是指它们综合效应的结果是使得 x 轴的每个位置上浓度 C 保持恒定。因此,式(7-42)的左边为零。由于在稳态时,时间不再重要,我们可以将 $C(x,t)$ 简化为 $C(x)$,并将式(7-42)右边的偏微分换成常微分,即

$$D \frac{\mathrm{d}^2 C}{\mathrm{d}x^2} - v_x \frac{\mathrm{d}C}{\mathrm{d}x} - k_r C + J = 0 \qquad (7-43)$$

这里状态变量 C 不作为时间 t 的函数而是空间 x 的函数。式(7-43)的解需要两类边界条件,即需要有关浓度 C 或浓度导数 $\mathrm{d}C/\mathrm{d}x$ 的两个确切值。设想在沿 x 轴给定的范围内寻找式(7-43)的解,比如在 $x=0$ 和 $x=L$ 之间。在这种情况下,有 6 种不同方案选择确定边界条件。可以指定两个边界值

$$C_0 = C(x=0) ; C_L = C(x_L) \qquad (7-44)$$

也可以是两个边界梯度

$$C_0' = \frac{\mathrm{d}C}{\mathrm{d}x}\bigg|_{x=0} ; \quad C_L' = \frac{\mathrm{d}C}{\mathrm{d}x}\bigg|_{x=x_L} \qquad (7-45)$$

也可综合以上两者(即确定一个边界值、一个边界梯度为边界条件)。多种边界可能性影响着式(7-43)的解,反映了求解式(7-43)时必须分析不同的真实情况。

式(7-43)的一般解可以写成如下形式

$$C(x) = \frac{J}{k_r} + A_1 e^{\lambda_1 x} + A_2 e^{\lambda_2 x} \tag{7-46}$$

式中：A_1 和 A_2 由模型参数（D、v_x、k_r、J）和边界条件（见表 7-1）确定。λ_1、λ_2 为式（7-43）的特征值，它们只由 D、v_x 和 k_r 确定，既不依赖非齐次项 J 也不依赖于边界条件。

表 7-1　扩散/平流/反应方程的稳态解在不同类型边界条件的 A_1 和 A_2

给定边界条件	A_1	A_2
C_0, C_L	$\dfrac{\left(C_L - \frac{J}{k_r}\right) - \left(C_0 - \frac{J}{k_r}\right) e^{\lambda_2 L}}{e^{\lambda_1 L} - e^{\lambda_2 L}}$	$\dfrac{-\left(C_L - \frac{J}{k_r}\right) - \left(C_0 - \frac{J}{k_r}\right) e^{\lambda_1 L}}{e^{\lambda_1 L} - e^{\lambda_2 L}}$
C_0', C_L'	$\dfrac{(C_L' - C_0') e^{\lambda_2 L}}{\lambda_1 (e^{\lambda_1 L} - e^{\lambda_2 L})}$	$\dfrac{-(C_L' - C_0') e^{\lambda_1 L}}{\lambda_1 (e^{\lambda_1 L} - e^{\lambda_2 L})}$
C_0, C_0'	$\dfrac{C_0' - \lambda_2 \left(C_0 - \frac{J}{k_t}\right)}{\lambda_1 - \lambda_2}$	$\dfrac{-C_0' + \lambda_1 \left(C_0 - \frac{J}{k_t}\right)}{\lambda_1 - \lambda_2}$
C_0, C_L'	$\dfrac{C_L' - \left(C_0 - \frac{J}{k_r}\right) \lambda_2 e^{\lambda_2 L}}{\lambda_1 e^{\lambda_1 L} - \lambda_2 e^{\lambda_2 L}}$	$\dfrac{\pm C_L' + \left(C_0 - \frac{J}{k_r}\right) \lambda_1 e^{\lambda_1 L}}{\lambda_1 e^{\lambda_1 L} - \lambda_2 e^{\lambda_2 L}}$
如果系统长度没有限制（如 $L \to \infty$），那么只需要一侧边界条件 C_0 或 C_0'		
C_0	0	$C_0 - \dfrac{J}{k_r}$
C_0'	0	$C_0 - \lambda_2$

7.3.2　湍流模型

Reynolds 数 Re 是用于区分层流与湍流两种流体状态体系的参数，较大的 Reynolds 数表明体系主要为湍流。具体定义湍流是困难的。直观上，我们将湍流和流体运动的精细结构相互关联，这与大尺度流体的流动形式不同。尽管不可能确切地描述这种细微结构运动的时空分布，但我们可以根据一定的统计参数，如某固定位点处的流速的方差来描述它。已经采用类似的方法描述了分子水平下的运动。虽然不可能描述个别"独立"分子的运动，但一组分子的运动是遵照一定的特性规律进行的。这样一来，通过许多分子的个体行为加和就能得到宏观作用力作用下的分子平均运动。

根据这一推理，我们预计湍流的影响可以用类似于分子随机运动的方法来处理。此外，质量迁移模型可提供另一种描述湍流对迁移影响的工具。

1. 湍流交换模型

假定化合物沿 x 轴的浓度 $C(x)$ 受湍流速率波动的影响。为了简化问题，假定平均速率为零。用水块通过 x_0 处的一个虚拟平面的随机交换来描绘波动对 $C(x)$ 的影响（见图 7-10）。由于水流的连续性，任何沿 x 轴正向的水流输送必须有 x 轴反方向相应的水流来补偿。因此一种简化的方法是把湍流的影响形象化地看作是体积 q_{ex} 的水通过分界面 x_0 时在距离 L_x 上的随机交换事件。单一交换事件导致净的化合物质量输送数量为 $(C_1 - C_2) q_{ex}$。浓度差（$C_1 - C_2$）可由浓度曲线的线性梯度（$-L_x \partial C/\partial x$）近似得到。在给定时间段 Δt 内通过某一端面 Δa 所有交换事件的加和得到单位面积、单位时间化合物的平均湍流通量为

$$F_x^{\text{turb}} = -\frac{\sum L_x q_{\text{ex}} \partial C}{\Delta a \Delta t \partial x} = -E_x \frac{\partial C}{\partial x} \tag{7-47}$$

式中：系数 E_x 称作湍流（或涡流）扩散系数，它具有与分子扩散系数相同的量纲。下标 x 表示迁移发生的方向。注意湍流扩散系数也可以解释为平均迁移距离 $\overline{L}_x$ 与平均速率 $\overline{v} = (\Delta a \Delta t)^{-1} \sum q_{\text{ex}}$ 的乘积，与随机运动模型中的意义相同。

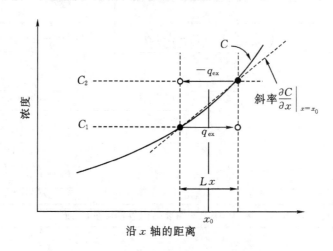

图 7-10 湍流扩散质量迁移交换模型

2. Reynolds 分解模型

尽管式（7-47）可用做湍流扩散的定性模型，但它确实不适合定量 E_x 或将其与可测量的量如流速相关联。Reynolds 和 Schmidt 早年也提出过另一个不同的模型，使湍流扩散的概念更加清晰。该模型的核心是通过隔离任何场变量 f，如流速 v_x 或浓度 C 的时间（或空间）微细结构来区别湍流和平均运动。这是通过将 f 分离为平均值 $\overline{f}$ 和残差 f' 实现的

$$f(t) = \overline{f} + f'(t) \tag{7-48}$$

此处 $\overline{f}$ 是某一定点在时间段 S 内测得变量的时间平均

$$\overline{f} = \frac{1}{S} \int_{t-S/2}^{t+S/2} f(t') \mathrm{d}t' \tag{7-49}$$

由于 $f'(t)$ 有时比 $\overline{f}$ 大，有时比 $\overline{f}$ 小，所以残差 $f'(t)$ 随时间变化。注意所有 $f'(t)$ 瞬时值与平均值 $\overline{f}$ 差的平均值为零，即

$$\overline{f'} = \overline{(f - \overline{f})} = \overline{f} - \overline{f} = 0 \tag{7-50}$$

波动模型（7-48）可以用于描述平流输送式（7-38）。为了简化问题，这里仅讨论 x 分量上的平流流量

$$F_x^{\text{adv}} = v_x C = (\overline{v_x} + v_x')(\overline{C} + C') = \overline{v_x}\,\overline{C} + v_x' C' + \overline{v_x} C' + v_x' \overline{C} \tag{7-51}$$

如果式（7-51）两边都取时间平均，则因为 $\overline{C'}$ 和 $\overline{v_x'}$ 均为零导致方程右边的最后两项变为零（见式（7-50））。因此得到

$$\overline{F_x^{\text{adv}}} = \overline{v_x}\,\overline{C} + \overline{v_x' C'} \tag{7-52}$$

另两个流量分量（$\overline{F_y^{\text{adv}}}$ 和 $\overline{F_z^{\text{adv}}}$）也可类似处理。因此，平均平流流量通量 $\overline{F_x^{\text{adv}}}$ 由两部分组成：①平均浓度 $\overline{C}$ 和平均速率 $\overline{v_x}$ 的乘积；②湍流通量。

$$F_x^{\text{turb}} = \overline{v'_x C'} \tag{7-53}$$

这一通量是两个波动量浓度和速率乘积的平均值。式(7-51)最右侧的最后两项只含有一项波动量,取时间平均时会变为 0。与之不同的是式(7-51)取时间平均时两个波动的乘积项一般不会为 0,这是因为两个量的波动之间存在某种相关。例如,考虑图 7-10 中的浓度曲线,如果速率 v_x 略大于平均值($v'_x > 0$),鉴于在例子中通常 x 取值的浓度一般也较小,因此相应的水团携带的污染物浓度应该小于平均浓度($C' < 0$)。类似的,我们认为 $v'_x < 0$ 的情况与 $C' > 0$ 相对应。可见,两个波动量浓度和速率存在"共变化"。这就是为什么称式(7-53)等号的右侧为"协方差"。在上面的例子中,协方差为负,而正通量波动总是与负浓度波动相匹配。

这样一来,F_x^{turb} 在不存在湍流($v'_x = 0$)时或者污染物浓度分布完全均匀时($\partial C/\partial x = 0$,因此 $C' = 0$)均为零。而我们同时希望 C' 与 F_x^{turb} 随平均梯度($\partial \overline{C}/\partial x$)的增加而增加。假定 F_x^{turb} 和平均梯度之间存在线性关系:$F_x^{\text{turb}} = $ 常数$(\partial \overline{C}/\partial x)$。这样就回到了推导交换模型时所得到的表达式(见图 7-10)。事实上,可以将式(7-47)中的浓度梯度解释为平均值;因此对两个模型得到相近的 F_x^{turb} 的表达式

$$F_x^{\text{turb}} = \overline{v'_x C'} = -E_x \frac{\partial \overline{C}}{\partial x} \tag{7-54}$$

其中经验系数 E_x 的正式定义为

$$E_x = -\frac{\overline{v'_x C'}}{\partial \overline{C}/\partial x} \tag{7-55}$$

E_x 只与流体运动有关(更确切地说是流体的湍流结构),并不依赖于浓度 C 描述的物质。这是与分子扩散的一个重要差别,后者是由物质和介质的物理化学性质所决定的。由于湍流的强度强烈依赖于水流的驱动力(风、太阳辐射、河流径流等),湍流扩散系数经常随时空变化。

湍流运动分解为平均和随机波动,它导致了通量的分离,如式(7-52)所示。那么如何选择式(7-49)中引入的平均时间段 S?我们可以用简明的方式形象化描述湍流是由不同尺度的涡流组成的,它们的速率重叠产生了湍流流速场。当这些涡流经过某定点时,它们可以导致此处流速的波动。我们希望在这些涡流的空间尺度与其导致的流速波动的典型频率之间存在某种关联。小涡流与高频率相关联,大涡流与低频率相关联。

因此,平均时间 S 的选择决定了哪种涡流出现在平均平流输送项中,哪种出现在波动项中(是湍流)。在水平扩散情况下涡流以不同的尺寸出现,基本上从毫米尺度到与洋流相关的环状结构尺度(如墨西哥暖流),后者尺度超过上百公里。在水平扩散情况下,湍流扩散系数对尺度具有依赖性。

3. 垂直湍流扩散

一般分子扩散系数具有各向同性的特点,即与扩散方向无关。而水平方向的湍流扩散系数通常却远大于垂直方向。其中一个原因是相关的空间尺度,在对流层(大气层底部)和地表水中,供湍流结构即涡流发展的垂直距离一般均小于水平距离。因此,由于纯几何的原因,涡流形似扁平的薄饼,它们在水平方向的湍流混合要比在垂直方向有效得多。

但是,还有另外一个并且通常是更重要的用于区别垂直扩散和水平扩散的因素,那就是垂直密度梯度。水体通常是垂直分层的,水体密度随着深度增加而增大。成层作用的强度可以用液体的垂直密度梯度($\mathrm{d}\rho/\mathrm{d}z$)来定量。但它的稳定性却仍难以理解,实际上流体系统的稳定性如图 7-11 所示,类似于传统的弹簧力学系统,存在一平衡位置和振荡频率。因此,通常用

稳定频率来描述流体系统的稳定性。在垂直分层的水体中,这种类型的稳定频率称做 Brunt - Vaisala 频率 N。它定义为

$$N = \left(\frac{g}{\rho} \cdot \frac{\mathrm{d}\rho}{\mathrm{d}z} \right)^{1/2} \tag{7-56}$$

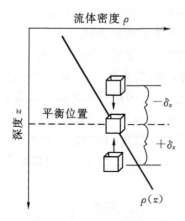

图 7 - 11 分层水体的稳定性震荡

式中:$\mathrm{d}\rho/\mathrm{d}z$ 是水密度 ρ 的垂直梯度;g 是重力加速度$(9.81 \ \mathrm{m \cdot s^{-2}})$。在这个表达式中,垂直坐标 z 方向向下。可见,水体的稳定分层意味着密度 ρ 随深度 z 增加而增加。如果密度梯度值仅和温度相关而与溶解的物质无关,N 可改写作

$$N = \left(- g\alpha \frac{\mathrm{d}T}{\mathrm{d}z} \right)^{1/2} \tag{7-57}$$

式中:$\alpha = -(1/\rho)(\mathrm{d}\rho/\mathrm{d}T)$ 是水的热膨胀系数。N 的意义可以通过观察在和外界没有热交换或溶质交换(即密度不变)的水体中小水团的运动来理解(见式(7-41))。如果水团向上移,它的密度会比周围液体的密度大。因此,水团受到向下的"回复"力,该力与垂直偏移 δz 和垂直密度梯度 $\mathrm{d}\rho/\mathrm{d}z$ 成正比。如果水团向平衡深度以下运动,则情况相反。因此,浮力以类似于重力作用在悬挂于弹簧的小球的方式作用于水团上,水团的上下运动导致其在平衡点的附近振荡。密度梯度越大,平衡点附近的振荡频率越高。因此,高稳定频率意味着水体强烈的层化现象。

在分层流体中,湍流运动集中在恒定密度的平面上(事实上为水平面),而穿过这些平面(即垂直方向)的湍流运动受到抑制。对于恒定的机械能输入(如风),较大的密度梯度导致涡流的典型垂直尺度 L_z 变小,因此根据式(7-47),垂直扩散率 E_z 减少,而小梯度值则对应大的涡流尺度。

基于对湍流本质理论上的考虑,Welander 使用下面的方程来定量描述上述关系

$$E_z = \alpha(N^2)^{-q} \tag{7-58}$$

式中:参数 α 依赖于动能输入的总体水平;指数 q 依赖于将这一能量转换为湍流运动的机制。Welander 区分了两种极端情况:①$q=0.5$,即由剪切力形成的湍流,如不同流速水流间摩擦产生的湍流;②$q=1$,即因由大尺度运动(如潮汐运动)降为小尺度湍流运动产生的能量坡降导致的湍流。

7.3.3 水平扩散

1. 湍流理论和"4/3 法则"

如前所述,沿水平方向上的湍流运动通常比垂直方向的要强烈。水平的湍流结构(涡流)可以非常大。例如,墨西哥暖流产生的涡流或环流宽度达到 100 km 以上,因此对于水平迁移,划分随机和定向运动要比垂直扩散中的更重要。

为了更好地理解这个问题,我们可以假想以下试验。在某一初始时刻 t_0,一小滴染料被置于湍流流体中(见图 7-12)。在稍后的某个时刻 t_1,大范围的流体运动将染料块移动到新的位置,这可用染料块质心位置的运动来描述。此外,由于有小(湍流)涡漩的存在,液块的尺寸在逐渐变大。在平流水流带动示踪剂整体移动的同时,湍流因素使得示踪剂块的范围变大,其中沿平均水流方向的伸展一般更显著。因此,示踪剂块最终发展为近似椭圆的形状,其中 σ_{ma} 与 σ_{mi} 分别代表椭圆的长轴与短轴。

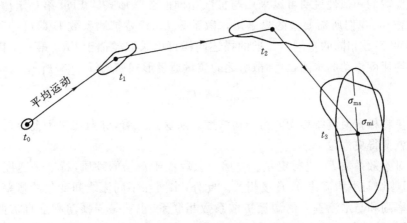

图 7-12　在湍流作用下示踪剂块的水平增长与移动

如果水平扩散系数是各向同性的($E_x = E_y$)并且不随时间变化,那么初始的小染料块将发展为两维圆正态分布,其方差 $\sigma = 2\sigma_x^2 = 2\sigma_y^2$。且该染料块随时间按下式增长

$$\frac{\mathrm{d}\sigma_x^2}{\mathrm{d}t} = \frac{\mathrm{d}\sigma_y^2}{\mathrm{d}t} = 2E_x = 2E_y \tag{7-59}$$

因此,通过观察示踪液块的增长能够计算水平扩散系数。因而湍流扩散系数 E_x 和 E_y 取决于 σ_x 或 σ_y。事实上,水平扩散系数 E_h 对于长度尺度 L 的依赖,仍然是非常流行的描述海洋混合条件的模型。由此推导出著名的"4/3 法则"。根据这一法则,水平扩散系数依赖于长度尺寸的关系如下式所示

$$E_h = (0.2 \sim 1)L^{4/3} \tag{7-60}$$

式中:E_h 为水平扩散系数,$\mathrm{cm}^2 \cdot \mathrm{s}^{-1}$;$L$ 为长度尺度,m。

这个经验关系式的数据基础是长度尺度从 $L = 10$ m 到 $L = 1000$ km,其相应的水平扩散系数在 $E_h = 10$ $\mathrm{cm}^2 \cdot \mathrm{s}^{-1}$ 和 108 $\mathrm{cm}^2 \cdot \mathrm{s}^{-1}$ 之间。

2. 剪切扩散模型和弥散

科学家通过了一系列的示踪剂试验,发现伸长云总是近似为椭圆的形状。椭圆轴随时间

的变化如下

$$\sigma_{ma}^2(t) = 常数 \times t^{(1.5\pm0.2)} \tag{7-61}$$

$$\sigma_{mi}^2(t) = 常数 \times t^{(1.0\pm0.1)} \tag{7-62}$$

因此,两者的比率 $\sigma_{ma}^2/\sigma_{mi}^2$ 将随时间增大而增大。

　　式(7-61)和式(7-62)中不同的指数表示示踪云的传播是由两个过程引起的。一是与流向垂直的,即沿椭圆短轴方向,伸展方式与正态 Fick 定律扩散相一致,其水平扩散系数 E_h 与尺度无关。另外一个是沿流向方向的纵向弥散过程。弥散总是发生在流体中与平流不同的方向上,这是由相邻流线的速度差异引起的,这个作用称为速度剪切。

　　尽管弥散可以用和扩散同样的法则来描述,但它的性质是不同的。弥散是流速剪切的结果,即由平流中相邻流线间的速度差异造成的。由于垂直于水流方向的湍流交换使得水团在它们运动的过程中不断地在不同的流线上变换;而这些流线是以不同的速度移动的,所以每个水团都有着自己独立的"速度记录"和独立的平均速度。

　　弥散与扩散的相似性说明可以采用与扩散相同的数学形式即 Fick 第一定律和第二定律来描述弥散作用,我们所需要做的只是用弥散系数 E_{dis} 代替扩散系数 D 即可,其中弥散系数 E_{dis} 具有和扩散系数相同的量纲。弥散的描述同样可以采取类似于 Fick 第一定律的形式,对于一个以平均速度移动的水团,由弥散引起的质量通量形式如式(7-63)所示

$$F_{dis} = -E_{dis}\frac{\partial C}{\partial x} \tag{7-63}$$

　　这个通量将稀释沿流线移动的污染物浓度。从这点上看,弥散与水平混合的剪切扩散模型间的联系就变得更清楚了。

　　现在要对弥散系数 E_{dis} 进行定量。显然,E_{dis} 取决于流场的性质,特别是速度剪切 $\partial v_x/\partial y$ 和 $\partial v_x/\partial z$,而剪切与平均流速 v_x 直接相关。此外,水团在不同流线间变化的概率也会影响弥散。这个概率则和与水流垂直的湍流扩散系数相联系,也就是与横向和垂直扩散系数有关。可见,了解系统的横向和垂直扩散范围是否有限或实际水流是否无限是非常必要的。对于有限流体(如河流),弥散系数与 $(\overline{v_x})^2$ 成正比,即

$$E_{dis} = \beta(\overline{v_x})^2 \tag{7-64}$$

式中:参数 β 与横向湍流扩散系数 E_y 呈反比。换句话说,如果水团经常在流线间变换(E_y 大),就会使所有水团看上去是以平均速率 $\overline{v_x}$ 移动,弥散作用由此变小。如果实际水流无限,如在海洋或含水层的水流中,E_{dis} 与 $\overline{v_x}$ 呈正比,即

$$E_{dis} = \alpha_L \overline{v_x} \tag{7-65}$$

式中:参数 α_L 称为弥散度。

复习题

　　1. 模型是用来预测未知结果的,为什么用同样的数据而用不同的模型却可以得到不同的预测结果?

　　2. 通常的气-水交换模型都是由两个因素的乘积来表示,一个因素描述物理过程,另一个因素描述化学过程,这两个因素分别是什么?

　　3. 流动水体的气-水交换通常受风和水流两个方面的影响,简单讨论水流对气水交换的影

响规律。

    4. 简述河床粗糙度对涡流的影响规律。

    5. 风速对气-水交换具有显著的影响,那么风速该如何在何位置进行测定?

    6. 简单讨论一室线性模型的特点。

    7. 对层状湖泊用二室模型进行简单描述。

    8. 简述湍流扩散与尺度的关系。

    9. 稳定频率称做 Brunt – Vaisala 频率,试说明该频率参数的物理意义。

    10. 解释地表水中的垂直湍流扩散系数和水体垂直分层间的关系。

第8章 环境有机化合物的监测分析与危险评估

8.1 环境有机化学污染物质的综合指标分析

8.1.1 环境水体氧状况分析

在水中溶解的分子态氧称为溶解氧(dissolved oxygen,DO)。水中溶解氧的含量与大气的压力、水温及含盐量等因素有关。大气压力下降、水温升高、含盐量增加,均会引起溶解氧含量的降低。

当溶解氧低于 $3\sim4$ mg/L 时,鱼类会出现呼吸困难,若继续减少则会窒息死亡。一般规定水体中的溶解氧至少在 4 mg/L 以上。在废水生化处理过程中,溶解氧是一项重要控制指标。

水中溶解氧的测定方法有碘量法及其修正法和氧电极法。其中清洁水可用碘量法,受污染的地面水和工业废水则必须用修正的碘量法或氧电极法。

1. 碘量法

向水样中加入硫酸锰和碱性碘化钾,水中的溶解氧会将二价锰氧化成四价锰,同时生成氢氧化物沉淀。加酸后,沉淀溶解,四价锰又将碘离子氧化从而释放出与溶解氧量相当的游离碘。以淀粉为指示剂,用硫代硫酸钠标准溶液滴定释放出的碘,进而计算出溶解氧含量。反应式如下

$$MnSO_4 + 2NaOH = Na_2SO_4 + Mn(OH)_2 \downarrow$$
$$2Mn(OH)_2 + O_2 = 2MnO(OH)_2 \downarrow$$
$$\text{(棕色沉淀)}$$
$$MnO(OH)_2 + 2H_2SO_4 = Mn(SO_4)_2 + 3H_2O$$
$$Mn(SO_4)_2 + 2KI = MnSO_4 + K_2SO_4 + I_2$$
$$2Na_2S_2O_3 + I_2 = Na_2S_4O_6 + 2NaI$$

2. 修正的碘量法

当水中含有会对测定产生干扰的氧化性物质、还原性物质或有机物时,要预先消除并根据不同的干扰物质采用修正的碘量法。

(1)亚硝酸盐的干扰

经生化处理的废水和河水中的亚硝酸盐能与碘化钾作用释放出游离碘而产生正干扰,即

$$2HNO_2 + 2KI + H_2SO_4 = K_2SO_4 + 2H_2O + N_2O_2 + I_2$$

若和空气接触时,新溶入的氧将和 N_2O_2 作用,再形成亚硝酸盐

$$2N_2O_2 + 2H_2O + O_2 = 4HNO_2$$

如此循环,不断地释放出碘,则可产生更大的影响。

用叠氮化钠可将亚硝酸盐分解,从而排除亚硝酸盐的干扰。分解亚硝酸盐的反应如下

$$2NaN_3 + H_2SO_4 \Longrightarrow 2HN_3 + Na_2SO_4$$

$$HNO_2 + HN_3 \Longrightarrow N_2O + N_2 + H_2O$$

（2）铁离子的干扰

当水样中三价铁离子含量较高时,可加入氟化钾或用磷酸代替硫酸酸化进而消除影响。若含有大量亚铁离子,同时不含其它还原剂及有机物的水样,先用高锰酸钾氧化亚铁离子,过量的高锰酸钾用草酸钠溶液除去。生成的高价铁离子再用氟化钾掩蔽,然后再用碘量法。

3. 氧电极法

聚四氟乙烯薄膜电极是应用非常广泛的溶解氧电极。根据其工作原理,分为极谱型和原电池型两种。极谱型氧电极的结构如图 8-1 所示。由黄金阴极、银-氯化银阳极、聚四氟乙烯薄膜、壳体等部分组成。电极腔内充入氯化钾溶液,聚四氟乙烯薄膜把电解液和被测水样隔开,溶解氧通过薄膜渗透扩散。当两极间加上 $0.5 \sim 0.8$ V 固定极化电压时,则水样中的溶解氧扩散通过薄膜,并在阴极上还原,产生与氧浓度成正比的扩散电流。电极反应如下

$$阴极：O_2 + 2H_2O + 4e \Longrightarrow 4OH^-$$

$$阳极：4Ag + 4Cl^- \Longrightarrow AgCl + 4e$$

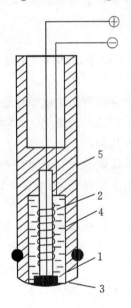

图 8-1　溶解氧电极结构

1—黄金阴极；2—银丝-氯化银阳极；3—薄膜；4—KCl 溶液；5—壳体

产生的还原电流 $I_\text{还}$ 可表示为

$$I_\text{还} = K \cdot n \cdot F \cdot A \cdot \frac{p_\text{m}}{L} \cdot c_0$$

式中：K 为比例常数；n 为电极反应得失电子数；F 为法拉第常数；A 为阴极面积；p_m 为薄膜的渗透系数；L 为薄膜的厚度；c_0 为溶解氧的分压或浓度。

可见,当实验条件固定后,上式除 c_0 外的其它项均为定值,故只要测得还原电流就可以求出水样中溶解氧的浓度。各种溶解氧测定仪就是依据这一原理工作的(见图 8-2)。

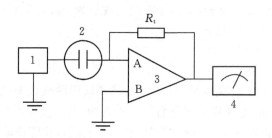

图 8-2 溶解氧测定仪原理
1—电压源；2—溶氧电极及测量池；3—运算放大器；4—指示表

8.1.2 水体营养状况分析

1. 含氮化合物

氮在水和废水中的主要形态有氨氮、亚硝酸盐氮、硝酸盐氮、有机氮和总氮。除总氮外其余可通过生物化学作用相互转化。分析各形态的含氮化合物，有助于评价水体被污染和自净状况。

（1）氨氮

水中的氨氮是指以游离氨（或称非离子氨 NH_3）和离子氨（NH_4^+）形式存在的氮，两者的组成比由水的 pH 决定。

水中氨氮主要来源于生活污水中含氮有机物受微生物作用分解的产物，焦化、合成氨等工业废水，以及农田排水等。氨氮含量较高时，对鱼类、人体均有不同程度的危害。

测定水中氨氮的方法主要有以下几种。

①分光光度法。分光光度法有纳氏试剂分光光度法和水杨酸次氯酸盐分光光度法两种。分光光度法具有灵敏、稳定等特点，但水样有色、浑浊和含钙、镁、铁等金属离子及硫化物、醛和酮类对测定有干扰，需作相应的预处理。

纳氏试剂分光光度法。在经絮凝沉淀或蒸馏法预处理的水样中，加入碘化汞和碘化钾的强碱溶液（纳氏试剂），则与氨反应生成黄棕色胶态化合物，此颜色在较宽的波长范围内具有强烈吸收，通常使用范围内波长光比色定量。本法最低检出浓度为 0.025 mg/L；测定上限为 2 mg/L。采用目视比色法，最低检出浓度为 0.02 mg/L。适用于地表水、地下水和废（污）水中氨氮的测定。

水杨酸次氯酸盐分光光度法。在亚硝基铁氰化钠存在下，氨与水杨酸和次氯酸反应生成蓝色化合物，于其最大吸收波长 697 nm 处比色定量。该方法测定浓度范围为 0.01～1 mg/L。

②气相分子吸收光谱法。气相分子吸收光谱法比较简单。水样中加入次溴酸钠，将氨及铵盐氧化成亚硝酸盐，再加入盐酸和乙醇溶液，则亚硝酸盐迅速分解，生成二氧化氮，用空气载入气相分子吸收光谱仪的吸光管，测量该气体对锌空心阴极灯发射的 213.9 nm 特征波长光的吸光度，以标准曲线法定量。

如果水样中含有亚硝酸盐，应事先测定其含量进行扣除。次溴酸钠可将有机胺氧化成亚硝酸盐，故水样含有有机胺时，先进行蒸馏分离。本方法最低检出浓度为 0.005 mg/L，测定上限为 100 mg/L。可用于地表水、地下水、海水等水中氨氮的测定。

③滴定法。滴定法用于氨氮含量较高的水样。取一定体积水样,将其 pH 值调至 6.0～7.4,加入氧化镁使水样呈微碱性。加热蒸馏,释出的氨用硼酸溶液吸收。取全部吸收液,以甲基红亚甲蓝为指示剂,用硫酸标准溶液滴定至绿色转变成淡紫色,根据硫酸标准溶液消耗量和水样体积计算氨氮含量。

④电极法。电极法通常不需要对水样进行预处理,但在再现性和电极寿命方面尚存在一些问题。

（2）亚硝酸盐氮

亚硝酸盐氮($NO_2^- -N$)是氮循环的中间产物。在氧和微生物的作用下,可被氧化成硝酸盐;在缺氧条件下也可被还原为氮。亚硝酸盐进入人体后,可将低铁血红蛋白氧化成高铁血红蛋白,使之失去输送氧的能力,还可与仲胺类反应生成具致癌性的亚硝胺类物质。亚硝酸盐很不稳定,一般天然水中含量不会超过 0.1 mg/L。

水中亚硝酸盐氮常用的测定方法有以下几种。

①N -（1 -萘基)-乙二胺分光光度法。分光光度法灵敏度较高,选择性较好。

在 pH 值为 1.8±0.3 的酸性介质中,亚硝酸盐与对氨基苯磺酰胺反应,生成重氮盐,再与 N -（1 -萘基)-乙二胺偶联生成红色染料,于 540 nm 处进行比色测定。该方法最低检出浓度为 0.003 mg/L;测定上限为 0.20 mg/L。适用于各种水中亚硝酸盐氮的测定。

但是氯胺、氯、硫代硫酸盐、聚磷酸钠和高铁离子有明显干扰;水样有色或浑浊,可加氢氧化铝悬浮液并过滤消除干扰。

②离子色谱法。该方法简便、快速,干扰较少。

③气相分子吸收光谱法。该方法同样具有简便、快速,干扰较少的特点。

在 0.15～0.3 mol/L 柠檬酸介质中,加入无水乙醇,将水样中亚硝酸盐迅速分解,生成二氧化氮,用空气载入气相分子吸收光谱仪,测其对特征波长光的吸光度,与标准溶液的吸光度比较定量。该方法最低检出浓度为 0.0005 mg/L,测定上限达 2000 mg/L。低浓度用锌空心阴极灯（213.9 nm),高浓度用铅空心阴极灯（283.3 nm),所用仪器见氨氮测定。

（3）硝酸盐氮

硝酸盐是在有氧环境中最稳定的含氮化合物,也是含氮有机化合物经无机化作用最终阶段的分解产物。清洁的地面水硝酸盐氮($NO_3^- -N$)含量较低,受污染水体和一些深层地下水中($NO_3^- -N$)含量较高。制革、酸洗废水,某些生化处理设施的出水及农田排水中常含大量硝酸盐。人体摄入硝酸盐后,经肠道中微生物作用转化成亚硝酸盐而呈现毒性作用。

水中硝酸盐氮的测定方法有以下几种。

①酚二磺酸分光光度法。酚二磺酸法显色稳定,测定范围较宽。硝酸盐在无水存在情况下与酚二磺酸反应,生成硝基二磺酸酚,于碱性溶液中又生成黄色的硝基酚二磺酸三钾盐,在 410 nm 测其吸光度,并与标准溶液比色定量。

但是水样中共存氯化物、亚硝酸盐、铵盐、有机物和碳酸盐时,对测定有干扰,应作适当的前处理。如加入硫酸银溶液,使氯化物生成沉淀,过滤除去之;滴加高锰酸钾溶液,使亚硝酸盐氧化为硝酸盐,最后从硝酸盐氮测定结果中减去亚硝酸盐氮量等。水样浑浊、有色时,可加入少量氢氧化铝悬浮液,吸附、过滤除去。

该方法测定浓度范围大,显色稳定,适用于测定饮用水、地下水和清洁地面水中的硝酸盐氮。最低检出浓度为 0.02 mg/L,测定上限为 2.0 mg/L。

②气相分子吸收光谱法。水样中的硝酸盐在 $2.5\sim5$ mol/L 盐酸介质中,于 70 ℃±2 ℃温度下,用还原剂快速还原分解,生成一氧化氮气体,被空气载入气相分子吸收光谱仪的吸光管中,测量其对镉空心阴极灯发射的 214.4 nm 特征波长光的吸光度,与硝酸盐氮标准溶液的吸光度比较,确定水样中硝酸盐含量。

但是 NO_2^-、SO_3^{2-} 及 $S_2O_3^{2-}$ 对测定产生明显干扰。NO_2^- 可在加酸前用氨基磺酸还原成 N_2 除去;SO_3^{2-} 及 $S_2O_3^{2-}$ 可用氧化剂将其氧化成 SO_4^{2-};如含挥发性有机物,可用活性炭吸附除去。该方法适用于各种水中硝酸盐氮的测定。

③紫外分光光度法。紫外分光光度法和离子选择电极法可进行在线快速测定。硝酸根离子对 220 nm 波长光有特征吸收,与其标准溶液对该波长光的吸收程度比较定量。因为溶解性有机物在 220 nm 处也有吸收,故根据实践,一般引入一个经验校正值。该校正值为在 275 nm 处(硝酸根离子在此没有吸收)测得吸光度的二倍。在 220 nm 处的吸光度减去经验校正值即为净硝酸根离子的吸光度。这种经验校正值大小与有机物的性质和浓度有关,不宜分析对有机物吸光度需作准确校正的样品。

该方法适用于清洁地表水和未受明显污染的地下水中硝酸盐氮的测定,其最低检出浓度为 0.08 mg/L,测定上限为 4 mg/L。该方法简便、快速,但对含有机物、表面活性剂、亚硝酸盐、六价铬、溴化物、碳酸氢盐和碳酸盐的水样,需进行预处理,如用氢氧化铝絮凝共沉淀和大孔中性吸附树脂可除去浊度、高价铁、六价铬和大部分常见有机物。

④其它方法。此外还有离子色谱法、镉柱还原法、戴氏合金还原法、离子选择电极法等。其中,离子选择电极法多用于在线自监测中;镉柱还原法和戴氏合金还原法操作较复杂,较少应用。

(4)凯氏氮

凯氏氮是指以基耶达(Kjeldahl)法测得的含氮量。它包括氨氮和在此条件下能转化为铵盐而被测定的有机氮化合物。此类有机氮化合物主要有蛋白质、氨基酸、肽、胨、核酸、尿素以及合成的氮为负三价形态的有机氮化合物,但不包括叠氮化合物、硝基化合物等。由于一般水中存在的有机氮化合物多为前者,故可用凯氏氮与氨氮的差值表示有机氮含量。

凯氏氮在评价湖泊、水库等水的富营养化时,是一个有意义的指标。凯氏氮的测定要点是取适量水样于凯氏烧瓶中,加入浓硫酸和催化剂(K_2SO_4),加热消解,将有机氮转变成氨氮,然后在碱性介质中蒸馏出氨,用硼酸溶液吸收,以分光光度法或滴定法测定氨氮含量,即为水样中的凯氏氮含量。直接测定有机氮时,可将水样先进行预蒸馏除去氨氮,再以凯氏法测定。

(5)总氮

水中的总氮含量是衡量水质的重要指标之一。其测定方法通常采用过硫酸钾氧化,使有机氮和无机氮化合物转变为硝酸盐,用紫外分光光度法或离子色谱法、气相分子吸收光谱法测定。

2. 磷(总磷、溶解性磷酸盐和溶解性总磷)

在天然水和废(污)水中,磷主要以各种磷酸盐和有机磷(如磷脂等)形式存在,也存在于腐殖质粒子和水生生物中。磷是生物生长必需元素之一,但水体中磷含量过高,会导致富营养化,使水质恶化。环境中的磷主要来源于化肥、冶炼、合成洗涤剂等行业的废水和生活污水。

磷的测定通常有总磷、溶解性正磷酸盐和总溶解性磷形式的磷。

正磷酸盐的测定方法有离子色谱法、钼锑抗分光光度法、孔雀绿-磷钼杂多酸分光光度法、罗丹明 6G 荧光分光光度法、气相色谱(FPD)法等。

(1)钼锑抗分光光度法

在酸性条件下,正磷酸盐与钼酸铵、酒石酸锑氧钾[$K(SbO)C_4H_4O_6 \cdot 1/2H_2O$]反应,生成磷钼杂多酸,再被抗坏血酸还原,生成蓝色络合物(磷钼蓝),于 700 nm 波长处测量吸光度,用标准曲线法定量。该方法最低检出浓度为 0.01 mg/L,测定上限为 0.6 mg/L,适用于地表水和废水。

(2)孔雀绿-磷钼杂多酸分光光度法

在酸性条件下,正磷酸盐与钼酸铵孔雀绿显色剂反应生成绿色离子缔合物,并以聚乙烯醇稳定显色液,于 620 nm 波长处测量吸光度,用标准曲线法定量。该方法最低检出浓度为 1 μg/L;适用浓度范围为 0.3～1 mg/L;用于江河、湖泊等地表水及地下水中痕量磷的测定。

根据水体类型和功能不同,对水质的要求也不同,还可能要求测定其它非金属化合物,如氯化物、碘化物、硫酸盐、余氯、硼、二氧化硅等。它们的监测分析方法可查阅本书所附有关参考文献。

8.1.3　有机污染物的常规分析

水中不仅含有无机污染物,还有大量有机污染物。它们以毒性和使水中溶解氧减少的形式对生态系统产生影响,危害人体健康。因此,有机污染物指标是一类评价水体污染状况的极为重要的指标。

目前多以化学需氧量(COD)、生化需氧量(BOD),总有机碳(TOC)等综合指标,或挥发酚类、石油类、硝基苯类等类别有机物指标,来表征有机物质含量。同时,许多痕量有毒有机物质虽然不会使上述指标产生很大变化,但其危害或潜在威胁却很大。随着分析测试技术和仪器的不断发展和完善,对危害大、影响面宽的有机污染物的监测力度,有了大幅度增加。

(1)化学需氧量(COD)

化学需氧量是指在一定条件下,氧化 1 升水样中还原性物质所消耗的氧化剂的量,以氧的 mg/L 表示。水中还原性物质包括有机物和无机物。化学需氧量反映了水中受还原性物质污染的程度。由于水体被有机物污染是很普遍的现象,该指标也作为有机物相对含量的综合指标之一,但只能反映能被氧化剂氧化的有机物。

我国规定用重铬酸钾法测定废(污)水的化学需氧量。其它方法有库仑滴定法、快速密闭催化消解法、氯气校正法等。

①重铬酸钾法。在强酸溶液中,用一定量的重铬酸钾氧化水样中的还原性物质,过量的重铬酸钾用硫酸亚铁铵标准溶液回滴,以试亚铁灵指示剂,根据其用量计算水样中还原性物质的需氧量。氧化水样中还原性物质使用带 250 mL 锥形瓶的全玻璃回流装置。测定过程如下。

a. 取水样 20 mL(原样或经稀释)于锥形瓶中,加入 $HgSO_4$ 0.4 g(消除 Cl^- 干扰)混匀。

b. 加入 0.25 mol/L($1/6K_2Cr_2O_7$)10 mL 和沸石数粒混匀,接上回流装置。自冷凝管上口加入 Ag_2SO_4 - H_2SO_4 溶液 30 mL(催化剂)混匀。

c. 回流加热 2 h,冷却。自冷凝管上口加入 80 mL 水于反应液中,冲洗干净。

d. 取下锥形瓶加入试亚铁灵指示剂 3 滴,用 0.1 mol/L$(NH_4)_2Fe(SO_4)_2$ 标准溶液滴定,终点由蓝绿色变成红棕色,记录标准溶液用量。

再以蒸馏水代替水样,按同样测定试剂空白溶液记录硫酸亚铁铵标准溶液消耗量,按下式计算 COD_{Cr} 值。

$$COD_{Cr} = C(V_0 - V_1) \times 8.0 \times 1000/V_2$$

式中:V_0 为空白消耗硫酸亚铁铵标准溶液用量(mL);V_1 为水样消耗硫酸亚铁铵标准溶液用量(mL);V_2 为水样体积(mL);C 为硫酸亚铁铵标准溶液浓度(mol/L);8 为氧(1/2O)摩尔质量(g/mol)。

②库仑滴定法。恒电流库仑滴定法是一种建立在电解基础上的分析方法。其原理是在试液中加入适当物质,以一定强度的恒定电流进行电解,使之在工作电极(阳极或阴极)上电解产生一种试剂,即滴定剂,该试剂与被测物质发生定量反应,通过电化学等方法指示反应终点。利用电解消耗的电量和法拉第电解定律可计算被测物质的含量。法拉第电解定律的数学表达式为

$$W = \frac{I \cdot tM}{96500n}$$

式中:W 为电极反应物的质量,g;I 为电解电流,A;t 为电解时间,s;96500 为法拉第常数,C;M 为电极反应物的摩尔质量,g;n 为每摩尔电极反应物的电子转移数。

使用库仑滴定式 COD 测定仪测定水样 COD 值时,在空白溶液(蒸馏水加硫酸)和样品溶液(水样加硫酸)中加入同量的重铬酸钾溶液,分别进行回流消解 15 min,冷却后各加入等量的硫酸铁溶液,于搅拌状态下进行库仑电解滴定,即 Fe^{3+} 在工作阴极上还原为 Fe^{2+},(滴定剂)去滴定(还原)$Cr_2O_7^{2-}$。库仑滴定空白溶液中 $Cr_2O_7^{2-}$ 得到的结果为加入重铬酸钾的总量(以 O_2 计);库仑滴定样品溶液中 $Cr_2O_7^{2-}$ 得到的结果为剩余重铬酸钾的量(以 O_2 计)。设前者需电解时间为 t_0,后者需 t_1,则据法拉第电解定律可得

$$W = \frac{I(t_0 - t_1)}{96500} \cdot \frac{M}{n}$$

式中:W 为被测物质的重量,即水样消耗的重铬酸钾相当于氧的克数;I 为电解电流;M 为氧的分子量,32;n 为氧的得失电子数,4;96500 为法拉第常数,C。

设水样 COD 值为 ρ_x(mg/L);水样体积为 V(mL),则 $W = \frac{V}{1000} \cdot \rho_x$,代入上式,经整理后得

$$\rho_x = \frac{I(t_0 - t_1)}{96500} \times \frac{8000}{V}$$

本方法简便、快速、试剂用量少,不需标定滴定溶液,尤其适合于工业废水的控制分析。当用 3 mL 0.05 mol/L 重铬酸钾溶液进行标定值测定时,最低检出浓度为 3 mg/L;测定上限为 100 mg/L。但是,只有严格控制消解条件一致和注意经常清洗电极,防止沾污,才能获得较好的重现性。

③快速密闭消解滴定法或光度法。此方式是在经典重铬酸钾硫酸消解体系中加入助催化剂硫酸铝与钼酸铵,然后放入带有密封塞的加热管中,置于 165 ℃ 的恒温加热器内快速消解。用硫酸亚铁铵标准溶液滴定消解好的试液,同时做空白实验。计算方法同重铬酸钾法。若消解后的试液清亮,可于 600 nm 处用分光光度法测定。

④氯气校正法。此方法是将已知量的重铬酸钾标准溶液及硫酸汞溶液、硫酸银-硫酸溶液,加入水样中。然后置于具有回流吸收装置的插管式锥瓶中,加热至沸腾并回流 2 h,同时从

锥瓶插管通入 N_2 气,将水样中未络合而被氧化的那部分氯离子生成的氯气从回流冷凝管上口导出,用氢氧化钠溶液吸收。消解好的水样按重铬酸钾法测其 COD,为表观 COD;在吸收液中加入碘化钾,调节 pH 约等于 2～3 后,以淀粉为指示剂,用硫代硫酸钠标准溶液滴定。最后将其消耗量换算成消耗氧的质量浓度,即为氯离子影响校正值。表观 COD 与氯离子校正值之差,即为被测水样的实际 COD。

本方法适用于氯离子含量大于 1000 mg/L 小于 20000 mg/L 的高氯废水 COD 的测定,检出限为 30 mg/L。

(2)高锰酸盐指数

以高锰酸钾溶液为氧化剂测得的化学需氧量,称高锰酸盐指数,以氧的 mg/L 表示。水中的亚硝酸盐、亚铁盐、硫化物等还原性无机物和在此条件下可被氧化的有机物,均可消耗高锰酸钾。因此,该指数常被作为地表水受有机物和还原性无机物污染程度的综合指标。有些国家为避免 Cr^{6+} 的二次污染,用高锰酸盐作为氧化剂测定废水的化学需氧量。

按测定溶液的介质不同,分为酸性高锰酸钾法和碱性高锰酸钾法。碱性条件下高锰酸钾的氧化能力比酸性条件下稍弱,不能氧化水中的氯离子,常用于测定氯离子浓度较高的水样。

酸性高锰酸钾法适用于氯离子含量不超过 300 mg/L 的水样。

化学需氧量(COD_{Cr})和高锰酸盐指数是采用不同的氧化剂在各自的氧化条件下测定的,没有明显的相关关系。一般来说,重铬酸钾法的氧化率可达 90%,但是高锰酸钾法的氧化率为 50% 左右,两者均未将水样中还原性物质完全氧化,因而都只是一个相对参考数据。

(3)生化需氧量(BOD)

BOD 是反映水体被有机物污染程度的综合指标,也是研究废水的可生化降解性和生化处理效果,以及生化处理废水工艺设计和动力学研究中的重要参数。

生化需氧量是指好氧微生物在有溶解氧的条件下分解水中有机物的生物化学氧化过程中所消耗的溶解氧量。同时亦包括如硫化物、亚铁等还原性无机物质氧化所消耗的氧量,但这部分通常占很小比例。

BOD 测定的原理:有机物在微生物作用下,好氧分解大体分两个阶段:第一阶段为含碳物质氧化阶段,主要是含碳有机物氧化为二氧化碳和水;第二阶段为硝化阶段,主要是含氮有机化合物在硝化菌的作用下分解为亚硝酸盐和硝酸盐。然而这两个阶段并非截然分开,而是各有主次。对生活污水及性质与其接近的工业废水,硝化阶段大约在 5～7 日,甚至 20 日以后才显著进行,故目前国内外广泛采用的 20 ℃五天培养法(BOD_5 法)测定 BOD 值,一般不包括硝化阶段。

五天培养法也称标准稀释法或稀释接种法。五日生化需氧量 BOD_5 测定时将水样经稀释后,在 20 ℃±1 ℃条件下培养 6 天,求出培养前后水样中溶解氧含量,二者的差值为 BOD_5。如果水样五日生化需氧量未超过 7 mg/L,则不必进行稀释,可直接测定。很多较清洁的河水就属于这一类水。

有些废水没有微生物,或不适合一般微生物的生长,则要进行接种或驯化从而完成 BOD_5 的测定,如酸碱性废水、高温废水或含有杀菌物质的废水。

含较多的有机物的废水,需要稀释后再培养测定,以保证在培养过程中有充足的溶解氧。其稀释程度应使培养中所消耗的溶解氧大于 2 mg/L,而剩余溶解氧在 1 mg/L 以上。

对不经稀释直接培养的水样

$$BOD_5(mg/L) = \rho_1 - \rho_2$$

式中:ρ_1 为水样在培养前溶解氧的浓度,mg/L;ρ_2 为水样经 5 天培养后剩余溶解氧浓度,mg/L。

对稀释后培养的水样

$$BOD_5(mg/L) = \frac{(B_1 - B_2) \cdot f_1}{f_2}$$

式中:B_1 为稀释水(或接种稀释水)在培养前的溶解氧的浓度,mg/L;B_2 为稀释水(或接种稀释水)在培养后的溶解氧的浓度,mg/L;f_1 为稀释水(或接种稀释水)在培养液中所占比例;f_2 为水样在培养液中所占比例。

本方法适用于测定 BOD_5 大于或等于 2 mg/L,最大不超过 6000 mg/L 的水样;大于 6000 mg/L,会因稀释带来更大误差。

测定 BOD 的方法还有微生物电极法、库仑法、测压法等。

微生物电极是一种将微生物技术与电化学检测技术相结合的传感器。主要由溶解氧电极和紧贴其透气膜表面的固定化微生物膜组成。响应 BOD 物质的原理是:当将其插入恒温、溶解氧浓度一定的不含 BOD 物质的底液时,由于微生物的呼吸活性一定,底液中的溶解氧分子通过微生物膜扩散进入氧电极的速率一定,微生物电极输出一稳态电流;如果将 BOD 物质加入底液中,则该物质的分子与氧分子一起扩散进入微生物膜,因为膜中的微生物对 BOD 物质发生同化作用而耗氧,导致进入氧电极的氧分子减少,即扩散进入的速率降低,使电极输出电流减小,并在几分钟内降至新的稳态值。在适宜的 BOD 物质浓度范围内,电极输出电流降低值与 BOD 物质浓度之间呈线性关系,而 BOD 物质浓度又和 BOD 值之间有定量关系。

库仑法测定原理如图 8-3 所示。密闭培养瓶内的水样在恒温条件下用电磁搅拌器搅拌。当水样中的溶解氧因微生物降解有机物被消耗时,则培养瓶内空间的氧溶解进入水样,生成的二氧化碳从水中逸出被置于瓶内上部的吸附剂吸收,使瓶内的氧分压和总气压下降。用电极

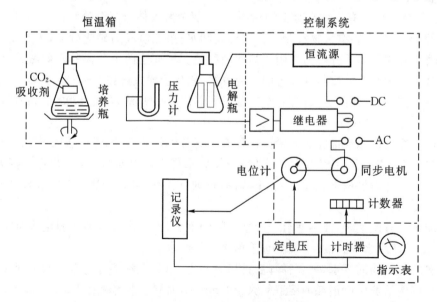

图 8-3　库仑法 BOD 测定仪工作原理

式压力计检出下降量,并转换成电信号,经放大送入继电器电路接通恒流电源及同步电机,电解瓶内(装有中性硫酸铜溶液和电解电极)便自动电解产生氧气供给培养瓶,待瓶内气压回升至原压力时,继电器断开,电解电极和同步电机停止工作。此过程反复进行,使培养瓶内空间始终保持恒压状态。根据法拉第定律,由恒电流电解所消耗的电量便可计算耗氧量。仪器能自动显示测定结果,记录生化需氧量曲线。

测压法的原理:在密闭培养瓶中,水样中溶解氧由于微生物降解有机物而被消耗,产生与耗氧量相当的 CO_2 被吸收后,使密闭系统的压力降低,用压力计测出此压降,即可求出水样的 BOD 值。在实际测定中,先以标准葡萄糖谷氨酸溶液的 BOD 值和相应的压差作关系曲线,然后以此曲线校准仪器刻度,便可直接读出水样的 BOD 值。

(4)总有机碳(total organic carbon, TOC)

总有机碳是以碳的含量表示水体中有机物质总量的综合指标。由于 TOC 的测定采用燃烧法,因此能将有机物全部氧化,它比 BOD_5 或 COD 更能反映有机物的总量。

目前广泛应用的测定 TOC 的方法是燃烧氧化非色散红外吸收法。

测定原理是将一定量的水样注入高温炉内的石英管,在 $900\sim950\ ℃$ 温度下,以铂和三氧化钴或三氧化二铬为催化剂,使有机物燃烧裂解转化为二氧化碳,然后用红外线气体分析仪测定 CO_2 含量,从而确定水样中碳的含量。因为在高温下,水样中的碳酸盐也分解产生二氧化碳,故上面测得的为水样中的总碳(total carbon, TC)。

为获得有机碳含量,可采用两种方法:一是将水样预先酸化,通入氮气曝气,驱除各种碳酸盐分解生成的二氧化碳后再注入仪器测定;另一种方法是使用高温炉和低温炉皆有的 TOC 测定仪。将同一等量水样分别注入高温炉($900\ ℃$)和低温炉($150\ ℃$),高温炉水样中的有机碳和无机碳均转化为 CO_2,而低温炉的石英管中装有磷酸浸渍的玻璃棉,能使无机碳酸盐在 $150\ ℃$ 分解为 CO_2,有机物却不能被分解氧化。将高、低温炉中生成的 CO_2 依次导入非色散红外气体分析仪,分别测得总碳(TC)和无机碳(inorganic carbon, IC),二者之差即为总有机碳(TOC)。该方法最低检出浓度为 $0.5\ mg/L$。

反映水中有机物含量的综合指标还有总需氧量(total oxygen demand, TOD),TOD 值能反映几乎全部有机物燃烧需要的氧量,其测定方法是:将一定量水样注入燃烧管,通入含已知氧浓度的载气(氮气),则水样中的还原性物质在高温下瞬间燃烧氧化,用氧量测定仪测定燃烧前后载气中氧浓度减少量,计算水样的需氧量。

另外,还有活性炭吸附氯仿萃取物(CCE)和紫外吸收值(UVA)等也可以一定程度上反映水中有机物含量。

(5)挥发酚

根据酚类物质能否与水蒸气一起蒸出,分为挥发酚与不挥发酚。通常认为沸点在 $230\ ℃$ 以下的为挥发酚(属一元酚),而沸点在 $230\ ℃$ 以上的为不挥发酚。

酚的主要分析方法有溴化滴定法、分光光度法、色谱法等。目前各国普遍采用的是 4-氨基安替吡林分光光度法,高浓度含酚废水可采用溴化滴定法。

①4-氨基安替比林分光光度法。酚类化合物于 $pH=10.0\pm0.2$ 的介质中,能与 4-氨基安替比林(4-AAP)在铁氰化钾存在的情况下发生反应,生成橙红色的吲哚酚安替比林染料,在 510 nm 波长处有最大吸收,用比色法定量。

用 20 mm 比色皿测定,方法最低检出浓度为 $0.1\ mg/L$。如果显色后用三氯甲烷萃取,于

460 nm 波长处测定,其最低检出浓度可达 0.002 mg/L,测定上限为 0.12 mg/L。

②溴化滴定法。在含过量溴(由溴酸钾和溴化钾产生)的溶液中,酚与溴反应生成三溴酚,并进一步生成溴代三溴酚。剩余的溴与碘化钾作用释放出游离碘。与此同时,溴代三溴酚也与碘化钾反应置换出游离碘。用硫代硫酸钠标准溶液滴定释出的游离碘,并根据其消耗量,计算出以苯酚计的挥发酚含量。结果按下式计算

$$挥发酚(以苯酚计,mg/L) = \frac{(V_1 - V_2)c \times 15.68 \times 1000}{V}$$

式中:V_1 为空白(以蒸馏水代替水样,加同体积溴酸钾-溴化钾)试验滴定时硫代硫酸钠标准溶液用量,mL;V_2 为水样滴定时硫代硫酸钠标准溶液用量,mL;c 为硫代硫酸钠标准溶液的浓度,mol/L;V 为水样体积,mL;15.68 为苯酚$\left(\frac{1}{6}C_6H_5OH\right)$摩尔质量,g/mol。

(6)硝基苯类

一般的硝基苯类化合物有硝基苯、二硝基苯、二硝基甲苯、三硝基甲苯、二硝基氯苯等。它们难溶于水。

废水中一硝基和二硝基苯类化合物常采用还原偶氮分光光度法;三硝基苯类化合物采用氯代十六烷基吡啶分光光度法。

①还原偶氮分光光度法。在含硫酸铜的酸性介质中,由锌粉与酸反应产生初生态氢,将水样中的硝基苯类还原成苯胺;苯胺与亚硝酸盐重氮化,再与盐酸萘乙二胺偶合,生成紫红色染料,用分光光度法于 545 nm 处测其吸光度,用标准曲线法定量。

本法最低检出浓度为 0.2 mg/L,适用于测定染料、制药、皮革及印染等工业废水中硝基苯类化合物。

②氯代十六烷基吡啶分光光度法。基于水样中的 2,4,6-三硝基甲苯(α-TNT)、三硝基苯(TNB)、2,4,6-三硝基苯甲酸(α-TNBA)等三硝基苯化合物在亚硫酸钠氯代十六烷基吡啶二乙氨基乙醇溶液中发生加成反应,生成黄色化合物,于波长 465 nm 处测其吸光度,用标准曲线法定量。显色反应适宜 pH 为 6.5~9.5,测定范围为 0.1~70 mg/L。

(7)石油类

水中的石油类物质来自工业废水和生活污水的污染。工业废水中石油类(各种烃类的混合物)污染物主要来自原油开采、加工及各种炼制油的使用等部门。石油类化合物漂浮在水体表面,影响空气与水体界面间的氧交换;分散于水中的油可被微生物氧化分解,消耗水中的溶解氧,使水质恶化。石油类化合物含芳烃类虽较烷烃类少,但其毒性要大得多。

测定水中石油类物质的方法有重量法、红外分光光度法、非色散红外吸收法、紫外分光光度法、荧光法等。重量法不受油品种限制,是常用的方法,但操作繁琐,灵敏度低;红外分光光度法也不受石油类品种的影响,测定结果能较好的反映水被石油类污染状况;非色散红外吸收法适用于所含油品比吸光系数较接近的水样,油品相差较大,尤其含有芳烃化合物时,测定误差较大;其它方法受油品种影响较大。

①重量法。以硫酸酸化水样,用石油醚萃取矿物油,然后蒸发除去石油醚,称量残渣重,计算矿物油含量。

该方法是测定水中可被石油醚萃取的物质总量,石油的较重组分中可能含有不被石油醚萃取的物质。另外,蒸发除去溶剂时,使轻质油有明显损失。若废水中动、植物性油脂含量大,

需用层析柱分离。适用于测定含油 10 mg/L 以上的水样。

②红外分光光度法。用四氯化碳萃取水样中的油类物质,测定总萃取物,然后用硅酸镁吸附除去萃取液中的动、植物油等极性物质,测定吸附后滤出液中石油类物质。总萃取物和石油类物质的含量均由波数分别为 2930 cm^{-1}(CH$_3$ 基团中 C—H 键的伸缩振动)、2960 cm^{-1}(CH$_3$ 基团中 C—H 键的伸缩振动)和 3030 cm^{-1}(芳香环中 C—H 键的伸缩振动)谱带处的吸光度 A$_{2930}$、A$_{2960}$ 和 A$_{3030}$ 进行计算。动、植物油含量为总萃取物含量与石油类含量之差。

本方法适用于各类水中石油类和动、植物油的测定。样品体积为 500 mL,使用光程为 4 cm 的比色皿时,检出限为 0.1 mg/L。

③非色散红外吸收法。石油类物质的甲基(—CH$_3$)、亚甲基(—CH$_2$—)对近红外区 2930 cm^{-1}(或 3.4 μm)光有特征吸收,用非色散红外吸收测油仪测定。标准油可采用受污染地点水样的溶剂萃取物。根据我国原油组分特点,也可采用混合石油烃作为标准油,其组成为:十六烷:异辛烷:苯=65:25:10(V/V)。

测定时,先用硫酸将水样酸化,加氯化钠破乳化,再用四氯化碳萃取,萃取液经无水硫酸钠层过滤,滤液定容后测定。

所有含甲基、亚甲基的有机物质都将产生干扰。如水样中有动、植物性油脂以及脂肪酸物质应预先将其分离。此外,石油中有些较重的组分不溶于四氯化碳,致使测定结果偏低。

8.1.4　环境样品的富集与常规分离

1.液体样品的富集与分离

富集、浓缩和分离是在监测分析中常常用到的方法。被测组分含量过低则需要富集或浓缩;与被测组分共存有干扰组分,就必须采取分离或掩蔽措施。富集和分离过程往往是同时进行的,常用的方法有过滤、气提、顶空、蒸馏、溶剂萃取、离子交换、吸附、共沉淀、层析等,要根据具体情况选择使用。

(1)气提、顶空和蒸馏法

气提、顶空和蒸馏法适用于测定易挥发组分的水样预处理。采用向水样中通入惰性气体或加热方法,将被测组分吹出或蒸出,达到分离和富集的目的。

①气提法。该方法是把惰性气体通入调制好的水样中,将欲测组分吹出,直接送入仪器测定,或导入吸收液吸收富集后再测定。例如,用冷原子荧光法测定水样中的汞时,先将汞离子用氯化亚锡还原为原子态汞,再利用汞易挥发的性质,通入惰性气体将其吹出并送入仪器测定;用分光光度法测定水样中的硫化物时,先使之在磷酸介质中生成硫化氢,再用惰性气体载入乙酸锌乙酸钠溶液吸收,达到与母液分离和富集的目的。

②顶空法。该方法常用于测定挥发性有机物(VOCs)或挥发性无机物(VICs)水样的预处理。测定时,先在密闭的容器中装入水样,容器上部留存一定空间,再将容器置于恒温水浴中,经过一定时间,容器内的气液两相达到平衡,欲测组分在两相中的分配系数 K 和两体积比分别为

$$K = \frac{[X]_G}{[X]_L}$$

$$\beta = \frac{V_G}{V_L}$$

式中:[X]$_G$ 和 [X]$_L$ 分别为平衡状态下欲测物 X 在气相和液相中的浓度;V$_G$ 和 V$_L$ 分别为气

相和液相体积。

　　根据物料平衡原理,可以推导出欲测物在气相中的平衡浓度$[X]_G$和其在水样中原始浓度$[X]_L^0$之间的关系式

$$[X]_G = \frac{[X]_L^0}{K+\beta}$$

　　K值大小与被处理对象的物理性质、水样组成、温度有关,可用标准试样在与水样同样条件下测知,而β值也已知,故当从顶空装置取气样测得$[X]_G$后,即可利用上式计算出水样中欲测物的原始浓度$[X]_L^0$。

　　③蒸馏法。蒸馏法是利用水样中各污染组分具有不同的沸点而使其彼此分离的方法,分为常压蒸馏、减压蒸馏、水蒸气蒸馏、分馏法等。测定水样中的挥发酚、氰化物、氟化物时,均需在酸性介质中进行常压蒸馏分离;测定水样中的氨氮时,需在微碱性介质中常压蒸馏分离。在此,蒸馏具有消解、分离和富集三种作用。图8-4为挥发酚和氰化物蒸馏装置;图8-5为氟化物水蒸气蒸馏装置。

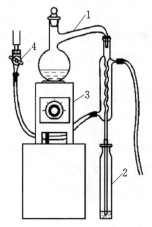

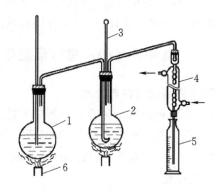

图8-4　挥发酚、氰化物的蒸馏装置
1—玻璃蒸馏器;2—接收瓶;
3—电炉;4—水龙头

图8-5　氟化物水蒸气蒸馏装置
1—蒸气发生瓶;2—烧瓶;3—温度计;
4—冷凝器;5—接收瓶;6—热源

　　(2)萃取法

　　用于水样预处理的萃取方法有溶剂萃取法、固体萃取法和超临界流体萃取法。

　　溶剂萃取法是基于物质在互不相溶的两种溶剂中分配系数不同,进行组分的分离和富集。欲分离组分在水相有机相中的分配系数K用下式表示

$$K = \frac{\text{有机相中欲萃取物浓度}}{\text{水相中欲萃取物浓度}}$$

　　当水相中某组分的K值大时,表明易进入有机相,而K值很小的组分仍留在水相中。在恒定温度时,K值为常数。

　　分配系数K中所指欲分离组分在两相中的存在形式相同,而实际并非如此,故常用分配比D表示萃取效果,即

$$D = \frac{\sum[A]_{\text{有机相}}}{\sum[A]_{\text{水相}}}$$

式中：$\sum[A]_{有机相}$ 为欲分离组分 A 在有机相中各种存在形式的总浓度；$\sum[A]_{水相}$ 为组分 A 在水相中各种存在形式的总浓度。

分配比随被萃取组分的浓度、溶液的酸度、萃取剂的浓度及萃取温度等条件变化。只有在简单的萃取体系中，欲萃取组分在两相中存在形式相同时，K 才等于 D。分配比反映萃取体系达到平衡时的实际分配情况，具有较大的实用价值。

被萃取组分在两相中的分配情况还可以用萃取率 E 表示，其表达式为

$$E(\%) = \frac{有机相中被萃取组分的量}{水相和有机相中被萃取组分的总量} \times 100$$

分配比 D 和萃取率 E 的关系如下

$$E(\%) = \frac{100D}{D + \dfrac{V_{水}}{V_{有机}}}$$

式中：$V_{水}$ 为水相体积；$V_{有机}$ 为有机相体积。

当水相和有机相的体积相同时，D 和 E 的关系如图 8-6 所示。可见，当 $D \to \infty$ 时，$E = 100\%$，一次即可萃取完全；$D = 100$ 时，$E = 99\%$，一次萃取不完全；$D = 10$ 时，$E = 90\%$，需连续多次萃取才趋于萃取完全；$D = 1$ 时，$E = 50\%$，要萃取完全相当困难。

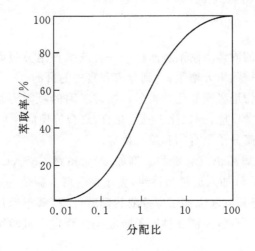

图 8-6　萃取率与分配比的关系

如果同一体系中，欲测组分 A 与干扰组分 B 共存，则只有二者的分配比 D_A 与 D_B 不等时才能分离，并且相差越大，分离效果越好。由于有机溶剂只能萃取水相中以非离子状态存在的物质(主要是有机物质)，而多数无机物质在水相中以水合离子状态存在，故无法用有机溶剂直接萃取。为实现用有机溶剂萃取，需先加入一种试剂，使其与水相中的离子态组分结合，生成一种不带电、易溶于有机溶剂的物质。该试剂与有机相、水相共同构成萃取体系。根据生成可萃取物类型不同，可分为螯合物萃取体系、离子缔合物萃取体系、三元络合物萃取体系和协同萃取体系等。在环境监测中，螯合物萃取体系应用最多。

螯合物萃取体系是指在水中加入螯合剂，与被测金属离子生成易溶于有机溶剂的中性螯合物，从而被有机溶剂萃取出来。例如，用分光光度法测定水中的 Cd^{2+}、Hg^{2+}、Zn^{2+}、Pb^{2+}、

Ni^{2+} 等,双硫腙(螯合剂)能与上述离子生成难溶于水的螯合物,可用三氯甲烷(或四氯化碳)从水中萃取后测定,三者构成双硫腙三氯甲烷水萃取体系。常用的螯合萃取剂还有吡咯烷基二硫代氨基甲酸铵(AP－DC)、二乙基二硫代氨基甲酸钠(NaDDCr)等。常用的有机溶剂还有4－甲基－二戊酮(MIBK)、2,6－二甲基－4－庚酮(DIBK)、乙酸丁酯等。

水相中的有机污染物质,可根据"相似相溶"原则,选择适宜的有机溶剂直接进行萃取。例如,用4－氨基安替比林分光光度法测定水样中的挥发酚时,如果酚含量低于0.05 mg/L,则经蒸馏分离后,需再用三氯甲烷萃取;用气相色谱法测定六六六、DDT时,需先用石油醚萃取;用红外分光光度法测定水样中的石油类和动植物油时,需要用四氯化碳萃取。

为获得满意的萃取效果,必须根据不同的萃取体系选择适宜的萃取条件,如选择效果好的萃取剂和有机溶剂,控制溶液的酸度,采取消除干扰的措施等。

固相萃取法(SPE)的萃取剂是固体,其工作原理基于:水样中欲测组分与共存干扰组分在固相萃取剂上作用力强弱不同,使它们彼此分离。固相萃取剂是含 C_{18} 或 C_8、腈基、氨基等基团的特殊填料。例如,C_{18} 键合硅胶是通过在硅胶表面作硅烷化处理而制得的一种颗粒物,将其装载在聚丙烯塑料、玻璃或不锈钢的短管中,即为柱型固相萃取剂。

这种方法已逐渐被广泛应用于组分复杂水样的预处理中,如对测定有机氯(磷)农药、苯二甲酸酯、多氯联苯等污染物水样的预处理。还可以将这种装置装配在流动注射分析(FIA)仪上,进行连续自动测定。

(3)吸附法

吸附法是利用多孔性的固体吸附剂将水样中一种或数种组分吸附于表面,再用适宜溶剂通过加热或吹气等方法将欲测组分解吸,达到分离和富集的目的。

按照吸附机理可分为物理吸附和化学吸附。物理吸附的吸附力是范德华引力;化学吸附是在吸附过程中发生了化学反应,如氧化、还原、化合、络合等反应。常用于水样预处理的吸附剂有活性炭、氧化铝、多孔高分子聚合物和巯基棉等。

活性炭可用于吸附金属离子或有机物。例如,对含微量 Cu^{2+}、Cd^{2+}、Pb^{2+}、Fe^{3+} 的水样,将其 pH 值调节到4.0～5.5,加入适量活性炭,置于振荡器上振荡一定时间后过滤,取下炭层滤纸,在60 ℃下烘干,再将其放入烧杯用少量浓热硝酸处理,蒸干后加入稀硝酸,使被测金属溶解,所得悬浮液进行离心分离,上清液供原子吸收光谱测定。试验结果表明,该方法的回收率可达93%以上。

多孔高分子聚合物吸附剂大多是具有多孔且孔径均一的网状结构树脂,如 GDX(高分子多孔小球)、Tenax(碳纤维)、PorapaK(多孔性聚合物微球)、XAD(树脂)等。这类吸附剂主要用于吸附有机物。例如,对测定痕量三卤代甲烷等多种卤代烃的水样作预处理时,先用气提法将水样中的卤代烃吹出,送入内装 Tenax 的吸附柱进行富集。此后,将吸附柱加热,使被吸附的卤代烃解吸,并用氦气吹出,经冷冻浓集柱后,转入气相色谱质谱(GC－MS)分析系统。

巯基棉是一种含有巯基的纤维素,由巯基乙酸与棉纤维素羟基在微酸性介质中发生酯化反应制得,其反应式如下

$$\underset{(巯基乙酸)}{\overset{\overset{\displaystyle SH}{|}\ \ \overset{\displaystyle O}{\|}}{CH_2-C-OH}} + \underset{(棉纤维)}{R-OH} \longrightarrow \underset{(巯基棉)}{\overset{\overset{\displaystyle O}{\|}}{R-O-C-CH_2-SH}} + H_2O$$

巯基棉的巯基官能团对许多元素具有很强的吸附力,可用于分离富集水样中的烷基汞、

汞、铍、铜、铅、镉、砷、硒、碲等组分。对烷基汞(甲基汞、乙基汞)的吸附反应如下

$$CH_3HgCl + H-SR \longrightarrow CH_3Hg-SR + HCl$$

水样预处理过程是：将 pH 调至 3~4 的水样以一定流速通过巯基棉管，待吸附完毕，加入适量氯化钠盐酸解吸液，把富集在巯基棉上的烷基汞解吸下来，并收集在离心管内。向离心管中加入甲苯，振荡提取后静置分层，离心分离，所得有机相供色谱测定。

(4)离子交换法

该方法是利用离子交换剂与溶液中的离子发生交换反应进行分离的方法。离子交换剂分为无机离子交换剂和有机离子交换剂两大类，广泛应用的是有机离子交换剂，即离子交换树脂。

离子交换树脂是一种具有渗透性的三维网状高分子聚合物小球，在网状结构的骨架上含有可电离的活性基团，与水样中的离子发生交换反应。根据官能团不同，可分为阳离子交换树脂、阴离子交换树脂和特殊离子交换树脂。其中，阳离子交换树脂按照所含活性基团酸性强弱，又分为强酸型和弱酸型阳离子交换树脂；阴离子交换树脂按其所含活性基团碱性强弱，又分为强碱型和弱碱型阴离子交换树脂。在水样预处理中，最常用的是强酸型阳离子交换树脂和强碱型阴离子交换树脂。

(5)共沉淀法

共沉淀法是指溶液中一种难溶化合物在形成沉淀(载体)过程中，将共存的某些痕量组分一起载带沉淀出来的现象。共沉淀现象在常量分离和分析中是力图避免的，但却是一种分离富集痕量组分的手段。

共沉淀的机理基于表面吸附、包藏、形成混晶和异电荷胶态物质相互作用等。

①利用吸附作用的共沉淀分离。该方法常用的载体有 $Fe(OH)_3$、$Al(OH)_3$、$MnO(OH)_2$ 及硫化物等。由于它们是表面积大、吸附力强的非晶形胶体沉淀，故富集效率高。例如，分离含铜溶液中的微量铝，仅加氨水不能使铝以 $Al(OH)_3$ 沉淀析出，若加入适量 Fe^{3+} 和氨水，则利用生成的 $Fe(OH)_3$ 作载体，将 $Al(OH)_3$ 载带沉淀出来，达到与母液中 $Cu(NH_3)_4^{2+}$ 分离的目的。

②利用生成混晶的共沉淀分离。当欲分离微量组分及沉淀剂组分生成沉淀时，如具有相似的晶格，就可能生成混晶共同析出。例如，硫酸铅和硫酸锶的晶形相同，如分离水样中的痕量 Pb^{2+}，可加入适量 Sr^{2+} 和过量可溶性硫酸盐，则生成 $PbSO_4$ - $SrSO_4$ 的混晶，将 Pb^{2+} 共沉淀出来。有资料介绍，以 $SrSO_4$ 作载体，可以富集海水中 10^{-8} 浓度级别的 Cd^{2+}。

③用有机共沉淀剂进行共沉淀分离。有机共沉淀剂的选择性较无机沉淀剂好，得到的沉淀也较纯净，并且通过灼烧可除去有机共沉淀剂，留下欲测元素。例如，在含痕量 Zn^{2+} 的弱酸性溶液中，加入硫氰酸铵和甲基紫，由于甲基紫在溶液中电离成带正电荷的阳离子 B^+，它们之间发生如下共沉淀反应

$Zn^{2+} + 4SCN^- = Zn(SCN)_4^{2-}$

$2B^+ + Zn(SCN)_4^{2-} = B_2Zn(SCN)_4$(形成缔合物)

$B^+ + SCN^- = BSCN \downarrow$(形成载体)

$B_2Zn(SCN)_4$ 与 BSCN 发生共沉淀，因而将痕量 Zn^{2+} 富集于沉淀之中。又如，痕量 Ni^{2+} 与丁二酮肟生成螯合物，分散在溶液中，若加入丁二酮肟二烷酯(难溶于水)的乙醇溶液，则析

出固相的丁二酮肟二烷酯,便将丁二酮肟镍螯合物共沉淀出来。丁二酮肟二烷酯只起载体作用,称为惰性共沉淀剂。

2. 空气样品的采集方法和采样仪器

采集空气样品的方法可归纳为直接采样法和富集(浓缩)采样法两类。

(1)直接采样法

当空气中的被测组分浓度较高或者监测方法灵敏度高时,直接采集少量气样即可满足监测分析要求。例如,用非色散红外吸收法测定空气中的一氧化碳;用紫外荧光法测定空气中的二氧化硫等都用直接采样法。这种方法测得的结果是瞬时浓度或短时间内的平均浓度,能较快地测知结果。常用的采样容器有注射器、塑料袋、真空瓶(管)等。

①注射器采样。常用 100 mL 注射器采集有机蒸气样品。采样时,先用现场气体抽洗 2～3 次,然后抽取 100 mL,密封进气口,带回实验室分析。样品存放时间不宜长,一般应当天分析完。

②塑料袋采样。应选择与气样中污染组分既不发生化学反应,也不吸附、不渗漏的塑料袋。常用的有聚四氟乙烯袋、聚乙烯袋及聚酯袋等。为减小对被测组分的吸附,可在袋的内壁衬银、铝等金属膜。采样时,先用二联球打进现场气体冲洗 2～3 次,再充满气样,夹封进气口,带回尽快分析。

③采气管采样。采气管是两端具有旋塞的管式玻璃容器,其容积为 100～150 mL(见图 8-7)。采样时,打开两端旋塞,将二联球或抽气泵接在管的一端,迅速抽进比采气管容积大 6～10 倍的欲采气体,使采气管中原有气体被完全置换出,关上两端旋塞,采气体积即为采气管的容积。

图 8-7 采气管

④真空瓶采样。真空瓶是一种用耐压玻璃制成的固定容器,容积为 500～1000 mL(见图 8-8)。采样前,先用抽真空装置(见图 8-9)将采气瓶(瓶外套有安全保护套)内抽至剩余压力达 1.33 kPa 左右;如瓶内预先装入吸收液,可抽至溶液冒泡为止,关闭旋塞。采样时,打开旋塞,被采空气即充入瓶内,关闭旋塞,则采样体积为真空采气瓶的容积。如果采气瓶内真空度达不到 1.33 kPa,实际采样体积应根据剩余压力进行计算。

当用闭口压力计测量剩余压力时,现场状况下的采样体积按下式计算

$$V = V_0 \cdot \frac{P - P_B}{P}$$

式中:V 为现场状况下的采样体积,L;V_0 为真空采气瓶容积,L;P 为大气压力,kPa;P_B 为闭管压力计读数,kPa。

图8-8　真空采气瓶

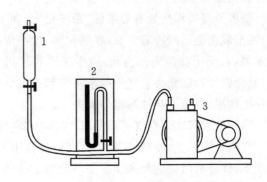

图8-9　真空采气瓶抽真空装置
1—真空采气瓶;2—闭管压力计;3—真空泵

（2）富集（浓缩）采样法

空气中的污染物质浓度一般都比较低（$10^{-6} \sim 10^{-9}$数量级），直接采样法往往不能满足分析方法检测限的要求，故需要用富集采样法对空气中的污染物进行浓缩。富集采样时间一般比较长，测得结果代表采样时段的平均浓度，更能反映空气污染的真实情况。这类采样方法有溶液吸收法、固体阻留法、低温冷凝法、扩散（或渗透）法及自然沉降法等。

①溶液吸收法。该方法是采集空气中气态、蒸气态及某些气溶胶态污染物质的常用方法。采样时，用抽气装置将欲测空气以一定流量抽入装有吸收液的吸收管（瓶）。采样结束后，倒出吸收液进行测定，根据测得结果及采样体积计算空气中污染物的浓度。

②填充柱阻留法。填充柱是用一根长 6～10 cm、内径 3～5 mm 的玻璃管或塑料管，内装颗粒状或纤维状填充剂制成。采样时，让气样以一定流速通过填充柱，则欲测组分因吸附、溶解或化学反应等作用被阻留在填充剂上，达到浓缩采样的目的。采样后，通过解吸或溶剂洗脱，使被测组分从填充剂上释放出来进行测定。根据填充剂阻留作用的原理，可分为吸附型、分配型和反应型三种类型。

③滤料阻留法。该方法是将过滤材料（滤纸、滤膜等）放在采样夹上，用抽气装置抽气，则空气中的颗粒物被阻留在过滤材料上，称量过滤材料上富集的颗粒物质量，根据采样体积，即可计算出空气中颗粒物的浓度。

滤料采集空气中气溶胶颗粒物基于直接阻截、惯性碰撞、扩散沉降、静电引力和重力沉降等作用。滤料的采集效率除与自身性质有关外，还与采样速度、颗粒物的大小等因素有关。低速采样，以扩散沉降为主，对细小颗粒物的采集效率高;高速采样，以惯性碰撞作用为主，对较大颗粒物的采集效率高。空气中的大小颗粒物是同时并存的，当采样速度一定时，就可能使一部分粒径小的颗粒物采集效率偏低。此外，在采样过程中，还可能发生颗粒物从滤料上弹回或吹走现象，特别是采样速度大的情况下，颗粒大、质量重粒子易发生弹回现象;颗粒小的粒子易穿过滤料被吹走，这些情况都是造成采集效率偏低的原因。

④低温冷凝法。空气中某些沸点比较低的气态污染物质，如烯烃类、醛类等，在常温下用固体填充剂等方法富集效果不好，而低温冷凝法可提高采集效率。

低温冷凝采样法是将 U 形或蛇形采样管插入冷阱中，当空气流经采样管时，被测组分因冷凝而凝结在采样管底部。如用气相色谱法测定，可将采样管与仪器进气口连接，移去冷阱，在常温或加热情况下气化,进入仪器测定。

低温冷凝采样法具有效果好、采样量大、利于组分稳定等优点,但空气中的水蒸气、二氧化碳,甚至氧也会同时冷凝下来,在气化时,这些组分也会气化,增大了气体总体积,从而降低浓缩效果,甚至干扰测定。为此,应在采样管的进气端装置选择性过滤器(内装过氯酸镁、碱石棉、氯化钙等),以除去空气中的水蒸气和二氧化碳等。但所用干燥剂和净化剂不能与被测组分发生作用,以免引起被测组分损失。

⑤静电沉降法。空气样品通过 12000～20000 V 电场时,气体分子电离,所产生的离子附着在气溶胶颗粒上,使颗粒带电,并在电场作用下沉降到收集极上,然后将收集极表面的沉降物洗下,供分析用。这种采样方法不能用于易燃、易爆的场合。

⑥扩散(或渗透)法。该方法用在个体采样器中,采集气态和蒸气态有害物质。采样时不需要抽气动力,而是利用被测污染物质分子自身扩散或渗透到达吸收层(吸收剂、吸附剂或反应性材料)被吸附或吸收,又称无动力采样法。这种采样器体积小、轻便,可以佩戴在人身上,跟踪人的活动,用作人体接触有害物质量的监测。

⑦自然积集法。这种方法是利用物质的自然重力、空气动力和浓差扩散作用采集空气中的被测物质,如自然降尘量、硫酸盐化速率、氟化物等空气样品的采集。采样不需动力设备,简单易行,且采样时间长,测定结果能较好地反映空气污染情况。

⑧综合采样法。空气中的污染物并不是以单一状态存在的,可采用不同采样方法相结合的综合采样法,将不同状态的污染物同时采集下来。例如,在滤料采样夹后接上液体吸收管或填充柱采样管,则颗粒物收集在滤料上,而气体污染物收集在吸收管或填充柱中。又如,无机氟化物以气态(HF、SiF_4)和颗粒态(NaF、CaF_2 等)存在,两种状态毒性差别很大,需分别测定,此时可将两层或三层滤料串联起来采集。第一层用微孔滤膜,采集颗粒态氟化物;第二层用碳酸钠浸渍的滤膜,采集气态氟化物。

3. 固体废物样品的采集和制备

固体废物的监测包括:采样计划的设计和实施、分析方法、质量保证等方面,各国都有具体规定。例如,美国环境保护局固体废弃物办公室根据资源回收法(RCRA)编写的"固体废物试验分析评价手册"(U. S. EPA, Test Methods for Evaluating Solid Waste)较为全面地论述了采样计划的设计和实施、质量控制、方法选择、金属分析方法、有机物分析方法、综合指标实验方法、物理性质测定方法、有害废物的特性、法规定义和可燃性、腐蚀性、反应性、浸出毒性的试验方法、地下水、土地处理监测和废物焚烧监测等。我国于 1986 年颁发了《工业固体废物有害特性试验与监测分析方法》(试行)。

为了使采集样品具有代表性,在采集之前要调查研究生产工艺过程、废物类型、排放数量、堆积历史、危害程度和综合利用情况。如采集有害废物则应根据其有害特性采取相应的安全措施。

(1)样品的采集

固体废物的采样工具包括:尖头钢锹、钢尖镐(腰斧)、采样铲(采样器)、具盖采样桶或内衬塑料的采样袋。

①采样程序。

a. 根据固体废物批量大小确定应采的份样(由一批废物中的一个点或一个部位,按规定量取出的样品)个数。

b.根据固体废物的最大粒度(95％以上能通过的最小筛孔尺寸)确定份样量。

c.根据采样方法,随机采集份样,组成总样(见图 8-10),并认真填写采样记录表。

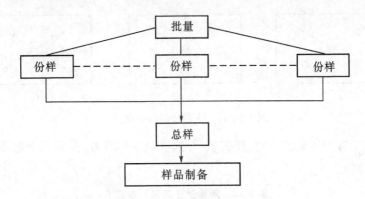

图 8-10　采样示意图

d.份样数。按表 8-1 确定应采份样个数。

e.份样量。按表 8-2 确定每个份样应采的最小重量。所采的每个份样量应大致相等,其相对误差不大于 20％。表中要求的采样铲容量为保证一次在一个地点或部位能取到足够数量的份样量。

表 8-1　批量大小与最少份样数

批量大小	最少份样个数
<5	5
5~10	10
50~100	15
100~500	20
500~1000	25
1000~5000	30
>5000	35

表 8-2　份样数和采样铲容量

最大粒度/mm	最小份样重量/kg	采样铲容量/mL
>150	30	
100~150	15	16000
50~100	5	7000
40~50	3	1700
20~40	2	800
10~20	1	300
<10	0.5	125

注:单位:液体 1 kL,固体 1 t。

液态废物的份样量以不小于 100 mL 的采样瓶(或采样器)所盛量为准。

②采样方法。

a.现场采样。在生产现场采样,首先应确定样品的批量,然后按下式计算出采样间隔,进行流动间隔采样。

$$采样间隔 \leqslant \frac{批量(t)}{规定的份样数}$$

注意事项:采第一个份样时,不准在第一间隔的起点开始,可在第一间隔内任意确定。

b.运输车及容器采样。在一批固体废物采样时,当车数不多于该批废物规定的份样数时,每车应采份样数按下式计算

$$每车应采份样数_{(小数应进为整数)} = \frac{规定份样数}{车数}$$

当车数多于规定的份样数时,按表 8-3 选出所需最少的采样车数,然后从所选车中各随

机采集一个份样。在车中,采样点应均匀分布在车厢的对角线上(见图8-11),端点距车角应大于0.5 m,表层去掉30 cm。

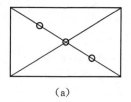 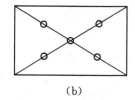 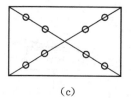

图8-11 车厢中的采样布点

对于一批若干容器盛装的废物,按表8-3选取最少容器数,并且每个容器中均随机采两个样品。

表8-3 所需最少的采样车数表

车数(容器)	所需最少采样车数
<10	5
10~25	10
25~50	20
50~100	30
>100	50

需要说明的是:当把一个容器作为一个批量时,就按表8-1中规定的最少份样数的1/2确定;当把2~10个容器作为一个批量时,就按下式确定最少容器数

$$最少容器数 = \frac{最少份样数}{容器数}$$

c.废渣堆采样法。在渣堆两侧距堆底0.5 m处画第一条横线,然后每隔0.5 m划一条横线;再每隔2 m划一条横线的垂线,其交点作为采样点。按表8-1确定的份样数,确定采样点数,在每点上从0.5~1.0 m深处各随机采样一份,如图8-12所示。

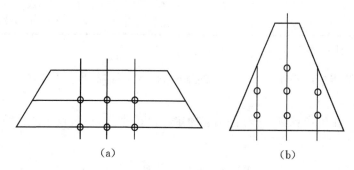

图8-12 废渣堆中采样点的分布

(2)样品的制备

①制样工具。制样工具包括粉碎机(破碎机)、药碾、钢锤、标准套筛、十字分样板、机械缩分器。

②制样要求。

a.在制样全过程中,应防止样品产生任何化学变化和污染。若制样过程中,可能对样品的

性质产生显著影响,则应尽量保持原来状态。

b.湿样品应在室温下自然干燥,使其达到适于破碎、筛分、缩分的程度。

c.制备的样品应过筛后(筛孔为 5 mm),装瓶备用。

③制样程序。

a.粉碎。用机械或人工方法把全部样品逐级破碎,通过 5 mm 筛孔。粉碎过程中,不可随意丢弃难于破碎的粗粒。

b.缩分。将样品于清洁、平整不吸水的板面上堆成圆锥型,每铲物料自圆锥顶端落下,使均匀地沿锥尖散落,不可使圆锥中心错位。反复转堆,至少三周,使其充分混合。然后将圆锥顶端轻轻压平,摊开物料后,用十字板自上压下,分成四等份,取两个对角的等份,重复操作数次,直至不少于 1 kg 试样为止。在进行各项有害特性鉴别试验前,可根据要求的样品量进一步进行缩分。

(3)样品水分的测定

①测定无机物:称取样品 20 g 左右,于 105 ℃下干燥,恒重至±0.1 g,测定水分含量。

②测定样品中的有机物:样品于 60 ℃下干燥 24 h,确定水分含量。

③固体废物测定:结果以干样品计算,当污染物含量小于 0.1%时以 mg/kg 表示,含量大于 0.1%时则以百分含量表示,并说明是水溶性或总量。

(4)样品 pH 值的测定

pH 值的测定仪器采用 pH 计或酸度计,最小刻度单位在 0.1 pH 单位以下。

方法是用与待测样品 pH 值相近的标准溶液校正 pH 计,并加以温度补偿。对含水量高、呈流态状的稀泥或浆状物料,可将电极直接插入进行 pH 值测量。

对黏稠状物料可离心或过滤后,测其液体的 pH 值,对粉、粒、块状物料,称取制备好的样品 50 g(干基),置于 1 L 塑料瓶中,加入新鲜蒸馏水 250 mL,使固液比为 1∶5,加盖密封后,放在振荡机上(振荡频率 110±10 次/min,振幅 10 mm)于室温下,连续振荡 30 min,静置 30 min 后,测上清液的 pH 值,每种废物取两个平行样品测定其 pH 值,差值不得大于 0.15,否则应再取 1～2 个样品重复进行试验,取中位值报告结果。对于高 pH 值(10 以上)或低 pH 值(2 以下)的样品,两个平行样品的 pH 值测定结果允许差值不超过 0.2,还应报告环境温度、样品来源、粒度级配;试验过程的异常现象;特殊情况下试验条件的改变及原因等。

由于固体废物的不均匀性,测定时应将各点分别测定,测定结果以实际测定 pH 值范围表示,而不是通过计算混合样品平均值表示。由于样品中二氧化碳含量影响 pH 值,并且二氧化碳达到平衡极为迅速,所以采样后必须立即测定。

(5)样品的保存

制好的样品密封于容器中保存(容器应对样品不产生吸附、不使样品变质),贴上标签备用。标签上应注明:编号、废物名称、采样地点、批量、采样人、制样人、时间。特殊样品,可采取冷冻或充惰性气体等方法保存。

制备好的样品,一般有效保存期为三个月,易变质的试样不受此限制。

最后,填好采样记录表(见表 8-4)一式三份,分别存于有关部门。

表 8-4　采样记录表

样品登记号		样品名称	
采样地点		采集数量	
采样时间		废物所属单位名称	
采样现场简述			
废物生产过程简述			
样品可能含有的主要有害成分			
样品保存方式及注意事项			
样品采集人及接受人			
备注		负责人签字	

4. 土壤样品的采集与加工管理

(1)土壤样品的采集

采集土壤样品包括根据监测目的和检测项目确定样品类型,进行物质、技术和组织准备,现场踏勘及实施采样等工作。

土壤样品的类型、采样深度及采样量。

①混合样品。如果只是一般了解土壤污染状况,对种植一般农作物的耕地,只需采集 0～20 cm 耕作层土壤;对于种植果林类农作物的耕地,采集 0～60 cm 耕作层土壤。将在一个采样单元内各采样分点采集的土样混合均匀制成混合样,组成混合样的分点数通常为 5～20个。混合样量往往较大,需要用四分法弃取,最后留下 1～2 kg,装入样品袋。

②剖面样品。如果要了解土壤污染深度,则应按土壤剖面层次分层采样。土壤剖面指地面向下的垂直土体的切面。在垂直切面上可观察到与地面大致平行的若干层具有不同颜色、性状的土层。

土壤背景值调查也需要挖掘剖面,在剖面各层次典型中心部位自下而上采样,但切忌混淆层次、混合采样。

a.采样时间和频率。为了了解土壤污染状况,可随时采集样品进行测定。如需同时掌握在土壤上生长的作物受污染的状况,可在季节变化或作物收获期采集。《农田土壤环境监测技术规范》规定,一般土壤在农作物收获期采样测定,必测项目一年测定一次,其它项目 3～5 年测定一次。

b.采样注意事项。采样同时,填写土壤样品标签、采样记录、样品登记表。土壤标签(见图 8-13)一式两份,一份放入样品袋内,一份扎在袋口,并于采样结束时在现场逐项逐个检查。测定重金属的样品,尽量用竹铲、竹片直接采集样品,或用铁铲、土钻挖掘后,用竹片刮去与金属采样接触的部分,再用竹铲或竹片采集土样。

(2)土壤样品的加工与管理

现场采集的土壤样品经核对无误后,进行分类装箱,运往实验室加工处理。在运输中严防样品的损失、混淆和玷

样品标号
业务代号
样品名称
土壤类型
监测项目
采样地点
采样深度
采样人
采样时间

图 8-13　土壤样品标签

污,并派专人押运,按时送至实验室。

①样品加工处理。样品加工又称样品制备,其处理程序是:风干、磨细、过筛、混合、分装,制成满足分析要求的土壤样品。加工处理的目的是:除去非土部分,使测定结果能代表土壤本身的组成;有利于样品较长时期保存,防止发霉、变质;通过研磨、混匀,使分析时称取的样品具有较高的代表性。加工处理工作应在向阳(勿使阳光直射土样)、通风、整洁、无扬尘、无挥发性化学物质的房间内进行。

②样品风干。在风干室将潮湿土样倒在白色搪瓷盘内或塑料膜上,摊成约 2 cm 厚的薄层,用玻璃棒间断地压碎、翻动,使其均匀风干。在风干过程中,拣出碎石、砂砾及植物残体等杂质。

③磨碎与过筛。如果进行土壤颗粒分析及物理性质测定等物理分析,取风干样品 100～200 g 于有机玻璃板上用木棒、木滚再次压碎,经反复处理使其全部通过 2 mm 孔径(10 目)的筛子,混匀后储于广口玻璃瓶内。

如果进行化学分析,土壤颗粒细度影响测定结果的准确性,即使对于一个混合均匀的土样,由于土粒大小不同,其化学成分及其含量也有差异,应根据分析项目的要求处理成适宜大小的颗粒。一般处理方法是:将风干样在有机玻璃板或木板上用锤、滚、棒压碎,并除去碎石、砂砾及植物残体后,用四分法(见图 8-14)分取所需土样量,使其全部通过 0.84 mm(20 目)尼龙筛。过筛后的土壤全部置于聚乙烯薄膜上,充分混匀,用四分法分成两份,一份交样品库存放,可用于土壤 pH 值、土壤代换量等项目测定用;另一份继续用四分法缩分成两份,一份备用,一份研磨至全部通过 0.25 mm(60 目)或 0.149 mm(100 目)孔径尼龙筛,充分混合均匀后备用。通过 0.25 mm(60 目)孔径筛的土壤样品,用于农药、土壤有机质、土壤全氮量等项目的测定;通过 0.149 mm(100 目)孔径筛的土壤样品用于元素分析。样品装入样品瓶或样品袋后,及时填写标签,一式两份,瓶内或袋内 1 份,外贴 1 份。

测定挥发性或不稳定组分如挥发酚、氨态氮、硝态氮、氰化物等,需用新鲜土样。

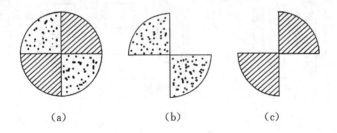

(a)　　　　　(b)　　　　　(c)

图 8-14　土壤样品的四分法示意图

土壤样品管理包括土样加工处理、分装、分发过程中的管理和样品入库保存管理。

土壤样品在加工过程中处于从一个环节到另一个环节的流动状态中,为防止遗失和信息传递失误,必须建立严格的管理制度和岗位责任制,按照规定的方法和程序工作,认真按要求做好各项记录。

对需要保存的土壤样品,要依据欲分析组分性质选择保存方法。风干土样存放于干燥、通风、无阳光直射、无污染的样品库内,保存期通常为半年至 1 年。如分析测定工作全部结束,检查无误后,无需保留时可弃去。在保存期内,应定期检查样品储存情况,防止霉变、鼠害和土壤标签脱落等。用于测定挥发性和不稳定组分时须用新鲜土壤样品,将其放在玻璃瓶中,置于低于 4 ℃的冰箱内存放,保存半个月。

8.2　环境有机污染物的色谱分析

8.2.1　有机污染物的气相色谱分析

1.气相色谱法的原理和仪器

色谱分析法又称层析分析法,是一种分离测定多组分混合物的极其有效的分析方法。它基于不同物质在相对运动的两相中具有不同的分配系数,当这些物质随流动相移动时,就在两相之间进行反复多次分配,使原来分配系数只有微小差异的各组分得到很好地分离,依次送入检测器测定,达到分离、分析各组分的目的。

色谱法的分类方法较多,常按两相所处的状态来分。用气体作为流动相时,称为气相色谱;用液体作为流动相时,称为液相色谱或液体色谱。

(1)气相色谱流程

气相色谱法是使用气相色谱仪来实现对多组分混合物分离和分析的,其流程如图 8-15所示。载气由高压钢瓶供给,经减压、干燥、净化和测量流量后进入气化室,携带由气化室进样口注入并迅速气化为蒸气的试样进入色谱柱(内装固定相),经分离后的各组分依次进入检测器,将浓度或质量信号转换成电信号,经阻抗转换和放大,送入记录仪记录色谱峰。

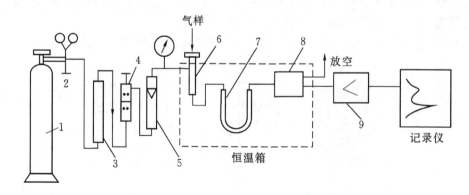

图 8-15　气相色谱仪流程示意图
1—载气钢瓶;2—减压阀;3—干燥净化管;4—稳压阀;5—流量计;
6—气化室;7—色谱柱;8—检测器;9—阻抗转换及放大器

(2)色谱流出曲线

当载气载带着各组分依次通过检测器时,检测器响应信号随时间变化曲线称为色谱流出曲线,也称色谱图,如图 8-16所示。如果分离完全,每个色谱峰代表一种组分。根据色谱峰出峰时间可进行定性分析;根据色谱峰高或峰面积可进行定量分析。

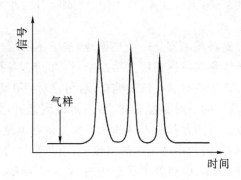

图 8 - 16　色谱流出曲线

（3）色谱分离条件的选择

色谱分离条件的选择包括色谱柱内径及柱长、固定相、气化温度及柱温、载气及其流速、进样时间和进样量等条件的选择。

色谱柱内径越小，柱效越高，一般为 $2\sim6$ mm。增加柱长可提高柱效，但分析时间增长，一般在 $0.5\sim6$ m 之间选择。

固定相是色谱柱的填充剂，可分为气固色谱固定相和气液色谱固定相。前者为活性吸附剂，如活性炭、硅胶、分子筛、高分子微球等，主要用于分离 CH_4、CO、SO_2、H_2S 及四个碳以下的气态烃。气液固定相是在担体（或称载体）的表面涂一层固定液制成。担体是一种化学惰性的多孔固体颗粒，分为硅藻土担体（如 6201、101 担体）和非硅藻土担体（如玻璃微球）两大类。固定液为高沸点有机化合物，分为极性、中等极性、非极性及氢键型四类，常依据相似相溶规律选择，即固定液与被分离组分的化学结构及极性相似，分子间的作用力强，选择性高。非极性物质一般选用非极性固定液，二者之间的作用力主要是色散力，各组分按照沸点由低到高的顺序流出；如极性与非极性组分共存，则具有相同沸点的极性组分先流出。强极性物质选用强极性固定液，两种分子间以定向力为主，各组分按极性由小到大顺序流出。能形成氢键的物质选用氢键型固定液，各组分按照与固定液分子形成氢键能力大小的顺序流出，形成氢键力小的组分先流出。对于复杂混合物，可选用混合型固定液。

提高色谱柱温度，可加速气相和液相的传质过程，缩短分离时间，但过高将会降低固定液的选择性，增加其挥发流失，一般选择近似等于试样中各组分的平均沸点或稍低温度。

气化温度应以能将试样迅速气化而不分解为准，一般高于色谱柱温度 $30\sim70$ ℃。

载气应根据所用检测器类型，对分离效能的影响等因素选择。如对热导检测器，应选氢气或氦气；对氢火焰离子化检测器，一般选氮气。载气流速小，宜选用分子量较大和扩散系数小的载气，如氮气和氩气；反之，应选用分子量小，扩散系数大的载气，如氢气，以提高柱效。载气最佳流速需要通过实验确定。

色谱分析要求进样时间在 1 秒钟内完成。否则，将造成色谱峰扩张，甚至改变峰形。进样量应控制在峰高或峰面积与进样量成正比的范围内。液体试样一般为 $0.5\sim5$ μL；气样一般为 $0.1\sim10$ mL。

（4）检测器

气相色谱分析常用的检测器有热导检测器、氢火焰离子化检测器、电子捕获检测器和火焰光度检测器。对检测器的要求是:灵敏度高、检测限(反映噪音大小和灵敏度的综合指标)低、响应快、线性范围宽。

①热导检测器(TCD)。这种检测器是一个热导池,基于不同组分具有不同的热导系数来实现对各组分的测定。热导池是在不锈钢块上钻四个对称的孔,各孔中均装一根长短和阻值相等的热敏丝(与池体绝缘)。让一对通孔流过纯载气,另一对通孔流过携带试样蒸气的载气。将四根阻丝接成桥路,通纯载气的一对称参比臂,另一对称测量臂,如图 8-17 所示。电桥置于恒温室中并通以恒定电流。当两臂都通入纯载气并保持桥路电流、池体温度、载气流速等操作条件恒定时,则电流流经四臂阻丝所产生的热量恒定,由热传导方式从热丝上带走的热量也恒定,两臂中热丝温度和电阻相等,电桥处于平衡状态($R_1 \cdot R_4 = R_2 \cdot R_3$),无信号输出。当进样后,试样中组分在色谱柱中分离后进入测量臂,由于组分和载气组成的二元气体的热导系数和纯载气的热导系数不同,引起通过测量臂气体导热能力改变,致使热丝温度发生变化,从而引起 R_1 和 R_4 变化,电桥失去平衡($R_1 \cdot R_4 \neq R_2 \cdot R_3$),有信号输出,其大小与组分浓度成正比。

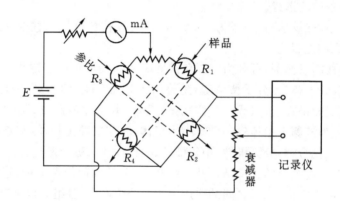

图 8-17　热导检测器测量原理

②氢火焰离子化检测器(FID)。这种检测器是使被测组分离子化,离解成正、负离子,经收集汇成离子流,通过对离子流的测量进行定量分析。其结构及测量原理示于图 8-18 中。该检测器由氢氧火焰和置于火焰上、下方的圆筒状收集极及圆环发射极、测量电路等组成。两电极间加 $200\sim300$ V 电压。未进样时,氢氧焰中生成 H、O、OH、O_2H 及一些被激发的变体,但它们在电场中不被收集,故不产生电信号。当试样组分随载气进入火焰时,就被离子化成正离子和电子,在直流电场的作用下,各自向极性相反的电极移动形成电流,该电流强度为 $10^{-8}\sim10^{-13}$ A,需流经高电阻(R)产生电压降,再放大后送入记录仪记录。

③电子捕获检测器(ECD)。这是一种分析痕量电负性(亲电子)有机化合物很有效的检测器。它对卤素、硫、氧、硝基、羰基、氰基、共轭双键体系、有机金属化合物等有高响应值,对烷烃、烯烃、炔烃等的响应值很小。检测器的结构及测量原理如图 8-19 所示。它的内腔中有不锈钢棒阳极、阴极和贴在阴极壁上的 β 放射源(^{3}H 或 ^{63}Ni),在两极间施加直流或脉冲电压。当载气(氩或氮)进入内腔时,受到放射源发射的 β 粒子(初级电子)轰击被离子化,形成次级电子和正离子

$$N_2 + \beta \longrightarrow N_2^+ + e$$

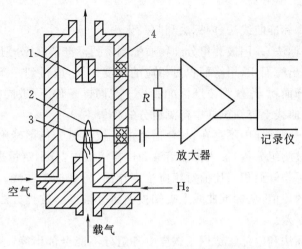

图 8-18　氢火焰离子化检测器及测量原理
1—收集极;2—火焰喷嘴;3—发射极;4—离子室

在电场作用下,正离子和电子分别向阴极和阳极移动形成基流(背景电流)。当电负性物质(AB)进入检测器时,立即捕获自由电子,而生成稳定的负离子,负离子再与载气正离子复合成中性化合物

$$AB + N_2^+ \Longleftrightarrow AB + N_2$$

其结果使基流下降,产生负信号而形成负峰。电负性组分的浓度越大,负峰越大;组分中电负性元素的电负性越强,捕获电子的能力越大,负峰也越大。

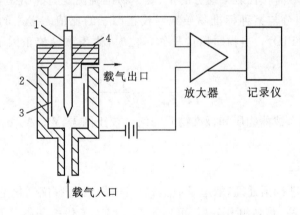

图 8-19　电子捕获检测器及测量原理
1—阳极;2—阴极;3—β放射源;4—绝缘体

④火焰光度检测器(FPD)。这是一种对硫、磷化合物有高响应值的选择性检测器,适于分析含硫、磷的有机化合物和气体硫化物,在空气污染和农药残留分析中应用广泛,检测限可达 10^{-13} g/s(P)、10^{-11} g/s(S)。其原理基于:硫、磷化合物在富氢火焰中燃烧时,硫化合物能发射最大特征波长为 394 nm 的光;磷化合物能发射最大特征波长为 526 nm 的光;用光电倍增管转换成电信号,经微电流放大器放大后,送至记录系统测量。

（5）定量分析方法

常用的定量方法有标准曲线法、内标法和归一化法。

①标准曲线法（外标法）。用被测组分纯物质配制系列标准溶液，分别定量进样，记录不同浓度溶液的色谱图，测出峰面积，用峰面积对相应的浓度作图，应得到一条直线，即标准曲线。有时也可用峰高代替峰面积，作峰高浓度标准曲线。在同样条件下，进同样量被测试样，测出峰面积或峰高，从标准曲线上查知试样中待测组分的含量。

②内标法。选择一种试样中不存在，其色谱峰位于被测组分色谱峰附近的纯物质作为内标物，以固定量（接近被测组分量）加入标准溶液和试样溶液中，分别定量进样，记录色谱峰，以被测组分峰面积与内标物峰面积的比值对相应浓度作图，得到标准曲线。根据试样中被测与内标两种物质峰面积的比值，从标准曲线上查知被测组分浓度。这种方法可抵消因实验条件和进样量变化带来的误差。

③归一化法。外标法和内标法适用于试样中各组分不能全部出峰，或多组分中只测量一种或几种组分的情况。如果试样中各组分都能出峰，并要求定量，则使用归一化方法比较简单。设试样中各组分的重量分别为 $W_1, W_2, \cdots, W_n$，则各组分的百分含量 P_i 按照下式计算

$$P_i(\%) = \frac{W_i}{W_1 + W_2 + \cdots + W_n} \times 100$$

各组分的重量（W_i）可由重量校正因子（f_w）和峰面积（A_i）求得，即

$$P_i(\%) = \frac{A_i f_{w(i)}}{A_1 f_{w(1)} + A_2 f_{w(2)} + \cdots + A_n f_{w(n)}} \times 100$$

式中：f_w 可由文献查知，也可通过实验测定。校正因子分为绝对校正因子和相对校正因子。绝对校正因子是单位峰面积代表某组分的量，既不易准确测定，又无法直接应用，故常用相对校正因子，它是被测组分与某种标准物质绝对校正因子的比值。常用的标准物质是苯（用于 TCD）和正庚烷（用于 FID）。当物质以重量作单位时，称为重量校正因子（f_w），据其含意，按下式计算

$$f_w = \frac{f'_{w(i)}}{f'_{w(s)}} = \frac{A_s \cdot W_i}{A_i \cdot W_s}$$

式中：$f'_{w(i)}$，$f'_{w(s)}$ 分别为被测物质和标准物质的绝对校正因子；W_s，A_s 分别为试样中标准物质的重量和峰面积。

2. 顶空气相色谱法

用顶空法对水样进行预处理，取适量液上气相试样，由色谱仪气化室进样口进样，气化后随载气（N_2）进入色谱柱，将各组分分离，再导入氢火焰离子化检测器（FID）依次测定，根据各组分的峰高，用标准曲线法定量。

8.2.2　有机污染物的液相色谱分析

高效液相色谱（HPLC，high performance liquid chromatography）又叫高压液相色谱或高速液相色谱。高效液相色谱是以液体为流动相的色谱。20 世纪 60 年代，在经典液相色谱法的基础上，引进气相色谱理论而迅速发展起来的。为了提高理论塔板数，采用小颗粒填料并以高压驱动流动相，使得经典液相色谱需要数日乃至数月完成的分离工作得以在几个小时甚至几十分钟内完成。

　　色谱法作为一种分离方法,它是利用物质在两相中吸附或分配系数的微小差异而达到分离的目的。当两相做相对移动时,被测物质在两相之间进行反复多次的质量交换,这样使原来微小的性质差异产生了很大的效果,达到分离、分析及测定一些物理化学常数的目的。色谱作为一种分析方法,其最大特点在于能将复杂的混合物分离为各个有关的组分后,逐个加以检测。色谱过程中,不同组分在相对运动、不相混溶的两相间交换,其中相对静止的一相称固定相;而另一个相对运动的相称流动相。不同组分在两相间的吸附、分配、离子交换、亲和力或分子尺寸等性质存在微小差别。经过连续多次的交换,这种性质微小差别被叠加、放大,最终得到分离,因此不同组分性质上的微小差别是色谱分离的根本,即必要条件;而性质上微小差别的组分之所以能得以分离是因为它们在两相之间进行了上千次甚至上百万次的质量交换,这是色谱分离的充分条件。色谱法具有高效、快速、灵敏的特点。液相色谱与气相色谱相比,其最大特点是可以分离不易挥发而具有一定溶解性的物质或受热后不稳定的物质。而这类物质在已知化合物中占有相当大的比例。

　　液相色谱在生命科学中更显示出突出的作用,分析、分离和纯化生物大分子物质是目前极为活跃的研究领域,手性分子的分离和分析也是液相色谱的重要对象。色谱的重要性首先在于它使性质上非常接近的物质的分离测定成为可能,这正是近代化学、生物学研究中一个极为重要和不可缺少的手段。

　　高效液相色谱仪主要由高压泵、进样器、色谱柱、检测器、温度控制器、记录仪、数据处理装置等部分组成。

1. 输液系统

输液系统包括高压输液泵、溶剂槽和梯度洗脱装置。

(1)高压输液泵

高压输液泵(高压泵)是输液系统最重要的部件。理想的高压泵应当满足:输出压力高而平稳;输出流量恒定,无脉动,且有较大可调范围;耐高压($150\sim250$ kg/m²)、耐腐蚀;液缸体积小,便于迅速更换溶剂和采用梯度洗脱。高压泵可分为恒压泵和恒流泵。现在使用的高压泵均为恒流泵。恒流泵有:一元溶剂和可切换二元恒流泵、二元溶剂梯度泵和四元溶剂梯度泵。

(2)溶剂槽

溶剂槽为盛放流动相的容器,一般用玻璃或氟塑料制成。由于许多有机溶剂是有毒的,易挥发,所以要求带盖密封。如果是梯度流动相,必须用专用溶剂槽(密闭),其它可用试剂瓶代替。

(3)梯度洗脱装置

当样品在恒定组成的流动相中分离效果不好时,可采用梯度洗脱。在梯度洗脱中,流动相的组成在色谱运行过程中随时间的变化而变化,梯度洗脱系统可以是二元、三元或四元溶剂系统,最常用的是二元溶剂系统。梯度洗脱需要多泵系统设备。

梯度洗脱的优点:单位时间里分离能力增强,检测灵敏度大大提高。如在流动相等度时,杂质峰不易被发现,而在梯度时杂质峰则可以显现出来。其缺点:仪器设备要求高;柱需平衡(平衡到初始状态需时间);定量重现性不高;不适合某些检测方法,如差示折光检测器。

梯度洗脱设备可分为低压梯度和高压梯度两类。低压梯度是指在常压下预先按一定程序将溶剂混合后,再用一只高压泵将溶剂输入色谱柱中。其特点是使用简便,只需一只高压泵。高压梯度是按照预先设计的程序分别用两台泵将不同溶剂加压,按程序规定的流量比例输入混合室混合,再使之进入色谱柱。其特点是方便,能得到任意类型的梯度曲线,易于自动化。

2. 进样系统

进样器的作用是将样品引入色谱柱。进样器分为两类：隔膜式注射进样和高压进样阀。现在进样器均为高压进样阀。进样装置具体分类如图 8-20 所示。

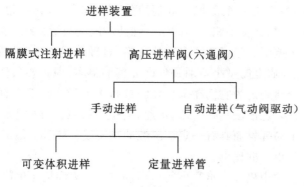

图 8-20　进样装置的分类

3. 分离系统

分离系统包括色谱柱、恒温器和连接管等部件。色谱柱是液相色谱的心脏部件，它包括柱管与固定相两部分。色谱柱一般用内部抛光的不锈钢制成，耐腐蚀。一般色谱柱长 5~30 cm，内径为 2~5 mm，凝胶色谱柱内径 3~12 mm，制备柱内径较大，可达 25 mm 以上。柱形多为直形，内部充满微粒固定相。柱温通常为室温或接近室温。一般在分离前备有一个前置柱或者叫预柱。前置柱内填充物和分离柱完全一样，这样可使淋洗溶剂由于经过前置柱为其中的固定相饱和，使它在流过分离柱时不再洗脱其中的固定相，保证分离性能不受影响。柱子装填得好坏对柱效影响很大。对于细粒度的填料（<20 μm）一般采用匀浆填充法装柱，先将填料调成匀浆，然后在高压泵作用下，快速将其压入装有洗脱剂的色谱柱内，经冲洗后，即可备用。

4. 检测系统

检测器是液相色谱仪的关键部件之一。对检测器的要求是：灵敏度高、重复性好、线性范围宽、池体积小以及对温度和流量的变化不敏感等。高效液相色谱采用在线检测技术，将柱中的不同流出物通过检测器转化为光学或电学信号而被检出。根据不同的检测原理，检测器分为两大类：①浓度型。检测样品组分本身浓度的变化，如紫外、荧光检测器等。②溶质和淋洗液总的物理量的变化，如差示折光、电导检测器等。常用的检测器有如下几种：紫外吸收检测器、差示折光检测器、荧光检测器、光二极管阵列检测器、电化学检测器等。

5. 数据处理系统

数据处理系统是兼顾数据处理、仪器操作自动化等功能的工作程序系统。

8.2.3　离子色谱分析

离子色谱(IC)法是 1975 年由 Small 等人创立的新型液相色谱法，可以作为高压液相色谱法的一个分支。目前已发展成为能分析几百种阴、阳无机离子和有机离子的一种高效分析方法。

离子色谱的原理是借助物质在离子交换柱上或在浸透过离子交换剂的膜上迁移的差异而分离的技术。在离子色谱法中，各种离子是根据对交换树脂的相对亲和力的不同，通过离子交换而分离开的。阳离子是在阳离子交换树脂柱(分离柱)上被分离的,阳离子交换柱的出水再经过一个阴离子交换树脂柱(抑制柱)时,阳离子就转变为氢氧化物,而阴离子则转变成低电导率的组分。以测定阴离子为例来看离子色谱的分离原理:样品溶液进入离子色谱仪后,由于待测阴离子对低容量强碱性阴离子交换柱(交换柱)的相对亲和力的不同而彼此分开。被分离的阴离子随淋洗液流经强酸性阳离子交换树脂(抑制柱)时,被转化为相应的高电导酸,淋洗液组分($Na_2CO_3 - NaHCO_3$)则转变为电导率很低的 H_2CO_3(消除背景电导),用电导检测器测定转变为相应酸型的阴离子,与标准溶液比较,根据保留时间、峰高或峰面积来分别定性、定量分析。

　　阴离子和阳离子根据各离子的离子交换反应实现其分离。当流动相(淋洗液)将样品带到分离柱时,因各种离子对离子交换树脂的亲和力不同,被分离成不连续的谱带,并依次被淋洗液洗脱,通过电导检测器进行检测。由于用于离子交换分离的淋洗液几乎都是强电解质,为了避免淋洗液的电导掩盖待测样品的信号,Small 等人在分析流程中引入抑制柱,使淋洗液转变成水或弱电解质,以降低背景电导,同时使样品离子转变成相应的酸或碱,以增加其电导。从而可应用于无机阴阳离子及多种有机物的分离分析,具有简便、快速、灵敏、选择性好,能同时测定多种组分等特点,尤其适合较难测定的阳离子的分析,它能同时测定多种阴离子。

　　IC 仪器由流动相传送部分、分离柱、检测器和数据处理四个部分组成。

　　①流动相传送部分通过的管道、阀门、泵、柱子及接头等不仅要求耐高压,而且还要求耐酸碱腐蚀。

　　②分离柱是离子色谱的关键部件之一是惰性材料,一般均在室温下使用。抑制器是抑制型电导检测器的关键部位,能自动连续工作,不用复杂和有害的化学试剂是现代抑制器的主要特点。

　　③检测器分为电化学检测器和光学检测器两大类。电化学检测器包括电导、直流安培、脉冲安培和积分安培检测器;光学检测器包括紫外-可见和荧光检测器。其中,电导检测器是 IC 的主要检测器。

　　④有的色谱工作站不仅能处理数据,还能控制仪器,半智能地帮助使用者选择和优化色谱条件。

8.3　环境有机污染物的鉴定分析

8.3.1　红外吸收光谱分析

1. 分子的振动与红外吸收

　　分子中的原子不是固定在一个位置上,而是不停地振动。如双原子分子,两个原子由化学键相连,就像两个用弹簧连接的球体一样,两个原子的距离可以发生变化。分子随原子间距离的增大,能量增高,分子从较低的振动能级变为较高的振动能级。这种能级跃迁需要红外光辐射提供能量。对于一定原子组成的分子,这两个能级之差是一定的,根据 $\Delta E = h\upsilon$ 可知,需要的红外光波长(频率)也是一定的。也就是说,对于特定分子或基团,仅在一定的波长(频率)发生吸收。红外谱图中,从基态到第一激发态的振动吸收信号最强,所以红外光谱主要研究这个振动能级跃迁产生的红外吸收峰。一般而言,一种振动方式相应于一个强的吸收。但应该注意的是只有能引起偶极矩变化的振动,才会产生红外吸收。对于一些对称分子如 H_2、N_2、Cl_2 等则无红外吸收。

多原子分子,因原子个数和化学键的增加,它的振动方式也变得复杂了。如三原子分子有三种振动方式(见图 8-21)。随原子数目增加,分子振动方式增加很快。一般多原子分子振动方式为 $3n-6$ 种(n 为分子中原子的个数)。因为振动方式是相应于红外吸收的,振动方式越多,红外吸收峰越多。因此一般有机化合物的红外光谱是比较复杂的。如苯的红外光谱就有 30 多个吸收峰。对每一个吸收峰都进行解析是不可能的,注意力应放在那些较强的特征吸收峰(基频峰)上,研究官能团与这些特征吸收的关系,以达到识谱的目的。

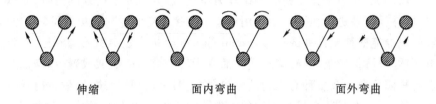

伸缩　　　　　　面内弯曲　　　　　　面外弯曲

图 8-21　三原子分子的振动方式

2. 红外光谱仪和红外光谱图

用来测定化合物红外辐射吸收的仪器叫红外光谱仪(Infra-Red Spectrophotometer)。目前简单的红外光谱仪结构可由图 8-22 示意。选择能发射红外光的光源,使两束光分别进入参比池和样品池,斩波器使参比池和样品池的出射光交替通过,衍射光栅把交替通过的光变为不同波长的单色光。通过样品池的光在一定波长有吸收,而通过参比池的光无吸收,这个区别被检测并把信号传给记录仪,画出红外吸收谱图。

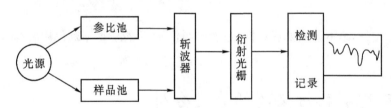

图 8-22　红外光谱仪示意图

最常见的红外谱图是以波长 λ 或频率 $\bar{v}$ 为横坐标,百分透射率或吸收度 A 为纵坐标作图。百分透射率是指通过样品的光强度 I 占原入射光强度 I_0 的百分数

$$T\% = \frac{I}{I_0} \times 100$$

如果样品在某一特定波长并无吸收,则百分透射率为 100。如果在某一特定波长有吸收,则减小百分透射率,这样在谱图中就会出现一个吸收峰。吸收度 A 为辐射光吸收的量度,可用下式表示

$$A = \lg \frac{I_0}{I}$$

用这个参量同样可以描述样品对光的吸收特性。

$4000\sim400\ \text{cm}^{-1}$一般被称做中红外频区。按振动形式与吸收的关系又可分为两个区域，$4000\sim1500\ \text{cm}^{-1}$频区和 $1500\sim400\ \text{cm}^{-1}$频区。前者主要为伸缩振动吸收，许多官能团在此频区有其特征吸收，是极重要的频区。后者为较复杂的频区，既有伸缩振动吸收又有弯曲振动吸收。即使两个相近的化合物，在这个频区也有明显不同，如同两个人的指纹不可能完全相同一样，因此一般把它称为指纹区。在该频区也存在官能团的特征吸收，有些在结构分析上是很有价值的，如烯和芳香不饱和碳氢键的外面弯曲振动吸收可以表征取代基的位置与个数。

8.3.2　核磁共振波谱分析

核磁共振和质谱都是近年来普遍使用的仪器分析技术，对有机化学工作者是很好的结构测定工具。特别是核磁共振，它具有操作方便、分析快速、能准确测定有机分子的骨架结构等优点。随着高场仪器、多核谱仪、大容量快速计算机的出现和使用，核磁共振仪器提高到了一个新的水平，也使其测试技术，像二维（2D）傅里叶变换核磁共振、固体高分辨核磁共振、核磁共振成像等技术得到发展。核磁共振是有机化学应用最普遍的且是最好的结构分析方法，利用它可测定 ^{1}H、^{13}C、^{15}N、^{31}P、^{19}F 等你所感兴趣的各种核的谱图。但由于篇幅所限本书只涉及最常见的 H 和 C 核磁谱图。核磁共振基本原理如下。

带电荷的质点自旋会产生磁场，磁场具有方向性，可用磁矩表示。原子核作为带电荷的质点，它的自旋可以产生磁矩，但并非所有的原子核自旋都具有磁矩。实验证明，只有那些原子序数或质量数为奇数的原子核自旋才具有磁矩，如 ^{1}H、^{13}C、^{15}N、^{17}O、^{19}F、^{29}Si、^{31}P 等。组成有机化合物的主要元素是氢和碳，现以氢核为例说明核磁共振的基本原理。氢核（质子）带正电荷，自旋会产生磁矩。在没有外磁场时，自旋磁矩取向是混乱的，但在外磁场 H_0 中，它的取向分为两种：一种与外磁场平行，另一种与外磁场方向相反。

这两种不同取向的自旋具有不同的能量。与外磁场相同取向的自旋能量较低，另一种能量较高。这两种取向的能量差 ΔE 可用下式表示

$$\Delta E = \frac{h\gamma}{2\pi}H$$

式中：h 为普朗克（Planck）常数；γ 为旋磁比，对于特定原子核，γ 为一常数（如质子 γ 为2.6750）；H 为外加磁场强度。从上式可知，两种取向的能差与外加磁场有关，外磁场越强它们的能差越大。图 8-23 清楚地表示外加磁场强度与两种自旋的能差的关系。当外磁场强度为 H_1 时，能差为 ΔE_1；当外磁场强度为 H_2 时，能差为 ΔE_2，因 $H_2 > H_1$，所以 $\Delta E_2 > \Delta E_1$。

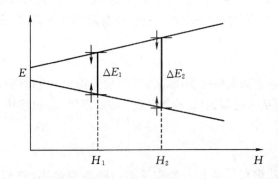

图 8-23　不同磁场强度时两种自旋的能差

　　与外加磁场方向相同的自旋吸收能量后可以跃迁到较高能级,变为与外磁场方向相反的自旋。电磁辐射可以有效地提供能量。当辐射能恰好等于跃迁所需要能量时,即 $E_{辐}=h\nu=\Delta E$,就会发生这种自旋取向的变换,即核磁共振。

　　因两种自旋状态的能量差(ΔE)与外磁场强度有关,所以发生共振的辐射频率也随外加磁场强度变化,很容易找到它们之间的关系。将上式代入 $E_{辐}=h\nu=\Delta E$ 式可得到下式

$$h\nu = \frac{h\gamma}{2\pi}H$$

$$\nu = \frac{\gamma}{2\pi}H$$

　　由上式可求得不同磁场强度时发生共振所需的辐射频率(ν)。如果固定磁场强度,根据上式可求出共振所需频率。如外加磁场强度为 1.4092T,辐射频率 ν 应为 2.6750/($2\pi\times1.4092$)=60 MHz。同样,若固定辐射频率也可求出外磁场强度。

　　目前核磁共振主要有两种操作方式:固定磁场扫频和固定辐射频率扫场。后者操作方便,较为通用。

　　常用核磁共振仪结构示意如图 8-24 所示。

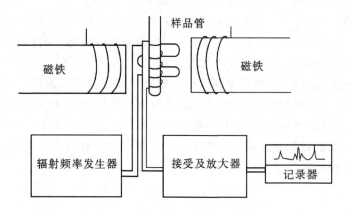

图 8-24　核磁共振仪结构示意图

　　将样品置于强磁场内,通过辐射频率发射器产生固定频率的无线电波辐射,同时在扫描线圈通入直流电使总磁场强度稍有增加(扫场)。当磁场强度增加到一定值,辐射能等于两种不同取向自旋的能差,则会发生共振吸收。信号被接受、放大并被记录仪记录。目前最常用的频率为 90、100、200、300、360、400、500 MHz。一般,兆赫数(MHz)越高,分辨率越好。

8.3.3　质谱分析

　　一般获得质谱的基本方法是将分子离解为不同质量带电荷的离子,将这些离子加速引入磁场,由于这些离子的质量与电荷比(简称质荷比,m/z)不同,在磁场中运行轨道偏转不同,使它们得以分离并检测。

1. 质谱仪

　　化合物的质谱是由质谱仪完成的。最常见的一种为单聚焦(磁偏转)质谱仪,结构如图 8-25 所示。

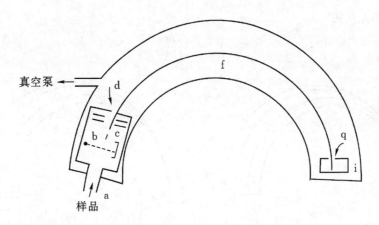

图 8-25　质谱仪示意图

整个体系是高真空的,一般压力为 $1.33 \times 10^{-4} \sim 1.33 \times 10^{-5}$ Pa。气体样品从 a 进入离解室内,样品分子被一束加速电子 b 撞击,这些电子的能量约 70 eV,结果使分子发生各种反应。其中之一是分子中的一个电子被击出,形成一带正电荷的自由基分子离子。如甲烷能生成质荷比为 16 的自由基分子离子$[CH_4]\overset{+}{\cdot}$。而该离子可继续反应形成碎片离子,碎片离子可进一步分裂成新的碎片离子。这样,一种化合物在离子室内可以产生若干质荷比不同的离子。如甲烷可产生 m/z 为 16、15、14 等的离子碎片,如下式所示

$$M + e \longrightarrow M\overset{+}{\cdot} + 2e$$

$$CH_4 + e \longrightarrow [CH_4]\overset{+}{\cdot} + 2e$$

$$CH_4 \overset{e}{\longrightarrow} [CH_4]\overset{+}{\cdot}, CH_3^+, [CH_2]\overset{+}{\cdot}, CH^+, [C]\overset{+}{\cdot}$$
$$m/z \quad 16 \quad\ \ 15 \quad\quad 14 \quad\ \ 13 \quad\ \ 12$$

这些离子进入一个具有几千伏电压的区域 c 加速后,通过狭缝 d 进入磁场 f。质量为 m 的离子在电场加速后,动能与势能相等,这个关系可由下式表示

$$zV = \frac{1}{2}mv^2$$

式中:z 为电荷;V 为加速电压;m 为离子质量;v 为离子速度。

在磁场中离子运动的向心力(Hzv)应与它的离心力(mv^2/r)相等,即

$$Hzv = \frac{mv^2}{r}$$

由此可得到式

$$r = \frac{mv}{zH}$$

式中:r 为离子运行半径;H 为磁场强度。

从上式可知,在一定速度和一定磁场强度时,不同质荷比的离子运行半径 r 不同。质荷比大的离子将有大的运行半径。图 8-26 表示不同质荷比离子的运行轨道。在图 8-26(a)中 m/z 为 y 的离子按它的运行轨道通过狭缝 q 进入离子收集器 i。联立上式,消去速度 v 可得到下式

$$\frac{m}{z} = \frac{H^2r^2}{2V}$$

将上式稍作变化得

$$r^2 = \frac{2Vm}{zH^2}$$

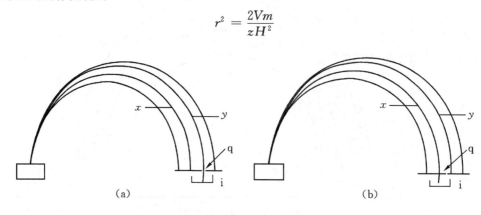

(a)　　　　　　　　　　　　　　(b)

图 8-26　不同质荷比的离子运行轨道

　　从上式可清楚地看到,质荷比一定的离子运行(或偏转)半径 r 可由提高加速电压 V 和减小磁场强度 H 而增大。图 8-26(b)是增大加速电压或减小磁场强度后各离子运行轨道变化的情况。此时 x 离子通过狭缝 q 进入离子收集器 i,而 y 离子因增大运行半径而不能通过。在操作中可以固定磁场改变加速电压(电扫描),也可固定加速电压改变磁场强度(磁扫描),使不同质荷比的离子改变运行轨道,使它们逐一进入离子收集器。离子收集器内光电倍增管被撞击后产生微电流,该电流的大小与碎片离子的多少成正比。信号放大后由记录仪记录获得化合物的质谱图。

2. 质谱图

　　一般质谱图横坐标为不同离子的质荷比 m/z,纵坐标为各峰相对强度。图 8-27 是甲烷质谱图。在不同的 m/z 值处有高低不等的竖线,为强度不同的各峰。最高的峰称做基峰,如图中 m/z 为16的峰为基峰,把它的强度定为100,其它峰高相对它的百分数为各峰的相对强度。峰的相对强度表示不同质荷比离子的相对含量。图中的 m/z 为16的基峰是甲烷打掉一个电子生成的 $[CH_4]^+\cdot$ 所显示的峰,叫做分子离子峰,用 M⁺ 表示。在甲烷中分子离子 $[CH_4]^+\cdot$ 是较稳定的,所以它的峰强度最大,可做为基峰,但在很多化合物的质谱中分子离子峰并非最强峰(基峰)。

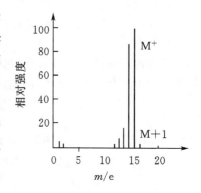

图 8-27　甲烷质谱图

8.4　环境有机污染物的危险评估

8.4.1　风险评价概述

　　风险评价是化学品控制的核心内容,涉及有毒化学品管理的许多方面。例如,有毒化学品种类繁多、性质各异,如何确定需要优先管理和控制的化学品,需要风险评价;进入环境的污染物,在环境中会发生什么样的变化,对人类和生态造成什么样的影响,也需要风险评价来回答这些问题;新的化学品是否允许使用,必须借助于风险评价来说明其在环境中的暴露过程、生态效应和健康效应;选择有毒化学品处理和处置最佳方式、地点以及方案,以最大可能地减轻环境危害并尽可能地减少经济压力,需要风险评价;国家关于环境保护的许多法规、标准的制定往往基于人体健康、生态环境的安全、经济技术的可接受程度,确定这样的界限需要风险评价;有毒化学品的泄露等事故的影响后果以及需要采取何种措施进行控制和补救,需要借助于风险评价来进行分析和辅助决策。

风险评价可以定义为对人类活动或自然灾害的不利影响的大小和可能性的评价。风险与危险是一对容易混淆的概念,危险是指化学品或其混合物在暴露情况下对人或环境产生不利影响的固有性质,而风险是化学品或混合物在特定的暴露状态下对人或环境产生不利影响的可能性。

风险评价的分类:在环境科学范畴内,风险评价可分为生态风险评价和健康风险评价。健康风险评价主要侧重于人群的健康风险,生态风险评价的主要对象是生态系统或生态系统中不同生态水平的组分。也有人把人群看成生态系统中特殊的种群,把人体健康风险评价看成个体或种群水平的生态风险评价。生态风险评价可以定义为:确定化学品或其混合物在特定的暴露状况下对非人群生态系统或其中组分的不利影响的概率和大小,以及这些风险可接受程度的评价过程,对有机污染物而言,生态风险评价是生态毒理学在环境科学领域的应用。生态风险评价就是确定进入生态系统的有机污染物的可见或期望效应的性质、数量和变化或持续时间。这种确定是通过污染物质暴露与污染物毒理学数据的结合来完成的。

有毒化学品的风险评价是指对化学品或其混合物在特定的暴露状况下对人或环境产生不利影响的可能性进行的评价,它包含以下一个或全部要素:危害性鉴定、效应评价、暴露评价及风险描述等。

根据所评价的环境问题的性质,生态风险评价可分为预测性风险评价和回顾性风险评价两类。预测性风险评价指有机化学品使用、排放或污染事件尚未发生,或行动尚未实施,预测事件发生后或行动实施后可能出现的风险的评价过程,评价活动包括选择终点、描述环境、获取源项、暴露评价、效应评价和风险表征。回顾性风险评价指有机化学品使用、排放或污染事件已经发生,或行动已经实施,判断其可能出现的风险的评价过程。回顾性评价中污染问题的范围可通过污染事件来定义,且有一个待测定的污染环境,这与预测性评价有较大差异。

8.4.2　暴露评价

暴露评价是风险评价的重要组成部分。暴露评价是有毒有机物从污染源排放进入环境到被生物所吸收,或对生物受体发生作用的过程的评价。它所研究的内容包括:在确定了所评价的暴露受体的基础上,分析化学污染物从污染源到达暴露受体的可能途径;根据污染物的环境转归分析的结果,确定受体接触化学污染物的暴露频率、持续时间和数量。科学家对暴露评价的内容进行了系统的总结,在此概述如下。

有机污染物被释放进入不同环境介质(大气、水、土壤或沉积物)中,在流体作用下,在不同介质之间进行传输和分配。在传输过程中伴随发生化学转化和生物转化,最终形成以一定时空分布形式存在的暴露浓度场。暴露评价的内容如下。

①污染源分析。包括分析污染物的种类、数量,进入环境的空间位置,进入环境的方式、强

度等。

②迁移过程分析。污染物进入环境的什么介质,在介质中怎样传输,在介质之间怎样交换,最后的分配结果如何,包括分析流体输送、混合、扩散、沉降、悬浮、挥发、吸附、解吸等作用。

③转化归宿分析。指对有机污染物在环境迁移过程中伴随的改变有机污染物形态和浓度的各种化学、生物转化作用的分析,这些作用有水解、光解、化学分解、氧化还原、络合、螯合、生物氧化、富集、放大等。

④暴露途径分析。包括大气、水、土壤、生物、食物等与有机污染物相接触的途径。

⑤暴露方式分析。受体暴露于有机污染物的方式,如皮肤接触、呼吸吸入、经口摄入等。

⑥暴露程度分析。分析为受体所接收并发生有效作用的有机污染物的数量。

有机污染物从污染源排放进入环境,中间要经过一系列的过程,这些过程使有机污染物在生态环境中的数量、浓度的时空分布发生变化,并被生物摄取、吸入、吸收,最终造成一定的生物和生态系统损害。这些过程称为环境过程,包括物理过程、化学过程、生物过程、生化过程等。每一种过程都具有其独特的作用机制,对环境污染物造成不同程度、不同性质的作用和影响,结果形成环境有机物的不同时空分布。有机污染物的环境过程分析是连接污染物排放与暴露的重要环节。

1. 主要的环境过程

影响有机污染物环境归宿的主要环境过程有以下四类。

①形态变化过程。主要是酸碱平衡过程,天然水体中的 pH 决定了有机酸和有机碱以离子状态还是中性分子状态存在的比例,并将影响到挥发作用。

②迁移过程。包括吸附、沉淀和溶解、平流、挥发、沉积等过程,从而对环境介质中的污染物浓度产生影响。

③化学转化过程。包括生物降解、光降解、水解、氧化还原反应等。

④生物积累过程。包括生物浓缩、生物放大过程。

2. 环境过程分析的内容

环境过程分析就是用动态动力学和各种平衡的方法,研究污染物在环境中各过程的反应速率常数和各种平衡常数,由此推导各种污染物在环境中衰减的半衰期和各过程的相对重要性。环境过程分析主要有两个内容:求取速率常数(k)和平衡常数(K)。速率常数(k)是表征一组相互作用的成分(C 和 E)在某一温度下相互作用的数值,它通常不依赖于 C 和 E 出现的多少。简单的平衡常数(K)是动力学常数的比值(K_1/K_{-1}),但是通常在平衡条件下测量 R_1 和 R_{-1} 值。环境过程的速率常数和平衡常数能够在实验室的控制条件下进行直接测定,或者根据结构—活性关系模型来进行估算。在很多情况下,速率常数可在一些经过严格评审的科学文献中查到。如果缺乏这种数据,则要考虑测定或估算。

(1)有机污染物的迁移、转化与归宿

迁移过程可以分为两类:第一类是平流过程,包括空气和水的平流、大气干沉降、大气湿沉降、地下水渗漏、沉积物沉降、悬浮、地表径流等;另一类是扩散过程,是不平衡状态下化学物质在介质间的迁移,是由于浓度梯度造成分子扩散导致物质传播。

有机污染物在环境中的一系列过程以及最终在各环境介质中的分布情况统称为有机污染物的迁移、转化与归宿。

（2）迁移、转化与归宿分析内容

迁移、转化与归宿分析包括以下三部分内容。

①污染物源分析。包括有机污染物从污染源进入环境的分析，必须说明污染物的种类、排放量、排放强度、排放方式、经历的时间等。

②迁移转化过程和规律分析研究。包括污染物重要迁移途径的确定，污染物通过哪些途径（介质）迁移。关键途径和环境介质中暴露浓度的评估等，迁移过程中涉及的主要转化作用等，一般需要建立环境过程模拟模型进行分析。

③污染物的归宿分析。说明污染物最终在地表水、地下水、大气、土壤和生物中的分布情况，亦即污染物在生态系统中的时空分布。

（3）迁移、转化与归宿分析方法

有机污染物环境转归分析，最终要提供生物暴露场中有机污染物时空分布结果。

转归分析的主要方法有实测法、模拟试验（物理模拟）及数学模拟预测法三种。

①实测法。实测法就是根据风险评价的要求、可能受影响的生态环境，经过设计，确定布点位置、监测方法、监测内容，进行实际测定，以反映有机污染物的时间分布及其变化规律。通常需要较多的人力、物力以及较长的时间。

②实验室模拟。模拟试验又称物理模拟。在实验室或室外小的空间，根据所研究的生态环境特征，人工构成某种生态系统，合理控制物理、化学和生物条件，研究有机污染物在此小系统中的运动和变化过程，研究生物与生物、生物与环境之间的关系，研究生物或生态系统对外部干扰的反映。模拟试验方法的优点是可以在比较接近于实际环境的条件下，获得一些规律性的认识。模拟生态系统的结构和功能越复杂，与实际生态系统越接近，预测结果就越理想。

③数学模拟法。数学模拟建立在充分了解污染物质在环境运动的一般过程和规律的基础上，应用数学模型，研究具体的、特定的生态系统。目前数学模拟法是有机污染物迁移、转化、归趋分析的主要手段。

3. 暴露途径分析

潜在的暴露途径是指污染物到达受体的可能路线。水生生物和陆生生物可以通过食物、水、空气、土壤或沉积物等环境介质暴露于有机污染物。尤其是对动物来说，其暴露途径类同于人体暴露。无论是人体暴露，还是生物暴露，以下几种途径必须在暴露评价中加以考虑。

①大气。因废物场地的颗粒物或气态化合物造成的吸入暴露。

②地下水。随地下水迁移的化合物的食入暴露或地下水中可挥发性有机化合物的吸入暴露。

③地表水。受体对地表水中有机污染物的食入暴露、皮肤接触或地表水中可挥发性有机化合物的吸入暴露。

④土壤。受体直接接触或偶尔食入污染土壤。土壤中含有可挥发性有机化合物可通过释放到大气造成受体的吸入暴露。

⑤食物链。由于有机污染物进入食物链中发生生物蓄积，造成受体的食入暴露。表 8 - 5 给出了有机污染物多种暴露途径的典型例子，表中所谓二次途径暴露是指进入食物链的化学物质的吸收或通过其它环境介质到达最后的可能受体。

表 8 - 5　有害化学品的潜在暴露途径

暴露介质	直接暴露途径	间接暴露途径
空气	吸入 皮肤吸入 作物吸入	母乳 家禽、肉类和鸡蛋制品
地下气体	吸入	母乳、家禽、肉、鸡蛋、奶制品
土壤	土壤食入 皮肤接触 颗粒物吸入	植物吸收 家禽、肉类和鸡蛋、奶制品
地下水	挥发物吸入 饮水吸入 皮肤吸入	作物吸收、灌溉水 家禽、肉类和鸡蛋、奶制品
地表水	挥发物吸入 饮水吸入	肉类吸收 作物吸收（植物吸收、灌溉水）
水生和陆生生物群	污染的生物群 吸收生物链	鱼类吸收

4. 暴露途径的确定方法

暴露途径确定是通过释放出的污染物的特性、现场环境特征与暴露受体所处地理位置以及它们的生活习性的资料结合起来综合分析的结果。一般来说，一个完整的暴露途径涉及以下内容：①污染源化学物质的种类；②传输方式和迁移介质；③受体与环境介质中化学物质的接触方式。暴露途径分析一般可采用图解法和程序树分析方法。

①图解法。将污染物源到受体的暴露途径用框图的形式描述出来，图 8 - 28 给出了人体暴露情况的典型框图。

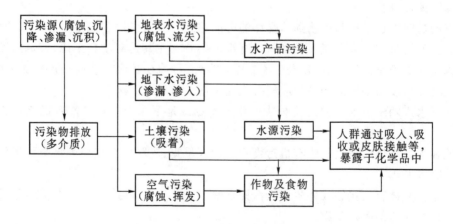

图 8 - 28　人体暴露方式的典型模式

②程序树分析。程序树分析方法是另一种暴露情况分析的有效手段，具有层次性和逻辑性。应用程序树，可以将各种暴露的可能性在一个系统事件树中表达和组织起来，有利于选择和确定最关心、最重要的暴露途径。图 8 - 29 给出了一个简单的事件树阐述暴露情况的示

意图。

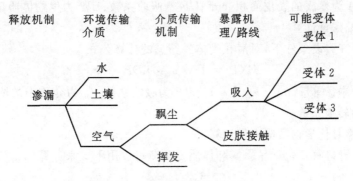

图 8 - 29　利用事件树阐述暴露情况

5. 暴露计算

对暴露值和持续时间进行定量描述,往往需要环境介质的采样和化学分析的资料。如果缺少有关环境介质或不同时间和地点的化学物质浓度的监测资料,可以采用模型进行预测。

(1)人体暴露计算

①吸入:通过肺部吸入吸收的化学物质,通常用以下公式来预测估算

$$吸入暴露 = \frac{GLC \cdot RR \cdot CF}{BW}$$

式中:GLC 为地表大气浓度,$mg \cdot m^{-3}$;RR 为呼吸速率,$m^3 \cdot d^{-1}$;CF 为转换系数,$10^{-3} mg \cdot \mu g^{-1}$;$BW$ 为生物体质量,kg。

②吸收:通过水、土壤、作物、奶/牛肉等暴露途径吸收化学物质的量,通常按照如下公式计算

$$水吸收暴露 = \frac{CW \cdot WIR \cdot GI}{BW}$$

$$土壤吸收暴露 = \frac{CS \cdot SIR \cdot GI}{BW}$$

$$作物吸收暴露 = \frac{CS \cdot RUF \cdot CIR \cdot GI}{BW}$$

$$奶制品吸收暴露 = \frac{CD \cdot FIR \cdot GI}{BW}$$

式中:CW 为水中的化学物质浓度,$mg \cdot L^{-1}$;WIR 为水的消耗速率,$L \cdot d^{-1}$;CS 为土壤中化学物质含量,$mg \cdot kg^{-1}$;SIR 为土壤消耗速率,$kg \cdot d^{-1}$;RUF 为根部吸收系数;CIR 为作物消耗速率,$kg \cdot d^{-1}$;CD 为食物中化学物质浓度,$mg \cdot kg^{-1}$;FIR 为食物(奶制品)消耗量,$kg \cdot d^{-1}$;GI 为体内吸收系数;BW 为生物体质量,kg。

③皮肤吸收:对于皮肤暴露,化学物质吸收可采用如下公式

$$土壤的表面暴露 = \frac{SS \cdot SA \cdot CS \cdot UF}{BW}$$

$$水的表面暴露 = \frac{WS \cdot SA \cdot UF \cdot CW}{BW}$$

式中:SS 为表皮接触的灰尘,$mg \cdot cm^{-2} \cdot d^{-1}$;$CS$ 为土壤中化学物质的浓度,$mg \cdot kg^{-1}$;CF

为转换系数,$10^{-6}\,kg \cdot mg^{-1}$;$WS$ 为表皮接触的水量,$L \cdot cm^{-2} \cdot d^{-1}$;$CW$ 为水中化学物的含量,$mg \cdot L^{-1}$;SA 为暴露的表皮面积,cm^2;UF 为吸收系数;BW 为生物体质量,kg。

(2)受体的暴露量计算

下式是在保守假设条件下,对潜在受体暴露量的计算公式

$$EXP = IF \cdot c_m \cdot EDF \cdot CF$$

式中:EXP 为受体暴露量,$mg \cdot kg^{-1} \cdot d^{-1}$;$IF$ 为吸收系数;c_m 为介质中的浓度;EDF 为暴露持续系数;CF 为转换系数。

(3)野生动物对化学物质摄入量计算

野生动物或野兽每日化学品暴露和体质量负荷可以用下式来计算

$$E = c \cdot F \cdot \left(\sum_i D_{di} D_{ci} D_{ui} \cdot BAF \cdot \left(\frac{1}{BW}\right)\right)$$

式中:E 为暴露值或日平均剂量,$\mu g \cdot kg^{-1} \cdot d^{-1}$;$c$ 为暴露周期介质中化学物质浓度;F 为食物消耗量;D_{di} 为食物中组分 i 的百分含量;D_{ci} 为组分 i 的消耗系数;D_{ui} 为组分 i 生物累积或吸收系数;BAF 为生物的有效性系数;BW 为生物体质量。

8.4.3 效应评价

效应评价是风险评价的重要组成部分之一,是指用各种定性和定量的方法来评估有机污染物对生态环境产生的效应以及这种效应的几率和剧烈程度与暴露剂量之间的定量关系。

1. 生物水平效应

生物个体是生态毒理学的主要研究对象,有许多有关生物水平的试验方法,有些试验方法已经标准化,有些尚未标准化。常见的生物个体水平的效应试验选用供试生物有:水生藻类、水生脉管植物、水生无脊椎动物、陆生植物、陆生无脊椎动物、陆生脊椎动物等。

生物水平效应最常见的试验结果模型是剂量-响应关系,随着剂量增加的响应曲线通常是 S 型。

$$P_t = a + b\ln D$$

$$P = \frac{a + bD}{1 + a + bD}$$

$$P = 1 - \exp(-aD^b)$$

式中:P_t、P 为比例响应;D 为剂量;a, b 为常数。

2. 种群水平效应

种群和生态系统水平的效应在生态风险评价中是极其重要的,风险评价中所关心的问题是对种群和生态系统的丰度、生产量和持久性的影响,而单靠生物个体的毒性试验难以观测这些"较高"水平的影响,但受控室内研究将继续作为提供有机污染物生态效应的主要资料的来源。

常见的种群试验终点有:种群密度或数量、生物量、年龄结构与分布等。在过去几十年里,已经发展出各种各样的种群分析方法,如繁殖力分析方法、预测矩阵方法、基于个体的方法等。

3. 生态系统水平效应

生态系统水平的指标有:①能量指标;②物质循环指标;③生态系统稳定性指标等。生态

系统水平效应的试验包括以下几种。

①对物种间相互作用影响的试验。包括物种间相互作用,如捕食作用、食草作用、寄生现象和竞争性,反映了种群动态学和生态系统过程间的功能关系。

②微宇宙(microcosm)。微宇宙是对生态系统或生态系统中主要子系统进行物理模拟的实验室系统。

③中宇宙(mesocosm)。中宇宙是室外实际系统,系统被划定在某一范围内,比微宇宙更真实,因为它的体积大,包含的自然物理条件多,可重复使用,化学物暴露可以控制,生物组分可以适当控制。有两种类型的组合在应用中宇宙:人工池塘和室外人工河流。

④野外试验。野外试验是在尽量接近于实际的情况下,对无限的生态系统进行的效应试验。

4.毒理学效应评价

(1)结构-活性关系

结构-活性关系(structure-activity relationship,SAR)是由化学物质的分子结构或一些易测的物理化学性质预测化学物质性质或生物活性的研究方法。在化学物质毒性数据缺乏时,SAR 可用于生态风险评价中估测毒性效应。SAR 方法可分定性和定量两种。定性 SAR 方法常用寻找一个与待研究的化合物相似的替代物,或表征一个被认为是引起毒性的化学物质的亚结构。定量 SAR 方法是一种统计模型,它一般是由一系列化学物质的常规试验终点对化学物质的一种或多种定量性质进行回归而求得。

(2)毒理学效应评价

毒理学效应测试的内容比较广泛,有毒有机物的生物毒性研究是生态效应研究的基础,是有机污染物生态风险评价的重要组成部分。

(3)剂量-效应关系评价

剂量-效应关系评价是评价有机污染物的暴露剂量与效应剧烈程度之间的定量关系的过程,是效应评价的核心。确定剂量-效应关系,可以通过急性、亚急性、慢性和蓄积等毒性试验。剂量-效应关系可以用曲线表示,一般以剂量为横坐标,效应(用计量单位表示)为纵坐标,绘成相应的曲线。

5.剂量-效应关系评价方法

(1)阈值方法

生物体本身具有一定的保护与修复作用,可以通过代谢与排泄等进行脱毒,因此当某些污染物的剂量低于一定的水平,不会对生物体本身造成不利的效应。在这种情况下,存在一个浓度的阈值,当浓度高于这个水平,就会产生效应,并且在一定的剂量范围内表现出一定的剂量-效应关系,反之,当污染物的暴露浓度低于这个阈值,则不会造成效应。

利用阈值方法进行剂量-效应关系评价通常是为了获得无可见效应水平(NOAELs)或最低可见效应水平(LOAELs)。其中 NOAELs 定义为在统计上显著的无可见效应剂量,而LOAELs 定义为统计上显著的最低可见效应剂量。显著性同时包含生物标准上的显著性和统计意义上的显著性。其取决于所测试的剂量水平的数目、每个剂量水平上所用的动物数目以及在非暴露控制组中的背景响应。

(2)基准剂量方法

Crump(1984)提出了基准剂量方法(benchmark dose, BMD),在 BMD 方法中,对剂量-响应关系进行拟合,计算一个特定响应水平(基准响应水平,benchmark response, BMR)上剂量的置信区间下限,即为基准剂量。基准响应通常设为 1%, 5% 或 10%。应用基准剂量(BMD_x, x 代表基准响应的百分数)代替 NOAEL 值来计算参考剂量(RfD),则 RfD 可由下式计算

$$RfD = \frac{BMDx}{UF \times MF}$$

基准剂量方法中所用的不确定性系数(UF)和校正系数(MF)可以与阈值方法中所采用的数值相同,同时由于采用的响应水平的置信水平提高,并且采用的是该剂量上的置信区间下限,因此不确定性有所降低。美国 EPA 已经为 BMD 方法的应用开发了相应的软件和相应的技术指南,来指导 BMD 方法和软件的应用。

迄今,基准剂量方法已经在发育毒性和生殖毒性等非致癌性终点上得到了应用。研究表明,$BMD_{0.5}$ 在数值上与很多的发育毒性终点所得到的 NOAEL 数值相似,并且从一般的剂量-响应模型得到的结果与专为某些特定的发育毒性测试所设计的统计模型所得到的结果也很相似。

(3)非阈值方法

对于一个剂量-响应关系曲线,如果不预先设定一个阈值,则该曲线的低剂量区域可能会是各种形状。由于风险评价者一般需要向剂量-响应曲线以外的部分进行外推,因此选择何种模型来产生低剂量区域的曲线,引起了很大的关注。非阈值方法的剂量-响应模型主要有两种:统计模型(或概率分布模型)和机理性模型。

(4)基于机理的模型方法

这种模型方法设计一个数学方程来描述剂量-响应关系,此剂量-响应关系与响应的生物学机理一致。这种模型方法基于一种思想:即某特定生物单元(动物、人类、种群等)的响应(毒性效应)是一个或多个生物学事件(随机事件)随机发生的结果。

机理模型在癌模拟方面应用较多,尤其是在辐射暴露研究中。最简单的机理模型是"一次打击"线性模型,这种模型假设细胞改变只需要一次打击或一个临界细胞相互作用。

8.4.4 风险表征

风险表征,也称为风险描述,是指对有毒有机物在一定的实际或预测途径和暴露剂量下对人类和生物个体、种群、群落等组成部分可能造成的不利影响及其范围、程度的判断、估计和表达方式。

风险表征是风险评价过程的最终一步,是直接提供给管理过程的技术结果。风险表征是总体风险评价的输出,是风险管理的输入。其主要内容是对暴露评价和效应评价结果的综合,获得产生于暴露的风险水平的估算。包括:有机体暴露于其中的物质的浓度,暴露历时,有机体的比例、种群或群落响应,效应的严重性。前两个变量是暴露方面的,后两个变量是效应方面的。

1. 风险表征的表达方式

风险表征的方式主要分为两类,一类是定性的风险表征,一类是定量的风险表征。定性的风险表征所要回答的是有无不可接受的风险,以及风险属于什么性质。定量的风险表征,不但

要说明有无不可接受的风险及风险的性质,而且要定量说明风险的大小。定性的风险表征一般不需要复杂的数学模型和计算,只给出一个定性的结论,给人一种安全与否的概念,若有风险,是属于什么性质的风险,便于决策者作出是否需要进一步研究的决定。

风险性能否定量,关键在于有机污染物的环境转归能否定量,生物体暴露评价能否定量,生物体暴露与毒性效应之间的定量关系能否建立。定量的风险表征需要大量的暴露评价和危害评价的信息,而且取决于这些信息的量化程度和可靠程度。尤其各部分不确定因素的影响,可能最终影响整个评价结果的可靠性,需要对这些不确定性因素进行处理,这是风险评价的难点,也是世界各国风险评价方面的学者共同关注、致力解决的问题。

在一些情况下,风险只是定性地描述,用"高""中等""低"等描述性语言表达,或说明有无不可接受的风险,或说明风险可不可以接受等。以下是几种常见的定性风险评价方法。

①专家判断法。这种评价方法是找一些不同行业、不同层次的专家对所讨论的问题从不同的角度进行分析,作出风险"高""中""低",有无不可接受风险等,然后综合所有专家的判断,作出评价。

②风险分级法。这是欧共体(EEC)提出的关于有机污染物生态风险评价的表征方法。在制定分级标准时,考虑了有机污染物(如农药)在土壤中的残留性,在水和作物中的最高允许浓度,对土壤中微生物和动植物的毒性、蓄积性等因素。依据该标准,对污染物引起的潜在生态风险性进行比较完整的、直观的评价。

③敏感环境距离法。这是美国国家环境保护局推荐的一种生态风险评价定性表征方法,这方法最适宜风险评价的初步分析。这一方法基于这样的概念:社会对敏感环境实际的和潜在的影响比对其它地方相当的影响更关心。在这种模式下,一种污染源的风险度用源与受体(敏感环境)之间的空间关系来定性地评价,环境危害的潜势或风险度随与敏感环境的距离的减少而增加。这种方法的优点是容易操作、费用低,可用于为生态系统中重要的群落或组成部分划分保护范围,但不是很精确。

④比较评价法。这是美国国家环保局提出的一种定性的生态风险表征方法,目的是比较一系列环境问题的风险的相对大小。这是以专家判断为基础的风险表征方法,包括五个步骤:识别与每个环境问题有关的生态压力的特定类型;确定一系列有关的陆生和水生生态系统;专家定性地评价对每种生态系统的结构和功能的压力的潜在效应,这些影响的可逆性,压力消失后生态系统恢复所需的时间以及影响的地理尺度;对于每个问题,总结现有的关于源和排放量、暴露、对生态系统潜在的影响、控制的水平等方面的资料,以及这些专家对每个问题方面进行综合排序,定出对风险的评价"低""中等""高";把每个专家的排序列成表,最后得出总的排序结论。

定量的风险表征方法是近年来普遍关注、致力研究、发展很快的风险表征方法。定量的风险表征一般要给出有机污染物造成不利影响出现的概率,它是受体暴露于有机污染物,造成不利后果的可能性的度量。定量的风险表征,根据研究的对象、问题的性质、定量的内容和量化的程度不同,表征方法也有很大区别。

商值法又称比率法,是使用最普遍、最广泛的风险表征方法。商值法的基本原理是把模型估算出的环境中有害污染物的暴露浓度与表征该物质危害的指标值相比较,商值在某一数值范围之内为有风险,需要进行风险削减,小于该数值为无风险;高于此数值代表有不可接受风险。这里无风险是指无不可接受的风险。商值法给出的结果仍是有无风险,只是有无风险的

评价是以确定的量化数值为依据的。实际上,商值法只是一种半定量的风险表征方法。例如,风险商值可以用下式进行计算

$$Q = \frac{PEC}{PNEC}$$

式中:Q 为风险商值;PEC 为预测暴露浓度;$PNEC$ 为预测无效应浓度。

暴露-响应法又称连续法,用于估算与预测暴露浓度有关的效应大小。风险表征的主要部分是暴露评价和效应评价结果的综合,作出风险大小的结论。与效应评价不同的是:效应评价建立有机污染物浓度与生态效应之间的一般关系,风险表征利用效应评价建立的这种关系,说明在暴露评价预测出的有机污染物浓度水平下危害的大小,即风险大小。

⑤风险系数法。风险系数法是欧共体(EEC)研究提出的一种生态风险评价方法,根据这种方法,有机污染物对基本环境介质的风险系数(R_i)是该环境介质的暴露水平和效应系数的乘积,即

$$R_i = E_i \cdot E_{fi}$$

式中:R_i 为风险系数;E_i 为根据有机污染物在环境介质中预测浓度、残留性的积累趋势的分级得分的乘积;E_{fi} 为有机污染物对生物体毒性效应的分级得分的总和。

最后以归一化方式表达有机污染物在各环境介质的风险性

$$S_i = (R_i - R_{imin})/(R_{imax} - R_{imin})$$

式中:S_i 为归一化的风险系数,其值在 $0 \sim 1.0$ 之间;R_i 为根据暴露分级标准和影响系数分级标准计算得到的实际值;R_{imin} 为根据暴露分级标准和影响系数分级标准的最小值计算得到的最小风险系数;R_{imax} 为根据暴露分级标准和影响系数分级标准的最大值计算得到的最大风险系数。

2. 生态系统风险表征

无论商值法还是暴露-响应法都是针对生态系统中的生物个体或种群的,都没有直接涉及到生物群落或生态系统。以群落和生态系统为受体的风险表征方法是风险评价活动中的难点。困难的关键在于尚未找到一个合适的反映生态系统"健康"状况的指标体系。一般的做法主要有两类:一类是所谓"由顶向下"法,一类是所谓"由底向上"法。

①"由顶向下"法。"由顶向下"法直接估算群落或生态系统的变化,这些变化包括在有机污染物影响下某些生物种群中个体数量的变化、栖息地变化、初级生产力的变化、生物量的变化以及对生物多样性的影响等。

②"由底向上"法。"由底向上"法利用实验室生物个体或种群对有机污染物响应的资料,通过计算机模型估算群落水平的影响,这需要应用关于生态系统系统分析的方法,目前尚处于初级阶段。

3. 人体健康风险评价

有害化合物可以分成致癌或非致癌两大类。非致癌物一般以阈值机制发生作用,在阈值以下,观察不到效应。对于致癌物来说,不能应用阈值规则,因为不存在阈值。人体健康风险评价包括了癌症风险表征和非致癌物风险计算两方面。

4. 学科领域与应用范围

有毒化学品的风险评价涵盖几乎所有自然科学和部分社会科学有关的内容、成果、先进方

法的分析研究阶段。在有毒化学品管理方面,风险评价的应用范围包括以下几个方面:

①农药的安全评审与登记;

②有机化学品的控制与管理;

③优先分析和控制的化学物质的筛选与确定;

④环境质量指标体系和标准的制定;

⑤有机污染物的处理、处置场管理;

⑥污染事故的分析、评价与处理方案的制定等。

复习题

1.分析碘量法测定水中溶解氧浓度时的误差产生原因?

2.用紫外分光光度法测水中硝酸盐浓度时,可能的干扰因素有哪些?

3.用重铬酸钾法测定水样的 COD 值时,氯离子的存在对测定结果有何影响? 如何去除氯离子的影响?

4.用非色散红外吸收法测定水中石油类污染物浓度时,哪些因素可导致测量结果误差?

5.简述几种液体样品富集和分离的方法。

6.比较几种气体样品采集方法的优缺点?

7.简述气相色谱分析有机污染物的原理和基本操作步骤。

8.简单讨论核磁共振谱鉴定有机污染物的原理和不足。

9.简述有机污染物环境危险评价的内容。

10.风险评价中的不确定性因素有哪些? 如何处理该类不确定性?

11.分别简述定性风险表征和定量风险表征的方法及其工作原理。

参考文献

[1] 赵景联.环境科学导论 [M].北京:机械工业出版社,2005.

[2] 赵景联.环境生物化学 [M].北京:化学工业出版社,2007.

[3] 赵景联.环境修复原理与技术 [M].北京:化学工业出版社,2006.

[4] 孔繁翔.环境生物学 [M].北京:高等教育出版社,2000.

[5] 唐玉斌.水污染控制工程 [M].哈尔滨:哈尔滨工业大学出版社,2006.

[6] 张自杰.废水处理理论与设计 [M].北京:中国建筑工业出版社,2003.

[7] 高廷耀,顾国维.水污染控制工程(下册)[M].北京:高等教育出版社,1999.

[8] 刘景良.大气污染控制工程 [M].北京:中国轻工业出版社,2002.

[9] 任南琪,马放.污染控制微生物学原理与应用 [M].北京:化学工业出版社,2003.

[10] 贺延龄.废水的厌氧生物处理 [M].北京:中国轻工业出版社,1999.

[11] 陈玉成.污染环境生物修复工程 [M].北京:化学工业出版社,2003.

[12] 刘雨.生物膜法污水处理技术 [M].北京:中国建筑工业出版社,2000.

[13] 夏北成.环境污染物生物降解 [M].北京:化学工业出版社,2002.

[14] 马占青.水污染控制与废水生物处理 [M].北京:中国水利水电出版社,2004.

[15] 徐惠忠.固体废弃物资源化技术 [M].北京:化学工业出版社,2003.

[16] 徐寿昌.有机化学 [M].2 版.北京:高等教育出版社,2000.

[17] 赵玉芬,赵国辉.元素有机化学 [M].北京:清华大学出版社,1998.

[18] March J.高等有机化学(下册)[M].陶慎熹,译.北京:人民教育出版社,1982.

[19] Pieerre Deslongchamps.有机化学中的立体电子效应 [M].李国清,房秀华,译.北京:北京大学出版社,1991.

[20] 曾昭琼.有机化学(上册)[M].4 版.北京:高等教育出版社,2004.

[21] 曾昭琼.有机化学(下册)[M].4 版.北京:高等教育出版社,2004.

[22] 莫里森.有机化学(上册)[M].2 版.复旦大学,译.北京:科学出版社,1992.

[23] 莫里森.有机化学(下册)[M].2 版.复旦大学,译.北京:科学出版社,1992.

[24] 邢其毅,徐瑞秋,周政.基础有机化学(上册)[M].2 版.北京:高等教育出版社,1993.

[25] 邢其毅,徐瑞秋,周政.基础有机化学(下册)[M].2 版.北京:高等教育出版社,1993.

[26] 汪小兰.有机化学[M].4 版.北京:高等教育出版社,2005.

[27] Richard A Larson, Eric J. Weber. Reaction mechanisms in environmental organic chemistry [M].Florida:Lewis Publishers,Boca Raton,1994.

[28] 王连生.有机污染化学 [M].北京:高等教育出版社,2004.

[29] 瑞恩 P·施瓦茨巴赫,菲利普 M·施格文,迪特尔 M·英博登.环境有机化学 [M].王连生,译.北京:化学工业出版社,2003.

[30] 唐森本.环境有机污染化学 [M].北京:冶金工业出版社,1995.

[31]　金相灿.有机化合物污染化学 [M].北京:清华大学出版社,1990.

[32]　邓南圣,吴峰.环境光化学 [M].北京:化学工业出版社,2003.

[33]　叶斌.环境有机化学 [M].武汉:武汉工业大学出版社,1997.